Ausgeschieden im Jahr 2023

Lehrbuch der
Allgemeinen Geographie
Band 3   Teil 3

Lehrbuch der Allgemeinen Geographie

In Fortführung und Ergänzung von Supan-Obst,
Grundzüge der Physischen Erdkunde

Unter Mitarbeit von

J. Blüthgen †, Münster; H. Bobek, Wien; H. G. Gierloff-Emden, München;
A. Heupel, Bonn; Ed. Imhof, Zürich; H. Louis, München;
E. Obst, Hannover; J. Schmithüsen, Saarbrücken;
S. Schneider, Bad Godesberg; G. Schwarz, Freiburg i. Br.;
M. Schwind, Hannover; F. Wilhelm, München

Herausgegeben von
Erich Obst und Josef Schmithüsen

Walter de Gruyter · Berlin · New York 1975

Schnee- und Gletscherkunde

Friedrich Wilhelm

Prof. Dr. rer. nat.
Vorstand am Geographischen Institut der Fakultät für Geowissenschaften
der Universität München

Mit 58 Abbildungen, 156 Figuren, 71 Tabellen

Walter de Gruyter · Berlin · New York 1975

ISBN 3 11 004905 8

© Copyright 1974 by Walter de Gruyter & Co., vormals G. J. Göschen'sche Verlagshandlung, J. Guttentag, Verlagsbuchhandlung Georg Reimer, Karl J. Trübner, Veit & Comp., Berlin 30. Alle Rechte, insbesondere das Recht der Vervielfältigung und Verbreitung sowie der Übersetzung, vorbehalten. Kein Teil des Werkes darf in irgendeiner Form (durch Photokopie, Mikrofilm oder ein anderes Verfahren) ohne schriftliche Genehmigung des Verlages reproduziert oder unter Verwendung elektronischer Systeme verarbeitet, vervielfältigt oder verbreitet werden.
Printed in Germany.
Satz: Fotosatz Tutte, Salzweg-Passau; Druck: Karl Gerike, Berlin;
Bindearbeiten: Lüderitz und Bauer, Berlin.

Inhalt

Vorwort 1

1. Einführung 3
1.1 Stellung, Aufgaben und Arbeitsweisen der Gletscherkunde 3
1.2 Geschichte der gletscherkundlichen Fragestellung 4

2. Schneedecke und ihre Eigenschaften 8
2.1 Fester Niederschlag 9
    2.1.1 Arten und Eigenschaften des festen Niederschlags 9
    2.1.2 Messung des festen Niederschlags 17
    2.1.3 Verbreitung und Anteil des Schneefalls am Gesamtniederschlag ... 19
    2.1.4 Interzeption von festem Niederschlag 22
2.2 Aufbau und Eigenschaften der Schneedecke 25
    2.2.1 Aufbau der Schneedecke 25
    2.2.2 Metamorphose des Schnees 30
    2.2.3 Thermische Eigenschaften der Schneedecke 39
    2.2.4 Mechanische Eigenschaften der Schneedecke 44
2.3 Messungen an der Schneedecke 46
2.4 Oberflächenformen der Schneedecke 57
2.5 Abbau der Schneedecke 68
2.6 Lawinen 80
2.7 Feste Phase des Wasserkreislaufes 92
2.8 Schneegrenze, Firnlinie, Gleichgewichtslinie 93
    2.8.1 Schneegrenzbegriffe und Definitionen 93
    2.8.2 Bestimmung der Schneegrenze, Firnlinie und Gleichgewichtslinie ... 97
    2.8.3 Regionale Verbreitung der Schneegrenze und Firnlinie 101
    2.8.4 Änderungen der Höhenlage der Schneegrenze 105
2.9 Verbreitung der Schneedecke 106
2.10 Einfluß des Schnees auf Natur- und Kulturlandschaft 114

3. Gletscher und Inlandeise 135
3.1 Entstehung, Struktur und Textur des Gletschereises 135
    3.1.1 Entstehung des Gletschereises 135
    3.1.2 Struktur und Textur des Gletschereises 137
    3.1.3 Fremdmaterialeinschlüsse im Eis 145
    3.1.4 Gletscherdefinition 156
3.2 Gletscherbewegung 156

Inhalt

- 3.2.1 Art und Ursachen der Gletscherbewegung 156
- 3.2.2 Erfassung der Gletscherbewegung 180
- 3.2.3 Gletscherspalten.. 184
- 3.3 Thermische Eigenschaften von Gletschern, Inlandeisen und Eisschelfen 187
- 3.4 Massenhaushalt von Gletschern 197
  - 3.4.1 Grundbegriffe und Meßverfahren 197
  - 3.4.2 Ergebnisse von Massenhaushaltsuntersuchungen und ihre Darstellung. 208
  - 3.4.3 Einfluß des Klimas auf den Massenhaushalt 216
- 3.5 Gletscherschwankungen 220
  - 3.5.1 Nacheiszeitliche Gletscherschwankungen 220
  - 3.5.2 Arten der Gletscherschwankung 230
  - 3.5.3 Nachweis und Datierung von Gletscherschwankungen 233
- 3.6 Die großen Vereisungsphasen der Erdgeschichte 248
  - 3.6.1 Vergletscherung der Erde im Pleistozän 248
  - 3.6.2 Präpleistozäne Vereisungsspuren auf der Erde 259
  - 3.6.3 Theorien über Ursachen der großen Vereisungsphasen 265
    - 3.6.3.1 Extraterrestrische Ursachen 266
    - 3.6.3.2 Terrestrische Ursachen 267
    - 3.6.3.3 Klimaschwankungen durch Änderung der Erdbahnelemente .. 273
    - 3.6.3.4 Multilaterale Eiszeitentstehung 275
- 3.7 Typologie der Gletscher 277
  - 3.7.1 Formale Kriterien für eine Typisierung von Gletschern 277
    - 3.7.1.1 Reliefbedingte Gletschertypen 277
    - 3.7.1.2 Geodätische Klassifikation 288
  - 3.7.2 Typisierung von Gletschern nach der Ernährungsweise 292
  - 3.7.3 Digitale Gletscherklassifikation und Gletscherbeschreibung 298
  - 3.7.4 Thermische Klassifikation von Gletschern 303
    - 3.7.4.1 Die Umkristallisationszone 304
    - 3.7.4.2 Die Umkristallisations-Infiltrationszone 305
    - 3.7.4.3 Die kalte Infiltrationszone 305
    - 3.7.4.4 Die temperierte (warme) Infiltrationszone 308
    - 3.7.4.5 Die Infiltrations-Aufeiszone 310
    - 3.7.4.6 Die perennierende und saisonale Wassereiszone 312
- 3.8 Verbreitung der Gletscher auf der Erde 313
  - 3.8.1 Anteil des Eises am Gesamtwasserhaushalt der Erde 313
  - 3.8.2 Die heutige Verbreitung und das Ausmaß der Gletscher der Erde..... 321
    - 3.8.2.1 Europa 321
    - 3.8.2.2 Asien 329
    - 3.8.2.3 Nordamerika 333
    - 3.8.2.4 Südamerika 335
    - 3.8.2.5 Neuseeland und Ozeanien 338
    - 3.8.2.6 Afrika 338
    - 3.8.2.7 Arktis 338
    - 3.8.2.8 Antarktis 340
- 3.9 Der Einfluß von Gletschern auf Natur- und Kulturlandschaft 342
  - 3.9.1 Gletscher als formenschaffendes Agens 343
  - 3.9.2 Gletscher und Wasserhaushalt 350

    3.9.3 Gletscherkatastrophen 362
    3.9.4 Gletscher und Wirtschaft 367

Schrifttum 377
Orts- und Sachregister 415

Vorwort

Seit dem Erscheinen der letzten deutschsprachigen Gletscherkunde von E. v. Drygalski und F. Machatschek (1942) sowie von R. v. Klebelsberg (1948) sind mehr als 25 Jahre verstrichen. In dieser Zeit wurden, unter anderem in besonderem Maße angeregt durch die Impulse des Internationalen Geophysikalischen Jahres *(IGY)* und der Internationalen Hydrologischen Dekade *(IHD)*, vielfältige neue Erkenntnisse auf dem Gebiet der Glaziologie gewonnen. Sie dokumentieren sich in einem umfangreichen, weitgestreuten Schrifttum. So erscheint es gerechtfertigt, nach vielen Jahren der Forschung, erneut eine Zusammenfassung der erzielten Ergebnisse zu versuchen.
Ich bin mir bewußt, daß diese Aufgabe bei dem vielschichtigen Forschungsansatz glaziologischer Fragestellungen schwierig, in einer gleichmäßig intensiven Behandlung aller Teilgebiete für einen Einzelnen nahezu unmöglich geworden ist. Das Buch ist von einem Geographen vorwiegend für Geographen geschrieben. Es soll für Lehrende und Lernende eine Grundlage zum Verständnis der ökologischen Faktoren Schnee und Eis im Landschaftshaushalt bieten. Unter diesem Gesichtspunkt ist auch die Stoffauswahl zu betrachten. Die regionale Differenzierung des Angebotes an Schnee und Eis, ihre Ursachen im Rahmen der Umsetzungsprozesse (Massenhaushalt) sowie Vorgänge in der Kryosphäre, die zu Einflußnahmen in Natur- und Wirtschaftslandschaften führen, werden vorrangig behandelt.
Gegenüber den älteren Darstellungen der Gletscherkunde wird der Schneedecke und ihren Eigenschaften aus zwei Gründen breiterer Platz eingeräumt. Zum einen ist die Schneekunde eine verhältnismäßig junge Wissenschaft, die sich erst in den dreißiger Jahren unseres Jahrhunderts stärker entwickelt und seitdem einen sehr erheblichen Aufschwung genommen hat. Zum anderen greift Schnee in vielfältiger Weise in das Leben der wirtschaftenden Menschen ein, sei es im positiven Sinn durch Auffüllung der Grundwasservorräte und Staubecken bei der Schmelze, als Voraussetzung für den Wintersport oder auf negative Art durch Verkehrsbehinderungen infolge Schneeglätte und Schneeverwehungen oder Schadensfälle bei Lawinenabgang.
Die Gletscherkunde wird nach der bewährten Anordnung der einzelnen Teilgebiete dargestellt. Das Hauptgewicht der Ausführungen liegt beim Massenhaushalt und den Gletscherschwankungen sowie der Typologie der Gletscher. Rein geophysikalische Fragestellungen wie die Mechanik der Gletscherbewegung oder die thermischen Eigenschaften von Gletschern und Inlandeisen werden nur soweit behandelt, als es zum Verständnis der ablaufenden Prozesse erforderlich ist.
Mit in den Text einbezogen wurden auch die großen Vereisungsphasen der Erde als besondere Art von »Gletscherschwankungen« sowie die Versuche, diese Erscheinung durch Eiszeittheorien zu erklären.
Sowohl bei Schnee- als auch der Gletscherkunde ist jeweils ein kurzes Kapitel über den Einfluß von Schnee und Eis auf Natur- und Kulturlandschaft angefügt. In ihnen sollen

wenigstens in Ansätzen die große Bedeutung der Kryosphäre für den Lebensraum des Menschen umrissen und Anregungen für weitere gezielte Untersuchungen gegeben werden.

Bei der Abfassung des Textes war ich stets bemüht, durch exakte Definitionen und einfache Beispiele das Verständnis des Stoffes den Studierenden zu erleichtern. Dazu sollen auch die Textfiguren, Abbildungen und Tabellen beitragen. Ihre Beschriftung ist bewußt kurz gehalten, da sie integrierender Bestandteil des Textes sind und dort näher erläutert werden. Eine knappe Einführung in wichtige Meß- und Auswerteverfahren der Glaziologie ist in den einzelnen Kapiteln gegeben, um den Benutzer dieses Buches auch in den praktischen Fertigkeiten anzuleiten.

Bei der Fülle des glaziologischen Schrifttums konnte ich nicht alle Arbeiten berücksichtigen. Einige, auch wichtige, habe ich sicher übersehen. Es wurde jene Literatur aufgenommen, die ich als Beleg für meine Darstellung benötigte und die den Leser in spezielle Fragen glaziologischer Forschung einführt. Im Text mögen für den einen oder anderen Ungleichwertigkeiten in der Behandlung des Stoffes aufscheinen. Dies liegt zum Teil an der Zielsetzung des Buches, andererseits aber auch an der Verschiedenartigkeit der Forschungsrichtungen. Ich bitte dafür um Verständnis und bin für jede kritische Stellungnahme dankbar.

Zum Abschluß gilt mein aufrichtiger Dank Herrn Professor Dr. E. Obst, der mir vor vielen Jahren die Anregung zur Abfassung dieses Buches gegeben hat. Ihm, dem Mitherausgeber Prof. Dr. J. Schmithüsen sowie dem Verlag Walter de Gruyter möchte ich für die Geduld, die verständnisvolle Zusammenarbeit und die Ausstattung des Buches vielmals danken. Mein Dank gilt auch all jenen Kollegen, die durch ihren Rat und die Bereitstellung von Bildmaterial zum Gelingen des Werkes wesentlichen Anteil tragen. Besonders herzlich verbunden bin ich den Herren Professoren Dr. P. Kasser, VAW-ETH-Zürich und Dr. M. R. de Quervain, Eidgenössisches Institut für Schnee- und Lawinenforschung Weißfluhjoch ob Davos.

Mein herzlicher Dank gilt aber auch meinen Mitarbeitern am Geographischen Insitut der Universität München für zahlreiche Anregungen in Diskussionen, besonders den Herren Dr. A. Herrmann und Dr. K. Priesmeier, für die umsichtigen Korrekturen am Manuskript, der Druckfahnen sowie für die Mithilfe bei der Erstellung des Registers. Mit großer Sorgfalt haben die Kartographen, Frau Margitta Roth und Herr Heinz Donner (†), die Diagramme und Kartenskizzen angefertigt. Ihnen und Fräulein Christine Stöckl, die die Reinschrift des Manuskriptes und des Registers besorgte, möchte ich hier meinen Dank sagen.

München, Sommer 1974 *Friedrich Wilhelm*

1. Einführung

1.1. Stellung, Aufgaben und Arbeitsweisen der Gletscherkunde

Neben der flüssigen und gasförmigen Phase des Wassers spielt der feste Aggregatzustand, Schnee und Eis, in der Hydrologie eine erhebliche Rolle. Die Untersuchung des gefrorenen Wassers in all seinen Erscheinungsformen, angefangen von den festen Hydrometeoren über Schneedecke, Meer-, See-, Fluß-, Bodeneis, Gletscher bis zu den extraterrestrischen Eisvorkommen ist das Forschungsfeld der *Glaziologie*. Diese Bezeichnung hat seit dem letzten Internationalen Geophysikalischen Jahr allgemeine Anerkennung gefunden. Dagegen vermochte sich der von A. B. Dobrowolski (1923) und anderen eingebrachte Vorschlag *Cryologie* nicht durchzusetzen. Die *Gletscherkunde* ist als Lehre von den Erscheinungsformen, den physikalischen Eigenschaften und der Gesamtheit der Wirkungen der Gletscher der Erde eine Teildisziplin der Glaziologie. R. v. Klebelsberg (1948) gliedert weiter in *Gletscherkunde* sowie *Glazialgeologie* und weist beiden eigene Forschungsaufgaben zu. Inhalt der Gletscherkunde sind danach die rezenten Gletscher, der Glazialgeologie jene der Vergangenheit. Daraus folgt, daß *Gletscherkunde* im engeren Sinne nur an vorhandenen Gletschereismassen mit der Schneeauflagerung und dem Moräneninhalt betrieben werden kann. Aufgabe der *Glazialgeologie* ist es, über Stratigraphie und Petrographie der glazigenen Ablagerungen Einblick in die Verbreitung von Gletschern und ihr Verhalten in der Vergangenheit zu gewinnen. Die *Glazialmorphologie* beschreibt die vom Eis geschaffenen Abtragungs- und Aufschüttungsformen. Selbstverständlich verzahnen sich die Arbeitsgebiete der genannten drei Teilbereiche sehr eng miteinander.
Schon frühzeitig kam es auf dem Gebiet der Gletscherkunde zu überregionaler Zusammenarbeit. Bereits 1894 entstand die *Comission Internationale des Glaciers (C.I.G.)*, deren erste Vorsitzende der hervorragende Schweizer Limnologe F. A. Forel und der britische Kapitän Marshall Hall waren. Nach Gründung der *Internationalen Union für Geodäsie und Geophysik (I.U.G.G.)* 1924 fand die Gletscherkommission in der *Association Internationale d'Hydrologie Scientifique (AIHS)* ab 1927 eine neue Heimstätte. 1933 wurde in diesem Rahmen noch eine *internationale Schneekommission* geschaffen, die sich nach dem Zweiten Weltkrieg mit der Gletscherkommission zur *Commission des Neiges et des Glaces* in der AIHS der IUGG vereinigte. Die Kongresse, die seither in vierjährigem Zyklus abgehalten werden, zeugen von der Fruchtbarkeit der internationalen Zusammenarbeit und von den Fortschritten auf dem Gebiet der Gletscherkunde in den vergangenen Jahrzehnten.
Die Aufgabenstellung der Gletscherkunde ist überaus vielfältig, so daß für die Lösung der anstehenden Fragen eine enge Zusammenarbeit verschiedener Wissenschaftsdisziplinen erforderlich ist. Grundlegende Arbeiten, z. B. die kartographische Erfassung vergletscherter Gebiete oder Einzelgletscher sowie die Messung der Gletscherbewegung sind

vorwiegend Aufgabe der Vermessungskunde. Die Meteorologie liefert Ergebnisse über die Hydrometeore, den Strahlungs- und Massenhaushalt der Gletscher. Die Physik beschreibt die mechanischen und optischen Eigenschaften des Eises. Unter dem Aspekt der Petrographie und Mineralogie ist Schnee ein Sediment, das bereits bei tiefen Temperaturen und geringen Drucken eine Metamorphose zu Eis erfährt. Von der Kristallographie stammen auf Grund von Untersuchungen zur Deformierbarkeit fester Körper grundlegende Theorien der Gletscherbewegung. Für die Geophysik sind Gletscher ein Teil der Erdkruste, der unter anderem mittels Seismik und Bohrungen auf seine geophysikalischen Eigenschaften untersucht wird. Vom Standpunkt der Geographie sind Gletscher Oberflächenform, formschaffendes Agens und ein wichtiger Faktor im Wasserhaushalt der betroffenen Landschaften. Ihre Aufgabenstellung ist typologisch, chorologisch und ökologisch.

Fast ebenso zahlreich wie die Problemstellungen sind auch die Arbeitstechniken auf dem Gebiet der Gletscherkunde. Die primären Anregungen schöpft der Gletscherkundler aus der unmittelbaren Beobachtung in der Natur. Dazu ist außer den rein fachlichen Kenntnissen auch Vertrautheit mit den Schwierigkeiten im Gelände, sei es im Hochgebirge oder in den Weiten der Arktis und Antarktis, eine grundlegende Voraussetzung. Neben die rein visuelle Erfassung ist in der Gletscherkunde seit langem die messende Beobachtung zur Vertiefung und Sicherung der Erkenntnisse getreten. Für vorwiegend physikalisch-kristallographische Untersuchungen sind Laboratorien sowohl im Gletscherbereich als auch im heimischen Insitut mit Kältekammern unentbehrliche Einrichtungen. Als letzte nicht minder wichtige Arbeitsweise sei die Entwicklung von Theorien auf geophysikalischer Grundlage genannt.

Im Rahmen der umfangreichen Aufgaben der Gletscherkunde wird versucht, in den nachfolgenden Ausführungen das Hauptgewicht auf eine geographische Fragestellung auszurichten. Physikalisch-geophysikalische Ergebnisse werden nur soweit berücksichtigt, als es für ein Verständnis der geographischen Problemstellung erforderlich ist.

1.2. Geschichte der gletscherkundlichen Fragestellung

Die Heimat der Gletscherforschung sind die Alpen. Von dort stammen die heute geläufigen Bezeichnungen für Gletscher. Schon um 1300 findet sich in einer Urkunde des Bistums Brixen der Name *Ferner* (Firn = althochdeutsch alt) und 1533 in einer Pinzgauer Grenzbeschreibung der Ausdruck *Kees* (chees = althochdeutsch Eis). Die Schreibweise *Gletscher* (lateinisch glacies) taucht erstmals 1507 in einer Schweizer Chronik des Petermann Etterlin auf und ist wenige Jahre später (1538) auf der Karte »Alpisch Raetia« von Ägidius Tschudi verzeichnet (R. v. Klebelsberg 1948).

Eine erste Charakteristik des Eisgebirges bringen Beschreibungen aus dem 16. und 17. Jahrhundert unter anderem in »Cosmographia generalis« von S. Münster (1544) oder in der »Schweizer Chronik« des J. Stumpff (1548), und J. Simler (1574) unterschied bereits zwischen Firn und Eis. Die in dieser Zeit gegenüber dem Mittelalter verstärkte Beschäftigung mit den Gletschern der Alpen dürfte unter anderem damit zu erklären sein, daß in diesen Jahrhunderten die Gletscher vorstießen – »little ice age« – und so unmittelbar in Form von Hochwässern auslaufender Eisstauseen (M. Burgklehner, 1610), Vernichtung von Almgelände und hochgelegenen Bergwerkstollen auf den Lebensraum der Menschen einwirkten.

Im 18. Jahrhundert beginnt eine Zeit intensiver Gletscherforschung auf naturwissenschaftlicher Basis. Viele der heute noch aktuellen Fragestellungen, unter anderem über die Ursache der Gletscherbewegung, den Aufbau der Gletscher (Schichtung, Firn, Eis, Moränen), über das Wesen der Glazialerosion und Probleme des Massenhaushaltes wurden schon damals erarbeitet. Bekannt sind die Untersuchungen von J. J. Scheuchzer (1706–1708 und 1710–1718) über die Schichtung von Firn und Eis sowie den Moränengehalt der Gletscher. Für die Gletscherbewegung, die er durch Ausdehnung des gefrierenden Wassers erklärt, erkennt er ebenso wie nach ihm G. S. Greiner (1760) die Bedeutung der Schwerebeschleunigung. A. C. Bordier (1750 und 1753) hat als erster dem Eis plastische Eigenschaften zugeschrieben, eine Auffassung, der erst nahezu 100 Jahre später durch die »théorie des glaciers de la Savoie« von L. Rendu (1841) zum Durchbruch verholfen wurde. Sogar die mehr ruckhafte Blockschollenbewegung, von R. Finsterwalder, 1928 im Pamir, 1934 am Nanga Parbat erneut festgestellt und theorisch fundiert, ist zumindest in Ansätzen bei J. A. de Luc (1771) beschrieben. Die erste Bewegungsmessung führte H. Besson (1780) durch und B. F. Kuhn (1787) veröffentlichte an Hand von Beobachtungen am Grindelwaldgletscher einen Aufsatz: »Versuch über den Mechanismus der Gletscher«. Die klimatischen Ursachen der Gletscherschwankungen werden im wesentlichen richtig zuerst von J. Walcher (1773) erkannt. Die bedeutendste Forscherpersönlichkeit jener Zeit war zweifellos H. B. de Saussure, der in seinem Werk »Voyages dans les Alpes« (1779–1786) ausführlich die Erscheinungen und Eigenschaften der Gletscher beschreibt. Mit ihm geht die erste Epoche der Erkundung der Gletscher zu Ende. Viele Aufgaben wurden richtig erkannt, konnten aber nicht völlig gelöst werden, da weder hinreichende Meßtechniken vorhanden noch die Grunderkenntnisse in den naturwissenschaftlichen Disziplinen ausreichend waren.

Die große Epoche der Gletscherforschung setzt in den vierziger Jahren des vergangenen Jahrhunderts mit dem Solothurner Naturforscher F. J. Hugi (1842) – er erkennt als erster die Kornstruktur des Gletschereises – sowie den Geologen J. G. v. Charpentier (1841) und L. Agassiz (1841) ein. In Zusammenarbeit mit dem schweizer Topographen Wild entstand in den Jahren 1841–1846 die erste genaue Karte vom Unteraargletscher im Maßstab 1 : 10000. Neue Gesichtspunkte unter Einbeziehung der Erkenntnisse der experimentellen Physik brachte der irische Physiker J. Tyndall (1857), der eine auf der Regelation des Eises begründete Theorie der Gletscherbewegung entwickelte. Versuche exakt mathematischer Beschreibungen der Gletscherbewegung lassen sich bis in die Gegenwart verfolgen. Einen grundlegenden Beitrag lieferte S. Finsterwalder (1897) mit der kinematischen oder geometrischen Bewegungstheorie. Weitere Ansätze, die von der Viskosität (C. Somigliana, 1921, M. Lagally, 1930) und der Plastizität (E. Orowan, 1948, J. F. Nye, 1951, 1952) des Eises ausgehen, passen sich der kinematischen Grundkonzeption ein und haben sehr wirklichkeitsnahe Lösungen gebracht.

Nach den ersten Gletschererkundungen in den Schweizer Alpen setzte auch in den Ostalpen eine überaus ergiebige Forschung ein. Sie ist geknüpft an die Namen der Gebrüder H. und A. Schlagintweit (1850, Ötztal und Großglockner), des Wiener Geographen F. Simony (1871, Karlseisfeld am Dachstein) und F. Seeland (Pasterze). Die Fortschritte auf dem Gebiet der Gletscherkunde verdanken wir nicht zuletzt der Organisation durch E. Richter und der großzügigen Förderung seitens des Deutschen und Österreichischen Alpenvereins. Die Mehrung der Kenntnisse auf glaziologischem Gebiet fand in dieser Zeit ihren Niederschlag in einer Reihe beachtenswerter Lehrbücher (A. Mousson, 1854, A. Heim, 1885, J. Tyndall, 1898, H. Hess, 1904).

Einführung

Mit der Entwicklung der Technik wurden auch die Meßverfahren verfeinert. H. Besson (1780) erfaßte die Gletscherbewegung durch in Spalten eingeklemmte Tannenstämme und F. J. Hugi (1842) stellte die Geschwindigkeit des Eises aufgrund der Lageänderung von Blöcken der Mittelmoräne auf dem Unteraargletscher in den Jahren 1827 bis 1836 fest. Einen wesentlichen Fortschritt brachte hier der Einsatz von Theodoliten. Forbes hat 1842–1845 eine genaue Triangulation auf dem Mer de Glace durchgeführt, und J. Vallot maß zwischen 1891 und 1899 die horizontalen und vertikalen Änderungen der Eisoberfläche auf tachymetrische Weise. S. Finsterwalder (1911) entwickelte eine terrestrischphotogrammetrische Methode zur kartographischen Aufnahme von Gletschern und zur Bestimmung der Gletschergeschwindigkeit. 1923 trat die Luftbildaufklärung in den Dienst der Gletscherkunde. Zur Erfassung der Bewegung von großen Inlandeisen wurde im Rahmen der Expédition Glaciologique Internationale au Groenland (EGIG) 1959 ein Verfahren auf der Basis tellurometrischer Streckenmessung erarbeitet (W. Hofmann, 1964), das inzwischen auch auf dem Rosseisschelf in der Antarktis Anwendung fand.

Für die Beobachtung des Gletscherinneren war man zu Zeiten von Agassiz auf natürliche Öffnungen, Spalten und Gletschermühlen, angewiesen. Die erste Bohrung zur Ermittlung der Gletschermächtigkeit wurde 1895 von A. Blümcke und H. Hess (1899) auf dem Hintereisferner (Ötztaler Alpen) durchgeführt. Heute ist man auch in der Lage, ungestörte Bohrkerne zu fördern (W. H. Ward, 1954), und die Bohrtechnik wurde durch Entwicklung thermoelektrischer Geräte wesentlich verbessert (J. A. F. Gerrard u. a., 1952). H. Mathes (1926) und B. Brockamp (1931) setzten erstmals seismische Methoden für die Tiefenmessung von Alpengletschern ein. Durch die Entwicklung des meteorologischen Instrumentariums (unter anderem Strahlungsbilanzmesser) konnten auch die Untersuchungen zum Massenhaushalt der Gletscher verfeinert werden.

Verhältnismäßig spät, erst in den zwanziger bis dreißiger Jahren unseres Jahrhunderts, entwickelte sich die Schneeforschung mit einem breiten Anwendungsbereich auf den Gebieten des Hochwasser- und Lawinenschutzes. Grundlegende Erkenntnisse und Anregungen dieser Forschungsrichtung stammen von W. Paulcke (1938) und R. Haefeli (1939). Schon 1942 wurde dann in 2100 m am Weißfluhjoch ob Davos ein Bundesinstitut zum Studium von Schnee und Lawinen gegründet, dessen Erkenntnisse heute weltweiten Einsatz finden (E. Buchner, 1948).

Von der Frühzeit der Forschung außerhalb der Alpen liegen Berichte über Gletscher nur von Island aus dem 17. Jahrhundert vor. Für die übrigen vergletscherten Gebiete der Erde setzt eine intensivere Durchforschung erst in der zweiten Hälfte des 19., vor allem aber im 20. Jahrhundert ein. Auch Arktis und Antarktis rückten in dieser Zeit ins Blickfeld der Forschung. Auf der Suche nach der Nordostpassage drangen Nordenskjöld, 1878/79, De Long, 1879/81, Nansen, mit der »Fram« 1893/96, nach der Nordwestpassage Parry, 1819/27, John und James Ross, 1829/33, J. Franklin, 1819 und 1845 weit in die vereisten Nordmeere vor. Als erster erreichte am 6.4.1909 Peary den Nordpol, und vom Süden ist das dramatische Ringen von Robert Scott und Roald Amundsen, der am 14.12.1911 zum Südpol gelangte, bekannt. Für die weitere Entwicklung der Glaziologie war dann die Anregung des österreichisch-ungarischen Marineoffiziers Karl Weyprecht entscheidend. Durch seine Initiative wurde 1882/83 das erste Polarjahr zum Studium der meteorologischen und geomagnetischen Verhältnisse sowie der Erscheinungen des Nordlichts durchgeführt. 1932/33 folgte das zweite Polarjahr, und die Tradition setzte sich im Internationalen Geophysikalischen Jahr 1957/58 mit einem umfangreichen wissenschaftlichen Programm auf N- und S-Hemisphäre fort (Ch. P. Peguy, 1962).

Ziel der vorstehenden Ausführungen ist, in die Entwicklung der gletscherkundlichen Fragestellung einzuführen. Für die Geschichte der Gletscherkunde im allgemeinen sei auf die einschlägigen Kapitel bei E. v. Drygalski u. F. Machatschek (1942), R. v. Klebelsberg (1948). G. Seligman (1949), L. Lliboutry (1964), für die Polargebiete auf die Veröffentlichungen von R. Vereel (1938), C. P. Peguy (1955, 1961 u. 1962), S. Chapmann (1959), H. Hoinkes (1961) und T. Hatherton (1965) verwiesen.

2. Schneedecke und ihre Eigenschaften

Schneefall und Schneedecke sind für weite Teile der Erdoberfläche wesentliche Gestaltungsfaktoren. Die auf dem Lande und auf dem Meereis akkumulierten festen Niederschläge bilden im Rahmen des Wasserkreislaufs eine temporäre Rücklage, die erst beim Abschmelzen und durch Verdunstung wieder frei wird. Die Dauer der Speicherung ist dabei regional verschieden. Schnee, der auf die ausgedehnten Inlandeismassen der Arktis und Antarktis fällt, wird für lange Zeit dem Wasserkreislauf entzogen. In wärmeren Klimaten dauert der Rückhalt Monate, Wochen, Tage, vielleicht nur Stunden an. Über die wechselnde Rücklage im zeitlichen Ablauf haben wir Kenntnis durch die Änderung des Wasseräquivalentes der Schneedecke innerhalb eines Jahres, durch Gletscherschwankungen im Zeitraum von Jahrzehnten und Jahrhunderten oder durch das Alternieren von Glazialen und Interglazialen während des Pleistozäns in der Größenordnung von Jahrzehntausenden und länger.

Schnee ist ein sehr wichtiges geomorphologisch wirkendes Agens. Es sei hier nur auf die Schneekorrasion (L. Hempel, 1952), Schneekriechen und Nivation (H. Berger, 1964) oder auf die Gestaltung durch die Lawinenabgänge (A. Rapp, 1958, 1959, 1960) hingewiesen. Daneben hat die Schneedecke selbst eine Oberfläche, die über Akkumulation, Deflation und Ablation formbildenden Vorgängen unterworfen ist.

Auf vielfältige Weise greift der Schnee in die Aktivität der wirtschaftenden Menschen ein. Über Monate hinweg werden Paßstraßen in Hochgebieten von Schneemassen blockiert, ja selbst im Flachland führen Schneeverwehungen und Glatteis zu erheblichen Verkehrsbehinderungen. Alljährlich richten Lawinen in dichter besiedelten Hochgebirgen große Schäden an Bauwerken an. In welch erschreckendem Maße diese ruckhaften Schneeabgänge wirksam werden können, mag aus der Tatsache ersehen werden, daß im Ersten Weltkrieg an der Alpenfront die Gesamtzahl der bei Lawinenunfällen Verletzten und Getöteten größer war als jene durch militärische Aktionen (*Forest Service*, 1961, S. 3). Neben diese negativen Auswirkungen treten auch durchaus positive. Durch seine ausgezeichneten Gleiteigenschaften bildet der Schnee auch heute noch, vorwiegend in wenig verkehrserschlossenen Gebieten, die Unterlage für einen ausgedehnten Gütertransport auf Schlitten. Letztlich sei der Schnee als Voraussetzung für eine ganze Reihe von Wintersportarten genannt und damit gleichzeitig auf seinen Einfluß für den Fremdenverkehr hingewiesen.

Trotz der vielseitigen Bedeutung des Schnees und der Schneedecke für die Geographie und der Tatsache, daß schneeiger Niederschlag auf 80% der Kontinentflächen bekannt ist, nach P. A. Schumskii (1955), je nach Jahreszeiten wechselnd, 30 bis 50% der festen Erdoberfläche eine Schneedecke trägt, wissen wir bis heute recht wenig über seine Verteilung. Nicht einmal der Anteil des Schneefalls am Gesamtniederschlag – J. Corbel (1962) schätzt ihn auf weniger als 20%, vielleicht 10% – ist hinreichend erforscht. Die Schneeforschung im engeren Sinne ist noch keine 40 Jahre alt und ihre Anfänge in der Schweiz sind eng an die Namen W. Paulcke (1928, 1932, 1934, 1938), W. Welzenbach (1930), H. Bader, R. Haefeli, E. Bucher, J. Neher, O. Eckel, Ch. Tams (1939) und E. Eugster (1938) geknüpft.

2.1. Fester Niederschlag

2.1.1. Arten und Eigenschaften des festen Niederschlags

Die Bildung von festem Niederschlag ist an Temperaturen unter dem Gefrierpunkt geknüpft. Dabei *sublimiert* der Wasserdampf der Atmosphäre entweder unmittelbar an *Eiskeimen* oder seine *Kondensationsprodukte, Wassertropfen,* gefrieren. In jedem Fall entsteht Eis. Nach der Genese des festen Niederschlags, seiner Struktur und Form wird zwischen *Schnee, Graupel, Eiskörnchen* und *Hagel* unterschieden. Wenngleich für seine Entstehung Temperaturen unter dem Gefrierpunkt erforderlich sind, ist schneeiger Niederschlag bei Lufttemperaturen über 0 °C in den bodennahen Luftschichten nicht selten *(Tab. 1)*. In Arizona wurde bei + 5° und bei Sfax (Kl. Syrte) sogar bei + 14 °C Schneefall beobachtet. Gerade bei höheren Temperaturen ist Schneefall infolge des größeren Wasserdampfgehaltes der Atmosphäre ergiebiger als bei niedrigen. An einem einfachen Zahlenbeispiel sei diese Tatsache veranschaulicht: Zwei jeweils gesättigte, aber verschieden temperierte Luftmassen steigen mit einer Geschwindigkeit von 1 m/s 4000 m auf, wobei ihre Temperaturen um 20 °C absinken (0,5 °C/100 m) und sich das Volumen um das 1,5-fache vergrößert. Die Sättigungsfeuchte für + 10 °C beträgt 9,401 g/m³, für − 10 °C 2,158 g/m³, für − 20 °C 0,894 g/m³ und für − 40 °C nur mehr 0,120 g/m³. Eine Luftmasse mit einer Ausgangstemperatur von + 10 °C gibt danach 9,401 − (2,158 · 1,5) = 6,16 g/m³ Wasser ab, eine solche mit einer Ausgangstemperatur von − 20° aber nur 0,894 − (0,120 · 1,5) = = 0,71 g/m³. Das ist die physikalische Interpretation der landläufigen Meinung: »es ist zu kalt zum Schneien«. Heftige Schneefälle sind stets mit der Zufuhr wärmerer Luftmassen verbunden. So ist es verständlich, daß sich in Kalifornien innerhalb eines Tages eine Schneedecke von 1,5 m, an der Chesapeake-Bay und an den Großen Seen von 0,5 m (S. S. Visher, 1954) bilden kann, während in der Arktis und Antarktis Schneefall bei Temperaturen unter − 40 °C kaum beobachtet wird. Die Zonen ergiebigsten Schneefalls sind also nicht mit den großen Zentren der Vergletscherung identisch, sie befinden sich vielmehr dort, wo Temperaturen über längere Zeit um oder wenig unter dem Gefrierpunkt liegen und mit der Zufuhr relativ warmer, feuchter Luft gerechnet werden kann.

Bei der Bildung des schneeigen Niederschlags in der Atmosphäre entstehen in Abhängigkeit von Lufttemperatur und Feuchtigkeitsgehalt vielfältige Formen. Allen gemeinsam

	Bei Temperaturen an der Bodenoberfläche in °C					
	− 1	0	+ 1	+ 2	+ 3	+ 4
Schnee %	98	93	50	30	8	1
Schneeregen %	1	4	23	15	7	0
Regen %	1	3	27	55	85	99

Tab. 1 Anteil von Schnee, Schneeregen und Regen bei verschiedenen Lufttemperaturen an der Erdoberfläche in Prozent des Gesamtniederschlags. (Nach L. Lliboutry, 1964, S. 171).

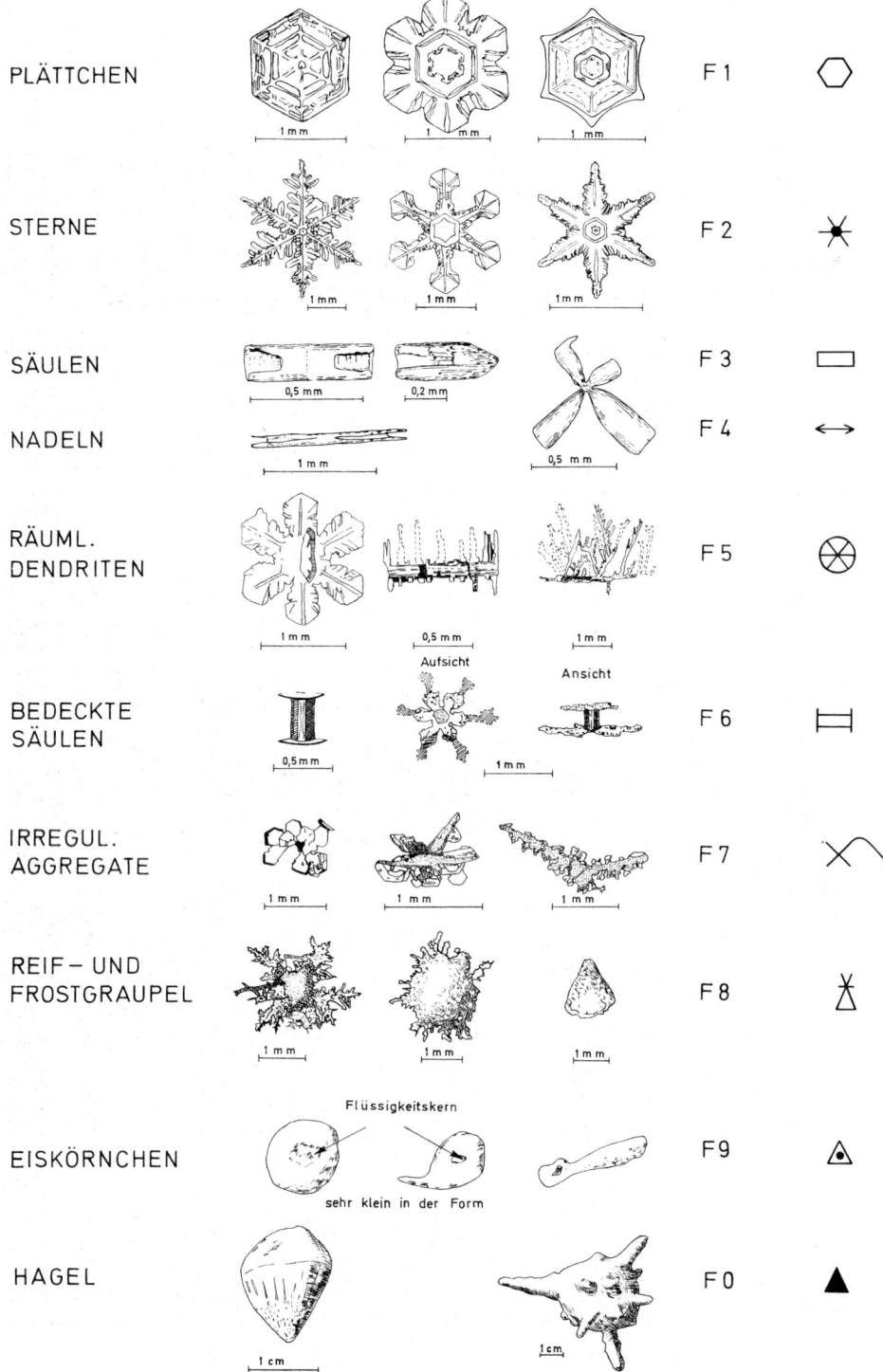

Fig. 1 Formen von Schnee- und Eiskristallen mit internationalen Bezeichnungen und graphischen Symbolen. Aus L. Lliboutry (1964), S. 174 und 175.

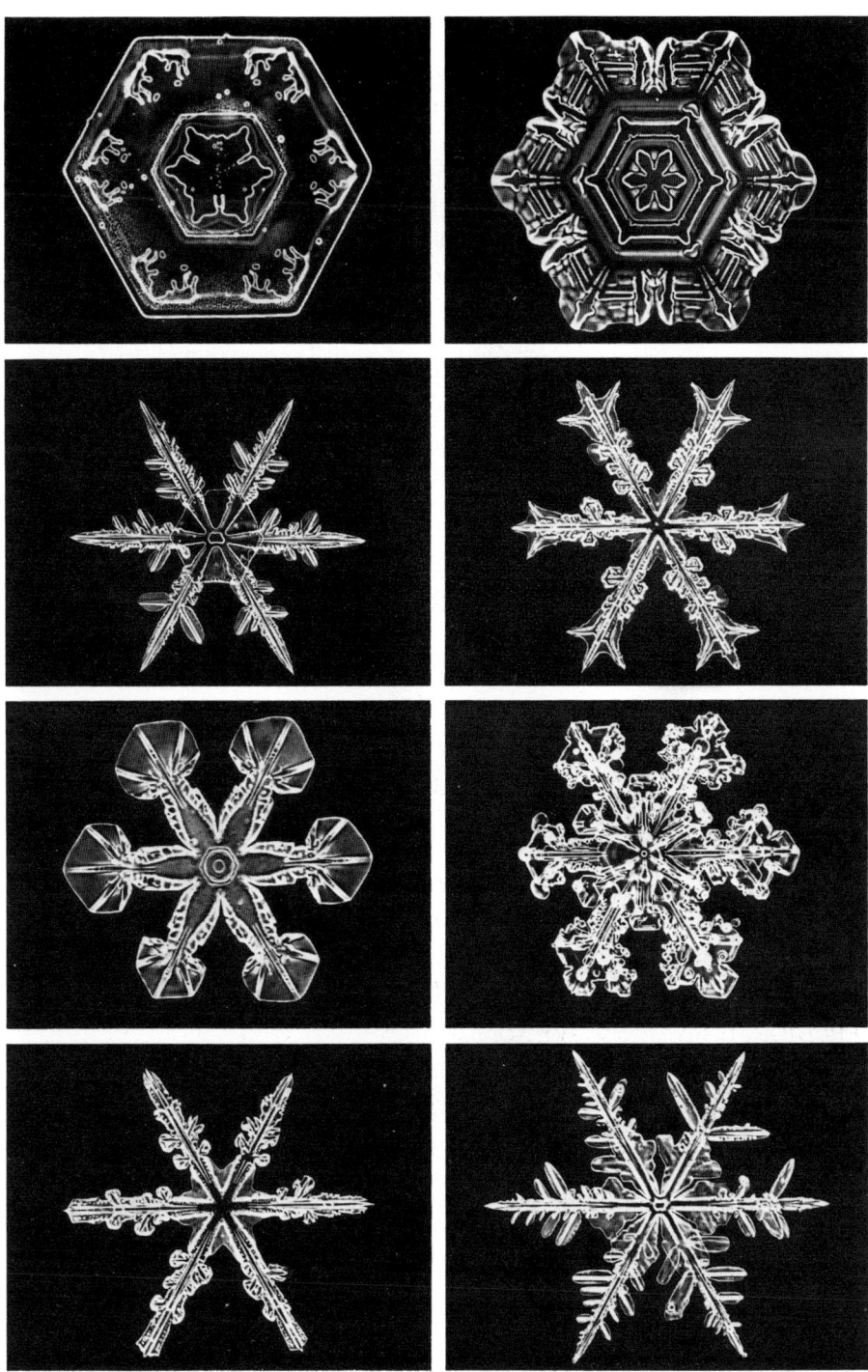

Abb. 1 Schneekristalle. Allen Formen, ob verzweigte Schneesterne oder -plättchen ist die hexagonale Kristallgestalt eigen. (Archiv: Carl Zeiss — Oberkochem).

ist die *hexagonale Kristallgestalt (Abb. 1)*. Dabei kann der Einzelkristall unvollkommen sein, oder mehrere sind zu einem *Polykristall* zusammengewachsen. Man hat auf Schneekristallen auch durch Sublimation entstandene Reifbildung beobachtet. Allgemein bekannt ist vor allem die durch Kapillarkräfte bewirkte Zusammenballung zu *Schneeflocken*. Bei gut ausgebildeten *Monokristallen* lassen sich einige Typen *(Fig. 1)* deutlich unterscheiden. Um ihre Erforschung haben sich besonders G. Seligman (1936), V. Z. Schaefer (1948), V. Nakaya (1954), H. K. Weickmann (1960) und J. Grunow (1959/60) Verdienste erworben. Die wichtigsten Formen sind in Figur 1 und Abbildung 1 mit den international üblichen Symbolen zusammengestellt.

F 1 Plättchen sind sehr flache hexagonale Täfelchen mit einer Dicke von 10–20 μ. Ihre Oberfläche kann glatt sein, aber auch eine sechsstrahlige Rippelung aufweisen. Gelegentlich finden sich an den Seiten sechs Einkerbungen. Sie treten in Schnee auf, der aus Eiswolken (Altostratus) fällt.
F 2 Schneesterne, die bis zu 4 mm Durchmesser erreichen können, sind wohl die bekannteste Form des Schnees. Ihre sechs Hauptstrahlen weisen mehr oder weniger starke Verzweigungen auf.
F 3 Säulen fallen in der Regel ebenfalls aus Eiswolken (Cirrostratus). Sie sind längliche Gebilde, deren Längserstreckung aber nicht das Achtfache des Durchmessers überschreitet. Bleibt sie unter der dreifachen Ausdehnung, so spricht man von Prismen.
F 4 Nadeln sind dagegen langgestreckte Formen mit einer Länge vom acht- bis zwanzigfachen des Durchmessers. Ihre Enden können spitz oder auch eingekerbt sein.
F 5 räumliche Dendriten sind entlang einer Achse zusammengesetzte Säulen mit Verzweigungen.
F 6 bedeckte Säulen tragen an jedem Ende Plättchen ungleicher Form. Sie sind damit ebenso wie die
F 7 irregulären Aggregate eine polykristalline Erscheinung, die sich aus Säulen, Plättchen und Dendriten in verschiedenen Ebenen aufbauen.
F 8 Graupel. Man unterscheidet bei Graupel Reif- und Frostgraupel. Sie können 2 bis 5 mm Durchmesser erreichen. Reifgraupel unterscheiden sich durch ihre schneeige Konsistenz von den Frostgraupel, die einen Eiskern aufweisen und entsprechend der höheren Dichte auch schwerer sind.
F 9 Eiskörner sind halb durchgefrorene, transparente Wassertropfen mit einem noch flüssigen Kern.
F 10 Hagel besteht aus glasklaren Eisklümpchen mit schaliger Struktur, die bis 50 mm und mehr anwachsen können.

Die Arten des festen Niederschlags zeigen eine enge Bindung an das Bildungsmilieu. Für ihre Genese wird auf die einschlägigen Kapitel bei L. Lliboutry (1964) und J. Blüthgen (1966) verwiesen. In *Fig. 2* ist die Abhängigkeit der Entstehung der einzelnen Kristallformen von der Temperatur und der relativen Feuchte sowie die Differenz des Sättigungsdruckes des Wasserdampfes für Luft und Eis nach V. Nakaya (1954) zusammengestellt. Daraus ergibt sich, daß Schneesterne nur in einem sehr schmalen Temperaturbereich zwischen $-14\,°C$ und $-17\,°C$ bei einer Übersättigung von mehr als 108% entstehen, also gerade in dem Intervall, wo die Differenz des Wasserdampfdruckes für Luft und Eis ihr Maximum erreicht. Eine größere Variationsbreite der Bildungsbedingungen sowohl hinsichtlich der Feuchte ($>100\%$) als auch der Temperatur (-10 bis $-20\,°C$) haben Plätt-

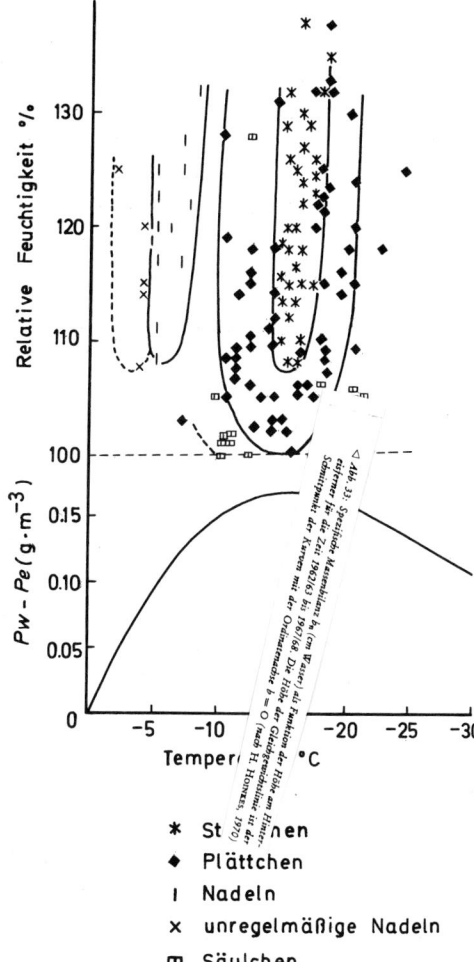

Fig. 2 Zusammenhang zwischen Form der Schneekristalle, relativer Luftfeuchtigkeit und Lufttemperatur sowie der Differenz zwischen Sättigungsdampfdruck für Wasser (Pw) und Eis (Pe). Aus L. Lliboutry (1964), S. 177.

chen und Säulen. Reguläre und irreguläre Nadeln kristallisieren bereits zwischen −3° und −8° bei mehr als 108 % Feuchte aus.

Die Größe der Einzelkristalle des schneeigen Niederschlags ist stark von den Temperaturverhältnissen abhängig. J. Corbel (1962) beobachtete auf Spitzbergen und im Ellesmereland folgende mittlere Durchmesser: Bei 0 °C 1 mm, bei −5 °C 0,1 mm, bei −20 °C 0,05 mm, bei −30 °C 0,01 mm und bei −50 °C ca. 0,005 mm. Von der Teilchengröße, dem spezifischen Gewicht und der Form ist andrerseits auch die Fallgeschwindigkeit an den einzelnen Niederschlagsorten abhängig *(Fig. 3)*. Danach sinken Schneesterne wesentlich langsamer zu Boden als Plättchen und räumliche Dendriten gleicher Größe. Trockene

14 Schneedecke und ihre Eigenschaften

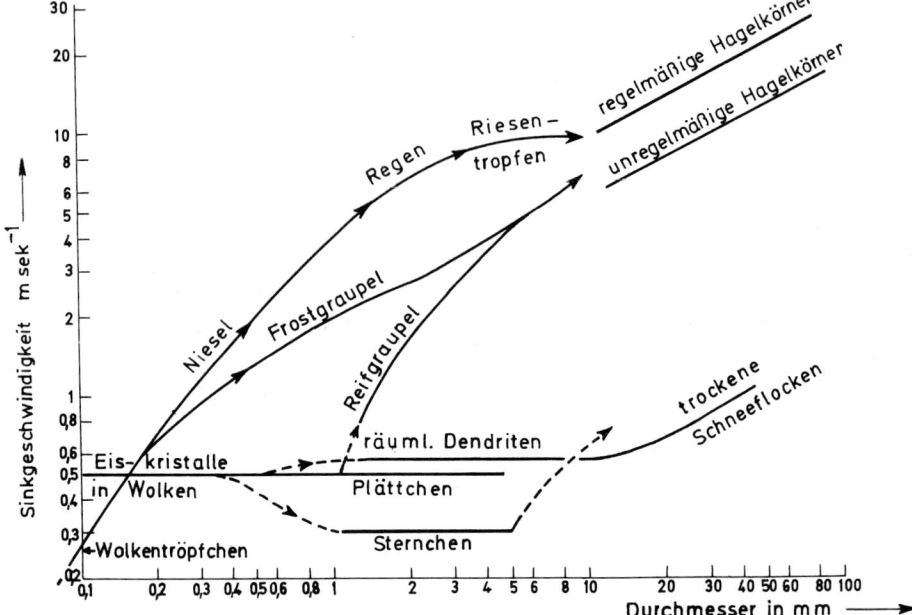

Fig. 3 Abhängigkeit der Sinkgeschwindigkeit von Hydrometeoren vom Teilchendurchmesser und der Art des Niederschlages. Aus L. Lliboutry (1964), S. 181.

Schneeflocken mit 30 mm Durchmesser erreichen noch nicht einmal 1 m/s. Sehr deutlich drückt sich in der Fallgeschwindigkeit der Unterschied der spezifisch leichteren Reifgraupel gegenüber den schwereren Frostgraupel mit Eiskern aus. Unterschiede der Sinkgeschwindigkeit, verursacht durch die Oberflächenbeschaffenheit, zeichnen sich bei den regelmäßigen und unregelmäßigen Hagelkörnern ab.

Nach Beobachtungen von B. A. Power (1962) ist sowohl die *Schneefalldichte* als auch die Dichte der primären Schneedecke von der Schneeart abhängig. Nadelförmige Kristalle zeigen z. B. eine geringe Schneefalldichte. Da sie bei relativ hohen Temperaturen, nur wenig unter dem Gefrierpunkt entstehen, neigen sie zur Bildung von *Flocken*, die nach Ablagerung eine lockere Struktur der Neuschneedecke bedingen. Messungen ergaben, daß die Schneedichte in Abhängigkeit von der Kristallform bei Dendriten 0,05 g/cm³ betrug, bei Nadeln zwischen 0,05 und 0,075 g/cm³, bei irregulären Platten, Säulen, Dendriten, Reifnadeln und Reifdendriten zwischen 0,075 und 0,1 g/cm³ lag und bei reifüberzogenen Platten Werte von 0,1 g/cm³ überstieg. Somit ergeben sich aus der Art des schneeigen Niederschlags erste Unterschiede im Dichteaufbau der Primärschneedecke. Sie werden aber durch die nach der Akkumulation einsetzende Metamorphose rasch beseitigt. Für die Stratigraphie mächtiger Schneeablagerungen, insbesondere in den kalten Gebieten der Arktis und Antarktis, wo Dichteschichtungen infolge der weniger intensiven Metamorphose nicht so deutlich ausgeprägt sind, erweist sich der jahreszeitlich wechselnde Gehalt des Schneefalls an schwerem *Sauerstoffisotop* ^{18}O als besonders geeignet. Grundlegende Untersuchungen zu diesen Fragen wurden von W. Dansgaard (1961) veröffentlicht. Danach setzt sich natürlicher Sauerstoff aus folgenden Isotopenanteilen zusammen: 997,6 $^0/_{00}$ ^{16}O, 2 $^0/_{00}$ ^{18}O und 0,4 $^0/_{00}$ ^{17}O. Der Anteil des schweren Wasserstoffisotops *Deuterium* (D oder ^{2}H) am Gesamtwasserstoff beträgt nur 0,16$^0/_{00}$. Unter Berücksichtigung der schweren Isotope ergeben sich für die Zusammensetzung des Wassermoleküls die Möglichkeiten HD^{16}O oder H$_2$^{18}O. Die Wahrscheinlichkeit der Verbindung ^{2}H$_2$^{18}O (D$_2$^{18}O) ist unendlich klein. Im Meerwasser ist das Verhältnis r_0 der Sauerstoffisotopen zueinander konstant und beträgt:

$$r_0 = {}^{18}O/{}^{16}O = 1991 \cdot 10^{-6}.$$

Die Verdunstung von der Meeresoberfläche ist im Hinblick auf das Isotopenverhältnis als eine fraktionierte Destillation aufzufassen, bei der der Wasserdampf in Abhängigkeit von den Temperaturen an schweren Isotopen ärmer ist als das verdunstende Medium, weil für die Einstellung eines physikalisch-chemischen Gleichgewichts zu wenig Zeit zur Verfügung steht. Der *Isotopenquotient* $r = {}^{18}O/{}^{16}O$ des Wasserdampfes in der Atmosphäre ist danach kleiner als r_0 des Meerwassers. Ferner verringert sich nach G.Q. de Robin (1962) dieses Verhältnis bei Abkühlung in Wolken weiter, da Wassermoleküle mit schweren Isotopen schon bei höheren Temperaturen gefrieren. Bildet man den *Anreicherungskoeffizienten*

$$\delta^0/_{00} = \left[\frac{r - r_0}{r_0}\right] \cdot 1000$$

des Isotopenverhältnisses im Niederschlag (r) und des Standard Meerwassers (r_0), so erhält man ein Maß für den unterschiedlichen ^{18}O-Gehalt. Da $r < r_0$, wird δ negativ. Der ^{18}O-Gehalt eines Niederschlages ist also umso geringer, je stärker negativ die Werte werden. Aufgrund dieses Verhaltens des Wassers ist es möglich, Niederschläge sowohl regional als auch nach Jahreszeiten zu gliedern.

Fig. 4 zeigt, daß mit wachsender geographischer Breite der Anteil an ^{18}O in den Niederschlägen geringer wird. Dabei ergibt sich eine enge Abhängigkeit zwischen δ und der mittleren Jahrestemperatur der Luft, wie aus *Fig. 5* zu ersehen ist. Sie führt dazu, daß sich die schneeigen Niederschläge des Sommer- und Winterhalbjahres in hohen Breiten, wo

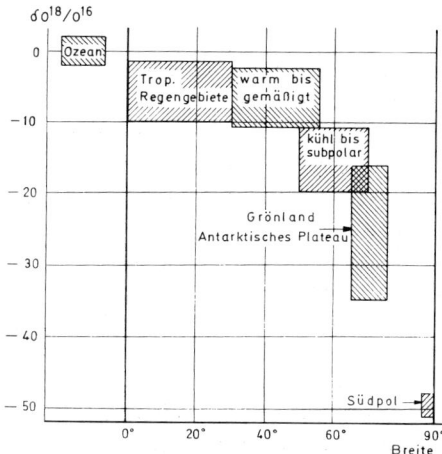

Fig. 4 Abhängigkeit des Isotopenverhältnisses O^{18}/O^{16} im Niederschlag im Meeresniveau von der Geographischen Breite. Aus L. Lliboutry (1964), S. 195.

16 Schneedecke und ihre Eigenschaften

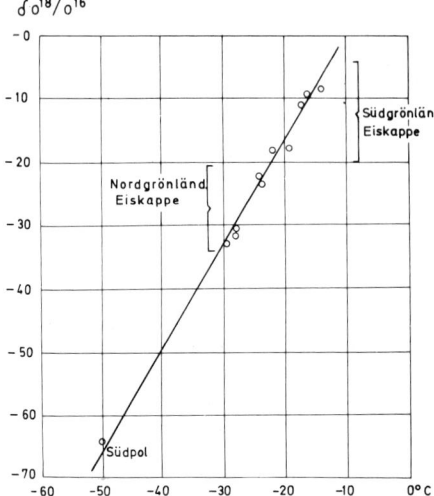

Fig. 5 Abhängigkeit des Isotopenverhältnisses O^{18}/O^{16} im Niederschlag von der Temperatur. Nach G. Q. de Robin (1962).

ein ausgesprochen jahreszeitlicher Temperaturgang vorherrscht (C. Troll, 1943), deutlich voneinander unterscheiden (*Fig. 6*). Der mittlere δ-Wert für den Sommer beträgt danach −17, für den Winter aber −28,3. In *Fig. 7* sind die jahreszeitlichen Variationen des $^{18}O/^{16}O$-Verhältnisses in Bezug auf den Standard Meerwasser (SMOW, Standard mean ocean water) (δ-Werte) für die einzelnen Tiefenstufen eines Bohrloches auf Grönland dargestellt. Deutlich lassen sich die Sommerschichten (S) mit merklich höheren δ-Werten von den Winterlagen (W) unterscheiden. Das tiefste hier angefahrene Stratum in 297,7 m Tiefe ist nahezu 800 Jahre alt.

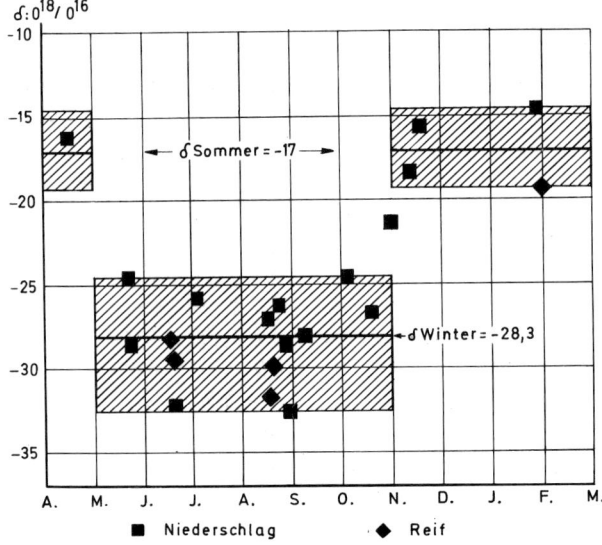

Fig. 6 Jahresgang des Isotopenverhältnisses O^{18}/O^{16} im schneeigen Niederschlag der Antarktis. Aus L. Lliboutry (1964), S. 195.

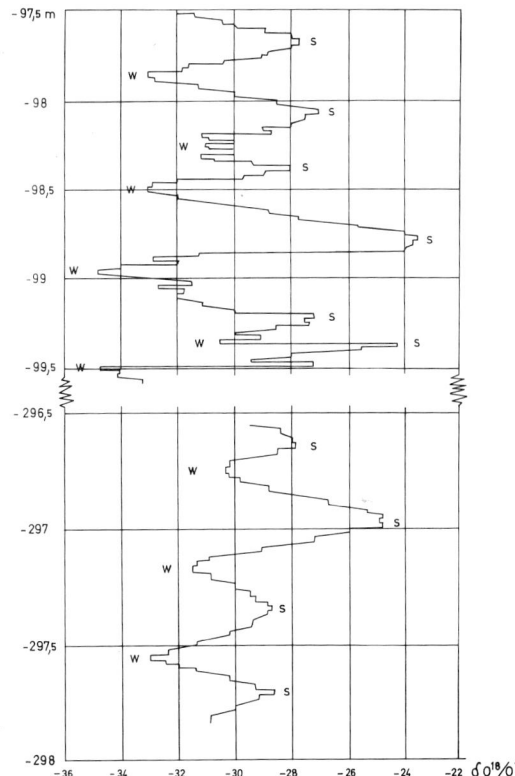

Fig. 7 Jahreszeitliche Schwankungen des $^{18}/O^{16}$ Isotopenverhältnisses in einem Bohrloch auf Grönland. W = Winterwerte, S = Sommerwerte. Nach G. Q. de Robin (1962).

2.1.2. Messung des festen Niederschlags

Die Messung fester Niederschläge bereitet erhebliche Schwierigkeiten. Die erzielten Ergebnisse sind noch unsicherer als bei Regenfällen. Das ist zunächst einmal darauf zurückzuführen, daß Schneekristalle und Schneeflocken infolge der geringeren Sinkgeschwindigkeit sehr leicht vom Wind verfrachtet werden. Sowohl *Schneegestöber*, darunter versteht man Schneefall bei stürmischen Winden, als auch *Schneetreiben*, eine windbedingte Drift bereits akkumulierten Schnees in Dezimeter bis Meter Höhe über Grund, sind mit erheblichem horizontalem Schneetransport verbunden. Dabei kann einerseits schon im Auffangtrichter der Niederschlagssammler akkumulierter Schnee ausgeweht, andererseits aber auch Schnee eingeweht werden, ohne daß wirklich Niederschlag gefallen ist. Vielfach bilden sich, besonders bei ergiebigen Schneefällen, auf den Meßgeräten mächtige Schneehauben, die die Ergebnisse restlos verfälschen. Auf den durch Winddrift verursachten Unterschied zwischen gemessenem Schneefall und der wirklichen *Nettoakkumulation* weisen unter anderen H. P. Blach und W. Budd (1964) für die Antarktis hin. H. Hoinkes und H. Lang (1962) berichten von Untersuchungen aus den Ötztaler Alpen, daß die in Totalisatoren gesammelte Niederschlagsmenge nur 45–60% des Wasseräquivalentes der in unmittelbarer Nachbarschaft liegenden Schneedecke entsprach. Nach L. Lliboutry (1964, S. 185) werden in Auffanggefäßen stets zu geringe Schneemengen gemessen. Die negativen Abweichungen liegen zwischen 15 und 50%. Soweit einige Hinweise auf Unsicherheiten, mit denen die Beobachtung behaftet ist.

Für die Messung des Schneefalls dienen ebenso wie für Regen der *Niederschlagsmesser* nach Hellmann mit einer Auffangfläche von 200 cm² ($\varnothing = 159{,}6$ mm) und der *Gebirgsniederschlagsmesser* mit einer Auffangfläche von 500 cm² ($\varnothing = 252{,}3$ mm). Ein in die Trichteröffnung eingebrachtes *Schneekreuz* soll das Auswehen bereits aufgefangenen Schnees verhindern. Nach Vergleichsuntersuchungen von H. Haase (1958) zeigt der Gebirgsniederschlagsmesser gegenüber dem Hellmann'schen Gerät im Durchschnitt um 6,5 % niedrigere Werte an. Eine der Ursachen dafür ist, daß aus der größeren Auffangfläche Schnee leichter als von einer kleinen ausgeweht wird.

In schwer zugänglichem Gelände verwendet man für die Erfassung des Schneefalls *Totalisatoren*, in denen die Niederschläge über Monate oder sogar ein Jahr aufgespeichert werden. Eine Vaselinölschicht verhindert die Verdunstung aus den Sammelgefäß. Als Frostschutzmittel, gleichzeitig auch zum Schmelzen der festen Niederschläge, dient eine Calziumchloridlösung ($CaCl_2$), die bei einer Konzentration von 29,6 Gewichtsprozenten bis $-51\,°C$ ein Gefrieren verhindert. Mit zunehmendem Niederschlagsanteil verringert sich die Lösungskonzentration, und bei 20 % steigt der Schmelzpunkt bereits auf $-17{,}8\,°C$. Es ist deshalb bei der Wartung des Gerätes für eine hinreichende $CaCl_2$-Zugabe zu sorgen.

Weitere Möglichkeiten, den festen Niederschlag zu erfassen, bieten Beobachtungen an der Schneedecke. Die tägliche Neuschneehöhe wird an einem *Schneetisch*, einer hell gestrichenen Holzplatte mit 1 m² Fläche, die 1 m über der aktuellen Oberfläche angebracht ist, jeden Morgen gemessen. Mit Hilfe eines *Stechzylinders* kann eine definierte Probe gewonnen und über Wägung oder Schmelzen das Wasseräquivalent in Millimeter Niederschlag ermittelt werden. Die mittlere Schneedichte einer Neuschneedecke wird in der Regel mit 0,1 g/cm³ angegeben. Wie die Ausführungen über die Schneearten gezeigt haben, ist dies nur ein sehr grober Näherungswert, der, berücksichtigt man noch die Windeinwirkungen, innerhalb beträchtlicher Grenzen schwanken kann.

Für ausgedehnte Feldbeobachtungen sind Meßtische zu aufwendig. Nach den Anleitungen des *U.S. Weather Bureau* (1962), werden dafür *Markierungstafeln (snow boards)* mit einer quadratischen Fläche von 0,25 m² zur Fixierung der Altschneedecke vorgeschlagen. Der Neuschneeauftrag wird dann wie beim Schneetisch gemessen. Um durch Windtransport bedingte Meßfehler zu vermeiden, ist darauf zu achten, daß die Beobachtungsflächen nicht dem Wind ausgesetzt sind. Die Verlässlichkeit der Aussagen kann durch Vermehrung der Anzahl der Markierungstafeln erhöht werden.

Einen Anhalt über den Schneeauftrag gewinnt man auch durch Beobachtung mit *Schneepegeln*, die entweder in den festen Untergrund gerammt oder mit Hilfe einer Bodenplatte stabil aufgestellt sind. Bei diesen Messungen ist die topographische Lage der Aufstellungspunkte zu berücksichtigen. H. Hoinkes (1955, 1962) weist wiederholt darauf hin, daß in flachen Mulden der Gletschergebiete wesentlich mehr Schnee akkumuliert ist als auf Kuppen. Um den schneeigen Gebietsniederschlag mit größerer Sicherheit zu erfassen, was für die Berechnung der winterlichen Wasserrücklagen unerläßlich ist, ist es notwendig, Schneehöhe und Schneedichte an möglichst vielen Stellen zu messen. Das ist ein zwar sehr aufwendiges, aber immer noch das genaueste Verfahren.

Die durch verschiedene Meßanordnungen gewonnenen Daten werden in Millimeter Wasseräquivalent ausgedrückt.

2.1.3. Verbreitung und Anteil des Schneefalls am Gesamtniederschlag

Nach P. A. Schumskii (1955) ist schneeiger Niederschlag auf 80% der Kontinentflächen bekannt. Die *äquatoriale Schneefallgrenze* im Meeresniveau (J. Blüthgen, 1966, Abbildung 86, S. 219) zieht auf der Nordhalbkugel vom Ansatz der Halbinsel Niederkalifornien das Hochland von Mexiko umfassend, nach Florida, umschließt den mediterranen Raum Nordafrikas, quert die Arabische Halbinsel zwischen dem Golf von Akaba und dem Persischen Golf, folgt dem Südrand der Massenerhebungen der Iranischen Randketten, säumt die des Himalayas und streicht an der Südküste Chinas ins Meer aus. Auf der Südhalbkugel weist lediglich Südamerika größere Flächen mit festem Niederschlag auf. Die äquatoriale Schneefallgrenze zieht hier etwa von Santiago (Chile) gegen São Paulo (Brasilien). In Südafrika trifft man Schnee auf den hochgelegenen Plateaus, vor allem in den Drakensbergen und den Kapfalten. Australien wird von dieser Grenze nur im äußersten Süden im Bereich von Victoria geschnitten. Auf Neuseeland ist dagegen Schneefall sowohl auf der Süd- wie Nordinsel bekannt. Innerhalb der Tropen beschränkt sich schneeiger Niederschlag auf die Hochregionen. In Südamerika sind die Andenketten, in Afrika Mt. Kenya, Kilimandscharo, Ruwenzori und Elgon zu nennen.

Die Verteilung des Schneefalls weist charakteristische regionale Unterschiede im Sinne des Formenwandels nach H. Lautensach (1952) auf. Aus *Fig. 8* ist ersichtlich, daß in Widerspruch zum Gesamtniederschlagsangebot die Schneemenge mit wachsender Breite zunimmt. Der peripher-zentrale Formenwandel drückt sich in der nordwärtigen Ausbuchtung der Isohyeten aus. Ferner ist das Anwachsen der Schneemenge mit der Seehöhe eindeutig erkennbar. Der Unterschied zwischen West- und Ostseiten der Kontinente ist

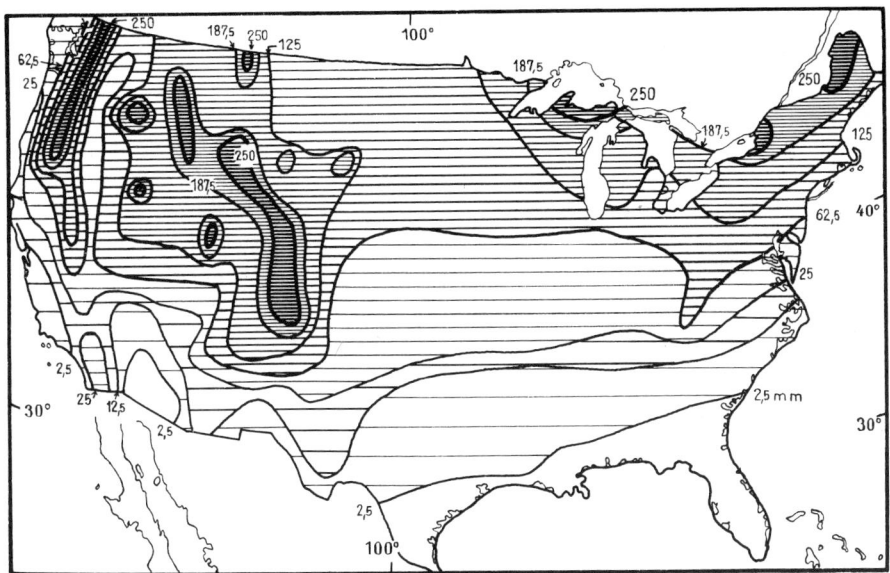

Fig. 8 Schneemengenverteilung in den USA in mm Wasseräquivalent. Aus. S. S. Visher, (1954), S. 594.

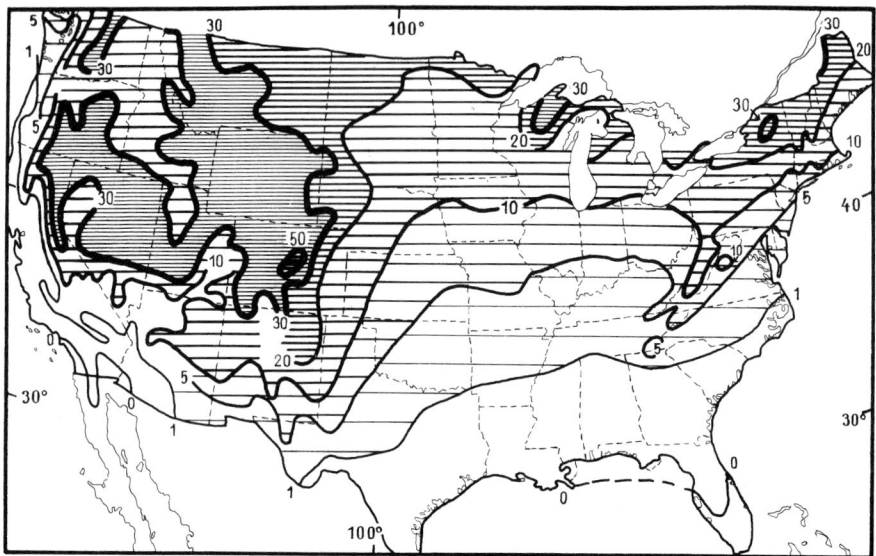

Fig. 9 Nivometrischer Koeffizient für das Gebiet der USA. Aus S.S.Visher (1954), S. 593.

vor allem in Eurasien sehr deutlich. Während Hokkaido (41° bis 46° N) mit dem Wintersportzentrum Sapporo jährlich eine Schneedeckendauer von 5 Monaten (November bis April) aufweist, ja selbst in den nördlichen Distrikten Nigoata und Sendai auf Hondo reichlich Schnee fällt, ist auf der Westseite des Kontinents in gleicher Breite (Südportugal bis Garonnemündung) Schneefall kaum bekannt.

Ein geeignetes Maß, um den Schneefall am Gesamtniederschlag zu erfassen, ist der *nivometrische Koeffizient* S/N (S = Schneefallmenge in Millimeter Wasser, N = Gesamtniederschlag). Er erreicht in der Antarktis und in der Hocharktis, wo Regen unbekannt ist, den Wert $1 = 100\%$, in den tropischen Tiefländern, wo ausschließlich Regen fällt, beträgt er $0 = 0\%$. In *Fig. 9* ist der nivometrische Koeffizient für die USA dargestellt. Daraus ergibt sich, daß nur in den Hochregionen der Vereinigten Staaten mehr als 30% der Niederschläge als Schnee fallen. Nach A.A.Borisov (1965) beträgt der Anteil des Schneefalls am Gesamtniederschlag für große Teile der UdSSR 25 bis 30% (Moskau 28%, Tomsk 29%). In den nördlichen Regionen steigt er sogar über 30 bis 35% (Archangelsk 31%) und nimmt im Süden auf weniger als 15% (Cherson 11%, Taschkent 12%) ab. Dabei variieren die Werte regional wie auch jahreszeitlich erheblich *(Tab. 2)*.
Wegen der unzureichenden Beobachtungsunterlagen wird der nivometrische Koeffizient auch über die Anzahl der Tage mit Schneefall (Ts) und die Gesamtzahl der Niederschlagstage (TN) errechnet, in (Ts/TN). Als Kriterium für einen Niederschlagstag dient die Mindestniederschlagsmenge von 0,1 mm in 24 Stunden. Diese Werte sind in ihrer Aussagekraft weniger zuverlässig, da sie nicht die absoluten Niederschlagsmengen berücksichtigen. Immerhin geben sie einen ersten Anhalt über die zeitlichen und räumlichen Schwankungen des Schneefallanteils am Gesamtniederschlag. In *Tab. 3* sind einige Werte für mitteleuropäische Landschaften in einem Ost-West- und einem Nord-Süd-Profil zusammengestellt.

Monate	11	12	1	2	3	4	5	6	7	8	9	10
Region Norden	80	97–100	97–100	97–100	<90	50	8	1	0	0	4	40
Süden	40	70	80	80	65	20	0	0	0	0	0	10

Tab. 2 Nivometrischer Koeffizient für einzelne Monate in % für nördlich (N) und südlich (S) der Linie Leningrad-Moskau-Uralmündung gelegene Gebiete der UdSSR. Zusammengestellt nach A. A. Borisov (1965).

Sehr deutlich ist für die Einzelmonate und für das Gesamtjahr die Zunahme der Tage mit Schneefall mit wachsender Kontinentalität (Schleswig-Holstein/Ostpreußen) zu erkennen. Ganz im Gegensatz zu den USA *(Fig. 9)* erhöht sich in Mitteleuropa die Schneefallhäufigkeit auch nach Süden. Sowohl zunehmende Kontinentalität (Beckenlage Thüringens) als auch wachsende Meereshöhe (Oberbayern/Schwaben) erklären diese Erscheinung. Vor allem mit der Höhenlage ändert sich der Anteil des Schneefalls erheblich, wie ein N-S-Profil durch die Westalpen und das pazifische Gebirgssystem Nordamerikas zeigt *(Tab. 4)*.

Bei wachsender Seehöhe steigt der nivometrische Koeffizient, weil die Schneemenge zunimmt. Die Änderung der Schneemenge mit der Höhenlage wird durch den *Niederschlags-*

Gebiet	Anzahl d. Stat.	Grenzhöhen d. Stat.	Monate im Jahr												Jahresdurchschnitt
			1	2	3	4	5	6	7	8	9	10	11	12	
Ostpreußen	12	3–185	75	76	61	25	3	0	0	0	0	8	35	61	30
Pommern	16	2–185	56	57	45	19	2	0	0	0	0	5	24	45	22
Mecklenburg	7	10–92	48	48	39	14	1	0	0	0	0	3	18	35	18
Schleswig-Holstein	10	1–47	38	41	36	14	2	0	0	0	0	1	12	26	15
Niedersachsen	16	3–576	39	40	36	15	2	0	0	0	<1	3	16	29	18
Thüringen	9	155–916	63	65	56	34	9	<1	0	0	<1	9	37	53	28
Franken	11	179–590	56	54	42	20	3	<1	0	0	<1	5	28	45	22
Oberbayern u. Schwaben	14	365–994	79	68	57	33	7	<1	0	0	<1	12	39	59	27

Tab. 3 Nivometrischer Koeffizient in % errechnet als Quotient Ts/TN nach Unterlagen des *Reichsamts für Wetterdienst* (1939) für die Periode 1891–1930.

Gebiet	Bei Höhe in m						
	100	1000	1500	2000	2500	3000	3500
Schweiz	13	27	40	60	75	90	96
Savoien	10	23	37	55	70	84	92
N-Dauphiné	8	20	33	48	64	80	89
Valgaudemar	2	16	28	42	58	74	85
Champsaur	0	12	24	38	54	70	82
Brit. Columbien 52°N	–	40	60	80	100	100	100
Nord-Kalifornien	–	10	25	60	90	–	–

Tab. 4 Abhängigkeit des nivometrischen Koeffizienten in % von der Höhenlage in den Westalpen und den pazifischen Ketten Nordamerikas nach L. Lliboutry (1964) und J. Corbel (1962).

gradienten – der Niederschlagsänderung pro Höhenmeter – erfaßt. Er ist von verschiedenen klimatischen Faktoren abhängig. Nach J. Corbel (1962) ist er in extremen polaren Klimaten nahezu 0 mm/m, in Thule (N-Grönland) 0,02 mm/m, Zentralgrönland 0,07 mm/m, Südgrönland 0,30 mm/m, bei Kemano in Britisch Kolumbien 0,70 mm/m, Nordkalifornien 0,82 mm/m und in den Alpen schwankt er zwischen 0,55 mm/m und 1,50 mm/m. Aus diesen wenigen Zahlenwerten läßt sich bereits eine enge Abhängigkeit der Niederschlagsgradienten von Temperatur und Luftfeuchtigkeit erkennen.

2.1.4. Interzeption von festem Niederschlag

Nicht der ganze in der Atmosphäre ausfallende feste Niederschlag erreicht die Bodenoberfläche, sondern wird zum Teil vom Kronendach der Bäume, dem Blatt- und Astwerk von Sträuchern und Gräsern aufgefangen und dort wieder verdunstet (Interzeptionsverlust) bzw. kommt später über Stammabfluß und Tropfwasser – Tropf- und Rutschschnee – zu Boden. Zwar wird die winterliche Interzeption durch die Schneebedeckung von Bäumen besonders deutlich (s. J. Blüthgen, 1966, Abbildung 83, S. 207), doch ist ihr Absolutwert geringer als im Sommer. F. E. Eidmann (1959) errechnete an Hand einer fünfjährigen Beobachtungsreihe im Rothaar-Gebirge (Sauerland), daß sich Winter- zu Sommerinterzeptionsverlust, ausgedrückt in mm Wasser, wie 1 : 1,66 bei Fichte, und 1 : 2,72 bei Buche verhalten. In diesen Zahlenwerten zeigt sich zugleich der Unterschied zwischen Laub- und Nadelbäumen. Die Winterinterzeption lag bei Fichtenbeständen bei 20,1 %, bei Buchen nur bei 4,3 %.
Die Herabsetzung der Interzeption im Winter ist zurückzuführen auf das Fehlen der Blätter beim Laubholz, auf die geringeren Verdunstungsverluste bei niederen Temperaturen. Hinzu kommt weiter, daß trockener, lockerer Schnee bei stärkerem Wind leicht verweht wird und somit nicht in den Kronen der Bäume hängen bleibt, schwerer Naßschnee aber über das Abbiegen von Ästen (Jungholz) oder *Schneebruch* zum Boden ab-

stürzt. Diese Tatsache zeigt sich in einem Nadelwald dadurch, daß die Schneedecke zwischen den einzelnen Bäumen mächtiger ist und gegen die Stammregion abnimmt (H. W. Lull, 1963). Im Rahmen des Gesamtwasserhaushaltes von Einzugsgebieten stellen die Winterniederschläge durch verringerte Interzeption einen relativ höheren Anteil für Oberflächenabfluß, Boden- und Grundwassererneuerung als die Sommerregen.

Nach Untersuchungen von H. M. Brechtel (1969, s. *Tab. 5*) ist die *Winterinterzeption* bei Schneefall zwischen Laub- und Nadelbeständen verschieden. Auch die einzelnen Baumarten zeigen altersmäßig bedingte Unterschiede. Interessant sind hier die gegensätzlichen Ergebnisse zwischen Jungbeständen, die im Winter noch einen Teil der abgestorbenen Blätter tragen (Eiche, Hainbuche) und wirklich winterkahlen Baumarten (Roteiche, Buche). Daraus ist zu folgern, daß durch eine geschickte Wahl der Baumarten in Forsten erheblicher Einfluß auf den Winter- und Frühjahrsabfluß genommen werden kann.

Wegen der großen hydrologischen Bedeutung der Schneeinterzeption für die Rücklagenbildung wurden in den vergangenen Jahren zahlreiche Beobachtungen darüber angestellt und in Arbeiten von V. V. Rakhmanov (1958), D. H. Miller (1962), M. D. Hoover und S. F. Leaf (1967), W. W. Jeffrey (1970), J. R. Meimann (1970) und H. M. Brechtel (1970,

	Laubwald				*Nadelwald*		
Baumart	Alter (in Jahren)	Interzeptionsverlust [mm]	[%] vom Freilandniederschlag	Baumart	Alter (in Jahren)	Interzeptionsverlust [mm]	[%] vom Freilandniederschlag
Eiche	17	3,5	24	Kiefer	18	5,5	38
	54	0,5	3		46	3,5	24
	164	0,0	0		109	6,5	45
Hainbuche	20	3,5	24	Kiefer/Buche gemischt	109	5,5	38
Roteiche	17	0,5	3	Fichte	25	7,3	50
	46	0,5	3	Lärche	18	7,5	52
	64	3,5	24		41	4,5	31
Buche	30	0,5	3				
	61	2,5	17				
	111	2,5	17				

Tab. 5 Interzeptionsverlust von Waldbeständen im Stadtwald Frankfurt vom 27. 12. 1968 bis 2. 1. 1969 bei einem Freilandniederschlag von 14,5 mm. Nach H. M. Brechtel, 1969, (S. 326).

1971), um nur einige neuere zu nennen, veröffentlicht. Sie zeigen, daß die Bestimmung des wirklichen Interzeptionsverlustes nicht einfach ist. Nach D. H. Miller (1966) entspricht die Differenz des Wasseräquivalentes der Schneedecke im Wald und einer benachbarten Lichtung nicht unbedingt dem Interzeptionsverlust. Vielmehr ist der Unterschied das Resultat von Verdunstung und Schneeverdriftung in Freilandflächen (M. D. Hoover, 1962). Auf die Zunahme der Schneeakkumulation mit abnehmender Lichtungsgröße hat schon P. P. Kuzmin (1960) hingewiesen. H. W. Anderson (1968) zeigt in einem Beispiel aus der Sierra Nevada in rund 2100 m Höhe, daß in den Lichtungen 800 mm Schnee (Wasseräquivalent), im Wald 650 mm, am Waldrand aber nur 600 mm lagen. Den Interzeptionsverlust im Wald gibt er mit 10 % an. Um die Unsicherheit in der Benennung zu vermeiden, wurde vom *N. Pacific Corps of Eng.* (1956) vorgeschlagen, die gemessenen Unterschiede im Wasseräquivalent der Schneedecke im Wald und Freiland als »catch difference« anzusprechen und die wirklichen Interzeptionsverluste getrennt zu bestimmen.

Aufgrund der Schneeinterzeption müßte man annehmen, daß in Wäldern eine geringere Wassermenge gespeichert wird als im Freiland. Diese Feststellung gilt allgemein nur für die Akkumulationsperiode. In der Ablationsperiode kehren sich die Verhältnisse um. Nach V. V. Rakhmanov (1958) werden aus 89 Stationen in europäisch Rußland und in Sibirien in 90 % der Fälle in Waldgebieten im Mittel um 18 % höhere Wasseräquivalente angetroffen als auf Freilandflächen. Die Werte schwanken zwischen 5 und 25 %. Die Differenz wird besonders groß bei zyklonalen Wetterlagen mit kräftiger Ventilation, sie vermindert sich bei antizyklonalen. Damit wird deutlich, daß Triebschnee, der von den Freiflächen abgeweht, in den Wäldern sedimentiert wird. Ferner führt er an, daß mit zunehmender Zahl von Tagen mit positiven Temperaturen die Unterschiede wachsen, da sich die Kaltluft in Wäldern länger hält. Auf die gleiche Ursache führt er auch den verspäteten Schmelzbeginn in Wäldern zurück. Diese Aussagen werden von M. Brechtel (1970) bei Untersuchungen in den deutschen Mittelgebirgen bestätigt. Er deutet diese Tatsache durch geringere Verdunstung in Waldgebieten und Verwehung von Freilandflächen. Zu grundlegend anderen Ergebnissen kommt A. Herrmann (1972, 1973) bei seinen Aufnahmen in den bayerischen Kalkvoralpen. Die Schneedecke ist in Waldgebieten durchweg merklich geringer als im Freiland. Die Ursache dafür dürfte in einer wesentlich anders gearteten klimatologischen Ausgangssituation dieser Gebiete zu suchen sein, wo sich unter anderem durch nächtliche Ausstrahlung in der Freilandschneedecke ein so hoher Wärmeverlust einstellt, daß die anderen genannten Faktoren überkompensiert werden. Dabei dürfte auch die Gesamtmächtigkeit und Dichte der Schneedecke eine Rolle spielen, denn in einem dicken, dichten Schneestratum bildet sich bei Ausstrahlung ein größerer Frostinhalt (cold content) aus als in einem vergleichsweise dünnen der Flachländer. Da ein Abfluß aus der Schneedecke, also wirklicher Wasserverlust, erst dann auftritt, wenn der Frostinhalt beseitigt ist, der Schnee bei 0 °C homotherme Verhältnisse aufweist, könnte damit die Umkehr der Freiland-/Waldschneedeckenmächtigkeiten durch den Wärmehaushalt erklärt werden. Diese unterschiedliche Verteilung der Schneeablagerungen erschwert die sichere Berechnung der Wasserrücklagen in der winterlichen Schneedecke temperierter Klimate.

2.2. Aufbau und Eigenschaften der Schneedecke

2.2.1. Aufbau der Schneedecke

Bleibt Schnee, der auf die Erdoberfläche gefallen ist, liegen, so bildet sich eine *Schneedecke*. Sie ist nach G. K. Sulakvedidze (1958) ein poröses Medium, in dem Wasser in drei Aggregatzuständen fest, flüssig und gasförmig auftritt, wobei der feste Anteil überwiegt. In niederen und mittleren Breiten, in Gebieten unter der jährlichen *klimatischen Schneegrenze*, ist sie eine temporäre Erscheinung der kalten Jahreszeit, für Tage, Wochen oder auch Monate. Bei einer kurzfristigen Schneeablagerung mit einer Dauer von Stunden bis zu mehreren Tagen spricht man auch von sporadischer Schneedecke. Sie wird, worauf M. Rachner (1966) hinweist, in den Flachländern und den unteren Lagen der Mittelgebirge Zentraleuropas vorwiegend durch Schneefälle im Spätherbst und Spätwinter bis Frühjahr verursacht, die entsprechend den wärmeren Witterungsverhältnissen nicht zu einer länger ausdauernden geschlossenen Schneedecke führen.

Im Frühjahr schmilzt sie mit zunehmenden Temperaturen wieder ab. In polaren Breiten und den Hochlagen der Gebirge über der jährlichen klimatischen Schneegrenze ist sie ganzjährig ausgebildet. Die dort akkumulierten Schneemassen werden über Vorgänge der *Metamorphose* in *Firn* und *Gletschereis* umgewandelt. Da die Verdunstungsverluste dieser Regionen bei sehr niedrigen Temperaturen nur gering sind, zudem durch Resublimationsvorgänge weitgehend wieder ersetzt werden, wird die als Schnee gebundene Wassermasse erst durch den Abfluß von Gletschereis in niederen Höhenstufen, wo es abschmilzt, oder durch Ausstoß bei Gletscherkalbung im Meer dem Wasserkreislauf wieder eingegliedert.

Bereits die Art der festen Niederschläge führt zu einer ersten Charakteristik der *Neuschneedecke*. Jedem Skifahrer sind die Unterschiede von trockenem Lockerschnee (*Pulverschnee*), der bei rascher Abfahrt stäubt, und *feuchtem Lockerschnee (Pappschnee)*, der zu unangenehmen Stürzen führen kann, bekannt. Bei tiefen Temperaturen von $-10°$ bis $-30°C$ und Windstille wird oft ein sehr zusammenhangloser Schnee, der in der Schweiz als *Wildschnee* bezeichnet wird, sedimentiert. Als erste haben F. Fankhauser (1928) und E. Hess (1931) über Wildschnee berichtet. Seine Kohäsion ist so gering, daß er sich leicht mit dem Mund fortblasen läßt und durch geringen Anstoß erzeugte Schneebewegung sich sofort auf weite Hangflächen überträgt, »so daß die ganze Auflagerung am Hang in Bewegung gerät und wie Flaum in Schneewolken zerstiebt« (W. Paulcke, 1938, S. 69). Die *Dichte* dieser Ablagerung beträgt nur 0,01 bis 0,05 g/cm³. Mit einer Dichte von 0,03 bis 0,06 g/cm³ ist trockener Lockerschnee, bei Kälte ohne starken Windeinfluß in kleinen Flocken gefallen, schon enger gepackt. Beim feuchten Lockerschnee nimmt das *spezifische Gewicht* sogar auf mehr als 0,1 g/cm³ zu. Von erheblichem Einfluß auf die Dichte der *Primärschneedecke* ist der Wind, der in zweifacher Hinsicht wirksam wird. Zunächst kommt es an Luvhängen zu einer *Windpressung*. Die Verdichtung ist besonders stark, wenn auftreffende Schneepartikel über die *Regelation*, das druckabhängige Schmelzen und Wiedergefrieren, mit der Unterlage verbacken. Die durch Winddruck verdichteten Schneeablagerungen, die nur auf luvseitigen Abdachungen auftreten, werden *Schneebretter* genannt. Aber auch rein windgedrifteter *Triebschnee*, der in Lee von Hängen oder Hindernissen zur Ablagerung kommt, ist mit einem Raumgewicht bis zu 300 kg/m³, also einem spezifischen Gewicht von 0,3 g/cm³, wesentlich dichter gepackt als bei Windstille gefallener Neuschnee. Die Ursache dafür ist darin zu suchen, daß durch den Windtrieb die primären Schneekristalle

26 Schneedecke und ihre Eigenschaften

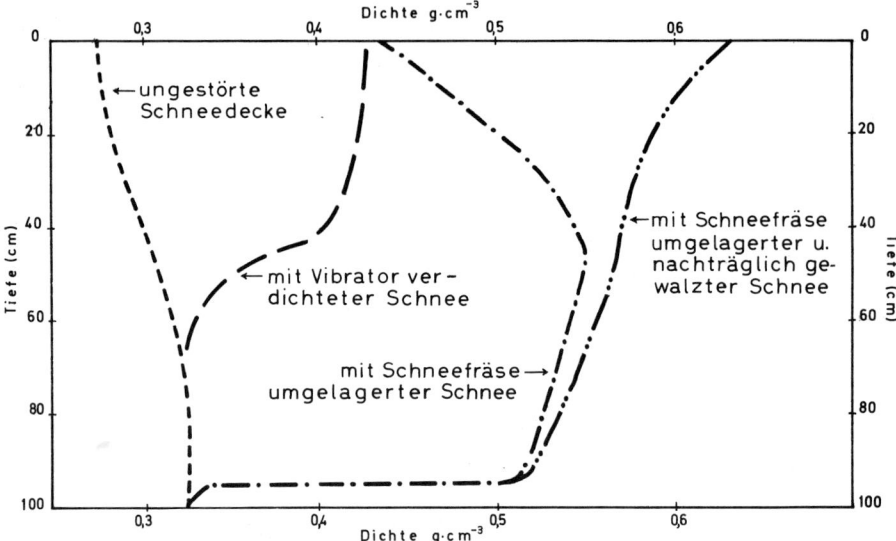

Fig. 10 Dichtezustand unterschiedlich bearbeiteter Schneedecken auf Grönland. Nach A.F. Wouri (1963).

zu kleinen Partikeln zerbrochen werden, die sich sehr eng lagern. Diese Art von Schnee wird als *Packschnee* bezeichnet.

Bei der Befestigung von Schneedecken für den Holztransport in Skandinavien, der UdSSR und Nordamerika, der Bereitstellung von Parkplätzen unter anderem für 12000 Autos anläßlich der 8. Olympischen Winterspiele in Squaw Valley 1960 (E. H. Moser, 1963) oder auch bei der Anlage von Landepisten für Flugzeuge auf Schnee in arktischen und antarktischen Bereichen hat man ebenfalls die Erkenntnis gewonnen, daß nach Zerstörung der Primärstruktur der Schneekristalle eine höhere Verdichtung möglich ist (A. F. Wouri, 1963). In *Fig. 10* ist der Dichtezustand unterschiedlich bearbeiteter Schneeoberflächen in Grönland dargestellt. Die ungestörte Schneedecke (Ausgangsmaterial) zeigt eine mittlere Dichte von 0,3 g/cm³ mit geringer Zunahme des Wertes bis zu 1 m Tiefe. Durch Bearbeitung mit einem Fibrator wurden nur die oberen 50 bis 60 cm enger gepackt, sodaß sich dort ein spezifisches Gewicht von 0,4 g/cm³ oder wenig darüber einstellte. Eine grundlegende Veränderung erbrachte die Umlagerung des Schnees bis 95 cm Tiefe durch eine Schneefräse, wobei die Primärstruktur der Schneekristalle zerstört wurde. In den untersten Schichten bis 40 cm erhöhte sich die Dichte auf über 0,5 g/cm³ und die oberflächlich lockerer gepackten Teile konnten durch nachfolgendes Walzen sogar auf 0,6 g/cm³ verdichtet werden. Damit erreicht die Schneedecke eine so hohe Festigkeit, daß auch Flugzeuge auf ihr landen können.

Außer für die Verdichtung spielt der Wind auch für die Gestaltung der Schneeoberfläche (siehe Kapitel 2.4.) und die Verteilung sowie die Mächtigkeit der Neuschneedecke eine erhebliche Rolle. Gerade die Verfrachtung von trockenem Lockerschnee durch heftige Luftströmungen – Naßschnee wird nicht bewegt – erschwert die Beobachtung der gefallenen Gesamtschneemenge infolge der ungleichen Ablagerung außerordentlich. Durch Windtrieb wird an Leehängen zum Teil erheblich mehr Schnee, der z. B. von Hochflächen abgeweht sein kann, akkumuliert, als es der reinen Niederschlagsverteilung entspricht.

Durch diese Vorgänge sind unter anderem auch tiefgelegene, eiszeitlich entstandene Kare z.B. am Ostabfall des Schwarzwaldes (A. Zienert, 1961) oder an der Ostabdachung des Kastilischen Scheidegebirges (O. Fränzle, 1959) zu erklären. Durch Verwehungen kann Schnee aber auch von einem Niederschlagsgebiet (Einzugsgebiet) in ein anderes umgelagert werden. Dies ist für die Beurteilung des Schneeschmelzabflusses sehr wichtig. Besonders in den Polarregionen, dem Hauptverbreitungsgebiet von Trockenschnee, ist die Berücksichtigung des Schneefegens für den Massenhaushalt der Inlandeise und Gletscher entscheidend (W. Budd u.a., 1963).

Die oben aufgeführte Dichteschichtung trifft nur für die primäre Neuschneedecke zu. Diese macht schon bald nach der Sedimentation, vor allem bei Temperaturen um den Gefrierpunkt, eine rasche Veränderung durch, die zu einer Verdichtung, damit zum Setzen der Neuschneedecke führt.

Die Schneedecke kann für hydrologische Zwecke und für regionale Vergleiche durch *Schneedeckendauer, Schneehöhe* und *Schneedichte* einfach beschrieben werden. Die Werte werden von den meteorologischen Diensten ermittelt. Aus dem Produkt von Schneehöhe

Abb. 2 Transparentes Schneeprofil mit Rammsonde. Durch Ausstechen eines Schneeprofils mit geringer Schichtdicke wird es transparent und die Einzelstraten werden deutlich sichtbar. (Archiv: Eidgenössisches Institut für Schnee und Lawinenforschung am Weißfluhjoch ob Davos).

28 Schneedecke und ihre Eigenschaften

und Schneedichte errechnet sich das *Wasseräquivalent*. Darunter versteht man jene Wassermenge, die aus einer definierten Schneeprobe durch Schmelzen gewonnen werden kann. Sowohl in die Schneedichte und folglich auch in das Wasseräquivalent geht der Anteil von flüssigem Wasser in der Schneedecke ein. Das Wasseräquivalent ist damit ein wichtiges Maß für die *Rücklagenspeicherung* in der Schneedecke. Aus der genannten Beziehung folgt ferner, daß bei Setzung des Schnees wohl die Schneehöhe abnimmt, mit steigender Dichte aber, solange weder Abfluß noch Verdunstung erfolgen, das Wasseräquivalent gleich bleibt.

Im Ablauf eines Winters ergibt sich aus dem Zusammenwirken von Überlagerungen der Altschneedecke durch wiederholte Neuschneefälle bei gleichzeitig fortschreitender Metamorphose (s. Abschnitt 2.2.2.) eine charakteristische Stratifizierung der Schneeablagerung *(Abb. 2)*. Eine umfassende Dokumentation über die Schneedeckenverhältnisse bietet die Darstellung in einem *Zeitprofil*, wie es von R. Haefeli u. a. (1939) vorgeschlagen

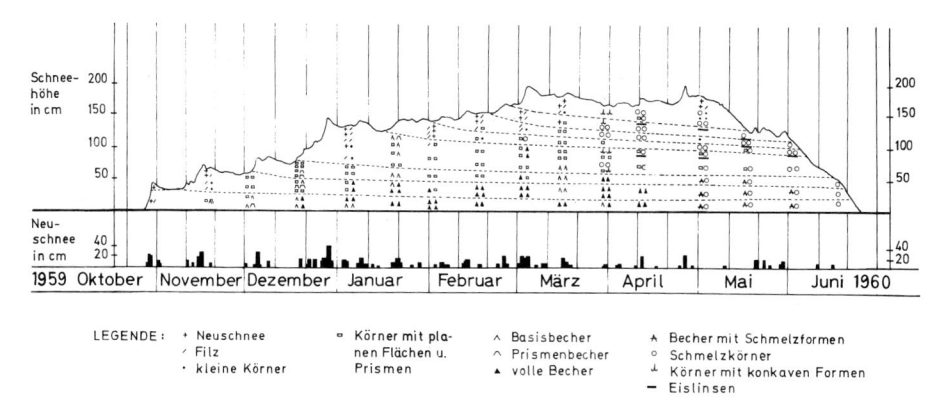

Fig. 11   Vereinfachtes Zeitprofil für den Winter 1959/60 der Schneedecke am Standardversuchsfeld Weißfluhjoch. Aus Winterbericht E.I.S.L.F. (1961), S. 92.

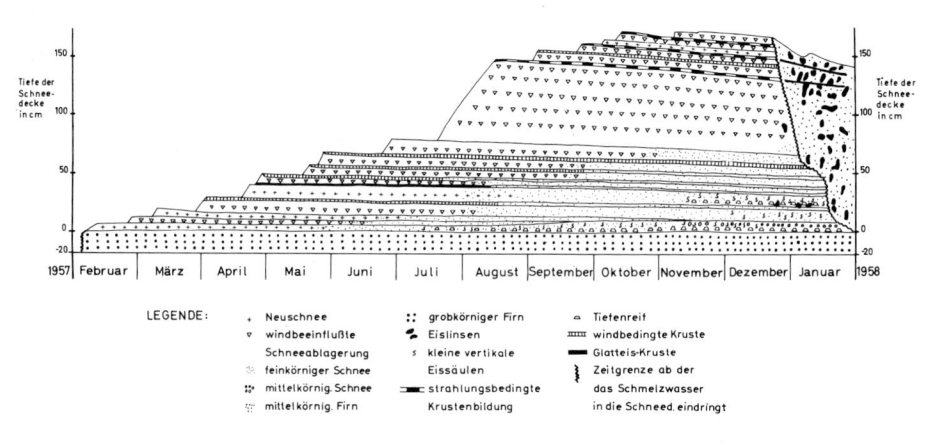

Fig. 12   Vereinfachtes Zeitprofil für den Winter 1957/58 der Schneedecke an der sowjetischen Station Mirny in der Ostantarktis. Aus L. Lliboutry (1964), S. 226.

wurde. In ihm sind Angaben enthalten über Kornformen und Korngrößen des Schnees, Dichte, Feuchte, Rammwiderstand und Schneetemperatur. An Beispielen vom Standardversuchsfeld am Weißfluhjoch oberhalb Davos/Schweiz und der sowjetischen Station Mirny (Ostantarktis) (siehe *Fig. 11 u. 12*) soll nachfolgend die Schneedeckenentwicklung in einem temperierten und einem kalten Gebiet kurz vorgestellt werden.

Am Versuchsfeld Weißfluhjoch (2540 m) nimmt die Schneedeckenhöhe vom Herbst bis zum Spätwinter allmählich zu und erreicht im Berichtsjahr 1959/60 mit 260 cm ihre maximale Mächtigkeit. Der Abbau im Frühjahr erfolgt wesentlich rascher. Diese asymmetrische Verteilung der Schneedeckenentwicklung ist typisch für unsere Breiten. In *Fig. 11* sind in Bezug auf die Akkumulation identische Schichten durch gerissene Linien verbunden, die von der linken Seite des Diagramms (Beginn der Schneedeckenbildung) gegen die rechte einfallen. Daraus wird ersichtlich, daß identische Straten im Laufe der Zeit durch Verdichtung an Mächtigkeit abnehmen. Die gleiche Erscheinung zeigt *Figur 12* für die Antarktis, nur daß sich dort der Setzungsprozeß bei tiefen Temperaturen langsamer vollzieht. Diese Beobachtungen zeigen uns, daß die Dichte mit der Dauer der Schneedecke zunimmt, wie auch *Fig. 13* belegt.

Nachdem sich am Hohen Peißenberg (Figur 13) im Winter 1951/52 nach dem Weihnachtstauwetter vom Januar bis März eine durchgehende Schneedecke ausgebildet hat, nehmen die Dichtewerte in der gleichen Zeit von 0,1 bis 0,15 bis auf 0,45 g/cm³ am Ende der Schneeperiode zu. Diese Verdichtung wird durch Metamorphose des Schnees bewirkt, die in Figur 11 auch in der Schneestruktur gut zu erkennen ist.

Die oberflächennahen Schichten werden mit Ausnahme der Beobachtungen Ende Mai und im Juni – in dieser fortgeschrittenen Jahreszeit dominieren Schmelzkörner – durch Neuschnee und *Schneefilz*, bei dem die Primärkristalle noch erkennbar sind, aufgebaut.

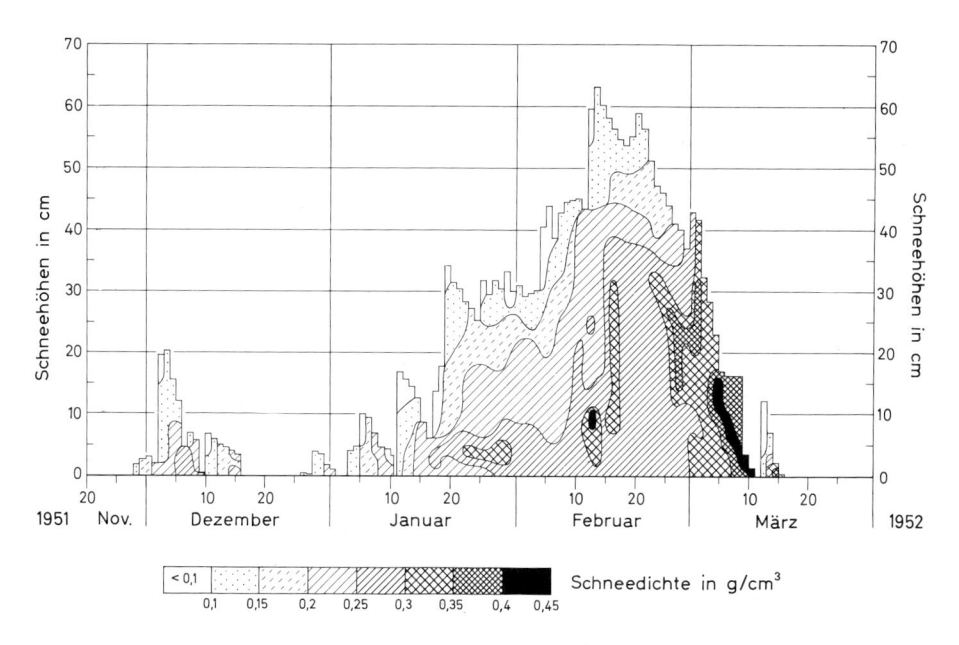

Fig. 13 Vereinfachtes Zeitprofil durch die Schneedecke am Hohen Peißenberg für den Winter 1951/52. Nach J. Grunow (1952).

Durch Wasserdampftransport werden die Schneesterne aber alsbald in eine Kornstruktur mit planen Flächen und Prismen und zu Tiefenreif umgeformt. Die Veränderung erfolgt innerhalb weniger Wochen, z.B. von Ende Oktober bis Mitte November. In der Antarktis (Figur 12) – gleiches gilt für Grönland und andere arktische Bereiche (u.a. H. Lister, 1961) – dauert dieser Vorgang wesentlich länger. Erst nach etwa vier Monaten zeigt sich eine Umwandlung von Neuschnee oder windgetriebenem Schnee in die Firnkornphase, und der Aufbau von Becherkristallen des Schwimmschnees beansprucht sogar bis zu sechs Monaten. Wie sehr Temperaturerhöhungen die Metamorphose beschleunigen, zeigt sich im Polarsommer der Antarktis, wenn mit dem Eindringen von Schmelzwasser ab Mitte Dezember in kurzer Zeit der Schnee in mittelkörnigen Firn ungewandelt wird. Mit Zunahme der *Schneemächtigkeit* und damit verbundener Verringerung des Temperaturgradienten werden in den tieferen Lagen am Weißfluhjoch die Becherkristalle ausgefüllt und im April treten in der Tiefe bereits Schmelzformen auf, die im antarktischen Winter völlig fehlen. Ein erheblicher Unterschied gegenüber unseren Breiten bildet der hohe Anteil an windverfrachtetem Schnee am Gesamtaufbau der Schneedecke. Neben Windharschbildungen treten zumindest in den Randgebieten der Antarktis ab August, wenn die Sonne wieder höher steht, wie in Hochlagen der Mittelbreiten strahlungsbedingte Harschschichten auf.

2.2.2. Metamorphose des Schnees

Bereits bei der Beschreibung des Aufbaus und der Stratifizierung der Schneedecke wurde deutlich, daß der gefallene Neuschnee im Ablauf der Zeit eine Veränderung erfährt. Diese Umwandlung und die daran beteiligten Vorgänge faßt W. Paulcke (1934) unter dem Begriff *Diagenese* zusammen, H. Bader, R. Haefeli und E. Bucher (1939) sprechen von *Metamorphose*. Der letztgenannte Ausdruck hat sich im wissenschaftlichen Schrifttum durchgesetzt. Für die Metamorphose des Schnees sind die herrschenden Witterungsbedingungen, wobei vornehmlich Temperatur, Luftfeuchtigkeit und Windgeschwindigkeit eine Rolle spielen, sehr entscheidend. Temperaturen um den Gefrierpunkt ermöglichen ein häufiges Schmelzen und Wiedergefrieren und führen so rasch zu einer Umformung der hexagonalen Schneesterne zu Firnkörnern. Deshalb vollzieht sich die Metamorphose des Schnees in mittleren Breiten rascher als in hohen Breiten mit dauernd tiefen Temperaturen. Luftfeuchtigkeit und Wind beeinflussen die Verdunstung und damit auch die Umlagerungsvorgänge in gasförmiger Phase.

Bei der Metamorphose des Schnees ist grundsätzlich zwischen den kalten Regionen und den temperierten Bereichen zu unterscheiden. In den Kältegebieten vollzieht sich die gesamte Umlagerung des Wassers innerhalb der Schneedecke in dampfförmiger Phase, in den Mittelbreiten spielen dagegen auch Schmelzvorgänge mit Transport von flüssigem Wasser eine erhebliche Rolle, worauf schon W. Paulcke (1938) hingewiesen hat. Seine Ergebnisse werden durch Beobachtungen und Experimente von G. Wakahama (1969) bestätigt. Ebenso wie durch Wasserdampftransport werden durch Schmelzwasser die verzweigten Neuschneekristalle einer Schneedecke in Kornform umgewandelt. Dieser Prozeß vollzieht sich vor allem in den Schmelzperioden im Frühjahr sehr rasch. Aufgrund der Veränderungen können in einer Schneedecke vier Schneearten unterschieden werden:

1 *Neuschnee* mit hexagonalen Schneekristallen verschiedener Ausprägung.
   Hierzu ist auch noch *Schneefilz* zu rechnen. Bei ihm ist die Kristallstruktur durch Zer-

Aufbau und Eigenschaften der Schneedecke 31

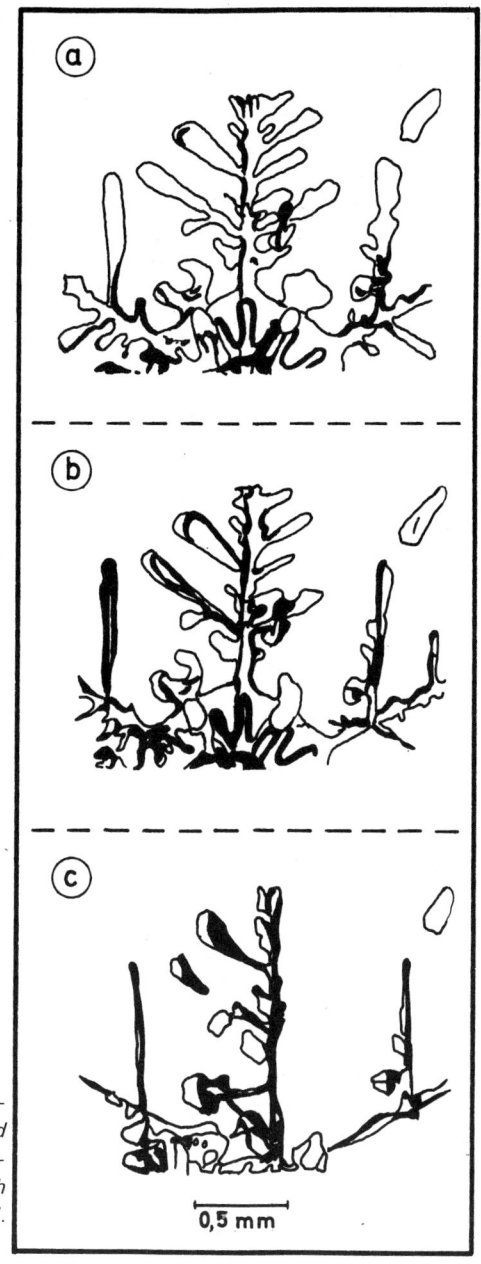

Fig. 14 Änderung der Form eines Schneekristalles bei einer Temperatur von −15°C und einem Temperaturgefälle von 0,3° pro Zentimeter. a) dentrischer Kristall bei −15°C; b) nach 24 Stunden c) nach 48 Stunden. Nach Z. Yosida (1963).

brechen der Einzelpartikel nicht mehr voll erhalten, er zeigt aber auch noch nicht die Kornform von Altschnee.
2 *Feinkörniger Schnee* mit einem mittleren Durchmesser von 0,3 bis 0,5 mm.
3 *Grobkörniger Schnee*, bei dem die Einzelkörner auf 1 mm bis 2 mm oder noch mehr angewachsen sind.

Schneedecke und ihre Eigenschaften

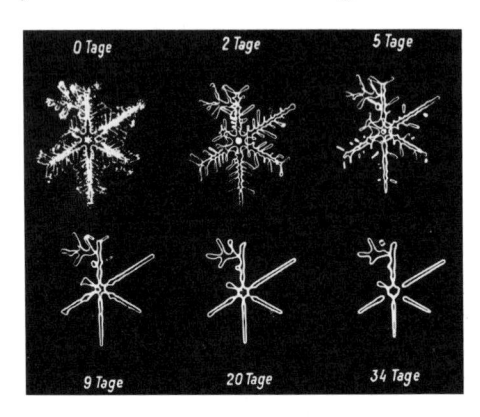

Abb. 3 Abbau eines Schneesternes bei negativen Temperaturen im Ablauf von 34 Tagen. Der Materialtransport erfolgt über die gasförmige Phase des Wassers. (Archiv: Eidgenössisches Institut für Schnee- und Lawinenforschung am Weißfluhjoch ob Davos).

4 *Tiefenreif* (depth hoar, Schwimmschnee) mit den typischen Becherkristallen.

Hinzu kommen noch *Eishorizonte*, die zum Teil primär als Harschoberflächen angelegt sein können, sich aber auch beim Wiedergefrieren von einsickerndem Schmelzwasser in kälteren Schichten bilden.

Hervorragende Zusammenfassungen über die an der Metamorphose beteiligten Vorgänge und ihre physikalische Deutung finden sich bei W. D. Kingery (1960), L. Lliboutry (1964) und M. R. de Quervain (1963). Nach de Quervain (1963) führen zur Metamorphose des Schnees Schmelzen der Kristalle und Wiedergefrieren, dampfförmige Substanzverlagerungen als Folge lokaler Temperatur- und Dampfspannungsunterschiede und Neuanordnung von Eis durch thermodynamische Instabilität an der Kristalloberfläche. Im einzelnen ist zu unterscheiden zwischen *destruktiver* und *konstruktiver Metamorphose*. Wie die Bezeichnungen bereits aussagen, handelt es sich im einen Fall um den Abbau der primären Kristallstruktur, im anderen um den Aufbau neuer Kristallformen *(Becherkristalle, Tiefenreif)* oder das Wachstum kleinerer Firnkörner durch Verdunstung und Sublimation innerhalb der Schneedecke.

• Schon beim Neuschneefall, besonders rasch bei Temperaturen um den Gefrierpunkt, setzt die Metamorphose des Schnees ein. Die zunächst feinverzweigten hexagonalen Schneekristalle (Abb. 1) werden durch Schmelzen und Wiedergefrieren des Wassers in körnige Form, die im Firn des Altschnees vollendet ausgebildet ist, übergeführt. Bei dieser Umgestaltung vollzieht sich die Materialumlagerung auch über die dampfförmige Phase des Wassers, wobei noch offen ist, ob *Diffusions-* oder *Konvektionsvorgänge* überwiegen (M. R. de Quervain, 1962). Der Wasserdampftransport geht von Bereichen höherer zu solchen mit tieferer Temperatur. Wie Versuche von Z. Yosida (1963) zeigen *(Fig. 14)*, wird ein Neuschneekristall selbst bei sehr niedrigen Temperaturen, aber erheblich hohem Temperaturgradienten von 0,3 °C/cm innerhalb von 48 Stunden in starkem Maße umgeformt. Bei den sehr tiefen Temperaturen von − 15 °C muß der Materialtransport in gasförmiger Phase erfolgen, da flüssiges Wasser nur in geringen Mengen vorhanden sein kann. In *Abb. 3* ist die Veränderung eines Schneesternes im Ablauf eines Monats bei konstanten negativen Temperaturen dargestellt. Bereits innerhalb von 5 Tagen sind die feinverzweigten Kristallspitzen, wo die höchsten Wasserdampfdrucke auftreten, abgebaut. Sobald sich gerundete Formen eingestellt haben, vollzieht sich die weitere Umwandlung sehr viel langsamer (Vergleiche Tage 9–34).

• Die Veränderung der Kristallform führt zu einer *Setzung* und damit Verdichtung der

Tage	1	5	9	15	24	31
Schneedichte in g/cm^3	0,12	0,23	0,27	0,31	0,36	0,37
mittlerer Korndurchmesser in mm	0,09	0,09	0,12	0,16	0,22	0,26

Tab. 6 Veränderung der Trockenschneedichte und Zunahme des Eiskerndurchmessers in 31 Tagen in einer Schneedecke nach Beobachtungen auf Hokkaido (Z. Yosida 1963).

Schneedecke. Auch kleine Überhänge, die sich durch die Verankerung der sperrigen Schneesterne bilden können, werden abgebaut.
Nach Beobachtungen von Z. Yosida (1963) auf Hokkaido nahm die Schneedichte innerhalb von 31 Tagen nach Neuschneefall von 0,12 auf 0,37 zu bei gleichzeitig erheblichem Wachstum der Firnkörner *(Tab. 6)*. Schon bei diesen einfachen Sackungsvorgängen sind Verdunstungs- und Kondensationsprozesse maßgeblich beteiligt. R. O. Ramseier und Ch. M. Keeler (1967) sehen einen Beweis dafür in dem Versuchsergebnis, daß eine Schneedecke in natürlichem Zustand wesentlich rascher sintert als bei Bedeckung mit Silikonöl, das die Verdunstung hemmt.
Zur Klärung der thermodynamischen und mechanischen Prozesse bei der Setzung der Schneedecke wurden am Eidgenössischem Institut für Schnee- und Lawinenforschung Versuche im Kältelaboratorium durchgeführt (M. R. de Quervain, 1958). Sie zeigen, daß unter homothermen Bedingungen Neuschnee in feinkörniges Material übergeführt wird, wobei Härte, Festigkeit und Dichte mit steigender Temperatur und wachsendem Überlagerungsdruck zunehmen. Wird dagegen in den Proben ein vertikaler Temperaturgradient durch Aufheizen erzeugt, so treten an die Stelle der kleinen runden Körner scharfkantige Formen. Bei sehr hohem Temperaturgefälle entsteht Tiefenreif, wobei die Korngröße zunimmt. Gleichzeitig verringert sich der Setzungsvorgang, die Dichte nimmt also langsamer zu. Daraus wird deutlich, in welch starkem Maße die meteorologischen Bedingungen die Metamorphose von Schnee beeinflussen.
Eine einfache Form der *Schmelzmetamorphose,* die *Schmelzharschbildung* (Harsch, Harst), ist jedem Skifahrer bekannt. Sie entsteht durch kurzfristige Wärmeeinwirkung (Sonnenstrahlung) auf die Schneeoberfläche bei nachfolgendem Wiedergefrieren. Solange die Harschdecke einen Menschen beim Auftreten noch nicht trägt, spricht man von *Bruchharsch*, der sowohl für den Bergsteiger als auch für den Skifahrer nicht nur ermüdend, sondern auch gefährlich werden kann. Wiederholt sich der Schmelz- und Gefriervorgang einigemale, so wird die Harschdecke dicker und tragfähiger. Voraussetzung dafür ist aber, daß in der Zwischenzeit kein Neuschnee gefallen ist. Eine ganz ähnliche Erscheinung zeigt sich im Spätwinter und Frühjahr bei starker Sonneneinstrahlung. Das entstehende Schmelzwasser wird zum Teil kapillar zwischen den Firnkörnern festgehalten und friert bei Sonnenuntergang durch die nun verstärkt wirksame Ausstrahlung, wobei Temperaturen bis zu 15 °C unter der der Luft auftreten (M. R. de Quervain, 1948). Dabei bilden sich um die einzelnen Firnkörner kleine durchsichtige Eisscheiben, die bei wiederholtem Vorgang zu einer 1 bis 2 mm dicken Eishaut zusammenwachsen können. Bei Sonnenaufgang stellt sie eine stark reflektierende Oberfläche dar, deshalb spricht W. Paulcke (1938) diese Erscheinung als *Firnspiegel (Abb. 4)* an. Die einfallende Strahlung durchdringt bei höherem Sonnenstand die dünne Blankeisdecke und baut die Schneedecke darunter ab,

Abb. 4 *Firnspiegel oberhalb der Waldgrenze. Aufnahme vom Weißfluhgipfel gegen S in Richtung Schiahorn, Küpfenfluh. (Archiv: Eidgenössisches Institut für Schnee- und Lawinenforschung am Weißfluhjoch ob Davos).*

so daß sich zwischen Schnee und Firnspiegel ein Luftraum bildet. Der Firnspiegel selbst wird in der Strahlungsperiode durch Sublimation von unten stets erneuert. Während der Firnspiegel jede Nacht erheblich abkühlt, bleibt die Schneetemperatur, durch das Luftpolster isoliert, im Schmelzpunktbereich.

Das überschüssige Schmelzwasser sickert in die Tiefe und fördert dort die weitere *Firnifikation*. Aus dem bisher Mitgeteilten ergibt sich, daß die Firnbildung von der Oberfläche in die Tiefe fortschreitet. Dies ist auch leicht verständlich, da dort der wesentliche Wärmegewinn auftritt. Als wichtigste Komponenten sind Strahlung und Wärmeübergang aus der Luft anzusprechen. Nach M. R. de Quervain (1948) beträgt der Strahlungsgewinn einer Schneedecke bei Davos an einem klaren Tag rund $300 \, \text{cal/cm}^2$. Auch der Wärmeübergang aus der Luft (fühlbarer Wärmestrom) ist bei einer Ventilation von $3 \, \text{m/s}$ und einer Temperaturdifferenz von $5 \, °C$ zwischen Schnee und Luft mit etwa $160 \, \text{cal/cm}^2$ noch sehr hoch. Dagegen muß der Wärmestrom aus dem Boden, den M. R. de Quervain (1948) mit $4 \, \text{cal/cm}^2 \, \text{d}$ angibt, als sehr klein angesprochen werden.

Alle bisher besprochenen Umwandlungen bei der Schneediagenese führen zu einer Verdichtung der Schneedecke. Es gibt aber bei der konstruktiven Metamorphose Kristallneubildungen, die den Rammwiderstand ebenso wie das Raumgewicht dieses Stratums verringern. Eine einfache Form der konstruktiven Metamorphose zeichnet sich im Wachstum der Firnkörner ab. In diesem Fall verlagert sich der Wasserdampf nach M. Mellor (1966) von Körnern, mit kleinem Durchmesser (große Kurvatur) und hoher Wasserdampfspannung gegen die großen Körner (kleine Kurvatur) mit niedrigerem Dampfdruck. Die großen Körner wachsen also auf Kosten der kleineren und des Materials, das von den Verbindungsbrücken zwischen einzelnen Firnkörnern abgebaut wird.

Aufbau und Eigenschaften der Schneedecke 35

Abb. 5 Gut ausgebildeter Becherkristall des Tiefenreifs (depth hoar). Deutlich sind die hexagonale Kristallstruktur sowie die einzelnen Wachstumsphasen zu erkennen. (Archiv: Eidgenössisches Institut für Schnee- und Lawinenforschung am Weißfluhjoch ob Davos).

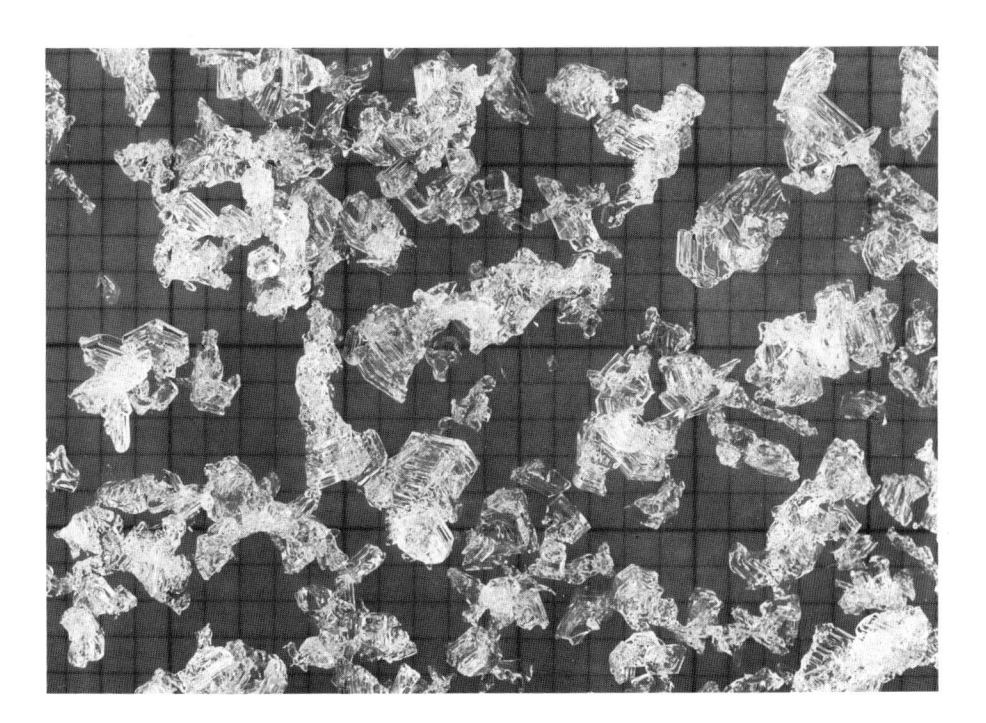

Abb. 6 Becherkristalle des Tiefenreifs (depth hoar). Aus der Maschenweite des untergelegten Gitters mit 2 mm kann die natürliche Größe leicht abgeschätzt werden. (Archiv: Eidgenössisches Institut für Schnee- und Lawinenforschung am Weißfluhjoch ob Davos).

36 Schneedecke und ihre Eigenschaften

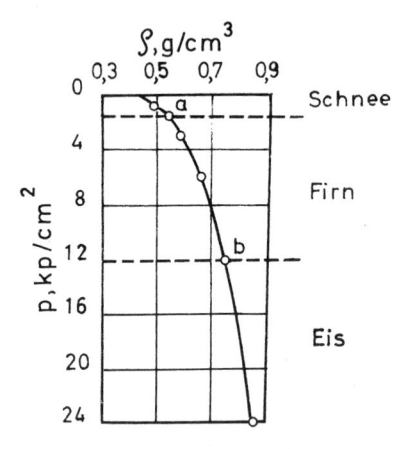

Fig. 15 Beziehung zwischen Schneedichte und statischem Druck für Schnee, Firn und Eis. Nach S. N. Kartaskov (1966).

Bei zunehmendem Durchmesser nimmt die Anzahl der Firnkörner pro Volumeneinheit ab, bei gleichzeitiger Verringerung der *Kohäsion*.
Wie leicht einzusehen, findet besonders bei steilen Temperaturgradienten in der Schneedecke ein kräftiger Wasserdampftransport statt. Bei der Kondensation und Sublimation des Wasserdampfes werden hexagonale, becherförmige Kristalle in der Schneedecke neugebildet *(Abb. 5 und 6)*. W. Paulcke (1938) hat sie als Tiefenreif angesprochen. Infolge ihrer spröden Konsistenz lassen sie sich nicht verdichten und bilden innerhalb der Schneedecke einen überaus mobilen Horizont, der bei Anstich wie Flottsand ausfließt. Diese Art wird deshalb auch *Schwimmschnee* genannt. Er bildet für Lawinen einen ausgezeichneten Gleithorizont. Schwimmschnee entsteht bei geringer Schneemächtigkeit, wenn sich zwischen Schneeoberfläche und Boden (0 °C) ein starker Temperaturgradient einstellt. Th. Zingg (1965) berichtet, daß sich innerhalb von 14 Tagen eine Schwimmschneeschicht ausbilden kann. Bei Mächtigkeitszunahme der Schneedecke und damit verbundener Abnahme des vertikalen Temperaturgradienten werden die hohlen Becherkristalle innen ausgefüllt (Th. Zingg, 1965). Ebenso wie in der Tiefe kann sich auch an der Schneeoberfläche durch *Sublimation Reif* bilden. Besonders nach langen, kalten Trockenperioden werden auf Altschneedecken aber auch auf Gletschereis bis zu 2 cm lange, gemusterte, in der Sonne blinkende Reifkristalle aufgebaut.

Nachdem die Vorgänge der Schneemetamorphose in den Grundzügen bekannt sind, sollen nachfolgend die kritischen Phasen des Übergangs von *Schnee (Sediment)* zum *Gletschereis (Metamorphit)*, wie er sich in Gebieten mit perenner Schneebedeckung vollzieht, kurz dargestellt werden. Allgemein bekannt sind die Begriffe Schnee, Firn, Gletschereis, die S. N. Kartaskov (1966) (siehe *Fig. 15*) in einem Druck/Dichtediagramm gegeneinander abgrenzt. Entscheidend für die Gliederung ist, daß sich die Verdichtung im Schnee wesentlich rascher als beim Übergang von Firn zu Gletschereis vollzieht. Bei der Kompaktion ist davon auszugehen, daß bereits die primären Schneekristalle aus Eis bestehen, das selbst nicht mehr verdichtet werden kann. Die Zunahme des spezifischen Gewichtes ist nur durch die Verringerung des *Porenvolumens* zu erklären. Sie vollzieht sich überaus rasch beim Abbau der Schneesterne zur Kornstruktur. Bei der Firnkornlagerung sind die beiden Extremfälle der *kubischen Anordnung* mit einer *Porosität* von 47,6 % und der *rhomboedrischen* mit 25,9 % zu nennen. Eine weitere Verdichtung ist durch reine Umschichtung nicht zu erreichen, sondern nur mehr über druckabhängige Korndeforma-

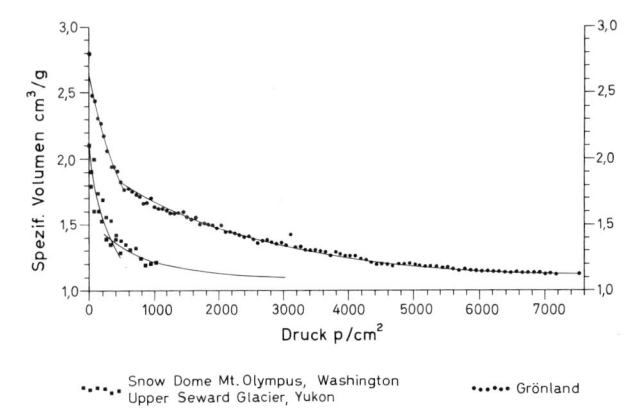

Fig. 16 Kritische Dichte von temperierten und kalten Schneeablagerungen. Nach L. Anderson und C. S. Benson (1963).

tionen, wobei das Material sowohl in flüssiger als auch gasförmiger Phase transportiert wird.

Den Zustand des Überganges von der reinen Schichtungskompression zur Verdichtung durch Korndeformation nennen L. Anderson und C. S. Benson (1963) *kritische Dichte (Fig. 16).* Sie nimmt bei kaltem Schnee (Station Grönland) geringere Werte ein als bei temperiertem (Beobachtungen Mt. Olympus/Washington und Upper Seward Gletscher, Yukon). Beide Kurven der Figur 16 zeigen an der kritischen Dichte eine markante Knickstelle. Sie kommt dadurch zustande, daß sich das *spezifische Volumen*, der reziproke Wert der Dichte, zunächst mit dem Auflagedruck sehr rasch, von der der kritischen Dichte an aber nur mehr langsam ändert. Die kritische Dichte liegt nun innerhalb der Spanne, die S. N. Kartaskov (1966) als Firn bezeichnet. L. Anderson und C. S. Benson (1963) schlagen aufgrund ihrer Ergebnisse eine weitere Unterteilung in *Schnee, Firn, Névé* und *Gletschereis* vor. Schnee, der aus hexagonalen Kristallen besteht, erreicht seine maximale Dichte bei einer Porosität von 36–40%, Firn, der sich als Altschnee einer sommerlichen Schmelzperiode klar zu erkennen gibt, wird bis zu einer Porosität von 25,9% verdichtet. Névé ist dann jene Ablagerung, die von der kritischen Dichte bis zum Gletschereis reicht. Von Gletschereis wird gesprochen, wenn die *Permeabilität* für die Luft den Wert Null annimmt.

Erste Untersuchungen über die Permeabilität, also die Luftdurchlässigkeit von Schnee, hat H. Bader (1939) durchgeführt. Nach J. A. Bender (1958) ist sie abhängig von Korngröße des Altschnees und der *Porosität* der Schneedecke. Als ein Maß für die Permeabilität K nennt er die empirische Beziehung

$$K = \left[\frac{16 \cdot 8 d^{1.63} \cdot n \cdot N}{N-n} \right].$$

Dabei ist d der mittlere Korndurchmesser, n die mittlere, N die maximale Porosität. Eine Altschneeablagerung wird bei einer Dichte von rund 0,77 g/cm³ luftundurchlässig, also bei einer Porosität von 16%. Aus Schnee und Firn wird Firn- und Gletschereis. Daß Gletschereis luftundurchlässig ist, wird durch im Eis eingeschlossene Gasblasen bewiesen.

Eine Unterscheidung von Firn und Névé hat sich bisher im internationalen Schrifttum nicht durchgesetzt. Vielmehr werden die herkömmlichen Bezeichnungen weiter verwandt. Man sollte sich dabei an den Vorschlag von H. Hoinkes (1970) halten, der in Neuschnee, Altschnee, Firn und Gletschereis gliedert. Beim Neuschnee sind die primären Kristallstrukturen zumindest teilweise noch erkennbar. Altschnee ist der metamorph veränderte Schnee eines Winterniederschlages. Als Firn sind danach nur jene Schneeablagerungen anzusprechen, die eine volle *Ablationsperiode* überdauert haben. Firn- und Gletschereis zeichnen sich durch Luftundurchlässigkeit aus.

In den bisherigen Ausführungen wurde zwischen destruktiver und konstruktiver Metamorphose unterschieden. H. P. Eugster (1952) geht dabei von morphologischen Kriterien der Kristalle aus. Nachdem in den letzten Jahren durch zahlreiche Arbeiten die an der Metamorphose des Schnees beteiligten Prozesse weitgehend geklärt wurden, stellen R. A. Sommerfeld und E. La Chapelle (1970) eine Klassifikation der Schneemetamorphose auf genetischer Basis vor. Sie führen dabei die einzelnen Prozesse auf Idealzustände zurück, die zwar in der Natur sehr selten rein anzutreffen sind, durch die aber die Vorgänge streng erfaßbar werden. Im einzelnen gliedern sie in:

I. *Nicht metamorphisierter Schnee*, wobei zwischen Ablagerungen ohne und solchen mit Windwirkung sowie Oberflächenreif unterschieden wird. Bei Windstille abgelagerter Schnee zeigt zwar zerbrochene, aber noch eindeutig erkennbare Kristallformen, von denen beim windgedrifteten Schnee nur mehr Splitter übrig sind. Der Oberflächenreif, sublimierter Wasserdampf, ist im Gegensatz zum Tiefenreif mit becherförmigen Kristallen, meist flächig in Form von Fazetten ausgebildet.

II. *Metamorphose bei homothermer Schneedecke.* In diesem Fall erfolgt der Materialtransport, der zum Abbau der Oberflächenenergie führt, weitgehend durch Wasserdampfdiffusion (V. R. Hobbs und B. J. Manson, 1964, V. P. Hobbs und L. F. Radke, 1967). In einer ersten Phase (A) werden die Schneesterne zu Schneekörnern umgeformt (destruktive Metamorphose nach H. P. Eugster, 1952), in einem zweiten Abschnitt (B) wachsen die großen Körner auf Kosten der kleineren (Verringerung der Oberflächenenergie, aufbauende Metamorphose).

III. *Metamorphose bei starkem Temperaturgradienden* führt zum Aufbau von Tiefenreif (Becherkristalle, konstruktive Metamorphose). Der Materialtransport in dampfförmiger Phase erfolgt aufgrund des herrschenden Temperaturgradienten von warm nach kalt. Verringert sich der Temperaturgradient, so werden die Hohlkristalle zum Abbau der Oberflächenenergie ausgefüllt. Im Einzelnen werden noch die Vorgänge bei einer Neuschneedecke (A) und bei Homothermie veränderter Schneedecke (B) ausgeschieden.

IV. Als letzte Gruppe werden dann die Vorgänge der *Firnifitation*, getrennt nach *Schmelz-Frier-Metamorphose* (A) und *Druckmetamorphose* (B) genannt. Als Firn sprechen Sommerfeld und La Chapelle dabei jene Ablagerung an, die zwischen der kritischen Dichte und der Eisphase liegt, die von H. W. Anderson und Benson (1963) als Névé bezeichnet wird. Durch die Schmelzmetamorphose werden in der Ablagerung Dichtewerte von 600–700 kg/m^3 erreicht. Eine weitere Komprimierung auf 700–800 kg/m^3 und weiter zu Gletschereis kann dann nur über vermehrten Druck durch überlagernde Schneeschichten in einer mehrjährigen Schneedecke erreicht werden.

2.2.3. Thermische Eigenschaften der Schneedecke

Der Temperaturgang in der Schneedecke wird von der Oberfläche her gesteuert. Die Energiezufuhr vom Boden ist, wie gezeigt wurde, unbedeutend. Für den Wärmeumsatz spielen *kurz*- und *langwellige Strahlungen*, der *fühlbare Wärmestrom*, die *Turbulenz, Kondensation* und *Evaporation* sowie *Regen* und *innere Wärmeleitung* eine wesentliche Rolle. Bei der kurzwelligen Strahlung ist zu berücksichtigen, daß sie von trockenem Lockerschnee bis zu 90% reflektiert wird. Die *Albedo* ist dabei in starkem Maße vom Metamorphosegrad der Schneedecke abhängig. Nach T. Arai (1964) beträgt sie für nassen Lockerschnee nur noch 66 bis 75%, für körnigen Neuschnee 60 bis 66% und sinkt bei körnigem Altschnee auf 51 bis 56% ab. Für die langwellige Strahlung wirkt dagegen die Schneedecke wie ein schwarzer Körper. Die *Nettostrahlungsbilanz* der kurz- und langwelligen Strahlung ist an der Schneeoberfläche an einem klaren Wintertag positiv, nachts negativ. Bei sehr flachem Strahleneinfall kann sie aber auch für die Tagstunden negativ werden (USDA FOREST SERVICE, 1961). Die Strahlung dringt nur wenig tief in die Schneeablagerung ein.

Die *Dämpfung* folgt einer exponentiellen Beziehung der Form $I_z = I_0 \cdot e^{-kz}$, wobei I_z die Intensität der Strahlung in der Tiefe z, k den *Absorptionskoeffizienten* bedeuten. Die Werte k liegen in Abhängigkeit der Schneebeschaffenheit zwischen 0,08 bis 0,2 cm^{-1} (M. R. de Quervain, 1948). Daraus errechnet sich, daß bereits in 10 cm Schneetiefe rund 50%, in 50 cm 99% der gesamt einfallenden Strahlung absorbiert sind. Diese Werte werden von

Dichte in g/cm³	0,1	0,3	0,4	0,5	0,6
λ_s in cal/cm·s·Grad	0,2·10^{-3}	0,7·10^{-3}	1,0·10^{-3}	1,5·10^{-3}	2,5·10^{-3}

Tab. 7 Abhängigkeit der Wärmeleitfähigkeit des Schnees von der Dichte nach M. R. de Quervain (1948).

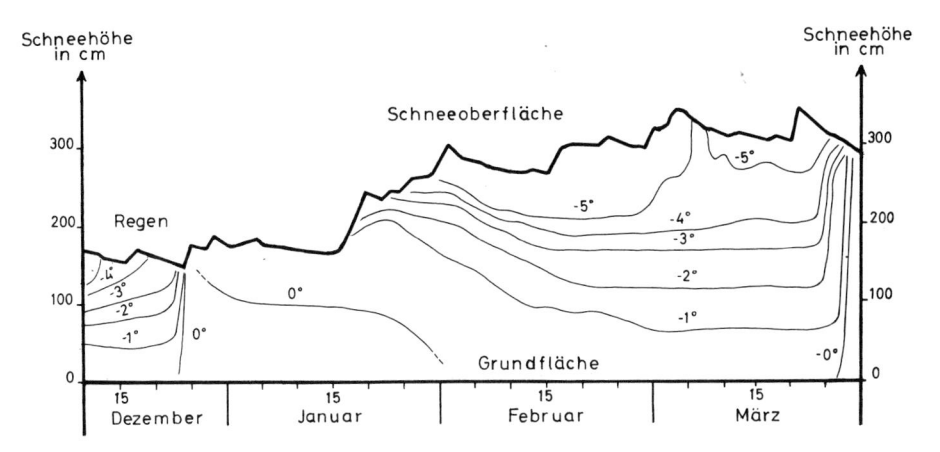

Fig. 17 Temperaturänderungen in einer Schneedecke der Station Alta/Utah USA vom 11.12.1955 bis zum 31.3.1956. Aus Agricultural Handbook Nr. 194, S. 16, (1961).

40 Schneedecke und ihre Eigenschaften

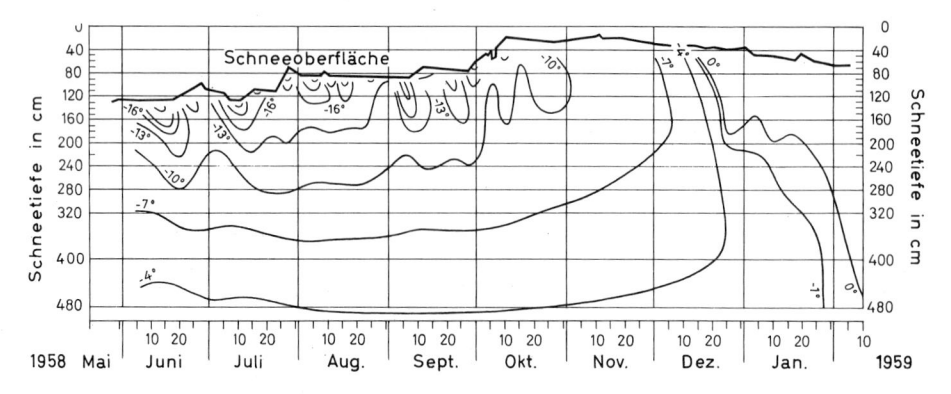

Fig. 18 Temperaturgang in der Schneedecke an der sowjetischen Station Mirny in der Ostantarktis vom Mai 1958 bis Januar 1959. Aus L. Lliboutry (1964), S. 407.

M. Bossolasco u. a. (1964) in der Größenordnung bestätigt. Die Energieinhaltsänderungen in größeren Tiefen erfolgen somit allein durch echte Wärmeleitung und Transport von Schmelzwasser.

Die *Wärmeleitfähigkeit* von Schnee λ_s ist sehr gering und um rund vier Zehnerpotenzen kleiner als bei Kupfer. Sie ist in starkem Maße von der Dichte ϱ der Schneedecke abhängig *(Tab. 7)*.

Daraus resultiert eine sehr kräftige Dämpfung der Temperaturamplitude. Bei einer täglichen Schwankung der Lufttemperatur von 10 °C finden sich in 10 cm unter der Schneeoberfläche noch Amplituden von 4,3 °C, in 80 cm von 0,14 °C und in 100 cm von 0,02 °C. Sie wird also rasch vernachlässigbar klein. In diesen Werten dokumentiert sich die gute *Wärmeisolation* durch eine Schneedecke. In den Mittelbreiten liegen daher die Temperaturen an der Bodenoberfläche unter einer Schneeablagerung stets nahe 0 °C. Der Anbau der Wintergetreide in winterkalten Gebieten wird nur dadurch möglich, daß die Schneedecke die junge Saat vor dem Erfrieren schützt.

Bei negativen Lufttemperaturen und einem Ausstrahlungsverlust stellt sich in der Schneedecke ein Temperaturgefälle vom Boden zur Oberfläche ein *(Fig. 17)*. Nur

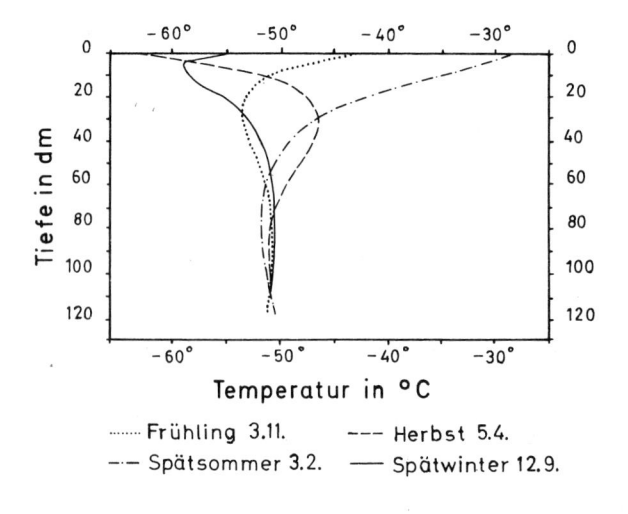

Fig. 19 Temperaturprofile im Schnee am Südpol zu verschiedenen Terminen. Nach M. Mellor (1963).

Aufbau und Eigenschaften der Schneedecke 41

GRÖNLAND

ISOTHERMEN   ISOHYPSEN

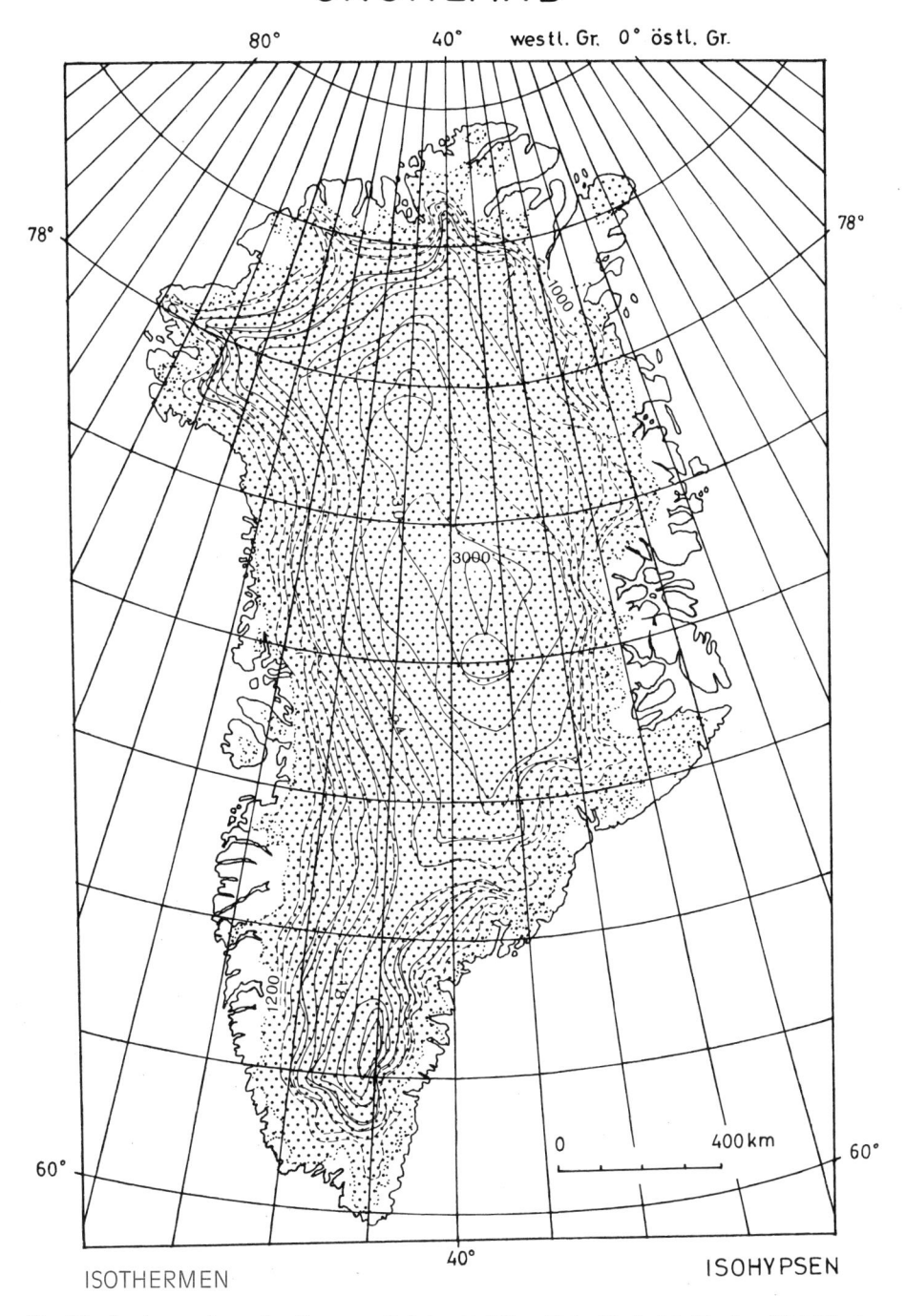

Fig. 20   Isothermenkarte des Firns von Grönland in 10 m Tiefe. Nach J. S. Mock u. W. F. Weeks (1966).

im Spätwinter und Frühjahr kommt es bei höherem Sonnenstand und teilweise positiven Lufttemperaturen durch Schmelzvorgänge an der Oberfläche auch zu Temperaturinversionen. Wie Figur 17 zeigt, kühlt die Schneedecke im Verlauf des Winters aus (Zunahme des Frostinhaltes, cold content), und der Abbau des Kältereservoirs erfolgt im Frühjahr (Station Alta/Utah) bzw. im Sommer (Station Mirny/Ostantarktis, *Fig. 18*) ruckhaft. Mit Erreichen der 0 °C-Isotherme bilden sich in Mirny (vergl. Figur 12) mittelkörniger Firn und Eislinsen. In Figur 17 kommt auch klar der Einfluß von heftigen Regenfällen um Weihnachten 1955 durch Einstellung von *Homothermie* mit 0 °C zum Ausdruck. Infolge der geringen Wärmeleitfähigkeit der Schneedecke sind Tagesschwankungen der Schneetemperatur bei negativen Temperaturen nur klein und bleiben auf die oberen Zentimeter der Ablagerung beschränkt. Tritt dagegen Energietransport durch perkolierendes Schmelzwasser auf, das während der Tagesstunden mit Strahlungsgewinn und positiven Lufttemperaturen erzeugt wird, in der Nacht aber wieder gefriert und abkühlt, so werden die täglichen Temperaturvariationen ausgeprägter. Temperaturveränderungen über mehrere Tage (s. Figur 18), die den Ablauf einzelner Witterungsperioden widerspiegeln, sind gut bekannt. Innerhalb mehrjähriger Firnschichten reichen die Jahresschwankungen der Temperatur nach M. Mellor (1963) bis zu 10 bis 11 m Tiefe *(Fig. 19)*. J. S. Mock und W. F. Weeks (1966) haben alle verfügbaren Temperaturmessungen im Firn der grönländischen Eiskalotte über Mehrfachregression analysiert und eine *Isothermenkarte* des Firns von Grönland in 10 m Tiefe gezeichnet *(Fig. 20)*. Die Schneetemperaturen in 10 m Tiefe sind danach weitgehend von der geographischen Breite und der absoluten Meereshöhe abhängig. In Südgrönland erwies sich auch die geographische Länge als ein bedeutender Parameter. In Nordgrönland stimmt die Änderung der Schneetemperatur eng mit dem trockenadiabatischen Temperaturgradienten überein, wodurch sich die *adiabatische Erwärmung* der *katiabatischen Winde* als bestimmender Faktor für die Temperaturverteilung erweist. In Südgrönland und auf der Thule-Halbinsel ist die Temperaturänderung größer als der trockenadiabatische Temperaturgradient und stark von der Meereshöhe abhängig. Diese Erscheinung läßt sich durch Transport latenter Wärme über Sickerwasser erklären.

Bisher wurde nur die Energielieferung von der Schneeoberfläche her behandelt. Auch vom Boden fließt bei vorhandenem Temperaturgefälle ein Wärmestrom. Der *Wärmefluß Q* (cal/cm² · h) ergibt sich zu $Q = \frac{k \cdot \Delta T}{x}$, er ist also abhängig von der Temperaturdifferenz ΔT °C zwischen Boden (5 cm unter der Oberfläche) und der Luft in 20 cm über der Schneeoberfläche, von der Wärmeleitfähigkeit k (Mittel aus Boden, Schnee und Luft in cal/cm · Grad · h und der Schichtmächtigkeit $x = x_s + 2{,}5$ cm (x_s = Schneedicke). Nach den Messungen von L. W. Gold (1958) in Kanada ergab sich für die Kombination k ein Wert von 1,48 cal/cm · Grad · h. Bei einer Temperaturdifferenz ΔT von 10 °C und einer Schneeschicht von 30 cm ergibt sich ein Wärmefluß von rund 11 cal/cm² · d. Er trägt dazu bei, die Schneedecke von unten aufzuheizen. Im selben Augenblick, in dem die Schmelztemperatur erreicht ist, dringt er nicht mehr in die Schneedecke, sondern die gesamte Energie wird zum Schmelzen aufgewandt. Allerdings reicht der Betrag nur aus, um ca. 1,3 mm Wasser zu liefern. Dieser Wert stimmt in der Größenordnung mit den Angaben bei M. R. de Quervain (1948) vom Weißfluhjoch mit ca. 1 mm gut überein.

Schneeablagerungen können auch flüssiges Wasser enthalten sobald das *Feuchtedefizit*, das durch den *Frostinhalt* der Schneedecke *(cold content)* bedingt ist, bei Temperaturen um den Gefrierpunkt abgesättigt ist. Das Feuchtedefizit ist nach Ch. F. Leaf (1966) so zu erklären, daß einsickerndes Oberflächenwasser in tieferen, auf unter 0 °C abgekühlten Schneeschichten wieder gefriert und dabei die *Schmelzwärme* von 80 cal/cm³ abgibt. Durch die freiwerdende latente Wärme wird die Schneedecke auf Schmelztemperatur gebracht. Als ein Maß für das Feuchtedefizit kann man jene Wassermenge von 0 °C (Schmelzwasser) in mm angeben, die benötigt wird, um eine kalte Schneedecke auf Schmelztemperatur zu erwärmen. Um das Feuchtedefizit (W_c) des Frostinhaltes einer Schneeablagerung berechnen zu können, benötigt man ihr Wasseräquivalent (W_0) sowie die negative Temperaturabweichung (T_s) des Schnees von 0 °C. Bei einer *Schmelzwärme* von 80 cal und einer *spezifischen Wärme* des Schnees von 0,5 ergibt sich das Feuchtedefizit in mm

zu $W_c = \left[\dfrac{W_0 \cdot T_s}{160}\right]$.

Wie die Beobachtungen im Fraser Experiment Forest/Col USA (Ch. F. Leaf, 1966) zeigen, nimmt dabei T_s vom Frühwinter bis März zu. Bei Alpenstationen werden nach Messungen in der Schweiz (Eidgenössisches Institut für Schnee- und Lawinenforschung am Weißfluhjoch oberhalb Davos 1961) die Maximalwerte schon im Januar und Februar erreicht.

Aufgrund der Ausführungen über den Frostinhalt, tritt in einer Schneedecke nach Absättigung des Feuchtedefizits auch flüssiges Wasser auf. Aber nicht das gesamte anfallende Schmelz- oder Niederschlagswasser (Regen) sickert sofort zum Untergrund, sondern wird entsprechend der Höhe der Schneedecke und dem Metamorphosegrad in ihr zum Teil gespeichert. Die *absolute Feuchte*, das heißt der Gewichtsanteil von flüssigem Wasser in Prozent des Gesamtgewichts der Schneedecke, ist in starkem Maße vom Metamorphosegrad des Schnees abhängig. In Neuschnee mit einer Dichte (ϱ) von 0,3 bis 0,4 g/cm³ können 20 bis 30%, bei feinkörnigem Altschnee ($\varrho = 0,4$ bis 0,45) 10 bis 20% und bei grobkörnigem Altschnee ($\varrho = 0,45$ bis 0,5) 5 bis 10% Gewichtsprozente flüssiges Wasser zurückgehalten werden. Den Sättigungswert einer Schneedecke mit flüssigem Wasser bezeichnet Ch. F. Leaf *Gleichgewichtsfeuchte*. Für Altschnee werden die Angaben durch Arbeiten von W. Ambach (1965) bestätigt. Das Retentionsvermögen der Schneedecke ist sehr wichtig, da ein ruckhafter Abfluß zunächst vermieden wird. Er setzt erst ein, wenn die *Wassersättigung* der Schneedecke erreicht ist und die Tau- und Regenperiode weiter anhält.

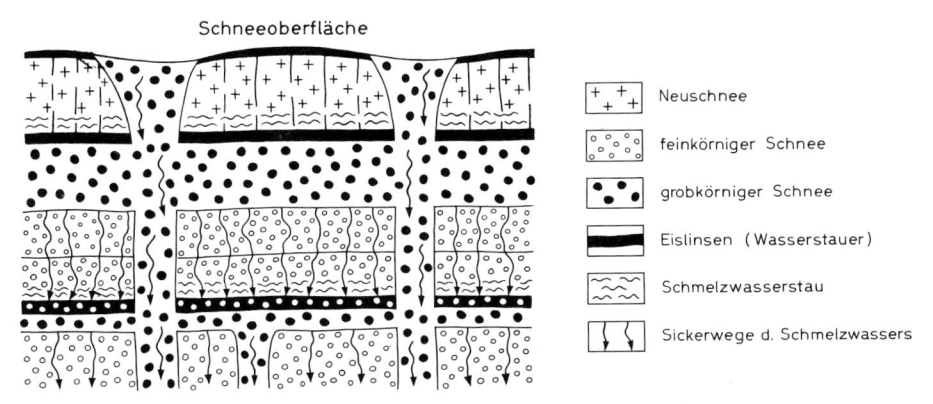

Fig. 21 Interne Waserbewegung (schematisch) in einer Schneedecke. Nach G. Wakahama (1968).

44 Schneedecke und ihre Eigenschaften

Über das Vorkommen von flüssigem Wasser in einer Schneedecke und sein Verhalten haben schon W. Paulcke (1938) und L. Welzenbach (1930) anhand von Färbeversuchen berichtet. Unbeschadet der Sättigungsverhältnisse sickert Schmelz- oder Niederschlagswasser in einem Schneepaket meist nicht sogleich zum Boden, sondern wird von Eislinsen aufgehalten und an ihren Oberflächen weitergeleitet. G. Wakahama (1968) verdanken wir detaillierte Studien über die Wasserbewegung in einer Schneedecke (s. *Fig. 21*). Danach erfolgt die Perkolation in bestimmten, durch die Struktur der Ablagerung vorgezeichneten Bahnen. Die horizontale Wasserbewegung an der Oberfläche von stauenden Schichten führt zu einer Verringerung der Kohäsionskräfte und bildet somit gefährliche Gleithorizonte für den Lawinenabgang aus.

2.2.4. Mechanische Eigenschaften der Schneedecke

Auf die bei Metamorphose erfolgende Setzung der Neuschneedecke wurde bereits hingewiesen. Sie führt bei horizontaler Auflagerungsfläche lediglich zu einer Verringerung der Schneehöhe. Auf geneigter Unterlage ergibt sich in Abhängigkeit vom Gefälle bei der Setzung auch eine oberflächenparallele Verlagerung der einzelnen Schneepartikel. Da die Absolutbeträge der Setzung mit der Mächtigkeit der Schneedecke zunehmen, wächst folglich auch die hangparallele Komponente *(Abb. 7)*. Diese langsame kontinuierliche Hangabbewegung wird *Schneekriechen* genannt. Da die Böschungsverhältnisse an einem Hang im Regelfall sowohl nach Betrag als auch Richtung unterschiedlich sind, bauen sich innerhalb der Schneedecke Spannungen auf. Sie können für den Abgang von Lawinen entscheidend sein (siehe Kapitel 2.5.).

Abb. 7 Nachweis der Zunahme des Schneekriechens vom Boden gegen die Oberfläche der Schneedecke. Die Rußschicht wurde ursprünglich senkrecht, also in Richtung des Schweregradienten in die Schneedecke eingebracht. Durch Setzung an einem geneigten Hang wurde sie in der abgebildeten Weise deformiert. (Archiv: Eidgenössisches Institut für Schnee- und Lawinenforschung am Weißfluhjoch ob Davos).

Das Eidgenössische Institut für Schnee- und Lawinenforschung hat am Weißfluhjoch Schneedruckmessungen durchgeführt. Danach erreicht die Normalkomponente des Kriechdruckes an einem Südost-exponierten Hang mit 37° Neigung Werte von 2600 bis 3200 kg, bezogen auf einem laufenden Meter eines Druckrostes mit 320 cm Höhe bei einer Schneemächtigkeit von 372 cm und einem mittleren Raumgewicht von 420 kg/m³. Diese Drucke können ohne weiteres zu erheblichen Deformationen von Hindernissen führen. R. Haefeli (1942, 1948) und E. Bucher (1948) haben den *Kriechdruck* theoretisch bearbeitet und gezeigt, daß er abhängig ist vom halben Produkt aus Raumgewicht [γ in kg/m³] und dem Quadrat der Schneehöhe [m] sowie einem hangneigungsabhängigen Faktor ($S_m = \gamma/2 \cdot h \cdot \phi$ wobei S_m Schneedruck in kp/m³, h = Schneehöhe in Meter und ϕ ein böschungsabhängiger Faktor, der bei Hangneigungen von 25 bis 50° einen Wert von rund 0,95 hat). Zu den Kriechbewegungen kommen bei einer Schneedecke an bevorzugten Schmierhorizonten – Harschflächen, Schwimmschneeschichten, glatte Bodenoberfläche wie z. B. Rasen – auch langsame *Gleitvorgänge* in der Größenordnung von cm/Tag. Vollzieht sich das Gleiten ruckhaft, wird von *Rutschungen* gesprochen. Beide Vorgänge erhöhen die Spannungszustände der Schneedecke und vermehren vornehmlich bei Temperaturanstieg und dadurch bedingtem Abbau der Scherfestigkeit, die Lawinengefahr.

Die mechanischen Eigenschaften der Schneedecke werden wesentlich von Temperatur, Dichte und Struktur bestimmt. Obwohl zur *Schneemechanik* in den letzten 20 Jahren zahlreiche Arbeiten erschienen sind, steckt die Forschung auf diesem Gebiet nach S. N. Kartaskov (1966) in den Anfängen. Nachfolgend werden nur einige Grundtatsachen mitgeteilt, die für das Verständnis von Schneebewegung, Rutschungen und Lawinenabgängen unerläßlich sind.

Schnee besitzt *viskose* und *elastische Eigenschaften*. Die Viskosität des Schnees wird durch den *Viskositätskoeffizienten* beschrieben. Bei steigenden Werten nimmt die Fließfähigkeit

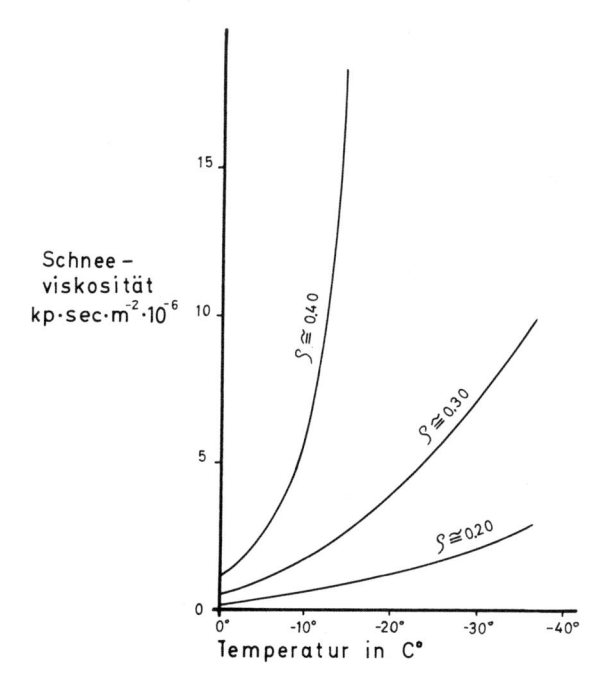

Fig. 22 Abhängigkeit der Viskosität des Schnees von Temperatur und Dichte. Aus Agricultural Handbook Nr. 194, S. 12, (1961).

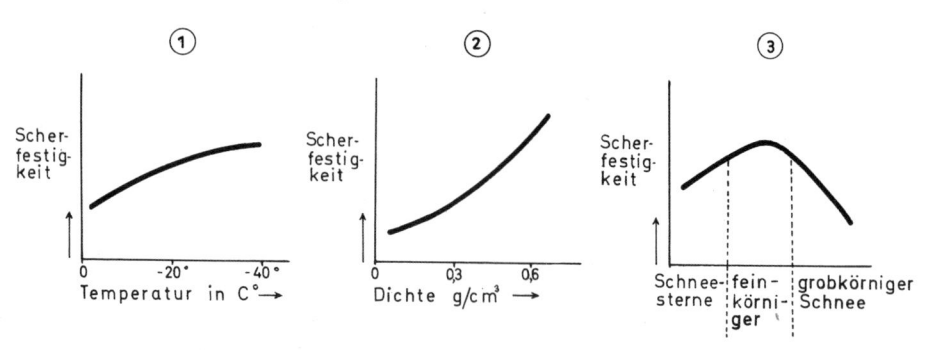

Fig. 23 Abhängigkeit der Scherfestigkeit der Schneedecke von 1. Temperatur, 2. Dichte und 3. Kornstruktur. Aus Agricultural Handbook Nr. 194, S. 13, (1961).

ab. Wie *Fig. 22* zeigt, wächst der Temperatureinfluß auf den Viskositätskoeffizienten mit zunehmender Verdichtung der Schneeablagerung. Stark komprimierte Altschneedecken, die bei niederen Temperaturen an einem Hang eine hohe Standfestigkeit aufweisen – gleichzeitig nimmt die Viskosität auch mit wachsender Korngröße zu – werden bei plötzlichem Temperaturanstieg sehr fließfähig, so daß es leicht zur Auslösung von Lawinen kommen kann. In der Regel führt das viskose Verhalten von Schnee rasch zum *Spannungsausgleich* in einer Schneedecke. Als Folge der elastischen Eigenschaften können sich in einer Schneeablagerung aber erhebliche *Spannungsfelder* aufbauen, die bei Änderung der Witterungsbedingungen oder durch mechanische Beanspruchung (Skifahrer) zum Abgang von Lawinen führen. Nach A. Rock (1966) steigt die Scherfestigkeit *(s. Fig. 23)* mit sinkender Temperatur und Verdichtung der Schneedecke. Auch die Kornform nimmt darauf erheblichen Einfluß. Während sie beim Übergang von dendritischen Formen zu feinkörnigem Schnee ansteigt, wird die Scherfestigkeit im Rahmen der konstruktiven Metamorphose bei der Ausbildung grober Körner und Becherkristalle stark verringert (Figur 23). Eine einigermaßen zuverlässige Vorhersage der Lawinengefahr ist daher nur durch die genaue Kenntnis des Aufbaus der Schneedecke unter Berücksichtigung der Witterungsbedingungen durch erfahrene Fachkräfte möglich.

2.3. Messungen an der Schneedecke

Die Kenntnisse der im vorangegangenen Kapitel dargestellten Eigenschaften der Schneedecke sind nur durch detaillierte Messungen zugänglich. Zusammenfassende Darstellungen über geeignete *Meßtechniken*, an die ich mich in den nachfolgenden Ausführungen halte, finden sich unter anderem bei W. U. Garstka (1964), L. Lliboutry (1964), M. Martinelli (1965), C. Tobes u. V. Ouryvaev (1970) *Guide to Hydrometeorological Practices* (WMO, 1970) und den *Technical Papers in Hydrology 2* der UNESCO (1970). Daneben besteht eine umfangreiche Literatur zu Einzelfragen.

Für viele hydrologische Probleme ist die Kenntnis der jahreszeitlichen regionalen Verteilung der *Schneedecke* sehr wichtig. Im einzelnen wird unterschieden zwischen *geschlossener Schneedecke*, die den Untergrund des überschaubaren Beobachtungsgebietes völlig bedeckt, *unterbrochener Schneedecke* mit einzelnen Aperstellen, die Schneebedeckung ist größer als 50% der Gesamtfläche und *Schneeflecken*, wenn die Schneebedeckung weniger als 50%

ausmacht. Dieser Kartierung stellen sich z.T. erhebliche Schwierigkeiten entgegen. Zunächst vermag ein Beobachter auf der Erde nur ein begrenztes Gebiet zu überschauen und die Extrapolation der Schneedeckenverhältnisse vom Stationsort etwa auf Schatten- und Sonnenhänge birgt erhebliche Fehlerquellen in sich. Ferner ist die Definition von Schneedecke, nämlich mehr als 0 cm bzw. 0,5 cm Schneeauflage, in der Praxis schwer zu handhaben, da z.B. eine Ackerfläche mit 0,5 cm Schnee noch keineswegs schneebedeckt ist. Für weite Teile der Erde ist das Netz der Beobachtungsstellen viel zu dünn, um verläßliche Aussagen zu gewinnen. Einen besseren Überblick über die Schneeverhältnisse einer größeren Region gewinnt man durch *Luftaufklärung*. Bei einer Flughöhe von 1000 bis 3000 m über Grund ist es bei genauer Kenntnis des Reliefs möglich, die Schneehöhe mit einem Fehler von nur ± 60 cm zu erfassen. Obwohl die Befliegungen sehr kostspielig sind, gewinnen sie speziell für den *Lawinenwarndienst* eine wachsende Bedeutung, da auf den Luftbildern nicht nur abgegangene Lawinen, sondern auch Anrisse im Schnee, Wächten u.s.w. gut zu erkennen sind.

In jüngster Zeit werden auch *Satellitenbilder* für die Schneeforschung ausgewertet (R.D. Tarkle 1963, R.W. Popham u.a. 1966). Sie haben den großen Vorteil, daß sie einen globalen Überblick vermitteln. Nach den Angaben bei H. Kaminski (1970) decken die in einer Flughöhe von rund 1100 km aufgenommenen Bilder der amerikanischen Nimbus- und ESSA-Serie oder der Meteorreihe der Russen ein Gebiet von 2450·2450 km, also ca 6 Mio km². In Bildmitte sind noch Punkte mit einem Abstand von 3–4 km zu unterscheiden. Lineare Elemente werden sogar noch besser aufgelöst. Da die Satellitenphotographie sehr rasch weiterentwickelt wird, ist man gegenwärtig bereits bei einem Auflösevermögen von 800 m, teilweise sogar von ca 100 m angelangt *(Abb. 8)*. Die Satelliten umkreisen die Erde auf sonnensynchronen Bahnen, so daß gleiche Erdstellen in festen Zeitabständen wiederholt aufgenommen werden. Daraus läßt sich die Entwicklung der Schneedecke, wie H. Kaminski (1970) an Beispielen der Alpen zeigt, messend verfolgen. Zwar stören Wolken die Erkennbarkeit der Schneedecke, da beide ein sehr hohes Reflexionsvermögen besitzen, sie verhindern sie aber nicht. J.C. Barner und C.J. Bowley (1968) geben Kriterien, wie sich Wolkenfelder und Schneedecke unterscheiden lassen. Schneeoberflächen haben auf Satellitenphotos bei gleicher Helligkeit wie Wolkenfelder glatte Texturen, während bei letzteren eine stärkere Strukturierung auftritt. Gleichzeitig sind die Grenzen der Schneeflächen meist scharf, jene von Wolken aber eher ausgefranst abgebildet. Sichere Merkmale, ob es sich um Wolken oder Schneedecke handelt, liefern auch eindeutige Grundstrukturen, wie z.B. große Flüsse, städtische Siedlungen, die wohl bei Schnee, nicht aber bei Wolken sichtbar sind. Zudem verändert sich die Lage von Wolkenfeldern im allgemeinen binnen weniger Stunden, während die Schneedecke eine höhere Konstanz aufweist. Diese Unterschiede lassen sich leicht durch den Vergleich von im Tagesabstand folgenden Wiederholungsbildern erkennen. Auch in den Nachtstunden werden auswertbare Aufnahmen gewonnen, da mit Eintritt der Dunkelheit die Kameras automatisch auf Infrarotphotographie geschaltet werden. Die Helligkeit der Abbildung, d.h. das Reflexionsvermögen ist nach J.C. Barner und C.J. Bowley (1968, dort findet sich auch weitere Literatur) zumindest bei geringen Schneetiefen bis zu etwa 15 cm von der Schneemächtigkeit abhängig. Sie nimmt mit steigender Schneetiefe im Bereich von 0 bis 15 cm zu. Obwohl die Albedo mit Alterung der Schneedecke kleiner wird, konnte ein Einfluß der Schneemetamorphose auf die Grautonwerte der Aufnahmen bisher nicht festgestellt werden.

Die *Schneehöhe*, als weiteres wichtiges Merkmal, wird mittels *Schneepegel* in cm über Grund

48 Schneedecke und ihre Eigenschaften

Abb. 8 Verbreitung der Schneedecke am 17.12.1972 in den mittleren Teilen der Ostalpen (Satellitenaufnahme). Die Grenzen der Aufnahme laufen im N in E-W-Richtung durch das Alpenvorland (Würm- und Ammersee sind noch voll abgebildet), im S vom Etschtal bei Bozen gegen das Engadin südlich von Zernez, im W etwa von Chur nach Isny/Allgäu und im E vom Fassatal zum Westrand des Chiemseebeckens. Zum Aufnahmezeitpunkt sind Alpenvorland, subalpine Molasse westlich der Iller, Flysch- und Kalkvoralpen schneefrei. Nur die Hochlagen der Kalkhochalpen, Zentralalpen einschließlich der Sarntaler Alpen und der nördlichen Dolomiten tragen eine geschlossene Schneedecke. Die Abgrenzung der Schneeflächen ist durch die hohe Albedo gegenüber aperen Teilen durchweg scharf. Aus Gründen der Plastizität wird die Aufnahme mit einer Orientierung der Nordrichtung zum unteren Bildrand wiedergegeben. (NASA Bild Nr. 1147–09385, Koordinaten des Bildmittelpunktes 47,321 N, 11,011 E, aufgenommen durch einen ERTS 1-Satelliten, Kanal 5 (Spezialbereich orange), Aufnahmehöhe 925 km, am 17.12.1972, 9.^{15} Uhr Ortszeit).

gemessen. Schneepegel sind mit einer Meter-, Dezimeter- und Zentimetereinteilung versehene Latten, die im Boden verankert sind. Ihre Skalen sollen so deutlich sein, daß man sie auch in einigen Metern Abstand ablesen kann. Auf diese Weise wird die Umgebung der Meßstelle nicht durch Betreten des Beobachters gestört. Allerdings sind die Messungen

unsicher, da die Schneedeckenhöhe durch Geländeunterschiede und Winddrift ungleich sein kann. Um größere Sicherheit zu erlangen, werden deshalb in unregelmäßigen Abständen von 5 bis 10 m mehrere Schneepegel gesetzt und ihre Werte gemittelt.
Nach M. Brechtel (1971) beträgt der Variabilitätskoeffizient der Schneedeckenhöhe in Hochlagen der Mittelgebirge in der Akkumulationsphase an einer Meßfläche ca 15 bis 20%, so daß etwa 10 Messungen für die Bestimmung ausreichen. In der Ablationsperiode steigt er aber auf 30 bis 40%, so daß für eine exakte Erfassung rund 150 Einzelmessungen erforderlich wären. Dieser Meßaufwand ist aber nicht mehr vertretbar und man muß mit geringeren Genauigkeitsanforderungen zufrieden sein. Aber auch sie geben keine repräsentative Aussage über die Schneemächtigkeit in einem ganzen Einzugsgebiet. Um diese wichtigen hydrologischen Daten zu erhalten, werden *Schneekurse* an lawinensicheren Stellen abgesteckt, an denen mit hinreichender Pegelzahl – es können auch Handpegel verwendet werden (H. Schubert, 1964) – die Schneetiefe gemessen wird. Wie oben bereits angeführt, können Schneemächtigkeiten auch photogrammetrisch ermittelt werden, wobei terrestrische Aufnahmen mit einer Genauigkeit von ± 10 cm (Th. Zingg, 1954) der Lufterkundung überlegen sind.

Um das *Wasseräquivalent* einer Schneedecke zu erhalten, ist die Kenntnis der *Schneedichte* erforderlich. Sie wird mittels eines *Schneeausstechrohres* mit definiertem Volumen durch Wägung bestimmt. Schneestecher sind Rohre aus Stahl oder Duraluminium mit einer Wandstärke von 1 bis 1,5 mm, einem Durchmesser von 5 bis 9 cm und einer Länge bis zu 60 cm, deren eine Öffnung zu einer Schneide geschärft ist. Mehrere Varianten davon sind im Handel. Die Messung wird so durchgeführt, daß abhängig von der Schneetiefe ein rechteckiger Graben der Abmessungen von 1,5 · 2 m bis zum Boden gegraben wird. In gewünschten Vertikalabständen, die sich meist aus der Schichtung des Schnees ergeben, wird horizontal eine Blechscheibe eingeschoben und der Schneestecher von oben vertikal bis zur Blechunterlage in den Schnee gedrückt *(Abb. 9)*. Durch Wägung mittels einer Federwaage läßt sich dann leicht die Dichte und damit das Wasseräquivalent der entnommenen Probe errechnen. Auf diese Weise werden, wenn auch mit erheblichem Arbeitsaufwand verbunden, sehr genaue Resultate erzielt. Raschere Ergebnisse erhält man durch *Kernbohrungen*. Die *Bohrer* haben eine lichte Weite von 3,77 bis 9 cm und sind an ihrem unteren Ende sägeförmig geschärft. Bei der Messung wird zunächst die Schneetiefe mit einer Schneesonde bestimmt und dann der Bohrer bis in die Bodenoberfläche vorgetrieben. Die Schneehöhe wird an einer an der Außenseite des Bohrers angebrachten Skala nach Einbringen des Bohrers nochmals abgelesen. Es ist darauf zu achten, daß am untersten Ende des Bohrkernes Erdreich haftet, denn nur dann kann man sicher sein, daß beim Herausziehen kein Schnee aus dem Bohrer herausgelaufen ist, was vor allem bei kaltem, trockenem Schnee leicht vorkommt. Die Gesamtprobe, Bohrkern und Bohrer, dessen Gewicht bekannt ist, werden anschließend gewogen. Sehr störend können sich hier Eislinsen auswirken, die am Sondenkopf hängen bleiben und tiefere Schneeschichten am Eindringen in den Bohrer hindern, so daß es zu Fehlmessungen kommt. Die verschiedenen Durchmesser der Sonden haben ihre Vor- und Nachteile. Geringe Durchmesser halten die Probe leichter, es kommt gelegentlich zu Verstopfungen, bei großem Durchmesser, der diesen Mangel nicht hat, läuft der Schnee beim Herausziehen aber eher wieder heraus. Es gibt auch Schneeausstechrohre aus Plexiglas, z. B. *Schneesonde »Vogelsberg«* (H. M. Brechtel, 1969), mit angesetzter Schneide aus nichtrostendem Stahl, die den Vorteil haben, daß am Bohrkern die Schichtung der Ablagerung gut sichtbar ist. Sie eignen sich vor allem für rasche Dichtemessungen in nicht zu mächtigen Schneeablagerungen bis etwa 1 m

50   Schneedecke und ihre Eigenschaften

Abb. 9 Bestimmung der Schneedichte. In Anlehnung an die natürliche Schichtung des Schnees wird der Schneestechzylinder bis zur horizontal eingeschobenen Metallplatte in den Schnee gedrückt. Aus der erfaßten Schneehöhe und dem Schneegewicht errechnet sich unter Berücksichtigung des Sondendurchmessers die Schneedichte und das Wasseräquivalent. Ganz rechts ist noch der Unterteil einer Rammsonde ohne Schlagaufsatz zu erkennen. (Archiv: Eidgenössisches Institut für Schnee- und Lawinenforschung am Weißfluhjoch ob Davos).

oder wenig darüber. Mit den großen Sonden erhält man nur die mittlere Dichte der Schneedecke, was für viele hydrologische Zwecke ausreichend ist, nicht aber die Dichteschichtung der Einzelstraten, wie mit dem Schneestechzylinder etwa vom Typ »Pesola« (Th. Zingg, 1964). Da nach W.W. Karkonen (1932) die lokale Veränderlichkeit der Schneedichte wesentlich geringer ist, als die der Schneehöhe, kommt man mit weniger Messungen als bei der Schneemächtigkeit aus.

Eine weitere Möglichkeit, das Wasseräquivalent einer Schneedecke zu bestimmen, besteht in der Messung *radioaktiver Absorption*. Die Endintensität (J) ist abhängig von der Intensität der Ausgangsstrahlung (J_0), von einem der Härte der Ausgangsstrahlung linear proportionalen Absorptionskoeffizienten (μ), der Dichte der durchstrahlten Substanz (ϱ), der Masse der Substanz (m) je cm². Daraus ergibt sich die Beziehung

$$J = J_0 \cdot e^{-\frac{\mu}{\varrho_m}}$$

wobei der Quotient μ/ϱ der Massenabsorptionskoeffizient ist. Als Strahlungsquelle werden in der Regel Kobalt-60, Caesium-137 oder Neutronensonden verwendet (UNESCO, 1970). Mit Hilfe dieser Meßeinrichtungen läßt sich zwar das Wasseräquivalent sehr rasch bestimmen, es sind jedoch geeignete Eichungen durchzuführen, die Vertrautheit mit Fragen der Kernphysik verlangen. Im einzelnen sei auf die einschlägige Literatur bei E. Danfors (1962), H. Henning (1964), O. Lanser (1954), J. Martinec (1958), Siemens-Halske (1953), Smith und Willen (1964) verwiesen.

Sehr viel schwieriger ist es, den Gehalt an freiem Wasser in einer Schneedecke zu bestimmen. Einen ersten groben Anhalt gewinnt man durch makroskopische Betrachtung. Kalter Schnee, mit Temperaturen unter 0 °C, der sich mit Handschuhen nicht ballen läßt, ist in der Regel trocken. Läßt sich ein Schneeball formen, so ist der Schnee feucht, braucht aber noch nicht flüssiges Wasser enthalten. Nasser Schnee enthält sichtbar flüssiges Wasser und bei sehr nassem Schnee erfolgt bereits ein Abfluß. Ist Schnee völlig von Wasser durchtränkt, wird von Schneematsch gesprochen.

Für die quantitative Bestimmung des Gehaltes an freiem Wasser werden *calorimetrische Methoden*, die Messung der Volumenexpansion sowie der Dielektrizitätskonstanten verwendet. Die Calorimetrischen Messungen beruhen darauf, daß man eine definierte Schneemenge zum Schmelzen bringt und die dabei aufgewendete Energie genau registriert (M. R. deQuervain, 1946). Aus der Differenz zwischen der aus dem Gesamtgewicht der Probe theoretischen erforderlichen und der tatsächlich verbrauchten Schmelzwärme ergibt sich der Gehalt an freiem Wasser. Mit flüssigem Wasser durchsetzter Schnee erfährt beim Gefrieren eine Volumenexpansion, woraus der Anteil des Wassers auch bestimmt werden kann. W. Ambach (1958) hat den Anteil an flüssigem Wasser über einen Vergleich der *Dielektrizitätskonstante* von trockenem und feuchtem Schnee gleicher Dichte berechnet.

Ein wesentliches Kriterium für die Beurteilung der Charakteristik einer Schneedecke bildet der *Rammwiderstand* (kg), den der Schnee einer eindringenden Sonde entgegensetzt. Auf diese Weise können sehr leicht Aussagen über die Verdichtung des Schnees, Eislinsen, Schwimmschneehorizonte, also Gleitflächen für den Lawinenabgang, gewonnen werden. Die *Rammsonde* (Abb. 2. u. 9) besteht aus einem mit cm-Einteilung versehenem Rohr, an dessen unterem Ende ein Kegel mit einem Öffnungswinkel von 60° angebracht ist. Am oberen Ende wird die Schlagvorrichtung, ein Verlängerungsstab mit einer Skala, aufgesetzt, der zur Führung des Fallgewichtes von in der Regel 1 kg dient. Die Rammsonde wird auf die Schneeoberfläche aufgesetzt und dringt infolge ihres Eigengewichtes in Lockerschnee zunächst ein Stück ein. Darauf erfolgt der weitere Vortrieb mit Hilfe des Fallgewichtes. Der Vortrieb pro Schlag ist abhängig von der Fallhöhe des Gewichtes und dem Widerstand der Schneedecke. Daraus errechnet sich der Rammwiderstand R_R

$$R_R = Q + R + \frac{n \cdot h \cdot R}{\varDelta}$$

R_R = Rammwiderstand, Q = Gewicht der Sonde, R = Gewicht des Fallgewichtes, n = Anzahl der Schläge, h = Fallhöhe, $\varDelta$ = Vortrieb der Sonde in cm. Die Messungen lassen sich rasch durchführen und liefern genaue Ergebnisse (Figur 37).

Steht eine Rammsonde nicht zur Verfügung, kann der Eindringwiderstand auch mit einfachen Hilfsmitteln in einer ausgehobenen Schneegrube grob erfaßt werden. Als sehr weich wird eine Ablagerung angesprochen, wenn man mit der behandschuhten Faust eindringen kann. Gelingt es nur mehr mit 4 ausgestreckten Fingern, so bezeichnet man den Schnee als weich, bei 1 Finger als mittelhart. Als hart erweist sich Schnee, wenn man einen Bleistift zum Eindringen braucht und in sehr hartem Schnee benötigt man sogar

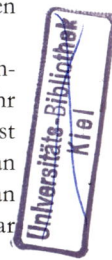

52   Schneedecke und ihre Eigenschaften

Klassifikation	Handtest	Rammsonde [kg]	Scherfestigkeit g/cm²
sehr weich	Faust	0–2	0–10
weich	4 Finger	2–15	10–75
mittelhart	1 Finger	15–50	75–250
hart	Bleistift	50–100	250–500
sehr hart	Messerklinge	> 100	> 500

Tab. 8   Härteeinteilung der Schneeablagerung (UNESCO 1970).

eine Messerklinge. Bereits diese einfache Feldmethode zeigt gute Korrespondenz mit gemessenen Rammwiderständen und der Scherfestigkeit *(s. Tab. 8)*.
Wie aus dem Kapitel über den Aufbau der Schneedecke ersichtlich, ist die Temperatur für die Metamorphose und die ablaufenden Bewegungen ein wichtiger Faktor. Ihre Messung erfolgt mit einem *Quecksilber-* oder *Alkoholthermometer*, wobei eine Genauigkeit von ± 0,5 °C als hinreichend angesehen wird. In den letzten Jahren wurden auch *Temperatursonden* mit Thermistorfühlern – d.h. Messung der Temperatur über die Widerstandsänderung der Halbleiter – entwickelt. Sie ermöglichen eine raschere Beobachtung, doch bilden Harsch- und Eishorizonte zum Teil undurchdringliche Hindernisse. Bei der Messung mit Alkohol- und Quecksilberthermometer gräbt man wie bei der Schneedichtebestimmung eine Grube in die Ablagerung und drückt von der Grubenwand in den gewünschten Tiefen das Thermometer ca 20 cm horizontal in den Schnee und wartet auf Temperaturkonstanz. Um einen Einfluß der in der Grube zirkulierenden Luft auf die Schneetemperatur zu vermeiden, werden die Messungen synoptisch mit dem Vortrieb der Grabung durchgeführt. Zu jedem Schneetemperaturprofil soll auch die Lufttemperatur in 1,5 m über Schneeoberfläche angegeben werden.
Auf den Firnfeldern im Nährgebiet der Gletscher ist die Bestimmung der *Jahresnettoakkumulation*, also die Identifizierung der Jahresschichten eine wichtige Aufgabe zur Klärung des Massenhaushaltes. Ihre Abgrenzung erfolgt in der Regel durch Schneedichtemessungen, wobei die Lage von Eishorizonten, die nach W. Ambach und H. Eisner (1966) bis zu 25 cm stark werden können, ein entscheidendes Kriterium bilden. Die Eiskruste ist die Oberfläche der sommerlichen Schmelzhorizonte und wird häufig durch einen stärkeren Gehalt an Staub, der von der Felsumrahmung des Einzugsgebietes abgeweht wurde, als Sommerschicht ausgewiesen. Zudem ist in dieser Schicht ein besonders hoher Anteil an Pollen von Gräsern und Sträuchern nachzuweisen. Wie aus *Fig. 24* ersichtlich, treten in den Sommerlagen besonders hohe Dichtewerte auf. Mit zunehmendem Übergang in Gletschereis werden die Dichtesprünge zwangsläufig geringer und ab Herbst 1954 und älter war eine eindeutige zeitliche Zuordnung nur mehr mit Hilfe der Pollenanalyse möglich.
Auf eine andere Art, Jahresschichten zu identifizieren, nämlich durch die Bestimmung des $^{18}O/^{16}O$-Verhältnisses (s. Figur 7), wurde bereits bei der Behandlung der festen Niederschläge hingewiesen. Zwischen der Gliederung aufgrund der Dichteschichtung und der Stratifizierung nach dem Sauerstoffisotopenverhältnis ergeben sich (P. Sharp und S. Epstein, 1962) in der Nettoakkumulation Unterschiede in der Größenordnung von 20–100%, wobei die Werte der Dichtegliederung durchweg niedriger liegen (s. *Fig. 25*). Für die Zuordnung einzelner Schichten zu bestimmten Jahren erwiesen sich

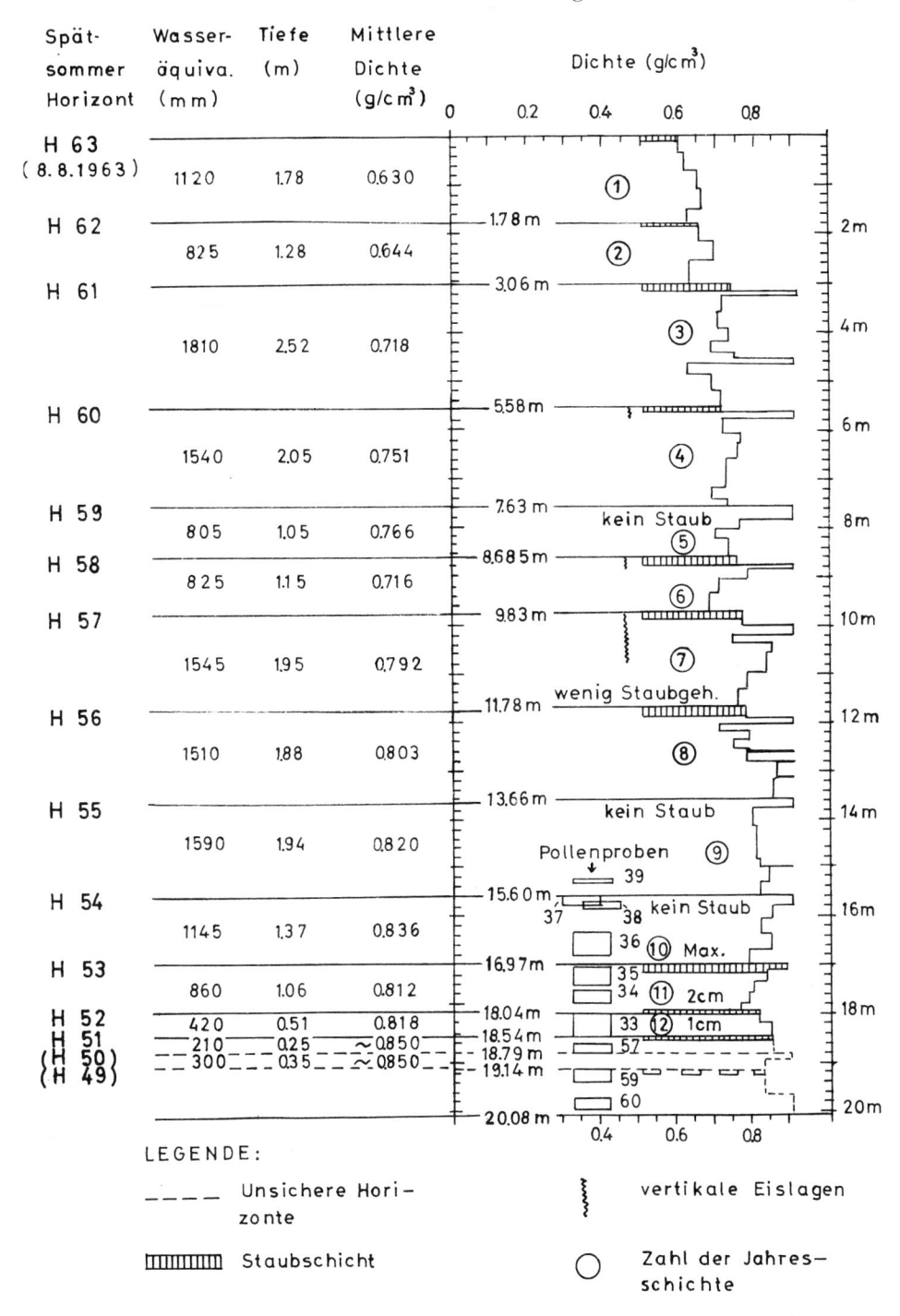

Fig. 24 Dichteprofil in einem 20 m tiefen Firnloch am Kesselwandferner (Ötztaler Alpen). Nach W. Ambach und H. Eisner (1966).

54 Schneedecke und ihre Eigenschaften

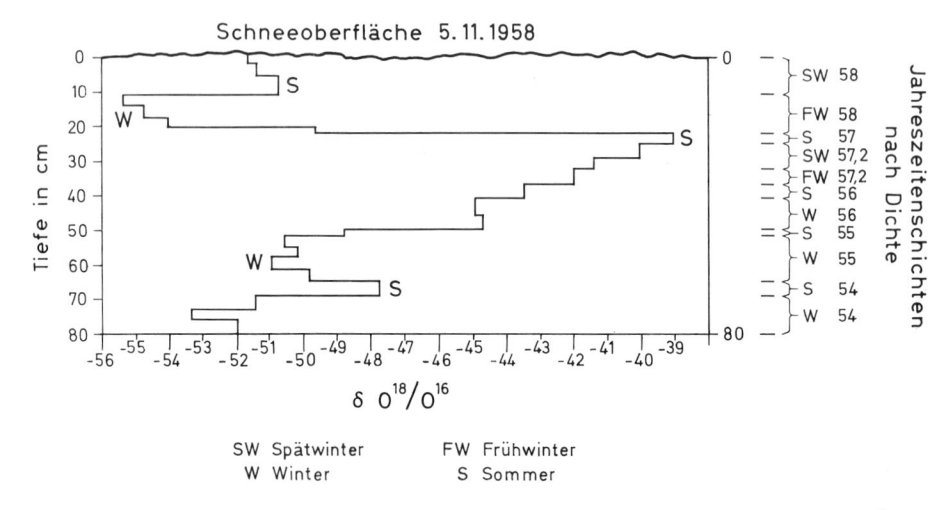

Fig. 25 Stratifizierung der Jahresnettoakkumulation aufgrund von Dichteschichtung und Änderung des O^{18}/O^{16}-Isotopenverhältnisses an der Station Südpol. Nach R.P.Sharp u. S.Epstein (1962).

Untersuchungen der *Radioaktivität* besonders in den kalten Klimaten als sehr geeignet. In temperierten Gebieten, wie z.B. bei den Alpengletschern besteht die Gefahr, daß die aus der Atmosphäre stammenden radioaktiven Ausfälle durch Schmelzprozesse in tiefere Horizonte gewaschen werden. W. Ambach und H. Eisner (1965) fanden, daß im Sommerhorizont von 1961 ein sprunghafter Anstieg der Aktivitätswerte von 0,03 Nanocurie/kg Schnee in der Teststoppzeit (1959–1961) auf 0,17 Nanocurie/kg Schnee (Gammaaktivität des ^{137}Cs) stattfand. Radioaktive Ausfälle spielen demnach für die Altersbestimmung von Schnee die gleiche Rolle wie die Einlagerung datierbarer Aschen von Vulkanausbrüchen in anderen Sedimenten.

Um auch die langsamen *Hangabbewegungen* in einer Schneedecke zu erfassen, die zum Aufbau von Spannungen in der Schneedecke führen, wurden schon frühzeitig von H.R. in der Gand (1954, 1956, 1957, 1959), R. Haefeli (1939) und M. Oechslin (1937, 1942) geeignete Meßanordnungen entwickelt. Eine einfache Möglichkeit bietet die Anwendung von Aluminiumgleitschuhen. Der *Gleitschuh*, ein Aluminiumblech das am hangabliegenden Ende rechtwinklig aufgebogen ist, um eine Schneehaftung herbeizuführen, wird über eine abspulbare Drahtrolle mit einem Markierungspflock, der in den Hang getrieben ist, verbunden. Die Schneebewegung im Laufe eines Winters oder einer kürzeren Zeit läßt sich, wenn man den Gleitschuh ausgräbt, aus der Differenz zwischen Anfangs- und Endlage der Marke leicht messen. Über eine geeignete Anordnung kann man die Gleitschuhbewegung auch auf in den Boden versenkte Registriergeräte *(Schneemeßuhr)* übertragen.

Die bei Schneemessungen gewonnenen Werte werden in einem *Zeitprofil* (R. Haefeli u.a. 1939) in Form von Diagrammen (Temperatur, Rammwiderstand), als Symbole (Kornform, Härte, Gehalt an freiem Wasser, Oberflächenmaterial) und als Zahlenwerte (Dichte in g/cm³ bzw. kg/m³, und Korngröße in mm) aufgetragen (s. *Fig. 27*). Für Kornform, Härte und Feuchtigkeitsgehalt haben die in *Fig. 26* zusammengestellten Symbole internationale Anwendung gefunden. In Figur 26 werden bei der Kornform unter Neuschnee,

Messungen an der Schneedecke 55

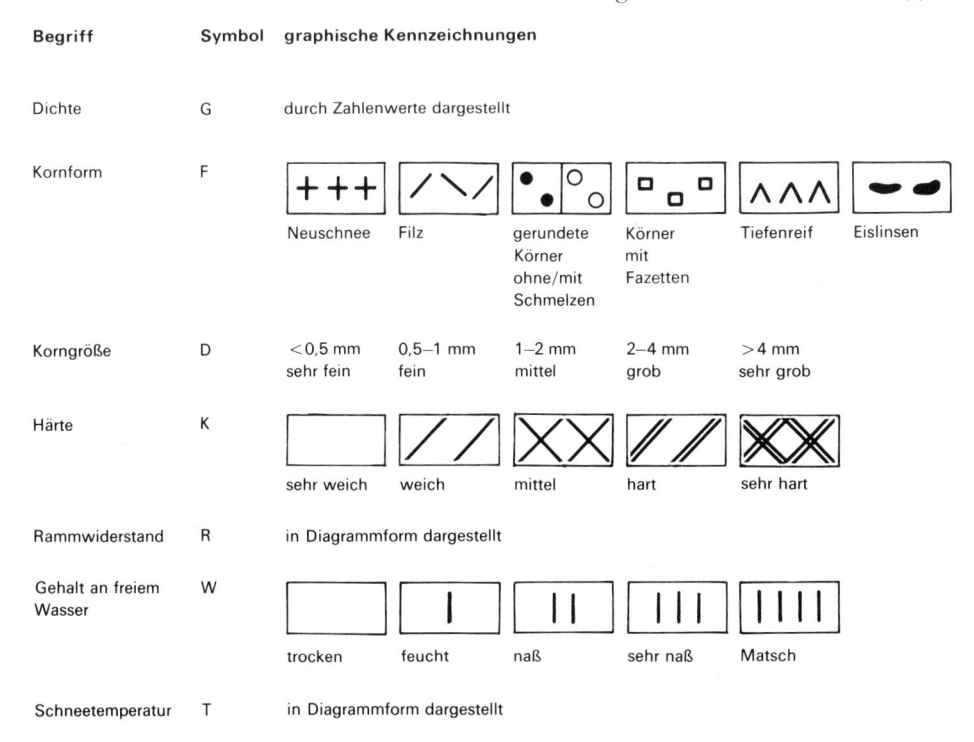

Begriff	Symbol	graphische Kennzeichnungen					
Dichte	G	durch Zahlenwerte dargestellt					
Kornform	F	Neuschnee	Filz	gerundete Körner ohne/mit Schmelzen	Körner mit Fazetten	Tiefenreif	Eislinsen
Korngröße	D	<0,5 mm sehr fein	0,5–1 mm fein	1–2 mm mittel	2–4 mm grob	>4 mm sehr grob	
Härte	K	sehr weich	weich	mittel	hart	sehr hart	
Rammwiderstand	R	in Diagrammform dargestellt					
Gehalt an freiem Wasser	W	trocken	feucht	naß	sehr naß	Matsch	
Schneetemperatur	T	in Diagrammform dargestellt					

Fig. 26 Internationale Symbole und graphische Kennzeichnung für die Beschreibung von Schneeprofilen. Aus Unesco (1970).

die in Figur 1 dargestellten Kristallformen F1 bis F7 verstanden. Schneefilz zeigt bereits deutliche Spuren der Metamorphose, Neuschneeformen sind nur mehr in Spuren vorhanden. Gerundete Körner ohne Schmelzvorgang sind meist kleiner 1 bis 2 mm und länglich in der Form. Hat Schmelzen und Wiedergefrieren stattgefunden, so sind die Körner in der Regel größer als 1 bis 2 mm und gut gerundet. Körner mit blinkenden Fazetten treten meist gemischt mit Becherformen und einfachen Körnern auf. Die Formen des Tiefenreifs und der Eislinsen sind bereits bekannt (dazu auch E. R. La Chapelle, 1969). Bezüglich der Härtegliederung der Schneedecke wird auf Tabelle 8 und den begleitenden Text verwiesen. Beim Feuchtegehalt wird zwischen trocken, feucht, naß, sehr naß und Matsch unterschieden. (Bestimmung siehe S. 51). Bei der Korngröße werden

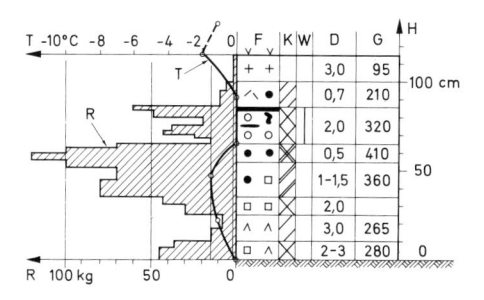

Fig. 27 Darstellung eines Schneeprofils durch Kurven, Symbole und Zahlenwerte. R = Rammwiderstand, T = Temperatur, F = Kornform, K = Härte, W = freier Wassergehalt, D = Korngröße in mm, G = Dichte in gr · dm^{-3}. Aus Unesco S. 34, (1970).

56 Schneedecke und ihre Eigenschaften

Material der Oberflächenschicht

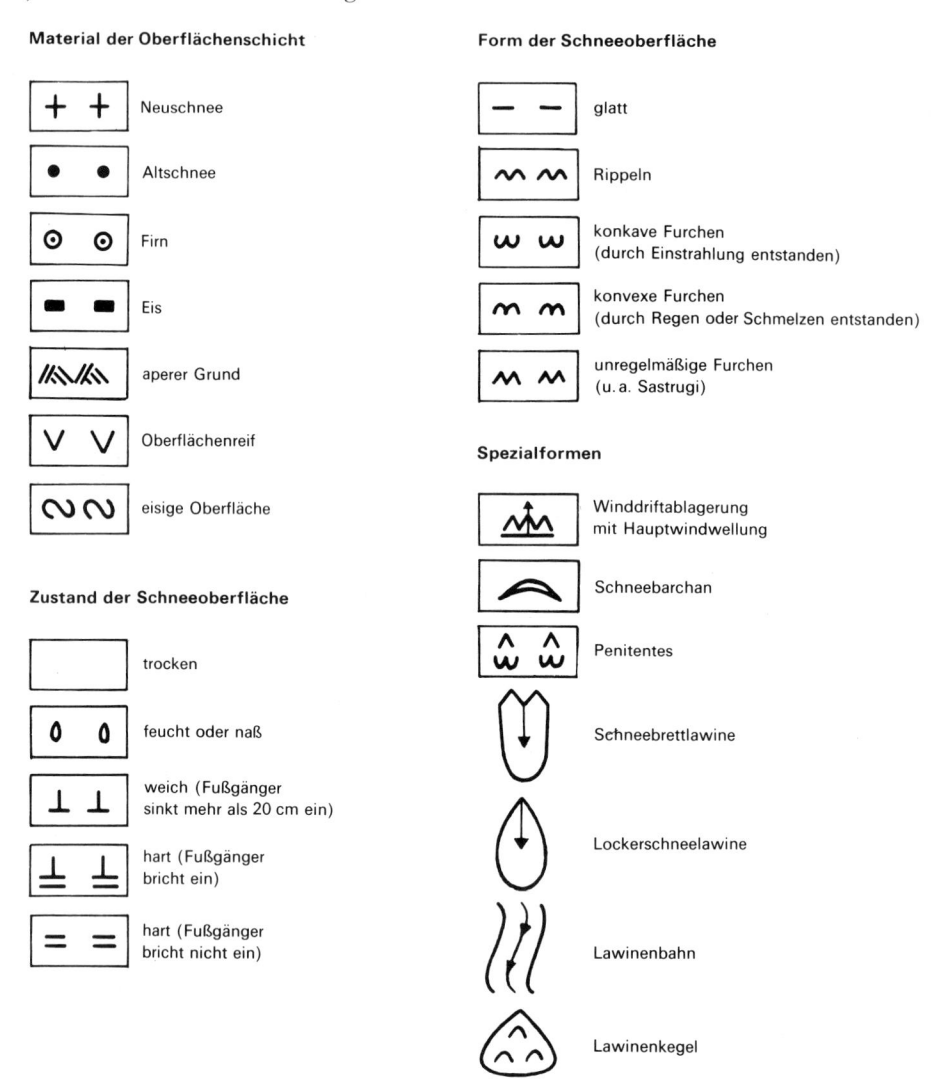

+ +	Neuschnee
• •	Altschnee
⊙ ⊙	Firn
▬ ▬	Eis
/I\/I\	aperer Grund
V V	Oberflächenreif
∽ ∽	eisige Oberfläche

Zustand der Schneeoberfläche

(leer)	trocken
0 0	feucht oder naß
⊥ ⊥	weich (Fußgänger sinkt mehr als 20 cm ein)
⊥ ⊥ (unterstrichen)	hart (Fußgänger bricht ein)
= =	hart (Fußgänger bricht nicht ein)

Form der Schneeoberfläche

− −	glatt
∧∧ ∧∧	Rippeln
ω ω	konkave Furchen (durch Einstrahlung entstanden)
∩ ∩	konvexe Furchen (durch Regen oder Schmelzen entstanden)
∧ ∧	unregelmäßige Furchen (u. a. Sastrugi)

Spezialformen

⩓⩓⩓	Winddriftablagerung mit Hauptwindwellung
⌒	Schneebarchan
ŵ ŵ	Penitentes
▽	Schneebrettlawine
▽	Lockerschneelawine
)↑↑(	Lawinenbahn
△	Lawinenkegel

Fig. 28 Internationale graphische Symbole für die flächige Kartierung von Schnee. Aus Unesco (1970).

Durchmesser von weniger als 0,5 mm als sehr fein, 0,5 bis 1 mm als fein, 1 bis 2 mm als mittel, 2 bis 4 mm als grob, größer als 4 mm als sehr grob angesprochen. In Figur 27 ist ein Schneeprofil zur Veranschaulichung dargestellt. Für die flächige Kartierung der Schneedecke werden die in *Fig. 28* abgebildeten Symbole verwendet (UNESCO 1970).

2.4. Oberflächenformen der Schneedecke

Schon während, aber auch nach Ablagerung der Schneedecke, wird ihre Oberfläche durch Windeinwirkung, die Vorgänge der Ablation und durch abfließendes Schmelz- und Regenwasser teilweise umgestaltet. Im einzelnen kann hierbei zwischen *Aufbau-* und *Abbauformen* unterschieden werden. Die Einflußnahme des Windes auf die Gestaltung der Schneedecke wurde zum Teil bereits in Kap. 2.2.1. unter anderem bei der Bildung von Schneebrettern und Packschnee besprochen. Hier werden noch einige wichtige Formen nachgetragen.

An Graten im Hochgebirge, aber auch an steilen Abfällen von Plateaurändern sind vielfach überhängende Schneemassen zu beobachten, die *Wächten* bezeichnet werden *(Abb. 10)*.

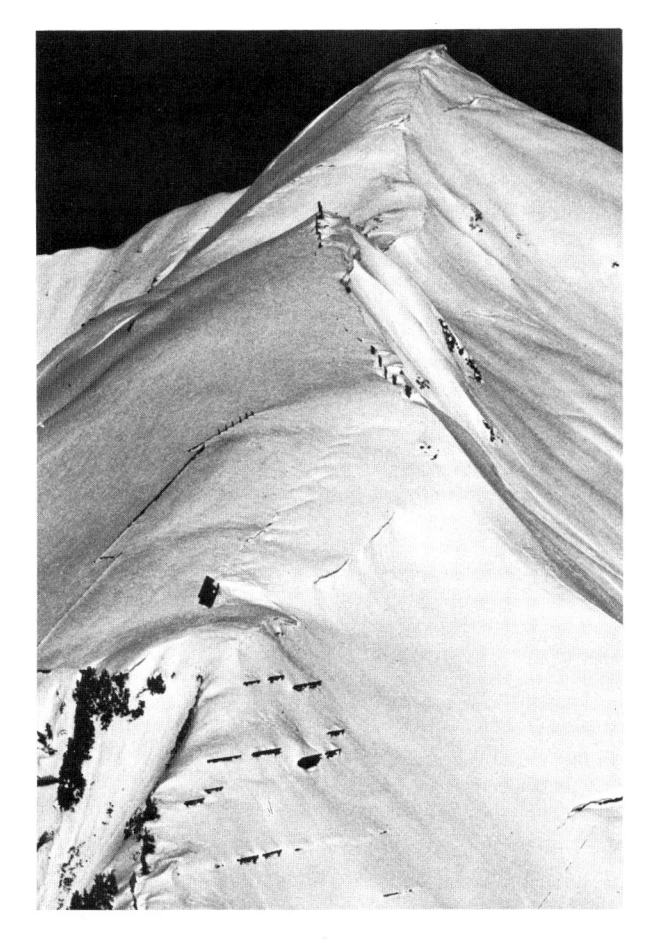

Abb. 10 Überwächteter Grat mit Kolktafeln. Am Tanngrindelgrat in den Schweizer Alpen ist auf der Seite des steileren Abfalls deutlich eine überhängende Wächtenbildung zu beobachten. Im mittleren Teil des Bildes sind auf dem Grat Kolktafeln, um die Triebschneebildung zu verringern, vor allem aber, um die Oberflächen durch Windkolke (Pressungen) zu stabilisieren. Im Vordergrund ist eine Lawinenstützverbauung zu erkennen. (Archiv: Eidgenössisches Institut für Schnee- und Lawinenforschung am Weißfluhjoch ob Davos).

Schneedecke und ihre Eigenschaften

Abb. 11 Wächte mit Kolk. Die am Aufbau der Wächte beteiligten Schichten sind deutlich zu erkennen. Durch die Sogwalze hat sich im Lee ein mächtiger Kolk gebildet. Gleichzeitig hat sich am Leehang eine Triebschneedecke (Packschnee) als Gegenböschung abgelagert. Die leicht verfestigte Oberfläche wird durch die scharfe Spurenbegrenzung deutlich. (Archiv: Eidgenössisches Institut für Schnee- und Lawinenforschung am Weißfluhjoch ob Davos).

Da sie nicht nur eine sehr auffällige Erscheinung sind, sondern durch Abbruch auch zur Auslösung von Lawinen beitragen, sind sie schon seit den Anfängen der Schneeforschung eingehend untersucht worden (M. Kurz, 1919, W. Paulcke und W. Welzenbach, 1928, W. Paulcke, 1934, G. Seligmann, 1936, W. Welzenbach, 1930). Wächten sind dynamische Ausgleichsformen zwischen den scharfen Grat- bzw. Plateaukanten und der Windbewegung. Im Luv der Hänge kommt es zu einer Verdichtung der Stromlinien der Windbewegung und damit zu einer Steigerung der Transportleistung. Bei Überschreiten des Grates tritt eine Divergenz auf und die mitgeführte Schneefracht wird am Grat in Richtung Lee abgelagert. Gleichzeitig bildet sich am Leehang eine *Sogwalze* aus, die an der Unterseite der Wächte eine kolkförmige Hohlform entstehen läßt *(Abb. 11)*. Die so primär entstandene Schneeüberkragung wird *Sogwächte* genannt. An ihrer Oberfläche wird bei Windtrieb infolge der Rauhigkeit und der beim Aufprall von Triebschnee stattfindenden Regelation weiterer Schnee akkumulisiert, der wesentlich dichter gepackt ist *(Druckwächte)*. W. Welzenbach (1930) fand in Schneewächten folgende Dichteverteilung *(Tab. 9)*.
Eine weitere Akkumulation von Wächtenschichten wird dadurch möglich, daß sich die Wächte unter Einfluß der Schwere setzt und es an der Wächtenstirn durch Wasserfiltration und damit verbundene Herabsetzung der Viskosität innerhalb der Sogwächten zu einer Einrollung kommt. Die Schichtmächtigkeit nimmt von der *Wächtenwurzel* zur *Wächtenstirn*

Schneeschicht	1	2	3	4	5	6	7	8	9	10	11	12
Druck- (D) Sogwächte (S)	S	S	D	S	D	S	D	S	D	S	D	S
Dichte g/cm³	0,220	0,220	0,420	0,352	0,466	0,400	0,480	0,425	0,490	0,440	0,500	0,450

Tab. 9   Dichteverteilung in einer Wächte nach W. Welzenbach (1930).

zu (*Fig. 29*). Für die Wachstumsrichtung einer Wächte ist nicht allein die Windrichtung, sondern auch die Gratböschung entscheidend. Wächten wachsen stets über die steilere Seite eines Grates vor. So kommt es zur wechselseitigen Überwächtung, wie sie bei W. Welzenbach (1930, S. 27, Abbildung 16) für den Verbindungsgrat Weiße Frau – Morgenhorn (Berner Oberland) abgebildet ist. Unterhalb der Schneegrenze treten im Gebirge nur *Winterwächten*, oberhalb aber auch *Dauerwächten* auf.

In enger Wechselwirkung mit der Wächtenbildung steht die Entwicklung der *Gegenböschung*. Schnee, der nicht an der Wächte abgelagert wird, sedimentiert in Lee unmittelbar unterhalb des Wächtenkolkes. Diese Ablagerung ist so am oberen Hangteil mächtiger als am tieferen. Dadurch wird die Böschung der Schneedecke am Leehang bis zum natürlichen Böschungswinkel von Schnee, der bei 50–55° liegt, versteilt und gleichzeitig labilisiert. Der obere Ansatz der Gegenböschung dient dem weiteren Wachstum der Wächte als Gegenlager. Ist die Maximalneigung von 50–55° erreicht, kann sich die Wächte nicht mehr weiter entwickeln und an der Stirnseite brechen Teile ab. Da der darunterliegende Hang durch die Gegenböschung in starkem Maße instabil geworden ist, gehen dann häufig große Lawinen ab. Die Querung eines überwächteten Hanges ist deshalb nicht nur wegen der überhängenden Wächten, sondern vor allem durch die nach unten auskeilenden Schichten der Gegenböschung, die von der Skispur angeschnitten werden und somit ihren Halt verlieren, besonders gefährlich.

Weitere Aufbauformen durch den Wind sind *Rippeln, Dünen*, die bereits von W. Cornish (1913 aus L. Lliboutry, 1964) beschrieben wurden, und *Schneebarchane*. Schneerippeln ent-

ⓐ Druckwächte
ⓑ Sogwächte
ⓒ Wächtenwurzel
ⓓ Wächtenstirn

Gegenböschung

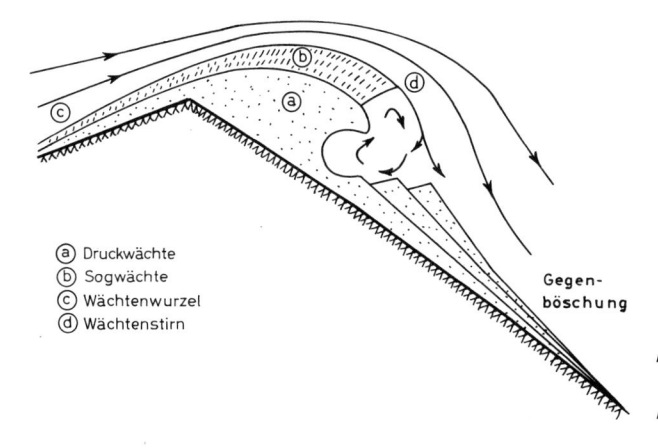

Fig. 29 Aufbau einer Wächte. Nach W. Welzenbach (1930).

60 Schneedecke und ihre Eigenschaften

stehen vorwiegend in körnigem, kaltem Schnee mit geringer Kohäsion, der sich ähnlich wie Sand verhält. Sie wurden als Erosionsform von W. Cornish (1913) aber auch im feuchten Schnee in Großbritannien beobachtet. *Schneerippeln* bilden wellenförmige Oberflächen mit nur wenigen Millimetern Höhe und einer Breite von einigen Zentimetern. Die groben Partikel bilden die Wellenkämme, während das feinere Material, vom Wind verfrachtet, in Lee akkumuliert wird. *Schneedünen* erreichen bei einer Breite von 50 m Höhen um einen Dezimeter oder wenig mehr. Sie wandern in Windrichtung mit einer Geschwindigkeit bis zu 5 cm/min. Auch für ihre Bildung ist kohäsionsloser Lockerschnee, wie er in der Antarktis und Arktis weit verbreitet ist, erforderlich. Einzelne Schneehaufen können durch Wind in *Barchane* umgeformt werden. Die Luvseite ist hier, wie bei den Sandformen, viel flacher als die der Leehänge, nur sind Schneebarchane weit weniger hoch als Sandbarchane.

Allgemein bekannt ist Driftschneeakkumulation vor und hinter Hindernissen, an denen sich Windkolke (Abbildung 10) ausbilden. Selbst in Gebieten mit geringen absoluten Schneehöhen (Schleswig-Holstein), können Schneeverwehungen bei Ablagerung in Straßeneinschnitten oder zwischen Knickwällen zu erheblichen Verkehrsbehinderungen führen (J. Blüthgen, 1939). So einfach diese Formen zu beschreiben sind, so wenig wissen wir heute Exaktes über ihren Bildungsmechanismus. Sicher ist nur, daß die Windgeschwindigkeit 20 bis 30 Knoten bei der Bildung nicht überschreiten darf. N. T. Lied (1961) berichtet von der Satelliten-Station Vertfold Hills am Long Fjord in 68° 30′ S und 78° 30′ E, daß bei Wind von mehr als 50 Knoten alle Dünen zerstört wurden, während sie sich bei 25 Knoten wieder neu gebildet haben.

Sehr hohe Windgeschwindigkeiten verursachen eine Deflation der Schneeoberfläche, wobei widerständige Schichten herauspräpariert werden. W. Paulcke (1938, S. 104) be-

Abb. 12 Durch Deflation bedingte selektive Zerstörung der Schneeoberfläche, wodurch ein schuppenförmiges Aussehen entsteht (Schuppenschnee). (Archiv: Eidgenössisches Institut für Schnee- und Lawinenforschung am Weißfluhjoch ob Davos).

Oberflächenformen der Schneedecke   61

zeichnet diese Bildungen aufgrund ihrer Form als *Schuppenschnee (Abb. 12)*. In Norwegen tragen sie den Namen *Skavler* und in Rußland *Zastrugi*. Der Ausdruck Zastrugi hat allgemeine Anerkennung gefunden. Die Längsrichtung der Zastrugi – durch Wind geschaffene Vollformen, Rücken – ist streng parallel zur Luftbewegung *(Abb. 13)*. Ihre Höhe kann von wenigen Zentimetern nach Beobachtungen von L. D. Dolgushin (1961) bis zu 2 m wachsen, bei einer Länge von über 100 m. Die Größe der Zastrugi ist ferner von der Schneemächtigkeit abhängig. Fällt längere Zeit kein Schnee, so verkleinern sich die Zastrugi auch bei sehr kräftigem Wind infolge starker Ablationsverluste (N. T. Lied, 1961). Da die Bildung von Zastrugi sehr hohe Windgeschwindigkeit voraussetzt, sind sie nach A. J. Gow (1965) in der Zentralantarktis nur schwach entwickelt. Ihr Hauptverbreitungsgebiet ist die Ostantarktis mit heftigen katiabatischen Winden. N. T. Lied (1961) kann jedoch die Theorie, daß katiabatische Winde Zastrugis (Blizzard-Dünen) erzeugen, anhand seiner Beobachtungen widerlegen. Auf jeden Fall besteht ein Zusammenhang zwischen Schneeart, Schneemächtigkeit und Windgeschwindigkeit für die Bildung von windbedingten Schneeakkumulations- und Zerstörungsformen. Zur restlichen Klärung der Frage ihrer Entstehung müssen noch zusätzliche Messungen angestellt werden.
Weitere, für Schnee- und Eisoberflächen charakteristische Formen entstehen bei der *Ablation*, also dem durch Einstrahlung und Warmluftzufuhr bedingtem Abbau durch Schmelzen und Verdunsten. Eine systematische Darstellung der Ablationsformen in den

Abb. 13 Deflationsbedingte Zerstörung der Schneeoberfläche. Durch kräftige Winde werden in Trockenschneegebieten parallel zur Windrichtung Rücken herauspräpariert (Zastrugi). Die windgepreßten Oberflächenschichten sind sehr stabil und widerstehen selbst kräftigen Deformationen (Abbiegungen). Im rechten oberen Teil des Bildes ist auch Schuppenschnee zu erkennen. (Archiv: Eidgenössisches Institut für Schnee- und Lawinenforschung am Weißfluhjoch ob Davos).

verschiedenen Klimagebieten der Erde verdanken wir C. Troll (1942 und 1949). Danach lassen sich zwei Grundformen der selektiven Ablation, nämlich

a) *Formen der bedeckten Ablation* infolge der Auflagerung von Fremdkörpern
b) *Formen der freien Ablation* ohne Beteiligung von Fremdkörpern

unterscheiden.

Die Formen der bedeckten Ablation gliedern sich in *Hohl-* und *Vollformen*. Ob Hohl- oder Vollformen entstehen, ist durch die Mächtigkeit des auflagernden Schuttes – Blöcke, Steinbrocken, Sand, Schluff – bedingt. Dünne Sedimentlagen und kleinere Einzelkörner erwärmen sich bei Einstrahlung infolge der von Schnee verschiedenen Albeo und spezifischen Wärme stärker als Schnee und Eis und sinken in die Unterlage ein. Mächtigere Schuttkörper wirken dagegen als Strahlungsschutz für die Unterlage, so daß die freien Schnee- und Eisoberflächen der Umgebung höhere Schmelz- und Verdunstungswerte aufweisen und somit relativ einsinken. I. Y. Ashwell und F. G. Hannel (1966) zeigen anhand von Untersuchungen in den Sarekbergen in Nordschweden, daß Versuchsflächen, die mit einem dunkelbraunen Gesteinsmehl in einer Dicke von 2 bis 5 mm bestreut waren, nach 24 Stunden (Beobachtungen August/Anfang September 1959) in die Oberfläche eingesunken waren. Bei einer Auflage von 10 mm und 25 mm ergaben sich jedoch schon positive Formen, die infolge der Rückstrahlung von Gesteinsmehl von kleinen Ablationsrinnen umgeben waren. Die kritische Dicke der Überdeckung von Sand und Schluff, an der sich die Bildung von Hohl- oder Vollformen entscheidet, ist abhängig von der Wärmeaufnahme der Schnee- und Gesteinsoberflächen. Die physikalische Deutung der Bildungsbedingungen wurde von H. Kraus (1966) an Hand von Messungen im Himalaya erarbeitet. Sie werden in Zusammenhang mit dem Abbau der Schneedecke (Kapitel 2.5.) besprochen.

Die von Ashwell und Hannel gefundenen Werte werden durch Beobachtungen an Ablationskegeln in den Alpen bestätigt, wo die Schlamm-Sandauflagerung häufig auch nur wenige Millimeter dick ist. Bei den Ablationsvollformen sind *Gletschertische (Abb. 14 a u. b)* und Schneeschmelztische, deren Eissockel durch eine überlagernde Gesteinsplatte vor Insolation geschützt sind, bekannte Erscheinungen. In Abhängigkeit von der Größe der Gesteinsplatte und den klimabedingten Ablationsbeträgen können sie 2 bis 4 m hoch werden. Die höheren Formen finden sich bei steilem Strahlungseinfall in den Subtropen, die kleineren in den subpolaren Breiten. Von einer vom Einfallswinkel der Sonnenstrahlen abhängigen Höhe an, werden durch insolationsbedingte Schmelzvorgänge am Fuß des Gletschertisches die Formen wieder zerstört. Diese Tatsache erklärt neben der geringen Verdunstungsrate, daß sich in Polargebieten keine höheren Gletschertische finden. Durch die Bestrahlungsasymmetrie der der Sonne zugewandten bzw. abgewandten Seite erklärt sich auch die Schrägstellung der Deckplatte, die bei sehr starker Neigung gegen die Sonnenrichtung abrutscht. Gletschertische sind strahlungsbedingte Formen, die bei Warmlufteinbrüchen schmelzen, da hierfür die Gesteinsauflage keinen Schutz bildet.

In genetischer Hinsicht ähnlich sind die *Ablationskegel (Eis- bzw. Schneeschmelzkegel)*. An die Stelle des Decksteines tritt hier die Überlagerung von Eis oder Schnee durch Sand und Schluff, die im Zehrgebiet von Gletschern meist entlang von Scherflächen aus dem Grundmoränenmaterial zur Oberfläche kommen. Sie finden sich daher auf Gletscherzungen an bestimmten Stellen vergesellschaftet.

Von den *Ablationshohlformen* sind vor allem die von A. W. Nordenskjöld, 1870 (aus C. Troll, 1942) aus Grönland beschriebenen *Kryokonitlöcher* bekannt. Dabei handelt es sich

Oberflächenformen der Schneedecke 63

Abb. 14a   Gletschertische am Limmerngletscher (Tödigruppe). Diese Gletschertische tragen als Ablationsschutz nicht einen Gesteinsblock, wie es häufig der Fall ist, sondern Reste einer Neuschneelawine. Die sehr viel größere Albedo von Neuschnee gegenüber Firn und Gletschereis verminderte die Ablations im Bereich der Lawinenrestblöcke und verursachte dadurch die Entstehung der Gletschertische. (Aufnahme: 11.10.1951, H. Siegenthaler, VAW-ETH Zürich).

Abb. 14b   Gletschertisch mit Steindeckplatte auf dem Khumbu-Gletscher (Mt.-Everest-Gebiet, S. Fig. 141). Im Hintergrund der Lingtren mit 6697 m. (Aufnahme Mai 1963, Prof. Dr. H. Kraus, München.)

um senkrechte Röhren im Eis mit einem lichten Durchmesser von 1 bis 10 cm und einer Tiefe von maximal 1 m oder wenig darüber. Auf ihrem Grund ist stets feiner Schlamm angereichert, der das rasche Tieftauen bei einfallender Strahlung verursacht (stärkere Erwärmung des Fremdmaterials gegenüber Eis). Da mit zunehmender Tiefe der in die enge Röhre eindringende Anteil der Strahlung geringer wird, ist dem Längenwachstum der Kryokonitlöcher eine Grenze gesetzt. E. v. Drygalski (1897) spricht deshalb auch von einem *Kryokonithorizont*. Im Herbst, bei niederem Sonnenstand, wenn zwar noch die Oberfläche abschmilzt, die Strahlung aber nicht mehr in die engen Löcher eindringt, verringert sich ihre Tiefe wieder. Die schönsten Kryokonitlöcher finden sich nördlich 68°N, sie fehlen aber auch in mittleren und äquatorialen Breiten nicht. In den Alpen werden sie kaum über einen Dezimeter oder wenig mehr tief.

Nach diesen Ausführungen wurde früher ein enger Zusammenhang zwischen Tiefe der Kryokonitlöcher und Einfallswinkel der Sonnenstrahlung angenommen. H. Hoinkes (1970) hat an Alpengletschern beobachtet, daß diese senkrechten engen Hohlformen vorwiegend im Bereich zwischen Firn- und Gleichgewichtslinie, also im aufgefrorenen Schmelzwassereis (superimposed ice, s. Kapitel 2.8., 3.4.1. und 3.7.4.5.) vorkommen. Da die Ausbildung von superimposed ice in den Mittelbreiten sowohl nach Areal als auch nach Möglichkeit wegen der klimatischen Bedingungen sehr viel schwächer ist als am Rande des grönländischen Inlandeises, müssen die Kryonkonitlöcher, wenn sie davon abhängen, in der Randarktis auch weiter verbreitet sein. Das Auftreten von Krykonitlöchern ist danach vorwiegend an eine bestimmte Eisart gebunden.

Bei den weiteren Ablationshohlformen, *Mittagslöchern, Wabenschnee* und andere mehr ist der Einfluß von auflagerndem Material auf die Gestaltung keineswegs mehr so deutlich wie bei den oben genannten. Sicherlich findet sich in den Vertiefungen von Mittagslöchern und anderen Ablationswannen ein Schlammabsatz. Ob aber die feste Substanz nur eine Anreicherung beim Schmelzvorgang ist oder für die Genese der Formen unabdingbare Voraussetzung, ist nicht eindeutig. Manches spricht dafür, daß es sich um reine Anreicherung handelt. So führen die genannten Erscheinungen über zu den Formen der freien Ablation.

Die nach Keller und Desor 1842 (aus L. Lliboutry, 1964) als *Mittagslöcher* benannten Hohlformen zeigen meist eine geradlinige, West-Ost-orientierte Basislinie, auf der Nordhalbkugel ist die nordseitige Begrenzung halbkreisförmig. Sie werden maximal bis zu einem halben Meter tief und die Hohlform ist in den Tagesstunden teilweise mit Schmelzwasser gefüllt. Die beschriebene Ausbildung der Schmelzschalen spiegelt dabei die wechselnde Intensität der Einstrahlung im Laufe eines Tages wider. Neben den Mittagslöchern mit eher halbkreisförmigen Grundriß gibt es auch ovale bis rundliche *Schmelzschalen*, die bei einem Durchmesser von 20 bis 30 cm einige Zentimeter tief werden. Wenn viele derartige Schmelzschalen, durch kleine Schneekämme voneinander getrennt, aneinandergrenzen, erhält die Schneeoberfläche bienenwabenförmiges Aussehen, und man spricht von *Wabenschnee* (im englischen *snow cups* oder *honey combs*). Die Erscheinung wird von verschiedenen Autoren auf wellenartige Schmelzwirkung warmer Winde zurückgeführt. L. Lliboutry (1964, S. 371) erklärt den Wabenschnee durch Schmelzvorgänge, wobei sich durch Perkolation des Schmelzwassers das Porenvolumen des Schnees vergrößert, was zur Bildung der kleinen Nachsackungshohlformen führt.

Abfluß von Schmelzwasser führt bei geneigter Schneeoberfläche zur Bildung kleiner Rinnen, die in unverändertem Schnee V-förmiges, in stark verdichtetem Schnee, im Frühjahr, U-förmiges Querprofil haben. Ausfließendes und wieder gefrierendes Schmelz-

Oberflächenformen der Schneedecke   65

Abb. 15   Eispenitentes auf dem Khumbugletscher (Mt.-Everest-Gebiet, s. Fig. 141). Deutlich ist die Anordnung in parallelen Reihen zu erkennen, die durch Ablationsgassen getrennt werden. Einsattelung im Hintergrund Lho-Paß. (Aufnahme Mai 1963, Prof. Dr. H. Kraus, München).

wasser bildet an Überhängen (Dachtraufen oder auch an Wächtenstirnen) *Eisstalagtiten* (Eiszapfen). Da sie bei Wächten an bestimmte Horizonte gebunden sind, geben sie deutliches Zeugnis der durch die Stratifizierung gelenkten Wasserbewegung in einer Schneedecke. Sehr viel seltener sind dagegen *Eisstalagmiten*. G. Seligman (1963) hat einen solchen nahe des Öschinensees oberhalb Kandersteg/Schweiz mit 7 bis 8 m Höhe und 5 m Durchmesser beschrieben. Weitere Ablationsformen entstehen durch die unterschiedlichen Reflexionsbedingungen an Weiß- und Blaublättern im Gletschereis (s. S. 142). Dabei bilden Weiß- und Blaublätter sowohl Hohl- wie Vollformen. Die sich langhinziehenden Kämme aus Weißblättern werden auch *Reid'sche Kämme* genannt.

Abb. 16   Schneepenitentes am Abhang einer sandigen Ufermoräne des Imjagletschers (Mt-Everest-Gebiet, s. Fig. 141). Die Penitentes sind in parallelen Reihen angeordnet. (Aufnahme 30.3.1963, Prof. Dr. H. Kraus, München).

66 Schneedecke und ihre Eigenschaften

Eine besonders auffallende Form der selektiven freien Ablation ist *Büßerschnee, Nieve de los Penitentes*, der eingehend von C. Troll (1942 und 1949) bearbeitet wurde und zu der L. Lliboutry (1964) aus den chilenischen Anden wichtige, ergänzende Beobachtungen mitteilte. Penitentes sind eine typische Erscheinung der subtropischen Hochgebirge, die Ch. Darwin 1865 (L. Lliboutry 1964, S. 372) als erster beschrieben hat. Büßerschnee *(s. Abb. 15 u. 16)* besteht aus regelmäßig in ungefähr Ost-West-Richtung verlaufenden Reihen angeordneten, gegen die einfallenden Strahlen der Sonne geneigte Schnee- oder Eispyramiden, bzw. Zacken und Pfeiler. Die bizarren Schnee- und Eisformen erinnern in ihrer Gestalt an Büßer in weißen Hemden, die noch heute in Spanien während der Osterwoche in Prozessionen umziehen; hiervon leitet sich auch diese Bezeichnung ab.

Penitentes können sowohl im jahreszeitlichen Schnee als auch im Gletschereis ausgebildet werden. Ihre Höhe wächst mit fortschreitendem Hochstand der Sonne beim Abbau der Schneedecke. Sobald der nackte Boden zutage kommt und damit in den zwischen den Schneezacken verlaufenden Furchen eine Wärmespeicherung auftritt, schmelzen sie rasch ab. L. Lliboutry (1964) beobachtete im Hochwinter in den chilenischen Anden Penitentes von 8 cm, im Oktober von 15 cm. Diese Kleinformen, die nach einigen Schönwettertagen mit geringer Luftfeuchtigkeit und tiefen Temperaturen im Winter auch in den Alpen auftreten können, nennt er *Mikropenitentes*. Aber schon im November erreichen sie Höhen von 50 cm, die bis zum Januar auf 1 m und mehr anwachsen. In 4600 m sah er sogar Firnzackenbildungen von 2 bis 3 m Höhe, was ungefähr der Höhe des gesamten Jahresniederschlages entspricht. Der horizontale Abstand der einzelnen Penitentes voneinander ist von der Höhe der Zacken abhängig und beträgt rund $1/2$ bis $1/3$ des Vertikalmaßes. Bei der Neigung der Penitentes ergibt sich eine enge Beziehung zur Kulminationshöhe der Sonne *(Fig. 30)*. Das Wachstum der Penitentes ist bei einer Schneedecke auf festem Boden durch die jährliche Menge des festen Niederschlags begrenzt, nicht dagegen auf Gletschern. Dort können die Furchen weiter vertieft werden, und am Ostabfall der chilenischen Anden wurden auf dem Gletscher des Rio Plombo 10 m hohe, am Khumbugletscher (Everest) sogar 30 m hohe Eispenitentes beobachtet. Jedoch gehört Zackeneis mit mehr als 5 bis 6 m Höhe bei den hohen Ablationswerten doch zu den Seltenheiten.

Büßerschnee ist eine Ablationsform, bei der die Verdunstung einen sehr hohen Anteil hat. Er findet sich daher vollendet ausgebildet nur in subtropisch bis kontinentalen Hochgebirgen mit langen kalten Schönwetterperioden bei geringer Luftfeuchtigkeit. So stammen Berichte von großartigen Penitentesfeldern aus den südperuanisch-bolivianisch-

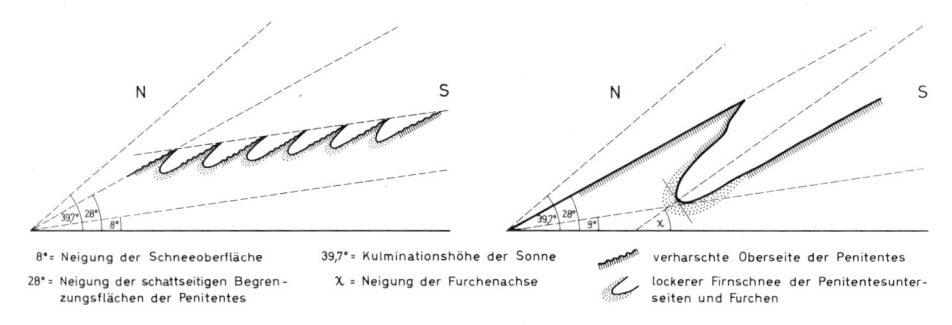

8° = Neigung der Schneeoberfläche
28° = Neigung der schattseitigen Begrenzungsflächen der Penitentes
39,7° = Kulminationshöhe der Sonne
X = Neigung der Furchenachse
verharschte Oberseite der Penitentes
lockerer Firnschnee der Penitentesunterseiten und Furchen

Fig. 30 Abhängigkeit der Neigung der Penitentes von der Kulminationshöhe der Sonne. Nach C. Troll (1942).

chilenischen Anden bis 35 °S auf der West- bis 37 °S auf der Ostseite. Unterhalb 5000 m treten sie auch am Chimborazo (Äquator) und am Popocatepetel (Mexico) auf. Sie sind aus der Sierra Nevada im Westen der USA ebenso bekannt wie aus Höhen unter 5000 m am Vulkanberg Demawend, dem Hindukusch und Pamir. Auch im Himalaya treten sie in einer Höhenstufe von ca 5000 m (Kkumbu, Barun) auf und in Afrika sind sie vom Kilimandscharo in Tanzania beschrieben worden. Mit der Verbreitung des Büßerschnees in den Gebirgen Vorderasiens hat sich G. Schweizer (1969) befaßt.

Von grundlegender Bedeutung für die Genese der Büßerschneeformen ist, daß die Schnee-, Firn- und Eiszacken während der Dauer ihres Entstehens und auch nachher hart und trocken bleiben. L. Lliboutry (1964, S. 375) hat an Penitentes in 3500 m in den Anden von Santiago Ende November bei einer Lufttemperatur von 10 °C (Tagesmaximum) folgende Werte gemessen:

Die Schneetemperatur der 50 cm hohen, in 21 cm Firstabstand stehenden Zacken betrug $-5\,°C$, die Dichte $0{,}52\,g/cm^3$ und die Scherfestigkeit erreichte $205\,g/cm^2$. Im Gegensatz zur Standfestigkeit der Vollformen enthielt der Firn in den Furchen bis zu 19 Vol.% flüssiges Wasser. Daraus ist das Beharrungsvermögen der Vollformen bei gleichzeitigem Tieferlegen der Hohlformen ersichtlich. Im selben Augenblick, wo auch die Penitentes Schmelzpunkttemperaturen erreichen, würde bei der hohen Verdichtung eine rapide Zunahme der Fließfähigkeit eintreten (s. Figur 22) und die Formen müßten in sich zusammensinken. Für die Entstehung der Penitentes ist daher hohe Strahlungsenergie verbunden mit geringer Luftfeuchtigkeit entscheidend. Aufgrund dieser Tatsachen konnten in Bonn bei einem Experiment in 20 Minuten 15 cm hohe Penitentes durch Bestrahlung der Schneeoberfläche bei kaltem Frostwetter mit einer Lampe erzeugt werden (R. Keller 1961, S. 124).

Unter Einbeziehung des mehrjährigen Büßerschnees auf Gletscheroberflächen können nach C. Troll (1942, S. 43) folgende Typen der Penitentes nach ihrem zeitlichen Auftreten ausgeschieden werden:

I. Einjähriger oder annueller Büßerschnee
   1 Periodischer Büßerschnee, regelmäßig zu bestimmten Jahreszeiten auftretend
      a) Ganzsommeriger Büßerschnee (aus Winterschnee im Laufe des Sommers bis zum Herbst gebildet)
      b) kurzperiodischer Büßerschnee (je nach jahreszeitlichem, auch sommerlichem Schneefall, in kürzerer Zeit gebildet)
   2 Episodischer Büßerschnee
      a) Wetterhafter Büßerschnee, aufgrund günstiger, nicht regelmäßiger Wetterlagen
      b) Punkthafter Büßerschnee, aufgrund lokaler Anhäufung von Schneedecken

II. Perennierender Büßerschnee
   In Firnregionen von Gletschern gebildet, durch Erhaltung unter Neuschneedecke und Wiederaufdeckung bei der Ablation mehrjährig bis vieljährig weiterentwickelt.

2.5. Abbau der Schneedecke

Für die *Jahreswasserbilanzgleichung*

$$N = A + V + R - B$$

Niederschlag = Abfluß + Verdunstung + Rücklage − Aufbrauch

spielen bei festen Niederschlägen die Glieder R *(Rücklage)* und B *(Aufbrauch)* eine erhebliche Rolle. In jedem Winter werden *(s. Fig. 31)* in den Hochregionen der Gebirge mehrere Meter mächtige Schneedecken als temporäre Rücklage akkumuliert, die in der Schmelzperiode zum großen Teil abfließt. Nach M. Parade (1959, aus L. Lliboutry 1964, S. 359) ergeben sich für das Einzugsgebiet des Drac oberhalb Sautet folgende Werte für *Schneeretention* bzw. *Schneeschmelzabfluß*:

Schneerücklage [mm]	Okt. 41	Nov. 37	Dez. 44	Jan. 48	Feb. 64	März 39	Akkumulationsperiode 273
Schneeschmelzabfluß [mm]	Apr. 19	Mai 87	Juni 100	Juli 58	Aug. 8	Sept. 0	Ablationsperiode 272

Tab. 10 Schneeakkumulation und Schneeschmelzabfluß im Einzugsgebiet des Drac oberhalb Sautet nach M. Parde 1959 (aus L. Lliboutry 1964, S. 359).

Danach gelangt nahezu die gesamte Schneedecke mit einer Verzögerung von 5 bis 6 Monaten zum Abfluß. Auch die Messungen von H. Kern (1959, 1971) an der Versuchsstation Obernach im Walchenseegebiet in den Wintern 1956/57 und 1957/58 sowie am Hohen Peißenberg und Obernach in den Wintern 1967 bis 1970 zeigen, daß die Verdunstungsverluste nur gering sind. P. F. Pfolliott und E. A. Hansen (1968) haben Abflußmessungen am Beaver Creek/Arizona durchgeführt. Zu Beginn der Schmelzperiode am 4. März 1966 waren 85,5 mm Wasseräquivalent als Schnee akkumuliert. Am 20. März, am Ende der Beobachtungen, verblieben noch 1,25 mm Wasseräquivalent als Schnee, es waren also 84,25 mm geschmolzen. 78,25 mm wurden als Abfluß an der Pegelstelle gemessen. Das entspricht einem Abfluß von 93 % und einem Verdunstungs- und Versickerungsverlust von nur 7 %.

Fluß	Anteil am Schmelzwasserabfluß
Isère bei Grenoble	38 %
Isère bei Moutier	43 %
Isère bei Tignes	47 %
Rhône bei Eintritt in den Genfer See	52 %
Arve bei Chamonix	54 %
Rhône bei Gletsch und Fiescherbach	62 %
Massa (Abfluß des Aletschgletschers)	67 %

Tab. 11 Anteil des Schmelzwassers an der Gesamtabflußfülle ausgewählter Hochgebirgsflüsse.

Abbau der Schneedecke 69

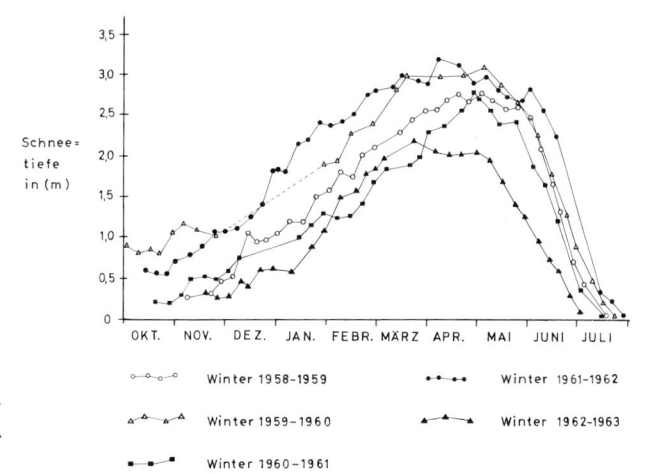

Fig. 31 Schneemächtigkeit im Loveland Basin (Colorado, USA) in fünf Winter. Nach M. Martinelli (1965).

○—○—○ Winter 1958-1959
△—△—△ Winter 1959-1960
■—■—■ Winter 1960-1961
●—●—● Winter 1961-1962
▲—▲—▲ Winter 1962-1963

Viele Alpenflüsse beziehen einen erheblichen Anteil ihrer Abflußfülle aus der Schneeschmelze bzw. dem Abschmelzen von Gletschereis. L. Lliboutry (1964, S. 360) gibt folgende Werte *(Tab. 11)*:
Entsprechend dem Anteil des Schmelzwassers am Gesamtabfluß werden die Flüsse einzelnen *Abflußregimen* zugeordnet. Von *pluvio-nival* spricht man bei einem Anteil von 6 bis 14%, darunter sind es rein *pluviale* Regime, 10 bis 25% ordnet man dem *nivo-pluvialen* zu, 26 bis 28% wird als Übergang zum rein *nivo-glazialen* mit 39 bis 70% angesehen. Danach gehören mit Ausnahme der Isère bei Grenoble alle in Tabelle 11 genannten Flüsse dem nivo-glazialen Regime an.

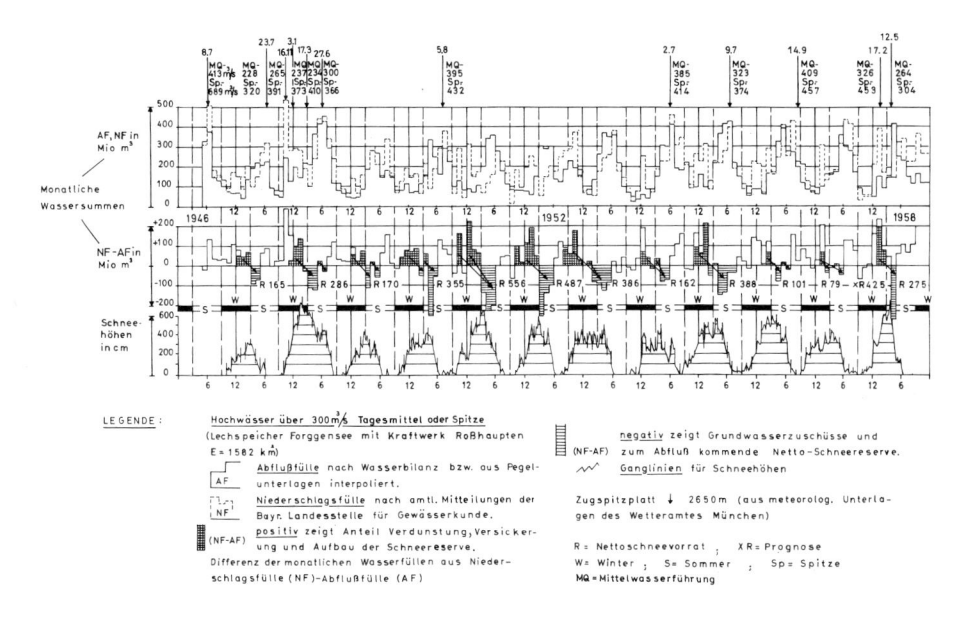

Fig. 32 Zusammenhang zwischen Abfluß, Niederschlag und Schneereserven am Lechspeicher Roßhaupten. Nach J. Fronholzer (1959).

Durch die Schneeschmelze steigt die Wasserführung der Flüsse erheblich an. Wenn der Boden mit Wasser gesättigt ist (Feldkapazität) oder gar die oberste Bodenschicht gefroren ist und die Schneedecke bei Warmlufteinbrüchen in Verbindung mit kräftigen Regenfällen sehr rasch abschmilzt, kommt es im Flachland häufig zu erheblichen Schadenhochwässern. Nach einer Frostperiode mit Schneedecke und anschließend einsetzendem Tauwetter stieg die Abflußmenge der Großen Vils am Pegel Vilsbiburg (Niederschlagsgebietsfläche F = 318 km²) vom 17.2.1964 zum 19.2.1964 von 2,3 m³/s auf 10,7 m³/s, also auf etwas mehr als das Vierfache (B.L.f.G. 1967). Nach J. Lugeon (1928) liegt die Abflußspende der Schweizer Alpenflüsse in den Monaten November bis März unter 20 l/s·km² und steigt im Juli und August auf mehr als 200 l/s·km² an (Schneeschmelze). L. Lliboutry (1964) berichtet von der Doron de Bozel in den französischen Nordalpen, daß ihr Abfluß zwischen 1,3 m³/s im Februarmittel und 11 000 bis 14 000 m³/s im Juli und August schwankt. Ihr Einzugsgebiet ist zu 19% vergletschert. Den engen Zusammenhang zwischen Abfluß, Niederschlag und Schneereserven für den Lech beim Kraftwerk Roßhaupten veranschaulicht J. Fronholzer (1959, s. *Fig. 32*). Der obere Diagrammteil gibt den Monatsgang von Abfluß (AF) und Niederschlagsfülle (NF) für die Jahre 1946 bis 1958 wieder. Im Mittelteil ist die Differenz NF–AF aufgetragen. Die positiven Werte zeigen den Anteil der Verdunstung, Versickerung und Aufbau der Schneedecke (gerastert), den negativen Zuschuß aus Grundwasserreserven und Schneeschmelzabfluß (gerastert). Der *Nettoschneevorrat* (Wasseräquivalent) schwankt hier im Wechsel der Jahre zwischen 79 und 576 Mio m³. In der unteren Zeile ist zum Vergleich die Entwicklung der Schneedecke auf der Zugspitze aufgetragen.

Gerade der Schneeschmelzabfluß ist für die Auffüllung der Kraftwerkspeicher nach der winterlichen Wasserklemme sehr wichtig. In den USA werden große Anstrengungen unternommen, um mittels Schneezäunen und geeigneter Forstwirtschaft eine möglichst große Schneemenge in der Höhe zu speichern, die beim Abtauen dann für Bewässerungszwecke und zur Gewinnung von elektrischer Energie verwendet werden kann. Eine ganz entscheidende Rolle für die Hydrologie eines Gebietes spielt auch der Abgang von Lawinen. Sie können einerseits Flüsse aufstauen, deren gespeicherte Wassermassen bei ruckhaftem Durchbruch durch die Abdämmassen zu katastrophalen Hochwassern führen. Zum anderen wird Lawinenschnee bei kleinerer Ablagerungsoberfläche als im Einzugsgebiet hoch verdichtet, so daß sich sein Abschmelzen bis zu 2 bis 3 Monaten gegenüber normalem Schnee verzögert. Da nach M.I. Ivernova (1966) im Tschersky und Zaijlisky Alatau der Abfluß von Lawinenablagerungen 3 bis 11% ausmacht, kann durch die künstliche Auslösung von Lawinen ein Regulativ für den Abfluß gewonnen werden. Trotz zahlreicher Einzelstudien steckt die Abflußvorhersage aus der Schneeschmelze erst in den Anfängen. Eine allgemeingültige Formel, die auch in der Praxis anwendbar ist, zu finden dürfte schwierig sein, da die Schneeschmelze von einer Vielzahl von Parametern abhängig ist, die nicht immer leicht zu messen sind.

Die für die Schneeschmelze erforderliche Energie stammt im wesentlichen aus vier Quellen, nämlich der *Strahlungsbilanz* (Q), dem *fühlbaren Wärmestrom* aus der Luft (L), der *latenten Wärme* des Wasserdampfes (V) und dem Wärmestrom aus dem *Boden* (BS). Der letztgenannte wird vielfach noch gegliedert in einen Anteil, der für Schmelzen bzw. Gefrieren von Eis und Wasser benötigt wird (S), wobei +S Gefrieren von Wasser, −S Schmelzen von Eis bedeutet, und einen Betrag B, der zu Temperaturänderungen in der Schneedecke führt. Aus den fünf Energieströmen, deren Summe Null sein muß, ergibt sich nach G. Hofmann (1963) die *Energiehaushaltsgleichung* für die Schneeoberfläche in der

Abbau der Schneedecke

Form

$$Q + (B + S) + L + V = 0.$$

Unter Vernachlässigung der Reflexion der langwelligen Strahlung, sie liegt bei Neuschnee oft unter 1% (R. Geiger, 1961), gilt für die Strahlungsbilanz die Beziehung

$$Q = (1 - a)G + A - \sigma T_0^4.$$

Darin ist a die Albedo, G die Globalstrahlung, A die langwellige Gegenstrahlung der Atmosphäre, T_0 die absolute Temperatur der Oberfläche – sie bestimmt die langwellige Ausstrahlung – und σ die Stefan-Boltzmann-Konstante mit $0{,}826 \cdot 10^{-10}$ cal cm^{-2} min^{-1} Grad^{-4}.

Die langwellige Gegenstrahlung A errechnet sich bei wolkenfreiem Himmel nach der Formel von A. Angström (aus H. Kraus, 1966) zu

$$A = \sigma T_L^4 \left[0{,}82 - 0{,}25 \exp\left(\frac{-0{,}29 e_L}{p}\right) \right]$$

wobei T_L absolute Lufttemperatur, e_L Wasserdampfdruck und p Luftdruck in Torr bedeuten.

Die Wärmevorratsänderung unter der Oberfläche (B) berechnet sich zu

$$B = \int_0^z \varrho \cdot c \frac{\partial \vartheta}{\partial t} dz$$

mit ϱ Dichte des Materials, c seine spezifische Wärme, ϑ seine Temperatur, t die Zeit und z die Tiefe unter der Oberfläche.

Der fühlbare Wärmestrom (L) ist das Produkt aus der Differenz von Schnee – (ϑ_0) und Lufttemperatur (ϑ_L) sowie der Wärmeübergangszahl α_L:

$$L = \alpha_L (\vartheta_0 - \vartheta_L).$$

Die Werte von α_L sind von der Ventilation abhängig *(Tab. 12)*.

Der Strom der latenten Wärme (V) ergibt sich zu

$$V = \alpha_L \frac{0{,}623\, r}{p \cdot c_P} (e_L - E_0),$$

mit e_L Wasserdampfdruck der Luft, E_0 Sättigungsdampfdruck der Oberfläche mit der Temperatur ϑ_0, p dem Luftdruck, c_P der spezifischen Wärme der Luft und r der Verdampfungswärme des Wassers. Für r wird beim Übergang von Eis ⇌ Dampf die Verdunstungswärme des Eises r_E, beim Übergang Wasser ⇌ Dampf die des Wassers r_W genommen. Mit der Schmelzwärme des Eises errechnet sich $r_E = r_W + r_S$ ($r_E = 677$ cal/g, $r_W = 597$ cal/g, $r_S = 80$ cal/g).

Damit sind die wichtigen Energiehaushaltsgleichungen vorgestellt. Sehr eingehend befaßt sich mit der Schneeschmelze P. P. Kuz'min (1961), dessen grundlegendes Werk 1972 ins englische übersetzt wurde. Nachfolgend soll vor allem der differenzierte Abbau der Schneedecke in enger Anlehnung an die Arbeiten von G. Hofmann (1963) und H. Kraus (1966) dargestellt werden, um daraus die Ablationsformen erklären zu können.

Mit Hilfe der Energiehaushaltsgleichungen kann G. Hofmann (1963) in einem Diagramm *(Fig. 33)* fünf Bereiche mit verschiedenen Vorgängen an der Schneeoberfläche unterscheiden, nämlich reine Eisverdunstung, Verdunstung und Schmelzen, Kondensation und Schmelzen, Kondensation und Gefrieren sowie Reifbildung. Ohne auf Einzelheiten

Schneedecke und ihre Eigenschaften

			bei Windgeschwindigkeit (u) [m/s]		
			1	2	5
Wärmeübergangszahl α_L	bei	(1)	2,5	4,4	9,5
in		(2)	8	12	19
[m cal/cm² · min Grad]		(3)	10	14	22

Tab. 12   Zusammenhang zwischen Wärmeübergangszahl α_L und Windgeschwindigkeit u (u in 2 m Höhe) bei völlig glatter Oberfläche (1) G. Hofmann, 1963), für Schneeflächen (2) M. R. de Quervain, 1951) und für Rasen (3) E. Frankenberger, 1955).

des Diagramms wegen der komplexen Ordinatengrößen eingehen zu wollen – eine Auflösung in überschaubare Größen erfolgt in Figur 34 –, können daraus doch einige wichtige Randbedingungen der genannten Vorgänge aufgezeigt werden.
Bei der Schneeschmelze ist grundsätzlich zu unterscheiden zwischen freier und bedeckter Ablation. Bei der freien Ablation treten die Energieströme in unmittelbaren Austausch mit der Schneeoberfläche. Bei der bedeckten Ablation wird Schnee bzw. Eis von Fremd-

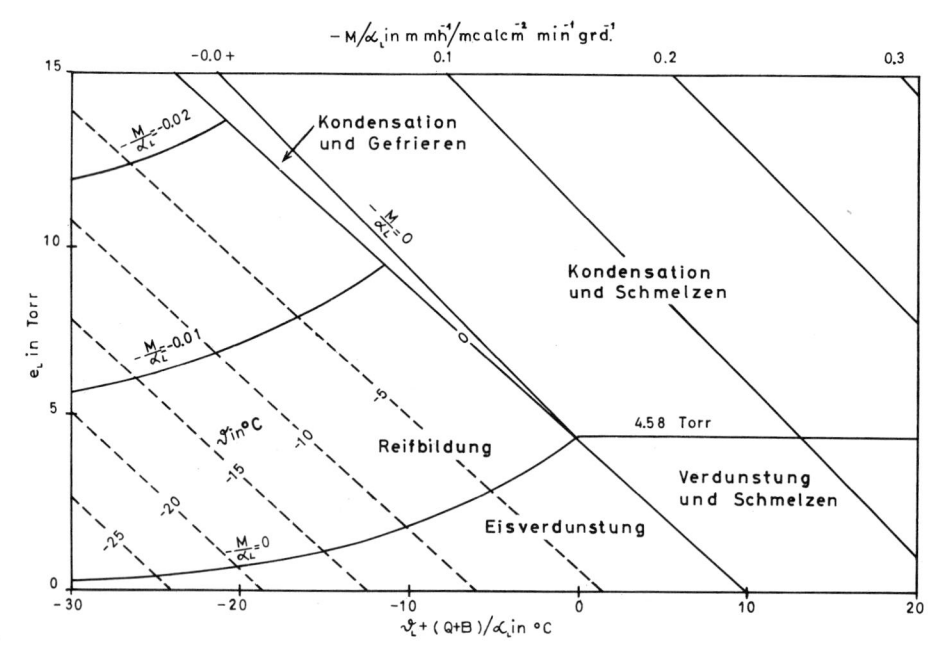

Fig. 33   Zustandsdiagramm für Kondensation, Sublimation, Verdunsten, Schmelzen und Gefrieren an einer Schneeoberfläche in Abhängigkeit vom Wasserdampfdruck der Luft (e_L), der Lufttemperatur (ϑ_L), Strahlungsbilanz (Q), Wärmeströme (B) und der Wärmeübergangszahl (α_L). Nach G. Hofmann (1963).

material unterschiedlicher Schichtdicke überlagert. Die zugeführte Strahlungsenergie gelangt somit z. B. nur teilweise über Wärmeleitung an die Schneeoberfläche.
Bei der *freien Ablation* ergeben sich für die genannten fünf Vorgänge folgende Bildungsbedingungen: *Reine Eisverdunstung*, die nur bei nichtschmelzender Oberfläche vorkommt, tritt ein, wenn die Oberflächentemperatur $\vartheta_o \leq 0\,°C$ und der Wasserdampfdruck der Luft $e_L < E_{o\,(Eis)}$ dem Sättigungsdampfdruck der Eisoberfläche ist. $S = 0$, da kein Schmelzen vorkommt. Wie aus Figur 33 ersichtlich, findet reine Eisverdunstung mit $\vartheta_o = 0\,°C$ auch noch bei positiven Lufttemperaturen bis rund 10 °C statt. Entscheidend hierfür ist die Wasserdampfspannung der Luft. Ein Maß für die positive Abweichung der Lufttemperatur von 0 °C, bis zu der reine Eisverdunstung stattfindet, ist die *Äquivalenttemperatur* ($t_ä$). Sie gibt jene Temperatur an, die die Luft annehmen würde, wenn der gesamte in ihr enthaltene Wasserdampf kondensieren und ausfallen sowie die freigewordene Wärmeenergie der Luft zuteil würde. Für Eis gilt die Beziehung $t_ä = t + 1760 \frac{e}{p}$. Daraus errechnen sich die zum Schmelzen von Schnee und Eis in Abhängigkeit der relativen Feuchte (f_L) erforderlichen Lufttemperaturen (ϑ_L) der Wertepaare der *Tab. 13* bei 760 mm Druck.
Ist unter sonst gleichen Bedingungen die Wasserdampfspannung der Luft $e_L > E_{o\,(Eis)}$ dem Sättigungsdruck über Eis (in Figur 33 durch den Scharparameter $\frac{M}{\alpha_L} = 0$ wiedergegeben) so tritt *Reifbildung* ein. Nach H. Kraus (1966) lautet dann die Energiehaushaltsgleichung einer *nicht schmelzenden Oberfläche* mit a_E Albedo der Eis- (Schnee-)oberfläche

$$(1 - a_E)\,G + A - \sigma\,T_o^4 + \alpha_L(\vartheta_L - \vartheta_o) + \alpha_L \frac{0{,}623\,r_E}{p \cdot c_p}(e_L - E_{o(Eis)})$$

Die Zunahme ($+ M$) beziehungsweise Abnahme ($- M$) der Schnee- (Eis-)vorräte ist dann proportional dem Wasserdampfstrom W, der mit dem Energiestrom (V) durch die Beziehung $W = \frac{V}{r}$ verbunden ist.

$$M = \frac{1}{\varrho} \cdot W = \frac{1}{\varrho} \cdot \frac{V}{r_E} = \frac{1}{\varrho} \alpha_L \frac{0{,}623\,r_E}{p \cdot c_p}(e_L - E_{o(Eis)})$$

(ϱ = Dichte des Wassers).
Bei der *schmelzenden Oberfläche* treten drei Variationen auf. Im rechten unteren Teil von Figur 33 liegt der Bereich *Verdunstung* und *Schmelzen*. Die Randbedingungen lauten $e_L < 4{,}58$ Torr, $\vartheta_o = 0\,°C$ und $S < 0$, es wird also Energie zum Schmelzen benötigt. Wird unter sonst gleichen Verhältnissen $e_L > 4{,}58$ Torr, so kommt es zum *Schmelzen bei Kondensation*. Letztlich ergibt sich noch ein kleiner Bereich mit $e_L > 4{,}58$ Torr, $\vartheta_o = 0\,°C$ und $S > 0$, in dem Kondensation und Gefrieren vor sich geht. Der Energiehaushalt einer schmelzenden Oberfläche bei Abbau der Schneedecke lautet:

$$(1 - a_E)\,G + A - \sigma\,T_o^L + \alpha_L(\vartheta_L - \vartheta_o) + \alpha_L \frac{0{,}623\,r_W}{p \cdot c_p}(e_L - E_o) = -S.$$

Die Massenänderung (M) ergibt sich zu

$$M = \frac{1}{\varrho} \cdot \frac{S}{r_s}.$$

Bei der *bedeckten Ablation* wird die Schnee- (Eis-)Oberfläche von einer Schicht Fremdmaterial der Dicke Δz mit der *Wärmeleitfähigkeit* λ überlagert. Um für die Wärmeüber-

74 Schneedecke und ihre Eigenschaften

f_L	100	80	60	40	20	0	%
ϑ_L	0,0	1,3	2,8	4,7	7,1	10,6	°C

Tab. 13 Zur Schneeschmelze erforderliche Lufttemperaturen in Abhängigkeit von der relativen Luftfeuchtigkeit bei 760 mm Druck nach G. Hofmann (1963).

gangszahl α_L ein vergleichbares Maß bei der Deckschicht zu verwenden, wird die *Wärmedurchgangszahl* $\beta = \frac{\lambda}{\Delta Z}$ genommen. Auch bei der bedeckten Ablation geht H. Kraus (1966) von stationären Bedingungen aus, d. h. B = 0. Für den Wärmestrom aus Boden und bedeckender Schicht bleibt somit nur S übrig. Beträgt die Schneetemperatur unter der Deckschicht $\vartheta_{\Delta Z}$, so errechnet sich S zu

$$S = \beta(\vartheta_{\Delta Z} - \vartheta_o).$$

Da ferner nur schmelzende Oberflächen betrachtet werden, $\vartheta_{\Delta Z} = 0\,°C$, und zudem Verdunstung unter der Deckschicht ausgeschlossen wird, vereinfacht sich die Beziehung zu $S = -\beta\vartheta_o$. Für den Energiehaushalt der Deckschichtoberfläche gilt ansonsten dieselbe Gleichung wie bei der freien Ablation. Die Massenänderungen (M) ergeben sich zu

$$M = \frac{1}{\varrho} \cdot \frac{S}{r_s} = -\frac{1}{\varrho \cdot r_s}\beta\vartheta_o.$$

Kraus unterscheidet bei der bedeckten Ablation zwei Fälle, nämlich ohne und mit Kondensation auf der Deckschicht.
Anhand der gegebenen Grundgleichungen berechnet H. Kraus (1966) Ablationsdiagramme für die freie und bedeckte Ablation. Danach ist die freie und bedeckte Ablation von acht unabhängigen Variablen, nämlich der Albedo von Eis (a_E) und Boden (a_B), der Globalstrahlung (G), der Lufttemperatur (ϑ_L), der Wasserdampfspannung (e_L) der Wärmeübergangszahl (α_L), der Wärmedurchgangszahl (β) und dem Luftdruck (p) abhängig. Eine Auswahl von vier Diagrammen ist in *Fig. 34a–d* dargestellt, um die Ablationsunterschiede bei Änderung der Einflußgrößen zeigen zu können.
Bei nichtschmelzender Oberfläche nimmt die freie Ablation mit zunehmender relativer Luftfeuchtigkeit wegen Verringerung der Verdunstung ab. In Figur 34 wird dieser Zustand durch die gerissenen Linien links vom jeweiligen Knickpunkt, der den Übergang von der nichtschmelzenden zur schmelzenden Oberfläche angibt, dargestellt. Bei schmelzender Oberfläche ist dagegen die Ablation um so größer, je höher die relative Feuchte ist. Da mit zunehmender Feuchte auch der Dampfstrom zur Schneeoberfläche wächst, wird dieser vermehrt Energie zum Schmelzen geliefert. Ferner liegt der Knickpunkt der Kurven, der Übergang von nichtschmelzender zu schmelzender Oberfläche, um so tiefer, je niedriger der Dampfdruck ist, da sich wegen der höheren Verdunstung die Schneeoberfläche stärker abkühlt.
Bei der bedeckten Ablation ist sowohl eine Förderung als auch eine Verzögerung (Schutzwirkung) im Schnee- (Eis-)abtrag festzustellen. Ob der Abtrag durch Schuttauflagerung relativ zur freien Schneeoberfläche größer oder kleiner ist, das hängt von einer Reihe von Faktoren ab. In den Diagrammen (Figur 34) gibt der Bereich links oberhalb der gerissenen

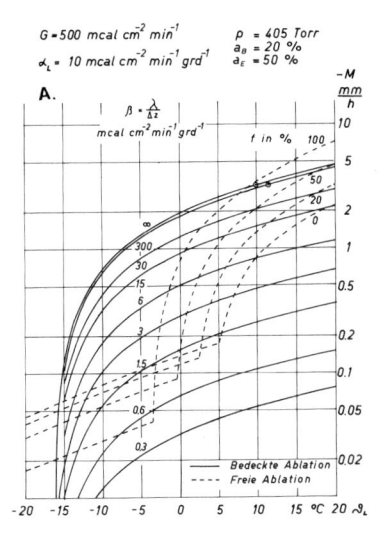

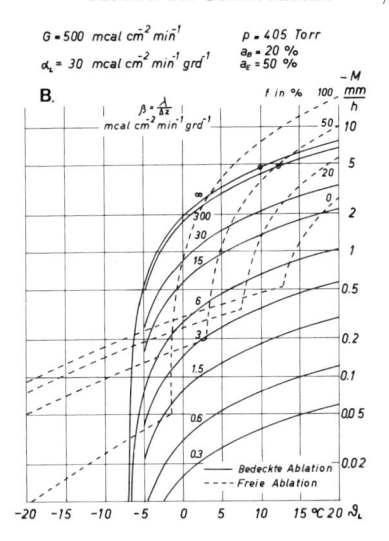

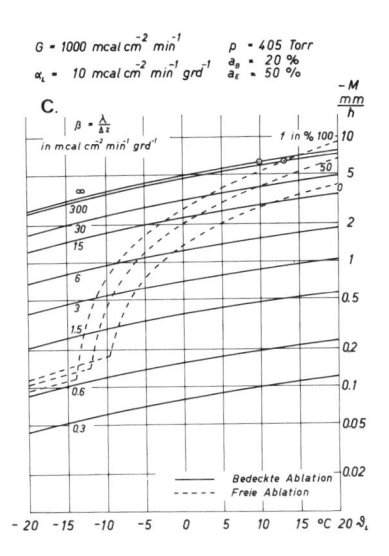

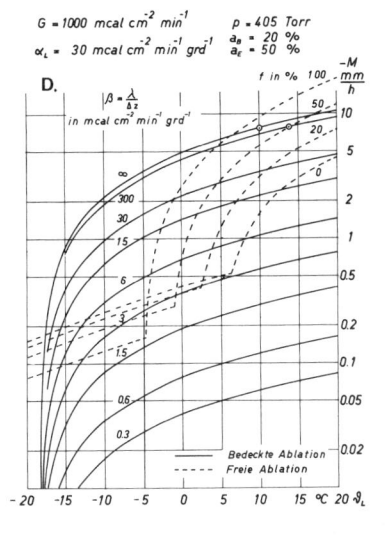

Fig. 34 Ablationsdiagramme für freie und bedeckte Ablation. Die Diagramme unterscheiden sich in der zugrundegelegten Globalstrahlung (G = 500 mcal · cm^{-2} min^{-1} in A und B sowie 1000 mcal · cm^{-2} · min^{-1} in C und D) und der Wärmeübergangszahl (α_L = 10 mcal · cm^{-2} · min^{-1} · grad^{-1} in A und C sowie 30 mcal · cm^{-2} · grad^{-1} in B und D). Der Luftdruck (p = 405 Torr) die Albedo des überlagernden Materials (a_A = 20%) und die Eisalbedo (a_E = 50%) sind konstant gehalten. −M ist der Massenverlust durch Ablation ausgedrückt in mm Wasseräquivalent pro Stunde und ϑ_L gibt die Lufttemperatur in °C an. f in % bezeichnet die relative Luftfeuchtigkeit und β die Wärmedurchgangszahl im bedeckenden Material. Aus H. Kraus (1966).

76   Schneedecke und ihre Eigenschaften

Linien den Zustand an, wo eine Bedeckung fördernd, rechts unterhalb aber, wo sie verzögernd wirkt.

Einen merklichen Einfluß übt die Schichtmächtigkeit aus. Für die Wärmeleitfähigkeit λ werden bei Fels (Granit) Werte von 300 mcal/cm²·min·Grad, bei trockenem Sand 30 mcal/cm²·min·Grad genannt. Daraus errechnen sich folgende Wärmedurchgangszahlen β:

β	∞	300	30	15	6	3	1,5	0,6	0,3	[mcal/cm²·min·Grad]
bei Δz Sand	0	0,1	1	2	5	10	20	50	100	[cm]
bei Δz Fels	0	1	10	20	50	100	200	500	1000	[cm]

Tab. 14   Wärmedurchgangszahlen β für verschiedene Schichtmächtigkeiten von Sand und Fels nach H. Kraus (1966).

In Figur 34c würde eine Sandauflage von 5 cm bzw. ein Felsblock von 50 cm Dicke ($\beta = 6$ mcal/cm²·min·Grad) und einer Luftfeuchtigkeit von 50% bei Temperaturen niederer als −6 °C in die Schneeoberfläche einschmelzen, bei Temperaturen darüber aber die Unterlage gegenüber der Umgebung vor Abtrag schützen, es entsteht ein Gletscher- bzw. Schneetisch. Bei 0 °C beträgt die stündliche Abtragung in mm Wasseräquivalent unter den genannten Bedingungen unter Bedeckung 1,2 mm, auf freier Oberfläche aber 2,4 mm, also doppelt so viel. Allgemein läßt sich sagen, daß kleine Schichtdicken (hohe β-Werte) die Ablation auch bei positiven Lufttemperaturen noch fördern, größere aber nur im stark negativen Temperaturbereich. Daß bei zunehmender Strahlung und bei wachsender Schichtdicke der relative Ablationsschutz kräftiger wird, ist darauf zurückzuführen, daß β sehr klein wird, die zugeführte Energie also vorwiegend zur Aufheizung des Deckgesteins dient, von wo sie als fühlbarer Wärmestrom in die Luft, nur in bescheidenem Maße aber an die Schneedecke weitergegeben wird. Diese Erklärung läßt nicht nur die Entstehung von Gletschertischen verstehen, sondern bringt auch die Deutung, weshalb Kryokonitlöcher in subpolaren bis polaren Breiten schöner ausgebildet sind als in den Alpen. Bei stark negativen Lufttemperaturen wirkt die Bedeckung in weit stärkerem Maße ablationsfördernd als bei positiven.

Da die Oberflächenbedeckung von Schnee und Eis nicht überall gleich mächtig ist, ergeben sich auch Unterschiede im Schmelzbetrag. Unter der Annahme, daß unter den in Figur 34a angenommenen Bedingungen an einer Stelle 5 cm, an einer anderen 20 cm Sand liegen ($\beta = 6$ bzw. 1,5), wird im Bereich der dünneren Überlagerung bei −5 °C ein Einschmelzen von 1,6 mm/h gegenüber der dicken erfolgen. Rechnet man nur 5 Stunden Ablation pro Tag, so ergeben sich in einem Monat Hohlformen von rund 25 cm Tiefe. Ferner ist die Deckschicht in der Struktur niemals homogen, vielmehr wechseln grobe und feine Partikel. Liegt in der 20 cm Sandschicht ein Gesteinsbrocken gleicher Dicke, so schmilzt dieser unter den genannten Bedingungen sogar um 2,5 mm/h ein.

Relativ einfach ist im Vergleich Figur 34a und b mit Figur 34c und d der Einfluß der Strahlung abzulesen. Mit wachsendem Strahlungsgewinn nimmt sowohl bei freier als auch bedeckter Ablation der Massenverlust −M zu.

Etwas schwieriger ist es, die Auswirkung der Wärmeübergangszahl α_L auf die Ablation

Wärmeübergangszahl α_L $\frac{m\,cal}{cm^2 \cdot min \cdot Grad}$			bei		
Wind-geschwindigkeit [m/s]	Oberfläche glatte ausgedehnte	Oberfläche rauhe ausgedehnte	angeströmter Kreiszylinder $\varnothing$ d [cm]		
			d = 100	d = 10	d = 1
1	2	10	7	15	50
4	8	20	20	35	100
10	15	30	45	70	150

Tab. 15 Abhängigkeit der Wärmeübergangszahl α_L von der Windgeschwindigkeit und der Rauhigkeit der Oberfläche nach H. Kraus (1966).

zu erfassen. Die Größe α_L ist abhängig von der Ventilation und der Rauhigkeit der Oberfläche *(Tab. 15)*.

Schon ein erster Vergleich der Diagramme a und b bzw. c und d in Figur 34, die sich jeweils nur in α_L unterscheiden, zeigt, daß sich nur die Beträge ändern. Bei der bedeckten Ablation gibt es für jede Schichtdicke Δz, also auch für jedes zugehörige β, einen ausgezeichneten Temperaturpunkt, an dem die Massenänderung unabhängig von α_L ist. Das ist dann der Fall, wenn der fühlbare Wärmestrom L Null wird. Für $\beta = \infty$ tritt dies bei $\vartheta_L = 0\,°C$ auf. Wird L positiv, so verstärkt sich die Ablation mit zunehmendem α_L, bei negativem Temperaturgradienten von der Luft zur Oberfläche verringert sie sich aber, da in diesem Fall bei größerer Wärmeübergangszahl auch ein erhöhter Anteil der Strahlungsbilanz über L in die Luft abgeführt werden kann und nicht mehr für das Schmelzen verfügbar ist. Bei der freien Ablation fällt zunächst auf, daß sich mit wachsender Wärmeübergangszahl α_L auch die Knickpunkte der Kurven, also der Wechsel von nichtschmelzender zu schmelzender Oberfläche, in den Bereich höherer Lufttemperaturen verschieben. Diese Tatsache ist damit zu erklären, daß die Verdunstung bei steigendem α_L größer wird, also für Schmelzen höhere Lufttemperaturen erforderlich sind. Wie ein Vergleich der Diagramme a und b, bzw. c und d in Figur 34 zeigt, gibt es auch zwischen den gerissenen Linien der freien Ablation, wenn sie sich nur in α_L unterscheiden, Schnittpunkte. Sie kennzeichnen die Lufttemperatur, bei der die schmelzende in die nichtschmelzende Oberfläche übergeht (s. Tabelle 13). Im positiven Temperaturbereich nimmt die Ablation bei Lufttemperaturen über dem Schnittpunkt mit wachsendem α_L zu, darunter ab. Dieser Sachverhalt ist so zu erklären, daß am Schnittpunkt die Summe der α_L-abhängigen Energieströme L + V Null wird. Oberhalb dieser Temperatur wird L + V > 0, somit werden mit steigendem α_L größere Energiemengen zum Schmelzen herangeführt. Bei niederen Temperaturen wird aber L + V < 0, so daß mit wachsendem α_L mehr Energie abgeleitet wird.

Wie gezeigt wurde (Tabelle 15), ist die Wärmeübergangszahl α_L nicht nur von der Windgeschwindigkeit, sondern auch von der Rauhigkeit der Oberfläche und dem Krümmungsradius von Kanten abhängig. Je kleiner der Krümmungsradius, desto größer wird α_L und umso geringer wird die Ablation im Temperaturbereich unterhalb des oben erwähnten Schnittpunktes der Kurven verschiedener Wärmeübergangszahl. Aus diesem Grunde spricht G. Hofmann (1963) von *kantenförderndem Abbau*. Damit wird die Wärmeübergangszahl zu einer mitbestimmenden Größe für die Penitentesbildung. Die Bedingungen sind nach den Diagrammen um so günstiger, je höher die Globalstrahlung und je niedriger relative Luftfeuchtigkeit und Luftdruck sind. Diese Überlegungen von H. Kraus (1966) werden durch das regionale Verbreitungsmuster der Büßerschneevorkommen bestätigt. Zuletzt sei noch darauf hingewiesen, daß die Ablation über das Energieglied V auch druckabhängig ist. Je nachdem ob unter den gegebenen Bedingungen V die Ablation fördert oder hemmt, nimmt sie mit fallendem Luftdruck zu bzw. ab. Allerdings sind die Unterschiede der für p = 405, 526, 760 Torr (5000 m, 3000 m und 0 m ü. NN) bei H. Kraus (1966) berechneten Kurvenscharen nur gering.

Zusätzliche Energie erhält die Schneedecke durch Regenfälle. In einer winterkalten Schneeschicht führt sie vor allem zu einem raschen Abbau des Frostinhaltes (cold content), da die Schmelzwärme von 80 cal/g durch Wiedergefrieren des einsickernden Niederschlagswassers frei wird. Ihr Einfluß auf die Schneeschmelze ist aber gering, da hierfür die 80 cal/g Schmelzwärme wieder zugeführt werden muß. So vermögen in einer homothermen Schneedecke von $0\,^{\circ}C$ 100 mm Regen von $10\,^{\circ}C$ nur 12,5 mm Schnee (Wasseräquivalent) zu schmelzen. Die durch flüssigen Niederschlag (P_r in mm) mit einer Temperatur von $T\,^{\circ}C$ geschmolzene Schneemenge (M_g in mm Wasseräquivalent) beschreibt W. U. Garstka (1964) durch die Gleichung

$$M_g = 0{,}0125\, P_r\, T.$$

Die Ausführungen zeigen, daß eine Schneeschmelzvorhersage wegen zahlreicher wirksamer meteorologischer Parameter sehr schwierig ist. Viele Größen, die für die Berechnung der Energiebilanzgleichung der Schneeoberfläche (s. S. 70ff) erforderlich wären, werden im allgemeinen in den Hochregionen der Gebirge nicht gemessen, selbst zuverlässige Temperaturangaben sind selten, aber noch am ehesten verfügbar. Ferner ist in hydrologischer Sicht zwischen *Schneeschmelze* im eigentlichen Sinne und *Schneeschmelzabfluß* zu unterscheiden. Bei kaltem Schnee tritt wohl Verdunstung und Schmelzen auf, es erfolgt aber kein Abfluß, da das infiltrierende Wasser wieder gefriert. Aber auch in einer Naßschneedecke findet nur ein verzögerter Abfluß statt. Die *Sickergeschwindigkeit* des Schmelzwassers ist neben der Körnigkeit des Schnees auch abhängig von der in der Zeiteinheit (Minuten) anfallenden Schmelzwassermenge (*Tab. 16*, siehe dazu auch Kapitel 3.9.2.).

Schneeart	Zufluß [mm/min]	Sickergeschwindigkeit [cm/min]	Abflußverzögerung [min]
feinkörnig 1 mm	0,38	1,47	68
($\varrho = 451$ kg/m^3)	0,92	2,78	36
grobkörnig 2 mm	0,47	1,25	80
($\varrho = 503$ kg/m^3)	0,92	2,56	39
grobkörnig 2,5 mm	0,36	1,61	68
($\varrho = 470$ kg/m^3)	1,2	3,45	29

Tab. 16 Abhängigkeit der Sickergeschwindigkeit und Abflußverzögerung für eine 1 m dicke Schneeschicht von Schneeart und Zuflußmenge nach M. R. de Quervain (1948).

Aufgrund der bestehenden Schwierigkeiten, aus meteorologischen Beobachtungen über die Energieströme die anfallende Schmelzwassermenge exakt zu berechnen, hat man versucht, Annäherungsverfahren zu erarbeiten. Sie beruhen im allgemeinen darauf, Schmelzwasseranfall mit den positiven Lufttemperaturen in den Niederschlagsgebieten zu korrelieren. Ein Maß dafür wird in den sogenannten *Gradtagen (degree-days)* gesehen. Der Wert eines Gradtages kann allgemein definiert werden als das Tagesmittel der positiven Lufttemperaturen. Er wird berechnet, indem man auf einem Thermographenstreifen die vom positen Ast der Temperaturkurve und der 0 °C-Linie umschlossene Fläche planimetriert und durch die Zeit dividiert. Neben 0 °C (= 32 °F) werden aus praktischen Erfahrungen zum Teil auch andere Referenztemperaturen genommen. Zwischen Schnee-Eisablation und positiven Gradtagen bestehen zum Teil sehr enge Beziehungen, worauf jüngst H. Hoinkes (1970) hingewiesen hat. Nach den Arbeiten des U.S. Army Corps of Engineers (s. W. U. Garstka, 1964) bestehen auch zwischen Tagesmitteltemperatur (T) der Luft bzw. den täglichen Temperaturmaxima (T_{max}) lineare Beziehungen zum Schmelzwasseranfall (M) *(Tab. 17)*.

Gebiet	inch-Fahrenheit-System T in °F, M in inches	metrisches System T in °C, M in cm
Freilandflächen	$M = 0,06 \, (T - 24)$ $M = 0,04 \, (T_{max} - 27)$	$M = 0,274 \, (T + 4,45)$ $M = 0,183 \, (T_{max} + 2,78)$
Waldflächen	$M = 0,05 \, (T - 32)$ $M = 0,04 \, (T_{max} - 42)$	$M = 0,354 \cdot T$ $M = 0,276 \, (T_{max} - 5,55)$

Tab. 17 Linearer Zusammenhang zwischen Tagesmittel (T) und Maximaltemperatur (T_{max}) der Luft und Schneeschmelze (M) im Zoll-Fahrenheit- und metrischen System nach W. U. Garstka (1964). Die Gleichungen gelten im Bereich T 34–66 °F bzw. 1–19 °C und T_{max} 44–76 °F bzw. 6–25 °C.

Aus Tabelle 17 ergibt sich ferner, daß unter gleichen Bedingungen der Schneedeckenabbau im Wald langsamer als auf Freilandflächen erfolgt. Es muß hier aber darauf hingewiesen werden, daß die anfallende Schmelzwassermenge pro Gradtag – ein Gradtag ist das Tagesmittel der positiven Temperatursumme von 1 °C – bei den verschiedenen mitgeteilten Beobachtungen erheblich schwankt, nämlich zwischen 0,03 und 0,05 cm. Es lassen sich damit die Massenverluste der Schneedecke nur in der Größenordnung richtig abschätzen. Für die Vorhersage von schneeschmelzbedingten Hochwässern ist sie aber sehr nützlich (s. P. Schermerhorn, 1961).

Die exakteste Methode, den Schmelzwasserabfluß zu bestimmen, ist die laufende Beobachtung der Veränderung des Wasseräquivalentes der Schneedecke bei gleichzeitiger Registrierung der Abflußmengen (s. Kapitel 3.9.2.). Auf der Basis dieser Untersuchungen können dann vereinfachte, für die hydrologische Praxis anwendbare Vorhersageregeln erstellt werden.

2.6. Lawinen

Unter *Lawinen* versteht man den ruckhaften Abgang von Schnee und Eis an Hängen und Wänden mit einer Dislokation von mehr als 50 m, der sich durch seine rasche Bewegung deutlich von den sehr langsamen Kriech- und Gleitvorgängen absetzt. Bei ruckhaften Schneebewegungen von weniger als 50 m Länge spricht man von *Schneeschlipfen*. Da Lawinen für die Bewohner der schneereichen Hochgebirge und für die dort erholungsuchenden Feriengäste in jedem Winter große Gefahren mit sich bringen und durch Zerstörung von Bauwerken, Wald und Feldern alljährlich großer Schaden entsteht, setzte schon frühzeitig die Erforschung dieses Phänomens ein. Die ersten Lawinenaufnahmen stammen wohl von J. Coaz (1881) aus den Schweizer Alpen. Bereits am Ende des vergangenen Jahrhunderts wurden wichtige Grundtypen *Staub-*, *Grund-* und *Eislawinen* erkannt (J. Coaz, 1888, von Pollack, 1891, F. Ratzel, 1889). Seither ist die Zahl der Untersuchungen sehr stark gewachsen. Kurze Zusammenstellungen über den jeweiligen Forschungsstand finden sich bei F. Fankhauser (1919), W. Welzenbach (1930), R. Haefeli (1938), W. Paulcke (1938), E. Bucher u. a. (1940), W. Flaig (1955), R. Haefeli und M. R. de Quervain (1955), E. La Chapelle (1961), L. Krasser (1964), L. Lliboutry (1964), A. Rock (1966), C. Jaccard (1966). Umfangreiches Beobachtungsmaterial und Schrifttum über Lawinen ist ferner in der Veröffentlichung des *International Symposium on Scientific Aspects of Snow and Ice Avalanches* vom 5.–10. April 1965 in Davos (Gentbrügge 1966) zusammengetragen.

Grundsätzlich ist zwischen *Lockerschnee-*, *Festschnee-* (E. R. La Chapelle, 1966) und *Eislawinen* (R. Haefeli, 1966) zu unterscheiden. Der ruckhafte Abgang von Schnee ist sehr viel weiter verbreitet, als im allgemeinen angenommen wird. Nach I. S. Sosedov und I. V. Severski (1966) werden im Zailiysky-Alatau an Nord-, Nordost- und Nordwesthängen jährlich zwischen 10–30% der Schneemassen durch Lawinen umgelagert. Besonders oberhalb der Baumgrenze ist Lawinentätigkeit sehr häufig. Dort treten vor allem *Schneebrettlawinen* auf (H. Frutiger, 1966), woraus sich der starke Einfluß des Windes in dieser Höhenstufe auf die Gestaltung der Schneedecke ablesen läßt. Eine grundlegende Voraussetzung für die Erforschung der Zusammenhänge bei Lawinenabgängen und damit auch für die Lawinenverbauung und Sicherung der Kulturlandschaft ist die Kartierung aller bekannten Lawinenereignisse in einem *Lawinenkataster*. Leider sind solche Aufnahmen auch in bekannten Hochgebirgen, unter anderem den Alpen, erst für Teile, z. B. die Schweiz oder Tirol, in hinreichendem Maße erfolgt.

Auf den Abgang von Lawinen nehmen Hangneigung und Gestalt der Böschung, Schneemächtigkeit, Metamorphosegrad, Temperatur, Wind, Vegetationsdecke (Rauhigkeit des Untergrundes und mechanische Abstützung) sowie, wenngleich in geringerem Umfang, flüssige Niederschläge Einfluß.

Schon bei Hangneigungen um 10° (L. Krasser, 1964) wurden Lawinen beobachtet, jedoch sind sie unter 20° selten. Eine wesentliche Gefahrenzone liegt zwischen 20° und 50°, d. h. etwa bis zur Obergrenze des natürlichen Böschungswinkels von Schnee. Innerhalb dieses Bereiches sammeln sich nicht nur mächtige Schneeablagerungen an, sondern hier liegen auch die kritischen Reibungswinkel, bei denen Schnee in Abhängigkeit vom Metamorphosegrad und seiner Mächtigkeit bei Änderung der viskosen und elastischen Eigenschaften abrutschen kann. An Wänden über 50° bis 60° Neigung bleibt Schnee nur in bescheidenem Maße liegen, so daß die Lawinengefahr wieder geringer wird. Bei heftigen Schneefällen kommt es dort zum spontanen Abgang zahlreicher kleinerer Lawinen, die allerdings in tieferen, flacheren Bereichen zur Auslösung großer Schadenlawinen führen können.

Kein Hang ist völlig eben gestaltet, sondern weist konvexe und konkave Krümmungsbereiche auf. Sie führen im Zusammenwirken mit der bei Setzung des Schnees eintretenden Kriechbewegungen zum Aufbau von *Zug-* und *Druckspannungen (Fig. 35)*. Druck- und Zugspannungen können ebenso wie *Scherspannungen* (an den seitlichen Verankerungen) beim Setzen auch durch Mächtigkeitsunterschiede der Schneedecke auftreten. Dadurch wird eine *Labilisierung* der Schneedecke eingeleitet. Ein Maß für die *Stabilität* (s) eines schneebedeckten Hanges ist nach A. Rock (1965) das Verhältnis von *Scherfestigkeit* τ_s zur *Scherspannung* τ (s $= \frac{\tau_s}{\tau}$). Die Scherspannung ist eine gewichtsabhängige Größe. In die Scherfestigkeit gehen Kohäsion und statische Reibung, der senkrechte Auflagedruck auf den Hang, der mit wachsenden Böschungwinkeln abnimmt, ein. Daraus ergibt sich andererseits eine Zunahme der Lawinengefahr mit steigender Neigung bei gleichzeitig mächtiger werdender Schneedecke (Erhöhung von τ).

Die Kenntnis der Schneemächtigkeit und der physikalischen Eigenschaften der Schneedecke ist daher für die Beurteilung der Lawinengefahr eine unerläßliche Voraussetzung. Bereits die Intensität der festen Niederschläge gibt ein erstes Kriterium für die Sicherheit der Schneedecke. Nach A. Poggi und J. Plas (1966) besteht erhebliche Lawinengefahr, wenn innerhalb von drei Tagen Schnee mit einem Wasseräquivalent von 25 mm gefallen ist. Sicher muß man mit Lawinenabgang bei 50 mm rechnen, und bei 100 mm Wasseräquivalent brechen Lawinen binnen weniger Stunden ab. T. Zingg (1966) berichtet, daß von 428 Lawinen im Parsenngebiet in den Wintern 1955/56 bis 1963/64 82% im Zusammenhang mit Neuschneefällen bei Wind, 90% davon während des Neuschneefalls oder mit einer Verspätung von weniger als einem Tag abgegangen sind.

Der *statische Reibungswinkel* von Neuschnee ist infolge der Verzahnung der Schneesternchen mit 50 bis 90° sehr hoch. Er beträgt bei körnigem Schnee rund 36°. Bei Bewegung sinkt der *kinetische Reibungswinkel* für Neuschnee aber auf 17° ab (A. Rock, 1966). Seine Scherfestigkeit ist nach C. Jaccard (1966), wie *Fig. 36* zeigt, erheblich geringer als bei grobkörnigem Schnee. Zwar steigt die Scherfestigkeit mit dem Überlagerungsdruck, gleichzeitig wird aber auch die Zugspannung mit wachsendem Gewicht größer. Durch die Diagenese der Schneedecke wird die Kohäsion erheblich vergrößert. Gerade diese verfestigten Oberflächen täuschen oft über die wirkliche Standfestigkeit, denn sie wird letztlich durch die Scherfestigkeit des schwächsten Stratums bedingt, die z.B. bei einer *Schwimmschneeschicht* (s. *Fig. 37*) oder bei wassergesättigtem Altschnee nahe der Bodenoberfläche, sehr gering sein kann. Durch eine derartige Situation kam es zu dem

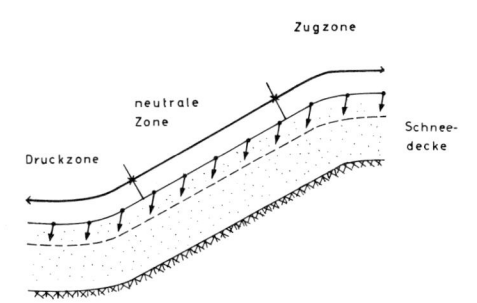

Fig. 35 Entstehung von Schub- und Zugspannungen an einem Hang durch Schneesetzen. Aus L. Krasser S. 17, (1964).

82 Schneedecke und ihre Eigenschaften

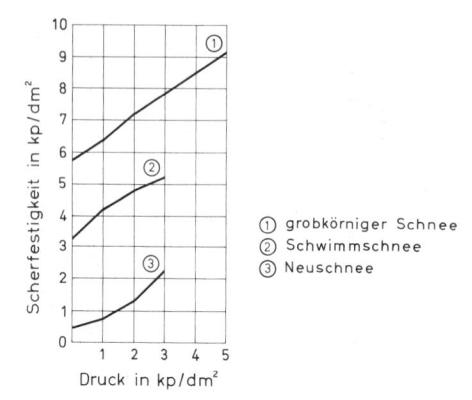

① grobkörniger Schnee
② Schwimmschnee
③ Neuschnee

Fig. 36 Abhängigkeit der Scherfestigkeit einer Schneedecke vom statischen Druck und der Kornform des Schnees. Nach C. Jaccard (1966).

tragischen Lawinenunglück im Val dal Selin oberhalb Celerina (Engadin) am 12.4.1964, bei dem die hervorragenden Skiläufer Barbi Henneberger und Bud Werner ums Leben kamen. In der Nacht war der weiche Schnee des Vortages gefroren und die ersten Strahlen der Morgensonne firnten einen dünnen Horizont über harter Unterlage auf, so daß sich ausgezeichnete Skilaufbedingungen ergaben. Wie A. Rock (1965) weiter berichtet, bestand aber die Unterlage aus total verrottetem Schnee, der für die Auflageschichten kein festes Fundament bot mit Becherkristallen der konstruktiven Metamorphose, die noch dazu durch infiltriertes Schmelzwasser vom Vortag, das in der Nacht nicht fror, völlig durchnäßt war und somit einen bevorzugten Gleithorizont abgab. Infolge der mechanischen Beanspruchung durch die Skifahrer wurden die Spannungen ausgelöst, und es kam zum Abgang der Lawinen. Da verdichteter Schnee durch seine elastischen Eigenschaften Stoßimpulse gut leitet, wurden auch am Gegenhang Lawinen verursacht.

Schwimmschnee, aber auch Eisenlinsen *(Abb. 17)*, bilden ausgezeichnete *Gleithorizonte* für Lawinen, wie der Anbruch der Dorftälilawine am 30.12.1959 (T. Zingg, 1961, s. Figur 37) zeigt. Bei äußerem Anstoß können Lawinen abgehen, selbst wenn die Stabilität s-Werte um 3 bis 4 einnimmt, also $\tau_s > \tau$ ist. Ohne Zunahme der Scherspannung durch Fremdbeeinflussung lösen sich Lawinen, wenn $\tau > \tau_s$ wird. Die Zugspannung τ wächst mit der Mächtigkeit der Schneedecke. Die ihr entgegen wirkende Scherfestigkeit ist in

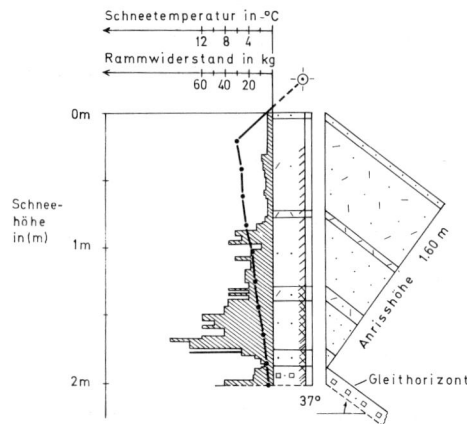

Fig. 37 Graphische Darstellung des Anbruchs der Dorftälilawine vom 30.12.1959 bei Davos. Aus Winterbericht des Eidgenössischen Instituts für Schnee und Lawinenforschung (1961).

Lawinen 83

Abb. 17 Anriß einer Festschneelawine über einem verfestigten Horizont. Deutlich ist ein oberes, in sich sehr homogenes Stratum (feine Textur) zu erkennen, das auf einer verhärteten, metamorphisierten Altschneegrundlage abgerutscht ist. (Archiv: Eidgenössisches Institut für Schnee- und Lawinenforschung am Weißfluhjoch ob Davos).

starkem Maße vom Metamorphosegrad und von den herrschenden Witterungsbedingungen abhängig. Mit der Diagenese und bei tiefen Temperaturen vergrößert sich der Wert von τ_s. Sobald durch Warmlufteinbrüche, durch Insolation und infiltrierendes Schmelzwasser – Regenfälle kommen in den Hochlagen der Alpen im Winter selten vor – die Temperaturen der Schneedecke Werte um 0 °C erreichen, nimmt die Scherfestigkeit rapide ab (Figur 23). Infolge der durch Temperaturzunahme bedingten Verringerung der Kohäsion können im Frühjahr selbst festgefahrene Skipisten an steilen Hängen ihren Zusammenhalt verlieren und als Lawinen abgehen. Ebenso wie interne Gleitschichten sind für Lawinen die Rauhigkeitsverhältnisse der Bodenoberfläche und ihre Bedeckung wichtig. Gras oder Latschen fördern Gleitvorgänge, an stark blockdurchsetzten Hängen hat Schnee ebenso wie in Waldgebieten höhere Standfestigkeit. Eine ganze Reihe von Bauwerken, die den Abgang von Lawinen verhindern soll, ist daher auf eine Vergrößerung des Reibungswiderstandes der Schneedecke ausgerichtet (s. Kapitel 2.10.). Zur Mechanik des Lawinenabganges, auf die hier nicht näher eingegangen wird, sei auf Arbeiten von R. Haefeli (1963), M. R. de Quervain (1966), A. Rock (1966), Yu. D. Moskalev (1966) hingewiesen.

Die Auslösungsursachen sind in ihrer statistischen Verteilung im Hoch- und Spätwinter verschieden. In *Tab. 18* sind die Ursachen für Abgänge von 428 natürlichen Lawinenereignissen im Parsenngebiet von Davos während der Winter 1955/56 bis 1963/64 zusammengestellt.

Wie Tabelle 18 ausweist, steigt die Lawinenhäufigkeit mit wachsender Schneedecke von

84 Schneedecke und ihre Eigenschaften

Abgang verursacht durch	Dez.	Jan.	Febr.	März	April	insgesamt	%
			Anzahl der Lawinenereignisse				
1. Neuschneefall	12	9	12	34	4	71	16
2. Schneedrift	1	13	8	2	0	24	6
3. Neuschneefall und Schneedrift	46	48	75	29	3	201	47
4. Insolation	9	13	4	3	6	35	8
5. Insolation und Temperaturanstieg	2	3	18	39	17	79	18
6. Temperaturanstieg	0	0	0	0	12	12	3
7. Regenfall	0	0	0	0	2	2	1
8. unbekannte Ursache	0	1	1	0	2	4	1
Summe	70	87	118	107	46	428	
Ereignisse/Mon. in [%] des Zeitabschnitts Dez–April	16	20	28	25	11	100	

Tab. 18 Ursachen der Lawinenabgänge im Parsenngebiet Davos/Schweiz in den Wintern 1955/56 bis 1963/64 nach T. Zingg (1966).

Dezember bis Februar, ist auch im März noch sehr hoch und nimmt dann rasch ab. 69% der Lawinenfälle sind hoch korreliert mit Neuschneefall, Winddrift oder Neuschnee mit Winddrift. 29% gehen auf Insolation und Temperaturanstieg zurück. Neuschnee und winddriftverursachte Lawinen sind in der ersten Winterhälfte, ausgesprochene Naßschneelawinen durch Schmelzen in der zweiten häufiger. Ganz gleiche Beobachtungen teilt auch K. Chomicz (1966) aus der hohen Tatra mit. Seine Aufnahmen zeigen, daß in den meisten Fällen der Neuschneeauflagedruck für Lawinen entscheidend ist. Als Gleithorizonte traten dabei vorwiegend in Erscheinung: Schwächezonen innerhalb der Neuschneedecke, z. B. sehr lockerer bei Windstille gefallener Neuschnee, Harschflächen der Altschneedecke, Tiefenreif. Im Frühwinter und im Frühjahr gleitet der Schnee auch häufig auf der noch oder schon wieder feuchten Bodenoberfläche ab.

Bei den vielfältigen Möglichkeiten, die zur Lawinenbildung führen, wurde schon frühzeitig versucht, eine Systematik in die Erscheinungsformen zu bringen. Die Gliederungsprinzipien von J. Coaz (1888), F. Ratzel (1889) unterscheiden zwischen *Grund-* und *Staublawinen* und V. Pollak (1891) ergänzt beide Typen noch durch die *Oberlawinen*. Als erster hat wohl A. Allix (1925), gefolgt von F. Fankhauser (1929) und G. Seligman (1936) in der Klassifizierung den Feuchtezustand des Schnees, trocken oder naß, berücksichtigt. Eine detaillierte Gliederung bringen W. Paulcke (1938) und W. Flaig (1955), die beide auf die Schneequalität eingehen.

W. Paulcke (1938)
A *Trockenschneelawinen*
    a) Wildschneelawinen
    b) trockene Lockerschneelawinen
    c) Packschneelawinen
    d) Preßschneelawinen
       (Schneebretter)
    e) Schwimmschneelawinen

B *Feucht-* und *Naßschneelawinen*
    f) feuchte, nasse Lockerschnee-
       und Packschneelawinen
    g) nasse Firnschneelawinen

C *Gletscherlawinen*
    h) Firneislawinen
    i) Gletscherlawinen

W. Flaig (1955)
A *Lockerschneelawinen*
    a) trockene Lockerschneelawinen
       Pulverlawinen
       Staublawinen
    b) nasse Lockerschneelawinen
       Schneeschlipfe
       Firnlawinen
       Grundlawinen

B *Festschneelawinen*
    c) trockene Festschneelawinen
    d) nasse Festschneelawinen,
       Schneetuchlawinen

C *Gemischte Lawinen*
    e) Schlaglawine

Aufgrund reicher Erfahrung am Eidgenössischen Institut für Schnee- und Lawinenforschung haben M. R. de Quervain und R. Haefeli (1955) eine Lawinenklassifikation erarbeitet, die als Gliederungskriterien Typ des Anbruches, Lage der Gleitfläche, Feuchtezustand, Form der Lawinenbahn und Art der Bewegung heranzieht (M. R. de Quervain 1957, 1966). Zu ganz ähnlichen Ergebnissen haben auch die japanischen Forschungen geführt, wie A. Fukui (1966) berichtet. Im einzelnen ergibt sich folgende Gliederung:

Kriterium	weitere Charakteristika für die Bezeichnung	
A Typ des Abbruchs	Abbruch an einer Linie	Abbruch von einem Punkt
	Schneebrettlawine (slab avalanche)	Lockerschneelawine (loose snow avalanche)
B Lage des Gleithorizontes	über Grund, innerhalb der Schneedecke	auf der Bodenoberfläche
	Oberlawine (surface layers avalanche) Neuschnee-Altschnee-Abbruch	Bodenlawine (entire snowcover av.) (full depth av.)
C Feuchtezustand	trockener Schnee	feuchter Schnee
	Trockenschneelawine (dry snow avalanche)	Naßschneelawine (wet snow avalanche)

86　Schneedecke und ihre Eigenschaften

D	Form der Lawinenbahn	flächiger Abgang	Lawinenkanal
		Flächenlawine (unconfined avalanche)	Runsenlawine (channelled avalanche)
E	Art der Bewegung	durch die Luft wirbelnde Staublawine (airborne powder av.)	am Grund fließend Gleitlawine, Fließlawine (sliding av.) (flowing av.)
F	Auslösungsfaktor	intern	extern
		ungezwungene Lawine (spantaneous avalanche)	natürlich, künstlich ausgelöste Lawine (natural, artificial triggered avalanche)

Die in Klammern beigefügten englischen Bezeichnungen wurden von der British Glaciological Society, dem British Alpine Club und dem Alpine Skiing Club vorgeschlagen. *Lockerschneelawinen* entstehen bei kohäsionsarmem, trockenem oder feuchtem Schnee und haben stets einen punktförmigen Anbruch *(s. Abb. 18 u. 19)*. Sie können die oberen Schneeschichten, aber auch die ganze Schneedecke umfassen. Die anfangs stets fließende Bewegung der Schneemassen geht, wenn sie trocken sind, in eine stiebende der Staublawinen über, wobei die Dichte des Luft-Schneegemenges Werte um 0,015 g/cm³ mißt. *Staublawinen* treten hauptsächlich bei sehr lockerem Schnee mit einem ursprünglichen Raumgewicht von 0,1 g/cm³ oder weniger auf. Die Entstehung einer Staublawine ist bei L. Krasser (1964, Abbildung 8, Phase 1 bis 6 und Abbildung 9) hervorragend in den einzelnen Entwicklungsphasen abgebildet. Der zunächst fließend von punktförmigem Anriß abgehende Lockerschnee wird bei Geschwindigkeiten von 15–20 m/s zu einer stiebenden

Abb. 18 Nasse Lockerschneelawine. Typisch für Lockerschneelawinen ist der punktförmige Anriß von dem an sich die Lawine gegen den Ablagerungskegel verbreitet. Der nasse Schnee ballt sich beim Abgang zu Klumpen (Schneegeröll). Die Lawine hat im Frühjahr die ganze verbliebene Mächtigkeit der Schneedecke erfaßt. (Archiv: Eidgenössisches Institut für Schnee- und Lawinenforschung am Weißfluhjoch ob Davos).

Wolke, deren Front Walzenform annimmt *(Abb. 20)*, aufgewirbelt. Die *Schneeaerosole* strömen gleich einem Dichtestrom (turbidity current) ab und erreichen Spitzengeschwindigkeiten von 80 bis 100 m/s, die M. Martinelli (1966) an einem 35° geneigten Hang gemessen hat. Durch den raschen Abgang wird die Luft vor der *Lawinenfront* komprimiert. Das führt zur Ausbildung von *Verdichtungswellen*, die der Lawinenfront vorauseilen und bei Drucken von 0,5 t/m² (L. Krasser, 1964, S. 23) bereits Fenster und Türen an Gebäuden eindrücken können. Wesentlich größer ist der *Staudruck* mit bis zu 7 t/m² (M. Martinelli, 1966) des Schnee-Luftgemisches. M. Martinelli und K. D. Davidson (1966) berichten von den Red Mountains (Colorado USA), daß durch eine Staublawine ein 3,2 Tonnen schwerer Lastwagen ca 20 m in der Horizontalen verschoben wurde. Vor der Lawinenfront kann ein so dichtes Luftpolster entstehen, daß die Lawine vom Boden abhebt und über Hindernisse hinwegfegt. Zwar entsteht der Hauptschaden bei der Staublawine durch die Druckfront, aber auch die Sogwirkungen im Lee von Hindernissen kann noch gefährlich werden. Die Akkumulation von Staublawinen ist meist auf weite Flächen verstreut und kann kaum wahrgenommen werden.

Fließende *Lockerschneelawinen* (Abbildung 18 u. 19) erreichen nur eine durchschnittliche Geschwindigkeit von 15 bis 20 m/s, M. Martinelli (1966) berichtet von Maximalwerten um 40 bis 50 m/s. Ihre Stoßkraft ist bei höherer Verdichtung mit 30 t/m², maximal bis 100 t/m² aber wesentlich größer. Die oberflächennahen Schichten eilen bei der Bewegung in der Regel den tieferen voraus, werden aber an der Lawinenfront gebremst und von nachfolgenden Schneemassen überrollt, so daß es zur Ausbildung von Walzen kommt, die die Schneedecke bis zum Grund abschürfen können. Lockerschneelawinen, die in einem Tobel abgehen, schaffen sich an den Seiten und am Grund eine Gleitbahn aus festgepreßtem Schnee *(Abb. 21)*. Unmittelbar über der Lawine muß eine sehr kräftige hangaufwärtsgerichtete, durch den Sog verursachte Luftbewegung vorherrschen. Wie Ver-

Abb. 19 Trockene Lockerschneelawine. Die von punktförmigen Anrissen ausgegangenen kleinen Lawinen haben nur die oberflächennahen Teile der Schneedecke erfaßt. (Archiv: Eidgenössisches Institut für Schnee- und Lawinenforschung am Weißfluhjoch ob Davos).

88 Schneedecke und ihre Eigenschaften

Abb. 20 Staublawine. Die Lawine hat die Bodenhaftung verloren und fließt als Dichtestrom am steilen Gehänge durch die Luft ab. Deutlich ist an ihrer Front eine walzenförmige Verdickung zu erkennen. (Archiv: Eidgenössisches Institut für Schnee- und Lawinenforschung am Weißfluhjoch ob Davos).

fasser im Parsenngebiet beobachten konnte, ist sie sogar in der Lage, kleinere Bäume entgegen der Abgangsrichtung der Lawine zu werfen. Bei den fließenden Lockerschneelawinen, ob trocken oder naß, lassen sich *Abriß*, *Gleitbahn* und *Lawinenkegel* deutlich erkennen (Abbildung 18 u. 19). Der Lawinenkegel ist bei trockenem Schnee im allgemeinen ebenmäßig geformt, bei feuchtem besteht seine Oberfläche aus *Schneegeröllen* und Knollen, die sich beim Abgang gebildet haben. Nasse Lockerschneelawinen können durch druckbedingte Regelation außerordentlich fest verbacken. Eine besondere Form der nassen Lockerschneelawinen sind die *Schneematschlawinen*, die bereits auf sehr geringen Böschungen abgehen. Wie L. H. Nobles (1966) mitteilt, entstehen sie vor allem in polaren Breiten, wenn durch infiltrierendes Schmelzwasser an undurchlässigen Eis- oder Bodenoberflächen ein Schmierhorizont entsteht und die wasserdurchtränkte Firnmasse abrutscht.

Lawinen 89

Abb. 21 Lawinengleitbahn in einem Tobel. In den konkaven Krümmungsabschnitten wurde durch den erhöhten Bewegungsdruck die gesamte Schneedecke bis zum Grund ausgeräumt. An den konvexen Teilen zeigt sich eine festgepreßte Schneeschicht mit deutlicher Striemung. (Archiv: Eidgenössisches Institut für Schnee- und Lawinenforschung am Weißfluhjoch ob Davos).

Abb. 22 Linienförmiger Anriß einer Festschneelawine. Anstelle von Schneegeröllen bei nassen Lockerschneelawinen treten hier kantige Festschneeschollen in den Randbereichen auf. (Archiv: Eidgenössisches Institut für Schnee- und Lawinenforschung am Weißfluhjoch ob Davos).

90 Schneedecke und ihre Eigenschaften

Abb. 23 Ausgedehnte Festschneelawine an einem Hang. Der Anriß erfolgt an einer gezackten Linie. Vielfach befindet er sich entweder unmittelbar an oder wenig über der Kante einer Hangversteilung. Besonders im Bereich kleiner Hangmulden sind im unteren Teil kräftige Akkumulationszungen entwickelt. Sie weisen darauf hin, daß in den Mulden durch vermehrten Abfluß von Schnee eine erhöhte Bewegungsenergie auftritt. (Archiv: Eidgenössisches Institut für Schnee- und Lawinenforschung am Weißfluhjoch ob Davos).

Festschneelawinen haben im Gegensatz zu den oben beschriebenen einen linienförmigen Anriß *(Abb. 22 u. 23, Fig. 38)*. Der Abgang erfolgt meist mit einem lauten Knall. Sie gleiten in der Regel in breiter Bahn ab, wobei der verfestigte Schnee in einzelne Schollen zerbricht. Die Geschwindigkeit überschreitet kaum 8 bis 10 m/s. In den unteren bis mittleren Hangbereichen der Gleitbahn wird die noch ruhende Schneedecke zu einem *Stauchwall* zusammengepreßt (s. Figur 38). Die Akkumulation der Festschneeblöcke erfolgt meist *wallförmig* (s. *Abb. 23 u. 24*).

Als letzte Form seien noch *Eislawinen* angeführt, die man infolge ihrer festen Konsistenz am besten mit Felsstürzen vergleichen kann. Nach R. Haefeli (1966) werden beim Sturz Geschwindigkeiten von 60 bis 120 m/s erreicht. Eislawinen lösen sich in der Regel an Gletscherstirnen oder aus vereisten Wänden. Besonders häufig sind Eislawinen dann,

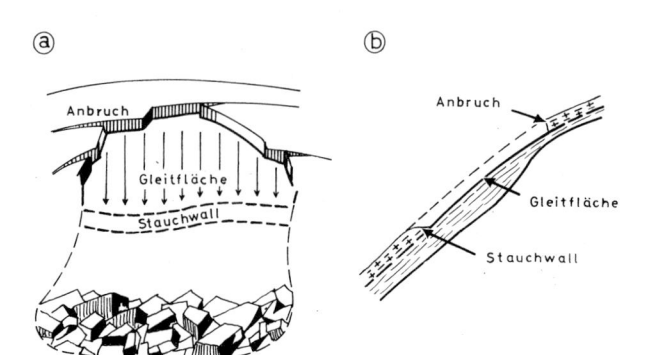

Fig. 38 Schematische Darstellung einer Festschneelawine in Aufsicht und Aufriß. Aus L. Lliboutry 1964, S. 266.

Abb. 24   Schneeschollen einer Festschneelawine. (Archiv: Eidgenössisches Institut für Schnee- und Lawinenforschung am Weißfluhjoch ob Davos).

wenn die Gletscher ihre Zunge verloren haben und die Eisfronten hoch über den steil ins Trogtal abfallenden Wänden der Karschwelle sitzen. Eislawinen, die man im Sommer bei schönem Wetter fast täglich an überhängenden Gletscherstirnen beobachten kann, können erhebliche Ausmaße erreichen. Wie R. Haefeli (1966) berichtet, ist am 11.9.1895, an einem schönen Spätsommertag vom Altelsgletscher im Berner Oberland eine Eislawine mit 4,5 Mio m^3 abgegangen. Die Eislawine vom Huascaran/Peru (10.1.1962) hatte 2,5 bis 3 Mio m^3 und tötete im Santatal mehr als 4000 Menschen (s. Kapitel 3.9.3.).
Die bisher aufgezeigte Gliederung der Lawinen basiert weitgehend auf geophysikalischen Kriterien. M. Vanni (1966) hat erstmals auch geographische Aspekte bei der Einteilung der Lawinen herausgearbeitet, wobei der charakteristische Formenschatz, die klimatischen und vegetationsgeographischen Verhältnisse der einzelnen alpinen Stockwerke die entscheidenden Merkmale liefern. Er teilt die Alpen in drei Höhenstufen: Die *Hochregion* im Bereich der Schnee- und Firnlinie und darüber mit steilen Wänden und Rinnen, die *Mittelregion*, auch das grüne Gebirge genannt, von der Waldgrenze bis zur Frostschutzzone, und den *Talbereich*. In der Hochregion gehen Lawinen unmittelbar bei Neuschneefall flächig an Wänden, linear in Rinnen ab. Sie fördern sehr viel Gesteinsmaterial. Am Fuße der Wände bleiben die Lawinenkegel über der Schneegrenze liegen und werden zu Firn- und Gletschereis umgewandelt. Diese Höhenstufe ist gleichzeitig die Zone der Eislawinen. Im mittleren Stockwerk, wo weite, von Rinnen durchfurchte Hänge vorherrschen, wird im Winter der meiste Schnee akkumuliert; dort finden sich auch die größten Lawinen, die im Hochwinter als Schneebrettlawinen oder trockene Lockerschneelawinen, im Frühjahr als Naßschneelawinen abgehen. In der Talregion wird zwischen kleinen Lokallawinen und Großlawinen, die ihr Einzugsgebiet in der mittleren Region haben, unterschieden. Es handelt sich hier um einen ersten Ansatz einer geographischen Gliederung der Lawinenverbreitung, der es verdient, durch weitere Beobachtungen und unter Berücksichtigung zusätzlicher Parameter verfeinert und weiter ausgebaut zu werden.

2.7. Feste Phase des Wasserkreislaufes

Schneefall, Schneedecke, ihre Veränderungen durch destruktive und konstruktive Metamorphose sowie der Abbau der Schnee- und Gletschermassen sind die wichtigsten Glieder der *festen Phase* des *Wasserkreislaufes*. Die grundlegenden an den Umwandlungsprozessen beteiligten Vorgänge sind in den Kapiteln 2.1.–2.6. abgehandelt worden. *Fig. 39* ist ein vereinfachtes Schema, in dem nochmals die Hauptkomponenten der festen Phase des Wasserkreislaufes graphisch veranschaulicht werden. Um die Darstellung übersichtlicher zu gestalten, wurde darauf verzichtet, Verdunstung und Abfluß aus Schnee und Firnablagerungen einzuzeichnen. Wie jedoch Kapitel 2.5. ausweist, findet selbstverständlich auch an Schneeoberflächen Verdunstung und Schmelzen statt, zudem sind auch die Abflüsse aus Schneedecken bekannt.

Deutlich kommt in Figur 39 zum Ausdruck, daß eine Schneedecke hinsichtlich ihrer Eigenschaften und der hydrologischen Umsetzungen keineswegs als statisches Element aufgefaßt werden kann, sondern durch Schmelzen und Verdunsten, zwei wesentliche Komponenten der destruktiven und konstruktiven Metamorphose, eine feste Phase des Wasserkreislaufes existiert. Gut erkennbar sind die Umsetzungsprozesse an der Zunahme der Dichte und des Rammwiderstandes vom Neuschnee, über Altschnee und Firn zum Gletschereis. Besonders der in gleicher Richtung wachsende Korndurchmesser weist darauf hin, daß Massenumlagerungen über die flüssige und gasförmige Phase erfolgen.

Im Hinblick auf den Gesamtkreislauf des Wassers ist die winterliche Schneedecke eine *temporäre Rücklage*, deren Wassermenge erst durch Verdunstung und Schmelzen frei wird. *Langfristige Rücklagen* bilden die Gletscher und Inlandeise der Erde. Nach H. Hoinkes (1961) machen sie 28 Mio km^3 aus. Beim Abschmelzen dieser Eismassen würde der

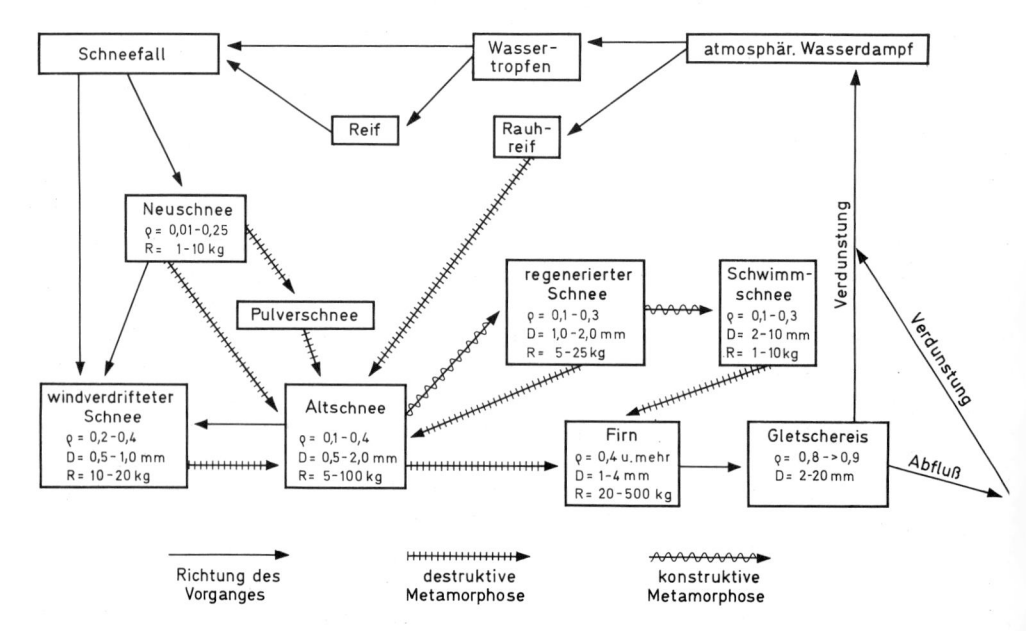

Fig. 39 Feste Phase des Wasserkreislaufs. ϱ = Dichte, D = Korndurchmesser, R = Rammwiderstand. Aus Agricultural Handbook Nr. 194, (1961).

Wasserspiegel unter Annahme einer Gletschereisdichte von 0,91 g/cm³ und einer Vergrößerung der Meeresfläche um rund 10 Mio km² um etwa 68 m ansteigen. Während der Kaltzeiten des Pleistozäns, als viel größere Wassermassen als Eis auf den Kontinenten gebunden waren, kam es umgekehrt zu einer *eustatischen Meeresspiegelsenkung*. Sie betrug nach H. Valentin (1954) für die Mindeleiszeit 115 bis 120 m, für die Würmeiszeit 95 bis 100 m. Der Rückgang der rezenten Gletscher nach dem Hochstand etwa in der Mitte des vergangenen Jahrhunderts bewirkt ebenfalls eine eustatische Erhöhung des Meeresspiegels, wie Beobachtungen von G. Dietrich (1954), H. A. Marmer (1951) und Rh. W. Fairbridge (1950) weltweit bestätigen. Nach G. Dietrich (1954) erreicht der Anstieg einen jährlichen Betrag von 1,1 ± 0,8 mm, der aber »nur unsicher bekannt ist«.

Während in Gebieten mit jahreszeitlicher Schneedecke temporäre Rücklagen auftreten, ist bei Firn und Eisfeldern im *stationären Zustand* die *Bilanz* des *Wasserkreislaufs* über ein Jahr oder einen längeren Zeitraum ausgeglichen. Zwar wird im *Nährgebiet* der Schnee für erhebliche Fristen, die für große Inlandeismassen zehntausende von Jahren betragen können, gebunden, gleichzeitig wird aber im *Zehrgebiet* eine äquivalente Menge durch Schmelzen und Verdunsten frei. Aus dem Gesagten folgt, daß es auf der Erde Gebiete gibt, wo der feste Niederschlag im Laufe eines Jahres größer ist als der Ablationsbetrag und solche, wo die Ablation die gesamte Schneedecke, ja darüber hinaus auch noch zuströmende Gletschereismassen abbaut. Die Trennlinie zwischen beiden Bereichen wird *Schneegrenze* beziehungsweise *Firnlinie* genannt.

2.8. Schneegrenze, Firnlinie, Gleichgewichtslinie

2.8.1. Schneegrenzbegriffe und Definitionen

Die *Schneegrenze* kann als markante Erscheinung im Landschaftsbild der winterkalten Gebiete und Hochgebirgsregionen der Erde im umfassenden Sinne definiert werden als untere beziehungsweise äquatorwärtige Grenze der Schneelage. Da sie, wie bereits im vergangenen Jahrhundert Bouguer, A. v. Humboldt, L. v. Buch und andere (H. v. Wissmann, 1960) richtig erkannt haben, ein klimatisches Phänomen ist, ist sie entsprechend den jahreszeitlichen Schwankungen der Klimawerte Veränderungen unterworfen. Im Spätsommer und Herbst dringt sie in den Alpen in die Talregionen vor und zieht sich im Frühjahr und Sommer in die Hochregionen zurück. Dabei vollzieht sich der Abstieg wesentlich rascher als der Anstieg, da zum Schmelzen erhebliche Energiemengen erforderlich sind. In den piemontesischen Alpen sinkt die Schneegrenze nach C. F. Capello (1959 u. 1965) in 110 Tagen von 2900 m auf 300 m ab, also pro Woche um 165 m. Für das Anheben der Schneegrenze um den gleichen Betrag sind aber 165 Tage erforderlich, was einen Anstieg von nur 110 m pro Woche entspricht *(Fig. 40)*. In den sommertrockenen Gebieten der Sierra Nevada (37°N) hebt sich die Schneegrenze mit 155 m pro Woche wesentlich rascher, wie A. Court (1963) vom Einzugsgebiet des Kingsriver berichtet. Aufgrund dieser Schwankung ergibt sich für verschiedene Regionen eine unterschiedliche Dauer der Schneebedeckung. Für ausgewählte Stationen in den Alpen ist die Dauer der Schneedecke und ihre mittlere Mächtigkeit in *Fig. 41* aufgetragen. Nur Zugspitze (2962 m) und Sonnblick (3106 m) weisen eine perennierende Schneebedeckung auf. Alle anderen Stationen apern im Laufe des Sommers aus. Das Diagramm zeigt ferner, daß Schneedeckendauer und -mächtigkeit nicht allein von der Meereshöhe abhängen, sondern in

94 Schneedecke und ihre Eigenschaften

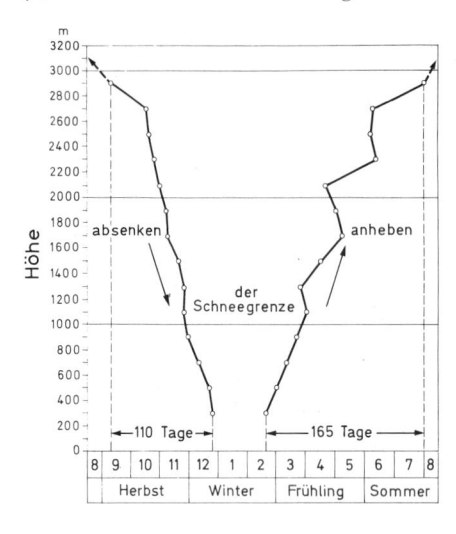

Fig. 40 Jahreszeitliches Absenken und Anheben der Schneegrenze in den piemontesischen Alpen. Nach D.F. Capello (1965).

starkem Maße auch von der Exposition zu den niederschlagsbringenden Winden. Die Leelage des Weißfluhjochs bedingt bei annähernd gleicher Meereshöhe wie dem Säntis sowohl eine kürzere Schneedeckendauer als auch eine erheblich geringere Schneemächtigkeit.

Die oben vorgestellte Schneegrenze ist das Ergebnis aus der Überlagerung von Schneeakkumulation a_s und Schneeablation $-a_b$. Für die Gesamtwirkung der beteiligten Vorgänge $a_s + a_b = a$, wird a an der Schneegrenze Null, oberhalb positiv, unterhalb negativ. Da sich sowohl die Schneeakkumulation als auch die Ablation im Ablauf eines Jahres an einem Ort ändert, spricht man bei dem hier genannten Gleichgewichtssystem von *temporärer Schneegrenze*. Sie weist die dargestellten jährlichen vertikalen und horizontalen Schwankungen im hypsometrischen und planetaren Formenwandel auf.

Im Frühsommer bis Spätherbst erreicht die temporäre Schneegrenze in der Regel ihre höchste beziehungsweise ihre extreme polwärtige Lage. Da aber weder Schneeakkumula-

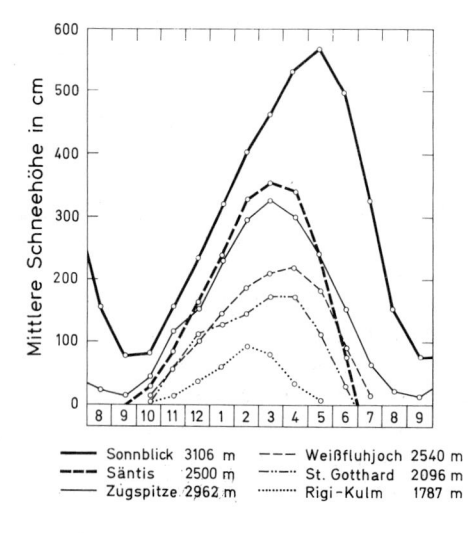

Fig. 41 Mittlere Höhe der Schneedecke an einigen Alpenstationen in Abhängigkeit von der Höhenlage. Aus L. Lliboutry, S. 442, (1965).

tion noch Ablationsleistung jährlich gleich sind, schwanken die höchsten Werte der Schneegrenze von Jahr zu Jahr erheblich, nämlich bis zu einigen hundert Metern. In Gunstlagen können *Schneeflecken* selbst in noch sehr viel tieferen Lagen das Jahr überdauern. Einen sehr starken Einfluß hat das Relief auf die Höhe der Schneegrenze. Allgemein bekannt ist, daß Schatthänge viel länger Schnee tragen als sonnenexponierte Flanken. Das frühzeitigere Ausapern in Südposition ist nicht nur auf die günstigeren Besonnungsverhältnisse zurückzuführen, sondern auch auf den Wärmegewinn durch Gegenstrahlung von den Felswänden. Das Relief beeinflußt ferner die Lage der Schneegrenze durch seine luv- beziehungsweise leeseitige Lage zu den niederschlagsbringenden Winden. In Luv ist die Schneeakkumulation wesentlich größer als in Lee, wie am Beispiel Säntis/Weißfluhjoch (siehe Figur 41) deutlich zum Ausdruck kommt. Auch die Akkumulation von windverdriftetem Schnee wird durch das Relief gesteuert. Die in Lee abgelagerten Massen gedrifteten Schnees bedingen eine Senkung der Schneegrenze an dieser Stelle. Als Folge der reliefbedingten Abwandlungen der Klimaeinwirkungen ist die höchste jährliche Lage, die auch als *Schneegrenze* bezeichnet wird, selbst innerhalb eines Gebirgsstockes sehr verschieden. Man spricht seit F. Ratzel (1886) in diesem Falle von *orographischer* oder *lokaler Schneegrenze*. Auch das mehrjährige Mittel aus den Beobachtungen der jährlichen orographischen beziehungsweise lokalen Schneegrenze wird mit dem gleichen Namen belegt.

Die bisherigen Ausführungen über die Schneegrenze beziehen sich nur auf gletscherfreie Areale wie Schneeakkumulation auf Fels oder bewachsenem Boden. Auf Gletschern spricht man nach E. v. Drygalski und F. Machatschek (1942) und R. v. Klebelsberg (1948) von *Firnlinie*. Sie ist im Regelfall sehr viel schärfer ausgebildet als die Schneegrenze. Die Firnlinie trennt das Blankeis der Gletscher im *Zehrgebiet* von der Altschneebedeckung (Firn) im *Nährgebiet*. Grundsätzlich gilt für die Höhenlage der orographischen Firnlinie das gleiche wie für die orographische Schneegrenze. Ein Unterschied ist jedoch markant. Die Firnlinie liegt im gleichen Gebiet merklich tiefer als die Schneegrenze, was auf die Abkühlung durch die Gletschereismassen zurückgeführt wird. R. v. Klebelsberg (1948) führt aus, daß die Firnlinie bis zu 100 m tiefer als die Schneegrenze im unvergletscherten Gelände nebenan zu finden ist. Nach B. Messerli (1967) sind die Unterschiede aber viel größer und zeigen eine regionale Differenzierung. Sie betragen auf Franz Josef-Land 0 m, in den östlichen Schweizer Alpen 300 m, im Altai 650 m, im S-Tien Schan sowie Kaukasus 800 m und im N-Tien Schan sogar 1300 m. Diese Abweichungen berechtigen in der Tat zwischen Schneegrenze und Firnlinie zu unterscheiden.

Da die Höhenlage der lokalen Schneegrenzen und Firnlinien erheblichen reliefbedingten Schwankungen unterworfen sind, suchte man schon frühzeitig nach einem Vergleichswert, der die großklimatischen Gegebenheiten repräsentiert. Als solchen hat E. Richter (1887) die *klimatische Schneegrenze* vorgeschlagen. Sie wird auch als *regionale Schneegrenze* bezeichnet. Er versteht darunter das Mittel der *realen Schneegrenzen*, wie er die lokalen oder orographischen auch nennt, für eine Gebirgsgruppe. Das einfache arithmetische Mittel aller orographischen Schneegrenzwerte erfüllt aber meines Erachtens nicht die Bedingungen für die Berechnung der klimatischen Schneegrenze, da große und kleine Gletscher in gleichem Maße gewertet werden. Vielmehr sollte die klimatische Schneegrenze aus einem gewichteten Mittel unter Berücksichtigung der Gletscherareale gebildet werden. Die klimatische Schneegrenze ist damit »ein Schneegrenzwert mittlerer orographischer Begünstigung der Schneebewahrung und Gletscherbildung« H. Louis, 1955, S. 417), der für einen großräumigen Vergleich geeignet ist. Eine theoretisch fundierte Definition der klimatischen Schneegrenze steht bis heute aus, da, wie gezeigt wurde, Schneeakkumulation und Ablation vielfältigen Einflüssen unterworfen sind. Der Ansatz von L. Kurowski (1891), daß die klimatische Schneegrenze am besten durch die Schneeverhältnisse auf einer horizontalen, expositionsfreien Fläche repräsentiert würde, hat sich als nicht haltbar erwiesen. Flache Hochflächen in Gebirgen spiegeln nicht die mittlere Schneegrenze der schatt- und sonnseitigen, sowie luv- und leeseitigen Hänge wider. Vielmehr hat sich gezeigt (H. Louis, 1933), daß sie von allen Geländekonfigurationen für die Schneebewahrung und Gletscherbildung wegen der Winddrift am ungünstigsten sind.

Obwohl klimatische (regionale) Schneegrenze und Firnlinie eindeutig und anschaulich definiert sind, ist ihre Anwendung im Schrifttum nicht immer einheitlich und beide Begriffe werden wechselweise gebraucht. Das führte, worauf B. Messerli (1967) hinweist, zu Unstimmigkeiten in der Abgrenzung der geomorphologischen Bereiche der subnivalen und nivalen Stufe, da sie unter Heranziehung der Firnlinie ohne weiteres nebeneinander und nicht wie bei der Schneegrenze im engeren Sinne übereinander gelagert sein können. Er schlägt deshalb vor, künftig die eindeutigeren Begriffe *Niveau 365* und *Gleichgewichtslinie* zu verwenden. Nach T. Zingg (1954) liegt die klimatische Schneegrenze (Niveau 365) in jener Höhenstufe, bei der auf horizontaler Fläche und gegebener Exposition Schnee das ganze Jahr den Boden bedeckt. Russische Forscher (nach L. Lliboutry, 1965, S. 439) sprechen in diesem Fall von Niveau 365. T. Zingg (1954) fand aufgrund der Analyse der Schneeverhältnisse um Davos für die Jahre 1891 bis 1949, daß sich das Niveau 365 (= D in Tagen) in Abhängigkeit von der Meereshöhe (= Z in Hektometern) nach der Regressionsgleichung

$$D = 0{,}2425\,Z^2 + 0{,}94\,Z + 85{,}8$$

für das Beobachtungsgebiet berechnen läßt. Es ist zwar ein neuer Name für die klimatische Schneegrenze gefunden, doch ist die Bestimmung weder eindeutiger noch einfacher geworden.

Auf Gletschern kann man aber entgegen den Ausführungen von B. Messerli (1967) nicht auf den Begriff Firnlinie verzichten. Als Firnlinie bezeichnet man, wie oben dargelegt, die Grenze zwischen körnigem Firn, also metamorph verändertem Schnee, der mindestens eine Ablationsperiode überdauert hat, und der Eisphase an der Gletscheroberfläche. Die Gleichgewichtslinie ist dagegen eine Massenhaushaltsgrenze, die nicht mit der Firn-Eis-Phase zusammenfallen muß. Zwischen Firnlinie und dem grobkörnigen Gletschereis kann im Bereich von Kaltschneeablagerungen eine Zone mit aufgefrorenem Schmelzwassereis (superimposed ice) auftreten (s. Figur 57 und Figur 90). Im Rahmen von Massenhaushaltsuntersuchungen stellt diese Eisoberfläche noch einen Teil des Nährgebietes dar, das beim Übergang zum wirklichen Gletschereis von der Gleichgewichtslinie begrenzt wird. Firn- und Gleichgewichtslinie können vor allem in hochozeanischen Gletscherregionen zusammenfallen. In kontinentaleren Mittelbreiten, z.B. bei den Alpengletschern, weichen sie nach L. Lliboutry (1965) und H. Hoinkes (1970) nur wenig voneinander ab. Die Differenzen werden aber in den randarktischen Bereichen, z.B. in Grönland und Ellesmereisland sehr erheblich (s. Kapitel 3.7.4.).

Als Ergebnis dieser Darstellung ist festzuhalten, daß die Begriffe temporäre, orographische und klimatische Schneegrenze, wobei letztgenannte auch als Niveau 365 bezeichnet werden kann, in ihrer inhaltlichen Bedeutung unverändert sind. Auf Gletschern ist aber zwischen Firnlinie und Gleichgewichtslinie zu unterscheiden. Da die Gleichgewichtslinie, auf einem Gletscher bestimmt, allen lokalen, durch Relief bedingten Klimaeinflüssen unterworfen ist, sollte in Anologie zur Schneegrenze bei der Mittelbildung der Gleichgewichtslinien der Gletscher einer Gebirgsgruppe von *klimatischer Gleichgewichtslinie* gesprochen werden. Dieser Wert würde dann einen großräumigen Vergleich ebenfalls ermöglichen.

2.8.2. Bestimmung der Schneegrenze, Firnlinie und Gleichgewichtslinie

Die Untersuchung der orographischen Schneegrenze und die darauf basierende Berechnung der klimatischen Schneegrenze geht in der Vielzahl der Fälle von Beobachtungen an Gletschern aus. Es wird also im Regelfall die Firnlinie bestimmt und daraus die klimatische Schneegrenze abgeleitet. Hieraus ergibt sich die oben aufgeführte Inkonsequenz in der Verwendung der Begriffe, zumal die Schneegrenze im engeren Sinne der unmittelbaren Beobachtung im gletscherfreien Gebiet nur schwer zugänglich ist. Sicherlich ist nach Schneefall im Sommer an dann folgenden klaren Tagen die temporäre Schneegrenze in den Alpen oder in anderen Hochgebirgen der Erde als relativ scharfe Linie gut auszumachen, doch ihre höchste Lage im Jahr ist schwer zu bestimmen. Lediglich an hohen kegelförmigen Vulkanbergen der Tropen bildet sie sich als scharfe Linie ab. V. Paschinger

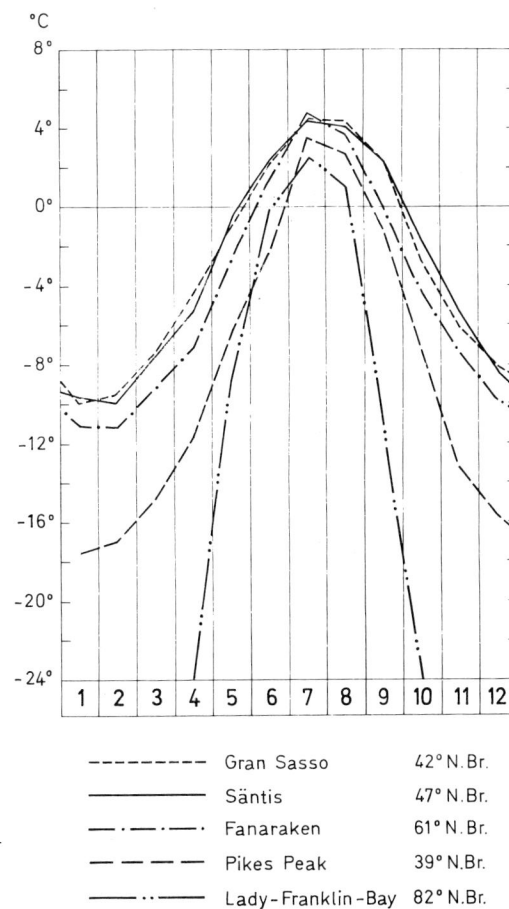

Fig. 42 Jahreszeitlicher Temperaturgang an der Schneegrenze in verschiedenen Klimaten. Nach H. Seiffert 1950, aus B. Messerli, S. 193, (1967).

----------	Gran Sasso	42° N. Br.
———————	Säntis	47° N. Br.
—·—·—·—	Fanaraken	61° N. Br.
— — — —	Pikes Peak	39° N. Br.
—··—··—	Lady-Franklin-Bay	82° N. Br.

(1912) spricht daher geradezu von einem *tropischen Typ* der Schneegrenze. In den außertropischen Hochgebirgen schiebt sich jedoch zwischen die Areale des »ewigen Schnees« und den völlig ausgeaperten Bereichen eine bis zu 1000 m hohe Stufe der Schneeflecken, die sich in günstigen Lagen halten.

Für die Schneegrenzbestimmung im engeren Sinne, also auf gletscherfreiem Areal, sind drei Verfahren bekannt. Das erste geht von der Feststellung der Höhenlage der Schneeflecken aus, *(Schneefleckenmethode)*, die tiefste Lage der Schneeflecken, durch besondere orographische Verhältnisse begünstigt, gibt zweifellos eine zu geringe Höhe an. H. Louis (1955) glaubt, daß sich dort, wo sich perennierende Schneeflecken häufen, innerhalb eines Spielraumes von 50 bis 100 m die orographische Schneegrenze befindet. Eine genauere Einengung scheint ihm nicht sinnvoll angesichts der von Jahr zu Jahr wechselnden Witterungsbedingungen. Die zweite Art der Berechnung geht nach E. v. Drygalski und F. Machatschek (1942) auf F. Simony zurück. Es handelt sich um die sogenannte *Gipfelmethode*, bei der man das arithmetische Mittel der Gipfelhöhen bestimmt, die bereits ausdauernde Firnfelder tragen, und jene, die im Sommer noch schneefrei sind. F. Enquist (1916) spricht in diesem Zusammenhang von *Vergletscherungsgrenze*. Der so gewonnene Wert liegt als Folge reliefbedingter Ursachen in der Regel etwa 100 m über der wirklichen klimatischen Schneegrenze.

Die dritte Methode beruht auf der Berechnung anhand klimatischer Daten. Dazu waren Vorarbeiten zur Erfassung des Klimas an der Schneegrenze erforderlich (H. Seiffert, 1950). Wie *Fig. 42* zeigt, weichen die Wintertemperaturen in den einzelnen Klimaregionen im Bereich der Schneegrenze erheblich voneinander ab. Die kältesten winterlichen Monatstemperaturen betragen an der Lady Franklin Bay −38,3 °C, am Gran Sasso und Säntis aber nur −10 °C. Dagegen bewegen sich die Julimitteltemperaturen zwischen +2,7 und +5,9 °C, also auf engem Raum. Für den Mittelmeerbereich hat B. Messerli (1967) einen Mittelwert von 4,5 °C angenommen und damit eine Sicherheit der Schneegrenzbestim-

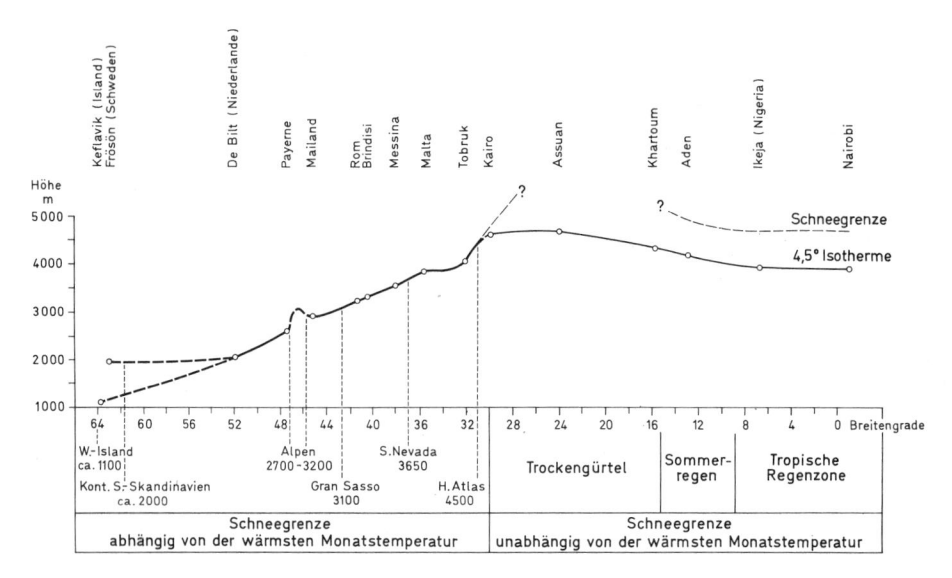

Fig. 43 Zusammenhang zwischen den Höhenlagen der 4.5°C-Isotherme im Mittel der Jahre 1951/1960 und der Schneegrenze auf der Nordhalbkugel. Aus B. Messerli, S. 195, (1967).

mung von ± 200 m erreicht. Nach *Fig. 43* fallen die 4,5 °C-Isotherme des wärmsten Monats, nach Messungen in der freien Atmosphäre, und die Schneegrenze bis etwa 30°N, also dem Beginn des Trockengürtels, innerhalb der genannten Fehlergrenze zusammen. Südlich davon liegt die Schneegrenze erheblich höher. Dies ist verständlich, da die Schneegrenze nicht allein eine Funktion der Temperatur, sondern auch des Niederschlags ist.

Dies zeigt sich auch in den korrelationsstatistischen Untersuchungen von H. Escher (1970) für die Schweizer Alpen. Die Lage der Schneegrenze steigt von den mehr randlich gelegenen Gebirgsteilen Mittelbündens (3200 m), des Berner Oberlandes (3200 m) gegen die Zentralgebiete im Wallis (3450 m) an. Gleichzeitig nehmen die Jahresmitteltemperaturen in diesen Höhen von −5,5 °C über −5,7 °C auf −6,0 °C ab.

Alle übrigen Verfahren der Festlegung der »Schneegrenze« gehen von Gletscherarealen aus, sie bestimmen also Firnlinie beziehungsweise Gleichgewichtslinie.

Eine einfache Bestimmungsmöglichkeit ist, die höchste Firnlinie im Verlaufe eines Jahres unmittelbar zu fixieren. Sie ist relativ gut innerhalb einer Grenze von ± 50 m festzulegen, wobei die jährlichen Schwankungen nicht berücksichtigt sind. Dieses Verfahren setzt ebenso wie im gletscherfreien Gebiet voraus, daß das Areal in der kritischen Phase im Herbst laufend beobachtet wird.

Eine weitere Methode, die noch heute angewandt wird, hat H. v. Höfer (1879) vorgeschlagen. Bei kleinen Gletscherarealen nimmt er die Lage der Firnlinie etwa in halber Höhe zwischen der Gletscherumrahmung als Obergrenze und dem Unterende des Gletschers an. Der Bestimmungsfehler dürfte hierbei nicht zu groß sein. Diese Methode wird aber bei Gletschern mit großer Vertikalerstreckung unsicher. Sie hat aber den Vorteil, daß man auch in ehemals vergletscherten Gebieten die Lage der Firnlinie noch rekonstruieren kann, da die Umrahmung in der Regel erhalten ist und das untere Ende der Gletscher durch den Verlauf der Stirnmoränen markiert wird. Bei derartigen Berechnungen sollen nach E. Haase (1966) auch stets die Bezugsflächen und die Beträge der Vertikalerstreckung mit angegeben werden, um die Verläßlichkeit der Angaben abschätzen zu können. In Bereichen erheblicher tektonischer Unruhe sind Krustenbewegungen zu berücksichtigen.

Auf den Massenhaushalt der Gletscher geht das von N. Lichtenecker (1937) in den Ostalpen und von Ph. C. Visser (1938) im Karakorum angewandte Verfahren der Bestimmung der Gleichgewichtslinie zurück. Nach den genannten Autoren befindet man sich im Zehrgebiet eines Gletschers, sobald Seiten- und Mittelmoränen an der Oberfläche austauen, da im Nährgebiet durch überwiegende Akkumulation Oberflächenschutt in tiefere Lagen verfrachtet wird. Der so gewonnene Wert dürfte um geringe Beträge, ca 50 bis 100 m, unterhalb der wirklichen Gleichgewichtslinie liegen.

Eine weitere Möglichkeit, die Gleichgewichtslinie (Firnlinie) zu erfassen, sieht H. Hess (1904) in der Oberflächenform der Gletscher. Da im Nährgebiet durch Lawinen von den umgebenden Karwänden eine zusätzliche Materialzufuhr besteht, ist hier die Gletscheroberfläche muldenförmig ausgebildet, so daß sich ein konkaver Isohypsenverlauf ergibt. Im Zehrgebiet dagegen wird auf der Gletscherzunge das Eis in besonderem Maße randlich abgebaut, woraus eine konvexe Wölbung der Höhenlinien in Fließrichtung folgt. Am Übergang von konkaven zum konvexen Verlauf der Isohypsen nimmt er die Firnlinie an. Dieses Vorgehen ist keinesfalls überzeugend, da die Oberflächenkonfiguration eines Gletschers vom Untergrund und den Bewegungsvorgängen abhängig ist. Im Zungenbereich ist die Fließgeschwindigkeit in der Mitte stets höher als an den Rändern, so daß es dort aus Gründen des Materialnachschubs zur Aufwölbung der Zunge und damit zu einem konvexen Isohypsenverlauf kommen muß, zumindest bei stationären und vorstoßenden Gletschern.

Von der Massenbilanz der Gletscher geht auch L. Kurowski (1891) bei der Berechnung der Gleichgewichtslinie – er spricht von Schneegrenze – aus. Er macht dabei die Annahme, daß sich Nähr- und Zehrgebiet nach Fläche in der Grundrißprojektion die Waage halten. Die Gleichgewichtslinie ergibt sich danach als mittlere Gletscherhöhe über NN. Voraussetzung für die Auswertung sind gute topographische Karten, auf denen die einzelnen Höhenstufen des Gletscherareals planimetriert werden, um daraus die mittlere Gletscherhöhe zu errechnen. Die gewonnenen Werte stimmen mit der Beobachtung nur wenig überein. Das gilt auch für die Auffassung von E. Richter (1888) und E. Brückner (1886), nach denen sich Nährgebiet und Zehrgebiet auf Gletschern wie 3 : 1 verhalten. Es gibt einige Gletscher der Ostalpen, wo das zutrifft, in den meisten Fällen stimmt der Wert aber nicht.

Während bei den beiden letztgenannten Verfahren eine lineare Änderung von Schneeakkumulation und Ablation mit der Höhe in Rechnung gestellt wird, geht R. Finsterwalder (1953) von einer quadratischen aus, wobei der Schneeauftrag (a_s) mit der Höhe allmählich zunimmt, die Ablation (a_b) aber in gleicher Richtung quadratisch abnimmt und von einer bestimmten Höhe an (h_o), die er für die Alpen in 3500 m Höhe ansetzt, Null wird. Da sich die Gesamtwirkung von Akkumulation und Ablation $a_s + a_b = a$ ebenfalls quadratisch ändert, kann die Funktion $a = f(h)$ durch eine Parabel, deren Scheitel in h_o liegt, angenähert werden. Die Parabelgleichung lautet

$$a = a_o - \frac{(y + dh_o)^2}{2p},$$

wobei a_o den schneeigen Auftrag in der Höhe h_o, dh_o ein Verbesserungsglied für y_o, y die Höhe unter h_o für den Bilanzwert a und p den Parameter für die Parabel ($2p = 20$) vorstellt. Für den Bilanzwert $a = 0$ (Definition der Firnlinie, hier auch Gleichgewichtslinie) ergibt sich aus der Parabelgleichung die Höhe der Schneegrenze y_s unter h_o zu

$$y_s = dh_o + \sqrt{2 a_o \cdot p}$$

Die Höhe der Schneegrenze h_s wird bestimmt aus

$$h_s = h_o - y_s$$

Zur Berechnung der Schneegrenze benötigen wir nur noch das Korrekturglied dh_o. Für einen stationären Gletscher gilt die Massenbilanzgleichung

$$\Sigma f_i a_i = 0$$

wobei f_i die einzelnen Flächenzonen, a_i die Bilanzwerte dieser Stufen sind. Setzt man die Flächenanteile f_i in die Parabelgleichung ein, so bekommt man:

$$dh_o^2 + 2 dh_o \frac{\Sigma f_i y_i}{\Sigma f_i} + \frac{\Sigma f_i y_i^2}{\Sigma f_i} - 2 a_o p = 0$$

Bestimmen wir

$$\frac{\Sigma f_i y_i}{\Sigma f_i} = b \quad \text{und} \quad \frac{\Sigma f_i y_i^2}{\Sigma f_i} = c$$

dann erhält man für die Korrektur von h_o

$$dh_o = -b \pm \sqrt{b^2 - c + 2a_o p}.$$

Die Flächenzonen f_i der Höhenstufen y_i lassen sich leicht planimetrieren. Damit ist auch die Gleichgewichtslinie ohne Schwierigkeiten berechenbar. Problematisch sind jedoch die klimatologischen Annahmen. Wenngleich an a_o, das R. Finsterwalder (1953) mit 2 m ansetzt, und p nur geringe Genauigkeitsanforderungen gestellt werden, so wissen wir bis heute viel zuwenig über die Massenbilanz der Gletscher und der sie steuernden Faktoren, um diese Voraussetzungen zu rechtfertigen.

Die sicherste Methode, die Gleichgewichtslinie auf Gletschern zu bestimmen, sind Massenhaushaltsuntersuchungen über Auftrag und Ablation an Einzelgletschern. Dieses Verfahren erfordert aber hohen Arbeits- und Kostenaufwand (s. H. Hoinkes, 1970 u. Kapitel 3.4.).

2.8.3. Regionale Verbreitung der Schneegrenze und Firnlinie

Die lokalen bzw. orographischen Schnee- und Firngrenzen weisen nach Höhenlage erhebliche Unterschiede auf, die sich zum Teil nur durch die örtlichen Reliefbedingungen erklären lassen. Es bestehen aber auch für die lokalen Schnee- und Firngrenzen Regelhaftigkeiten, die G. Vorndran (1970) für die Silvrettagruppe in den Ostalpen an 79 Gletschern herausgearbeitet hat. Nach *Fig. 44* steigt die Höhenlage der Gleichgewichtslinien entlang der generell in Nord-Süd-Richtung verlaufenden Nebenkämme zum Haupt-

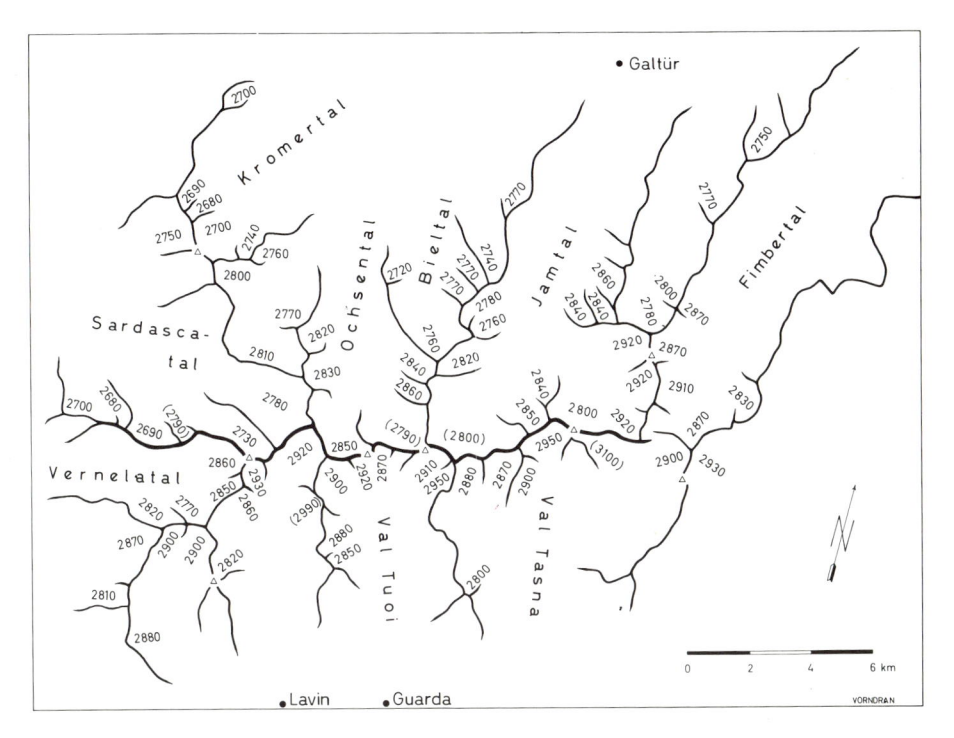

Fig. 44 Höhenlage der Firnlinie auf den Gletschern der Silvretta. Nach G. Vorndran (1970).

Schneedecke und ihre Eigenschaften

kamm hin sowohl auf Nord- wie Südabdachung an. Diese Erscheinung ist eine Folge der Massenerhebung, die gegenüber den Verhältnissen der freien Atmosphäre in gleicher Höhe zu höheren Sommertemperaturen führt. In ähnlichem Maße ist ein Anheben der Gleichgewichtslinie von West nach Ost zu verzeichnen. Dafür ist vornehmlich die Exposition zu den niederschlagbringenden Winden aus Nordwest bis West verantwortlich. Die strahlungsbedingten Expositionsunterschiede geben sich dadurch zu erkennen, daß entlang dem Hauptkamm die Firnlinien der einzelnen Gletscher durchschnittlich in Nord-Exposition rund 100 m tiefer liegen als auf der Sonnenseite. Die für die orographischen Schnee- und Firngrenzen aufgezeigten Regelhaftigkeiten gelten auch für die klimatische Schneegrenze.

Wenn im folgenden der Einfachheit halber nur von klimatischer Schneegrenze gesprochen wird, so muß darauf hingewiesen werden, daß dabei Werte der Firnlinie, Gleichgewichtslinie und der Schneegrenzbetrachtung verstanden werden. Sie im einzelnen genauer zu trennen, ist bei der uneinheitlichen Verwendung der Begriffe kaum möglich.

Einen ersten Einblick in den planetaren Formenwandel der mittleren Höhenlage der klimatischen Schneegrenze gibt *Fig. 45*. Die Zusammenstellung von E. de Martonne (1948) zeigt, daß die höchste Lage der klimatischen Schneegrenze mit Werten zwischen 5000 und 6000 m nicht am Äquator, sondern im Bereich der Trockengebiete um ca 25°N und 15°S auftritt. Weder durch Temperatur noch durch Niederschlagsverteilung allein läßt sich der Verlauf der Schneegrenzkurve erklären. Die beste Annäherung bietet der Ariditätsindex, in dem beide Werte gekoppelt sind. Daraus folgt, daß sowohl Temperatur als auch Niederschlag die Höhenlage der Schneegrenze bedingen. Die absolut höchste Lage der Schneegrenze findet sich auf der Südhalbkugel im Bereich der chilenisch-argentinischen Anden, wo sie nach H. Wilhelmy (1957) nicht unter 6800 bis 6900 m absinkt. Der 6724 m hohe, nicht mehr tätige Vulkan Llullaillaco (24° 30′ S) bleibt völlig schneefrei. Auf der Nordhalbkugel werden die Extremwerte mit 6400 bis 6500 m im Transhimalaya nördlich der Tsangpofurche angetroffen. Eine weitere Eigentümlichkeit im planetaren Formenwandel der mittleren Höhenlage der klimatischen Schneegrenze ist die Asymmetrie der Nord- und Südhemisphäre. Erst weit nördlich 80°N erreicht sie den Meeresspiegel auf der Südhalbkugel aber schon in 65° bis 66°S. Daraus folgt, daß der Nordast langsamer als der Südast ansteigt. Diese Erscheinung wird durch die Verteilung der Festlandmassen auf der Erde erklärt, die auf der Nordhalbkugel zu einer stärkeren Erwärmung führen. Die äquatoriale Depression der Schneegrenze beträgt im Mittel gegenüber den Trockengebieten 1000 m.

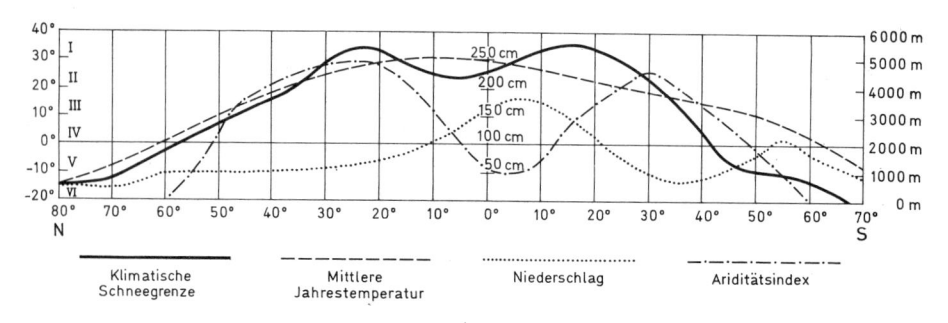

Fig. 45 Änderung der mittleren Höhenlage der klimatischen Schneegrenze mit der geographischen Breite im Schema. Nach E. de Martonne (1948), aus H.J. Schneider, S. 47, (1963).

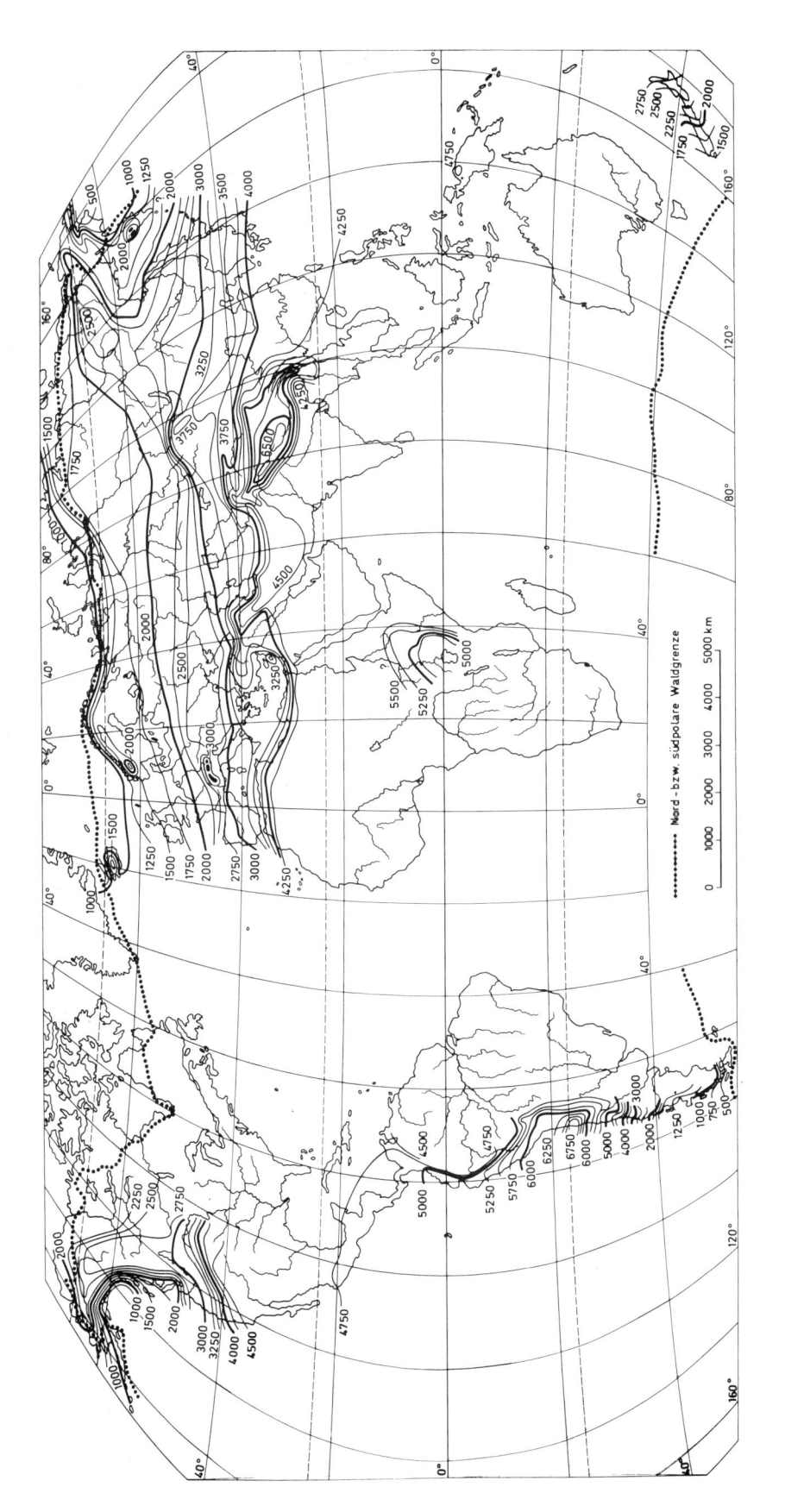

Fig. 46 Isochionenkarte der Erde. Nach K. Hermes (1964).

Eine weltweite Bearbeitung des Verlaufs der Schneegrenze verdanken wir K. Hermes (1954, 1965). Seine Ergebnisse legt er in Form einer *Isochionenkarte* (Linien gleicher Höhenlage der Schneegrenze) vor *(Fig. 46)*. In Europa und Nordafrika steigt die Schneegrenze von ca 900 m im nördlichen Norwegen auf 1200–1500 m in Westnorwegen, 2500 m am nördlichen Alpenrand (Säntis) und weiter auf über 4000 m im Hohen Atlas an. Deutlich lassen sich Luv- und Leelagen sowie die Auswirkung der Massenerhebung erkennen. Während sie an der niederschlagsreichen norwegischen Westküste in nur 1200 m liegt, hebt sie gegen die Gletscherfelder des Jostedalsbre und Jotunheim auf 2000 bis 2200 m an. Eine sehr tiefe Lage nimmt sie am ebenfalls feuchten Nordrand der Alpen mit 2500 m am Säntis und in den niederschlagreichen Teilen der französischen Alpen (2700 m) ein. Gegen die großen Massenerhebungen der Ortler und Ötztaler Alpen steigt sie auf 3000 m und erreicht inselhaft ihre höchsten Werte im Bereich des Monte Rosa, des Gran Paradiso mit 3300 bis 3300 m und im zentralen Wallis mit 3450 m. Die Einflußnahme von Luv- und Leelage ist ausgeprägt in den nord- und südamerikanischen Kordilleren festzustellen. In der überaus feuchten Küstenregion im Golf von Alaska liegt die Schneegrenze in nur 1000 m Meereshöhe, aber nur wenige Kilometer landeinwärts treffen wir sie in 2000 und 2500 m. Nach S steigt sie in der südlichen Sierra Nevada auf 4500 m an. Besonders an den Nord- und Südamerikanischen Kordilleren kommt das Alternieren der Schneegrenzlagen auf west- und ostseitigen Ketten in Abhängigkeit von den Zirkulationssystemen zum Ausdruck. Zwischen 60° und 40°N und südlich 35°S, ebenso wie in unmittelbarer Umgebung des Äquators, dort also wo Westwinde vorherrschen, liegt die Schneegrenze auf den Westketten tiefer als auf den ostseitigen. In den Zwischenzonen von 40° bis 5°N und von 5° bis 35°S kehren sich die Verhältnisse in der Region der Passatzirkulation um, wie aus der Darstellung von V. Paschinger (1912) hervorgeht.

Das Abtauchen der Schneegrenze von West nach Ost, wie es in den Hochanden für die rezenten Verhältnisse zutrifft, konnte St. L. Hastenrath (1967) im Gebiet des Misti (16° 17′S) auch für die pleistozäne Schneegrenze feststellen. Daraus geht hervor, daß die Zirkulationsverhältnisse im tropischen Bereich während des Pleistozäns ähnlich wie heute waren.

Der Einfluß der Massenerhebung zeigt sich am deutlichsten im Hochland von Tibet und im Transhimalaya, wo die Schneegrenze durchweg über 5000 m liegt.

Der peripher zentrale Formenwandel der Lage der Schneegrenzhöhen, der durch die Abnahme der Niederschläge in Binnenlage der Kontinente bei gleichzeitig höheren Sommertemperaturen bedingt ist, bildet sich sowohl in Nordamerika wie in Eurasien im Verlauf der Isochionen ab.

In Afrika bestätigt sich am Ruwenzori (5119 m), an dessen niederschlagsbegünstigter Ostflanke die Schneegrenze tiefer liegt als im Westen, oder beim Vergleich der Schneegrenze in 4600 bis 4700 m am feuchten Mt. Kenia gegenüber 5500 bis 5600 m am trockeneren Kilimandscharo erneut die Bedeutung der Niederschlagsexposition für die Höhenlage der Schneegrenze.

Im Bereich von Insulinde ragt nur das »Schneegebirge« im Carstenz-Top über die Schneegrenze von 4600 bis 4700 m auf. Australien weist keine Vergletscherung auf.

Besonders auffallend ist die tiefe Lage der Schneegrenze im Vergleich zu entsprechenden Breitenlagen der Nordhalbkugel auf Neuseeland mit 2700 m (Nordinsel) und 1700 bis 1500 m im Süden oder um 1500 bis 500 m in Westpatagonien. Diese Werte belegen erneut die klimatische Ungunst der Südhemisphäre, was die Schnee- und Eisbildung betrifft.

2.8.4. Änderungen der Höhenlage der Schneegrenze

Schneegrenze, Firnlinie und Gleichgewichtslinie reagieren als klimatische Phänomene empfindlich auf Klimaschwankungen. Wie S. 95 gezeigt wurde, ist die Höhenlage der genannten Grenzwerte in Abhängigkeit von den wechselnden jährlichen Witterungsbedingungen bereits von Jahr zu Jahr verschieden. Deutlich gibt sich auch der Trend kurzfristiger Klimaänderungen zu erkennen. Allgemein bekannt ist die Abnahme der Gletscherflächen in den Alpen seit dem letzten Hochstand etwa in der Mitte des vergangenen Jahrhunderts. Für die Summe acht typischer Gletscher der Zillertaler-, Stubaier- und Ötztalergruppe errechnet R. Finsterwalder (1952) nach seiner Methode eine Schneegrenzhebung von 64 m (nach dem Verfahren Kurowski 47 m) für die Zeit von 1920 bis 1950. G. Vorndran (1968) kommt nach der Methode Finsterwalder für die Südabdachung der Silvrettagruppe für die Zeit von 1860 bis 1959 zu einer Hebung von 110 m, für die Nord- und Westflanken von nur 95 m. Die entsprechenden Werte nach Kurowski lauten 90 bzw. 80 m. Durch diese Verschiebung der Gleichgewichtslinie erklärt sich der Gletscherrückgang während der letzten rund 100 Jahre.

Während der letzten Kaltzeit des Pleistozäns war die Depression (Absenkung) der Schneegrenze wesentlich größer. F. Klute (1928), der die Schneegrenzänderungen für das Eiszeitalter weltweit in den Grenzen zwischen 50° N und 45° S bearbeitet hat, nennt Werte zwischen 400 und 1400 m. B. Messerli (1967) kommt für die Nordabdachung der Westalpen auf 1700 m und für das Tessin auf 1600 m. Als Mittelwert nennt F. Machatschek (1944, S. 328) 1200 m. Eine ähnliche Größenordnung der Depression zeigen nach H. v. Wissmann (1960) auch die Pazifischen Ketten Nordamerikas und Westpatagoniens mit etwa 1400 m. In den japanischen Alpen senkte sich die Schneegrenze im Pleistozän um 1200 bis 1500 m, wie H. Hoshiai und K. Kobayashi (1957) berichten.

Im Einzelnen ergeben sich aber, im besonderen durch die Niederschlagsverhältnisse bedingt, erhebliche Abweichungen von diesen Werten. Während nach M. Brusch (1949) die pleistozäne Schneegrenze in den Westalpen um 1300 m tiefer lag, senkte sie sich in den trockeneren Gurktaler Alpen nur um 800 m. Die gleiche Erscheinung zeigt nach F. Machatschek (1944) ein Vergleich der Westpyrenäen mit einer Erniedrigung von 1200 m mit den trockeneren Ostpyrenäen mit nur 700 m. Der Einfluß der Kontinentalität (Abnahme der Niederschläge, Zunahme der Sommertemperaturen) und der Massenerhebung

	Altai		Tibet		Rotes Becken
	Höhe [m]	Anstieg [m]	Höhe [m]	Anstieg [m]	Höhe [m]
rezente Schneegrenze	3 800	2 650	6 450	1 400	5 050
pleistozäne Schneegrenze	2 900	3 300	6 200	2 200	4 000
Schneegrenzdepression	900		250		1 050

Tab. 19 Höhenlage der rezenten und eiszeitlichen Schneegrenze sowie Schneegrenzdepression in Hochasien nach H. v. Wissmann (1960).

auf die Variationsbreite der Schneegrenzdepression in einzelnen Gebieten kommt besonders schön in einem Profil von Altai über das tibetische Hochland zum Roten Becken von Szetschwan zum Ausdruck *(Tab. 19)*.
In den Randbereichen (Altai und Rotes Becken) betrug die eiszeitliche Schneegrenzdepression 900 bzw. 1050 m, in Tibet aber nur 250 m. Die Aufwölbung der Schneegrenzhöhen über kräftigen Massenerhebungen und in kontinentalen Bereichen war also während der Kaltzeiten des Pleistozäns kräftiger als heute, was zu einer Versteilung der Topographie der Schneegrenzfläche führte. Daß die Depression der Schneegrenze in Trockengebieten geringer ist als in feuchten, hat bereits F. Machatschek (1913) erkannt und wurde durch Arbeiten von H. Louis (1933) auf der Balkanhalbinsel, H. Bobek (1937) in Persien, B. Messerli (1967) für den gesamten Mittelmeerraum und St. L. Hastenrath (1967) in den peruanischen Anden bestätigt.
Bei der Rekonstruktion pleistozäner Schneegrenzen dürfen tektonische Bewegungen nicht unberücksichtigt bleiben (F. Machatschek, 1944), da die Gebirgskörper eine zum Teil beträchtliche Hebung oder auch Senkung erfahren haben. Kräftige Erdbeben im Bereich der pazifischen Ketten Nordamerikas weisen auf junge tektonische Vorgänge hin, die in den Küstenketten Kaliforniens sogar zu echten Faltungen geführt haben. Der Punablock Boliviens erfuhr nach C. Troll (1929, 1937) eine interglaziale Hebung von 800 bis 1000 m. De Terra und Paterson (1939) halten eine Hebung der Pir-Pandshal-Kette im Himalaya seit Ende des ersten Interglazials von 2000 m für möglich. Auch in den Alpen sind kräftige junge Verstellungen erkannt worden, R. Schwinner (1923) schätzt die Hebung am Nordrand der Scholle der sieben Gemeinden im Luganergebiet noch im Jungquartär auf rund 500 m. Diese Hinweise mögen genügen, um zu zeigen, mit welcher Vorsicht man an die Rekonstruktion der früheren Lageverhältnisse der Schneegrenze herangehen muß.

2.9. Verbreitung der Schneedecke

Zwischen der höchsten und tiefsten Lage der temporären Schneegrenze bildet sich allwinterlich eine Schneedecke aus. Sie ist in den einzelnen Gebieten in Abhängigkeit von den herrschenden klimatischen Gegebenheiten nach Dauer und Mächtigkeit verschieden.
In den Tropen trifft man eine Schneedecke naturgemäß nur in höheren Lagen an. Sie fehlt im Hochland von Dekkan ebenso wie auf Ceylon, und auch die Aufragungen Insulindes reichen nicht hoch genug, um Schnee zu erhalten. Dagegen ist eine Schneedecke aus den Gebirgen Neuguineas und von der Gipfelregion der Mauna Loa/Hawai in Höhen um 4000 m bekannt. Auch in den meisten Teilen Australiens fehlt Schnee völlig. Selbst in Sydney, das bereits außerhalb der Tropen liegt, hat es in den letzten hundert Jahren nur einmal geschneit. Dagegen tragen die Hochregionen Neu-Süd-Wales, Süd-Victorias und Tasmaniens eine mächtige, länger dauernde Schneedecke, die auch Wintersport oberhalb 1500 m Meereshöhe ermöglicht. Neuseeland, weiter polwärts gelegen, erhält schon so reichlich schneeigen Niederschlag, daß sich auf der Südinsel große Gletschereale ausbilden können.
Nach W. G. Kendrew (1953) beschränkt sich die Verbreitung der Schneedecke im Bereich der inneren Tropen Afrikas auf die zentralafrikanische Schwelle (Ruwenzori 5119 m) sowie die Vulkanberge Mt. Kenia (5194 m) und Kilimandscharo (5896 m) in Ostafrika.

In der Sahara sind in der kalten Jahreszeit die höchsten Gipfel des Tibestigebirges verschneit, ja selbst am Ostrand des westlichen Großen Erg wurde bei El Golea nach J. Corbel (1963) Schnee beobachtet. Als regelhafte Erscheinung gilt die Schneedecke im Hohen-, Mittleren- und Tellatlas. Im Mittleren Atlas wird bei dem günstigen Strahlungsklima um Ifrane und Ainlouk ein Wintersportzentrum aufgebaut, das von Europäern gerne besucht wird. Vom Hochland der Schotts werden gelegentliche Schneestürme berichtet. An der Mittelmeerküste ist Schneefall mit 1 bis 2 Tagen im Jahr außerordentlich selten. In Südafrika ist eine Schneedecke in Höhen über 1200 m besonders in den Drakensbergen und im Bereich der Kapfalten stärker verbreitet. Sie dauert aber infolge der kräftigen Einstrahlung meist nur wenige Tage an. In Südamerika spielt die Schneedecke bei der großen flächenhaften Ausbreitung der Hochregion der Anden hydrologisch eine bedeutendere Rolle. Nach W. Weischet (1970, S. 226) bildet sich eine vorübergehende Schneedecke im Gebiet der Puna di Atacama in Höhen über 4000 m regelmäßig aus. In Patagonien ist Schnee eine verbreitete Erscheinung der kalten Jahreszeit. Die Anden überragen zum Teil die klimatische Schneegrenze bei weitem, so daß große Gletschergebiete entstanden sind.

Das Hauptverbreitungsgebiet der temporären Schneedecken sind die Nordkontinente. Da hier Schnee nicht nur eine hydrologische Bedeutung hat, sondern in erheblichem Umfang auch das tägliche Leben beeinflußt, liegen von diesem Bereich auch die besten Beobachtungen und Registrierungen vor.

Schneearm ist das Mittelmeergebiet im Meeresspiegelniveau *(Fig. 47)*. In Süditalien und Südgriechenland wird eine mittlere Dauer der Schneedecke von 1 bis 2 Tagen mitgeteilt. Selbst an der Küste des Golfs du Lion und des Golfs von Genua beträgt der Wert nur 2 bis 3 Tage. Die schneereichsten Gebiete in Höhe des Meeresspiegels liegen bei einer mittleren Schneedeckendauer von etwa 6 Tagen an der nördlichen Adria und der Nordägäis. Erhebliche Schneemengen, die auch länger liegen bleiben, finden sich auf allen südeuropäischen Halbinseln in Höhen über 1200 m. Es sei hier auf die bekannten Skigebiete am Gran Sasso oder bei Abetone im nördlichen Apennin hingewiesen. Auch die Gebirge Kleinasiens tragen ebenso wie die Hochfläche Inneranatoliens allwinterlich eine Schneedecke.

Im ozeanisch beeinflußten Westeuropa ist die Zahl der Schneetage in den Tiefländern minimal. Sie beträgt für Ostfrankreich durchschnittlich 10–20 Tage, für die Küsten Belgiens und Hollands nur 10 Tage, nimmt aber binnenwärts auf 20 Tage zu. In den Hochgebieten des Zentralmassivs treten höhere Werte auf, in der Côte d'Or bis zu 40 Tagen. Auf den Britischen Inseln (R. C. Ward, 1967, S. 55) übersteigt die Schneedeckendauer in den Flachländern 10 Tage kaum. Sehr schneearm ist vor allem Irland und der Bereich der Kanalküste. Von den Cambrian Mounts werden im Mittel bis zu 30 Tagen und in den höchsten Teilen der Pennines bis zu 100 Tagen berichtet. Die längste Schneedeckendauer findet sich in den Grampians mit mehr als 100 Tagen. Am Beispiel der Britischen Inseln zeigt sich deutlich ein planetarer, peripher-zentraler und hypsometrischer Formenwandel für die Dauer der Schneedecke. Wie G. Manley (1952) feststellte, besteht zwischen der Häufigkeit der Schneedecke und der Meereshöhe eine lineare Beziehung. Für das Rheinische Schiefergebirge fand W. Weischet (1959), daß die Zahl der Schneedeckentage um 10 bis 11 pro 100 m Höhendifferenz, die Schneedeckenmächtigkeit um 5 cm pro 100 m zunimmt.

Auch in Nordeuropa zeichnen sich die erwähnten Unterschiede in der Schneedecke deutlich ab. Während in Dänemark eine ausdauernde winterliche Schneedecke kaum bekannt

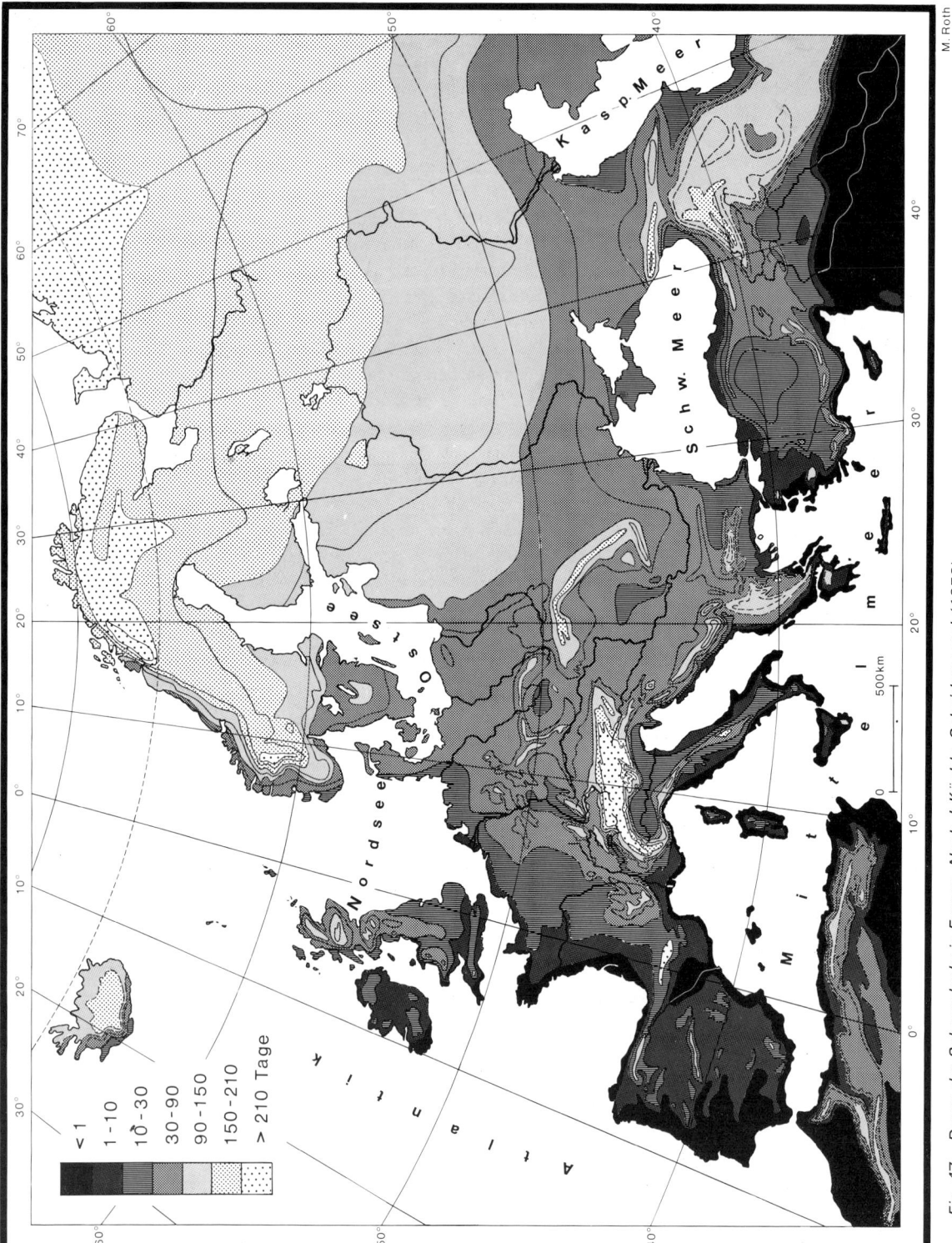

Fig. 47   Dauer der Schneedecke in Europa. Nach J. Küchle-Scheidemantel (1956).

ist, beträgt sie in Südschweden 1 Monat, in Mittelschweden 4 Monate (November bis Februar), in Haparanda am Nordende des Bottnischen Meerbusens 6 Monate und bei Riksgränsen nördlich des Polarkreises 8 Monate. Bei dieser Zunahme der Schneedeckendauer spielen auch andere Faktoren als die Breitenlage eine Rolle. Die peripher-zentrale Lage drückt sich darin aus, das Südnorwegen mit 6 Schneemonaten erheblich länger eine Schneedecke als Mittelschweden in ähnlicher Breite aufweist. Ein mildes maritimes Klima an der Küste kann diese Verhältnisse aber umkehren. Am Eingang der westnorwegischen Fjorde bleibt der Schnee kaum mehr als 10 Tage liegen, in ihren inneren Teilen aber länger als 50 Tage. Während an der Küste im Einflußbereich relativ warmen Golfstromwassers die Schneedecke kurzfristig ist, dauert sie am Hochfjell 200 bis 250 Tage und am Fanaraken (2060 m) im Jotunheimgebiet sogar 290 Tage.

Für die Bundesrepublik Deutschland erweisen sich als klimatisch besonders begünstigt das nordwestdeutsche Flachland und die Oberrheinebene einschließlich der südlichen Wetterau, wo die Dauer der Schneedecke im Mittel 30 Tage nicht überschreitet. Im östlichen Schleswig-Holstein und in Ostniedersachsen, also in den kontinentaleren Bereichen mit großer Winterkälte, finden sich Werte mit mehr als 50 Tagen Schneedecke. Deutlich zeichnet die Schneedecke die topographischen Verhältnisse nach. In den Mittelgebirgen liegt die maximale Dauer der Schneedecke in den höchsten Lagen über 100 Tage, im südlichen Schwarzwald und im Bayerischen Wald sogar bei mehr als 150 Tagen. Selbst die Schichtstufen Süddeutschlands bilden sich durch längere Schneebedeckung gegenüber den tieferen Gebieten von Kraichgau und Main-Regnitzgebiet ab. Mit Annäherung an die Alpen nimmt auch die Schneedeckendauer zu. Dafür ist sowohl ein Anwachsen der Niederschläge infolge der Stauerscheinungen als auch die größere Höhenlage verantwortlich zu machen. Die Hochlagen der Alpen tragen durchweg mehr als 200 Tage eine Schneedecke.

Von der mittleren Zahl der Schneedeckentage können die einzelnen Jahreswerte erheblich abweichen. Bereits die gedämpfte Kurve der übergreifenden Dezennienmittel *(Fig. 48)* zeigt beachtliche Schwankungen in der Periode von 1885 bis 1950 für sechs Stationen in Mitteleuropa. Ganz generell läßt sich festhalten, daß zu Beginn unseres Jahrhunderts längere Schneebedeckung vorherrschte als am Ende der zwanziger und am Anfang der dreißiger Jahre. Von 1940 bis 1945 nahm die Zahl der Schneedeckentage wieder zu.

Eng verknüpft mit der Zahl der Schneedeckentage ist die mittlere Schneedeckenhöhe. Im norddeutschen Flachland, der niederrheinischen Bucht, dem Oberrhein-, Main-Regnitz- und Donaugebiet übersteigen die Schneehöhen 10 cm kaum. Bereits in den Mittelgebirgen werden mehr als 50 cm erreicht und in den Alpen kann sie auf mehrere Meter anwachsen.

Die Mächtigkeit der Schneedecke ist mit der Höhenlage über NN nach Arbeiten von A. Herrmann (1972, 1973) hochsignifikant korreliert, da auch die Höhenabhängigkeit der Schneefallmenge wesentlich größer ist als bei Regen (J. Martinec, 1965). Dies ist leicht verständlich, weil zu den Faktoren, die eine Zunahme advektiver Niederschläge mit der Höhe verursachen, bei Schneefall und Schneedecke auch die Temperatur wirksam wird. Während sich im Hoch- bis Spätwinter die Schneedecke in mittleren bis hohen Lagen noch aufbaut, schmilzt sie in den Talbereichen schon vielfach ab.

Als weitere Regelhaftigkeit läßt sich nach diesen Bemerkungen festhalten, daß die Dauer der Schneedecke generell von Nordwest nach Südost zunimmt. Nach den Untersuchungen von W. Weischet (1950) im Rheinischen Schiefergebirge weisen Luvlagen bei zu geringer Schneedeckendauer zu große Schneehöhen gegenüber den Leelagen auf. Das Flachland

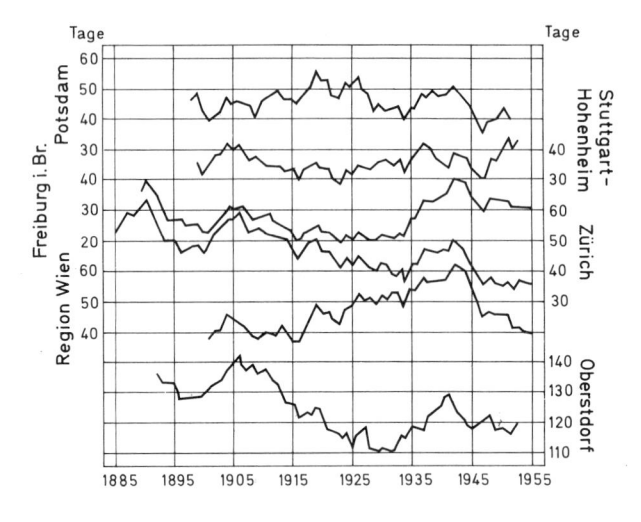

Fig. 48 Säkularer Verlauf der übergreifenden Dezennienmittel der Zahl der Schneedeckentage an sechs Orten Mitteleuropas. Aus H. Uttinger (1963).

zeigt gegenüber den Gebirgen eine gleichmäßigere Schneeverteilung. Die regionalen Unterschiede verringern sich in schneereichen Wintern.

Sehr eingehende Untersuchungen liegen über die Schneedeckenverhältnisse in den Alpen vor (Hydrographischer Dienst in Österreich 1962). Nach E. Kossina (1939) besteht ein markanter hypsometrischer Formenwandel. Bei der Auswertung von 344 Stationen aus den Ostalpen fand er für 500 m Meereshöhe eine Schneedeckendauer von 74 Tagen, für 1000 m von 129 Tagen, für 1500 m von 170 Tagen und für 2000 m von 216 Tagen. Daraus ergibt sich eine mittlere Verlängerung der Zahl der Schneedeckentage von 10 pro 100 m Höhendifferenz (s. S. 95/96), ein Wert, der durch die Untersuchungen von A. Poggi (1959) für die Westalpen in der Größenordnung bestätigt wurde. Es handelt sich hierbei um einen Mittelwert über größere Höhenstufen. Im Einzelnen zeigt sich, daß zwischen 500 und 1000 m Meereshöhe Dauer und Mächtigkeit der Schneedecke rascher zunimmt als zwischen 1000 und 1500 m, was auf die Temperaturinversion in den Tälern und die Wirkung des freien Föhns in den mittleren Lagen der Alpen zurückgeführt wird. Über 1500 m nimmt die Schneedecke sehr rasch zu, bis zu einem Maximalwert, der nach G. Morandini (1963) bei 2000 bis 2100 m liegt. Darüber wird Schnee im steilen Gelände vielfach durch Wind und Lawinen in tiefere Lagen verfrachtet. Die Tatsache maximaler Schneeakkumulation in dieser Höhenstufe erscheint hydrologisch deshalb wichtig, weil nach Untersuchungen von D. Alford (1967) in den Beartooth Mts. in Südwestmontana und am Mt. Logan in der St. Elias Kette in Kanada auch die Schneedichte von einer mittleren Höhenlage an nach oben wie unten abnimmt. Die Zunahme der Schneedichte in mittleren alpinen Lagen führt er auf höhere Temperaturen in diesem Bereich zurück. Sowohl nach der Höhe verringern sich die Setzungsprozesse als Folge abnehmender Temperaturen als auch in den Tälern, wo häufig Inversionen auftreten. Wie A. Herrmann (1972, 1973) und J. Martinec (1965) übereinstimmend feststellen, ist im übrigen die Höhenabhängigkeit der Schneedichte minimal, schwankt aber zum Teil erheblich. Daraus folgt, daß in bestimmten Höhenstufen sowohl nach Schneemächtigkeit wie -dichte eine besonders große Wassermenge gespeichert wird.

Durch die herrschenden Klimaverhältnisse ergibt sich in den einzelnen Regionen der Alpen eine sehr unterschiedliche Schneebedeckung. Nach E. Kossina (1939) nimmt in

Station	Meereshöhe [m]	Niederschlag [mm]	Schneedecken-dauer in Tagen	Schneehöhe [cm]
Profil I				
Aschbach	629	1097	85	63
St. Quirin	730	1449	96	65
Bauer in d. Au	905	1924	147	206
Profil II				
Herrenchiemsee	539	1219	74	50
Staudach	540	1427	78	102
Reit im Winkel	695	1651	145	203
Profil III				
Landeck	813	702	65	104
Innsbruck	578	908	78	144
Rotholz	539	1016	81	162
Kirchbichl	490	1104	99	209
Reit im Winkel	695	1651	145	203

Tab. 20 Zahl der Tage mit Schneedecke und Schneemächtigkeit an drei Profilen in den nördlichen Kalkalpen nach E. Kossina (1939).

den nördlichen Kalkalpen, wie die Profile 1 (Tegernsee) und 2 (Großachental) in *Tab. 20* zeigen, die Dauer und Mächtigkeit der Schneedecke gebirgseinwärts mit steigender Niederschlagsmenge erheblich zu. In der Inntalfurche verringert sich das Schneeangebot von Ost nach West, da dieser Raum im Westen durch hohe Gebirgsmassive abgeschlossen, im Osten aber geöffnet ist. Reit im Winkel ist durch die Sicherheit der Schneelage für den Wintersport bekannt.

Auch im zentralen Alpenhauptkamm nimmt der Schneereichtum nach Osten zu. In den Ötztaler Alpen ist in 1000 m Meereshöhe mit 108 bis 117 Tagen mit Schneedecke, in den östlichen Zillertaler Alpen aber mit 145 Tagen zu rechnen. Bekannt ist auch der Schneereichtum der nördlichen Hohen Tauern. Mit wachsender Meereshöhe gleichen sich die Unterschiede bei zunehmender Nivosität aus. Gegenüber den Hauptkämmen sind die großen Längstalfluchten schneearm.

Der Zeitpunkt maximaler Schneemächtigkeit ist ebenfalls eine Funktion der Höhe. Während in den Talbereichen im Hochwinter die größten Schneemächtigkeiten gemessen werden, stellen sie sich nach N. Kouček (1959) über 1300 bis 1500 m erst im Spätwinter ein. Selbstverständlich ergibt sich ein erheblicher Unterschied zwischen sonn- und schattenseitiger Exposition. In der Hohen Tatra ist die Zahl der Schneedeckentage nach N. Kouček (1959) in 1000 m Höhe auf der Nordseite um 16 Tage größer als auf der Südseite.

In der Schneedeckendauer spiegelt sich zwar vielfach die Schneemächtigkeit wider, doch unterliegen beide Größen unterschiedlichen Gesetzlichkeiten. Während die Schneedeckendauer in der Regel einem planetaren Formenwandel folgt *(s. Fig. 49)*, machen sich bei der Schneedeckenmächtigkeit auch noch ein peripher-zentraler und ein Ost-West-Formenwandel bemerkbar. In der UdSSR nimmt die Zahl der Schneedeckentage generell von Turkmenistan mit 20 im Süden auf mehr als 260 im Norden zu (Figur 49). In Nord-

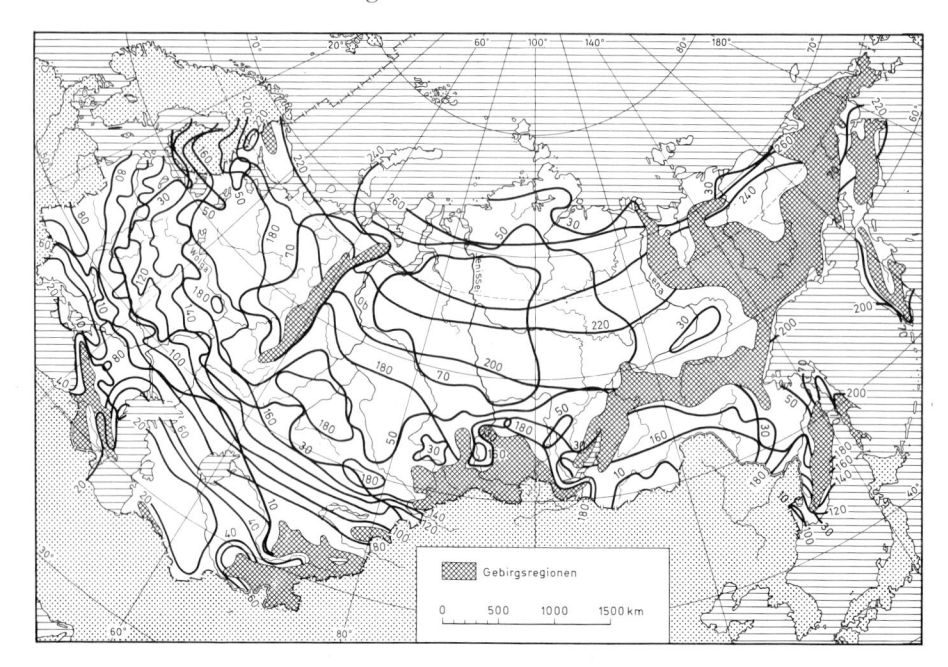

Fig. 49 Dauer der Schneedecke in Tagen und Schneetiefe in cm in der UdSSR. Nach A.A.Borisov (1965).

amerika (Figur 50) ist eine Schneedecke in der Golfküstenregion nahezu unbekannt. Im kanadischen Archipel erreicht sie eine Maximaldauer von mehr als 280 Tagen. Eine markante Erscheinung im Verlauf der Linien gleicher Schneedeckendauer ist das nördlich 50° N zu beobachtende Nordwest-Südost-Streichen. Es ist Ausdruck wachsender Kontinentalität mit zunehmender Meerferne. Die Hudsonbay mit langwährendem Eisverschluß ist hier als Teil des Kontinentes aufzufassen. Gegenüber der Kartendarstellung für die UdSSR (Figur 49) sind in Nordamerika *(Fig. 50)* die Gebirge berücksichtigt. Der durch die Massenhebungen bedingte hypsometrische Formenwandel drückt sich in einer Südausbuchtung im Verlauf der Linien gleicher Schneedeckendauer aus.

Die Schneedeckenmächtigkeit nimmt in Rußland westlich des Ural von Südwest nach Nordost zu. In der Ukraine südlich Kiev erreicht sie kaum 10 cm, in Moskau etwa 50 cm. Die höchsten Werte finden sich im westlichen Vorland des Ural mit mehr als 70 cm. Eine Wiederholung dieses Südwest-Nordost-Wachstums findet sich auch östlich des Ural. In Usbekistan erreicht die Schneemächtigkeit keine 10 cm, an der kasachischen Schwelle werden etwa 30 cm erreicht, und die schneereichsten Gebiete liegen in der Taiga zwischen Ob und Jenissei. Weiter nach Osten verringert sich die Schneemächtigkeit mit zunehmender Winterkälte und dadurch bedingter Niederschlagsarmut. In Kanada findet sich die maximale Schneeanhäufung in den Kordilleren British Columbias mit durchschnittlich über 1 m und in Labrador mit mehr als 1,5 m. Die Barren Grounds und der Kanadische Archipel haben zwar eine lange Schneedeckendauer, aber die Schneetiefe überschreitet 20 bis 50 cm kaum.

Arktis und Antarktis unterscheiden sich im Hinblick auf die Schneedeckenverhältnisse grundlegend (V.N. Petrou u.a. 1966, V.M. Kotlyakov 1966, S.K. Bosison 1967). Ob-

Verbreitung der Schneedecke   113

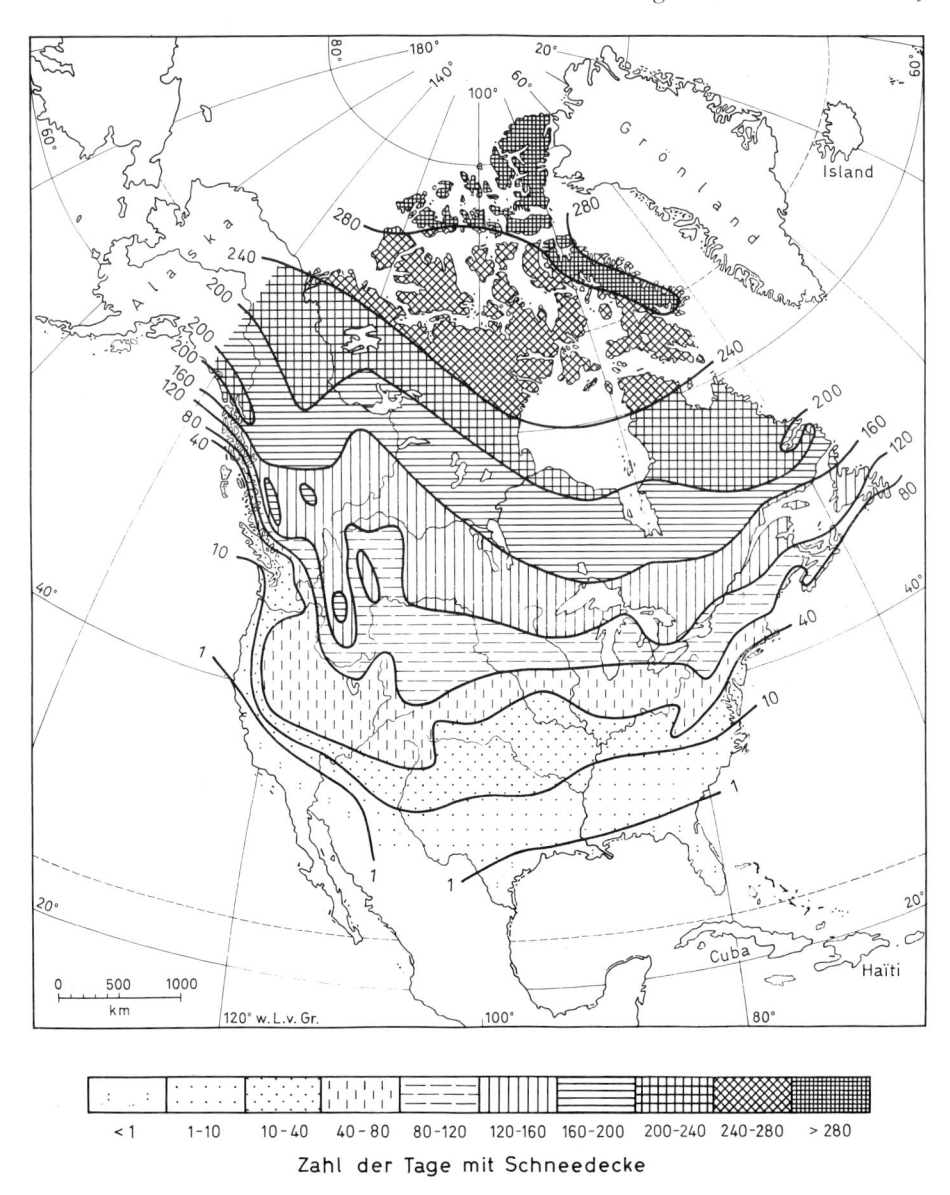

Fig. 50 Zahl der Tage mit Schneedecke in Nordamerika. Aus S.S. Visher (1954) und Atlas of Canada (1957).

wohl im Nordpolargebiet eine Schneedecke überall länger als ein halbes Jahr ausgebildet ist, sind die Küsten zumindest 1 bis 2 Monate schneefrei. Antarktika liegt aber fast ganz über der klimatischen Schneegrenze.

Die Schneeverhältnisse auf dem antarktischen Kontinent sind auch besser untersucht als auf den Meereisgebieten der Arktis. Nach H. J. Rubin und W. S. Weyant (1965) beträgt die Nettoakkumulation aus den Werten in *Fig. 51* 14,5 cm Wasseräquivalent. Danach ist

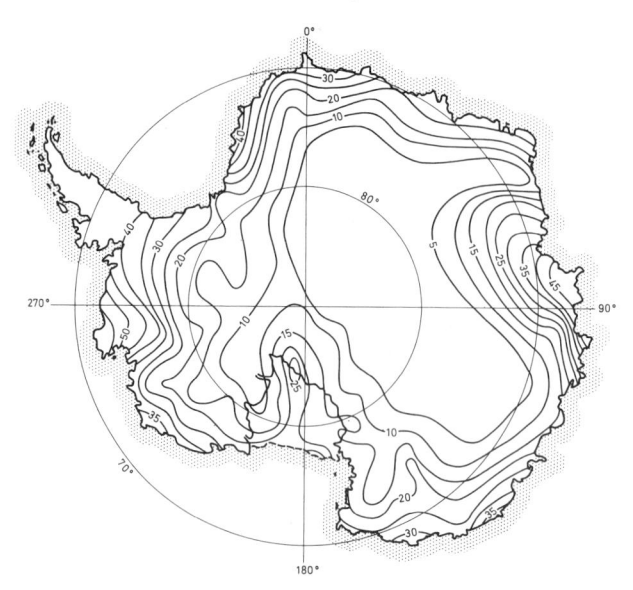

Fig. 51 Mittlere jährliche Akkumulation in der Antarktis in cm Wasser. Nach M.J. Rubin u. W.S. Weyant (1965).

mit einem Niederschlag von 14,6 cm bis maximal 19,2 cm zu rechnen. Die Antarktis ist also ein »trockener« Kontinent. Generell nehmen die Niederschläge und damit auch die Schneedeckenmächtigkeiten von der Küste gegen das Landesinnere ab. Eine besonders mächtige mittlere Schneedecke mit 55 cm Wasseräquivalent befindet sich im Bereich der Thurstone-Insel (100° W). Am stärksten nimmt aber die Schneemächtigkeit von der Küste zum Inneren in der Ostantarktis ab. Nach J. Corbel (1962) verringern sich die Niederschläge von der Drygalskiinsel (800–900 mm) über das an der Küste von Queen Mary Land gelegene Mirny (300–400 mm) auf nur 60–80 mm auf dem Plateau Sovjetskoe in 3750 m. Die entsprechenden Werte der Nettoakkumulation, ausgedrückt in cm-Wasseräquivalent, lauten für ein Profil entlang dem 90.° E für die Küste 45 cm, 70° S 25 bis 30 cm, 75° S weniger als 5 cm. Gebiete mit der geringsten Nettoakkumulation liegen also auf den Plateaus der Ostantarktis. Bei den festen Niederschlägen der Antarktis handelt es sich durchweg um trockenen Schnee, der infolge der geringen Temperaturen nur langsam metamorph verändert wird, so daß im Endeffekt über viele Jahre mächtige Firnablagerungen entstehen. An einzelnen, lokal begünstigten Stellen nahe dem Meeresspiegel apert die Oberfläche des festen Felsuntergrundes aus, z.B. auf der Ross-Insel und im Taylor Valley/Viktoria Land, so daß sich die Frostmusterböden der subnivalen Stufe, wie R.F. Black und Th.E. Berg (1963) berichtet haben, entwickeln können.

2.10. Einfluß des Schnees auf Natur- und Kulturlandschaft

»Zuerst, fast immer, beginnt es leise und eher beglückend zu schneien, die ganze kalte Welt der grauen Winterberge wird über Nacht in ein molliges, weißflaumiges Schneekleid gehüllt... Die Kinder stürzen sich jauchzend in die schaumleichte Flockenflut. Die Skifahrer frohlocken – ihre große Zeit ist angebrochen... Aber dann, am dritten, am vierten Tag lasten schon dunkeldrohende Massen auf Zweigen und Zinnen, Giebeln und Graten. Der Schneepflug schafft es kaum noch, so türmen sich die weißen Mauern links und rechts der Straße. Schon müssen die Männer auf die Dächer klettern, um die Überlasten vom krachenden Gebälk zu schaufeln. Dachlawinen poltern mit unheimlichem Rumpeln herab, daß das ganze Haus bebt und es uns ganz plötzlich überfällt: Wenn schon die Schneedecke des Hausdaches mit solchem Getöse herabdonnert, wie fürchterlich muß es erst sein, wenn der Riese Berg seine Schneelasten abschüttelt! – Und doch – Schnee stürzt noch immer vom Himmel wie aus Körben geschüttelt. Es wird nicht mehr richtig Tag und die ganze Welt droht in Schnee und Winternacht zu versinken« (W. Flaig 1955, S. 7). Mit diesen Sätzen spricht Flaig Freuden und Not, die durch Schnee hervorgerufen werden, gleichermaßen an. Wer denkt nicht selbst an erholsame schöne Wintertage? Gleichzeitig werden uns aber auch Hemmnisse und Gefahren bewußt, die die winterliche Schneedecke mit sich bringt. Alljährlich berichten Zeitungen über schneebedingte Verkehrsbehinderungen, Lawinenschaden und Lawinentote, wie z. B. bei den Katastrophen von Val d'Isère und Rechingen (Goms) im Winter 1969/70.

G. Richter (1961) sieht in der Schneedecke einen bedeutenden Faktor in der Gestaltung der Natur der mittleren und hohen Breiten. Unter Schneebedeckung folgt die Oberflächengestaltung der Erde anderen Gesetzen als in schneefreien Gebieten. Die geringe Wärmeleitfähigkeit und Durchlässigkeit einer Schneedecke für Gase ergibt eine Isolationsschicht zwischen Boden und Atmosphäre, die den Wärme- und Gasaustausch verlangsamt und damit günstige Bedingungen für das Überwintern von Pflanzen und Tieren schafft. Ferner beeinflussen die Verteilung der Schneedecke und die Schneeschmelze das Wasserangebot von Grund- und Oberflächenwasser, so daß die Schneedecke hydrologisch weit über die Winterperiode hinauswirkt.

Im Bereich der subnivalen Stufe zwischen Niveau 365 und der oberen Waldgrenze wirkt Schnee infolge seiner langdauernden Auflagerung in starkem Maße formbildend. Die Oberflächengestalt in dieser Stufe an Hangflächen ist wellig bis kuppig, und I. Bowman (1916) spricht von einem »blatternarbigen« oder »pockennarbigen« Aussehen. Die Vorgänge, die zu diesem Relief führen, bezeichnet man nach den Untersuchungen von F. E. Matthes (1900) in den Bighorn Mountains/Wyoming als Nivation. Darunter wird die unmittelbare Wirkung des perennierenden und temporären Schnees auf den Untergrund durch Bewegung, Druck und reines Schmelzwasser verstanden (H. Berger 1964, S. 20). Nach H. Berger (1964, S. 21) gliedert sich die Nivationsstufe in den Alpen in zwei Stockwerke: in ein oberes oberhalb 2400 m mit flächenhaften Nivationsformen, und ein tieferes, wo die lineare Schneewirkung vorherrscht. Seit den ersten Untersuchungen darüber durch F. Ratzel (1889), J. Coaz (1881), A. Penck (1894) in den Alpen, A. Gavelin (1910) in Schwedisch Lappland und I. Bowman (1913, 1916) in den peruanischen Anden sind vor allem in den letzten Jahren zahlreiche weitere Arbeiten entstanden, die bei H. Berger (1964) und Kh. D. Peek (1965) zusammengestellt sind. Aufgrund unserer bisherigen Kenntnisse läßt sich nach H. Berger (1964, S. 74/75) folgende Formensystematik erkennen *(Tab 21)*.

A Differenzierte Formen des Mikroreliefs

Hohl- (und Flach-)formen	*Vollformen*
1. Nivationsnäpfe	Schneeschuttwülste
2. Nivationsschalen	Nivationswälle
3. Wächtenhohlkehlen	Nivationsfazetten
4. Schneebarflecken	Nivationskarren
5. Pflasterböden	Kleinhügel
	(Buckel-Bültenformen)

B Formen des Mesoreliefs

a) Entwicklungsreihe flächenhaft gebildeter Formen

Hohlformen	Vollformen
1. Nivationsmulden	Schneeschubwälle
2. Nivationsnischen	Schneestauchwälle
3. Gratwächtenstufen	
4. Nivationswannen	Schneeblockwälle
5. Schneehaldenfußwannen	Schneehaldenschuttwälle
6. Lawinendammwannen	
7. Nivationsdolinen.	

b) Entwicklungsreihe linear gebildeter Formen

Hohlformen	Vollformen
1. Nivationsrinnen	
2. Nivationsfurchen (Schneeschmelzwasserfurchen)	
3. Nivationstälchen	
4. Lawinenkastentälchen	Lawinenschuttzungen
	Lawinenschuttfächer
5. Lawinenrunsen	Lawinenschuttkegel

C Formen des Makroreliefs

1. Nivationskare
2. Lawinentobel
3. Glatthänge

Tab. 21   System von Nivationsformen in den Alpen. H. Berger (1964, S. 74).

Aber nicht nur in den Hochgebirgen, auch im Flachland ist Schnee ein sehr wirksames Agens. Wiederholt konnte Verfasser in Schleswig-Holstein erhebliche Umlagerungen der Ackerkrume nach heftigem Schneetreiben beobachten. L. Hempel (1952) hat nachgewiesen, daß der Bodenabtrag durch Schneekorrasion erheblich stärker ist als durch reine Windwirkung.

In hydrologischer Sicht bildet Schnee eine temporäre Rücklage. Der gefallene feste Niederschlag wird erst bei der Schmelze für den Abfluß frei. Die Speicherung erstreckt sich hier über Monate (siehe Figur 32). Hier sollen nur einige Charakteristika aufgezeigt werden. Bei den Alpenflüssen Berchtesgadener Ache, Isar und Iller *(Fig. 52)* tritt das extreme Schneeschmelzhochwasser erst im Mai, zum Teil in Verbindung mit kräftigen Niederschlägen, ein, bei der Vils, einem Flachlandfluß, aber schon im Februar. Daß die Hochwasser im Mai mit durch Schneeschmelze bedingt sind, geht eindeutig daraus hervor, daß die Abflußhöhe gleich oder sogar größer ist als der Gebietsniederschlag. Ebenso wie die maximale Wasserführung durch Schneeschmelze ist das winterliche Niedrigwasser *(Wasserklemme)* durch Schneerücklage bedingt. Eine regelhaft erhöhte Wasserführung ist auch im Dezember festzustellen. Für die Erklärung dieser Tatsache sind mehrere Faktoren heranzuziehen. Zunächst steht nach den reichen Novemberregen ein großer Grundwasservorrat für den Abfluß zur Verfügung, und es treten im Dezember Witterungsregularitäten *(Weihnachtstauwetter)* auf, die ein Anschwellen der Flüsse bedingen.

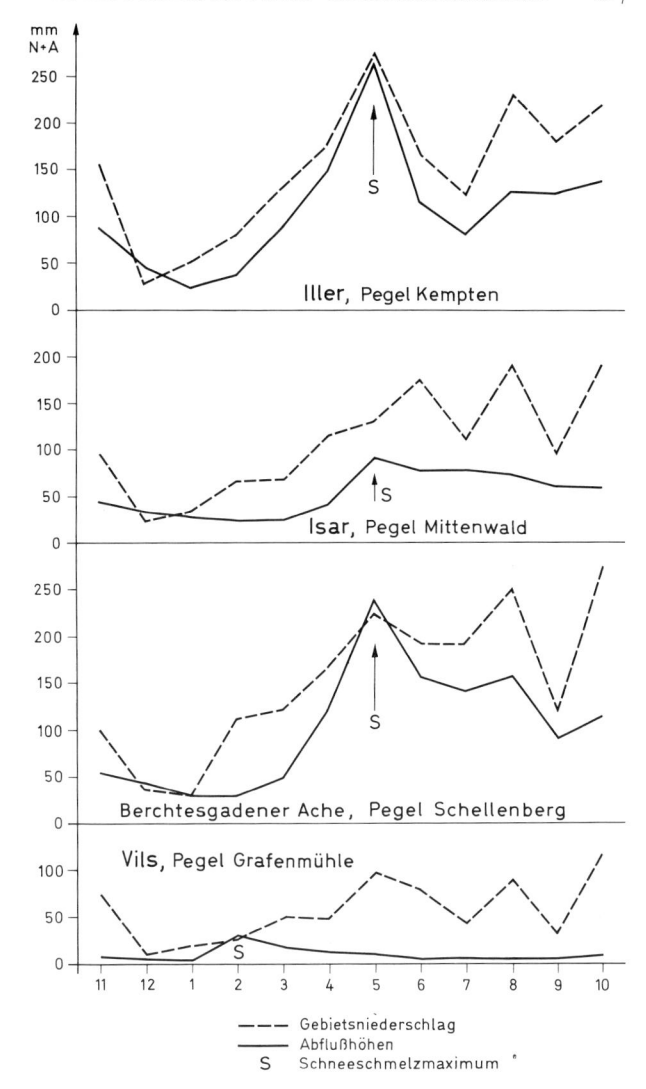

Fig. 52 Schneeschmelz-
abfluß von Alpenflüssen und
der Vils im Alpenvorland.
Nach Bayer. Landesst. f. Gewässerkunde (1967).

– – – Gebietsniederschlag
——— Abflußhöhen
S Schneeschmelzmaximum

Von großer Bedeutung ist die Schneeschmelze für die Füllung der Speicherbecken. Nach J. Frohnholzer (1959) ist Schneeschmelzwasser mit 285 Mio m³ an der Füllung des Lechspeichers bei Roßhaupten (2 200 Mio m³), also mit 13% beteiligt. In anderen Gebieten liegen die Anteile noch höher. Besonders wichtig für die Speisung der Flüsse und die Bereitstellung von Bewässerungswasser ist die Schneeschmelze in den sommertrockenen Mediterrangebieten wie in Californien oder in Marokko, wo Sierra Nevada und Atlas im Sommer durch Schneeschmelze Feuchtigkeitsspender sind.

Mit entscheidend für den Anbau von Wintergetreide in den Mittelbreiten ist eine Schneedecke, die das junge Getreide vor dem Erfrieren schützt, da Schnee ein schlechter Wärmeleiter ist. Messungen von L. W. Gold (1963) im Gebiet von Ottawa haben gezeigt, daß infolge der Schneedecke die Oberflächentemperatur des Bodens um 5,7 bis 11,2° wärmer

als die mittlere Lufttemperatur ist. Selbst die mittlere Jahrestemperatur des Bodens liegt als Folge der Schneedecke noch um 1,25 bis 3,25 °C über der der Lufttemperatur.
In besonderem, von Winter zu Winter unterschiedlichem Maße wirkt der Schnee hemmend auf den Verkehr in den Kulturlandschaften der mittleren und hohen Breiten. J. F. Rooney (1967) versteht unter *Schneewidrigkeiten* alle Behinderungen durch Schnee und Eis im Zusammenwirken mit den allgemeinen Witterungsbedingungen innerhalb eines Gebietes. Durch das plötzliche Einsetzen von Schneefällen wird der Verkehr zur Arbeit, zum Einkaufszentrum oder auch zu kulturellen Veranstaltungen oft für Stunden, ja Tage völlig unterbrochen. Als Beispiel für störende Auswirkungen sei der Schneesturm vom 8. 4. 1959 in Cheyenne (Wyoming/USA) angeführt. Er setzte am 8. 4. 1959 um 7 Uhr früh ein und brachte bis zum darauffolgenden Tag bei Windgeschwindigkeiten von 30 bis 50 km/h zwar nur 22 cm Neuschnee. Sie reichten aber aus, daß alle städtischen und privaten Verkehrsmittel zum Stillstand kamen. Verlassene Autos blockierten die Straßen, und der gesamte Flugverkehr war lahmgelegt. Durch den heftigen Wind war auch eine Räumung sehr erschwert. Kaum abschätzbare Einflüsse auf Länge der Start- und Landewege übt vor allem Schneematsch aus. Der tragische Unfall des englischen Ambassador-Flugzeuges in München-Riem vom 6. 2. 1958, der auf Feuchtschneebelag der Rollbahn zurückgeführt wurde, ist hierfür ein Beleg.
Starke Behinderungen im Straßenverkehr bringen alle Winter *Schneeverwehungen*. H. Fiegl (1963) hat für Nordbayern eine Karte der mittleren Zahl der Tage mit Verwehungen pro Winter für die Jahre 1955/56 bis 1959/60 erarbeitet *(Fig. 53)*. Danach erweisen sich vornehmlich die Hochgebiete von Fichtelgebirge, Frankenwald, Oberpfälzerwald und Frankenhöhe als gefährdet, weit weniger die Beckenlandschaften. Vor allem durch geschickte Straßenführung in Waldgebieten und Vermeidung von Kerbeinschnitten lassen sich diese Gefahren verringern. Gerade enge Straßenschluchten werden selbst in schneearmen Gebieten wie z. B. in Schleswig-Holstein an den von Knickwällen gesäumten Verkehrswegen häufig längerfristig zugeweht, so daß ganze Ortschaften oft tagelang von der Umwelt abgeschnitten sind. Zu den rein mechanischen Behinderungen des Verkehrs durch Neu- und Driftschnee kommt, häufig noch weit gefährlicher, die Rutschgefahr durch *Glatteis* und *Schneeglätte*. Nach R. Zulauf (1964a) entsteht *Glatteis* bei Gefrieren von Regen auf unterkühlten Straßenkörpern oder durch Schmelzwasser; auch hohe Luftfeuchtigkeit kann in einigen Gebieten, wenn der Straßenbelag Temperaturen von weniger als 0 °C aufweist, zu derartigen Bildungen führen. *Schneeglätte* tritt durch Festfahren des Lockerschneebelages auf Straßen ein und ist als eine Form der metamorphen Veränderungen des Schnees aufzufassen.
Gegen die Behinderungen durch kräftigen Neuschneefall hilft nur Räumung mit *Schneepflügen* und *Schneefräsen*. Dagegen können sowohl bei Verwehungen als bei Straßenglätte vorbeugende Maßnahmen ergriffen werden. Schneeverwehungen kann man weitgehend durch Aufstellen von *Schneezäunen*, *Schneenetzen* oder durch *Bepflanzung* mit *Hecken* eindämmen. Wichtig dabei ist, daß die Hindernisse senkrecht zur Hauptwindrichtung und in genügendem Abstand vom zu schützenden Objekt angebracht werden, da sich sowohl in Luv als in Lee des Hindernisses Schneewehen bilden. In der Regel wird eine Horizontalentfernung von etwa dem 15-fachen der Höhe des Schneezaunes von der Straßenbegrenzung als hinreichend erachtet. Um einer plötzlichen Glatteisbildung vorzubeugen, schlug F. R. Schneider (1960, nach R. Zulauf, 1964a) *präventives Salzen* der Straßenbeläge vor. Gleichzeitig hätte dieses Verfahren, das von Straßenfachleuten unterstützt wird, den Vorteil, daß die Schwarzräumung einer sich auflagernden Schneedecke leichter ist, da sie

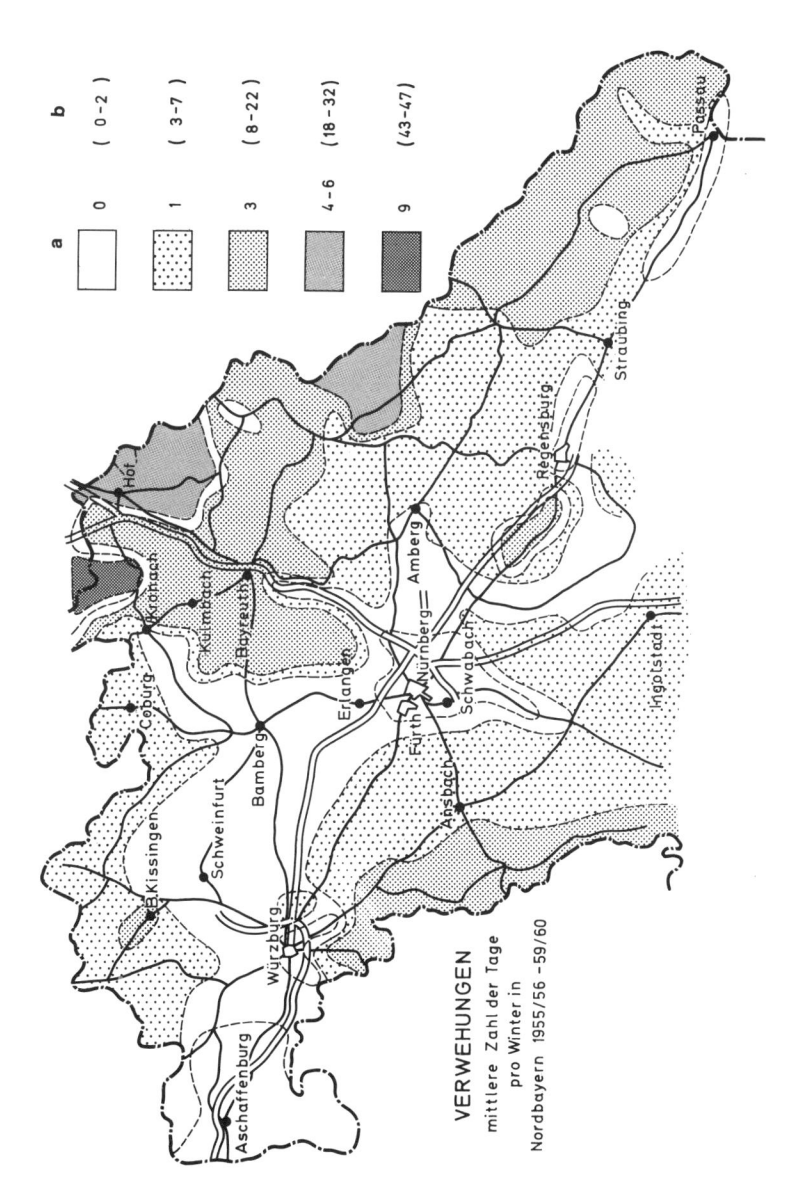

Einfluß des Schnees auf Natur- und Kulturlandschaft 119

Fig. 53 Mittlere Zahl der Tage mit Schneeverwehungen in Nordbayern 1955/56 bis 1959/60. Kolonne a gibt die mittlere Zahl der Tage mit Schneeverwehung pro Winter, Kolonne b die Zahl der Tage in fünf Wintern an. Nach H. Fiegl (1963).

keine festen Bindungen mit dem Straßenbelag eingeht. Für den zeitgerechten Einsatz präventiver Salzstreuung sind allerdings hinreichende Kenntnisse der mikroklimatischen Verhältnisse auf den Straßenabschnitten Voraussetzung. Gegenwärtig wird Salzen aber vielfach erst zur Beseitigung von vorhandener Schneeglätte und Glatteis durchgeführt. Das hygroskopische *Steinsalz* (NaCl) erniedrigt den Schmelzpunkt des Eises erheblich und führt so auch bei Temperaturen unter 0 °C zum Schmelzen. Die in einem Winter pro Flächeneinheit erforderliche Menge Streugut (G) ist nach R. Zulauf (1964b) durch folgende implizite Funktion einer Anzahl zum Teil voneinander abhängiger Parameter gegeben: $G = f(E, T, D, L, Q, S, V, U, F, W, M, B, A)$. Dabei bedeuten G = kg Streugut/m², E = Anzahl der Streueinsätze/Winter, T = langjähriges Mittel der Minimaltemperaturen über Boden, D = Eisdicke, L = Charakteristik des Lösungsmittels, Q = Wärmeaustausch in cal/m², S = Strahlungsbilanz in cal/m², V = Faktor der Verkehrsbeeinflussung, U = Verunreinigung, F = Einwirkung Luftfeuchtigkeit, W = Windwirkung, M = Auswirkung des Straßenbelages, B = Oberflächenbeschaffenheit des Straßenbelages, A = Abflußgeschwindigkeit der Lösungen.

Wie sich zeigt, ist die Straßenglätte zwar eine komplexe Erscheinung, doch lassen sich die Einzelfaktoren mit hinreichender Genauigkeit in ihrer Wechselwirkung erfassen, um Abschätzungen für die im Mittel pro Winter erforderlichen Salzmengen geben zu können. Anhand zehnjähriger Beobachtungen und unter Berücksichtigung der Faktoren E, T, L und D der oben genannten Funktion, hat R. Zulauf (1964b) eine Kartenskizze über den zu erwartenden Steinsalzverbrauch pro Quadratmeter Straßenfläche für Winterstreuung in einzelnen Schweizer Gebieten entworfen *(Fig. 54)*. Danach sind besonders begünstigt Teile des Hochrheingebietes sowie der Kanton Tessin, wo Werte von weniger als 1 kg, ja sogar weniger als 0,5 kg Salz pro Winter und Quadratmeter Straßenbelag angesetzt werden. In Tal- und Beckenlagen des Mittellandes liegen die Werte bei 1 bis 2 kg, auf den Plateaus dieses Gebietes aber schon bei 2 bis 3 kg. Die größten Salzmengen werden für die oberen Talstücke der Gebirgsstrecken wie z. B. im Prätigau, Hinterrhein-, oberes Reußtal mit 3–4 kg pro Quadratmeter und Winter errechnet. Wie R. Zulauf (1964b) betont, ist die Beobachtungszeit von nur 10 Jahren zu kurz, so daß die Karte nur eine qualitative, für die Planung aber wichtige und relative Abstufung der einzelnen Gebiete gegeneinander ermöglicht. 30–50 Jahre Beobachtung wären für sichere Aussagen erforderlich.

Für die Salzung wird gegenwärtig *Steinsalz* (NaCl) verwendet. Es hat den Vorteil, daß es durch seine hygroskopischen Eigenschaften die Feuchtigkeit bindet, den Schmelzpunkt erheblich erniedrigt, in reichem Maße verfügbar und mit etwa 70 DM pro Tonne relativ billig ist. Nachteilig wirkt es sich durch Korrosionsschäden an Fahrzeugen aus. Sie ließen sich durch Aufbringen von *Harnstoff* vermeiden, doch kostet dieses Produkt mit 700 DM pro Tonne rund das Zehnfache. Damit würden aber die Etats der Stadtverwaltungen und die für die Reinigung der lokalen und überregionalen Straßen zuständigen Stellen sehr belastet. Moskau gibt jährlich rund 22 Mio DM für den Winterdienst aus, das sind 65 bis 70% der Gesamtausgaben für die Stadtreinigung. In Montreal wird der Winterdienstaufwand mit 33,5 Mio DM und in New York sogar bis zu 100 Mio DM angegeben, wobei die Salzkosten etwa 44 Mio DM betragen. In der schneereichsten Stadt der Bundesrepublik Deutschland, München, beliefen sich nach Betriebsabrechnung der Straßenreinigung die Straßenwinterdienst-Kosten im Mittel der Jahre 1962 bis 1966 auf 5,1 Mio DM, wobei 3,6 Mio DM auf Schneebeseitigung und 1,5 Mio DM auf Streudienst entfielen. Im strengen Winter 1969/70 stiegen die Ausgaben sogar auf 11,2 Mio DM. Gegenüber den Vorjahren mit rund 10000 t Salz wurden in diesem Jahr 30000 t benötigt. Um den Verkehr

Klassifizierung	Völliger Zusammenbruch	lähmende Wirkung	schwieriger Verkehr	behinderter Verkehr	geringfügige Beeinflussung
innerhalb von Städten					
Verkehr	nur wenige Autos auf den Straßen	Unfallzahl 200% über Durchschnitt	Unfallzahl 100% über Durchschnitt	vorsichtiges Fahren	kaum Beeinflussung
	Polizei und Feuerwehr im ständigen Einsatz	Fahrzeuge bleiben stecken	sehr langsamer Verkehr	gehemmter Verkehrsfluß	kaum Beeinflussung
Handel	Geschäfte weitgehend geschlossen	Verminderter Umsatz	geringe Auswirkungen	—	—
Industrie	Betriebsschließung, Produktionsausfall	Einige Arbeiter bleiben von der Arbeit fern	geringe Auswirkungen	—	—
Strom- und Fernsprechverbindungen	Unterbrechungen	überlastete Leitungen	überlastete Leitungen	unbedeutend	
Schulen	Schulen bleiben geschlossen	Schulen außerhalb der Stadt geschlossen	auswärtige Kinder am Schulbesuch behindert	—	—
außerhalb der Stadt					
Landstraßen	Schließung der Straßen, Autos bleiben stecken	Warnung vor starken Behinderungen	Warnung vor stellenweisen Behinderungen	Warnung vor stellenweisen Straßenglätte	—
Eisenbahn	Verkehr eingestellt	Verspätungen mehr als 4 Stunden	Verspätungen weniger als 4 Stunden	unbedeutend	—
Luftverkehr	Flugplätze werden geschlossen	erhebliche Behinderungen	Verspätungen	—	—

Tab. 22 Auswirkungen von Schneefall auf Stadt und Land nach J. F. Rooney (1967).

in München in den Wintermonaten aufrecht zu erhalten, werden benötigt: 288 städtische und private Fahrbahnschneepflüge, 66 städtische Gehbahnschneepflüge, 9 Schneefräsen, 42 städtische und private Streufahrzeuge, 160 städtische und private Ladegeräte, 2 Schneeschmelzen, 3000 Sandkisten für Streuung der Gehwege, 8 km Schneezäune. Für die Schneebeseitigung werden jährlich zudem etwa 40 Abladeplätze bereitgestellt. An den Räumarbeiten sind im Durchschnitt 900 städtische und 3000 private Arbeitskräfte eingesetzt. Die winterlichen Schneebehinderungen im inner- und außerstädtischen Verkehr

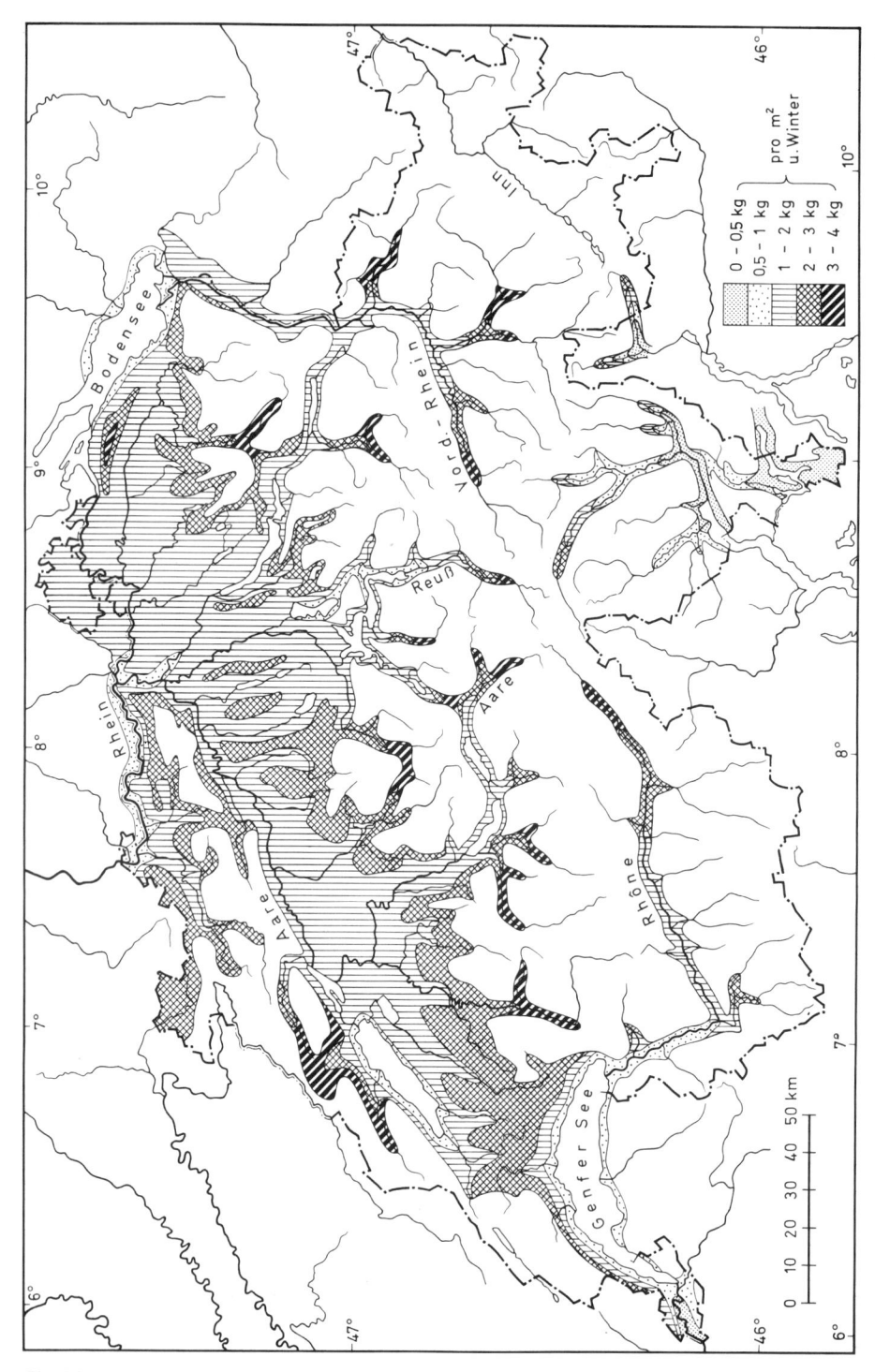

Fig. 54 Bedarf an Streusalzmengen im Winter je Quadratmeter Straßenbelag in der Schweiz. Die Mengen ergeben den zu erwartenden Bedarf im 10-jährigen Mittel. Aus K. Zulauf (1964).

klassifiziert J. F. Rooney (1967) in fünf Kategorien und zeigt für Teilgebiete der Wirtschaft und des kulturellen Lebens Auswirkungen auf *(Tab. 22)*.
Besonders nachhaltig wird der Verkehr in den Hochlagen der winterkalten Gebiete beeinträchtigt. Zahlreiche Pässe der Alpen, der Pyrenäen aber auch des Apennin werden jeden Winter für längere Zeit gesperrt. Nach Angaben des ADAC-*Reiseführers* (1970) liegt die mittlere Schließungsdauer von 52 Alpenpässen zwischen 1000 und 2000 m Sattelhöhe bei etwa fünfeinhalb Monaten von Mitte November bis Ende April *(Fig. 55)*. Auffallend ist, daß der Schließungstermin bis 2000 m Meereshöhe ziemlich konstant in der ersten Novemberhälfte liegt, erst in den höheren Lagen macht sich früher Schneefall in einer Vorverlegung der Sperrzeit bemerkbar. Die Öffnungszeiten dagegen verschieben sich bereits von 1600 bis 1800 m merklich gegen die Sommermonate. Der Kurvenverlauf in Figur 55 ist damit sehr ähnlich dem der Verschiebung der Schneegrenze in Figur 40.
Die Schließung der Alpenpässe ist aber nicht allein von der Höhen- und Schneelage abhängig, sondern wird sehr stark durch bestehende Verkehrsspannungen beeinflußt. Während z. B. in der Bundesrepublik Valeppstraße (1083 m) und Wallbergstraße (1117 m) sechseinhalb bzw. fünf Monate pro Jahr geschlossen sind, ist die deutsche Alpenstraße, die gleiche Meereshöhen überschreitet, ganzjährig geöffnet. Sehr deutlich zeigt sich das Verkehrsbedürfnis in der Schweiz. Die über 2000 m hohen Pässe Julier, Bernina, Simplon, die die Verbindung zu den südlich der Hauptketten gelegenen Landesteilen herstellen, sind ganzjährig geöffnet, wogegen unwichtigere Straßen, die nicht einmal 1500 m Höhe erreichen, wie Ibergeregg-Paß, Calanca- und Champer-Hochtalstraße dreieinhalb bis vier Monate im Jahr gesperrt sind. Die Sperrzeiten der Pässe haben sich gegenüber früher durch bessere technische Ausstattung der Räumkommandos zum Teil erheblich verkürzt. E. Fournier (1967) berichtet aus den Pyrenäen, daß Pourtalet und Aubisque um 1930 noch je 210 Tage geschlossen waren. Heute sind es nur 160 Tage. Peyresourd, Porlet d'Aspet, Port, Chioula 1930, im Winter noch durchweg mehr als 120 Tage nicht befahrbar, sind jetzt nahezu durchgehend geöffnet, wenn man von gelegentlichen Schließungen an wenigen Tagen nach heftigen Neuschneefällen absieht.
Die Sperrung der Straßen in den Hochlagen der Gebirge im Dienst der Sicherheit ist vielfach nicht eine Folge der Schneemenge, die sich beseitigen ließe, sondern primär der damit verbundenen Lawinengefahren (M. R. de Quervain, 1964). Mit den Lawinen ist eine Einflußnahme durch Schnee auf die Kulturlandschaft angesprochen, die in den Alpen sehr bedeutsam ist und deren Gefahren mit wachsender Bevölkerungsballung und Nutzung der Hochgebiete durch vielfach unerfahrene Wintersportler noch wächst. Jeden Winter sind den Tageszeitungen Berichte über Lawinentote zu entnehmen. Auch der Sachschaden nimmt z. T. durch eigenes Verschulden der Menschen zu. Wie O. Aulitzki (1968) nachweist, werden von Einheimischen durch Jahrhunderte gemiedene Flächen heute mit Ferienhäusern, Hotels usw. bebaut. W. Flaig (1955) hat aus der Lawinenchronik von 1619 im Montafon und von den Lawinenwintern 1951 und 1954 erschreckende Berichte zusammengestellt. Über die Lawinenkatastrophe 1954 schreibt er S. 28: »Die Schweiz meldete 27 Tote, Österreich beklagte in einer ergreifenden Trauerfeier seines Parlaments 132 Lawinenopfer ... am schwersten getroffen wurden in Vorarlberg das Große Walsertal, besonders die Gemeinde Blons, und der Bartholomaeberg im Montafon, beide im Bezirk Bludenz gelegen, auf den allein 102 Tote fielen! Unter diesen 102 Toten findet man 31 Kinder unter 14 Jahren. 8 Familien wurden völlig ausgerottet, 38 Bauernhöfe total zerstört, 250 Personen obdachlos.« *(s. Abb. 25 u. 26)*. Erst wenige Jahre vorher, im Winter 1950/51, waren die Alpen ebenfalls von schweren Lawinengängen heimgesucht

124   Schneedecke und ihre Eigenschaften

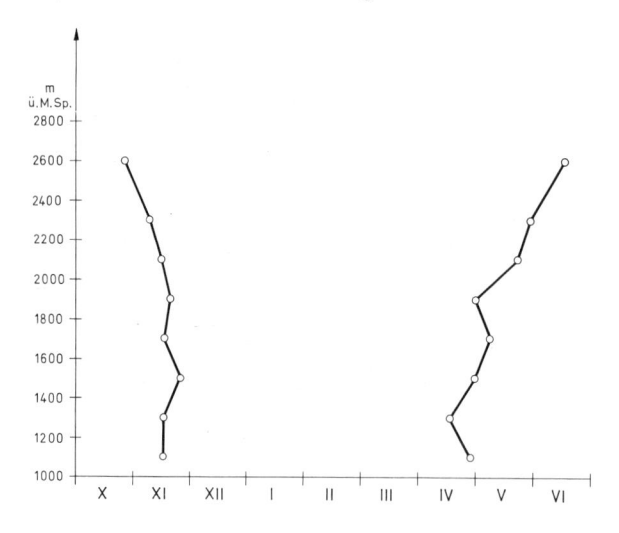

Fig. 55 Mittlere Schließungs- und Öffnungszeiten von Alpenpässen (96) in Höhenstufen von 200 zu 200 m, ab 2400 von 400 m. Nach ADAC (1970).

Abb. 25 Durch Schadenslawine vom 23.1.1951 zerstörtes Haus auf den Meierhöfen in St. Antönien/Prätigau/Schweiz. (Archiv: Eidgenössisches Institut für Schnee- und Lawinenforschung am Weißfluhjoch ob Davos).

Einfluß des Schnees auf Natur- und Kulturlandschaft 125

Abb. 26 Zerstörung von Waldflächen an der linken Talflanke des Inn bei Vinadi/Unterengadin durch Schadenslawine. Seitdem ist die Straße im Grenzbereich zwischen Österreich und der Schweiz durch Lawinengallerien gesichert. (Archiv: Eidgenössisches Institut für Schnee- und Lawinenforschung am Weißfluhjoch ob Davos).

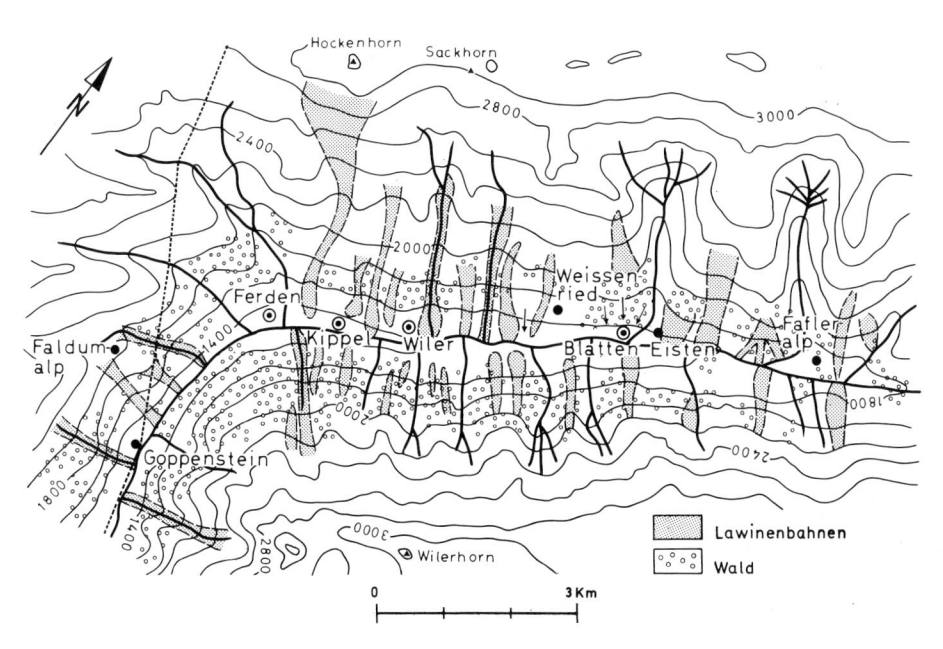

Fig. 56 Lawinenkarte des Lötschentales vom 20.1.1951. Nach dem Winterbericht des Eidgenössischen Instituts für SLF Nr. 15, aus W. Flaig (1955).

Schneedecke und ihre Eigenschaften

worden. Nach dem Winterbericht des Eidgenössischen Instituts für Schnee- und Lawinenforschung in Davos, entnommen aus W. Flaig (1955), betrug damals der Schaden in der Schweiz:

Anzahl der Schadenslawinen	1301	Gebäudeschaden: Häuser	187
Personen verschüttet	234	Gebäudeschaden: Ställe	999
Personen tot	98	Gebäudeschaden: sonstige	303
Personen verletzt	62	Großvieh verschüttet	319
Waldschaden in ha	1945	Großvieh tot	235
Waldschaden in m³	169 945	Kleinvieh verschüttet	893
		Kleinvieh tot	694

Der ermittelte Sachschaden der Lawinenkatastrophe 1951 betrug in der Schweiz total 17 546 893 Franken. Von diesen 17,5 Mio Franken waren über 12 Mio Franken durch Versicherungen nicht gedeckt.« Wie zahlreich selbst auf kleinen Flächen Lawinengänge sein können, zeigt *Fig. 56*, eine Lawinenkarte des Lötschentales (Schweiz) vom 20. 1. 1951 (Eidgenössisches Institut für Schnee und Lawinenforschung 1951).

An der großen Zahl der Schadenslawinen in den Alpen ist der Mensch nicht schuldlos. Durch Kahlschläge für Almnutzung, Abholzung für Skiabfahrten, unsachgemäße Führung von Straßen und Anlagen von Bauwerken hat er die Gefahr erheblich vermehrt. Seit früher Zeit wurden daher zum Schutz von Siedlungen und Wirtschaftsflächen *Bannwaldgebiete* festgelegt, in denen flächiger Einschlag verboten ist. Waldflächen stabilisieren die Schneedecke und verhindern das Abgleiten. Zudem bremsen sie oberhalb der Waldbestände abgegangene Lawinen ab und bringen die Schneemassen zur Ruhe. Längst reicht dieser Schutz nicht mehr aus, und man mußte zu künstlichen Lawinenverbauungen greifen.

Abb. 27 Stützmauer aus Bruchsteinwerk bei Obergestelen-Galen im Goms/Schweiz zur Stabilisierung der Schneedecke an steilen Hängen. (Archiv: Eidgenössisches Institut für Schnee- und Lawinenforschung am Weißfluhjoch ob Davos).

Einfluß des Schnees auf Natur- und Kulturlandschaft 127

Abb. 28 Stahlschneebrücken am Schiahorn bei Davos. Die Stützverbauungen durchspießen die Schneedecke in voller Höhe und verhindern ihr Abgleiten. (Archiv: Eidgenössisches Institut für Schnee- und Lawinenforschung am Weißfluhjoch ob Davos).

Beim technischen Lawinenverbau unterscheidet man nach F. H. Frutiger (1963) 4 Arten:
1 *Stützverbauung* im Anrißgebiet
2 *Verwehungsverbau*
3 *Ablenk-*, *Brems-* und *Auffangverbau* im Bereich der Gleitbahn und
4 direkten *Objektschutz*

Der *Stützverbau* im Anrißgebiet steiler Hänge soll das beginnende Abgleiten der Schneemassen verhindern. Eine wichtige Voraussetzung für einen wirksamen Schutz ist, daß die Verbauungen stets die Schneedecke durchspießen. Das war bei den älteren *Massivbauten* (*Abb. 27*) aus Erde oder Bruchsteinmauerwerk nicht der Fall. Aber schon aus dem Ende des vergangenen Jahrhunderts sind *Schneebrücken (Abb. 28 u. 29)* aus Rundhölzern beschrieben. Über horizontale Pfetten, die im Abstand von 2 bis 3 m durch Rundhölzer gestützt werden, ist ein schwach bergwärts gelehnter Prügelrost gelegt. Diese Art der Verbauung ist als *Arlbergzaun* von der Arlberglinie oder auch der Rhätischen Bahn bekannt. Seit etwa 1951 hat sich eine Vielzahl von Konstruktionen eingestellt. Erwähnt seien hier die *Leichtmetallschneebrücken (Abb. 30)*, die wegen ihres geringen Gewichtes (schwerste Einzelteile ca 70 kg) und ihrer Korrosionssicherheit eine saubere Montage ermöglichen. Bei geeigneter Profilwahl halten sie selbst härtesten Beanspruchungen stand. Sie sind aber relativ teuer. So greift man immer noch auf die erheblich schwereren (Einzelteile bis zu 1000 kg), aber wesentlich billigeren Schneebrücken aus *vorgespanntem Beton* (*Abb. 31*) zurück. Auch das *Schneenetz (Abb. 32 u. 33)* in quadratischer wie dreieckiger Form hat sich sehr bewährt. Für die Befestigung dienen Holz- wie Stahlrohrstützen. Auch Rund- und Kantholztypen werden heute noch vielfach besonders zum Schutz von Aufforstungsgebieten verwendet.

Für einen sicheren Schutz ist entscheidend, daß der Abstand zwischen den Rost- und Netzelementen nicht zu groß ist. Für Rechen wird ein Abstand von 30 cm empfohlen, die Maschenweite der Netze wird mit 25 cm als ausreichend angesehen. Sicherlich bietet eine geschlossene Verbauung für die Standfestigkeit der Schneedecke die höchste Gewähr. Jedoch spielt bei dem erheblichen Umfang der Lawinenverbauung *(s. Tab. 23)* auch die

128 Schneedecke und ihre Eigenschaften

Abb. 29 Schiahorn- (links) und Dorfbergverbauung (rechts) oberhalb Davos. Die Stützverbauung dient zur Stabilisierung der Schneedecke an den steilen Hängen, um den Abgang von Lawinen zu verhindern. Unmittelbar rechts der Schiahornverbauung wurde eine halbkreisförmige Auffangmauer (Bremsverbauung) errichtet (kleiner Pfeil), um die aus der Nordflanke des Schiahorns abgehende Schneemenge abzubremsen, die auf den unterhalb gelegenen Hängen weitere Lawinen auslösen könnten. Über Davos befindet sich auf der linken Bildseite eine scharfbegrenzte Kahlstelle im Wald (kleiner Kreis). Der ehemalige Hochwald wurde in den zwanziger Jahren, der seitdem aufgekommene Jungwuchs durch eine weitere Lawine 1961 zerstört, die von der Südflanke des Schiahorns abgegangen und durch den Tobel zu diesem Ortsteil gelenkt wurde. Das Kinderheim (Haus mit Krüppelwalmdach direkt unter dem Hang) wurde beschädigt, ein Kind wurde getötet. Die obere Waldgrenze zeigt einen typisch gezackten Verlauf, der durch Lawinengassen bedingt ist. Die schwarze Linie in Bildmitte ist die Parsennbahn, rechts neben der Bergstation das Eidgenössische Institut für Schnee- und Lawinenforschung. (Archiv: Eidgenössisches Institut für Schnee- und Lawinenforschung am Weißfluhjoch ob Davos).

finanzielle Seite eine Rolle. So griffen die Techniker gerne eine Erkenntnis von R. Haefeli (1951) auf, daß auch eine lockere Verbauung eine hinreichende Stabilisierung der Schneedecke bewirkt.

Der *Verwehungsverbau* soll über der Waldgrenze die Bildung von Schneebrettern sowie Wächten verhindern und ist als eine Ergänzung des Stützverbaues aufzufassen. 3 Arten von Verwehungswerken, die *Kolktafel*, die *Treibschneewand* und das *Düsendach* finden heute Anwendung. Nach F. H. Frutiger (1963) ist die stabilisierende Wirkung der *Kolktafel* (s. Abbildung 10), die vielfach in Österreich aufgestellt wird, auf größeren Flächen um-

Einfluß des Schnees auf Natur- und Kulturlandschaft 129

Abb. 30 Leichtmetallschneerechen zum Schutz einer Aufforstung. (Archiv: Eidgenössisches Institut für Schnee- und Lawinenforschung am Weißfluhjoch ob Davos).

Abb. 31 Stützverbau mit Schneebrücken aus vorgespanntem Beton. (Archiv: Eidgenössisches Institut für Schnee- und Lawinenforschung am Weißfluhjoch ob Davos).

Abb. 32 Stützverbau durch Schneenetze mit Stahlrohrstützen. (Archiv: Eidgenössisches Institut für Schnee- und Lawinenforschung am Weißfluhjoch ob Davos).

130 Schneedecke und ihre Eigenschaften

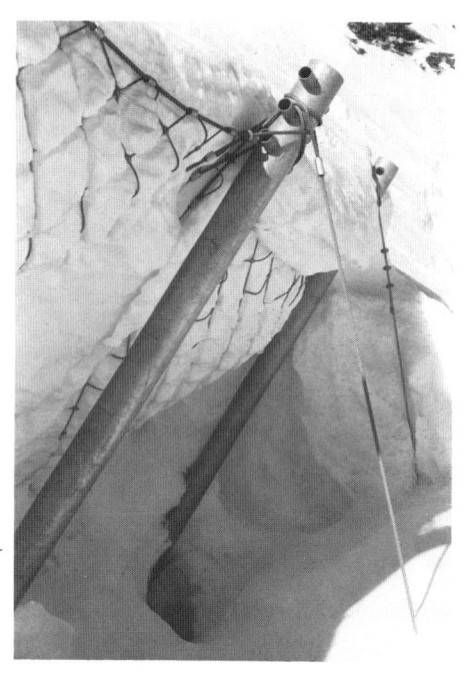

Abb. 33 Stützverbauung durch Schneenetze. Das Stützwerk reicht in seiner Höhe gerade noch aus, um die Schneedecke in ganzer Mächtigkeit zu durchspießen. (Archiv: Eidgenössisches Institut für Schnee- und Lawinenforschung am Weißfluhjoch ob Davos).

stritten. Die *Treibschneewand (Abb. 34)* wird in ebenem Gelände zum Schutz von Bahnen und Straßen angewandt. In den Hochgebirgen soll sie vor allem auf Plateaus driftenden Schnee auffangen, der sonst auf Leehängen die durch große Schneemassen vorhandene Instabilität im Verbauungsgebiet noch vergrößern würde. Einen ganz ähnlichen Schutz bilden *Düsendächer* an Graten, durch die der Wind so gelenkt wird, daß keine Wächten entstehen. Allerdings lagert sich der Schnee am Leehang in tieferer Lage ab. Damit wird die Versteilung des Leehanges durch die Gegenböschung gemindert.

Abb. 34 Treibschneewand am Übergang von flacheren zu steileren Hangteilen. (Archiv: Eidgenössisches Institut für Schnee- und Lawinenforschung am Weißfluhjoch ob Davos).

Bauwerke		Kantone													
		B	L	U	Sch	OW	NW	Gl	Fr	St. Ga	Gr	Te	Vd	Vl	Schweiz
Stützverbauung:															
Stahlwerke	Stück	1386	—	322	505	32	—	428	—	—	509	—	—	—	4182
Stahl-/Holzwerke	Stück	518	—	6425	124	372	—	1444	—	559	1878	1934	509	4570	18333
Leichtmetallwerke	Stück	2117	—	1050	566	314	—	—	588	111	—	2607	2080	11005	20438
Leichtmetall/Holz	Stück	32	—	89	—	—	—	—	11	335	—	102	—	—	569
Betonwerke	Stück	—	—	50	920	—	—	—	—	—	15795	929	389	—	18083
Schneenetze	Stück	547	—	1189	756	756	337	791	—	1242	181	—	1022	533	7354
Holzwerke	Stück	887	122	1735	1942	—	—	1604	—	3524	13434	4359	—	131	27738
Stützverbauung insg.	Stück	5487	122	11860	4813	1474	337	4267	599	5771	32182	9931	4000	16239	97082

Massivwerke, Verwehungsverbau sowie in Sturzbahn und Ablagerungsgebiet:

		B	L	U	Sch	OW	NW	Gl	Fr	St. Ga	Gr	Te	Vd	Vl	Schweiz
Mauern und Erdterrassen	lfd m	2534	—	2058	—	—	102	—	—	1433	7870	1870	3147	1678	20692
Treibschneewände	lfd m	185	—	46	264	72	—	108	—	129	760	—	—	388	1951
Kolktafeln	Stück	56	—	96	7	—	—	4	—	31	131	—	—	—	325
Düsendächer	Stück	2	—	—	3	—	—	—	—	—	10	—	—	15	15
Ablenkwerke	lfd m	43	—	406	30	—	—	—	—	—	256	185	—	1398	2118
Bremsverbauung	m³	9850	—	2130	—	—	—	—	—	3285	—	—	—	2000	17265
Spaltenkeile u. Ebenhöchs	Stück	—	—	1	2	—	—	16	—	—	24	—	—	4	47
Lawinengalerien	lfd m	—	—	—	—	—	—	—	—	—	264	—	—	818	1082

Tab. 23 Stütz- und Massivverbau im Anrißgebiet sowie Baumaßnahmen in der Sturzbahn und im Ablagerungsbereich von Lawinen in der Schweiz im Zeitraum 1936 bis 1963 nach F. H. Frutiger (1964).
Kanton: B = Bern; L = Luzern; U = Uri; Sch = Schwyz; OW = Obwalden; NW = Nidwalden; GL = Glarus; Fr = Freiburg; St. Ga = St. Gallen; Gr = Graubünden; T = Tessin; Vd = Vaud; Vl = Wallis.

132 Schneedecke und ihre Eigenschaften

Abb. 35 *Bremshöcker aus Lockermaterial. Sie dienen dazu, um auf flacher geneigten Strecken abgegangene Lawinen abzubremsen. (Archiv: Eidgenössisches Institut für Schnee- und Lawinenforschung am Weißfluhjoch ob Davos).*

Der erste größere Versuch, Lawinen mit *Bremskeilen* und *Bremshöcker* (*Abb. 35*) aus Erde zum Stehen zu bringen, ist zum Schutz des Innsbrucker Vorortes Mühlau 1936–1941 durchgeführt worden. Auch oberhalb der Hungerburgterrasse finden sich auf einem Flachstück, wo sich die Lawinenenergie nach den Gefällsverhältnissen verringert, 5 bis 6 m hohe Erd- und Betonklötze, die nach eigener Beobachtung im Winter 1969/70 Lawinen zum Stillstand brachten. Die Bremshöcker werden auf Lücke versetzt und wirken nicht nur durch vermehrte Bodenreibung, sondern auch dadurch, daß sie die bewegten Schneemassen gegeneinander lenken und somit ihre Energie vernichten. Bei den *Ablenkverbauungen* (*Abb. 36*), häufig am Rande von Lawinengassen angebracht wie z. B. in Airolo/Tessin, ist darauf zu achten, daß das Leitwerk aus Beton, Stein- oder Erdwällen nicht in zu stumpfem Winkel von den Lawinen getroffen wird, da sie sonst von den Schneemassen übersprungen werden. Besonders gegen Lockerschneelawinen bilden sie keinen sicheren Schutz.
Von *direktem Objektschutz* spricht man, wenn die dem Lawinengang zugekehrte Seite eines Bauwerkes, seien es Hochspannungsmasten, Häuser, Scheunen, Straßen oder Bahnen durch technische Vorrichtungen unmittelbar gesichert werden. Bekannt sind die *Spaltkeile* und *Ebenhöchs* (s. *Abb. 37*). *Spaltkeile* vor Leitungsmasten und Häusern bestehen in der Regel aus Eisenbeton oder massivem Blocksteinbau, bergseitig keilförmig ausgebildet, und mit Steinen verfüllt. Bei den *Ebenhöchs* handelt es sich um pultförmige Konstruktionen, die hangseitig an die Gebäude herangeführt werden, so daß, wie der Name sagt, die Oberkante der Häuser mit dem Gelände nivelliert wird. Beide Schutzmaßnahmen haben aber nur dann volle Wirkung, wenn die Anlagen bündig mit dem Bauwerk verbunden sind, so daß die Lawine ohne Widerstand darüber weggleiten kann. Auch *Straßen-* und *Eisenbahngalerien* (s. *Abb. 38*) sind dem direkten Objektschutz zuzurechnen. Ob zum Schutz einer Straße oder Bahnlinie Stützverbauung oder direkter Objektschutz

Einfluß des Schnees auf Natur- und Kulturlandschaft   133

*Abb. 36   Leitwerk aus Bruchsteinen bei Platta am Lukmanierpaß und direkter Objektschutz.
(Archiv: Eidgenössisches Institut für Schnee- und Lawinenforschung am Weißfluhjoch ob Davos).*

gewählt wird, ist im Einzelfall zu entscheiden. Dabei spielen selbstverständlich Kostenfragen eine erhebliche Rolle. Bei Flächenlawinen ist nach F. H. Frutiger und M. R. de Quervain (1964) die Stützverbauung billiger, bei kanalisierten Lawinen wird man sich für Galerien entscheiden.
Nach den voranstehenden Ausführungen möchte es scheinen, als wäre Schnee für das menschliche Leben nur eine Belastung. Dies trifft nicht zu. Denn gerade in den wenig verkehrserschlossenen Wald- und Tundrengebieten der Nordkontinente verbessern sich die Transport- und Fahrbedingungen durch Schneeauflage erheblich. *Schlittenverkehr*, sei es querfeldein oder auf den zugefrorenen Flüssen, ist auch heute noch weit verbreitet. Besonders deutlich wird der Einfluß des Schnee auf den Fremdenverkehr in den *Wintersportgebieten* der Alpen sichtbar: War früher eine kurze Sommersaison die einzige zusätzliche Einnahmequelle für Bergbauerngemeinden, so ist seit den fünfziger Jahren dieses Jahrhunderts, als sich die Skisportbegeisterung mehrte, ein enormer Wintererholungsverkehr hinzugekommen. Stille Hochtäler wie Gröden oder das Kleine Walsertal, die früher im Winter kaum zugänglich waren, sind durch Straßen erschlossen. Der Siedlungskörper hat mit Hotelbauten, Vergnügungsstätten, Chalets, Pensionen einen formalen und die Bevölkerung einen gewaltigen sozialen Strukturwandel erfahren. Luftseilbahnen, Sessel- und Schlepplifte machen die Skigebiete auch für Ungeübte leicht zugänglich. Die Wintersaison läßt, wie die Ausführungen von E. Grötzbach (1963) zeigen, drei Höhepunkte im Besucherstrom erkennen: Der erste Ansturm erfolgt zwischen Weihnachten

Abb. 37 Spaltkeil mit Ebenhöch vor einem Bauernhof in St. Antönien/Prätigau/Schweiz. Der Spaltkeil bewirkt, daß sich die Lawine vor dem Schutzobjekt teilt. Durch den aufgefüllten Ebenhöch – Dach des Gebäudes ist ebenso hoch wie das Gelände an der hangaufwärtsgelegenen Seite – wird der Rest der Lawine über das Gebäude hinweggeführt. (Archiv: Eidgenössisches Institut für Schnee- und Lawinenforschung am Weißfluhjoch ob Davos).

Abb. 38 Lawinengalerie zum Schutz einer Straße. Bei kanalisierten Lawinen können die Schneemassen durch Gallerien verhältnismäßig einfach über Straßen- und Bahnanlagen hinweg geführt werden. (Archiv: Eidgenössisches Institut für Schnee- und Lawinenforschung am Weißfluhjoch ob Davos).

und Hl. Dreikönige, eine zweite, längere Periode liegt in der zweiten Februar- und ersten Märzhälfte, wenn die Sonne schon kräftig scheint, und den Abschluß bildet Ostern. So positiv diese Entwicklung für die wirtschaftliche Situation mancher Hochgebirgsgemeinde gewertet werden muß, so ist andererseits auch nicht zu verkennen, daß sich damit die Gefahren des winterlichen Hochgebirges auch vermehrten. Ferner können Abholzungen für Lifte und Abfahrten auch den Naturhaushalt beträchtlich stören, wie O. Aulitzky (1968) am Beispiel der Axamer Lizum, die für die olympischen Winterspiele 1964 in Innsbruck präpariert wurde, nachweist, so daß Lawinen- und Murgänge häufiger werden.

3. Gletscher und Inlandeise

3.1. Entstehung, Struktur und Textur des Gletschereises

3.1.1. Entstehung des Gletschereises

Aus mehrjährigen Schneeablagerungen entsteht in der Regel über der Schneegrenze bzw. Firnlinie durch die Vorgänge der Schneemetamorphose oder Diagenese *Gletschereis*. Eine Ausnahme bildet der Lawinengletschertyp (H. J. Schneider, 1962), wo die Verdichtung zu Gletschereis auch unter der klimatischen Schneegrenze erfolgt (s. S. 295/296).
Wie in Kapitel 2.2. über Aufbau und Eigenschaften der Schneedecke ausgeführt, ist die Materialumsetzung bei der Metamorphose so eingerichtet, daß die freie Energie der Schneeablagerung zu einem Minimum tendiert. Das heißt, durch eine Reduktion der inneren Oberfläche, die zunächst bei sperrigen Neuschneekristallen, Schneefilz und kleinen Firnkörnern sehr hoch ist, wird durch Abbau von Spitzen, Kanten und Wachstum der Einzelkörner die freie Energie verringert. Durch Schmelzen und Sublimation werden Spitzen und Kanten beseitigt, und die sphärischen Firnkörner gehen von einer kubischen in eine mehr rhomboedrische Anordnung über. Diesen Vorgang nennt man *Setzen* der Schneedecke. Allerdings wird der Idealwert des Porenvolumens einer rhomboedrischen Packung monodisperser Körner von rund 26% bei weitem nicht erreicht. Er liegt mit 40% erheblich darüber. Mit einer Dichte des Eises von 0,91 g/cm^3 errechnet sich daraus eine Schneedichte von 0,55 g/cm^3.
Die weitere Verdichtung der Schneedecke erfolgt durch *Sinterung*, wobei zwischen den einzelnen Firnkörnern *Eisbrücken* gebildet werden. Nach P. V. Hobbs und B. J. Mason (1964) spielt dabei *Sublimation* eine dominante Rolle. Mit zunehmender Dichte verringert sich als Folge des abnehmenden Luftraumes die Bedeutung der Sublimation und an ihre Stelle treten Umlagerungen im Rahmen von *Rekristallisationsvorgängen*. Dabei werden vornehmlich die *Molekulardiffusion*, sei es als *Oberflächendiffusion* – d.h. Bewegung der Eismoleküle an der Oberfläche von Eisschichten – oder *Volumdiffusion* – d.h. Bewegung der Eismoleküle innerhalb von Eisschichten – und über gerichteten Druck *(Stress)* interne Gleitvorgänge wirksam (W. S. B. Paterson, 1969). Durch diese Materialwanderung verdichtet sich das Schneesediment weiter und wird bei einer Dichte von 0,8 bis 0,85 g/cm^3 luftundurchlässig. Es entsteht weißes *Firneis*, das durch weitere Rekristallisation zu durchsichtigem *Gletschereis* mit einer Dichte von 0,91 g/cm^3 umgeformt wird. Es enthält in wechselndem Maße Lufteinschlüsse.
Die Umwandlung von Schnee in Gletschereis erfolgt, da die Vorgänge der Metamorphose temperaturabhängig sind, nicht auf allen Gletschern, und selbst innerhalb eines Gletschers nicht einheitlich. H. W. Ahlmann (1935) stellte drei thermische *Gletschertypen* vor (s. dazu auch Kapitel 3.7.4.), den *temperierten*, den *subpolaren* und den *hochpolaren*. Sie lassen sich in erster Annäherung durch ihren Schmelzwasserabfluß charakterisieren. Er ist bei den

temperierten perennierend, bei den subpolaren nur im Sommer vorhanden und fehlt bei den hochpolaren gänzlich. Damit sind auch die Temperaturverhältnisse umrissen. Die Eistemperaturen liegen bei den temperierten Gletschern mit Ausnahme einer ca 10 m mächtigen Oberflächenschicht ganzjährig um den Druckschmelzpunkt. Die subpolaren sind nur im Winter, die hochpolaren ganzjährig unterkühlt.

C. S. Benson (1961) und F. Müller (1962) haben noch weitere für die Metamorphose wichtige Zonen ausgeschieden. In Gebieten mit einem Mittel der Lufttemperatur von -25 °C oder niedriger tritt durchweg *trockener Schnee* auf, wo also auch in den »Sommermonaten« kein Schmelzwasser gebildet wird. Er ist weitverbreitet in der Antarktis und reicht im Filchnereisschelf bis etwa 5 km an die Küste. Auch in den höchsten Teilen der arktischen Gletscher und auf den Eiskuppeln Grönlands trifft man trockenen Schnee. Die Metamorphose erfolgt hier allein über Sublimation und Molekulardiffusion, ist also entsprechend langsam. Auch bleibt der Firn feinkörnig, da Schmelzprozesse fehlen. Begrenzt wird diese Zone *(s. Fig. 57)* durch die *Trockenschneelinie*. Bei höheren Lufttemperaturen tritt an der Oberfläche einer Jahresschneeschicht Schmelzen auf. Das entstehende Sickerwasser gefriert jedoch innerhalb der gleichen noch kalten Schicht wieder. Dabei bilden sich Eislinsen und vertikale Eiskerne. Dieser Bereich wird *Sickerzone* genannt. Sie geht an der *Sättigungslinie* in die *Naßschneezone* über. Hier wird innerhalb der Gesamtmächtigkeit der obersten Jahresschicht *Druckschmelztemperatur* erreicht, so daß das Sickerwasser in tiefere Horizonte eindringt und dort erst wieder gefriert. Die Umwandlung des Schnees erfolgt unter diesen Verhältnissen wesentlich rascher bei gleichzeitig stärkerem Firnkornwachstum. Während sich in den höheren Bereichen der Sicker- und Naßschneezone einzelne Eislinsen bilden, wird im unteren Teil der Naßschneezone der Schmelzwasseranteil so stark, daß sich die einzelnen Eislinsen zu einer zusammenhängenden, aus Schmelzwasser gebildeten Eismasse verbinden. Diese Erscheinung nennt man *superimposed ice*. Es tritt firnbedeckt auf subpolaren Gletschern bereits innerhalb der Naßschneezone auf. Von der Zone des superimposed ice im engeren Sinne spricht man aber erst im Bereich zwischen *Firn-* und *Gleichgewichtslinie*, wo es die Oberfläche bildet. Firn- und Gleichgewichtslinie fallen danach bei subpolaren Gletschern nicht zusammen, da das auf der Vorjahrschicht

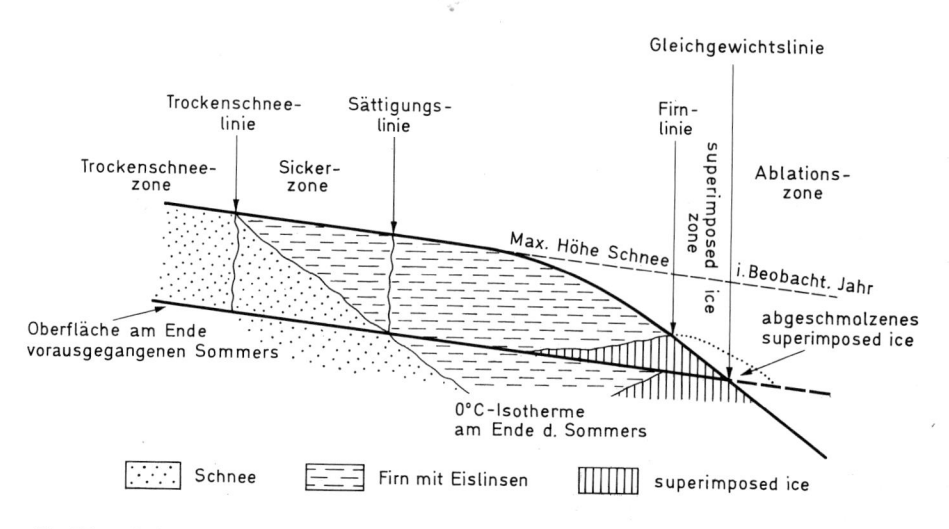

Fig. 57   Schneehydrologische Zonen im Akkumulationsgebiet. Nach W. S. B. Paterson (1969).

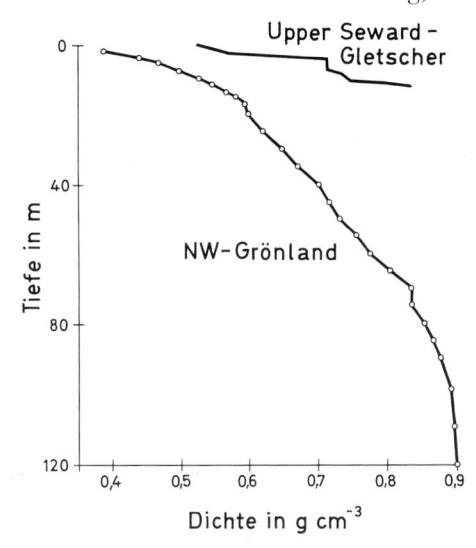

Fig. 58 Änderung der Firndichte mit der Tiefe auf einem temperierten und einem kalten Gletscher (Inlandeis). Nach W.S.B. Paterson (1969)

oder auch auf Gletschereis auflagernde Schmelzwassereis mit einem positiven Wert in die Massenhaushaltsgleichung eingeht. Erst unterhalb der Gleichgewichtslinie folgt die *Ablationszone* im engeren Sinne, das heißt jener Bereich, wo gegenüber dem Vorjahresstand ein wirklicher Eisverlust auftritt. Nach diesen Ausführungen erfolgt die Metamorphose von Schnee selbst innerhalb eines einzigen subpolaren Gletschers je nach Anteil des verfügbaren Schmelzwassers auf recht unterschiedliche Weise. In jedem Fall entsteht aber körniges Gletschereis.

Gemäß den beschriebenen Bedingungen erfolgt die Umwandlung von Schnee in Gletschereis in den einzelnen Gebieten unterschiedlich schnell und in verschiedenen Tiefen. Nach Aufnahmen von R. P. Sharp (1951) erreicht der Upper Seward-Gletscher in Yukon im Bereich der Naßschneezone schon in einer Tiefe von 13 m eine »Eisdichte« von 0,85 g/cm³. C. C. Langway (1967) traf bei seinen Untersuchungen in Nordwestgrönland (77° N, 56° W) nahe der Trockenschneelinie diesen Wert erst bei 80 m an *(Fig. 58)*. Die für Gletschereisbildung erforderliche Tiefe dürfte bei der Sickerwasserzone nach W. S. B. Paterson (1969) bei 35 bis 75 m liegen. Die Unterschiede in der Metamorphose zwischen Trocken- und Naßschneezone werden noch beachtlicher bei Berücksichtigung der Zeitintervalle. Am Seward-Gletscher wird Schnee in Eis innerhalb von 3 bis 5 Jahren umgewandelt; in Nordwestgrönland werden dazu mehr als 100 Jahre benötigt. In Figur 58 kommen am Beispiel Grönlands sehr deutlich die unterschiedlichen Prozesse der Schnee- und Eisverdichtung zum Ausdruck. Bis zu einer Dichte von 0,58 g/cm³ erfolgt die Kompression ziemlich rasch durch Setzen. Der Sinterungsvorgang im Bereich zwischen 0,58 bis 0,83 g/cm³ ist bereits sehr viel langsamer, und die Verdichtung im höchsten Bereich ist im wesentlichen einer Druckerhöhung in den Luftblasen des Eises zuzuschreiben.

3.1.2. Struktur und Textur des Gletschereises

Ausführliche Darstellungen über die Struktur der Eiskristalle finden sich bei L. Lliboutry (1964, S. 97–130), P. A. Schumskii (1964, S. 24–31) und E. R. Pounder (1965, S. 62–85). Hier sollen nur einige grundlegende Daten zum besseren Verständnis der Gletscherbewegung mitgeteilt werden.

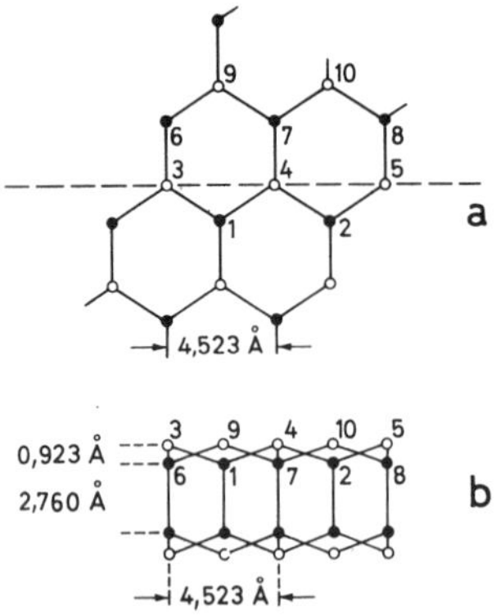

Fig. 59 Struktur eines Eiskristalls nach Paterson, 1969. Die Kreise und Punkte bezeichnen Sauerstoffatome in verschiedenen Schichten der Basisebene. Die Zahlen geben in Grundriß (a) und Aufriß (b) korrespondierende Atome an.

Entsprechend dem Molekülbau des Wassers kristallisiert Eis in *hexagonaler Form*. Wie die Röntgenanalyse zeigt, sind die Sauerstoffatome in regelmäßigen Sechsecken angeordnet. Allerdings befinden sich die Atome nicht in einer Ebene, sondern treten alternierend in zwei Lagen mit einem Abstand von 0,923 Å auf *(Fig. 59)*. In benachbarten Schichten, mit einem Basisabstand von 2,760 Å, sind die Atome spiegelbildlich angeordnet. Nach Laboratoriumsversuchen von J. W. Glen (1958 und 1963) erfolgt die Deformation der Einzelkristalle in der Regel entlang den Sauerstoffebenen parallelen Gleitflächen. Erst bei sehr viel höheren Stressbeanspruchungen ergeben sich auch davon abweichende Dislokationsrichtungen. Parallel der C-Achse, also senkrecht zu den Sauerstoffringen, erfolgt der Lichtdurchgang ungestört, in jeder anderen Richtung tritt eine Doppelbrechung auf.

Diese optischen Eigenschaften kann man sich mit Hilfe eines Mikroskops bei der *Struktur-* und *Texturuntersuchung* von Gletschereis zu Nutze machen. Alle Kristalle, die mit ihrer C-Achse parallel zum durchfallenden polarisierten Licht liegen, erscheinen dunkel, die übrigen je nach Lage in verschiedenen Helligkeitsgraden. So können Form und Größe *(Struktur)* und die räumliche Anordnung der Gemengteile *(Textur)* ausgemessen werden. Daneben gibt es sehr einfache Feldverfahren, um an einem Eisblock Struktur und Textur sichtbar zu machen. Die Konturen der Einzelkörner erscheinen als weiße Stellen, wenn man weiches Papier auf eine Eisoberfläche legt und mit einem weichen Bleistift die Oberfläche reibt *(Fig. 60)*. Durch Einfärben mit Fettfarbe, etwa schwarzer Schuhcreme, erhält man den gleichen Effekt. Bringt man dagegen Wasserfarbe auf die schmelzende Oberfläche, und läßt sie anschließend gefrieren, so markiert der Farbstoff die Grenzsäume.

Wie bereits F. J. Hugi (1830) festgestellt hat, besteht Gletschereis aus einem irregulären Aggregat von Körnern unterschiedlicher Größe und Form ohne erkennbare kristallographische Ordnung (Figur 60). Diese Struktur- und Texturmerkmale sind leicht verständlich, da auch die Firnkörner, aus denen Gletschereis entsteht, nach Gestalt und räumlicher Anordnung eine Zufallverteilung aufweisen. Innerhalb eines Gletschers lassen sich aber sehr wohl Zonen von feinkörnigem und grobkörnigem Eis, von ungeregelten und orientierten Eisaggregaten je nach Lagebeziehungen unterscheiden. Nach H. W. Ahlmann u. a. (1948) und G. Seligman (1948) nimmt der Durchmesser der Eiskörner vom Firngebiet zum Zungenende eines Gletschers zu. Die *Gletscherkorngröße* ist damit wachstumsbedingt eine Funktion der Zeit. Schon F. A. Forel (1882) errechnete eine jährliche

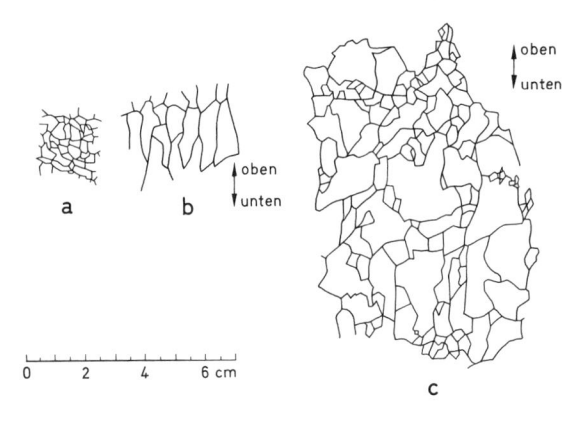

Fig. 60 Gletscherkorngefüge nach L. Lliboutry (1964), a) Horinzontalriß, b) Aufriß in kaltem Gletscher, c) in einem temperierten Gletscher.

Zunahme der Einzelpartikel von 1,4 % in den Alpen. Von hier werden Einzelkorndurchmesser von 7 bis 8 cm, von Spitzbergen 10,2 cm, von Grönland in der Dimension von Erbsen, Haselnuß- bis Walnußgröße, von Franz Josef-Land bis 1,5 cm und von Kap Adare (Antarktika) von 0,75 bis 1,5 cm berichtet (J. K. Charlesworth, 1957, S. 31). Deutlich gibt sich hierbei eine Klimaabhängigkeit, speziell von der Temperatur, zu erkennen, worauf J. R. Reid (1964) hinweist. Da die Vorgänge der Metamorphose stark temperaturabhängig sind, ist diese Verteilung leicht einzusehen. Ferner zeigen sich innerhalb eines Gletschers in Verbindung mit der Eismobilität Änderungen der Kornstruktur und -textur. Als Regel gilt, daß in Zonen kräftiger Bewegung erheblich kleinere Eiskörner anzutreffen sind als in ruhigen Gletscherteilen. Die größten Durchmesser mit bis zu 18 cm (G. Seligman, 1948) werden von Toteis und bewegungsarmem Randeis (L. D. Taylor 1963) berichtet.

Mit Zunahme der Gletscherbewegung setzt eine *Orientierung* der *Eiskristalle* ein. Wie S. Steinmann (1954, 1958) feststellte, erfolgt, sobald die Deformation der Einzelkörner bei Stressbeanspruchung einige Prozent überschritten hat, eine Umkristallisation. Während unter hydrostatischem Druck das Wachstum der Firnkörner regellos ist, ordnen sie sich nunmehr senkrecht zur vorherrschenden Scherspannung ein. Dabei sind die Körner umso kleiner, je höher die wirksame Spannung ist. Auf einem Gletscher findet sich daher in zentralen Teilen eine Zufallsordnung der Eiskörner, in den Randgebieten und nahe dem Grund aber eine Einregelung gemäß den auftretenden Spannungen. Meist sind an der gleichen Probe mehrere Einregelungsmaxima erkennbar. Eine endgültige Klärung dieser Erscheinung ist noch offen, da sich dieser Befund bisher bei Laboratoriumsversuchen noch nicht reproduzieren ließ.

Beim Abbau der Spannungszustände erfolgt nach einiger Zeit durch erneute Umkristallisation wieder eine *Desorientierung* des Korngefüges bei gleichzeitigem Kornwachstum. Einen Nachweis dafür brachte G. P. Rigsby (1960), der eine Eisprobe mit einer Temperatur weit unter 0 °C aus einem Eisstollen am Rande des grönländischen Inlandeises entnahm. Er bewahrte die Probe, deren Körner eine bevorzugte Orientierung aufwiesen, etwa einen Monat bei Temperaturen knapp unter 0 °C auf – bei Werten unter – 10 °C tritt kaum mehr eine Umkristallisation auf –. Durch diesen *Alterungsprozeß* entstanden aus mehr als 300 Körnern der ursprünglichen Probe 16 große Kristalle, deren C-Achsenrichtungen eine stärkere Streuung ergaben als im frischen Zustand. Die Orientierung der Eiskristalle nimmt nach W. B. Kamb und R. L. Shreve (1963) und A. J. Gow (1963) auch mit der Tiefe zu, vor allem in Sohlennähe. Während sowohl am Blue Glacier als auch im Rosseisschelf

Abb. 39 Firn und Eisschichtung am Glacier de Pierredar (Diablerets). Die einzelnen Firnschichten sind durch zwischengelagerte Staub- und Eishorizonte deutlich erkennbar. Im Bereich des kleinen Rundhöckers (Bildmitte) werden durch erhöhten Druck die Schichten deformiert und ausgedünnt. (Aufnahme: 20.10.1971, M.Aellen, VAW-ETH Zürich).

in den oberen 70 m ein Firnkornwachstum mit der Tiefe zu verzeichnen ist, nimmt sie unter wachsendem Druck und Stress wieder ab.

Nachdem vorstehend Einzelkornstruktur und -textur kurz dargestellt wurden, sei nachfolgend das Gesamtgletschergefüge behandelt. R. v. Klebelsberg (1948) nennt als Gefügeelemente der Gletscher: *Schichtung*, *Bänderung* oder *Blätterung* und *Scherung*. Die *Schichtung* umfaßt alle Einregelungselemente, die durch Absatz, sei es in der primären Schneedecke oder nach Eisbrüchen, entstanden sind. *Bänderung* oder *Blätterung* sind *Drucktexturen*, teils mit, teils ohne Beziehung zur Schichtung. *Scherungen* sind Riß- und Scherflächen, die sich aus der Gletscherbewegung ergeben.

Über Schnee- und Firnschichtung wurde bereits in Kapitel 2.2. referiert. Wie man in Gletscherspalten im Firnbereich leicht feststellen kann, setzt sich die ursprüngliche Schichtung *(Abb. 39)* auch im Eis fort, wo sich luftreichere weiße und luftärmere blaue Straten unterscheiden lassen. Daß es sich hierbei noch um echte Primärschichtung handelt, konnte V. Vareschi (1936) anhand des Pollengehaltes nachweisen. Auch die Ergebnisse der Tiefbohrungen z.B. im Grönländischen Inlandeis, wo in Camp Century durch Eisproben aus einem 1390 m tiefen Bohrloch die Klimageschichte der vergangenen 110 000 Jahre aufgrund von $^{18}O/^{16}O$-Untersuchungen rekonstruiert werden konnte (W. Dansgaard u.a., 1969), ist als Beleg dafür zu werten. Nur bei weitgehender Bewahrung der Primärschichtung im grönländischen Inlandeis können die Variationen des ^{18}O-Gehaltes mit Temperaturschwankungen zeitlich übereinstimmen, wie sie sich aus Pollenanalysen niederländischer Moore, ^{14}C-Datierungen, Pleistozänablagerungen im Erieseebecken oder

Entstehung, Struktur und Textur des Gletschereises 141

den ^{18}O-Bestimmungen von Tiefseesedimenten des zentralen Karibischen Meeres ergeben. Sie tun es erstaunlich exakt.

Mit der Gletscherbewegung werden die Schichten deformiert, sie passen sich der Form des Gletscherbettes an, mit Steilstellung der Texturen an den Rändern und flacher Einmuldung gegen die Mitte. An Engpässen treten auch Faltungen und Steilstellungen auf. Es kann in einem solchen Fall aber bereits eine Bänderung vorliegen. Eine endgültige Entscheidung darüber vermögen nur die Pollenanalyse, ^{18}O-Untersuchungen oder auch das Studium von Staubbändern in der Texturabfolge zu erbringen. Ergeben die Pollendiagramme, die ^{18}O-Variationen und Staubeinlagerungen einen regelhaften Ablauf, so ist mit einer Primärschichtung zu rechnen.

Gelegentlich wird ein Gletscher an Steilabstürzen unterbrochen. Am Fuße von Brüchen, über die Eislawinen niedergehen, entstehen neue Eisströme, *regenerierte Gletscher*. Hier findet eine Ablagerung in Form von Sturzhalden statt, und die brecciöse, konglomeratische Struktur dieser Sedimente konnte A. Hamberg (1932) in einem neugebildeten Gletscherstrom verfolgen. In diesem Falle spricht man von Sekundärschichtung.

Durch die Firnlinie beziehungsweise die Gleichgewichtslinie (s. Figur 57) werden Gletscher in Hinblick auf ihren Massenhaushalt in zwei unterschiedliche Bereiche, in das *Nährgebiet* und das *Zehrgebiet* gegliedert. Im Nährgebiet fällt im Durchschnitt der Jahre mehr fester Niederschlag als abschmilzt, im Zehrgebiet überwiegt die Ablation den jährlichen Schneeauftrag, so daß Gletschereis abgeschmolzen wird. Diese Zonierung impli-

Abb. 40 Schichtogiven auf dem Limmerngletscher (Tödigruppe). Infolge unregelmäßiger Ablagerung (Schneeverfrachtung durch Wind) werden an Orten geringer Akkumulation bei der Abschmelzung ältere Schichten aufgeschlossen. Staubeinlagerungen und unterschiedliches Reflexionsvermögen der Einzelschichten bewirken Schmelzfiguren mit deutlicher Bänderung, die als Schichtogiven bezeichnet werden. (Aufnahme: 21.9.1959, H. Siegenthaler, VAW-ETH Zürich).

Abb. 41 Bänderung bzw. Blätterung im Eis des Glacier de Pierredar (Diablerets). Die Bänderung (Blätterung) im Eis kann der Primärschichtung entsprechen, sie kann aber auch durch Druckumformung entstanden sein (siehe Text). Die Firnstraten der letzten Jahre überlagern das Gletschereis an einer diskordanten Ablationsfläche. (Aufnahme: 24.7.1970, H. Röthlisberger, VAW-ETH Zürich).

ziert, daß weder Neuschneedecken noch Firnschichten vorausgegangener Jahre Gletscher in gleicher Mächtigkeit bedecken. Vielmehr keilen die vielfach durch Harschhorizonte und Staublagen markierten Jahresschichten gletscherabwärts aus. Auch durch Unebenheiten der Gletscheroberfläche, Rücken und Mulden, ist die primäre Neuschneeauflage infolge von Verdriftungsvorgängen unterschiedlich mächtig. Auf Kuppen wird die gleiche, wesentlich dünnere Schicht schneller abschmelzen als in Beckenlagen. Die auskeilenden Grenzen der einzelnen Schichten zeichnen sich durch mineralische Beimengungen der Sommerlagen und durch Eishorizonte im Nährgebiet der Gletscher als deutliche Linien und schmale Bänder mit unregelmäßigem Verlauf ab. Diese Ausbisse werden als echte *Ogiven* (*Abb. 40*) angesprochen.

Neben der *Schichtungstextur* geben sich auf Gletschern noch andere parallel angeordnete Gefügeelemente zu erkennen. Sie werden *Bänder* oder *Blätter* bezeichnet (*Abb. 41*). In der Regel bestehen sie aus wechselnden Lagen von dichtem, luftarmen Eis, die wegen ihrer grünen bis blaugrünen Farbe *Blaublätter*, und luftreichem hellen Eis, die *Weißblätter* oder *Weißeis* genannt werden. Auch Wechsellagerung von grob- und feinkörnigem Eis führt zu einer derartigen Bänderung. Wie V. Vareschi (1936) an Hand des Pollengehaltes der Blätterung nachweisen konnte, läßt sich zumindest teilweise noch eine Primärschichtung erkennen, wobei der Gesamtschichtverband aber schon gestört ist. Nach der An-

Abb. 42 Marginaltexturen am linken Rand des Grubengletschers (Saastal). Durch die Einlagerung von Moränenmaterial (dunkle Streifen) sind die druckbedingten steil gletschereinwärts fallenden Marginaltexturen besonders deutlich zu erkennen. (Aufnahme: Sommer 1954, E. Häberli, Bettingen bei Basel).

ordnung der Einzelkristalle und der Luftblasen, die parallel zu den Blattoberflächen eingeregelt sind, ist die Bänderung aber sicher weitgehend das Ergebnis starker Pressungen, wobei sich die Blätter in Richtung des geringsten Widerstandes zum Stress ergeben. Solche eindeutigen *Drucktexturen* zeigen sich besonders schön unter Eisbrüchen quer über einen Gletscher. Auch die Fließbewegung des Eises wird durch die Bänderung nachgezeichnet. Im allgemeinen fallen die Blätter am Rand steil gegen das Gletscherinnere ein *(Abb. 42)*, liegen dort flach und heben am Zungenende löffelförmig aus (s. Figur 68).
Nach R. v. Klebelsberg (1948, S. 58) haben H. und A. v. Schlagintweit den Begriff Ogiven auf diese am Gletscherende umlaufend streichenden Bänder bezogen *(Abb. 43)*. Auch im Gletscherinneren können Blätter steil stehen. Sie sind dann Ausdruck stark differenzierter Bewegung oder zeigen an, daß der Gesamtgletscher aus zwei oder mehreren Teilströmen besteht. Vielfach treten in diesem Bereich auch Mittelmoränen auf. Das steile Einfallen der Bänder wird daher auch als *Marginaltextur* angesprochen. Sie verleiht den Gletschern eine Längsstreifung, wie sie R. Streiff-Becker (1952) vom Großen Aletschgletscher oder L. D. Taylor (1964) vom Burrough Glacier anschaulich beschrieben haben.
Feinkörnige Blätter mit einer Schichtdicke von 1 bis 5 cm und grobkörnige mit einer Mächtigkeit von 5 bis 100 cm weisen ebenso wie Weiß- und Blaublätter unterschiedliche Ablationseigenschaften auf. Die Weißblätter mit einer erheblich höheren Albedo schmelzen wie grobkörniges Eis langsamer ab, da die höhere Anzahl von Korngrenzen bei feinkörnigem Eis pro Flächeneinheit nach L. D. Taylor (1964) eine starke Ablation bedingt. Aus diesem Sachverhalt ergibt sich eine rinnenförmige Kleintopographie im Ablationsbereich der Gletscher, die als *Pflugfurchen, Wagengeleise* oder *Reid'sche Kämme* (R. v. Klebelsberg, 1948, S. 58/59) bezeichnet werden. In speziellen Fällen können die Blätter auch in *Stromwirbeln* mit einem Durchmesser von maximal 10 m angeordnet sein. L. D. Taylor (1964) führt diese Erscheinung auf plastische Deformation zurück. Wie die Ausführungen zeigen, ist die Bänderung (Blätterung) eindeutig eine Folge der Druckbeanspruchung und der dadurch bedingten Umkristallisation. Eine genaue Erklärung steht aber bisher noch aus.

Abb. 43 Bänderogiven am Schmadrigletscher (Berner Oberland). Am Zungenende werden die durch Bänderung entstandenen Texturen in umlaufenden Linien sichtbar (Bänderogiven). (Aufnahme: 6.10.1968, M. Aellen, VAW-ETH Zürich).

Ein weiteres Texturelement sind die *Scherflächen (Abb. 44)*. Sie fallen ähnlich wie die Bänder vom Rand zur Gletschermitte steil ein und tauchen am Ende der Zunge flach auf. Bei den Scherflächen handelt es sich um feine Klüfte von Messerklingenstärke, die sich in der Tiefe schnell zu Haarrissen verengen. Sie verlaufen entweder parallel zur Blätterung oder schneiden diese spitzwinklig. An den Öffnungen dieser Scherflächen, die sich bis maximal 500 m erstrecken können, tritt auch Feinschutt aus, so daß sie sich auf der Gletscheroberfläche als *Scherflächenogiven* abbilden. Ob es sich bei dem Feinmaterial um äolischen Staub der Primärschichtung oder um Grundmoräne handelt, vermag im einzelnen eine pollenanalytische Untersuchung zu klären. Entlang der Scherrisse lassen sich Bewegungen feststellen. Sie verlaufen derart, daß sich eine höher gelegene Partie über eine grundnähere, die durch vermehrte Reibung stärker abgebremst ist, schiebt. Dadurch überkragt der obere den unteren Teil meist um einige Zentimeter. Maximalbeträge von 0,5 bis 1,5 m der Überkragung sind am Guslar- und Gepatsch-Gletscher, ferner in den Ötztaler Alpen beobachtet worden. G. Seligman (1943) hat diese Bewegung am Aletschgletscher zu 1 cm in 24 Stunden im Hochsommer gemessen, und L. P. Koch und A. Wegener (1930) stellten am grönländischen Inlandeis sogar Verschiebungsbeträge bis zu 1 m pro Tag fest. Eine ähnlich bremsende Wirkung wie der Untergrund hat unter Gletscherbrüchen das vorlagernde Eis, das von höheren Teilen entlang quer über den Gletscher verlaufenden Scherrissen überschoben wird. Die Flächen der Scherrisse sind glatt und schneiden sowohl Einzeleiskörner als auch Schichtungs- und Bänderungstexturen. Scherflächen treten überall da auf, wo eine stark differenzierte Gletscherbewegung stattfindet und die plastische Verformbarkeit des Eises überschritten wird. Sie ist demnach ein der Gesamtgletscherbewegung untergeordneter, spannungslösender Gleitvorgang.

Gelegentlich finden sich neben den feinen, parallel in einem Abstand von 0,5 bis 2 m angeordneten Scherflächen auch gröbere Fugen, an denen in der Regel in größerem Umfang Schlamm (Grundmoräne) austritt. Sie greifen demnach tiefer in den Gletscher und sind Überschiebungsflächen höherer Ordnung, *Schubflächen*. Auch steilstehende *Harnischflächen*, die von einer kräftigen Bewegung zeugen, sind an derartigen Schubflächen beobachtet worden.

Abb. 44 Scherflächen am Zungenende des Glacier de Giétro. Die hangenden Eispartien über der Scherfläche ragen gegenüber den liegenden vor. An den Scherflächen, Zonen erhöhter Mobilität, wird in verstärktem Maße feines Grundmoränenmaterial (dunkle Einlagen im Scherflächenbereich) an die Gletscheroberfläche gefördert. (Aufnahme: 12.10.1967, M.Aellen, VAW-ETH Zürich).

3.1.3. Fremdmaterialeinschlüsse im Eis

Gletschereis ist nicht allein die feste Phase von Wasser (H_2O), sondern enthält auch *Fremdmaterialeinschlüsse wie Luft, organische Substanzen und mineralische Feststoffe (Moränen)*. Nach Definition entsteht aus Firn Gletschereis, wenn bei einer Dichte von 0,82 bis 0,85 g/cm³ die Permeabilität für Luft Null wird. Die in der Ablagerung noch vorhandene Luft bildet eisumschlossene tropfenförmige *Gasblasen*. Sie sind bei kalten wie temperierten Gletschern im Regelfalle in zur Oberfläche parallelen Bändern angeordnet. Ihre Längsachsen stehen senkrecht zu den Texturflächen. L. Lliboutry (1964) hat die Dimensionen der Gasblasen an chilenischen Gletschern mit einem Durchmesser von 0,5 bis 1 mm und einer Länge von 10 bis 20 mm bestimmt. Im arktischen Bereich sind sie wesentlich kleiner. Luftblasen in grönländischen Eisbergen hatten bei einer Breite von 0,02 bis 0,18 mm nur eine Länge von 4 mm. Im Bereich starker Pressungen wie bei Blau- und Weißblättern, können die Gasblasen in ihrer Längserstreckung auch oberflächenparallel eingeordnet sein. Die weitere Komprimierung von Gletschereis von 0,82 bis 0,85 g/cm³ auf seine maximale Dichte von 0,9168 g/cm³ erfolgt durch Verringerung des Luftgehaltes und Erhöhung des Druckes in den Gasblasen. Während oberflächennah die Lufteinschlüsse etwa unter Atmosphärendruck stehen, nimmt der Druck nach C.C. Langway (1958) bei einer Überlagerung von mehr als 150 m rein als Funktion der Tiefe zu *(Fig. 61)*.

Die Zusammensetzung der Luft in den eingeschlossenen Blasen ist in Abhängigkeit von der Bildung recht unterschiedlich und weicht zum Teil erheblich von den atmosphärischen Bedingungen mit 20,95 % O_2, 79,02 % N_2 und anderen Gasen sowie 0,03 % CO_2 ab.

146 Gletscher und Inlandeise

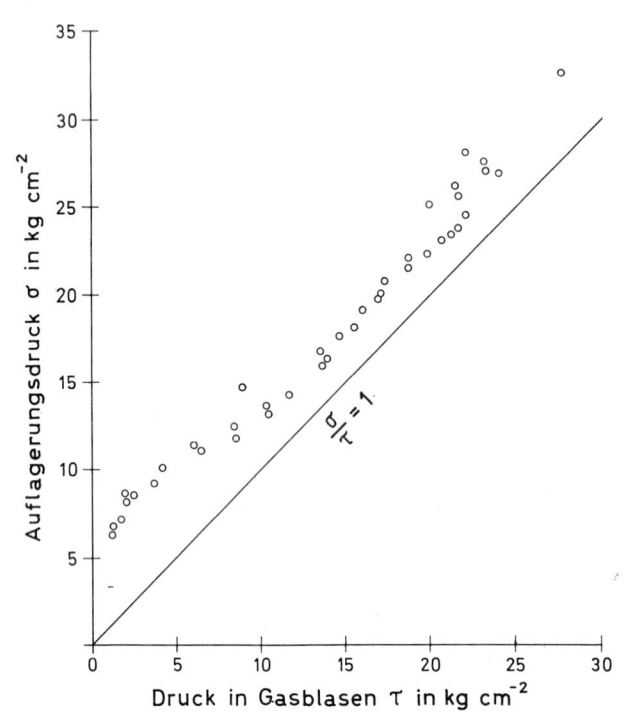

Fig. 61 Zusammenhang zwischen Auflagerungsdruck und Druck in Luftblasen im grönländischen Gletschereis. Nach C.C. Langway, (1958).

[Diagramm: Auflagerungsdruck σ in kg cm^{-2} gegen Druck in Gasblasen τ in kg cm^{-2}, mit Gerade $\sigma/\tau = 1$.]

Luft, die bei Sublimationsvorgängen abgeschlossen wurde, entspricht zunächst der atmosphärischen Zusammensetzung. Völlig andere Verhältnisse finden sich aber in Luftblasen von Eis, das beim Gefrieren von Wasser entsteht. Da die Löslichkeit der Luftgemengeteile im Wasser sehr unterschiedlich ist, ergibt sich für den gelösten Gashaushalt des Wassers eine andere Zusammensetzung, nämlich von 34,32% O_2, 63,96% N_2 und anderen Gasen sowie 1,72% CO_2. Kohlendioxyd und Sauerstoff sind bei einer Verarmung an Stickstoff demnach in Wasser wesentlich angereichert. Wie P. A. Schumskii (1964) weiter ausführt, bringt nun jeder Schmelzprozeß mit Wassertransport entsprechend den Lösungsbedingungen der Gase eine Veränderung in der Zusammensetzung der Luftblasen. Sie verläuft derart, daß die Gasblasen zunächst ärmer an CO_2, dann an O_2 werden, bis letztlich eine reine Stickstoffüllung zurückbleibt. Diesem Differenzierungsprozeß, wie ihn G. Tamann (1929) und A. Renaud (1951) für die Umbildung des Firnes in Gletscherkörner dargestellt haben, ist es auch zuzuschreiben, daß der Spurenstoffgehalt des Gletschereises über viele Jahrhunderte gering und nahezu konstant geblieben ist, obwohl sich der Weltkohlekonsum nach R. Revelle und H. Suess (1957) in der Zeit von 1920 bis 1955 von 12,8 · 10^8 Tonnen auf 25 · 10^8 Tonnen verdoppelt hat. Die Reinigungskraft der diagenetischen Veränderungen geht deutlich aus *Tab. 24* hervor. H. W. Georgi (1963) hat damit für die Alpen Ergebnisse von C. E. Junge (1960) bestätigt, der feststellte, daß sich in Grönland der SO_4^{--}-Gehalt im Gletschereis seit 1915 nicht geändert hat.

Der Luftgehalt des Gletschereises ist in mancher Hinsicht glaziologisch bedeutsam. Zunächst ermöglicht er durch die Anwesenheit von CO_2 eine absolute Altersbestimmung der Ablagerung mittels der Radiocarbonmethode bis zu einem Alter von etwa 40 000 Jahren. Zum anderen spielt der Luftgehalt des Eises für die Ablation eine erhebliche

Meßstelle	Alter der Probe	SO_4^{--} [mg/l]	NO_3^- [mg/l]	NH_4^+ [mg/l]	Cl^- [mg/l]
Hintereisferner	mehrere hundert Jahre	0,050	0,020	0,030	0,40
	etwa hundert Jahre	0,048	0,020	0,032	0,44
	jünger als hundert Jahre	0,050	0,022	0,044	0,46
	einige Jahre	0,077	0,022	0,046	0,55
Zugspitze	frischer Schnee	1,0	0,8	2,8	1,6
St. Moritz	frischer Schnee	0,4	0,8	1,2	–

Tab. 24 Spurenstoffgehalt von Gletschereis und frischem Schnee nach H.W. Georgi, 1963, S. 141.

Rolle. Luftreiches Eis schmilzt sowohl unter Strahlungsbedingungen als auch durch Wärmeleitung schlechter als blasenfreies. Die Ursache ist darin zu suchen, daß Lufteinschlüsse hohe reflektierende und zudem stark isolierende Eigenschaften wegen der geringen Temperaturleitfähigkeit besitzen.

Im Ablauf eines Jahres werden im Nährgebiet neben Schnee auch andere äolische Sedimente, Staub und organische Substanz *(Blütenpollen)*, abgelagert. Naturgemäß sind die *Staubschichten* im Sommer und Herbst, wenn die Umgebung der Gletscher aper ist, am mächtigsten. Zudem reichern sich die Mineralkörner und Pollen am Ende der Ablationsperiode durch Schmelzen und Verdunstung relativ an, so daß sie hervorragende Horizonte für die Stratifizierung der Ablagerung bilden. Besonders geeignet hierfür ist, wie V. Vareschi (1936), W. Ambach u. a. (1969) und E. S. Troshkina und J. V. Machova (1961) an Beispielen von Gletschern in den Ötztaler Alpen und des Elbrus im Kaukasus berichten, der Pollengehalt im Schnee und Eis. Er ermöglicht es, wenn die Schmelzvorgänge nicht zu kräftig sind, eine jahreszeitliche Differenzierung der Schneedecke durchzuführen *(Fig. 62)*. In Frühjahrsschichten finden sich vorwiegend Hasel-, Föhren-, Erlen-, Birken- und Weidenpollen, im Frühsommer treten jene von Fichte und Zirbel stärker hervor, und der Spätsommer sowie Herbst ist durch eine Abnahme der Baumpollen (Zirbel und Linde) bei einem Überwiegen von Kompositenpollen gekennzeichnet. Eine sekundäre Zufuhr von Pollen durch Sickerwässer ist nach R. v. Klebelsberg (1948) nahezu unbedeutend. Die Winterschichten sind pollenfrei oder weisen nur einen sehr geringen Gehalt auf. Wie bei der Metamorphose bereits dargelegt und bei der Gletscherbewegung noch auszuführen sein wird, werden die Jahresschichten über Druck und Umkristallisationsvorgänge in starkem Maße deformiert und komprimiert. Da die Pollen selbst stärkste mechanische Beanspruchungen überdauern, müssen sie sich bei der Verdichtung zwangsläufig pro Volumeinheit anreichern. In der Tat fand V. Vareschi (1936) in einem oberen Teil des Gepatschferners 83 Pollen pro 1 dm^3 Eis, in einem mittleren 327 und im untersten 704.

In weit stärkerem Umfang ist am Aufbau der Gletscher *Gesteinsschutt* beteiligt. Nach einer Lokalbezeichnung in der Gegend von Chamonix und aus dem Wallis haben H. B. de Saussure (1779) und J. de Charpentier (1841) den Begriff »moraine« *(Moräne)* in die wis-

148 Gletscher und Inlandeise

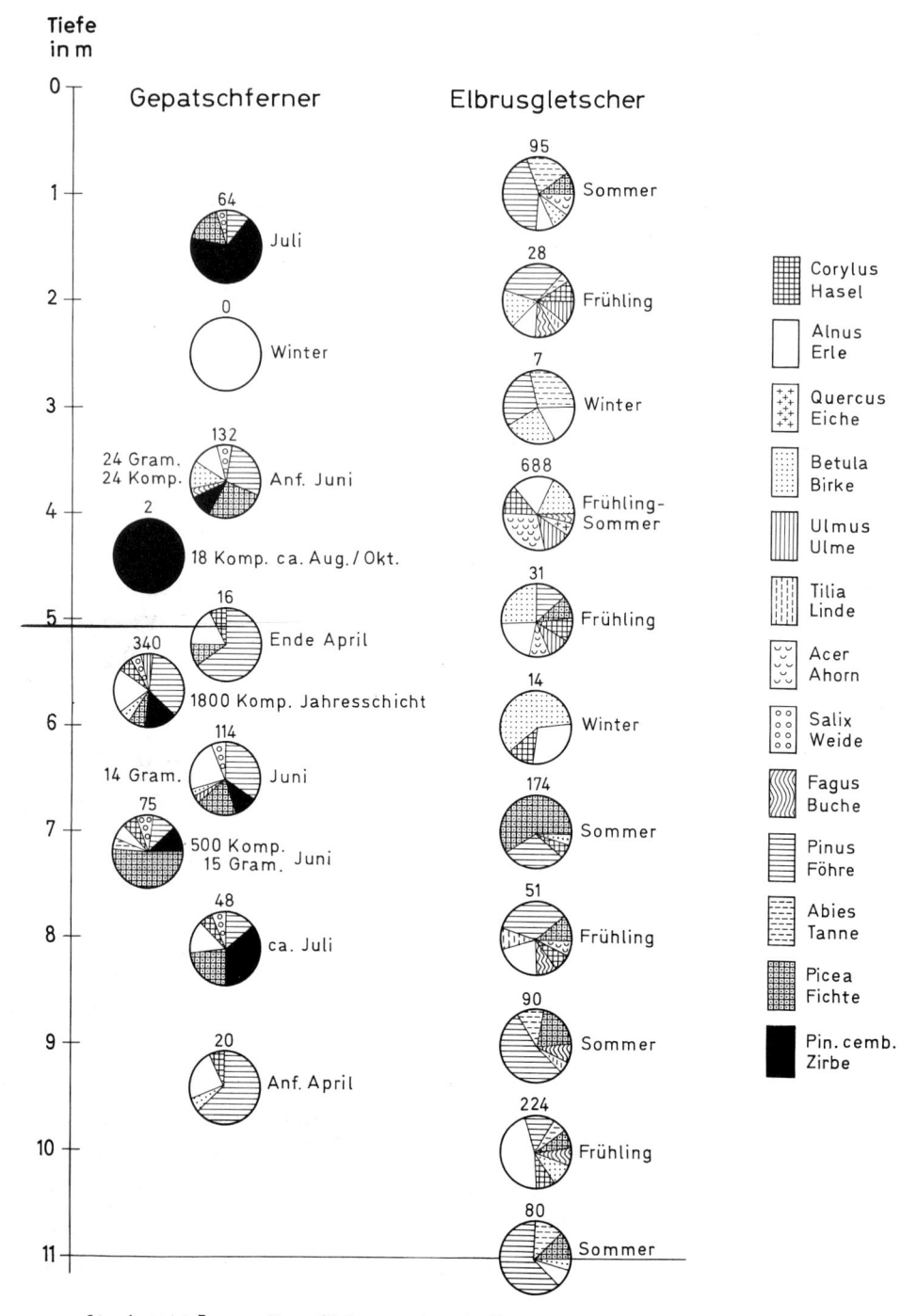

Fig. 62 Pollendiagramm aus den Alpen und dem Kaukasus. Nach V. Vareschi, 1936 und E.S. Troshkina und J.V. Machova (1961).

64 = Anzahl Baumpollen, 24 Komp. = Anzahl Kompositenpollen, 14 Gram. = Anzahl Gramineenpollen, (Anzahl pro dm³).

senschaftliche Literatur übernommen. Auch die Namen *Guffer* oder *Gand* sind in der Schweiz vornehmlich für Obermoräne gebräuchlich.

Das Gesteinsmaterial erhalten die Gletscher durch Steinschlag und Bergsturz von den umrahmenden Höhen sowie durch Detraktion und Exaration von den Gletscherbettwandungen und dem Untergrund. Je nach der Lagebeziehung zum Gletscher unterscheidet man *Ober-, Seiten-, Mittel-, Innen-* und *Grundmoränen*. Diese Bezeichnungen geben jeweils nur einen Augenblickszustand an, da im Ablauf der Zeit durch Sedimentation, Ablation und Gletscherbewegung die Lagebeziehungen veränderlich sind. Aus einer Obermoräne kann im Nährgebiet Innen- und Grundmoräne werden; andererseits gelangt im Zehrgebiet auch Grund- und Innenmoräne wieder an die Oberfläche. Dabei ist der Schuttransport der Moränen im Rahmen der Gletscherbewegung stromlinienbeständig, solange der Gletscher seinen Zusammenhang wahrt. Jedem Teilbereich des Nährgebietes, in dem Gesteinsschutt deponiert und durch jährliche Schneeakkumulation und Submergenzbewegungen in tiefere Lage gebracht wird, entspricht ein Teilbereich im Ablationsgebiet, wo das Moränenmaterial wieder ausschmilzt (siehe geometrische Theorie der Gletscherbewegung, Kapitel 3.2.).

Der Moränengehalt der Gletscher ist wesentlich abhängig vom Verhältnis der überragenden Wände und der Bettwandungen zum Gletschervolumen, wobei selbstverständlich auch die Standfestigkeit und Verwitterbarkeit der Gesteine eine Rolle spielt. Aus diesem Grunde sind Deckgletscher, wie sie auf der Barentsinsel, Nordostland und anderen arktischen, mit Eiskuppeln bedeckten Inseln vorkommen ebenso wie die Inlandeise Grönlands und der Antarktis moränenarm. In Hochgebirgen mit untergeordneter Ver-

Abb. 45 Obermoräne am Zungenende des Oberaletschgletschers (Berner Alpen, Kt. Wallis). Durch das Moränenmaterial erhält das unterlagernde Eis einen Ablationsschutz. (Aufnahme: 3.10.1968, H. Widmer, VAW-ETH Zürich).

gletscherung dagegen, besonders wenn die Wandfluchten mehrere tausend Meter hoch sind wie im Karakorum und Himalaya, ist die Moränenführung stark, und die Zungenenden sind oft völlig mit einer mächtigen Schuttdecke überlagert, so daß Gletscher und Gletschervorfeld fast kaum zu unterscheiden sind.

Obermoränen (Abb. 45) finden sich im Nährgebiet kaum, da das abstürzende Gesteinsmaterial auch im Sommer sehr bald von Neuschneefällen bedeckt wird. Es reichert sich aber gegen das Gletscherende an. Diese Tatsache ist leicht verständlich, da durch Ablation wohl Eis abgeführt wird, das Moränenmaterial aber liegen bleibt. Neben Steinschlag, der auch in tieferen Teilen auf die Gletscheroberfläche fallen kann, schmilzt hier Innen- und Grundmoräne aus. Die reine Obermoräne weist ebenso wie Teile der Innenmoräne nur eine geringe glazigene Beanspruchung auf. Die Blöcke, die auf dem Inyltschgletscher im Tienschan einige tausend Kubikmeter mit Kantenlängen bis zu je 100 m umfassen können (E. v. Drygalski u. F. Machatschek, 1942), sind kantig, zeigen keine Schichtung und glazigene Kritzung. Die Form der Einzeltrümmer ist abhängig vom Ausgangsmaterial, das zu Blöcken, Scherben, Grus oder auch zu feinsplittrigem Detritus mit Gesteinsmehl wie bei manchen Mergeln und Schiefern verwittern kann.

Völlig anders ist der *Grundmoränenschutt* beschaffen. Durch die hohen Drucke am Gletschergrund, in den Alpen 2 bis 4 t/dm², in Grönland 7 bis 8 t/dm² (R. v. Klebelsberg 1948, S. 158), wird das Gesteinsmaterial kräftig durchgearbeitet, wobei feinstes Gesteinsmehl entsteht. Es wird zum Teil als *Gletschertrübe (Gletschermilch)* von den Schmelzwasserbächen abtransportiert. Die verbleibenden Blöcke sind kantengerundet, ihre Oberflächen poliert und weisen *Kritzer* auf, die mit dem Fingernagel ertastet werden können. Die Grundmoräne erhält zwar Zufuhr von der Obermoräne durch Absturz im Bergschrund und anderen Gletscherspalten, doch stammt der Hauptanteil vom Gletschergrund selbst. Die Felsunterlage wird durch Detraktion, bei der Regelationsvorgänge wirksam werden, und Exaration, der ausschürfenden Tätigkeit der Gletscher, aufgearbeitet. Bei Vorrückungsphasen von Gletschern können am Grunde auch *Vorstoßschotter*, die im Gletschervorfeld abgelagert waren, durch den Gletscher als Grundmoräne weiter transportiert werden. Es finden sich also auch gut gerundete fluviatile Gerölle als *Grund-* und *Stauchmoränenablagerungen*. Vielfach sind in diesen Moränenablagerungen, die hier nicht weiter behandelt werden sollen, auch *Toteisblöcke* eingeschlossen, also Gletschereis, das seinen Zusammenhang mit dem eigentlichen Gletscherstrom verloren hat. Die Grenze zwischen Grundmoräne und Gletscher ist nicht immer scharf, vielmehr sind auch die Eispartien am Grunde noch reichlich mit Gesteinen durchsetzt. Ebenso wie am Gletschergrund ist auch an den Gletscherbettwandungen eine starke Moränenführung feststellbar.

Aus den beiden Haupttypen, *Ober-* und *Grundmoräne*, lassen sich alle weiteren Moränenlagen ableiten. Da gegen das Zungenende die randlichen Partien verstärkt abschmelzen, wird dort Moränenmaterial angereichert. Solange der Schutt mit dem Gletscher transportiert wird, spricht man von *Seitenmoräne*, nach seiner Ablagerung von *Ufermoräne (Abb. 46)*. In vielen Fällen handelt es sich nicht um Einzelgletscher, sondern um von mehreren Teilströmen *zusammengesetzte Gletscher*. Der Hochjochferner (Ötztaler Alpen) besteht z. B. aus fünf Teilströmen *(Fig. 63)*. Vier Teilströme – der fünfte endet schon frühzeitig im Nordosten – sind deutlich durch *Mittelmoränen (Abb. 47)* getrennt. Mittelmoränen sind danach nichts anderes als die vereinigten Seitenmoränen zweier benachbarter Teilströme. Für diese Tatsache spricht auch das steile Einfallen der Blätterung im Bereich der Mittelmoränen, die S. 143 als Marginaltextur gedeutet wurde. Vielfach wird die Mächtigkeit der Mittelmoräne überschätzt. Die Mittelmoräne zwischen Gorner- und

Entstehung, Struktur und Textur des Gletschereises 151

Abb. 46 Ufer-, Seiten- und Mittelmoränen am Z'Muttgletscher und seinen Zuflüssen. Gut erkennbar sind die höhergelegenen, älteren Ufermoränen, die mit steilen Flanken zu den heutigen Gletscheroberflächen abbrechen. Die rezenten Seitenmoränen vereinen sich nach dem Zusammenfluß der Teilströme zu Mittelmoränen. (Aufnahme: 25.10.1949, P.Kasser, VAW-ETH Zürich).

Monte Rosa-Gletscher zieht als mächtiger Wall stromparallel nach Westen. Eine genauere Beobachtung ergibt, daß die groben Blöcke der Moräne aber schon in geringer Tiefe von Eis unterlagert werden, das durch die Schuttauflage einen Ablationsschutz genießt. Seiten- und Mittelmoränen tauen etwas unterhalb der Gleichgewichtslinie (Firnlinie) aus, so daß sie mit gewisser Einschränkung für die Bestimmung der Höhenlage dieser markanten Massenhaushaltsgrenze verwendet werden können. Gelegentlich finden sich auch quer über Gletscher verlaufende Moränen *(Quermoränen)*. Sie sind als Ergebnis spezieller

Abb. 47 Die Teilströme des Großen Aletschgletscher (Berner Alpen, Kt. Wallis) werden durch Mittelmoränen voneinander getrennt. (Aufnahme: 7.7.1970, H.Widmer, VAW-ETH Zürich).

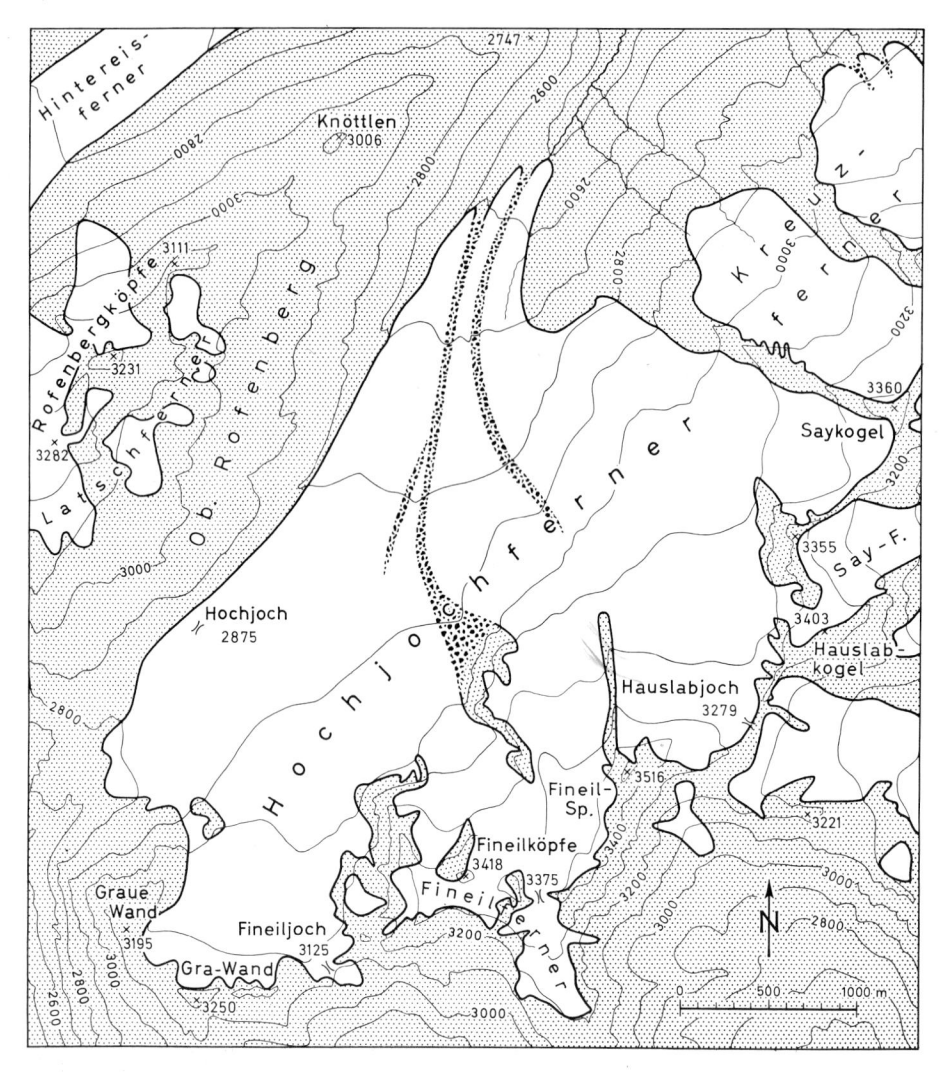

Fig. 63 Der Hochjochferner in den Ötztaler Alpen/Österreich ist aus fünf Teilströmen zusammengesetzt, die von einzelnen Karen der Umrahmung – Gra-Wand, Fineilköpfe, Fineil-Spitze, Hauslabkogel, Saykogel – gespeist werden. Etwas unterhalb der Firnlinie in rund 2900 m wird die Trennung zumindest von vier Einzelgletschern deutlich durch die ausapernden Mittelmoränen markiert. Der aus dem Kar beim Saykogel kommende Gletscher endet schon so frühzeitig, daß eine Mittelmoräne zum südwestlich anschließenden Arm nicht mehr ausgebildet ist. Nach AV-Karte der Ötztaler Alpen, Blatt Weißkugel – Wildspitze, herausgegeben vom Hauptausschuß des Österreichischen Alpenvereins (1951).

Bewegungsvorgänge zu deuten. In der Regel finden sich Quermoränen dort, wo sich ein höherer Gletscherteil entlang einer Schubfläche über einen tieferen schiebt. Meist ist die untere Partie, ohne den unmittelbaren Zusammenhang mit dem Hauptstrom zu verlieren, weitgehend immobil geworden *(stagnant ice)*, und der höhere hat einen neuen Bewegungs-

impuls erhalten. Die Quermoräne ist in diesem Fall als eine Art Stirnmoräne auf dem Gletscher aufzufassen, wie man sie sonst an der Front von Gletscherzungen trifft.
Überblickt man die räumliche Verteilung des Moränenmaterials von Gletschern, so zeigt sich, daß das Innere im allgemeinen arm an Gesteinsschutt ist. Eine besondere Anhäufung von Fremdmaterial ist im Ablationsgebiet an der Oberfläche, am Untergrund und an den Bettwandungen anzutreffen. Nur im Bereich von Mittelmoränen taucht Schutt in die Tiefe. Ausgesprochene Wechsellagerung von ca 20 cm dickem Eis und 10 cm starken Sandschichten, wie sie D. Wakefield (1967) vom Sandy-Glacier, Southern Victoria Land, Antarktika, berichtet, ist eine Ausnahme. Der Sand soll hier vom Gletschervorfeld durch kräftige Winde in der Ablationsperiode auf den Gletschern geweht werden.
Viel häufiger als die alternierende Lagerung von Sand und Eis, wie sie D. Wakefield (1967) beschrieben hat, ist eine extrem starke Anreicherung an Obermoräne gegen das Zungenende von Gletschern in Gebieten mit kräftiger mechanischer Verwitterung. Solche Bildungen sind fast aus allen Hochgebirgen der Erde bekannt. Man bezeichnet sie als *Blockströme, Blockzungen* oder auch *Blockgletscher* (engl. *rock glacier, rock streams;* franz. *glaciers de pierres, coule's de bloc;* ital. *pietraie semoventi*). Eine grundlegende Untersuchung über Blockströme im afghanischen Hindukusch und in den Ostalpen stammt von E. Grötzbach (1965). Aufgrund seiner Beobachtungen kommt er zu dem Ergebnis, daß *Blockströme* (dies ist der Oberbegriff) im wesentlichen auf zwei Entstehungsursachen zurückzuführen sind:
1 aus einer sehr kräftigen Moränenanhäufung gegen das Zungenende von Gletschern *(Blockzungen) (Abb. 48),*
2 unabhängig von aktiven Gletschern als reine Schuttbewegung, die der der Gletscher ähnlich ist *(Blockgletscher).*

Abb. 48 Blockstrom (Blockzunge), die aus einem rezenten Gletscher hervorgegangen ist in der Piw-Gruppe des afghanischen Hindukusch. (Aufnahme E. Grötzbach 1963).

154 Gletscher und Inlandeise

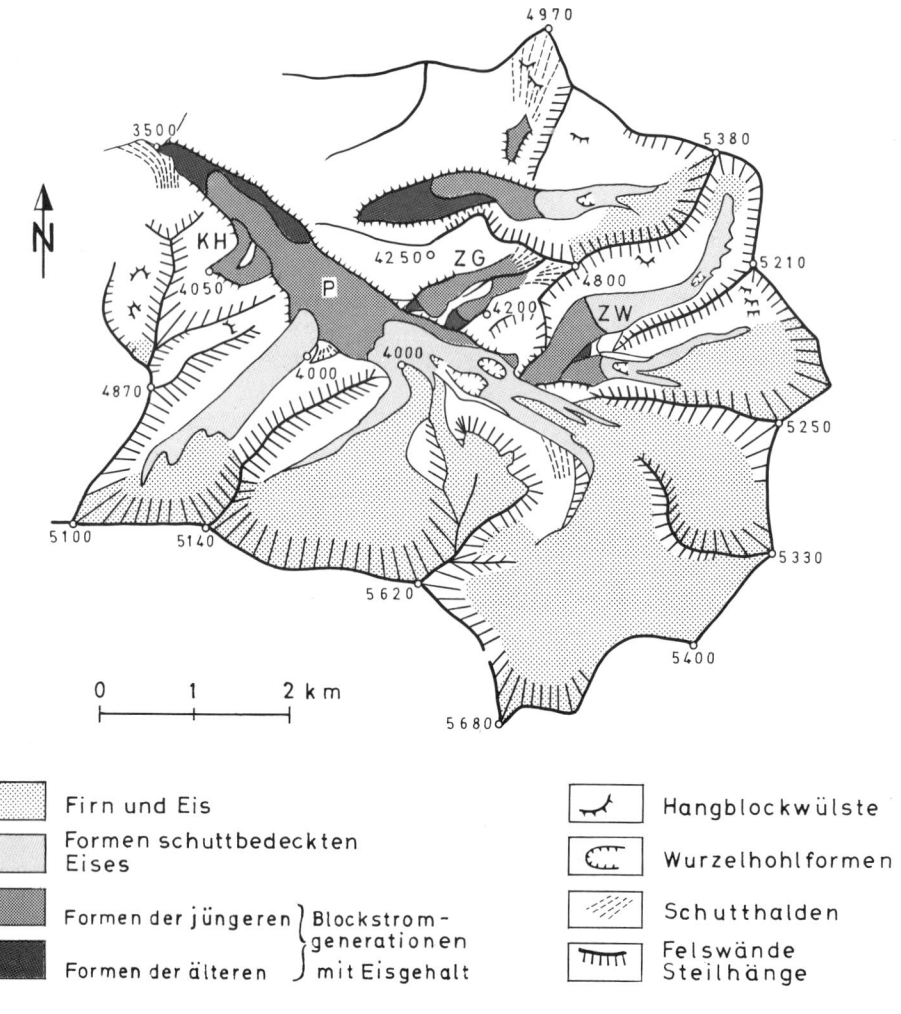

Fig. 64 Blockströme in der zentralen Piw-Gruppe, mittleres Khwajo Muhammad-Gebirge nach Luftbildauswertung und Geländebegehung durch E. Grötzbach (1965). Die Höhenangaben beruhen auf barometrischen Messungen während der Forschungsreise. KH = Blockgletscher am NE-Fuß des Krummtalhorns, ZW = Zuckerwasserblockzunge, P = Piw-Blockstrom, ZG = Zwiebelgartenblockgletscher.

Nach Untersuchungen in den Alpen nahmen J. Domaradzki (1951) und W. Pillewizer (1957) an, daß vor allem kleine Gletscher von Schutt überwältigt wurden. Wie *Fig. 64* und Abbildung 46 zeigen, werden *Blockzungen* im afghanischen Hindukusch bis zu 5 km lang. Die sehr viel weitere Verbreitung von Blockzungen in den Gebirgen der Subtropen dürfte, sieht man einmal von den Reliefbedingungen ab, vor allem auf die intensivere mechanische Verwitterung in der Frostschutzone zurückzuführen sein. Ein maritimes Klima ist dagegen der Blockstrombildung abträglich, wie W. F. Thompson (1962) im Kaskadengebirge (USA) feststellte. Also führen besonders schuttreiche Gletscher bei

Entstehung, Struktur und Textur des Gletschereises 155

Abb. 49 Blockstrom (Blockzunge) mit deutlich ausgebildeten Fließwülsten im Zaytal/Ortlergruppe. (Aufnahme E. Grötzbach 1964).

geneigtem Gelände zur Bildung von Blockzungen, während schuttarme Ufer- und Stirnmoränen ablagern, worauf auch W. Klaer (1962) nach Beobachtungen im Taurus hinweist. Blockzungen und Stirnmoränen können sich also wechselseitig vertreten. Die Hauptschuttmasse muß, wie E. Grötzbach (1965) überzeugend beweist, schon zum Hochstand des Gletschers akkumuliert sein, und sie gerät beim Gletscherrückgang mit starkem Schmelzwasseranfall in Bewegung. Am oberen Ende der Blockzunge, wo die Moränenauflage noch weniger mächtig ist, finden sich bis zu 100 m breite und 50 m tiefe Ausschmelztrichter *(Wurzelhohlformen)*, wie sie für zerfallende Gletscher typisch sind. Stromab ordnet sich das Blockmaterial in *Fließwülsten (Abb. 49)* an. Die gesamte Blockzunge ist von Gletschereis unterlagert, das durch den Gesteinsschutt von stärkerer Ablation geschützt wird. Durch den Überlagerungsdruck und Bewegung wurde das Eis zu isolierten Toteisblöcken ausgewalzt. Auch in den Alpen wurde von J. Domaradzki (1951) sowie C. Wahrhaftig und A. Cox (1959) Toteis unter Blockströmen nachgewiesen. D. Barsch (1971) fand beim Blockstrom Macun I in den Schweizer Alpen unter einem 6 m dicken Blockmantel sogar eine 80 m mächtige Eisschicht. Aber nicht alle eisunterlagerten Blockpackungen sind in Bewegung. G. Östrem (1971) unterscheidet daher von den Blockströmen (Blockzungen und Blockgletscher) Moränen mit Eiskern *(ice-cored moraines)*. Sie kommen auch auf ziemlich ebenen Flächen vor. Der Flechtenbewuchs auf den Blöcken zeigt, daß diese über längere Zeit sicher nicht bewegt wurden.

Blockgletscher sind dagegen Blockströme, deren Wurzelabschnitte keinerlei Zusammenhang mit rezenten Blankeisgletschern erkennen lassen. Die Schutthalden eines steilen Hintergehänges gehen allmählich in den Schuttkörper des Blockstroms über. An Stelle der für Blockzungen typischen Wurzelhohlformen finden sich an ihrem Beginn kleinere

Vertiefungen unregelmäßiger Gestalt. Sie sind häufig von Schneeschuttwällen umgeben und tragen bis in den Sommer hinein Schneeflecken. Im oberen Blockgletscherteil weisen Schuttstränge auf die Materialbewegung hin. Gegen das Zungenende treten stirnwärts ausgebuchtete *Wülste* und *Furchen* auf. Ein direkter Zusammenhang mit rezentem Gletschereis oder auch aus der Zeit des Hochstandes um die Mitte des vergangenen Jahrhunderts erscheint fraglich, weil sie durchweg in tiefer Lage vorkommen, so daß zur Bildung von Gletschern eine Schneegrenzdepression von 400 bis 600 m erforderlich wäre. Allerdings spielt Eis auch für die Bewegung der Blockgletscher eine wichtige Rolle. Die Durchfeuchtung der Pelite reicht für eine Erklärung der Bewegung nicht aus. Vielmehr dürften Eislinsen und -blöcke sowie der das Lockermaterial verbindende Eiszement beim Schmelzen als Gleitmittel wirken. Die Geschwindigkeiten an einem Blockgletscher im Bergler Loch (Silvretta) betrugen nach Messungen von E. Vorndran (1969) in einem oberen Profil maximal 50 cm/Jahr, in einem unteren 25 cm/Jahr. Sie hat damit Werte bestätigt, wie sie auch von H. Boesch (1951), H. Annaheim (1958), J. Tricart und A. Cailleux (1962) und G. Angely (1967) berichtet wurden.

Für die Bildung von Blockströmen, Blockzungen oder Blockgletscher, sind danach Zeiten am Ende einer Gletschervorstoßphase besonders günstig. So wird man P. Höllermann (1964) zustimmen müssen, daß es in den Alpen in den vergangenen Jahrhunderten wiederholt zur Bildung von Blockströmen gekommen ist.

3.1.4. Gletscherdefinition

In den voranstehenden Ausführungen sind Merkmale der Gletscherstruktur und -textur zusammengestellt. Danach sind Gletscher Massen aus körnigem Firn und Eis, die aus Schneeansammlungen über Metamorphose hervorgegangen sind, Gaseinschlüsse, organische Substanz (Pollen) und Gesteinsmaterial (Moränen) enthalten und die vom Nährgebiet zum Zehrgebiet fließen. Über Schichtung und Bewegung werden typische Texturen geprägt, die auch bei Toteis, das keine eigene Mobilität mehr aufweist, erhalten bleiben. Der Raum, in dem sich Gletscher bilden können, wird nach unten durch die Schneegrenze umfahren. Gletscher bilden hydrologisch gesehen langfristige Rücklagen von Wasser, das beim Wachstum gespeichert, bei Rückzugsphasen wieder abgegeben wird. Sie spielen damit heute in der Energie- und Bewässerungswirtschaft eine bedeutende Rolle und sind zudem ein wichtiges geomorphologisches Agens.

3.2. Gletscherbewegung

3.2.1. Art und Ursachen der Gletscherbewegung

Die Bewegung von Gletschern wurde schon frühzeitig erkannt und ist seitdem ein zentrales Problem der Gletscherkunde geblieben. So berichtet G. S. Gruner (1760) über das Abwärtswandern eines Gesteinsblocks mit dem Gletschereis. Eine Leiter, die bei der Besteigung des Mont Blanc durch H. B. de Saussure 1788 am Mer de Glace verloren ging, schmolz 1832 4050 m abwärts wieder aus. Die von F. J. Hugi 1827 auf der Mittelmoräne des Unteraargletschers erbaute Hütte wanderte bis 1830 um 100 m, bis 1836 um 714 m, bis 1840 um 1428 m, durchschnittlich also rund 110 m pro Jahr talab (R. v. Klebelsberg 1948, S. 84). Von besonderer Bedeutung für die Kenntnis der Art der Gletscherbewegung

(A) Strömende Bewegung

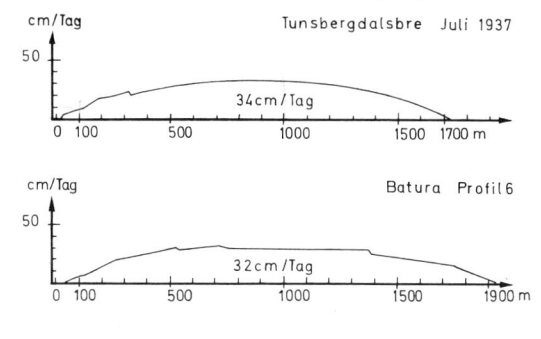

Tunsbergdalsbre Juli 1937

Batura Profil 6

(B) Blockbewegung

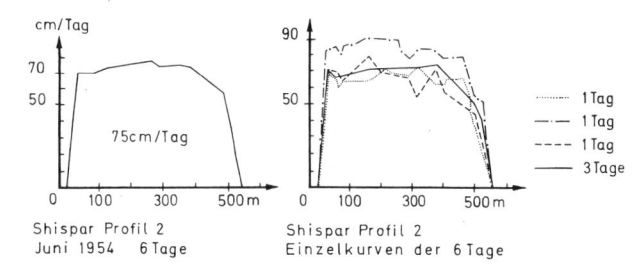

Shispar Profil 2
Juni 1954   6 Tage

Shispar Profil 2
Einzelkurven der 6 Tage

Fig. 65   Bewegungsdiagramme von Gletschern nach W. Pillewizer (1957). Aus H. Louis, S. 261, (1968).

und ihrer Geschwindigkeitsverteilung waren die Messungen von F. A. Forel und P. L. Mercanton am Rhonegletscher. Seit 1875 wurden an sechs Profilen jährlich geradlinige, etwa senkrecht zur Eisbewegung verlaufende Steinlinien ausgelegt, deren Verschiebungsbeträge jedes Jahr bis 1915, also über einen Zeitraum von 40 Jahren, gemessen wurden (P. L. Mercanton, 1916). Auf diese Weise erhielt man einen sehr genauen Einblick in den Verlauf der Stromlinien an der Oberfläche des Rhonegletschers. Seither ist eine Vielzahl von Geschwindigkeitsbeobachtungen an Gletschern in allen Gebieten der Erde durchgeführt worden. Sie stellen die Kenntnisse über Art und räumlich-zeitliche Verteilung der Eisbewegung auf eine gesicherte Grundlage.

Danach lassen sich im Querprofil über eine Gletscherzunge grundsätzlich zwei Typen der Geschwindigkeitsverteilung erkennen: die *strömende Bewegung* und die *Blockschollenbewegung* (*Fig. 65*).

Bei der strömenden Bewegung, wie sie an vielen Alpengletschern, an Gletschern der Subtropen und Subpolargebiete beobachtet wurde, nimmt die Geschwindigkeit gegen die Gletschermitte, wo sie die Höchstwerte erreicht, zu. Auch nach der Tiefe ändert sich die Geschwindigkeit. Bereits L. Agassiz (1838) und A. Guyot (1838) (nach R. v. Klebelsberg, 1948, S. 85) nahmen an, daß die Eisbewegung gegen den Gletscheruntergrund abnimmt. H. Hess (1924) hat aus der Verbiegung von Bohrgestänge am Hintereisferner und aus der Schrägstellung von Gletschermühlen diese Vermutung bestätigt. Sehr genaue Beobachtungen über die vertikale Geschwindigkeitsverteilung im Athabasca-Gletscher/ Kanada liefern J. C. Savage und W. S. B. Paterson (1963). Nach *Fig. 66* verringert sich die Eisbewegung in der oberen Hälfte nur wenig, nimmt aber gegen den Grund stark ab. Im ganzen ergibt sich daraus das Strömungsbild einer *laminaren Bewegung* wie bei viskosen Flüssigkeiten. Die hier vorgetragene Geschwindigkeitsverteilung auf einem Querprofil

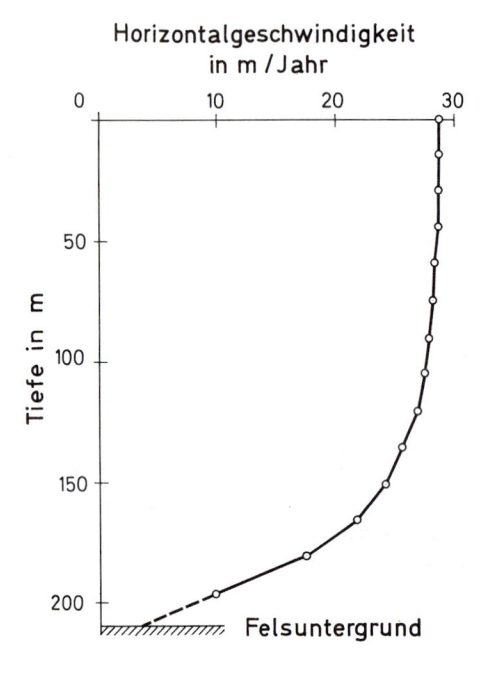

Fig. 66 Änderung der Horizontalgeschwindigkeit mit der Gletschertiefe. Nach W.S.B. Paterson (1969).

ist stark vereinfacht, denn sie berücksichtigt nicht die Quer- und Vertikalbewegungen einer dreidimensionalen Strömung, wie sie die Gletscherbewegung vorstellt. Aber gerade diese Vereinfachung erleichtert das Verständnis für die Theorie der Gletscherbewegung. Ehe darauf eingegangen wird, soll noch die zweite Art der Geschwindigkeitsverteilung, die Blockschollenbewegung, die R. Finsterwalder im Karakorum erkannte, beschrieben werden. Nach R. Finsterwalder (1937), W. Pillewizer (1939, 1957, 1958, 1965), U. Voigt (1965), F. Wilhelm (1961, 1963, 1965) zeigen Gletscher im Karakorum und in Spitzbergen, aber auch vereinzelte Alpengletscher ein völlig anderes Verhalten. Innerhalb einer schmalen Randzone nimmt die Geschwindigkeit abrupt auf Maximalwerte der Gletscherbewegung zu, die dann über den ganzen Querschnitt bei kleinen Schwankungen erhalten bleibt.

Auch in der Vertikalen scheinen sich keine größeren Änderungen der Bewegung zu ergeben. Im Gegensatz zu Gletschern mit laminaren Strömen sind ihre Zungen von kräftigen Spalten zerrissen, und die Oberfläche ist in zahlreiche *Séracs*, Eistürme, aufgelöst. Derartige Oberflächenbilder finden sich auf Lithographien von Alpengletschern aus der Zeit des »little ice age« wieder, und sie werden von Gletschern mit katastrophalen Vorrückungsgeschwindigkeiten berichtet. Nach A. Desio (1954) stieß der Kutiah Gletscher im Karakorum 1953 in drei Monaten um 12 km vor. J. H. Hance (1937) berichtet, daß der Black Rapids Gletscher in Alaska seine Zunge um 5 km in 5 Monaten und nach A. S. Post (1960) der Muldrow Gletscher (Alaska) um 7 km in weniger als einem Jahr vorschob. Auf die Zerrissenheit derartiger Gletscher, deren Zungen praktisch unzugänglich sind, hat auch G. Hattersley-Smith (1964) am Beispiel des Otto-Fjord-Gletschers auf der Ellesmere-Insel hingewiesen. Derartig schnelle Vorstöße werden als *glacier-surges (Gletscherwogen)* bezeichnet. Auf sie wird im Zusammenhang mit der zeitlichen Variation der Gletscherbewegung noch eingegangen. Im allgemeinen kann hier festgehalten werden, daß Blockschollenbewegung in der Regel bei gut ernährten Gletschern in Vorstoßphase auftritt.

An beiden Geschwindigkeitsverteilungen lassen sich die grundlegenden *Theorien der Gletscherbewegung* ableiten. Dabei kann man von *geometrisch-kinematischen, mechanischen* und *thermodynamischen* Gesichtspunkten ausgehen. Alle drei Ansätze lassen sich widerspruchslos vereinen.

Die *laminare Strömung* mit einem parallelen Verlauf der Strömungslinien, wie sie in Figur 65a dargestellt ist, legt nahe, daß sich die Lagebeziehungen innerhalb eines Gletschers im Ablauf der Bewegung nicht ändern. Diese Tatsache wird auch durch den Verlauf der Mittel- und Seitenmoränen auf Gletschern erhärtet. Unter Berücksichtigung dieser Gegebenheit und der Voraussetzung eines stationären Massenhaushaltes entwickelte S. Finsterwalder (1897) die *geometrische* oder *kinematische* Theorie der Gletscherbewegung. Sie basiert auf der Kontinuitätsgleichung, die besagt, daß die in einen Querschnitt ein- und ausfließenden Massen der Volumenänderung pro Zeiteinheit durch Dichteänderung gleich sind. Danach können bestimmte Punkte und Flächen des Nährgebietes entsprechenden Punkten und Flächen des Zehrgebietes zugeordnet werden *(Fig. 67)*. Schnee- und Eispartikel sinken hiernach um so tiefer unter die Gletscheroberfläche und tauen umso näher dem Gletscherende wieder aus, je höher sie im Nährgebiet akkumuliert wurden. Die Firnlinie bildet sich in sich selbst ab, d.h., dort gefallener Schnee schmilzt an gleicher Stelle wieder ab. Gegenüber der zweidimensionalen laminaren Strömung, wie sie im einführenden Beispiel gezeigt wurde, kommt bei dieser Theorie aber bereits eine Vertikalkomponente hinzu. Wie die *Stromlinien* in Figur 67 zeigen, tauchen sie im Nährgebiet in die Tiefe ab und keilen im Zehrgebiet an der Oberfläche aus. Diese theoretische Forderung wurde durch Messungen der Oberflächengeschwindigkeitsvektoren am South Cascade Gletscher (USA) von M.F. Meier und W.V. Tangborn (1965) bestätigt *(Fig. 68)*. Auch Altersbestimmungen des Eises an einer Gletscherzunge anhand des $^{18}O/^{16}O$-Verhältnisses durch R.P. Sharp und S. Epstein (1958), wonach am Zungenende älteres Eis zum Vorschein kommt als oberhalb, haben die Richtigkeit der Annahmen S. Finsterwalders bewiesen.

Die geometrisch-kinematische Theorie von S. Finsterwalder gibt nur eine Vorstellung vom Ablauf der Bewegung, sagt jedoch nichts über die mechanischen Vorgänge und die auftretenden Kräfteverhältnisse aus.

Da die frühen Beobachtungen über die Geschwindigkeitsverteilung in West- und Ostalpen das Strömungsbild eines laminaren Fließens ergaben, war es für C. Somigliana (1921, 1931) und M. Lagally (1930, 1933) naheliegend, in einer Theorie der Gletscherbewegung

Fig. 67 Diagramme zur geometrischen Theorie der Gletscherbewegung eines stationären Gletschers am Beispiel des Vernagtferners nach S. Finsterwalder (1897). Aus H. Louis, S. 250, (1968).

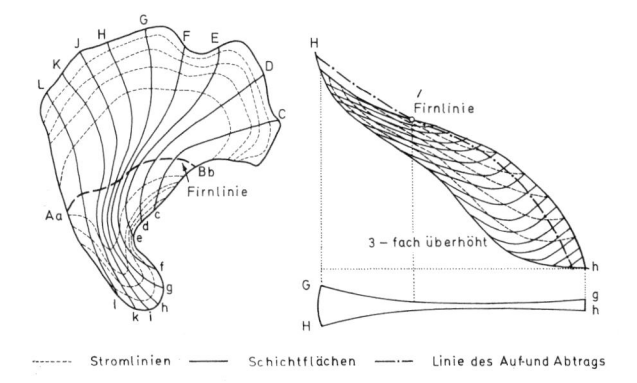

------- Stromlinien ——— Schichtflächen —·— Linie des Auf-und Abtrags

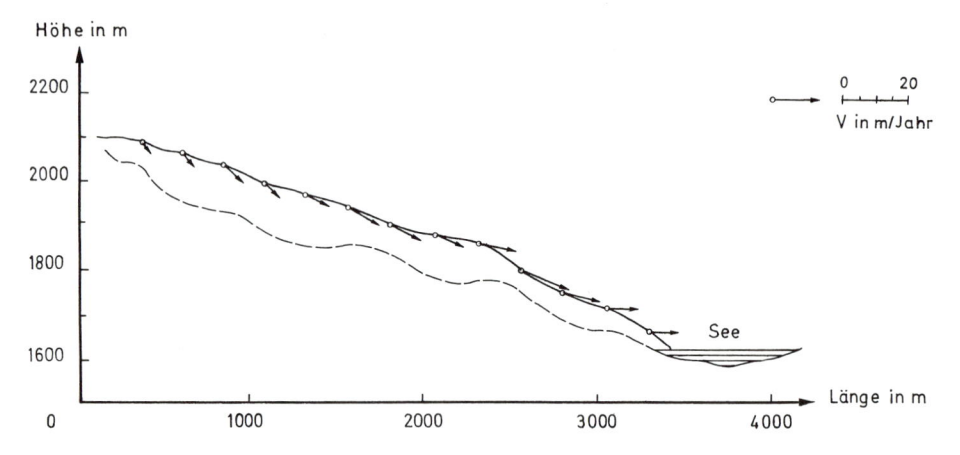

160 Gletscher und Inlandeise

Fig. 68 Längsprofil der Geschwindigkeitsverteilung des South Cascade Gletschers, Washington /USA. Nach M. F. Meier und W. V. Tangborn (1965, S. 563).

dem Eis *viskose Eigenschaften* zuzuschreiben. Nach dem Newton'schen Gesetz der Viskosität ist dabei die Formänderungsgeschwindigkeit $\frac{d\gamma}{dt}$ (γ = Formänderung; t = Zeit) der aufgelegten Spannung proportional. Die Theorie vermochte zwar die Geschwindigkeitsverteilung in einem Gletscher hinreichend zu beschreiben, es traten aber bei der Erklärung der Glazialerosion Schwierigkeiten auf, da die Bewegung an den Bettwandungen Null wird. Der andere Extremfall für eine Theorie wäre, Eis als *elastischen Körper* zu betrachten, der nach dem Hooke'schen Gesetz einer ihm aufgelegten Spannung unendlich lange Zeit ohne wachsende Formänderung Widerstand leistet. Die eintretende Formänderung ist dabei der aufgelegten Spannung proportional und reversibel.

Zahlreiche Laboratoriumsversuche sowohl an Eiseinkristallen wie an polykristallinem Eis durch M. F. Perutz (1948), G. P. Rigsby (1951), J. W. Glen (1952, 1958), R. Brill (1957), S. Steinemann (1958) und S. S. Vialow (1958) haben aber gezeigt, daß Eis wie viele andere

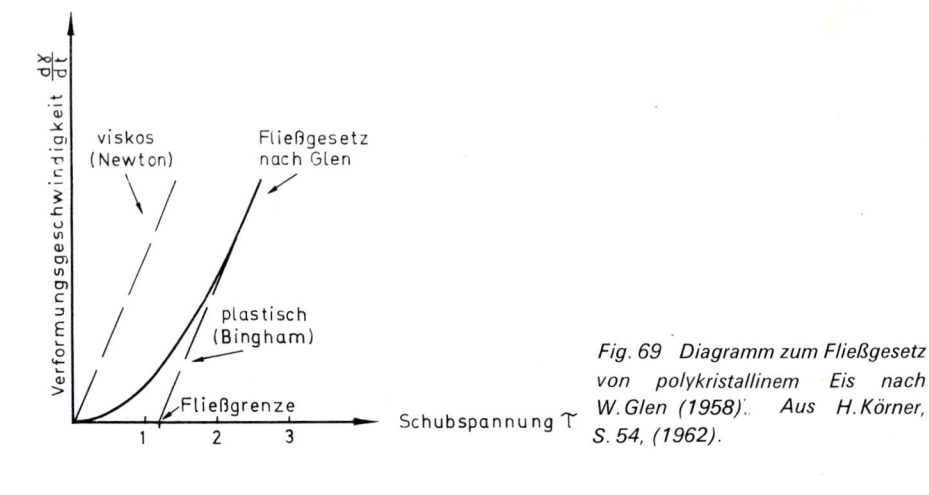

Fig. 69 Diagramm zum Fließgesetz von polykristallinem Eis nach W. Glen (1958). Aus H. Körner, S. 54, (1962).

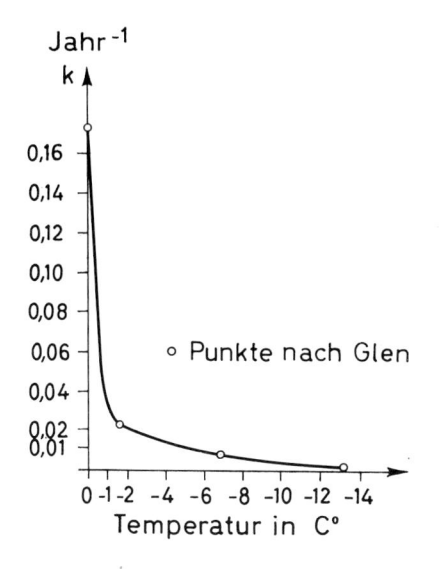

Fig. 70 Abhängigkeit des Parameters k im nichtlinearen Fließgesetz des Eises nach Glen von der Temperatur. Aus H. Körner (1964).

reale Stoffe weder elastisch noch viskos sondern *strukturviskos*, also *plastisch* ist. Das heißt, Eis erleidet bei mechanischer Beanspruchung eine nicht mehr rückgängige Veränderung seiner inneren Struktur. Wie die Experimente zeigen, nimmt die Verformungsgeschwindigkeit dγ/dt mit wachsender Schubspannung τ zunächst langsam und ab einem Grenzwert (Fließgrenze bei $\tau \approx 1$ bar) sehr rasch zu *(Fig. 69)*. Das *Fließgesetz* von *polykristallinem* Eis, dem diese Kurve folgt, lautet nach W. Glen (1958)

$$\frac{d\gamma}{dt} = k\tau^n.$$

Damit erweist sich Eis als ein Körper, der sich ähnlich wie Metalle nahe dem Schmelzpunkt verhält. Der Faktor k ist eine temperaturabhängige Größe und n, das die Krümmung der Kurve regelt, ist die materialabhängige *Eiskonstante* mit Werten zwischen 2 und 4, im Mittel 3. Der Sonderfall n = 1 würde der Newton'schen viskosen Flüssigkeit entsprechen. Diese Gerade ist ebenfalls in Figur 69 zum Vergleich eingetragen. Es zeigt sich, daß zwischen dem Verhalten einer viskosen Flüssigkeit und Eis ein erheblicher Unterschied besteht. Das Glen'sche Fließgesetz gibt über den temperaturabhängigen Faktor k *(Fig. 70)* auch Auskunft darüber, daß zwischen der Bewegung kalter und temperierter Gletscher kein grundsätzlicher, sondern nur ein gradueller Unterschied besteht. Die Fließfähigkeit kalter Gletscher ist wesentlich geringer als die temperierter. Diese Tatsache wurde auch von R. Haefeli (1951, 1958) anhand der Verformung zweier Stollen im Zmuttgletscher (temperiertes Eis) und im Stollen der Eiskalotte am Jungfraujoch erkannt. Die ältere Auffassung von E. v. Drygalski (1942), wonach sich temperierte und kalte Gletscher grundsätzlich verschieden verhalten, ist damit nicht mehr gerechtfertigt. Auf Grundlage der Plastizität des Eises haben E. Orowan (1948), vor allem aber J. F. Nye (1951, 1957, 1965), L. Lliboutry (1965), J. Weertman (1966), S. C. Colbeck u. R. J. Evans (1973) sowie die Untersuchungen von Ch. F. Raymond (1973) auf dem Athabaska Gletscher die Theorie der Gletscherbewegung in starkem Maße gefördert, so daß viele Erscheinungen der Gletscherbewegung in ihren Ursachen erkannt sind.

W	parabolischer	F halbelliptischer Querschnitt	rechteckiger
1	0,445	0,500	0,558
2	0,646	0,709	0,789
3	0,746	0,799	0,884
4	0,806	0,849	
∞	1,000	1,000	1,000

Tab. 25 Werte des Formfaktors F in Abhängigkeit von W für einzelne Querschnittsformen nach W. S. B. Paterson (1969) W = halbe Gletscherbreite dividiert durch Gletscherdicke an der Mittellinie.

Danach läßt sich auch die Geschwindigkeitsverteilung des laminaren Strömens, wie sie in Figur 65 a dargestellt ist, erklären.

J. F. Nye (1965) hat eine numerische Lösung für das stetige geradlinige Fließen von Eis nach dem nichtlinearen Glen'schen Fließgesetz in gleichförmigen Betten mit rechteckigen, halbelliptischen und parabolischen Querschnitten gegeben. Da die parabolische Form der Wirklichkeit eines Gletscherbettes wohl am besten angenähert ist, sei dieser Fall besonders herausgestellt. Auch hier gilt die eingangs gemachte vereinfachende Annahme, daß außer in Längsrichtungen keine Quer- und Vertikalbewegungen vorkommen und daß die Geschwindigkeit allein aus inneren Gleitvorgängen der Eiskristalle resultiert. J. F. Nye (1965) erkannte, daß die Geschwindigkeit an einzelnen Punkten eines Querschnittes von einem Formfaktor F bestimmt wird. F ist dabei von der Gletscherbreite und der Mächtigkeit des Eisstromes an der Mittellinie abhängig *(Tab. 25)*.

Wie Tabelle 25 zeigt, wird die Eisbewegung bei einem unendlich breiten Gletscher durch die Randbedingungen nicht beeinflußt. Der F-Wert und damit die Geschwindigkeit verringern sich aber erheblich, sobald Eismächtigkeit und Strombreite in vergleichbare Dimensionen kommen. Aus Tabelle 25 geht also klar hervor, daß die Wandungen des Gletscherbettes die Mobilität des Eises verringern. Die Geschwindigkeitsverteilung in einem parabolischen Querschnitt mit W = 2 und W = 3, wie sie sich nach den Berechnungen von J. F. Nye (1965) ergeben, sind in *Fig. 71* dargestellt. Die eingetragenen Zahlenwerte 0,1, 0,8 usw. geben das Verhältnis der Geschwindigkeit in einem halbelliptischen Kanal zur Geschwindigkeit eines sehr breiten Bettes bei gleicher Eisdicke wieder. Die gefundene Geschwindigkeitsverteilung in der Vertikalen stimmt weitgehend mit den Meßwerten von J. C. Savage und W. S. B. Paterson (1963), s. Figur 66, überein. Auch im Querprofil weichen die realen Fließbedingungen nur wenig ab. Die von M. F. Meier (1960) am Saskatschewan-Gletscher in Kanada beobachtete Geschwindigkeitsverteilung im Querprofil *(Fig. 72)* wird durch die theoretische Verteilung unter Berücksichtigung der Plastizität des Eises sehr gut angenähert; die Kurve des viskosen Fließens weicht dagegen erheblich davon ab.

Aufgrund der gefundenen Geschwindigkeitsverteilung in einem Gletscher ist es auch

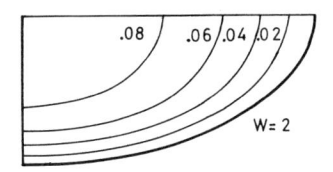

Fig. 71 Theoretisch geforderte Geschwindigkeitsverteilung in einem Gletscher mit halbelliptischem Querschnitt bei Werten von W = 2 und W = 3 (W = halbe Gletscherbreite durch Gletschertiefe – siehe Text). Nach J. F. Nye, S. 674, (1965).

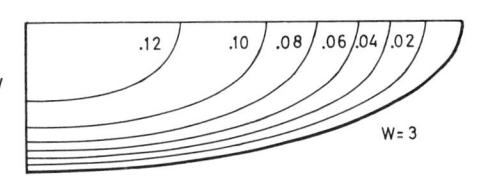

möglich, aus der alleinigen Kenntnis der Oberflächenbewegung die *mittlere Gletschergeschwindigkeit* über einen Gesamtquerschnitt wenigstens annäherungsweise zu berechnen. Nach W. S. B. Paterson (1969) ist die mittlere Querschnittsgeschwindigkeit für einen parabolischen Querschnitt mit W-Werten von 2 bis 4 mit einer Fehlergrenze von nur einigen Prozent etwa gleich der mittleren Oberflächengeschwindigkeit. Diese Aussage, obwohl rein aus dem plastischen Fließen abgeleitet, gilt auch für Gletscher, die am Grunde Gleitvorgänge (siehe unten) aufweisen, da in diesem Fall sich der Gleitbetrag als konstanter Wert auf die Gesamtbewegung überträgt. Diese Erkenntnis ist wichtig, weil man dadurch allein aus der Messung der Oberflächengeschwindigkeit den Eisdurchfluß durch einen Querschnitt berechnen kann. Es ist für hydrologische Untersuchungen also nicht erforderlich, in Bohrlöchern oder Gletschermühlen die Eisbewegung in der Tiefe zu messen.

Wie die vorangegangenen Überlegungen belegen, wird das Bewegungsbild der laminaren Strömung durch Gleitvorgänge innerhalb der Eiskristalle parallel zu ihrer Basisebene als plastischer Körper erklärt. Aber auch hier ist an den Gletscherbettwandungen die Geschwindigkeit Null und steht damit im Widerspruch zur beobachteten Glazialerosion.

Fig. 72 Geschwindigkeitsänderungen auf einem Querprofil über den Saskatchewan Gletscher/Canada. Vergleich zwischen gemessenen Werten nach M. F. Meier (1960) und der theoretisch geforderten Verteilung nach viskosen Eigenschaften und dem Glenschen Fließgesetz. Aus W. S. B. Paterson, S. 108, (1969).

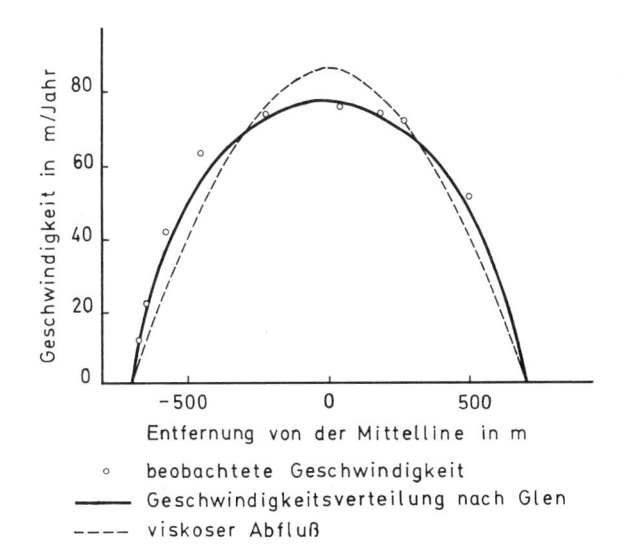

○ beobachtete Geschwindigkeit
—— Geschwindigkeitsverteilung nach Glen
---- viskoser Abfluß

Wie Figur 65 b zeigt, gibt es in Form der Blockschollenbewegung noch eine andere Art der Geschwindigkeitsverteilung über Gletscher, die mit der hier vorgetragenen Theorie nicht übereinstimmt.

Die Blockschollenbewegung, bei der die Eisgeschwindigkeit über den Gesamtquerschnitt nahezu konstant bleibt, wird am besten durch *Gleitvorgänge* am Gletscheruntergrund erklärt. Die grundlegenden Theorien für das Verständnis dieses Vorganges lieferten J. Weertman (1957, 1964, 1967) und L. Lliboutry (1965). B. Kamb und E. La Chapelle (1964) haben durch direkte Beobachtungen und Laboratoriumsexperimente die Theorie der Gleitvorgänge an realen Objekten überprüft und zumindest in qualitativer Hinsicht als richtig erkannt.

Das Gleiten von Gletschern am Untergrund wurde im Rahmen von Untersuchungen zur Glazialerosion bereits von H. Carol (1947), R. Haefeli (1951) und McCall (1952) beobachtet. J. Weertman (1957, 1964) führt in seiner Theorie die Gleitvorgänge auf zwei Ursachen zurück:

1 *Gleiten* infolge *Druckverflüssigung* und
2 *Anwachsen* der *Spannungen* vor *Hindernissen* am Untergrund.

Regelation, Schmelzen und Wiedergefrieren als Folge von Druckänderungen, tritt am Grunde temperierter Gletscher vor und nach Hindernissen, die sich der Bewegung entgegenstellen, auf. Oberhalb einer Bettrauhigkeit wird durch Reibungswiderstand der Druck erhöht, was zu einer Erniedrigung des Schmelzpunktes von Eis um 0,0074 °C/bar führt. Dadurch kommt es zu einer *Druckverflüssigung*, und das Schmelzwasser fließt über und um das Hindernis in Bereiche mit geringer Spannung, wo es wieder gefriert. Da mit dem abfließenden Wasser auch die *latente Schmelzwärme*, die beim Wiedergefrieren frei wird, abtransportiert wird, würde dieser Regelationsvorgang schnell zum Erliegen kommen, wenn nicht diese Wärmemenge über Leitung durch das Hindernis wieder entgegen der Bewegung transportiert würde und oberhalb der Bettrauhigkeit erneut zum Schmelzen verfügbar wäre. Die Wärmeleitung ist aber bei größeren Hindernissen mit einer Längserstreckung von etwa 1 m und mehr vernachlässigbar klein, so daß dieser Vorgang nur an kleinen Bettrauhigkeiten wirksam werden kann. Da die erreichbare Geschwindigkeitszunahme der Schmelzwassermenge direkt, der Oberfläche des Hindernisses reziprok proportional ist, sind durch Regelation bedingte Gleitvorgänge vor allem an kleinen Hindernissen festzustellen. An größeren Felsblöcken im Gletscherbett tritt ein anderer das Gleiten fördernder Mechanismus auf. Hier finden sich überdurchschnittlich hohe Scherspannungen in Längsrichtung. Da die Eisgeschwindigkeit dem Produkt aus Spannung und der Strecke, die diese wirksam ist, proportional ist, fördern in diesem Fall besonders große Hindernisse das Gleiten am Gletscherbett. Im Zusammenwirken von Regelation und Spannungszunahme sind die Gleitvorgänge am Gletscherbett und damit auch die Glazialerosion zu erklären.

Die Ausführungen von J. Weertman (1964) sind über die Theorie hinaus durch Beobachtungen und Experimente erhärtet. B. Kamb und E. La Chapelle (1964) wiesen in einem Eistunnel im Blue-Glacier/Washington, USA nach, daß zwischen Eis und Felsoberfläche unter dem normalen Auflastungsdruck und der herrschenden Schubspannung ein dünner, bewegungsfördernder Wasserfilm liegt. Nachdem ein auf dem Fels aufliegender Eisblock durch Fugen von der übrigen Gletschermasse isoliert wurde, er also nicht mehr dem hydrostatischen Druck und den durch Bewegung erzeugten Spannungen unterlag, fror er am Untergrund fest. Dies ist ein eindrücklicher Nachweis für die die Regelation för-

Gletscher	Land	Verhältnis Grund- zur Ober-Flächen-geschwindigkeit	Eisdicke in [m]	Autor	
Aletsch	Schweiz	0,5	137	Gerrard u.a.	1952
Tuyuksu	U.S.S.R.	0,65	52	Vilesov	1961
Salmon	Kanada	0,45	495	Mathews	1959
Athabasca	Kanada	0,75	322	Savage u. Paterson	1963
Athabasca	Kanada	0,10	209	Savage u. Paterson	1963
Blue*	U.S.A.	0,9	26	Kamb u. La Chapelle	1964
Skautbre*	Norwegen	0,9	50	McCall	1952

* Diese Messungen wurden in Tunnels, nicht in Bohrlöchern durchgeführt.

Tab. 26 Verhältnis der Geschwindigkeit am Gletscheruntergrund (Gleiten) zur Oberflächengeschwindigkeit (Gleiten und interne Deformation) nach W. S. B. Paterson 1969, S. 77.

dernden Kräfte. Ferner erkannten B. Kamb u. La Chapelle in den basalen 50 cm der Gletscherunterseite im Lee von Hindernissen eindeutig durch Regelation gewachsenes Eis. Geschwindigkeitsmessungen im Stollen ergaben, daß sich der wesentliche Mobilitätsanstieg innerhalb der untersten 50 cm vollzieht. In 10 cm über dem Fels stellten sie eine Tagesbewegung von 1,6 cm fest. Die Oberflächenbewegung betrug 1,8 cm/Tag. Die Gletscherbewegung besteht also zu etwa 90% aus basisnahem Gleiten und nur zu etwa 10% aus internen Deformationsvorgängen.

Weitere Verhältniswerte von Gesamtgeschwindigkeit zur Gleitgeschwindigkeit sind nach W. S. B. Paterson (1969) in *Tab. 26* zusammengestellt.

Der Einfluß von Schmelzwasser auf die Gletscherbewegung, wie er von J. Weertman (1964), B. Kamb und E. La Chapelle (1964), L. Lliboutry (1966) theoretisch gefordert und auch experimentell nachgewiesen wurde, erklärt auch die Geschwindigkeitsvariationen von Gletschern in Abhängigkeit von den Witterungsbedingungen. Bereits W. Pillewizer (1938) hat auf die Koinzidenz von Ablationswerten und Gletschergeschwindigkeit hingewiesen. Nach *Fig. 73* fallen am Koller- und Meyer-Gletscher/Westspitzbergens Perioden hoher Temperaturen und großer Ablation mit solchen erhöhter Gletscherbewegung zusammen (F. Wilhelm, 1961). Vor allem Elliston (1963) hat am Gornergletscher in der Schweiz den Einfluß des Schmelzwassers eindrücklich nachgewiesen. Danach liegt die *Wintergeschwindigkeit* des Gletschers um 20 bis 25% unter der des Jahresmittels, und die *Sommergeschwindigkeit*, der Periode mit reichem Schmelzwasseranfall kann letztere um

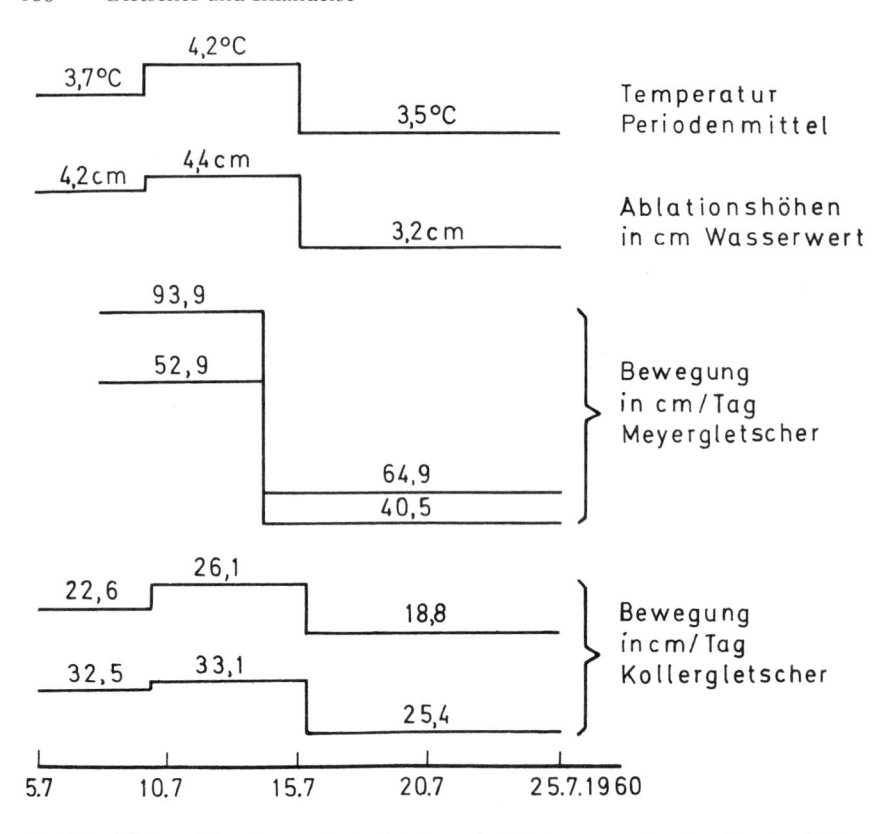

Fig. 73 *Mittlere Gletschergeschwindigkeit und Ablationswerte im Bereich der Möller- und Kollerbucht, N.W. – Spitzbergen. Aus F. Wilhelm (1961, S. 270).*

20 bis 80% übersteigen. Diese Werte werden wiederholt bestätigt. So berechnete B.M. Gunn (1964) am Fox und Franz Josef Gletscher in Neuseeland den Gleitanteil Ms an der Gesamtbewegung aus der Beziehung $M_s = (M_m/V_s) \cdot 100$ zu 18 bis 64%. M_m ist die maximale Gletscherbewegung in Strommitte, V_s die Randgeschwindigkeit des Gletschers.

Die bisherigen Ausführungen zur Erklärung der Ursachen der Gletscherbewegung gingen von der vereinfachenden Annahme aus, daß die *Bewegungstrajektorien* parallel verlaufen und im Längsprofil gleiche Geschwindigkeiten auftreten. Dies trifft aber in Wirklichkeit nicht zu, sondern die Gletscherbewegung ist eine *dreidimensionale Bewegung*, wobei x die Koordinate der Längsrichtung, y die quer über den Gletscher und z die nach der Tiefe gerichtete ist. Die Vertikalkomponenten, im Nährgebiet gegen den Untergrund *(Submergenzgeschwindigkeit)*, im Zehrgebiet gegen die Gletscheroberfläche gerichtet *(Emergenzgeschwindigkeit)*, sind bereits in Figur 68 dargestellt. Sie sind eine Folge der unterschiedlichen Haushaltsbedingungen im Akkumulations- und Ablationsgebiet. Daneben treten nach unten gerichtete Bewegungen in *Streckungsbereichen* (siehe unten) und zur Gletscheroberfläche gerichtete in *Stauchungszonen* auf.

Die Längsgeschwindigkeitsverteilung an der Oberfläche des South Cascade Gletschers/ Washington USA haben M.F. Meier und W.W. Tangborn (1964) kartographisch dargestellt *(Fig. 74).* Die *Isotachen* zeigen eine ausgesprochen lebhafte Topographie, aus der

Fig. 74 Verteilung der Längsgeschwindigkeit auf dem South Cascade Gletscher, Washington/USA. Nach M.F. Meier und W.V. Tangborn, S. 550, (1965).

- - - - - - Längsgeschwindigkeit des Gletschers
—— 20 —— 1000 —— Höhenlinien vom 12. Sept. 1961
░░░ Fels

abzulesen ist, daß neben *quasilaminaren* auch *konvergente* und *divergente Fließbewegungen* stattfinden, wobei recht unterschiedliche Geschwindigkeiten auftreten. Die Geschwindigkeitsunterschiede werden, wie das Längsprofil *(Fig. 75)* zeigt, durch die Topographie des Gletscheruntergrundes hervorgerufen. Die Erscheinung wird nach E. Orowan (1949) dadurch erklärt, daß eine auf einer geneigten Unterlage festgefrorene Eisplatte solange in Ruhe bleibt, bis durch Akkumulation die Schubkraft bis zur Fließgrenze (s. Figur 69) anwächst. Dann gerät sie in Bewegung. Je steiler die Felsplatte geneigt ist, desto eher wird das der Fall sein, da die in Richtung des Gefälles wirksame Komponente der Schwerebeschleunigung mit dem Sinus der Hangneigung wächst. Zu jeder bestimmten Untergrundneigung gehört also eine *kritische Eisdicke*, von der an eine Bewegung einsetzt. H. Körner (1962, S. 60) schreibt »daß sich ein Gletscher stets so zu bewegen versucht, daß sich je-

168   Gletscher und Inlandeise

```
——— Oberflächengefälle α          ——— Mittlere Querschnittsgeschw.
—·—·— Geschw. im Bereich der       ——— Standardabweichung von der
      Mittellinie                       mittleren Querschnittsgeschw.
```

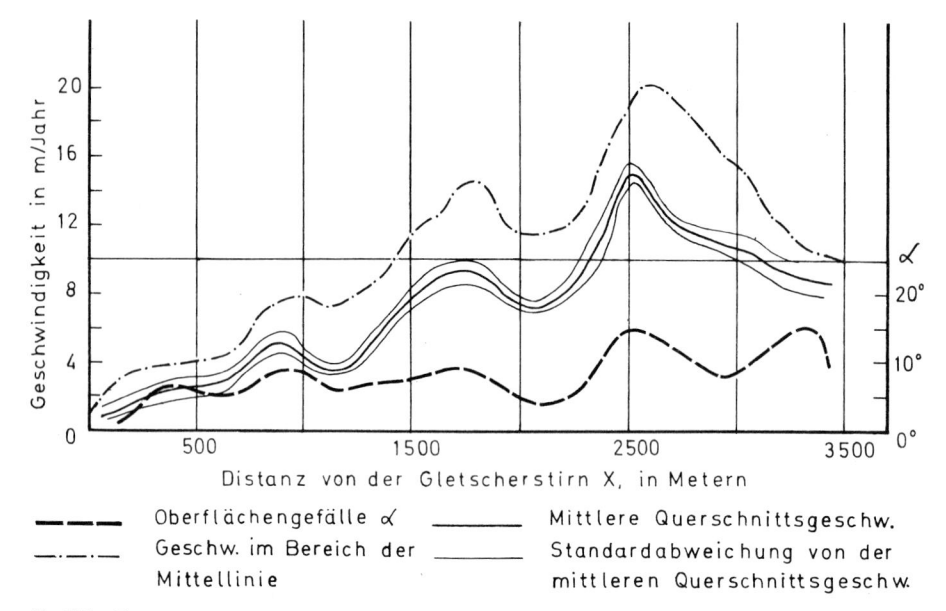

Fig. 75 Zusammenhang zwischen Oberflächengefälle und Gletschergeschwindigkeit in einem Längsprofil über den South Cascade Gletscher, Washington/USA. Nach M.F. Meier und W.V. Tangborn, S. 552 (1965).

weils die Eisdicke einstellt, die der Neigung seiner Unterlage entspricht«. Da sich die Eisdicke aber infolge der Trägheit nicht so schnell verändern läßt, treten *Stauchungen (passive Grenzzustände der Bewegung)* bzw. *Streckungen (aktive Grenzzustände der Bewegung)* auf. Sie führen zur Faltung, Blätterung und zum Aufreißen von Spalten an Gletscheroberflächen.

Eine Größe, um Stauchung und Streckung zu erfassen, ist der *Geschwindigkeitsgradient (strain rate)*, der sich leicht aus den Bewegungsunterschieden benachbarter Punkte berechnen läßt. B.M. Gunn (1964) gibt für die Berechnung des prozentualen Geschwindigkeitsgradienten auf der Gletschermittellinie die Formel 100 $(V_1 - V_2)/S$. Darin sind V_1 und V_2 die Geschwindigkeiten nicht zu weit entfernter Punkte P_1 und P_2, S ist die Horizontalentfernung $P_1 P_2$. Liegt P_1 oberhalb P_2, so zeigen *positive* Werte eine *Stauchung*, *negative* eine *Streckung* an. B.M. Gunn (1964) fand am Fox und Franz Josef Gletscher in Neuseeland entsprechend den herrschenden Spannungszuständen folgende Eisexturen *(Tab. 27)*.

Über die Entwicklung des Geschwindigkeitsverlaufes in einem Gletscherlängsprofil geben Figur 68 und Figur 74 Auskunft. Demnach zeigen sich die geringsten Bewegungen am oberen Ende des Gletschers. Gegen die Gleichgewichtslinie nimmt die Geschwindigkeit zu und in Richtung auf das Zungenende wieder ab. Unter Annahme eines vereinfachten Gletschermodells mit annähernd gleichem Längsgefälle und ohne wesentliche Änderungen des Querprofils, läßt sich diese Erscheinung aus dem Massenhaushalt der Gletscher unter Berücksichtigung der Kontinuitätsgleichung leicht erklären. In den höheren Teilen der Gletscher wird jährlich mehr Schnee akkumuliert als abschmilzt und unterhalb der Gleichgewichtslinie wird durch Ablation sowohl der Winterschnee als auch älteres Festeis beseitigt. Trotzdem ändert sich im stationären Zustand das Längsprofil eines Gletschers kaum, da Eis vom Nährgebiet zum Zehrgebiet fließt. Betrachtet man nun

Tägliche prozentuale Deformationsgeschwindigkeit	Texturen
+0,01 bis −0,001	Längsfältelung
+0,01 bis +0,04	querverlaufende Blaubänderung, 40° gegen den Gletscher eintauchend mit leichter Querfaltung
+0,04 bis +0,05	gut entwickelte Querfaltung mit eng abständigen Schmutzbandogiven
+0,05 bis +0,1	gut entwickelte Querfaltung mit Moränenogiven bis zu 20 m Dicke in Intervallen von 10 bis 50 m

Tab. 27 Zusammenhang zwischen Deformationsgeschwindigkeit und Eistexturen nach B. M. Gunn (1964).

einzelne Querschnitte über den Gletscher (s. W. S. B. Paterson, 1969, S. 64) unter der Voraussetzung, daß die Querprofile annähernd gleiche Dimensionen haben, so ergibt sich folgender Abfluß: Durch einen Querschnitt im Firngebiet fließt bei stationärem Zustand innerhalb eines Jahres soviel Eis, wie Schnee oberhalb akkumuliert wurde. Da die Akkumulationsmenge auf die Gesamtfläche bezogen bis zur Gleichgewichtslinie zunimmt, müssen dort auch die höchsten Geschwindigkeiten auftreten. Im Ablationsgebiet dagegen wird gegen tiefere Zungenteile in verstärktem Maße Eis durch Schmelzen abgebaut, so daß es auf Grund der Kontinuitätsbedingungen zur Abnahme der Bewegung kommen muß. Hinzu kommt, daß die Zunge am Gletscherende im Regelfall ausdünnt, so daß auch die Randbedingungen, wie sie in Figur 71 durch die von J. F. Nye (1965) errechneten Geschwindigkeitsrelationen angegeben sind, in stärkerem Maße wirksam werden. Diese mechanisch bedingte Geschwindigkeitsabnahme führt aber zwangsweise zu Stauchungen und damit zur Verdickung des Zungenendes, so daß sich letztlich doch eine dem Massenhaushalt angepaßte Bewegungsverteilung einstellt. Überlagert wird diese Geschwindigkeitsabfolge durch Unregelmäßigkeiten am Gletscheruntergrund, wie in Figur 75 dargestellt.

Eine wesentliche Abweichung von dem genannten Verhalten zeigt sich zum Teil bei Gletschern die im Meer enden. Unbeschadet der Sachlage, ob ihre Zungen schwimmen (afloat) oder dem Untergrund aufliegen (aground), nimmt bei einigen von ihnen die Eisbewegung gegen die *Kalbungsfront* zu. Der Freemangletscher auf der Barentsinsel/Spitzbergenarchipel erhöht seine Geschwindigkeit von 40 cm/Tag auf 54 cm/Tag (F. Wilhelm 1965). Am Königsgletscher in Westspitzbergen stellte W. Pillewizer (1938, 1965) eine Geschwindigkeitszunahme von 3 auf 12 cm/Tag fest. U. Voigt (1965, 1966) bestätigte diesen Trend erneut. Die größte Steigerung der Mobilität wird von den westgrönländischen Gletschern berichtet, wo bereits E. v. Drygalski (1898) einen Anstieg der Geschwindigkeit von 7 bis 9 m/Tag in 125 m über dem Meer auf 18 bis 19 m/Tag an der Kalbungsfront feststellte. Drygalski hat die Zunahme der Geschwindigkeit durch Querschnittsverringerung erklärt. Diese Deutung trifft z. B. für eine Reihe von Spitzbergengletschern nicht zu. H. W. Ahlmann (1935) und W. Pillewizer (1938) führen den Mobilitätszuwachs an der Kalbungsfront auf Durchdringung des Gletschers mit Meerwasser zurück. Hierbei kann durch Temperaturzunahme an unterkühlten Gletschern die Beweglichkeit erhöht werden. Zudem wird das Gleiten am Untergrund nach den Vorstellungen J. Weertmanns erhöht. F. Wilhelm (1961, 1963) erblickt darin einen Ausdruck unterschiedlicher jahreszeitlicher Bewegung unter Mitwirkung der anfallenden Schmelzwassermenge. Nach U. Voigt (1966) tritt tatsächlich im Juni/Juli ein Bewegungsmaximum an den Gletschern des Kongsfjordes auf, im September ein Minimum, während die Wintergeschwindigkeit etwa dem Jahresmittel entsprach. Eine weitere Möglichkeit, die Zunahme der Bewegung gegen das Gletscherende zu erklären, ergibt sich bei kalbenden Gletschern in hocharktischen Regionen daraus, wie W.S.B. Paterson (1969, S. 74) ausführt, daß die Gleichgewichtslinie in diesem Falle nahe der Kalbungsfront liegt.

Bei der unterschiedlichen Steilheit, Flächenausdehnung und Dicke von Gletschern schwanken die zahlreichen mitgeteilten Geschwindigkeitsbeobachtungen in weiten Grenzen. An Ostalpengletschern wurden Jahresbewegungen von 30 bis 150 m/Jahr gemessen. Im Karakorum, Himalaya, Spitzbergen liegen die Werte zwischen 130 bis 800 m/Jahr. Die größten Geschwindigkeiten treten zweifellos in den verengten Auslässen der großen Inlandeise der Antarktis und Grönlands auf. Bei den großen Gletschern, die aus dem antarktischen Inlandeis abfließen, schwanken die Geschwindigkeiten zwischen 300 bis 1400 m/Jahr und der Jakobshavn-Gletscher, einer der mächtigsten Abflüsse vom grönländischen Inlandeis, erreicht sogar 10 km/Jahr (W.S.B. Paterson 1969, S. 75). Bei katastrophalen Gletschervorstößen (Glaciers surges s. unten) wird von besonders hohen Eismobilitäten mit Bewegungen von 4 bis 8 km innerhalb weniger Monate berichtet.

Gegenüber den *Horizontalbewegungen* in Längsrichtung der Gletscher sind die *Vertikalbewegungen* minimal (K. Schram 1966). In den Mittelbreiten beträgt die Submergenzkomponente im Nährgebiet etwa 1 bis 2 m/Jahr, die Emergenzgeschwindigkeit im Ablationsgebiet kann 3 bis 4 m, maximal 10 m/Jahr erreichen.

Neben die lokalen Geschwindigkeitsänderungen in Quer- und Längsprofilen von Gletschern treten noch *zeitliche Variationen*. Dabei sind *kurzfristige* (innerhalb eines Jahres im Abstand von Stunden, Tagen und Wochen) sowie *langfristige* (mehrjährige) zu unterscheiden. Bewegungszunahme und -abnahme im Ablauf mehrerer Jahre sind in der Regel Folgeerscheinungen einer veränderten Haushaltslage der Gletscher, die zu *Vorrückungs-* und *Rückzugsphasen* führen, worauf in den Abschnitten über Massenhaushalt und Gletscherschwankungen noch eingegangen wird.

Kurzfristige Schwankungen an einem Punkt, fixiert durch seine relative Lage zum Untergrund können innerhalb der betrachteten Zeitspanne erhebliche Ausmaße erreichen. Dabei gilt die Regel, daß die prozentuale Geschwindigkeitsänderung um so größer ist, je kürzer der Beobachtungszeitraum ist (M.F. Meier, 1969, U. Voigt, 1965, W. Pillewizer, 1965),

Beobachtungspunkt	L_{10}	L_{11}	L_{12}	L_{13}	314	116	D_3	L_{22}	L_{24}	L_{25}
Wintergeschwindigkeit in % der Sommergeschwindigkeit	96	95	96	96	91	91	88	89	87	90

Tab. 28 Verhältnis von Winter- zur Sommergeschwindigkeit am Athabasca-Gletscher 1960/61 nach W.S.B. Paterson, 1964, S. 280.

selbst unter Berücksichtigung, daß bei kurzfristigen Aufnahmen sich Meßfehler stärker bemerkbar machen. Die Unterschiede zwischen *Sommer-* und *Winterbewegungen* liegen nach *Tab. 28* bei 4 bis 13%.

10 bis 20% können für diese Halbjahresschwankungen im allgemeinen als gültig angesehen werden. Dabei ist selbst innerhalb eines Winters, wie W. Pillewizer (1938) am Mittelbergferner (Pitztal) feststellte (s. *Tab. 29*), eine Differenzierung festzustellen.

Hierbei zeigt sich, daß im Spätwinter mit einer mächtigen Schneeauflage nahezu Sommergeschwindigkeiten erreicht werden können. Diese Tatsache ist durch Mächtigkeitszunahme des Gletschers zu erklären. Zwar ist sie absolut gesehen gering, doch ist die Geschwindigkeit ungefähr der vierten Potenz der Eisdicke proportional, so daß daraus Variationen von 15 bis 20% (W. S. B. Paterson, 1969, S. 78) erklärt werden können. Mit Werten bis zu 40% sind die wöchentlichen bis monatlichen Schwankungen schon erheblich größer, siehe Figur 73. *In Fig. 76* sind die zeitlichen Geschwindigkeitsschwankungen in einem Längsprofil auf der Mittelmoräne des Kongsvegen/Westspitzbergen dargestellt, die die mitgeteilte Größenordnung bestätigen. Auch in Figur 65b kommen kurzfristige Geschwindigkeitsänderungen an einzelnen Punkten auf einem Querprofil des Shispargletschers im Nordwest-Karakorum zum Ausdruck. Die Unterschiede gleichen sich über mehrere Tage hinweg aus. Dies legt den Schluß nahe, daß sich die Gletscherbewegung durch *kurzfristige Rucke* einzelner Partien vollzieht, deren Summe über eine längere Periode ein gleichmäßiges Fließen ergibt. Innerhalb weniger Stunden können sogar Variationen bei Geschwindigkeit von mehr als 100% auftreten.

Wie gezeigt wurde, ist für die jahreszeitliche Variation der Eismobilität die Haushaltslage der Gletscher entscheidend. Nach Figur 73 spielt aber auch der Schmelzwasseranfall, der das bodennahe Gleiten fördert, eine Rolle.

Besonders hohe Geschwindigkeiten treten bei sogenannten *katastrophalen Gletschervorstößen, glacier surges (Gletscherwogen)* auf. J. H. Hance (1937) stellte z. B. beim Black Rapid Gletscher in Alaska einen Vorstoß von ca 5 km in fünf Monaten fest, und nach A. S. Post (1960) ist der Muldrow Gletscher in 9 Monaten um 7 km vorgerückt. Schon R. S. Tarr und L. Martin (1914) beschrieben aus Alaska solche Vorgänge, L. Lliboutry (1958) erwähnt 5 Gletscher aus den chilenischen Anden mit derartigen Erscheinungen, A. Desio (1954) bemerkt, daß der Kutiah Gletscher in 3 Monaten um 12 km vorgerückt sei. G. Hatterley Smith (1964) weist darauf hin, daß die Zunge des rapid vorstoßenden Otto-

Meßzeitraum	Mittlere Tagesbewegung in cm	Jahreszeit
8. 8. 1938 bis 24. 9. 1938	6,9	Sommer, keine Schneebedeckung
13. 10. 1938 bis 4. 1. 1939	6,0	Frühwinter, 1 m Schnee
6. 1. 1939 bis 6. 3. 1939	6,0	Hochwinter, 1 bis 2 m Schnee
6. 3. 1939 bis 30. 5. 1939	6,6	Spätwinter, 3 bis 4 m Schnee

Tab. 29 Jahreszeitliche Geschwindigkeitsschwankungen des Mittelbergferners (Pitztal) nach W. Pillewizer (1938).

172 Gletscher und Inlandeise

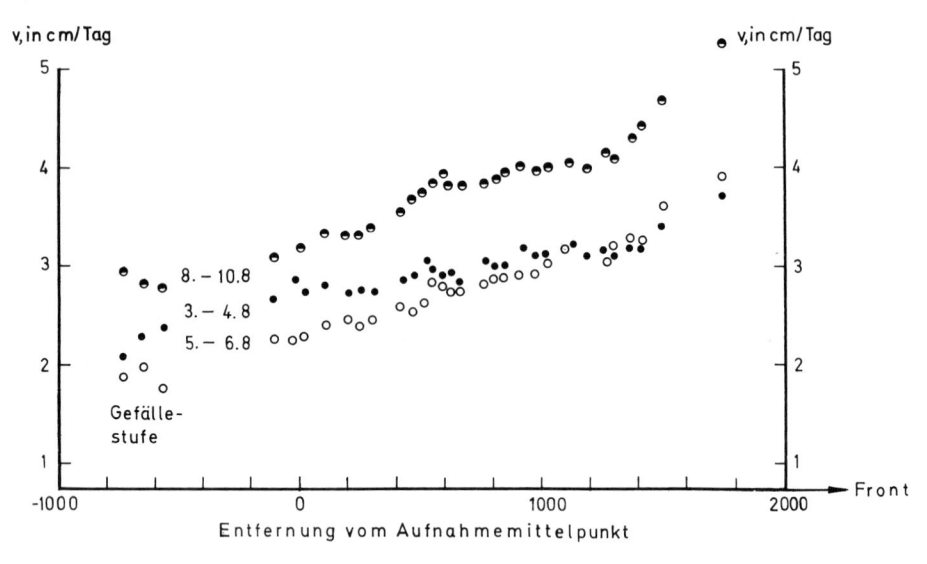

Fig. 76 Zeitliche Änderung der Geschwindigkeit der Gletscherbewegung auf einem Profil entlang der Mittelmoräne der Zunge des Kongsvegen-Gletschers zwischen dem 3.8. und 10.8.1962. Nach U. Voigt (1965, Tafel 4).

Fjord-Gletschers in Nordwest-Ellesmereland in der Zeit von 1950 bis 1954 von Spalten zerrissen und die Eismassen in einzelne Türme aufgelöst gewesen seien. Auch die kurzfristigen Vorrückungsphasen des Freeman- und Duckwitzgletschers auf der Barentsinsel/E-Spitzbergen sind als derartige glacier surges aufzufassen (F. Wilhelm, 1965). Zahlreiche andere katastrophale Gletschervorstöße wurden durch Luftaufnahmen aus Alaska nachgewiesen. Die meisten dieser Gletscher sind mit Zungenlängen vom Mehrfachen von 10 km relativ groß. Eine eingehende Zusammenstellung über diese Vorgänge findet sich bei W. S. B. Paterson (1969, S. 135–144). Danach handelt es sich bei den glacier surges um Umlagerungsvorgänge (s. *Fig. 77*), durch die Eis von höheren Teilen gegen das Zungenende verfrachtet wird, ohne daß dabei der ganze Gletscher betroffen ist. Vielfach beginnt die ruckhafte Bewegung an einem Gefällebereich mit deutlichen Bruchstrukturen. Nach Dolguschin u. a. (1963, zitiert nach W. S. B. Paterson 1969, S. 139) ergab sich am Medrezki-Gletscher im Pamir ein Querbruch, der den unteren Gletscherteil gegenüber dem höheren um 80 m absenkte, wobei der Bruch vermutlich bis zum Untergrund reichte.

Aus den Mitteilungen von G. Q. de Robin und J. Weertman (1973) geht hervor, daß für den Ablauf zyklischer, schneller Gletschervorstöße die am Grunde von Gletschern auftretenden Scherspannungen in Längsrichtung und die Druckverhältnisse im unterlagernden Wasser sehr bedeutend sind. Nach einem surge stagniert der untere Gletscherteil weitgehend, während der obere durch Mächtigkeitszunahme mit wachsenden Scherspannungen im basalen Bereich wieder an Aktivität gewinnt. Zwischen Scherspannungsgradienten und Wasserdruck unter einem Gletscher besteht eine reziproke Beziehung. Mit zunehmendem Gradienten der Scherspannung sinkt der Wasserdruck ab, er kann sogar negative Werte erreichen – das Wasser fließt dann bergauf – so daß es zu einem Wasserstau kommt. Der Bereich zwischen stagnierendem und aktivem Gletscherteil, in

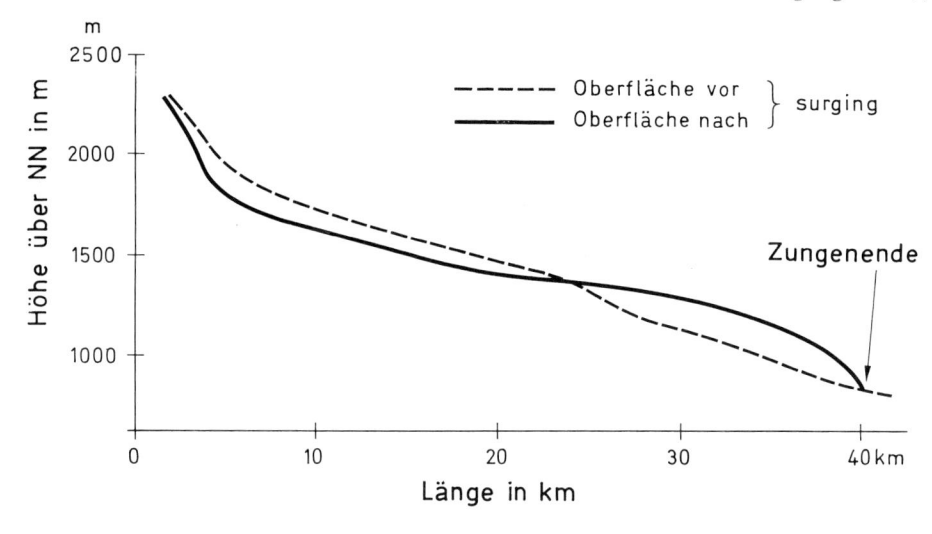

Fig. 77 Oberflächenänderung eines surgenden Gletschers. Nach W. S. B. Paterson (1969).

dem es zu dem Stau kommt, wird Auslösungszone genannt. Der Vorstoß des Gletschers beginnt erneut, wenn der Wasserdruck Null wird. Die Zone erhöhter Mobilität, in der also große Geschwindigkeiten auftreten, pflanzt sich nach G. Q. de Robin und J. Weertman (1973) sowohl gletscheraufwärts wie abwärts fort. Bei den tieferliegenden Gletscherteilen ist die Bewegungszunahme vor allem durch die reichlicher einsetzende Schmelzwasserproduktion bedingt. Nach dieser Theorie liegt der für surges entscheidende Bereich am talwärts gelegenem Ende des aktiven Gletscheranteils.

So zahlreich die Berichte über schnelle Gletschervorstöße (glacier surges) sind, so wenig Exaktes wissen wir bis heute über ihre Genese, da sie meist in abgelegenen Gebieten auftreten und Haushaltsuntersuchungen vor und nach dem Vorstoß fehlen. Trotzdem existieren dafür einige Theorien mit mehr oder weniger Wahrscheinlichkeit. R. S. Tarr und L. Martin (1914) nahmen an, daß diese katastrophalen Gletschervorstöße durch Erdbeben ausgelöst würden, was für Alaska nahelag. Es läßt sich jedoch keine eindeutige Korrelation zwischen beiden Erscheinungen erkennen, obwohl, wie L. E. Nielsen (1963) darlegt, mit Erdbeben eine erhebliche Lawinentätigkeit und damit Ernährung der Gletscher verbunden ist. Auch A. S. Post (1960) weist darauf hin, daß viele glacier surges auf einem Spaltensystem liegen. G. Q. de Robin (1955) hält Temperaturänderungen für bedeutend, da sich die Werte des Faktors k in Glens Formel mit der Temperatur stark ändern. J. Weertman (1962) glaubt im zunehmenden Schmelzwasseranfall unter bestimmten Randbedingungen, die das Gleiten verstärken, eine Ursache dafür zu erkennen. Solange aber detaillierte Beobachtungen über den Vorgang selbst fehlen, insbesondere Haushaltsaufnahmen, Temperaturmessungen und anderes mehr, muß eine eindeutige Erklärung dafür offen bleiben.

Die glacier surges lenken die Aufmerksamkeit auf eine Bewegungserscheinung der Gletscher, die ebenfalls weitgehend durch den Eismassenhaushalt erklärt wird. Gelegentlich lassen sich auf Gletschern *Verdickungszonen* erkennen, die sich im Laufe der Zeit in Richtung Gletscherende weiterbewegen. Die Aufwölbung beträgt meist nur wenige Meter bei einer Breite – in Längserstreckung des Gletschers gemessen – von 100 bis mehrere hundert Meter, so daß sie nur schwer erkennbar sind. Die Fortpflanzungsgeschwindigkeit dieser Anschwellungen – man bezeichnet sie als *kinematische Wellen* – ist wesentlich größer als die Eisgeschwindigkeit. Die kinematischen Wellen dürfen nicht mit dynamischen Wellen, wie sie in Flüssigkeiten auftreten, verwechselt werden. Dynamische Wellen kommen auf Gletschern nicht vor, da die Eisbewegung zu gering ist. Mit dem Begriff »Welle« ist hier also nicht eine Wellenbahn gemeint, sondern nur ein bestimmter Formzustand der Eisoberfläche, der sich mit einer von der Eisbewegung verschiedenen Geschwindigkeit in Längsrichtung des Gletschers fortpflanzt.

Nach Beobachtungen am Mer de Glace/Frankreich in den Jahren 1891–1899 betrug die Wellengeschwindigkeit ungefähr 800 m/Jahr, die des Gletschereises aber nur etwa 150 m/Jahr (L. Lliboutry 1958). Nach den theoretischen Ableitungen von J. Weertman (1958) soll die Geschwindigkeit des Wellendurchganges beim drei- bis achtfachen der Eisbewegung liegen. Bereits J. D. Forbes (1859) hat auf derartige Wellen an Gletscheroberflächen hingewiesen. Aber erst R. Streiff-Becker (1952), R. Haefeli (1951, 1955/56, 1957) J. Weertman (1958), J. F. Nye (1958), W. Campbell und L. Rasmussen (1970) haben diese Erscheinung theoretisch erfaßt. Im allgemeinen werden die kinematischen Wellen durch Druckunterschiede benachbarter Eisabschnitte erklärt, die sich stromab fortpflanzen. Einige aufeinanderfolgende Jahre mit guter Ernährungslage, denen ungünstige folgen, können derartige Wellen auslösen (s. W. Campbell u. L. Rasmussen 1970).

Da wellenartige Erscheinungen vielfach unterhalb von Gletscherbrüchen in nahezu rhythmischen Abständen auftreten, wobei die Wellenhöhen bei gleichzeitiger Streckung der Wellenlänge mit Entfernung vom Bruch niedriger werden, so daß sie sich letztlich von den übrigen Unebenheiten der Gletscheroberfläche nicht mehr unterscheiden lassen, erkennt J. F. Nye (1958) eine weitere Ursache für die Entstehung von kinematischen Wellen in den Gletscherbrüchen. Seine Überlegungen gehen von Beobachtungen am Austerdalsbre/Norwegen in den Jahren 1955/57 aus. Im Gegensatz zu R. Haefeli und anderen sieht er die Bedeutung der Gletscherbrüche für die Entstehung der kinematischen Wellen nicht nur in *Druckänderungen* durch Geschwindigkeitsvariationen, sondern auch in *erhöhter Ablation* im Eisbruch. Diese Vorstellung läßt sich graphisch nach J. F. Nye (1958, S. 144) einfach darstellen *(Fig. 78)*. In Figur 78 (a) ist das Oberflächengefälle eines Gletschers oberhalb und unterhalb des Bruches gleich, im Bruch selbst steiler aufgetragen. Die Abszisse (X) gibt die Längserstreckung an. Daraus resultiert die Geschwindigkeitsverteilung Figur 78 (b) mit höheren Werten im Bereich des Bruchs. Die die Ablation fördernden Vorgänge seien über die betrachtete Strecke als konstant angenommen (Figur 78 (c)). Da der Ablationsbetrag von der exponierten Oberfläche abhängig ist, im Bruch durch Erhöhung der Geschwindigkeit eine Streckung eintritt, wird dort pro Zeiteinheit auf gleichen Horizontalentfernungen in Bezug auf den Gletscheruntergrund mehr Eis abschmelzen als oberhalb und unterhalb des Bruches (Figur 78 (d)). Als Folge einer jahreszeitlichen Änderung der Ablation ergeben sich am Fuße des Eisbruches Undulationen, die sich unter Abschwächung, Verringerung der Amplitude bei Streckung der Wellenlänge über die Gletscherzunge fortpflanzen. Im Grunde genommen geht auch diese Erklärung, wenngleich über die Ablation, auf den Massenhaushalt der Gletscher zurück.

Nach diesen Ausführungen ist die *Gletscherbewegung* ein Vorgang, der sich durch die *strukturviskosen Eigenschaften* des Gletschereises erklären läßt, wobei *interne Deformationen* und *Gleiten* am *Untergrund*, sei es durch *Regelation* oder *Spannungszunahme* vor größeren Hindernissen, wirksam werden. Die *kinematischen Wellen* mit einer Geschwindigkeit, die größer als die Eisbewegung ist, sind dagegen Ausdruck von Massenhaushaltsänderungen des Eiskörpers.

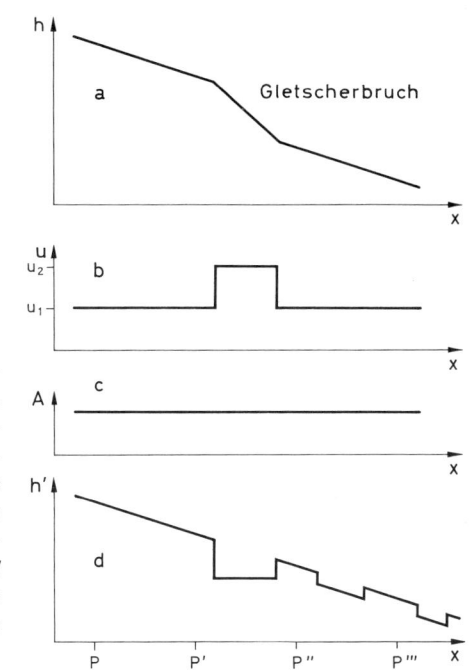

Fig. 78 Entstehung einer wellenförmigen Eisoberfläche unterhalb eines Gletscherbruches. In a sind die Gefällsverhältnisse, in b die Gletschergeschwindigkeiten u_1 bzw. u_2 der einzelnen Teilabschnitte schematisch aufgetragen, c gibt die in ganzer Länge einheitlich auftretende Ablationsenergie und d das Ausmaß der Ablation h' in Längeneinheiten an. PP', P'P'' und P''P''' sind die Horizontalentfernungen, die ein Punkt P in x-Richtung innerhalb eines Jahres zurücklegt. Nach J.F.NYE (1958).

Weit weniger als die Geschwindigkeit von Gletschern ist die Bewegung von *Inlandeisschilden* und *Eisschelfen* bekannt (L. Lliboutry, 1969). Diese Tatsache ist vor allem den schwierigeren Beobachtungsbedingungen, sei es von der Meßtechnik (s. Kapitel 3.2.2.) oder der Zugänglichkeit des Gebietes her, zuzuschreiben. Seit dem Internationalen Geophysikalischem Jahr wurden jedoch im zentralgrönländischen Inlandeis (W. Hofmann, 1960) und Nordgrönland (S. J. Mock, 1963) Tellurometerstrecken zur Erfassung der Geschwindigkeit vermessen. Auch in der Antarktis wurden Bewegungsstudien mittels Luftbildtriangulation (C. Bull, 1963) und terrestrischen Meßverfahren (A. S. Rundle, 1970) in Angriff genommen. Genaue Ergebnisse werden aber erst vorliegen, wenn die Wiederholungsmessungen in einigen Jahren veröffentlicht sind.

Nach S. J. Mock (1963) beträgt die Eisbewegung am Camp Century in Thule/NW-Grönland anhand astronomischer Fixierungen nur 4 bis 5 m/Jahr. G. Wallerstein (1957, zitiert nach J. S. Mock 1963) berichtet aus Zentralgrönland dagegen von Geschwindigkeiten bis zu 150 m/Jahr. Dieser Wert scheint sehr hoch, nachdem F. Loewe (1964) vom Randgebiet des grönländischen Inlandeises nur 30 m/Jahr in 69° 40'N und 49° 37'W mitteilt. Eine sehr geringe Eisbewegung stellt auch A. S. Rundle (1970) auf einer Tellurometertraverse über den Eisschild der Anvers-Insel im Nordwesten der Graham-Halbinsel (Antarktika) fest *(Fig. 79)*. Danach nehmen die Geschwindigkeiten von den zentralen Bereichen bei T-5 mit nur 10 m/Jahr auf 210 m/Jahr (N-7) in den Randgebieten zu. Diese Messungen bestätigen die gemäß der Plastizitätstheorie geforderte Geschwindigkeitsverteilung in einem Eisschild.

Die mitgeteilten Bewegungsgeschwindigkeiten von zentralen Inlandeisbereichen weichen zum Teil um mehr als eine Zehnerpotenz voneinander ab. Die Werte basieren auf sehr unterschiedlichen Meßverfahren. Sie stammen entweder von unmittelbaren Ge-

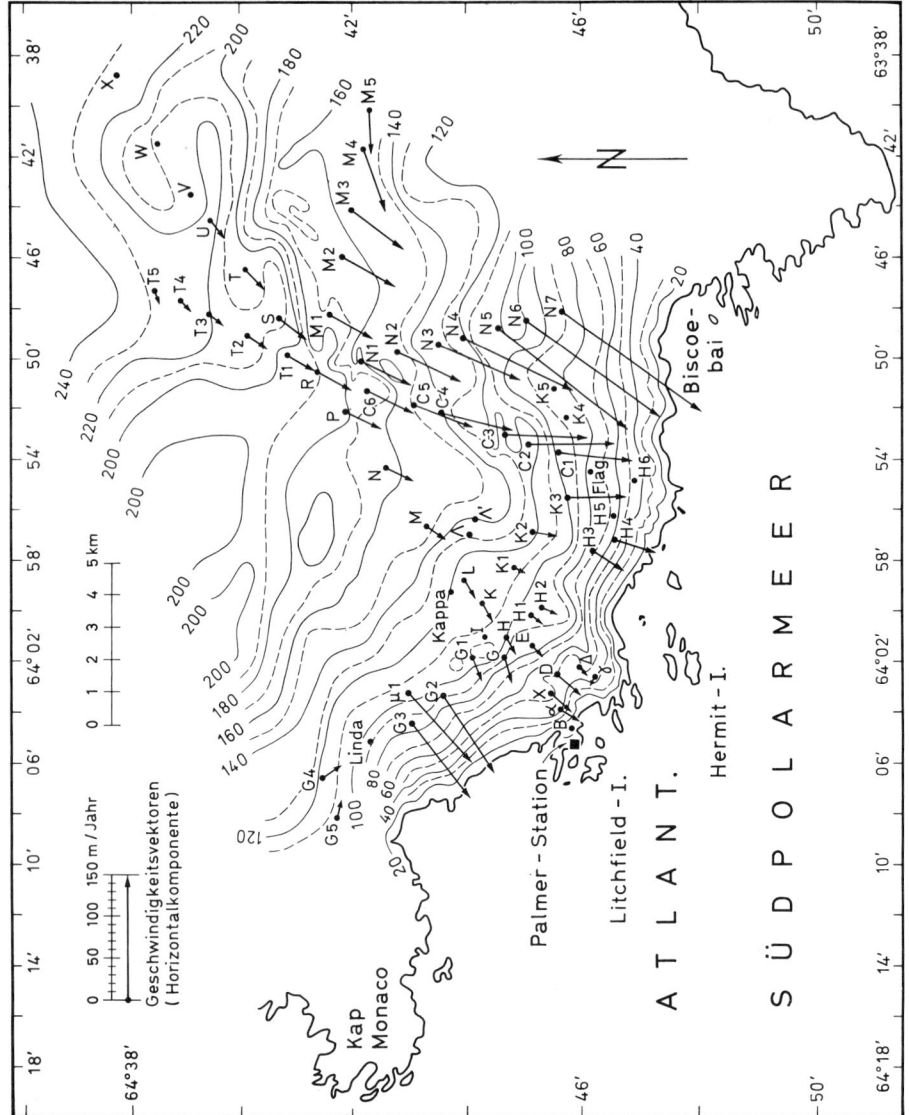

Fig. 79 Verteilung der mittleren Schneeakkumulation 1966 und 1967 in g/cm² sowie Geschwindigkeitsverteilung aufgrund von Messungen zwischen September 1965 und Januar 1967 in Meter pro Jahr für einen Deckgletscher nahe der Palmer-Station (Graham-Land/Antarktika). Die Isolinien der Akkumulation sind im Abstand von 10 zu 10 g/cm² gezogen. Für die Meeresbezeichnung werden die Abgrenzungen nach Karlheinz Wagner (Atlas zur Physischen Geographie Bd. 1, Mannheim 1971) und G. Dietrich u. J. Ulrich (Atlas zur Ozeanographie, Mannheim 1968) herangezogen. Aus A. S. Rundle (1970).

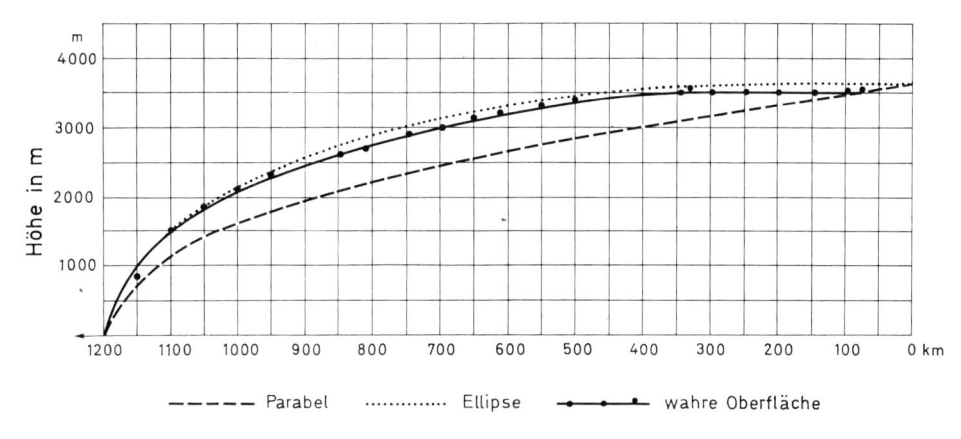

Fig. 80 Die Oberflächenkrümmung des antarktischen Eisschildes wird nach Aufnahmen von S.S.Vialov (1958) und Berechnungen von J.Weertman (1961) am besten durch eine Ellipse angenähert. Nach S.S.Vialov (1958).

schwindigkeitsbeobachtungen, von Altersbestimmungen des Eises an Eisbergen oder sind aufgrund seismischer Messungen oder Untersuchungen über den Massenhaushalt berechnet worden. L. Lliboutry (1969) kommt aufgrund seiner Studien zu dem Ergebnis, daß sich diese Abweichungen dadurch erklären lassen, daß bei den Inlandeisen in weiten Bereichen geringer Bewegung Eisströme höherer Mobilität eingelagert sind.

Anhand der plastischen Eigenschaften von Gletschereis, das sich bei Druckbeanspruchungen deformiert, besteht zwischen der Mächtigkeit (H) und der horizontalen Ausdehnung (2 L) von Eisschilden, die auf ebenem glattem Untergrund aufliegen, die Beziehung H = 5 L (H und L in [m]). Dabei liegt ihre Oberflächenkrümmung im stationären Zustand etwa zwischen der einer Parabel der Form $\left(\frac{h}{H}\right)^2 = 1 - \frac{x}{L}$ (wobei h die Eismächtigkeit in der Entfernung x vom Zentrum entspricht) und der einer Ellipse der Form $\left(\frac{h}{H}\right)^2 = 1 - \left(\frac{x}{L}\right)^2$. Unter Berücksichtigung unterschiedlicher Werte der Eiskonstanten kommt J.Weertman (1961) zu den Gleichungen für die Oberflächenkrümmung von $\left(\frac{h}{H}\right)^{2,5} = 1 - \left(\frac{x}{L}\right)^{1,5}$ beziehungsweise $\left(\frac{h}{H}\right)^{2,6} = 1 - \left(\frac{x}{L}\right)^{1,3}$. Die Krümmung ist also mehr der einer Ellipse angeglichen, wie auch *Fig. 80* zeigt. In Figur 80 sind ferner die Höhenaufnahmen von S.S. Vialov (1958) im Profil zwischen Mirny 4 und Vostok in der Antarktis eingetragen, die die theoretischen Annahmen vollauf bestätigen.

Für die Inlandeismassen hat danach also auch das Glen'sche Fließgesetz Gültigkeit. Eine Schwierigkeit für seine Anwendung besteht nur insofern, als die Temperaturen des Eises nicht wie bei temperierten Gletschern konstant sind, sondern mit wachsender Tiefe zunehmen. Daraus und aus dem Überlagerungsdruck folgt, daß die Zone höchster Mobilität unmittelbar über dem Untergrund liegt. Aus dem Massenhaushalt der Eisschilde ergibt sich dann auch die Geschwindigkeitsverteilung, wie sie durch die angeführten Messungen von A.S. Rundle (1970) bestätigt wurden. Bei den geringen Niederschlägen in der Antarktis und der großen gemessenen Eismächtigkeit von 4300 m reichen bereits kleine Geschwindigkeiten aus, um einen stationären Zustand und das dynamische Gleichge-

Entfernung vom Eiszentrum in [km]	0	100	200	400	600	800	900	950
Geschwindigkeit [m/Jahr]	0	3	7	16	30	57	90	135

Tab. 30 Geschwindigkeitsverteilung in einem stationären Eisschild mit parabolischer Oberfläche nach W. S. B. Paterson (1969, S. 151).

wicht aufrecht zu erhalten. Wegen der höheren Nettoakkumulation ist deshalb auch die Bewegung des grönländischen Inlandeises größer als beim Eisschild der Antarktis. Für einen stationären Eisschild mit 2000 km Durchmesser und einer parabolischen Oberflächenkrümmung (die Eismächtigkeit im Zentrum würde dann 4700 m betragen) berechnete W. S. B. Paterson (1969) folgende Geschwindigkeitsverteilung *(Tab. 30)*.
Auch P. A. Schumskii (1970, S. 730) weist bei einem doppelt so weiten Eisschild nach, daß die Horizontalgeschwindigkeiten bis zu einem Abstand von 1500 km vom Zentrum unter 30 bis 40 m/Jahr betragen, gegen den Rand aber auf 500 bis 600 m ansteigen. Unter diesen Bedingungen benötigt ein Eispartikel, um vom Zentrum des Eisschildes bis zu seinem Rand zu gelangen, also für eine Strecke von rund 1000 km ca 75 000 Jahre. Allein für die ersten 300 km würden etwa 45 000 Jahre benötigt.
Neben den *Eiskalotten* und den *Auslaßgletschern* treten in den Polargebieten auch noch *Eisschelfe* auf. Der Begriff *Schelf* wurde nach F. Loewe (1970) zunächst von H. R. Mill (1888) für untermeerische Verflachungen vorgeschlagen. O. Nordenskjöld (1909) gebrauchte als erster den Begriff *Schelfeis*. Er meint damit Eisflächen, die auf dem Schelf aufliegen oder schwimmen. Der Ausschuß für antarktische Ortsnamen hat 1955 vorgeschlagen, anstelle von *shelf-ice* den Begriff *ice-shelf* zu verwenden, der auch allgemein Anklang gefunden hat. Zwar vertritt F. Loewe (1970) die Ansicht, daß man deutsch besser von Schelfeis spricht, was sprachlich richtig sein mag. Der Verfasser ist jedoch der Meinung, daß durch unterschiedliche Schreibweisen ein und desselben Begriffs nomenklatorische Unklarheiten entstehen können, weshalb er sich dem internationalen Sprachgebrauch *ice-shelf (Eisschelf)* anschließt. Eisschelfe sind im Meer schwimmende, flächig ausgebreitete Tafeleismassen mit relativ glatter Oberfläche, die nur gelegentlich am Grund aufliegen. Solche Stellen pausen sich in der Regel als sanfte Aufwölbungen (ice rise) mit Spaltenbildungen durch. Die Mächtigkeit der Eisschelfe beträgt am inneren Ende bis zu 700 m, an der Kalbungsfront um 200 m.
Sie sind in der Antarktis sehr verbreitet. Allein der Rosseisschelf hat nach J. H. Zumberge (1960) eine Fläche von 525 000 km², ist also so groß wie Spanien. In der Arktis sind sie nicht so häufig, treten aber unter anderem an der Ellesmereinsel und im Franz-Josef-Archipel auf. Genau wie beim Inlandeis, ist über ihre Bewegung bisher nur wenig bekannt. Eine erste Abschätzung der Geschwindigkeit am Rande des Rosseisschelfs brachte F. Debenham (1923). Bei Auswertungen älterer Vermessungen der Kalbungsfront aus den Jahren 1902 und 1911 kam er zu Geschwindigkeiten von etwa 1,3 km/Jahr. Von gleich schnellen Bewegungen an der Ellsworthstation am Filchnereisschelf (ebenfalls 1,3 km/Jahr) berichtet J. C. Behrendt (1962). Ihre Geschwindigkeiten liegen danach wesentlich über denen der zentralen und auch randlichen Inlandeise. Dies ist nicht zu verwundern, da sie nicht allein von den Niederschlägen, sondern auch von zuströmendem Gletschereis ernährt werden. Zudem ist die äußere Reibung vernachlässigbar klein. Vom Rosseisschelf sind durch eine Tellurometertraverse über 900 km, die 1962/63 ausgelegt (W. Hofmann,

Gletscherbewegung 179

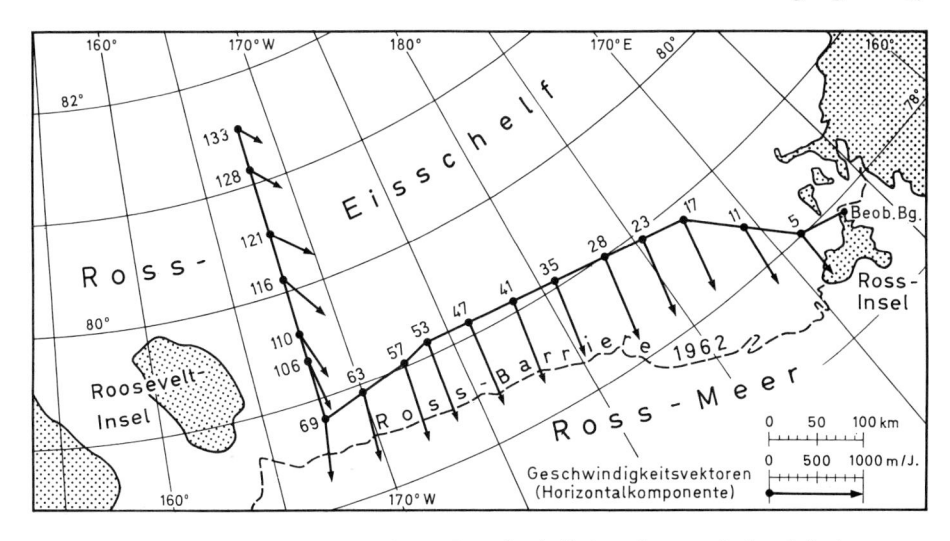

Fig. 81 Geschwindigkeitsvektoren auf dem Rosseisschelf, berechnet nach den Aufnahmen von 1962/63 und 1965/66. Nach E. Dorrer (1968).

E. Dorrer u. K. Nottarp, 1964) und 1965/66 wiederholt wurde (E. Dorrer 1970), genauere Geschwindigkeitsverteilungen bekannt *(Fig. 81)*. Hiernach finden sich die geringsten Geschwindigkeiten nahe der Roßinsel (Nr. 5 mit 540 m/Jahr) und der Roosevelt-Insel (Nr. 69 mit 620 m/Jahr), die maximale Geschwindigkeit auf diesem Profil betrug 935 m/Jahr. Landeinwärts nimmt wie bei den Inlandeisen die Bewegung stark ab und beträgt bei Punkt 133 nur noch 323 m/Jahr. Weitere Bewegungsmessungen an Schelfeisen sind vom Filchnereisschelf (C. A. Lisignoli, 1964) und vom Amery Ice Shelf (Pilaw, 1967) bekannt, die die genannte Geschwindigkeitsverteilung und -größe bestä-

Beobachtungsgebiet	Art der Bewegung	Geschwindigkeit [m/Jahr]
West Droning Maud Land	flächenhaft	1 bis 15
Terre Adélie Küste	flächenhaft	30
McRobertson Land (Küste)	flächenhaft	20
Jelbart Gletscher (West-Zunge)	Eisstrom	100
Jelbart Gletscher (Ost-Zunge)	Eisstrom	300
Taylor Gletscher	Eisstrom	100
Robert Scott Gletscher	Eisstrom	500
Vanderfjord Gletscher	Eisstrom	700
Bird Gletscher	Eisstrom	760
Maudheim Eisschelf	Eisschelf	300
Rosseisschelf	Eisschelf	300 bis 935
Amery Eisschelf	Eisschelf	400

Tab. 31 Bewegungsart und Geschwindigkeiten von Eismassen in der Antarktis nach J. A. Gow, 1965.

tigen. R.H. Thomas (1973) hat eine Theorie der Bewegung der Eisschelfe entwickelt, die mit den Beobachtungen gut übereinstimmt.

Nach diesen Ausführungen können im Polarbereich drei Arten der Eisbewegung unterschieden werden: flächenhafter Abfluß der Inlandeise, Eisströme der Auslaßgletscher und Eisschelfbewegung. Während sich die Inlandeise außerordentlich langsam bewegen, ist die Geschwindigkeit bei den Auslaßgletschern und Eisschelfen wesentlich größer *(Tab. 31)*.

3.2.2. Erfassung der Gletscherbewegung

Wie bereits ausgeführt wurde, beziehen sich die ersten Mitteilungen über Gletschergeschwindigkeiten auf Zufallsbeobachtungen. Aber schon im vergangenen Jahrhundert wurden mit Hilfe von Meßbändern und Theodoliten exakte Bewegungsmessungen durchgeführt. Eine kurze Zusammenfassung über die älteren Methoden gibt R. Finsterwalder (1931).

Ein einfaches, auch heute noch übliches Verfahren, die Eisbewegung zu erfassen, besteht darin, quer über einen Gletscher in mehreren Profilen *Steinlinien* auszulegen oder Stangen im Eis einzulassen, um fixe Marken zwischen den Uferlinien zu erhalten. Die Signale werden zu Beginn der Untersuchungen mit Meßbändern, tachymetrisch oder durch Vorwärtseinschnitt mittels Theodoliten in ihrer Lage bestimmt. Nach Ablauf einer bestimmten Zeit, einige Tage, Wochen oder auch ein Jahr, werden Nachmessungen durchgeführt, um aus der Lageänderung die Geschwindigkeit des Eises zu berechnen. Dieses Verfahren hat zwar den Nachteil, daß es durch Ausbringen der Signale zeitaufwendig, an einem von Spalten zerrissenen Gletscher wegen Unzugänglichkeit nicht anwendbar ist, doch bieten sich auch eine Reihe von Vorteilen an, besonders bei Verwendung von Stäben, deren Höhe über der Eisoberfläche bekannt ist. Gegenüber Steinlinien haben Stäbe die Vorteile, daß sie besonders für Arbeiten im Akkumulationsgebiet geeignet sind, wo flache Signale (Steine) schnell eingeschneit werden und daß man außer den Geschwindigkeiten in x-, y-Richtung, also längs und quer zum Gletscher, auch die Vertikalkomponente der Bewegung erfassen kann. Bei der Bestimmung der Gletschergeschwindigkeiten in x- und in y-Richtung müssen Vorwärtseinschnitte sowohl bei Beginn als auch bei den Wiederholungsmessungen durchgeführt werden, um die Lageänderungen der vermarkten Punkte in der x-y-Ebene (Projektionsebene) zu erfassen. Die Basislinie der Theodolitaufstellungen wird dabei auf Ufermoränen oder im Felsgelände eingerichtet, jedenfalls hoch genug, um alle Marken einsehen zu können. Vielfach begnügt man sich damit, nur die Längsbewegung zu erfassen. In diesem Fall reicht es, die Lage der Signale bei einer senkrecht zur angenommenen Bewegungsrichtung ausgelegten Profillinie am Beginn der Messung zu bestimmen. Die Wiederholungsmessung erfaßt nur die Winkeldifferenzen gegenüber den vorangegangenen Fixierungen zu einem fern liegenden Festpunkt. Sind die Querbewegungen minimal, errechnet sich daraus leicht über die Tangenswerte die Gletschergeschwindigkeit in x-Richtung.

Wesentlich schwieriger ist die *Vertikalkomponente* der *Gletscherbewegung* zu erfassen. Da die Absolutbeträge gering sind, wirken sich Meßungenauigkeiten stärker aus. Man vermindert diesen Einfluß durch die Wahl längerer Beobachtungszeiträume, Monate oder ein Jahr. Zur Durchführung dieser Beobachtung eignen sich Ablationsstäbe im Eis. Nach *Fig. 82* seien P_1 und P_2 die Raumlagen (x; y; z) einer Ablationsstangenoberkante zu Beginn der Messung (P_1), und nach Ablauf eines Jahres (P_2). Die Meßmarke hat sich im ge-

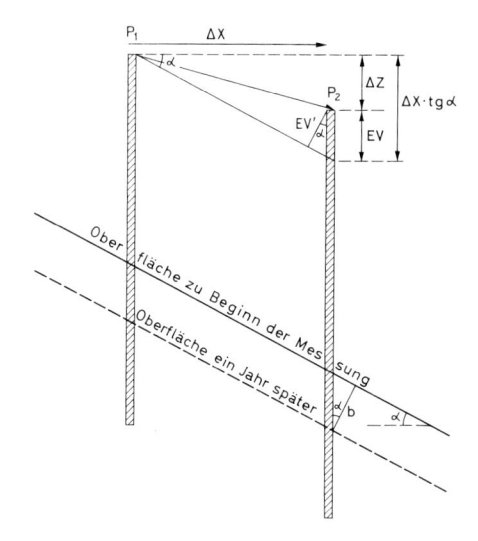

Fig. 82 Bestimmung der Vertikalkomponente der Gletscherbewegung. Nach W.S.B. Paterson (1969).

nannten Zeitraum in x-Richtung um den Betrag Δx verschoben; die Bewegung in y-Richtung sei Null. Gleichzeitig ist die Gletscheroberfläche um die Höhe b (gemessen senkrecht zur Oberfläche) abgeschmolzen. Wäre die Eisbewegung oberflächenparallel, so würde gemäß dem Oberflächengefälle α der Punkt P_2 um $\Delta z = \Delta x \tan g \alpha$ gegenüber P_1 tiefer liegen. Im vorliegenden Beispiel ist Δz aber kleiner. Die Ursache dafür ist in einer im Zehrgebiet nach oben gerichteten Eisbewegung der Größe EV (*emergence velocity – Emergenzgeschwindigkeit*) zu suchen. $EV = \Delta x \cdot \tan g \alpha - \Delta z$. Die Abwärtsbewegung im Nährgebiet wird als *submergence velocity – Submergenzgeschwindigkeit (SV)* – bezeichnet. V wird in Richtung der Schwerebeschleunigung gemessen. Häufig ist aber nach W.S.B. Paterson (1969, S. 67) die senkrecht zur Oberfläche gerichtete Bewegung V von größerem Interesse. Da im Normalfall V positiv nach unten gemessen wird, ergibt sich für $V' = -V \cos \alpha$; $V' = \Delta z \cos \alpha - \Delta x \sin \alpha$. Ist b der jährliche Ablationswert, V, die senkrecht zur Oberfläche gemessene Geschwindigkeit, so errechnet sich aus der Beziehung $\Delta h = b - V$ leicht die *Eisdickenänderung* Δh im Beobachtungszeitraum, und man erhält eine wichtige Massenhaushaltsgröße.

Eine weitere Methode zur Geschwindigkeitsmessung, die heute wegen ihrer Aufwendigkeit kaum mehr benutzt wird, hat S. Finsterwalder (1911) dargestellt. Danach wird die Geschwindigkeit eines Gletscherpunktes P mittels zweier benachbarter Hilfspunkte Q_1 und Q_2 und wiederholtem *Rückwärtseinschnitt* (nach fernen festen Zielen z. B. Gipfeln) im Meßzeitraum bestimmt. Auch dieses Verfahren setzt gute Zugänglichkeit der Gletscheroberfläche, vor allem aber auch hinreichende Sichtbedingungen voraus.

Eine sehr elegante Möglichkeit ist die Fixierung der Gletschergeschwindigkeit mittels *terrestrischer Photogrammetrie*, wie sie R. Finsterwalder (1931) entwickelt hat. Die Arbeit im Gelände, die von sichtigem Wetter begünstigt sein muß, wird hier auf ein Minimum reduziert. Hoch genug über einem Gletscher, so daß gute Oberflächeneinsicht gewährt ist, wird eine *photogrammetrische Standlinie* vermarkt. Ihre Länge soll in der Größenordnung zwischen $1/4$ der kürzesten und $1/20$ der weitesten zu messenden Distanz auf dem Gletscher betragen. Von den beiden Endpunkten A und B wird zu Beginn der Beobachtung senkrecht zur angenommenen Gletscherbewegung je eine Aufnahme gemacht. Sie dient dazu, die Entfernung von gut erkennbaren Stellen auf dem Gletscher (Felsbrocken, Ablationsstangen, Spaltenkanten und anderes mehr) zu messen. Nach Ablauf einiger Tage wird von einem Standpunkt aus die Aufnahme wiederholt. Während sich das Gegengehänge mit der Erstaufnahme im Stereokomparator leicht zur Deckung bringen läßt, wirkt sich die Eisbewegung des Gletschers in einer Verschiebung der eingemessenen Punkte aus. Diese Veränderungen können, soweit sie senkrecht zur Aufnahmerichtung erfolgen, mit dem Stereokomparator als *Deformationsparallaxen* stereoskopisch gemessen werden. Ist p die Parallaxe, f die Brennweite der Meßkammer und s die Entfernung des Punktes, so ist die Verschiebung d des Punktes P: $d = s \cdot p/f$. Mit dem Zeitunterschied beider Aufnahmen kann dann die Geschwindigkeit in x-Richtung berechnet werden. Bei verschwenkten Aufnahmen (Aufnahmerichtung weicht von der Senkrechten zur Basis ab) ist lediglich der Rechenaufwand etwas größer, was aber beim Einsatz elektronischer Tischrechenautomaten für einfache Programme heute nicht mehr ins Gewicht fällt. Dieses Verfahren hat den Vorteil, daß auch unzugängliche Gletscher vermessen werden können. Gleichzeitig läßt sich aus den Meßaufnahmen eine topographische Karte des Gletschergebietes herstellen. Wie U. Voigt (1966) berichtet, können derartige Aufnahmen auch in der Polarnacht bei Mondlicht gemacht werden. Mittels Aufnahmen von zwei Basisstandlinien aus kann nach U. Voigt (1966) auch die zweidimensionale Bewegung in x- und y-Richtung erfaßt werden.

Sehr viel höheren meßtechnischen Aufwand erfordern Beobachtungen zur *Feinbewegung von Gletschern*, wie sie J. Lindig (1958) an Ostalpengletschern für wenige Stundenabstände durchführte. Hierbei müssen sowohl am Gegengehänge als auch auf dem Gletscher selbst punktförmige Ziele eindeutig fixiert sein, und auch die Aufstellung des Theodoliten bedarf einer laufenden Überprüfung. Für derartige Aufnahmen hat jüngst der Schweizer A. Flotron (Neue Züricher Zeitung vom 21.1.71) ebenfalls ein photogrammetrisches Verfahren entwickelt. Im Fels über dem Unteraargletscher installierte er eine Hasselblad-500-El-Fotokamera mit großer Brennweite. In der Kassette befanden sich 5 m eines perforierten Kodak-Plus-X-Pan-Films von 70 mm Breite. Dieser Vorrat reichte für 76 Aufnahmen im Ausmaß 55 × 55 mm. Der Filmvorschub und die Auslösung der Kamera erfolgte durch eine von vier 1,5-Volt-Batterien betriebene Schaltuhr. Am Gegengehänge waren zur Ausrichtung der Kamera und für trigonometrische Messungen Marken ausgebracht. Auf dem Gletscher selbst war an einer im Eis eingelassenen Stange eine Meßtafel aufgestellt. Vom 26.9.1969 bis zum 23.7.1970 machte die Kamera alle vier Tage eine Aufnahme. Alle Bilder, mit Ausnahme der bei Schlechtwetter gemachten, waren einwandfrei belichtet und auswertbar. Ohne großen Personalaufwand lassen sich auf diese Weise auch kurzfristige Bewegungsänderungen registrieren.

Beim Unternehmen EGIG *(Expédition Glaciologique Internationale au Groenland)* 1957/60 wurden erstmals Geschwindigkeitsaufnahmen von Gletschern vom Flugzeug aus durchgeführt. Da aber, wie R. Finsterwalder (1958) ausführt, bei den in Abständen von fünf Tagen aufgenommenen Luftbildern weder die Flugrichtung noch die Lage der Kamera übereinstimmen, sind die Auswerteverfahren aufwendig.

Während von Gletschern zahlreiche Geschwindigkeitsmessungen vorliegen, ist die Bestimmung der *Bewegung* von *Inlandeisen* schwierig, weil im Regelfalle kein fester Fels als Bezugspunkt gegeben ist. Man behalf sich lange Zeit durch *Astrofixierungen*. Da aber die Fehler dieser Ortsbestimmung relativ zur Dimension der Eisbewegung groß sind, können nur langfristige Aufnahmen eine Größenordnung der Geschwindigkeit geben.

Sehr genaue Ergebnisse bringen aber *ortsfeste Satelliten*, die als Reflektoren für auf dem Eis installierte Sender dienen. Ein anderes Verfahren, um die Bewegung von Eisschelfen und Inlandeisen zu erfassen, sind *Tellurometermessungen*, Entfernungsaufnahmen auf der Basis kurzwelliger elektromagnetischer Wellen. Nach W. Hofmann (1961) liegt die Genauigkeit der gemessenen Distanzen bei ± 4 cm. Während der EGIG wurde im Sommer 1959 insgesamt eine Strecke von 4100 km in Grönland tellurometrisch gemessen. Eine erste Wiederholungsmessung der vermarkten Punkte T310 und T4 nach drei Monaten, zwischen dem 13. 5. und 13. 8. 1959, ergab bei einem Abstand von 35 km eine Verschiebung von 9,10 m.

Die bisher aufgeführten Meßverfahren bezogen sich alle auf Oberflächengeschwindigkeiten. Um *Vertikalprofile* zu erhalten, müssen in den Gletschern Bohrlöcher eingelassen werden. Dies geschieht entweder mit *mechanischen Bohrgeräten* oder mit *thermischen*. Beim Schmelzen mit *Thermosonden* ist in kalten Gletschern darauf zu achten, daß das Schmelzwasser sofort abgepumpt wird, da es sonst schnell wieder gefriert und Sonde sowie Bohrgestänge blockiert. Im Bohrloch werden sodann mit *Klinometern* die Neigung und deren Richtung gemessen, und im Ablauf der Zeit die relativen Verschiebungsbeträge des Bohrloches in einzelnen Tiefenstufen festgestellt. Daraus erhält man relative Bewegungswerte. Durch die mit üblichen Verfahren ermittelte Oberflächengeschwindigkeit können sie in absolute umgerechnet werden. Außerordentlich selten sind Beobachtungen der Bewegung unmittelbar am Gletschergrund. Hierfür hat W. H. Ward (1963) eine Meßanordnung entwickelt. Ins Bohrloch wird ein Gestänge eingelassen, an dessen unterem Ende ein Zahnrad angebracht ist, das durch eine Feder auf den Felsuntergrund gedrückt wird. Die Drehungen des Zahnrades werden registriert, woraus sich die Bewegung im Beobachtungszeitraum errechnen läßt. Die Ergebnisse an der Zunge des Austerdalsbreen in Norwegen vom Juli 1959, die Geschwindigkeiten von 11 bis 17 m/Jahr erbrachten, stimmen mit den Beobachtungen der mittleren Oberflächengeschwindigkeit in der Größenordnung von 13 m (J. W. Glen, 1961) gut überein.

Viel wichtiger als die absoluten Geschwindigkeiten sind für viele glaziologische Fragen die *Geschwindigkeitsgradienten (strain rate)* zwischen zwei benachbarten Punkten. Der Geschwindigkeitsgradient entlang der Mittellinie eines Gletschers läßt sich leicht durch zwei Meßmarken im Abstand (a) und dessen Veränderung innerhalb eines Jahres (b) zu b/a in der Dimension [Jahr^{-1}] ermitteln. Es ist aber empfehlenswert, alle Komponenten der Geschwindigkeitsänderungen in x- und y-Richtung zu erfassen. Dazu werden auf Gletschern Meßstangen in rautenförmiger Anordnung ausgebracht. Die eine Diagonale soll in Längsrichtung des Gletschers, die andere quer dazu verlaufen. Ein fünfter Stab wird in Rautenmitte aufgestellt. Die Seitenlänge der Rauten soll in etwa der Gletscherdicke entsprechen. Die Marken werden zu Beginn der Beobachtung und nach einem Jahr exakt nach üblichen geodätischen Verfahren eingemessen. Daraus lassen sich der Längsgeschwindigkeitsgradient $\partial u/\partial x$ (u Geschwindigkeit in x-Richtung) und der Quergeschwindigkeitsgradient $\partial w/\partial y$ (w Geschwindigkeit in y-Richtung) ableiten. Die auftretenden Scherspannungen ergeben sich zu $1/2 (\partial u/\partial x + \partial w/\partial y)$. Sehr viel schwieriger ist es die vertikale Komponente $\partial r/\partial z$ zu erfassen. Da $\partial u/\partial x$ und $\partial w/\partial y$ bekannt sind, behilft man sich hier durch die Beziehung, die für inkompressibles Eis gilt (W. S. B. Paterson 1969)

$$\partial u/\partial x + \partial w/\partial y + \partial r/\partial z = 0.$$

Wie T. H. Wu und R. W. Christensen (1964) am Toku-Gletscher in Alaska gezeigt haben, bestätigt sich durch derartige Messungen eindeutig das plastische Verhalten von Eis.

Aufgrund der Kenntnisse über die mechanischen Eigenschaften von Eis und sein Fließverhalten ist es auch möglich geworden, Gletscherbewegung für große Eisschilde mit elektronischen Datenverarbeitungsmaschinen zu simulieren, wie es J. R. Machay (1965) für die Wisconsineisbedeckung in Nordamerika durchgeführt hat.

3.2.3. Gletscherspalten

Wie im Abschnitt 3.2.1. über Art und Ursachen der Gletscherbewegung gezeigt wurde, ist die Geschwindigkeit über die Gesamtfläche nicht gleich, sondern weist Zonen erhöhten und verminderten Vorschubs aus. An allen Stellen, wo infolge der Bewegungsänderungen Zerrungen auftreten, können, wenn die Scherspannungen die Scherfestigkeit des Eises überschreiten, *Spalten* aufbrechen. Im Festeis erfolgt die Bildung der ersten feinen Risse häufig mit deutlich vernehmbarem Knall.

Aus dem Überlagerungsdruck in einem Gletscher muß gefolgert werden, daß tiefere Eispartien leichter plastisch verformbar sind als oberflächennahe; Spalten können daher als eine Oberflächenerscheinung aufgefaßt werden. In der Tat konnten J. F. Nye (1955) M. F. Meier (1958) und A. H. Lachenbruch (1961) anhand der mechanischen Eigenschaften von Gletschereis nachweisen, daß es so etwas wie eine *maximale Spaltentiefe* gibt, einen *Grenzhorizont* also, auf den schon R. F. Goldthwait (1938) aufmerksam machte. Nach J. F. Nye (1955) ist die Tiefe der Spaltenbildung (d) abhängig von der Scherspannung (τ). Die Scherspannung selbst ist eine Funktion des Geschwindigkeitsgradienten (strain rate) $\dot{\varepsilon}$, des temperaturabhängigen Faktors k und der Materialkonstante n in Glen's Fließgesetz. Danach ist $\tau = (\dot{\varepsilon}/k)^{1/n}$. Für die Tiefe der Spalten ergibt sich daraus $d \approx 2(\dot{\varepsilon}/k)^{1/n}(g \cdot \varrho)^{-1}$ (g = Schwerebeschleunigung, ϱ = Dichte des Eises). Bei ($\dot{\varepsilon}_x = 0{,}5$, k = 0,148 und n = 4,2 errechnet sich für temperierte Gletscher eine maximale Spaltentiefe von rund 30 m. Dieser Wert stimmt mit Beobachtungen in den Alpen sehr gut überein, wo nur gelegentlich größere Tiefen erreicht werden. Spalten reißen an der Oberfläche also breit auf und laufen nach unten keilförmig zusammen. Da der Faktor k, wie Figur 70 zeigt, in starkem Maße temperaturabhängig ist und mit der Temperatur abnimmt, folgt daraus für kalte Gletscher eine größere Spaltentiefe von ca 80 m und mehr. Hinzu kommt, daß in kalten Gebieten auch die Firnmächtigkeit wesentlich größer ist als in temperierten und damit die Spaltentiefe zunimmt.

Da Zerrungen auf einem Gletscher durch bestimmte Randbedingungen vorgegeben sind (Reibung an den Ufern, Gefällssteilen, Geschwindigkeitszunahme im Nährgebiet, Weitungen und Engstellen im Längsverlauf), weisen Spalten auf einem Gletscher eine regelhafte Verteilung auf.

Die oberste ortsfeste Spalte ist der *Bergschrund*. Beim alpinen Gletschertyp zieht er sich innerhalb des Firngebietes parallel zur Karrückwand um das gesamte Einzugsgebiet. Seine Lage ist in Annäherung bestimmt durch den Gefällsknick zwischen der steilen Karumrahmung und dem flacheren Karboden. Diese ortsfeste Spalte reißt an der Stelle auf, wo sich stärker bewegtes Eis des Firnbeckens von den an der Karumrahmung haftenden Teilen löst. Im Winter wird der Bergschrund von Neuschnee, vor allem durch Lawinen der hohen Bergflanken verfüllt, so daß er bis in den Sommer hinein auf Schneebrücken leicht und bei hinreichender Sicherung auch gefahrlos gequert werden kann. Im Hoch- und Spätsommer, wenn diese Spalte ausgeapert ist, bildet sie ein vielfach nur schwer zu überwindendes Hindernis. Da der Bergschrund in seiner Erstreckung so durchgehend ist, kann er auch nicht umgangen werden, wie das bei anderen Spalten vielfach möglich ist. Der Innenraum dieser Spalte wird, wie R. v. Klebelsberg (1948, S. 91–94) ausführlich beschreibt, zum Teil von nach oben glatten, nach unten unregelmäßig geformten, mit Eiszapfen behangenen Eisböden gegliedert, die sich über längere Strecken verfolgen lassen. Ihre Dicke kann bis zu einigen Dezimetern betragen. Nach Beobachtungen entstehen diese Eisdecken durch Gefrieren von in der Spalte stagnierendem Schmelzwasser. Die einzelnen Bodenhöhen entsprechen wechselnden Wasserständen. Durch die spaltenbildende Bewegung werden auch die Eisdecken wieder zerbrochen. Solche Dehnungsfugen, auch mit vertikal versetzten Kanten, sind wiederholt beschrieben worden.

Während der Bergschrund eine echte Zerrungsspalte ist, die senkrecht zu den herrschenden Hauptzugrichtungen aufreißt, ist die *Randkluft* (L. Distel, 1925) eine Ablationshohlform an der Schwarz-Weiß-Grenze zwischen Fels und Gletscher. Sie ist also bewegungsunabhängig. Die Schmelzfuge entsteht durch die stärkere Erwärmung des Gesteins und dadurch bedingte Wärmeabgabe an das Eis.

An allen anderen Stellen auf Gletschern, wo Zerrspannungen die Scherfestigkeit des Eises überschreiten, treten weitere Spaltensysteme auf. Dies ist an und kurz oberhalb von Gefällsteilen der Fall. Da diese Spalten nach den herrschenden Zugbedingungen quer zur Hauptbewegung verlaufen, werden sie *Querspalten* genannt *(Abb. 50 u. 51)*. In Bezug auf Entstehung und Lage sind sie ebenso wie der Bergschrund ortsgebunden. Sie reißen kurz vor der Gefällsteile als schmale Fugen auf, erweitern sich im Bereich stärkster Dehnung und schließen sich in den Stauchungszonen wieder. Die Narben der ehemaligen Spalten lassen sich weiter gletscherabwärts als Weißblätter (Verfüllung der Spalte mit Schnee und Umwandlung zu luftreichem Eis) oder durch senkrecht zu den Spaltenwandungen gewachsenes Nadeleis erkennen. An Gletscherbrüchen ist die Eisoberfläche wegen der

Abb. 50 Querspalten am Zungenende des Allalingletschers/Saastal. Kurz oberhalb des Gefällbruches reißen am Allalingletscher nach einer Verflachung erneut Querspalten auf, die den Gletscher fast in ganzer Breite durchziehen. Besonders kräftig sind sie im Gletscherbruch selbst ausgebildet. Auch oberhalb der Verflachung sind an den steileren Gletscherneigungen, wo durch unterschiedliche Bewegungen benachbarter Eisteile die Scherspannungen wachsen, die offenen Querspalten zu erkennen. (Aufnahme: 22.9.1965, M. Aellen, VAW-ETH Zürich).

186 Gletscher und Inlandeise

Abb. 51   Querspalten am Glacier du Trient. (Aufnahme: 17.10.1967, M.Aellen, VAW-ETH Zürich).

besonders hohen Geschwindigkeiten und den dabei auftretenden Zerrungen von Spalten geradezu zerrissen. Ist an diesen Stellen das Eis nur mehr von geringer Mächtigkeit, so reichen die Spalten bis zum Felsuntergrund. Das Gletschereis kann in Brüchen auch in einzelne *Eistürme* aufgelöst sein. Sie werden als *Séracs* bezeichnet. Diesen Namen hat H. B. de Saussure (1779) in Anlehnung an eine Form für Weichkäse im Gebiet von Chamonix in die wissenschaftliche Literatur eingeführt. In gleichem Maße wie an Gletscherbrüchen zeigen auch Gletscher mit Blockschollenbewegung oder Eismassen, die katastrophale Vorstöße ausführen (s. G. Hattersley-Smith 1964), eine sehr starke Querspaltenbildung. Innerhalb der Firnfelder treten vielfach selbst an nur unscheinbaren Aufwölbungen der Gletscheroberfläche Querspalten auf. Ihre Entstehung ist auf Unregelmäßigkeiten am Gletscheruntergrund (Rundhöcker) zurückzuführen, deren Topographie sich kaum an der Oberfläche abbildet. Da nach den Ausführungen S. 164 vor derartigen Hindernissen erhebliche Schubspannungen auftreten, kommt es in ihrem Bereich zu starken Geschwindigkeitsschwankungen, die zur Spaltenbildung führen. Diese Spalten sind besonders gefährlich, wenn sie zugeschnéit sind und bei unzureichender Sicht die schwachen Gefällsänderungen kaum zu erkennen sind.
Ein weiteres System von Spalten kann als Marginaltextur aufgefaßt werden. Sie tritt an den Rändern der Gletscher auf, wo sich der Übergang von langsamer zu schnellerer Bewegung vollzieht. Danach werden sie als *Randspalten (Abb. 52)* bezeichnet. Entsprechend den vorherrschenden Scherungsverhältnissen ziehen sie vom Ufer mit einem Winkel von 30 bis 45° gletscheraufwärts gerichtet gegen die Gletschermitte, biegen allmählich quer zum Gletscher ein und keilen aus. Im Regelfall beschränken sie sich auf das randliche Drittel der Gletscherbreite. Da bei der Blockschollenbewegung die Geschwindigkeits-

Abb. 52 Rand- und Querspalten an der Zunge des Riedgletschers/Mischabel. Die Querspalten verlaufen senkrecht zur Eisbewegung, also quer über den Gletscher. Die Randspalten ziehen dagegen vom Gletscherrand in einem spitzen Winkel gletscheraufwärts (siehe Text).(Aufnahme: 29.7.1969, H.Widmer, VAW-ETH Zürich).

differenz benachbarter randlicher Teile besonders groß ist, sind bei diesen Gletschern auch die Randspalten sehr deutlich ausgebildet.

Wie gezeigt wurde, ist die quer zur Längserstreckung der Gletscher gerichtete Geschwindigkeitskomponente im allgemeinen klein, so daß *Längsspalten* mit Ausnahme an vorgegebenen Reliefbesonderheiten nur selten zu erwarten sind. Sie treten vorwiegend nach Engstellen (seitliche Pressung) in Bettweitungen auf, wo eine verstärkte Querbewegung einsetzt.

Am Zungenende von Gletschern finden sich letztlich bei divergierendem Fluß *Radialspalten*, die zum Gletscherende gerichtet sind.

R. v. Klebelsberg (1948, S. 99) berichtet auch von *Grundspalten*, die am Grunde von Gletschern auftreten und sich nach oben schließen. Sie dürften im allgemeinen nur in Bereichen geringer Gletschermächtigkeit auftreten, da bei großer Eisdicke infolge der herrschenden Plastizität derartige Bildungen nicht sehr wahrscheinlich sind.

Nach dem Ausgeführten sind Gletscherspalten Ausdruck der Gletscherbewegung. Es handelt sich dabei um vergängliche Erscheinungen im Bereich von Zerrungen. Spalten sind also im allgemeinen innerhalb eines abgrenzbaren Gebietes ortsfeste Bildungen.

3.3. Thermische Eigenschaften von Gletschern, Inlandeisen und Eisschelfen

Bereits in Kapitel 2.2. wurde über die Temperaturverteilung in einer Schneedecke im Ablauf eines Winters kurz berichtet. Die nachfolgenden Ausführungen befassen sich mit dem Wärmehaushalt von Gletschern, Inlandeisen und Eisschelfen, soweit darüber durch

Messungen exakte Unterlagen bestehen. Die Erfassung der Gletschertemperaturen ist schwierig und zeitaufwendig, da nur durch Bohrungen, sei es mit mechanischen Ausrüstungen oder Thermosonden, Zugang zu tieferen Eisschichten erreicht wird. Aus diesem Grunde sind Messungen auch heute noch verhältnismäßig selten. Die Kenntnis der Eistemperaturen ist aber eine wichtige Voraussetzung für das Verständnis der Gletscherbewegung – es sei hier nur erwähnt, daß der Faktor k in der Gleichung des Glen'schen Fließgesetzes in starkem Maße temperaturabhängig ist – und der Umsätze beim Eismassenhaushalt.

Erste Berichte über die Temperatur im Gletscherinneren verdanken wir F. A. Forel (1889) und Ed. Hagenbach-Bischoff (1888). In einer Grotte des Arollagletschers (Wallis/Schweiz) haben sie an vier Stellen unter einer Eisdecke von 40–50 m Temperaturen von $-0,01\,°C$ bis $-0,03\,°C$ gemessen. Besonders bekannt geworden sind die Aufnahmen von A. Blümcke und H. Hess (1899) aus Bohrlöchern im Hintereisferner. Danach nahm die Temperatur von $-0,012\,°C$ in 18 m Tiefe auf $-0,06\,°C$ in 82 m Tiefe ab. Das ergibt einen *Temperaturgradienten* von $0,078\,°C/100$ m. Bei einer Erniedrigung des *Schmelzpunktes* von $0,0074\,°C/bar$ entsprechen damit die in den einzelnen Tiefenstufen gefundenen Temperaturwerte sehr genau dem *Druckschmelzpunkt* des Eises. Solche Gletscher, deren Eismassen durchweg diese Temperaturen aufweisen, sieht man von einem oberflächennahen Bereich von 10 bis 15 m ab, in dem die Jahresschwankungen der Lufttemperatur fühlbar sind, werden daher als *temperierte Gletscher* bezeichnet. Mit der Anwendung dieses Begriffes sollte man jedoch vorsichtig sein, da aus thermodynamischen Prozessen heraus kaum anzunehmen ist, daß die gesamte Eismasse Temperaturen um den jeweiligen Druckschmelzpunkt besitzt, wie noch zu zeigen sein wird. Eine völlig andere Temperaturverteilung hat A. Wegener 1931 (E. Sorge, 1933) an der Station Eismitte in Grönland beobachtet. Danach nehmen die Temperaturen mit wachsender Tiefe zunächst ab und liegen mit $-29\,°C$ erheblich unter dem Druckschmelzpunkt. Bei Temperaturen unter dem Druckschmelzpunkt spricht man von *kalten Gletschern*.

Wie bei den Eigenschaften der Schneedecke schon ausgeführt (S. 39), sind als Wärmelieferanten auch für Eis zu nennen: kurz- und langwellige Strahlung, der fühlbare Wärmestrom, latente Wärme des Wasserdampfes, Regelationsvorgänge, innere Reibung als Folge differenzierter Bewegung benachbarter Eisteilchen sowie der geothermische Wärmestrom am Grunde von Gletschern. Der Transport der Wärme erfolgt über echte *Wärmeleitung* – ihr Anteil ist bescheiden, da die *Wärmeleitfähigkeit* von Eis nur sehr gering ist – durch *Eisbewegung* und durch *Verlagerung von Schmelzwasser*.

In den Wintermonaten treten in der Schneedecke als Folge der langwelligen Ausstrahlung tiefere Temperaturen als in unmittelbar überlagernden Luftschichten auf. Diese Auskühlung der Schnee- und Eismassen wird auch als *Kältewelle (cold wave)* bezeichnet. Der Auskühlungsbetrag und die Frosteindringtiefe sind abhängig von den Strahlungsbedingungen – vor allem im langwelligen Bereich – den Temperaturgradienten zwischen Eis und Luft sowie der Dauer der Kälteperiode. Unter Voraussetzung einer konstanten Wärmeleitfähigkeit des Eises und bei einer sinusförmigen Temperaturschwankung im Ablauf eines Jahres mit einer Amplitude von $20\,°C$ errechnen sich für einzelne Eistiefen die in *Tab. 32* zusammengestellten Temperaturgänge.

Daraus ergibt sich, daß die Eintrittszeit des Temperaturminimums in 10 m gegenüber der Oberfläche um rund ein halbes Jahr verschoben ist und die Temperaturamplitude von $20\,°C$ auf $1\,°C$ abgenommen hat. Dieser aus der Wärmeleitung geforderte Temperaturgang mit einer exponentiellen Dämpfung der Amplitude ist nach Messungen am Südpol

Zeit in Monaten	gemessene Temperatur in [°C] bei Tiefe in [m]			
	0	1	5	10
0	−20°	−17,2°	−10,3°	−9,5°
1	−18,7°	−17,3°	−11,4°	−9,6°
2	−15°	−15,5°	−12,2°	−9,9°
3	−10°	−12,1°	−12,4°	−10,1°
4	−5°	−8,3°	−11,9°	−10,4°
5	−1,3°	−4,9°	−10,9°	−10,5°
6	0°	−2,8°	−9,7°	−10,5°
Eintrittszeit des Temperaturminimums in Monaten	0	0,55	2,75	5,5

Tab. 32 Berechneter Temperaturgang in den oberen 10 m einer Eisdecke und zeitliche Verschiebung der Minimaltemperaturen nach W. S. B. Paterson 1969, S. 170.

(s. Figur 19) auch eindeutig bestätigt. In einer Tiefe von 10 bis 15 m wird der Jahresgang der Eistemperatur vernachlässigbar klein. R. L. Cameran und C. B. Bull (1962) haben in der Antarktis noch Temperaturschwankungen von 0,82 °C in 10 m und 0,2 °C in 16 m festgestellt. F. Müller (1963) berichtet von der Eiskalotte auf Axel-Heiberg, daß er in den höchsten Teilen des Eisschildes eine Temperatur-Jahresamplitude noch in 11 m, bei Talgletschern sogar in 16 m beobachten konnte. Daraus folgt, daß sich die jährlichen Temperaturänderungen bis in eine Tiefe von 10 bis 15 m im Schnee und Eis bemerkbar machen. Nur die Auswirkungen längerdauernder Klimaschwankungen dringen auch in größere Tiefen vor.

Die Aufnahme von Wärmeenergie an der Oberfläche von Inlandeisen ist selbst in den Sommermonaten gering. W. Ambach (1968) kam bei seinen Untersuchungen über den Wärmehaushalt des grönländischen Inlandeises zu dem Ergebnis, daß sich absorbierte Globalstrahlung und langwellige Ausstrahlung in den Energiebeträgen etwa kompensieren. Auch die Ströme fühlbarer und latenter Wärme gleichen sich weitgehend aus. Bei einer sehr hohen Globalstrahlung von 715 cal/cm²·d in den Monaten Mai bis Juli werden nur ca 10 cal/cm²·d, das sind 1,4 % der Eingangsenergie, zur Erwärmung des Firns verbraucht.

Der Abbau der winterlichen Kältewelle erfolgt in kalten Gebieten mit Trockenschnee ebenfalls durch Wärmeleitung. In jenen Bereichen aber, wo Temperaturen über dem Gefrierpunkt vorkommen, spielt der Schmelzwasseranfall eine erhebliche Rolle und führt zu einer raschen Erwärmung des Schnees und Firns auf 0 °C. Entsprechend der *latenten Schmelzwärme* von 80 cal und einer *spezifischen Wärme* des Eises von 0,5 cal/g·Grad können beim Wiedergefrieren von Sickerwasser in einem kalten Stratum 160 g Eis um 1 °C erwärmt werden. Auf diese Erscheinung hat schon H. U. Sverdrup (1935) bei seinen Untersuchungen am Isachsenplateau in West-Spitzbergen hingewiesen. Innerhalb weniger Tage stieg hier die Schneetemperatur von −6 bis −7 °C auf 0 °C. Entscheidend für die Wirksamkeit von Schmelzwasser ist aber, daß kalter, durchlässiger Firn für die Erwärmung bereit steht. Ganz anders liegen die Verhältnisse im Eis. Es ist für Wasser undurchlässig, so daß der Schmelzwasseranteil zum Teil oberflächlich und dann durch Spalten abfließt. Ist das Eis im Gletscher auf Temperaturen unter dem Druckschmelzpunkt abgekühlt, so wird ein Teil des Schmelzwassers an den Spaltenwandungen gefrieren, der Rest aber wird infolge der hohen Sturz- und Strömungsgeschwindigkeiten zum Abfluß gelangen, so daß ein erheblicher Anteil an latenter Wärme verloren geht. Die Wirksamkeit des Schmelzwassers ist in diesem Falle weitaus geringer.

In hochpolaren Gebieten der Arktis und Antarktis, wo kein Schmelzwasser auftritt, das eine zusätzliche Temperaturänderung im Firn hervorruft, entsprechen daher die Firntemperaturen etwa der mittleren Jahrestemperatur der Luft. Wie *Tab. 33* zeigt, stimmen die gefundenen Werte von Schnee- und Lufttemperaturen sehr gut überein:

Aus Figur 20 und S. 42 geht hervor, daß in Grönland zwischen Meereshöhe, geographischer Länge und Breite einerseits und der Eistemperatur andererseits enge Beziehungen bestehen. Für die Antarktis berechnete H. Scott-Kane (1970) anhand aller verfügbaren Temperaturdaten in 10 m Tiefe zwischen Eistemperatur und Höhe über dem Meeresspiegel einen sehr hohen Korrelationskoeffizienten von $R = +0,845$. Dieser starke Zusammenhang beider Größen zeichnet sich auch in *Fig. 83* ab, woraus sich ein trockenadiabatischer Gradient für die Temperaturänderung mit der Höhe ergibt. Diese Angaben von M. Mellor (1960) stimmen völlig mit den Ausführungen von H. Scott-Kane (1970) für die Antarktis und W. F. Weeks (1966) für Grönland überein.

Tritt dagegen Schmelzwasser im Firn auf, gelten die eben aufgezeigten Regeln nicht mehr, da durch Zufuhr von latenter Wärme eine erhebliche Aufheizung erfolgt. So liegen in diesen Gebieten die Firntemperaturen in 10 bis 15 m Tiefe wesentlich höher als die mittlere Jahrestemperatur der Luft. T. P. Hughes und G. Seligman (1938) trafen am Aletschgletscher in 30 m Tiefe auf Firntemperaturen von 0 °C, das Jahresmittel der Luft an der benachbarten Station Jungfraujoch beträgt −7 °C. Auch L. Lliboutry (1963) stellte am Firn des Vallée Blanche bei einem Jahresmittel der Lufttemperatur von −8 °C in 30 m Tiefe eine Temperatur von 0 °C fest. Da die latente Wärme des Schmelzwassers nur im kalten, durchlässigen Firn freigesetzt werden kann, im Ablationsgebiet der Gletscherzungen aber undurchlässiges Eis keine zusätzliche Erwärmung erfährt, weil das Schmelzwasser eben abfließt, muß für warme Gebiete mit Schnee- und Firnschmelze geradezu ein Wärmeüberschuß für die gegenüber den Zungen höher gelegenen Firnsammelbecken gefordert werden. Dies wird auch durch eine Reihe von Messungen *(s. Tab. 34)* bestätigt.

Ort	Breite	Länge	Tiefe [m]	T [°C] Firn	T [°C] Luft
Northice	78°04′ N	38°29′ W	15	−28	−30
Camp Century	37°10′ N	61°08′ W	10	−24,0	−23,6
Site 2	76°59′ N	56°04′ W	8	−24	−24,4
Eismitte	71°11′ N	39°56′ W	16,6	−29	−30
Bird Station	80° S	120° W	15	−28	−29
Südpol	90° S		10	−51	−51

Tab. 33 Vergleich von Firn- und Lufttemperaturen in Trockenschneegebieten. Aus W. S. B. Paterson (1969, S. 174).

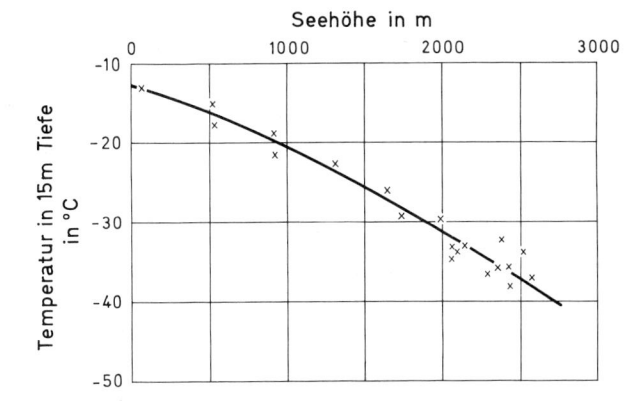

Fig. 83 Änderung der Firntemperatur in 15 m Tiefe mit der absoluten Höhe für MacRobertsonland/Antarktika. Aus A. J. Gow (1965).

Ganz entgegen den Erwartungen aus Beobachtungen der Lufttemperatur nimmt hier die Schnee/Eistemperatur mit wachsender Höhe über dem Meeresspiegel zu. Der Einfluß des Schmelzwassers auf die Gletschertemperaturen kann soweit gehen, daß bei einer Klimaverschlechterung mit Temperaturabnahme und gleichzeitiger Tieferlegung der Gleichgewichtslinie eine Erwärmung des Gletschers folgt, da nun größere Teile dem »wärmeren« Nährgebiet eingegliedert werden. Druckzunahme (Akkumulation) und höhere Temperaturen verstärken aber die Mobilität des Eises, so daß es unter diesen Umständen zu einem kräftigen Vorstoß kommen kann. Ebenso wie in Bereichen mit Schmelzwassereinfluß stimmen Eis- und mittlere Jahrestemperatur der Luft nicht überein, wo diese höher als 0 °C liegt, was in Gebieten mit tief herabreichenden Gletscherzungen ohne weiteres der Fall ist. Die Eistemperatur kann 0 °C nicht überschreiten.

Die Kenntnis des Wärmeumsatzes im oberen Teil einer Firndecke ist mit entscheidend für die Beurteilung, ob ein Gletscher kalt oder temperiert ist. Eine Voraussetzung, wenn-

Gletscher	Höhenstufe	Tiefe [m]	T [°C]
White Glacier	Firnbecken	8	$-9,5$
Axel Heiberg-Insel, Kanada	nahe Firnlinie	8	-16
	Ablationsgebiet	8	-13
Jackson Eiskappe	Firnfeld	10	-3
Franz Josef Land, UdSSR	nahe Firnlinie	20	-9
	Ablationsgebiet	20	-6 bis $-10,5$
Vestfonna Eiskappe, Nordost-Land	Firnfeld	14	-3
Spitzbergen	Ablationsgebiet	10	-7^* bis -10^*

* Diese Temperaturen stammen aus verschiedenen Höhenlagen des Ablationsgebietes.

Tab. 34 Änderung der Eistemperatur mit der Höhenlage bei Einfluß von Schmelzwasser. Aus W. S. B. Paterson (1969, S. 175).

gleich noch keine hinreichende Bedingung, für temperierte Gletscher ist, daß die Winterschneedecke im Verlauf des Sommers auf 0 °C gebracht wird. Das ist, wie gezeigt wurde, in Gebieten mit reichlich Schmelzwasser der Fall. So wurde zunächst allzurasch der Schluß gezogen, daß in Bereichen mit Schneeschmelze temperierte Gletscher vorherrschen und die kalten auf die hocharktischen Regionen beschränkt seien. Das trifft aber keineswegs zu. Y. N. Vilesov (1961) hat an der Stirn des Tuyuksu Gletschers im Nordtienschan (43° N) in 10 m Tiefe −2,5 °C und in 52 m Tiefe −0,7 °C gemessen. Beide Werte sind erheblich von entsprechenden Druckschmelzpunkten verschieden. Auch der South Leduc Gletscher in West-Kanada liegt nach W. H. Mathew (1964) mit Temperaturen von −1,9 °C bis −2,5 °C ebenso wie Saskatchewan- und Athabaskagletscher im Bereich kalter Eismassen. Aus den Schweizer Alpen berichtet J. F. Fischer (1963) von Tunnels in kaltem Eis am Breithorn. Die Temperaturen in 4000 m betrugen −5,5 °C am Tunneleingang und −0,5 °C am Gletschergrund. Nach E. La Chapelle (1961) soll dagegen der Blue Glacier (Washington/USA) temperiert sein. Temperierte Gletscher sind also nicht so allgemein verbreitet, wie zunächst angenommen wurde (siehe dazu auch Kapitel 3.7.4.).

Wenngleich die Definition eines temperierten Gletschers eindeutig dahingehend lautet, daß die gesamte Eismasse die Temperatur des Druckschmelzpunktes annimmt, so führen die vielfältigen thermischen Umsetzungen dazu, daß temperierte Gletscher in reiner Ausbildung kaum vorkommen. Kleine Abweichungen vom Druckschmelzpunkt sind schon allein dadurch zu erklären, daß im Spätwinter bei mehrere Meter mächtiger Schneeauflage der Druckschmelzpunkt innerhalb des Gletschereises durchweg tiefer liegt als im Spätsommer, wo der Winterschnee und zusätzlich Eis durch Schmelze an der Oberfläche entfernt wurden. Die Eistemperatur liegt daher im Sommer geringfügig unter dem Druckschmelzpunkt. Um diese kleinen Abweichungen in die Definition temperierter Gletscher einzubeziehen, haben russische Glaziologen (nach W. S. B. Paterson, 1969) eine Spanne von 1 °C Schwankungsbreite als zulässige Grenze für den Druckschmelzpunkt vorgeschlagen. Nach Tabelle 34 können zudem Teile eines Gletschers im Firngebiet Druckschmelzpunkttemperaturen aufweisen, während ihre Zungen kalt sind. Nach F. Loewe (1966) zählt die Sukkertopen-Eiskappe in West-Grönland zu dieser Kategorie. Es ist also zweckdienlicher, von temperierten und kalten Bereichen eines Gletschers zu sprechen, als einen Gletscher durchweg der einen oder anderen Gruppe zuzuordnen.

Die günstigsten Bedingungen für die Entstehung von temperierten Gletschern finden sich in maritimen Klimaten mit einer mächtigen Winterschneedecke und starkem Schmelzwasseranfall in den Sommermonaten. Die Schneedecke nimmt dann die gesamte Kältewelle des Winters auf und schützt das unterlagernde Eis vor Auskühlung. Im Sommer wird sie durch die Schmelze rasch auf 0 °C gebracht. In trockenen kontinentalen Klimaten dagegen treten auch in Mittelbreiten und Subpolargebieten Temperaturen unter dem Druckschmelzpunkt auf.

Entscheidend für die Gletscherbewegung und die Glazialerosion aber ist, ob ein Gletscher an seinem Grunde temperiert oder kalt ist. Bei am Grunde temperierten Gletschern findet sich in allen Jahreszeiten ein Gletscherbach. Nur bei ihnen tritt ein die Glazialerosion in starkem Maße förderndes Basisgleiten auf. Außer durch Grundabfluß und durch direkte Messungen können auch seismische Beobachtungen über die Temperatur von Gletschern Auskunft geben. In temperierten Gletschern liegt die Ausbreitungsgeschwindigkeit seismischer Wellen bei 3600 bis 3660 m/s, bei kalten höher.

Eine völlig andere Temperaturverteilung als die Gletscher der subarktischen und mitt-

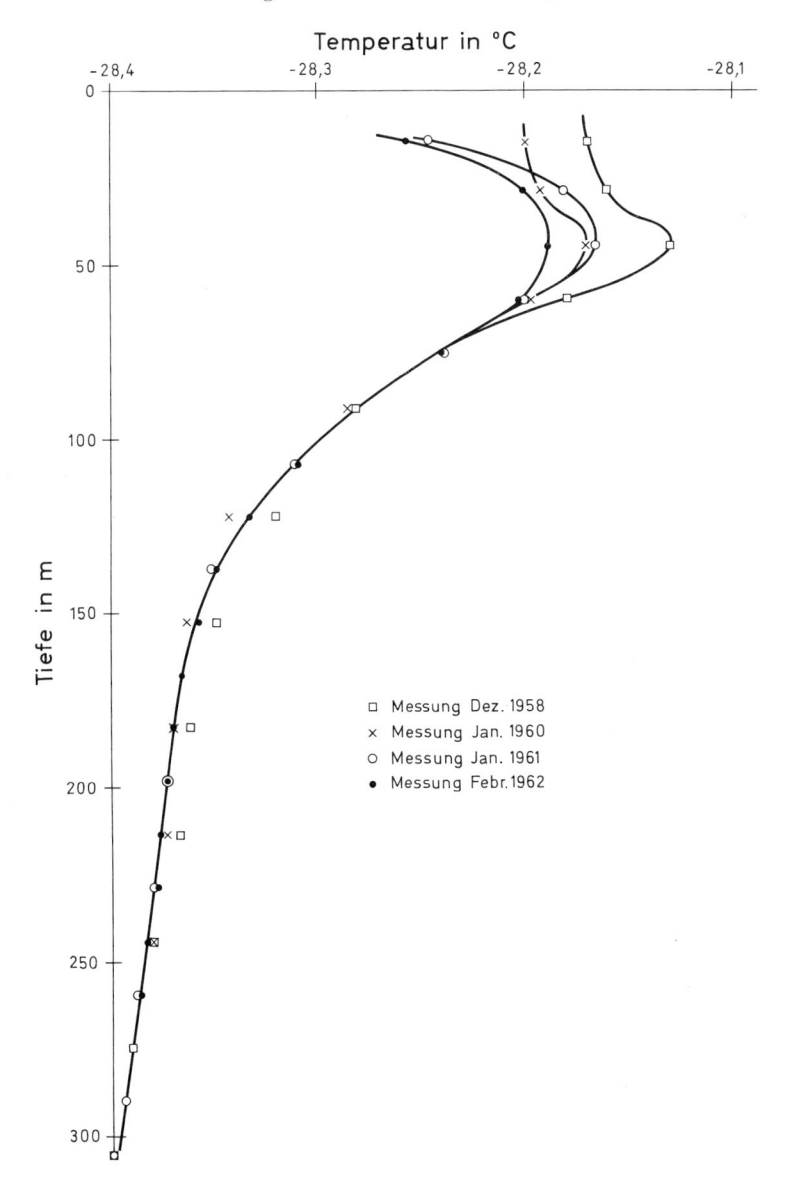

Fig. 84 Temperaturen in den oberen 300 m des antarktischen Inlandeises nach Beobachtungen in einem Bohrloch an der Byrd Station (Westantarktis). Nach A.J. Gow (1963).

leren Breiten zeigen die großen Eisschilde der hochpolaren Gebiete. Wie bereits A. Wegener (E. Sorge 1933) in Station-Eismitte feststellte, nimmt die Temperatur von der Oberfläche nach der Tiefe zunächst ab. Von ganz gleichen Beobachtungen berichtet A. J. Gow (1963) nach Messungen in einem Bohrloch in der Antarktis bei der Byrd Station in den Jahren 1958 bis 1962 *(Fig. 84)*. Der obere Teil des Profils bis etwa 40 m Tiefe ist durch die Aussteifung des Bohrloches gestört. Von da an liegen aber die Meß-

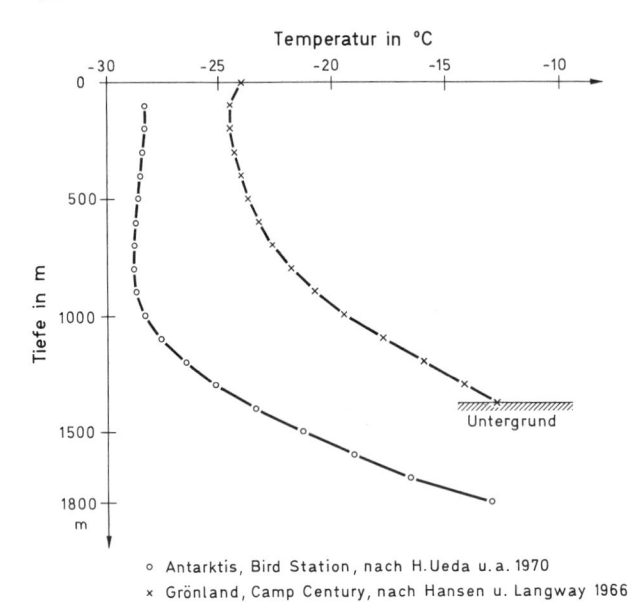

Fig. 85 Änderungen der Eistemperatur in Grönland und in der Antarktis mit der Tiefe. Nach H. Ueda (1970) und Hansen u. Langway (1966).

○ Antarktis, Bird Station, nach H. Ueda u. a. 1970
× Grönland, Camp Century, nach Hansen u. Langway 1966

werte der 5 Jahre dicht gedrängt und zeigen keine Veränderungen mehr. Im Bereich zwischen 75 und 90 Meter beträgt der negative Temperaturgradient $-0,27°/100$ m. Er verringert sich zwischen 200 und 300 m um die Hälfte. Nach E. Sorge (1933) betrug er in Station Eismitte in Grönland zwischen 20 und 120 m Tiefe sogar $-0,8°/100$ m. Dieser starke negative Temperaturgradient in Grönland bestätigte sich auch bei den Messungen von B. L. Hansen und C. C. Langway (1966) in Camp Century im Vergleich zu den Beobachtungen von H. Ueda u. a. (1970) an der Byrd Station *(Fig. 85)*. Wie Figur 85 weiter zeigt, reicht die negative Abweichung in der Antarktis aber sehr viel tiefer als in Grönland. Erst in 800 m wurden mit $-28,8$ °C die niedrigsten Werte ermittelt. In Grönland findet sich das Minimum dagegen in 154 m mit $-24,6$ °C. Aber auch aus der Antarktis ist von küstennahen Stationen bekannt, daß bei geringerer Eismächtigkeit die Temperaturumkehr schon früher erfolgt. So berichtet V. N. Bogoslovski (1958), daß in 5 km Abstand von der Küste die Temperatur von $-10°$ in 10 m auf $-14,4$ °C in 170 m absank, um in 352 m auf $-9,6$ °C zuzunehmen. Daraus errechnet sich ein negativer Temperaturgradient von $-1,5$ °C/100 m. In Grönland sind nach J. J. Holtzscherer und A. Bauer (1954) 70 km von der Westküste entfernt im Eisschild sogar $-3,4$ °C/100 m festgestellt geworden.

E. Sorge (1933) hat die Temperaturabnahme nach der Tiefe in Grönland zunächst als Hinweis für Klimaschwankungen aufgefaßt. In der Tat muß jede tieferliegende Firnschicht, die von Ablagerungen der nachfolgenden Jahre überdeckt wird, kälter sein, wenn die Lufttemperaturen im Zeitablauf zunehmen, da dann die nachfolgenden Schichten bei höheren Temperaturen akkumuliert würden. Diese Erklärung kann zum Teil unter Vernachlässigung der Wärmeleitfähigkeit des Firns zutreffend sein, trifft aber sicher nicht für Tiefen ab 50 m zu, wo sich ja die Temperaturabnahme des little ice age widerspiegeln müßte. Bei den großen Mächtigkeiten von Firnschichten mit negativen Temperaturgradienten bis 700 m Tiefe in der Antarktis müßten sogar der gesammte Bereich der Klimaschwankungen des Postglazials hervortreten. Das ist aber nicht der Fall. Vielmehr fand G. Q. de Robin (1955), daß der negative Temperaturgradient, der nur in ober-

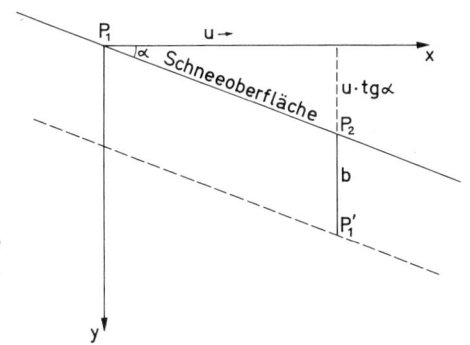

Fig. 86 Schema zur Erklärung des negativen Temperaturgradienten in den oberflächennahen Schichten des Inlandeises. Aus W.S.B. Paterson (1969).

flächennahen Schichten beobachtet werden kann (Vergleiche die Messungen von H. Ueda, 1970 und V. N. Bogoslovski, 1958) auf Wärmetransport durch Eisbewegung von höheren zu tieferen Gebieten zurückgeführt werden kann. In diesen oberflächennahen Schichten können alle Wärmetransportvorgänge der Wärmeleitung, mit Ausnahme der Eisbewegung selbst, vernachlässigt werden. Unter diesen Voraussetzungen ergibt sich eine anschauliche Darstellung für die Erklärung des negativen Temperaturgradienten aus einem einfachen Diagramm *(Fig. 86)*. In dem rechtwinkeligen Koordinatennetz gibt x die Horizontalentfernung, y die Tiefe an. α ist die Oberflächenneigung des Eises und u seine Geschwindigkeit in x-Richtung. Es wird angenommen, daß bei P_1 zur Zeit t_1 und der Temperatur T_1 Schnee akkumuliert wird. Bis zum Zeitpunkt t_2 ist die Gletscheroberfläche mit der Geschwindigkeit u nach P_2 gewandert. Die alte Firnoberfläche P_1 liegt in P_1' unter P_2 durch eine Schneeakkumulation von der Höhe b, die bei der Temperatur T_2 abgelagert wurde, begraben. Dabei ist $T_1 < T_2$ und der Temperaturgradient λ beträgt etwa 0,6 bis 1,4 °C/100 m. Der negative Temperaturgradient in der Schneedecke zwischen $P_2 P_1'$ beträgt also $(T_1 - T_2)/b$. Die Differenz der Raumkoordinaten der Punkte P_1 und P_2 wird bestimmt durch die Oberflächenneigung α sowie die Eisgeschwindigkeit u. Setzt man $u(t_2 - t_1) = \Delta x$, so liegt P_2 gegenüber P_1 um den Betrag $\Delta x \cdot tg\alpha$ tiefer. Der Temperaturunterschied $(T_2 - T_1)$ zwischen beiden Punkten errechnet sich mit dem Temperaturgradienten zu $T_2 - T_1 = \Delta x \, tg\alpha \cdot \lambda$. Daraus folgt, daß der Temperaturgradient in der Schneedecke

$$\frac{dT}{dy} = -\frac{\Delta x \cdot tg\alpha \cdot \lambda}{b}$$

negativ wird. Bei einer Bewegung von u = 50 m/Jahr, α = 10°, λ = 1 °C/100 m und einer Nettoakkumulation b von 15 cm im Jahr, Annahmen, die für das Inlandeis der Antarktis zum Teil zutreffen, errechnet sich daraus ein negativer Temperaturgradient von −0,59 °C/100 m, was den oben mitgeteilten Werten in der Größenordnung entspricht. Da nach der Theorie und den Beobachtungen sowohl u wie α vom Zentrum eines Eisschildes gegen den Rand zunehmen (vergl. S. 175, 177), wird sich auch der negative Temperaturgradient in gleicher Richtung verstärken. Das wird, wie oben gezeigt wurde, ebenfalls durch Beobachtungen bestätigt.

Aus Figur 85 geht weiter hervor, daß die Eistemperatur unterhalb der Zone mit negativen Temperaturgradienten wieder erheblich zunimmt. Der Anstieg im grönländischen Inlandeis beträgt für 1000 m bis 1300 m 1,8 °C/100 m, für die gleiche Tiefenstufe in der Antarktis (Byrd Station) 1,0 °C/100 m, für den Bereich zwischen 1500 m und 1800 m aber sogar 2,4 °C/100 m. Für die Erklärung dieser Erscheinung muß es neben den oben genannten Faktoren, die den Wärmehaushalt einer Eisdecke beeinflussen, nämlich a) mittlere Oberflächentemperatur, b) Ablationsrate, c) Änderung der Höhe über dem Meeresspiegel und d) horizontale Eisbewegung noch andere Wirkgrößen geben. G. Q. de Robin (1970) nennt hier den geothermischen Wärmestrom und die innere Reibung als Folge differenzierter Bewegung benachbarter Eisteilchen, worauf auch L. Lliboutry (1963) sowie N. Radok u. a. (1970) hinweisen. Nachdem die differenzierte Eisbewegung zusätzliche Wärmeenergie liefert, ist es, wie N. Radok u. a. (1970) herausstellen, kaum möglich, von den Eistemperaturen auf Klimaschwankungen zu schließen. Nur jener Anteil der Temperatur, der sich aus den thermodynamischen Zustandsgleichungen nicht erklären läßt, kann als Restfaktor für geänderte Klimabedingungen gelten. Vor allem ist der Zustrom geothermischer Wärme am Grunde von Gletschern und Inlandeisen, soweit sie in ihrem basalen Bereich noch nicht Druckschmelzpunkttemperatur erreicht haben, recht erheblich. Nach A. J. Gow (1970) beträgt er aufgrund der Messungen im Bohrloch an der Byrd Station 1,8 μcal/cm$^2 \cdot$ s. Aufgrund dieser Wärmezufuhr erklärt sich auch die in Inlandeisen beobachtete Abnahme des Temperaturgradienten mit wachsender Höhe über Grund. Sobald sich aber an der Eisbasis Druckschmelzpunkttemperatur eingestellt hat, wird die gesamte geothermische Wärme zum Schmelzen verwandt und dringt nicht mehr in das Eis ein. Ob unter den großen Eisschilden von Antarktika und Grönland Druckschmelzpunkttemperaturen existieren, ist bisher noch nicht gemessen worden. Aufgrund von Massenbilanzen und thermodynamischen Überlegungen kommt I. A. Zotikov (1963) zu dem Ergebnis, daß rund die Hälfte der Basisfläche des antarktischen Inlandeises Druckschmelzpunkttemperatur erreicht. Für Byrd Station mit einer Eismächtigkeit von rund 2500 m, einem Bilanzwert von jährlich 15 cm Auftrag und einer Oberflächentemperatur von $-28\,°C$ errechnet sich eine Bodentemperatur von $-2,5\,°C$, die damit um 0,9° unter der Druckschmelzpunkttemperatur von $-1,6\,°C$ liegt. Für das grönländische Inlandeis wird angenommen, (J. J. Holtzscherer u. A. Bauer, 1954, G. Q. de Robin, 1955, K. Philbert und B. Federer, 1971), daß es bis zum Grunde kalt ist, ja sogar noch von einer Permafrostdecke bis zu 200 m unterlagert wird.

Wiederum andere Temperaturverhältnisse treten in den Eisschelfflächen auf. Der grundsätzliche Unterschied zu den Inlandeismassen besteht darin, daß sie im Meerwasser schwimmen und ihre Unterfläche durchweg die Schmelztemperatur des Seewasser von $-1,7\,°C$ bei 34,5 $^0/_{00}$ Salzgehalt zeigt (J. C. Behrendt, 1970). Wie G. Q. de Robin (1958),

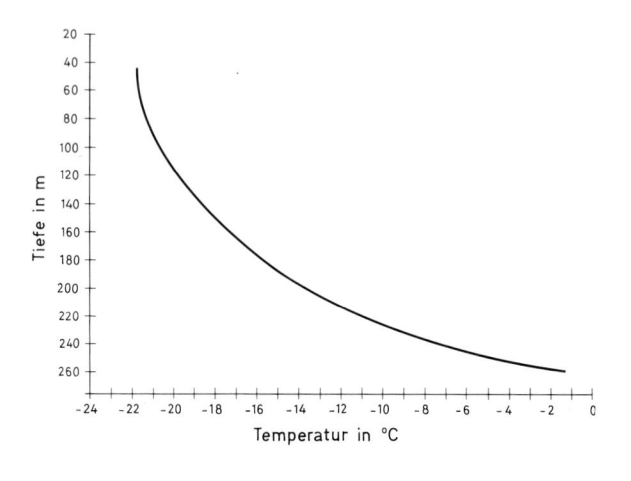

Fig. 87 Temperaturprofil des Rosseisschelfes nach Beobachtungen in einem Bohrloch in Little America V. Nach Bender u. A.J. Gow, aus C. Swithinbank u. J.H. Zumberge (1965).

H. Wexler (1960) und Crary (1962) nachweisen, findet vornehmlich an der Front Schmelzen statt, an ihrer Wurzel verdicken sie sich durch gefrierendes Meerwasser. Die Oberflächentemperaturen entsprechen der Jahresmitteltemperatur der Luft. Da die Eisschelfe im Niveau des Meeresspiegels liegen, hat die geographische Breite auf ihren Wärmeinhalt erheblichen Einfluß. Nach Ch. Swithinbank und J. H. Zumberge (1965) beträgt die Eisschelftemperatur in 10 m Tiefe am Shakleton Eisschelf in 66° S −9 °C, am Filchnereisschelf in 82° S nur mehr − 31 °C. Der negative Temperaturgradient der oberflächennahen Schichten fehlt hier *(Fig. 87)*, statt dessen ist von der Oberfläche bis zum Untergrund eine stetig wachsende Temperatur festzustellen.

3.4. Massenhaushalt von Gletschern

3.4.1. Grundbegriffe und Meßverfahren

Unter *Massenhaushalt* von Gletschern, Inlandeisen und Eisschelfen versteht man die Änderungen der Eismassen in Raum und Zeit. Seine Kenntnis ist eine unerläßliche Voraussetzung sowohl für die Beurteilung der Aktivität der Gletscher als auch in wasserwirtschaftlicher Hinsicht für die Berechnung der Abflußmengen im Rahmen der Energienutzung, Bewässerung und des Hochwasserschutzes. Gute Zusammenstellungen über die am Massenhaushalt beteiligten Größen, ihre Erfassung und Ergebnisse finden sich bei L. Lliboutry (1965, S. 448–560) M. F. Meier (1967), W. S. B. Paterson (1969, S. 28 bis 62), Anonym (1969, 1970) und H. Hoinkes (1970).

Der *Massenhaushalt* von Eisgebieten setzt sich zusammen aus *Einnahmen (Akkumulation)* und *Ausgaben (Ablation)*. Als *Akkumulation* werden alle Vorgänge gewertet, die dem Gletscher Material zuführen, wie *Schneefall, Lawinenablagerungen, Treibschneesedimentation, Reifbildung, Wiedergefrieren von Schmelzwasser*. Unter *Ablation* versteht man alle Prozesse, durch die Eis- und Schneeverlust an Gletschern eintritt, z.B. *Schmelzen mit Abfluß, Verdunstung, Winddrift, Kalben*. Die Akkumulation (c) geht stets positiv, die Ablation (a) negativ in die Haushaltsgleichung ein. Ihre Werte werden in mm Wasseräquivalent ausgedrückt. Die *Akkumulationsrate* $\dot{c}$, das ist der Auftrag in einer bestimmten Zeit (t) an einem Ort, beträgt $\dot{c} = dc/dt$. Die *Ablationsrate* $\dot{a}$ ist danach definiert als $\dot{a} = \frac{da}{dt}$. Die *Änderung* der *Massenbilanz* $\dot{b}$ innerhalb der Zeitspanne von t_1 nach t_2 ist somit die algebraische Summe $\dot{b} = \dot{c} + \dot{a}$, ausgedrückt in mm-Wasseräquivalent/Tag. Akkumulation c, Ablation a und Bilanz b sind somit Zeitintegrale der Form $c = \int \dot{c} dt$, $a = \int \dot{a} dt$ und $b = \int \dot{b} dt$. Die Gleichung für die *Totalbilanz* lautet also

$$b_t = c_t + a_t = \int (\dot{c} + \dot{a}) \, dt.$$

Als *Bilanzjahr* für die *Nettobilanz* (b_n) wird das Zeitintervall zwischen zwei aufeinanderfolgenden Minima im Massenhaushalt gewählt. Die Nettobilanz (b_n) eines Gletschers ist somit die Massenbilanz am Ende eines Bilanzjahres. Dieses weicht im Regelfall von 365 Tagen ab. Es ist in einem Jahr länger, in einem anderen kürzer. Über einen längeren Zeitraum gleichen sich die Unterschiede aus. In den Tropen können innerhalb eines Kalenderjahres wegen doppelter Regenzeit sogar zwei Bilanzjahre auftreten.

Die gesamte Massenbilanz eines Gletschers kann ferner in eine *Winterbilanz* b_w und eine *Sommerbilanz* b_s unterteilt werden. Die Winterbilanz ist stets positiv und wird für den

198   Gletscher und Inlandeise

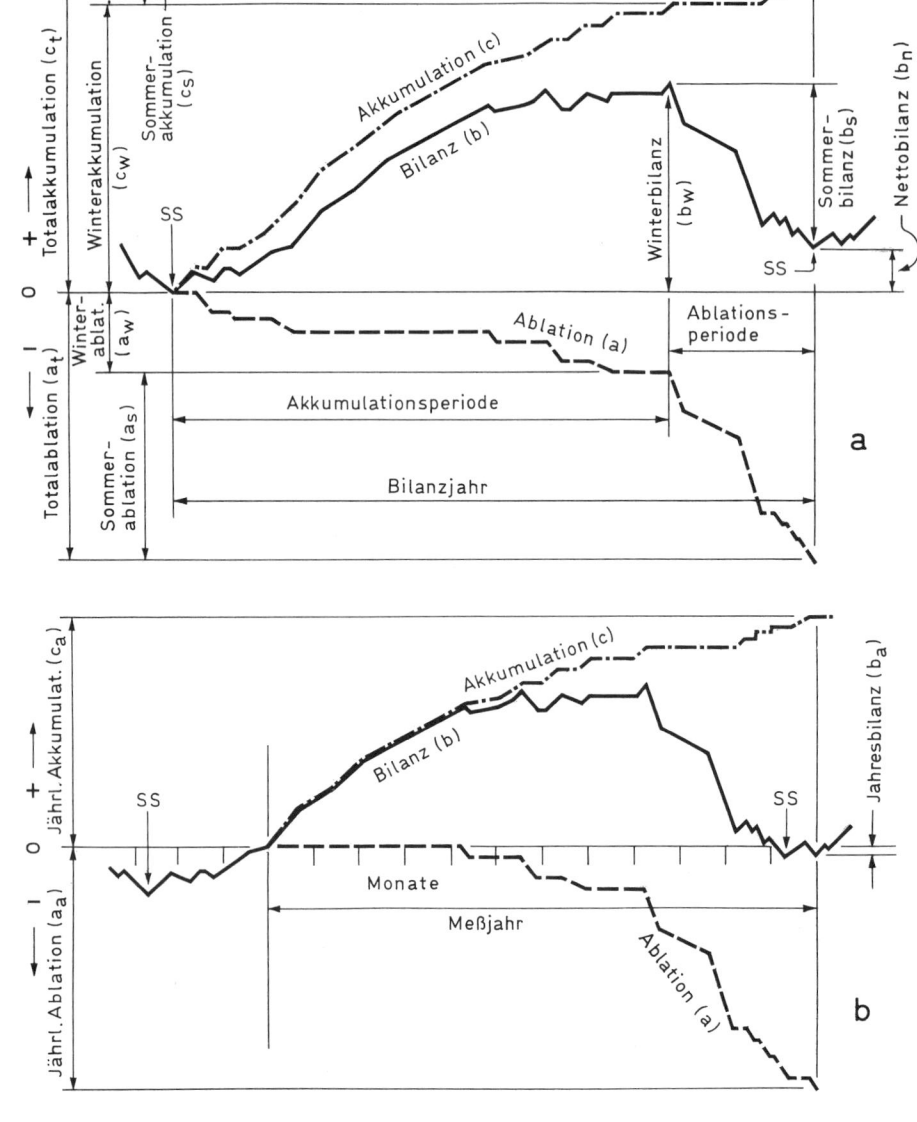

Fig. 88   Begriffe der Massenbilanz für das Bilanzjahr und ein Meßjahr (Hydrologisches Jahr). Aus Anonym (1970).

Zeitpunkt bestimmt, an dem die $\Sigma(c+a)$ ihr Maximum erreicht (s. *Fig. 88*). Die Sommerbilanz, stets negativ, ergibt sich dann, wenn $\Sigma(c+a)$ ein Minimum wird. Die Nettobilanz b_n errechnet sich daraus zu

$$b_n = b_w + b_s = c_t + a_t = c_w + a_w + c_s + a_s = \int_{t_1}^{t_m} (\dot{c}+\dot{a})\,dt + \int_{t_m}^{t_2} (\dot{c}+\dot{a})\,dt,$$

wobei t_1 und t_2 jeweils die Zeiten für aufeinander folgende Minima der Massenbilanz, t_m für das Maximum vorstellen.

Auf der Gesamtfläche eines Gletschers ergeben sich Bereiche, in denen $b_n > 0$ ist, das ist das *Akkumulations-* oder auch *Nährgebiet,* und solche, wo $b_n < 0$ ist, das *Ablations-* oder *Zehrgebiet.* Getrennt werden beide Abschnitte durch die *Gleichgewichtslinie.* Die Gesamtfläche eines Gletschers S wird also gegliedert in ein Akkumulationsgebiet S_c und ein Ablationsgebiet S_a. Um aus den *spezifischen* Bilanzwerten b, ausgedrückt in [mm] Wasser, also in der Dimension der Länge, das *Bilanzvolumen* B_t zu erhalten, müssen die Zeitintegrale b_t noch über die Gletscherfläche S integriert werden. $B_t = \int_S b_t \, dS = \int_S (c + a) \, dS$.

Da das *Akkumulationsvolumen* $C_t = \int c \, dS$ und das *Ablationsvolumen* $A_t = \int a \, dS$, ergibt sich das Bilanzvolumen B_t für einen beliebigen Zeitpunkt zu $B_t = C_t + A_t$. Das Gesamtnettobilanzvolumen B_n errechnet sich daraus zu $B_n = C + A = \int_S b_n \, dS$ und unter Berücksichtigung der Akkumulations- und Ablationsgebiete zu

$$B_n = \int_{S_c} b_n \, dS + \int_{S_a} b_n \, dS = B_{nc} + B_{na}.$$

Die Werte werden in der Dimension von Volumen, [m³] Wasser, angegeben. Ein sehr wichtiger Wert, der sich vor allem für den Vergleich der Massenhaushalte mehrerer Gletscher eignet, ist die *mittlere spezifische Nettobilanz* $\bar{b}_n = B_n/S$ in der Dimension von [g/cm²] oder cm Wassersäule. Man erhält diesen Wert also, indem man das Bilanzvolumen des Gletschers durch seine Fläche teilt.

Wie die Ausführungen und Figur 88a zeigen, ist für die Erfassung der Nettobilanz die Kenntnis der *Akkumulationsperiode* von t_1 (zeitliche Lage des vorangegangenen Minimums) bis t_m (Eintritt der Maximalakkumulation), der *Ablationsperiode* von t_m bis t_2 (Eintrittstermin des folgenden Minimums), also des natürlichen Haushaltsjahres von t_1 bis t_2 erforderlich. H. Hoinkes (1970) weist nun darauf hin, daß die Eintrittszeiten der Maxima von b_t in den einzelnen Höhenstufen von Gletschern zu recht unterschiedlichen Zeiten anfallen.

Am Hintereisferner (Ötztaler Alpen) erreicht der Wert b_t in 2400 bis 2700 m sein Maximum häufig im April, in 2700 bis 3100 m erst im Mai oder Juni und oberhalb von 3100 m tritt in manchen Jahren gar kein ausgeprägtes Maximum auf, weil dort der feste Anteil am Sommerniederschlag bereits sehr hoch ist. Es ist somit nicht möglich, die Winterbilanz b_w zu einem bestimmten Datum zu messen. Daraus folgt, daß auch die Sommerbilanz b_s für einzelne Höhenstufen unterschiedliche Zeitintervalle umfaßt. So einleuchtend auch die Definition von M. F. Meier (1962) für das *natürliche Haushaltsjahr* zwischen den Eintrittszeiten t_1 und t_2 zweier aufeinanderfolgender Minima ist, es läßt sich aus den oben dargestellten Gründen beobachtungsmäßig nur sehr schwer fassen. H. Hoinkes (1970) teilt mit, daß die Feldarbeiten zur Feststellung der Massenbilanz am Hintereisferner an 80 bis 100 Meßstellen mit 10 bis 12 Mitarbeitern je nach Witterungsverhältnissen etwa eine Woche beanspruchen. Allein diese zeitliche Belastung meist freiwilliger Helfer, die mit der Zeit steigenden Kosten, lassen eine Verlängerung der Feldarbeiten, wie es für die Erfassung des natürlichen Haushaltsjahres erforderlich wäre, kaum zu. Aus diesen praktischen Gründen wird meist statt der Nettobilanz die *jährliche Bilanz* festgestellt. Als günstig für das *Haushaltsjahr* hat sich in den Mittelbreiten die Zeit vom 1. Oktober bis zum 30. September erwiesen. Als *Akkumulationsperiode* wird dabei der Abschnitt vom 1. Oktober bis 30. April und als *Ablationsperiode* die Zeit vom 1. Mai bis 30. September angesprochen.

Zur Unterscheidung der Werte der Nettobilanz erhalten die Bezeichnungen der *Jahres-*

bilanzgrößen die Indexwerte a. Aus der *jährlichen* Akkumulation c_a ergibt sich die *Jahresbilanz* b_a zu: $b_a = c_a + a_a$ (s. Figur 88b). Für die Volumina der flächenbezogenen Größen gilt entsprechend $B_a = C_a + A_a$. Über längere Zeitabschnitte gleichen sich die jährlichen Unterschiede zwischen Nettobilanz und Jahresbilanz aus, so daß $b_n \approx b_a$ und $B_n \approx B_a$ wird.

Bei einer mittleren spezifischen Nettobilanz $\bar{b}_n = B_n/S = 0$ handelt es sich um einen *stationären* Gletscher im Sinne des Massenhaushaltes, nicht aber in Hinblick auf die Veränderung der Lage des Zungenendes. Diese Tatsache erklärt sich aus der Anpassungszeit eines größeren Gletschers an seine Ernährungsbedingungen. Selbst unter der Voraussetzung, daß in einem speziellen Jahr $\bar{b}_n \ll 0$ ist, kann sich die Zunge eines Gletschers vorschieben, stationär bleiben oder zurückschmelzen. Nur im Verlauf mehrerer Jahre wird sich das Verhalten der Gletscherzunge dem Trend der Massenbilanz anpassen.

Um die Massenbilanz von Gletschern zu erfassen, stehen mehrere Arbeitsverfahren zur Verfügung. Es seien hier genannt: die *direkte glaziologische Methode*, *hydrologisch-meteorologische Untersuchungen* und *geodätische Auswertungen*. Allein durch die direkte glaziologische Methode kann Einblick in den wirklichen Ablauf der Bilanz genommen werden. Die beiden anderen Verfahren geben nur den Gesamthaushalt eines oder mehrerer Jahre wieder. Bei gleichzeitiger Anwendung aller drei Möglichkeiten ergibt sich eine wertvolle gegenseitige Kontrolle.

Die exakteste Möglichkeit, den Massenhaushalt von Gletschern zu bestimmen, bietet die *direkte glaziologische Methode*. Sie wurde von H. W. Ahlmann (1948) und Mitarbeitern in den Gletschergebieten der atlantischen Arktis und Subarktis seit dem Jahre 1918 entwickelt, hat aber nach H. Hoinkes (1970) infolge der Arbeitsaufwendigkeit erst seit dem Internationalen Geophysikalischen Jahr 1957/58 weitere Nachahmung erfahren. Bei diesen Untersuchungen werden b_w und b_s, damit also auch b_n, an zahlreichen Stellen im Nähr- und Zehrgebiet eines Gletschers bestimmt und über Flächenintegration in Bilanzvolumen B_n beziehungsweise B_a umgerechnet.

Um die Akkumulation im Nährgebiet zu erfassen, werden am Ende des Winterhalbjahres im April, in höheren Lagen auch Ende Mai bis Anfang Juni und am Ende des Bilanzjahres respektive Haushaltsjahres in *Schneeschächten* die Sedimentationsmächtigkeiten der Akkumulation und Ablationsperiode bestimmt. Diese Arbeiten sind sehr zeitaufwendig. Am Hintereisferner (H. Hoinkes, 1970) waren es 1967 47 Schneeschächte mit einer Gesamttiefe von 123 m, woraus sich bei einer maximalen Tiefe von 6,5 m eine mittlere von 2,6 m pro Schneeschacht errechnet. Entscheidend für die Untersuchungen ist, daß die vorjährige *Sommerschicht* eindeutig erkannt wird und daß noch kein Schmelzwasserabfluß die Bestimmung der Winterakkumulation verfälscht. Ob vor dem Zeitpunkt der Messung schon Schmelzprozesse stattfanden, läßt sich in der Regel daran feststellen, daß sich unterhalb der Oberfläche *Eislinsen* und *Eisstotzen* gebildet haben.

Für das Erkennen des letztjährigen Sommerhorizontes bieten sich mehrere Kriterien an. Vielfach sind die Schmelzoberflächen am Ende der Ablationsperiode als *Eishorizonte* ausgebildet und gleichzeitig treten in verstärktem Maße Staubbänder auf. Aber sowohl Eislinsen wie Staubschichten müssen nicht eindeutig nur an den Sommerhorizont gebunden sein. Einen weiteren wichtigen Hinweis auf die Lage der vorausgegangenen Sommerlage bildet die *Dichteschichtung* im Schnee. Aufgrund der charakteristischen Temperaturverteilung in einer Winterschneedecke mit höheren Temperaturen an der Auflagefläche findet durch Wasserdampfdiffusion ein langsamer Massentransport von tieferen zu höheren Schichten statt. Dadurch entsteht in der Tiefe ein *Dichteminimum* bei gleichzeitig grobem Korn und geringer Härte. Wie H. Hoinkes (1957 und 1970) mitteilt, haben sich diese Merkmale für die Bestimmung des Bezugshorizontes in vielen Fällen als sehr brauchbar erwiesen. Sehr sichere Zeitmarken bilden auch radioaktive Einlagerungen durch atmosphärischen fall-out thermonuklearer Waffentests in den Firnschichten. Nach W. Ambach u. a. (1971) sowie H. Eisner (1971) sind besonders die Horizonte der Jahre 1961/62, 1962 bis 1963 und 1963/64 durch erhöhte β-Aktivität gekennzeichnet. In Zweifelsfällen kann auch noch die *Pollenanalyse* herangezogen werden, die eindeutige Auskunft über das Stratum ergibt. Ein sehr sicheres Verfahren ist ferner die vorausgegangene Sommerschicht mit einer beständigen Farbe zu markieren. Allerdings muß hierbei auch die Lage der markierten Stelle durch im Winter eindeutig erkennbare Zeichen (Stäbe) signalisiert sein.

In den Schneeschächten wird, nachdem der Bezugshorizont gefunden ist, die Gesamtmächtigkeit der Ablagerung gemessen und mittels Schneestechzylinder die Schneedichte ermittelt. Es ist darauf zu achten, daß die Summe der Einzelabstiche annähernd gleich der Gesamtschneedeckenmächtigkeit ist. Ferner werden Kornformen, Korngröße und Temperatur bestimmt. Die Temperaturmessungen an der Schattseite der Schachtwand sind ein entscheidendes Kriterium dafür, ob Schmelzwasser bereits in größere Tiefe abgesickert ist. Bei Temperaturen unter 0°C kann dies nicht der Fall sein, da dann der Frostinhalt, der durch Gefriervorgänge von Schmelzwasser rasch abgebaut wird, noch erhalten ist. Anhand dieser Messungen erhält man für einzelne Punkte die Totalbilanz b_t, beziehungsweise am Ende des Bilanzjahres b_n (entsprechend b_a für das Haushaltsjahr).

Um B_t, B_n bzw. B_a zu berechnen, ist es nicht angängig, zwischen den Ergebnissen an einzelnen Meßpunkten linear zu interpolieren. Da die Gletscheroberflächen nicht absolut eben sind, wird durch Winddrift in Mulden zusätzlich das akkumuliert, was von Rücken abgeweht wird. Zudem sind die Abschmelzbeträge auf der Gletscheroberfläche durch örtlich wechselnde Beschattungsverhältnisse aufgrund der verschieden hohen und steilen Gletscherumrahmung unterschiedlich groß. Die bei der Erstellung des Flächenintegrals auftretenden Unsicherheiten in der Interpolation zwischen den Meßstellen lassen sich durch das Studium der *Ausschmelzfiguren* auf Gletscheroberflächen verringern (s. Abbildung 40). Besonders in ablationsstarken Jahren werden Rücken auf Gletschern durch echte Schichtgiven deutlich erkennbar umfahren. Sie sind ein sicheres Zeichen dafür, daß der Auftrag auf Aufwölbungen geringer als in Mulden war. Mittels photogrammetrischer Aufnahmen oder direkter Messungen am Objekt lassen sich die Sedimentationsunterschiede quantifizieren. Selbst auf einfachen Photographien erhält man schon ein gutes Verteilungsbild der Ausschmelzmuster. Es ist anzunehmen, daß auch in akkumulationsstarken Jahren, wenngleich nicht deutlich sichtbar, ähnliche relative Schneeverteilungen wie in niederschlagsarmen Jahren auftreten. Mit ihrer Hilfe läßt sich nun die Interpolation der Meßwerte wesentlich genauer durchführen, als das durch lineares Verfahren möglich wäre. E. La Chapelle (1965) hat, um die Punktdichte der Aufnahmen zwischen einzelnen Schneeschächten zu erhöhen, am Blue Glacier/Washington, USA mittels *Lawinensonden* zusätzliche Tiefenangaben über die Schneemächtigkeit gewonnen. Dieses Verfahren eignet sich aber nur in hochozeanischen Gletschergebieten, wo der Sommerhorizont eindeutig durch Eisflächen markiert ist, so daß die Sonde einen Widerstand erhält. Bei den Alpengletschern ist das nicht immer der Fall, zudem können Eislinsen innerhalb des Jahresstratums in kontinentaleren Bereichen zu falschen Tiefenangaben führen. Trotz der aufgezeigten Schwierigkeiten bringt diese Art der Aufnahme im Akkumulationsgebiet die detailliertesten Erkenntnisse über den Massenhaushalt.

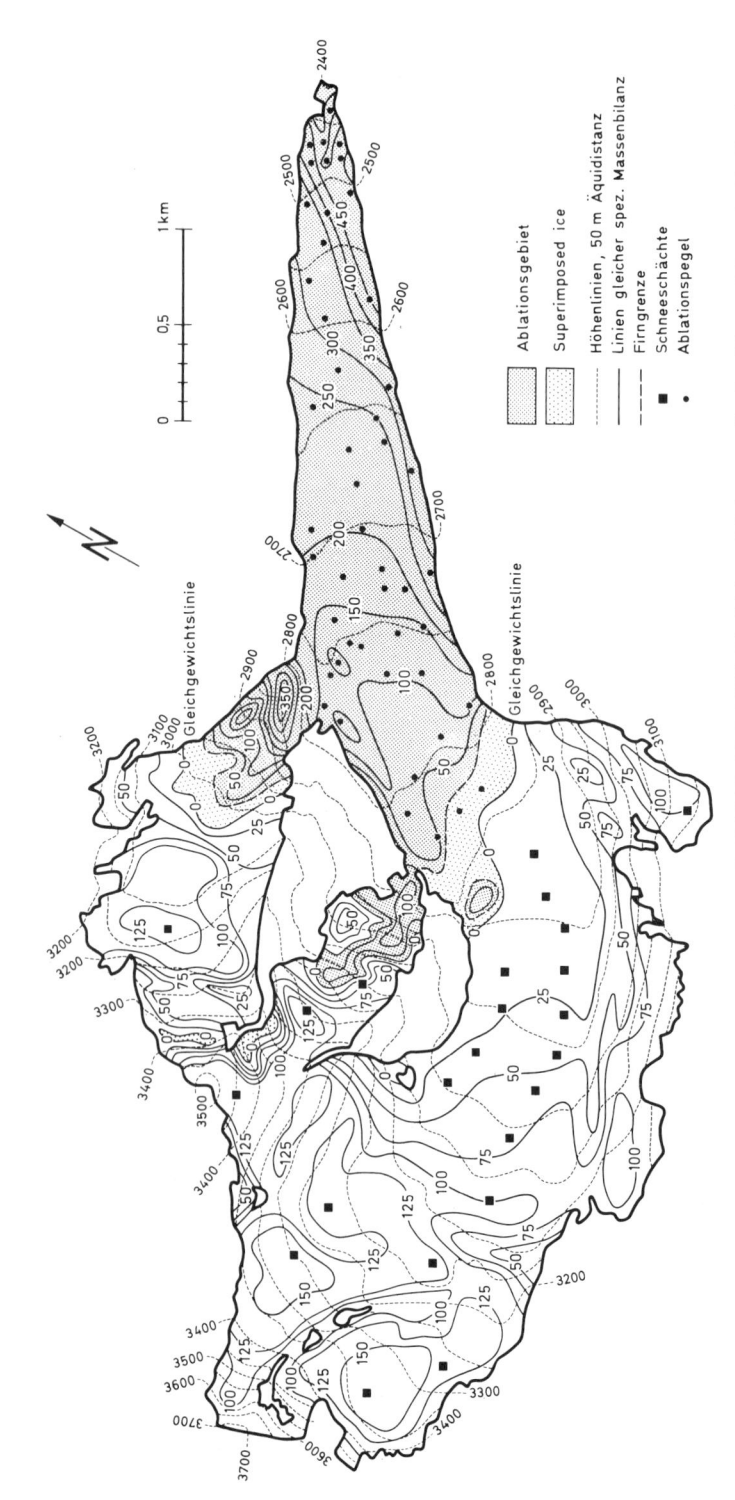

Fig. 89 Massenbilanz des Hintereisferners im Haushaltsjahr 1.10.1966 bis 30.9.1967. Die Linien gleicher spezifischer Massenbilanz sind in Zentimeter Wasseräquivalent angegeben. Aus H. Hoinkes (1970).

Im Ablationsbereich wird die Änderung von Schnee und Eis im Ablauf der Zeit durch *Pegel* erfaßt. Dazu werden Stangen aus Holz oder Metall, – als geeignet erwiesen sich weiß gestrichene Hartholzstäbe mit 2 cm Durchmesser und 2 m Länge – die mit Gummi- oder Plastikmanschetten untereinander verbunden werden können, im Gletschereis in 8 bis 12 m tiefen Bohrlöchern verankert. Es ist darauf zu achten, daß die Ablationspegel in den Löchern nicht aufschwimmen oder durch Eigenwärme einsinken, da sonst zu hohe bzw. zu geringe Werte für den Abtrag gewonnen werden. Anhand von Längenmessung werden die Schneehöhenänderungen und durch Dichtebestimmungen das Wasseräquivalent bestimmt. Besonders im Bereich der Firnlinie ist auf die Bildung von *superimposed ice* zu achten, das sich durch seine glatte Oberfläche und die gegenüber Gletschereis anders geartete Kristallstruktur unterscheidet. Wenn sich das aufgefrorene Eis an der Gletscheroberfläche bildet, erhält es nur Substanz aus der Winterschneedecke und die Schichtdicke ist durch Multiplikation mit 0,9 in Wasserwert umzurechnen. Ist dagegen der Wasserhaushalt des Untersuchungsjahres negativer als der des Vorjahres, dann tritt nach H. Hoinkes (1970) das superimposed ice in den Hohlräumen der Firnschicht des Vorjahres auf. In diesem Falle darf für die Umrechnung in [mm] Wasser nur die Dichtedifferenz ϱ Eis — ϱ Firn verwendet werden.

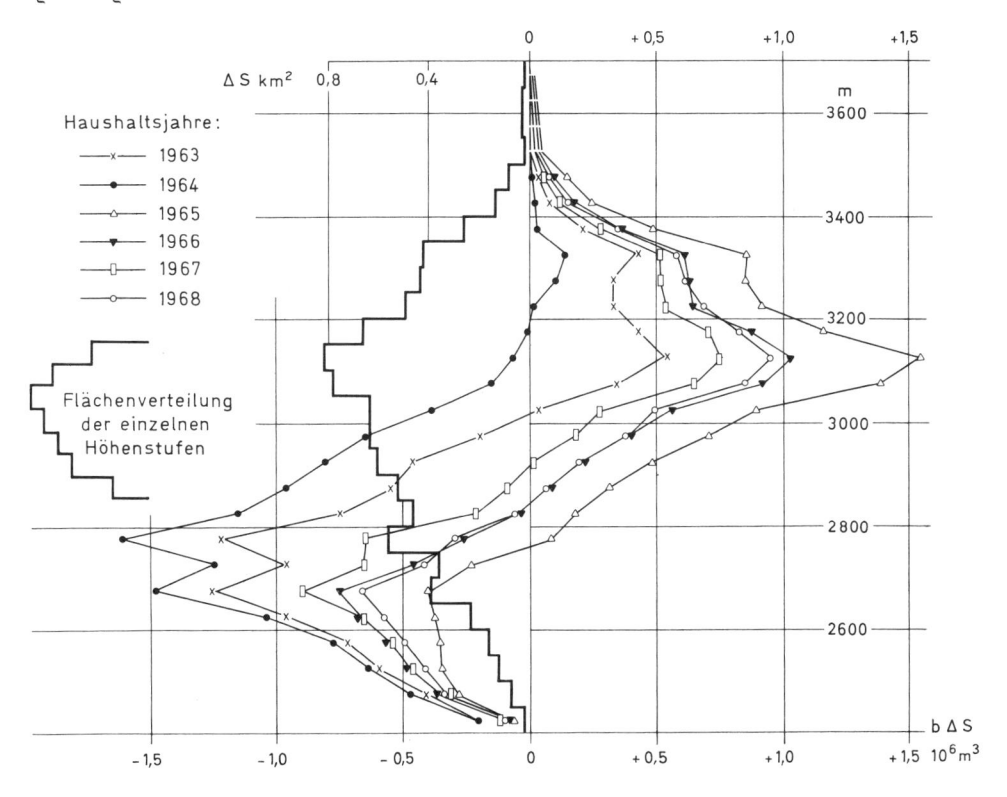

Fig. 90   Bilanzvolumina in 10^6 m³ Wasser für Höhenstufen von 50 zu 50 m des Hintereisferners für die Haushaltsjahre 1963–1968. Deutlich sind zwei Zonen maximaler Umsetzung von 2600 bis 2800 m (negative Werte) und 3000–3200 m (positive Werte) zu erkennen. Gegen die obere Umrahmung und im Bereich des Zungenendes sind sowohl die Absolutmengen als auch die Schwankungen der Bilanzvolumina gering. Aus H. Hoinkes (1970).

Nach den Erfahrungen am Hintereisferner reichen für die Erfassung des Massenhaushaltes etwa 10 Pegel pro Quadratkilometer (s. *Fig. 89*). Sie sind zu Beginn der Messungen etwa gleichmäßig über das Ablationsgebiet zu streuen, das gleiche gilt für die Schneeschächte im Ablationsgebiet. Die Erfahrungen am Hintereisferner in den vergangenen 18 Jahren ergeben, daß in ausgewiesenen Höhenstufen der Umsatz besonders groß ist. Wie *Fig. 90* zeigt, zeichnen sich vor allem die Höhenstufen zwischen 2600 bis 2800 m und 3000 bis 3100 m durch überaus hohes Bilanzvolumen aus. Diese Erkenntnis erlaubt eine Konzentration der Beobachtungsstellen auf die vorwiegend aktiven Höhenzonen, während andere nur schwächer zu besetzen sind. So ist es möglich, durch gezielten Einsatz mit geringerem Zeit- und Kostenaufwand einen guten Einblick in den Massenhaushalt anderer Gletscher zu gewinnen.

Eine weitere Sicherheit für die Interpolation von Aufnahmen zur Massenbilanz von Gletschern bringen die Untersuchungen von R. Haefeli (1962) über den *Ablationsgradienten* a zwischen Firnlinie und Gletscherzungenende. Der Ablationsgradient a gibt die Änderung des Massenabtrags mit der Höhe an, ausgedrückt in Meter Wasser pro 100 Höhenmeter *(Tab. 35)*. In *Fig. 91* ist Änderung der Ablation mit der Höhe für einige Gletscher in verschiedenen Klimazonen aufgetragen. Aus dieser Darstellung sind zwei Erkenntnisse abzuleiten:

1 die Ablationsgradienten sind für gleiche Gletschergebiete in unterschiedlichen Haushaltsjahren nahezu gleich, ihre Lage verschiebt sich nur parallel zur Abszisse
2 die Ablationsgradienten nehmen mit wachsender geographischer Breite ab.

In *Fig. 92* ist der Sachverhalt graphisch dargestellt. Diese Gesetzmäßigkeit des Ablationsgradienten erlaubt für den Bereich unterhalb der Firnlinie ebenfalls eine Reduktion der Beobachtungsstellen für den Massenhaushalt.

V. Schytt (1967) weist dagegen anhand von langjährigen Beobachtungen am Storglaciären im Kebnekaisegebiet darauf hin, daß die Ablationsgradienten in Abhängigkeit von den

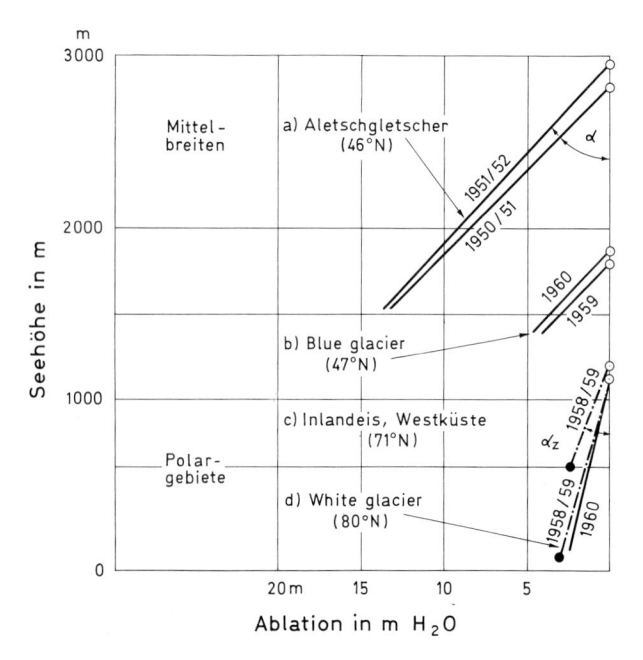

Fig. 91 Änderung des Ablationsgradienten mit der geographischen Breite. Nach R. Haefeli (1962).

mittleren Sommertemperaturen, der Dauer der Ablationsperiode und dem Strahlungsgewinn in einzelnen Jahren erheblich voneinander abweichen können. Am Storglaciären liegt die maximale Streuung des Ablationsgradienten für die Zeit von 1947 bis 1966 zwischen 40 cm/100 m und 70 cm/100 m bei einem Mittel von 54,7 cm/100 m. Auch ist nach V. Schytt (1967) weniger ein Zusammenhang mit der geographischen Breite als mit der Kontinentalität der Vergletscherungsgebiete und den Ablationsgradienten gegeben. Trotz dieser Einschränkungen bieten sie aber eine zusätzliche Kontrolle bei Massenhaushaltsuntersuchungen.

Ein weiteres Verfahren, den Massenhaushalt von Gletschern zu erfassen, bietet die *hydrologisch-meteorologische* Methode. Bei ihr wird aus *Gebietsniederschlag* (N), *Abfluß* (A) und *Verdunstung* (V) auf die Differenz von *Rücklage* (R) und *Aufbrauch* (B) nach der allgemeinen Wasserhaushaltsgleichung N − A − V = R − B geschlossen. Der Nettobilanz B_n oder Jahresbilanz B_a entspricht dann R − B. Nach W. V. Tangborn (1966, zitiert nach W. S. B. Paterson, 1969) soll die Abweichung zwischen diesem und dem glaziologischen Verfahren nur etwa bis zu 5 % betragen. Diese Angaben scheinen etwas fraglich, da in die Wasserhaushaltsgleichung Größen eingehen, die zum Teil nur schwer bestimmbar sind. Am eindeutigsten dürfte der Abfluß zu erfassen sein. Hier ist aber schon dafür zu sorgen, daß im Gerinne ein klar definierter Querschnitt installiert wird, damit durch Schreibpegel der Abfluß auch quantitativ einwandfrei berechnet werden kann. Viel schwieriger ist im Hochgebirge und in den Polargebieten die Niederschlagsmessung. Wie bereits früher ausgeführt (s. S. 17), weichen nach H. Hoinkes u. H. Lang (1962) die Angaben von

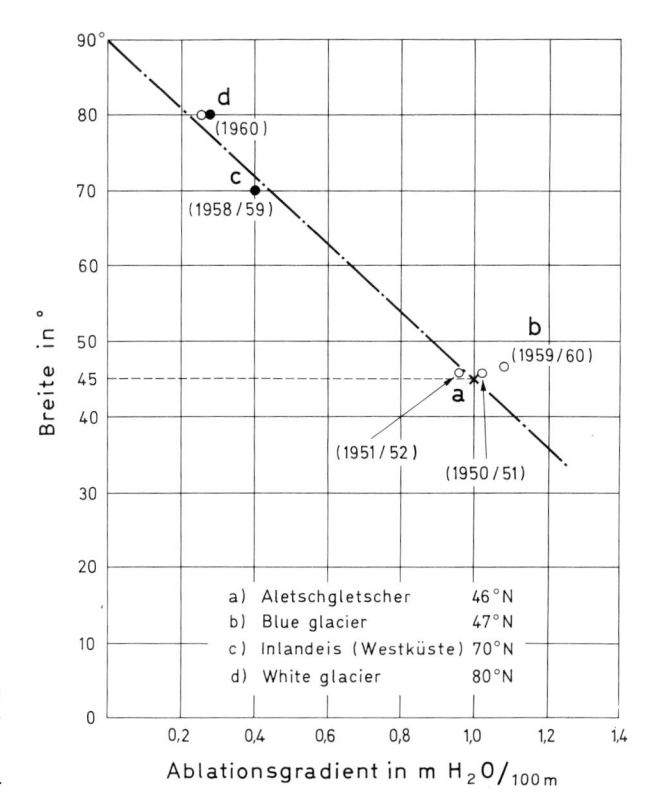

Fig. 92 Zusammenhang zwischen geographischer Breite und Ablationsgradienten. Nach R. Haefeli (1962).

Jahr	Gletscher	Nördliche Breite	Exposition	Höhe der Firnlinie [m]	Höhe Zungenende [m]	Δz zwischen Firnlinie und Zungenende	Ablationsgradient in m H$_2$O/100 m
1950/51	Aletschgletscher, Schweiz	46°	Süden	2834	1500	1334	1,02
1951/52	Aletschgletscher, Schweiz	46°	Süden	2950	1500	1450	0,96
1959	Blue Glacier, Washington USA	47°	Nord bis Nordnordwest	1700	1300	400	1,08
1960	Blue Glacier, Washington USA	47°	Nord bis Nordnordwest	1770	1300	470	1,08
1958/59	Grönländische Eiskappe	70°	Westen	1200	600	600	0,40
1960	White Glacier, Axel-Heiberg-Insel, Kanada	80°	Süden	1120	70	1050	0,27

Tab. 35 Ablationsgradienten an Gletscherzungen in verschiedenen Klimagebieten nach R. Haefeli (1962, S. 52).

Haushalts-jahre	Dimension	N	−A	−V	=R−B	Gletscher-spende
1957/58	in 10⁶m³H₂O	42,75	−48,90	−5,7	= −11,85	28%
	in mm H₂O	1606	−1837	−214	= −445	
1958/59	in 10⁶m³H₂O	40,81	−46,43	−3,86	= −9,48	23%
	in mm H₂O	1533	−1744	−145	= −356	

Tab 36 Niederschlag (N), Abfluß (A), Verdunstung (V), Massenbilanz (R − B) und Gletscherspende $\frac{R-B}{N}$ 100 im Niederschlagsgebiet des Schreibpegels Steg-Hospiz (Hintereis-, Kesselwand-, Vernagl-wandferner und Hintereiswände) nach H. Hoinkes und H. Lang, 1962. Die ersten Zeilen in jedem Haushaltsjahr geben die Bilanzgrößen in Millionen Kubikmeter Wasser (10⁶m³H₂O), die zweiten Zeilen die entsprechenden Wasserhöhen in mm an. Bei einer Niederschlagsgebietsfläche am Pegel Steg-Hospiz von 26.62 km² lassen sich die Bilanzwerte der beiden Zeilen eines Haushaltsjahres gegenseitig berechnen. Dabei entspricht 1 mm Wasser 1000 Kubikmeter Wasser pro Quadratkilometer.

Totalisatorenmessungen und Schneeaufnahmen um 45 bis 60%, nach L. Lliboutry (1964) um 15 bis 50% derart voneinander ab, daß die Totalisatoren zu geringe Werte ergeben. Auch die Gebietsverdunstung kann aus den meteorologischen Parametern nur abgeschätzt werden. Wie F. Müller und Ch. M. Keeler (1969) mitteilen, können durch Meßfehler bei der Erfassung der Strahlung in der Berechnung Fehler bis zu 30% auftreten. Eine weitere Unsicherheit liegt darin, daß aus relativ hohen Werten von N und A auf eine nur kleine Differenz R − B geschlossen werden muß. Ehe durch die hydrologische Methode eindeutig signifikante Ergebnisse erzielt werden können, müssen durch vergleichende Untersuchungen glaziologischer Art erst die einzelnen Messungen hinreichend getestet werden. H. Hoinkes und H. Lang (1962) haben dazu den Gebietsniederschlag und das Glied R − B durch unmittelbare Messungen auf dem Gletscher bestimmt und konnten so die Verdunstung aus den Differenzen zum Abfluß erhalten *(s. Tab. 36)*.
Während bei der direkten glaziologischen Methode die Massenänderungen auf einem Gletscher für jeden beliebigen Ort und zu jeder Zeit festgestellt werden können, eignet sich das hydrologisch-meteorologische Verfahren nur für ein Gletschergebiet im ganzen. Bei der *geodätischen Methode* tritt noch eine weitere Einschränkung derart ein, daß Massenhaushaltsunterschiede im Kartenvergleich nur über längere Jahre feststellbar sind, da die topographisch aufnehmbaren Differenzen von Jahr zu Jahr nur minimal sind. Auf jeden Fall sind sehr exakte topographische Karten zu diesem Zweck erforderlich. Als geeignetes Aufnahmeverfahren hierfür erwies sich die Photogrammetrie. Wie die Auswertung der Karten von 1953 und 1964 vom Hintereisferner durch G. Patzelt (H. Hoinkes, 1970) ergaben, stimmen die Volumenänderungen zwischen beiden Bezugsjahren mit den summierten Werten der durch glaziologische Untersuchung bestimmten jährlichen Bilanzwerte B_a sehr gut überein. Nach den Untersuchungen von H. Lang und G. Patzelt (1971) differieren die Werte, die nach der geodätischen Methode einerseits und der glaziologischen Methode andererseits berechnet wurden, für den Hintereisferner in einem Zeitraum von 9 bzw. 11 Jahren nur um 3,0 bis 5,4%. Es ist bemerkenswert, daß bei drei unabhängigen Auswertungen die Massenverluste nach dem geodätischen Verfahren stets höher aus-

gefallen sind. Für das Ablationsgebiet kann die Volumenänderung durch Multiplikation mit der Dichte des Eises von 0,9, für das Akkumulationsgebiet mit entsprechenden Dichten für Firn und Altschnee in Wasseräquivalente umgerechnet werden. Das geodätische Verfahren ist jedoch nicht geeignet, die Massenumsetzungen einzelner Teilflächen auf einem Gletscher zu berechnen, wenngleich eindeutige Höhenänderungen auftreten. Diese sind nämlich nicht allein durch Akkumulation und Ablation bestimmt, sondern auch durch die Vertikalkomponente der Gletschergeschwindigkeit, die nach M. F. Meier und W. V. Tangborn (1965) als *Submergenz-* (Nährgebiet) und *Emergenzgeschwindigkeit* (Zehrgebiet) angesprochen werden. In niederschlagsschwachen Jahren könnte die Höhenänderung im Akkumulationsgebiet durch die Absinkbewegung sogar negativ werden, also einen Massenverlust vortäuschen. Im Ablationsgebiet, wo die Bewegung nach oben gerichtet ist, werden durch die geodätische Methode zu geringe Abtragswerte festgestellt. Nach G. Patzelt und H. Slupetzky (1970) ersetzte die Emergenzbewegung auf der Zunge der Pasterze im Haushaltsjahr 30% der Nettoablation, das sind $6{,}7 \cdot 10^6 \mathrm{m}^3$ Eis. Die hier auftretenden Fehler sind also erheblich. In anderen Fällen, wie bei Gletschersurges, kann es zu einem Einsinken im Nährgebiet bei gleichzeitig starker Aufwölbung und kräftigem Vorstoß der Zunge kommen. Nur die Integration der Höhenänderungen über den gesamten Gletscher bietet hier ein wirkliches Ergebnis für die Massenbilanz. Die geodätische Methode erfaßt also die Massenbilanz ganzer Gletscher über mehrere Jahre, hat aber eine wichtige Kontrollfunktion für die beiden anderen aufgeführten Verfahren. Dadurch wird es möglich, entsprechend den auftretenden Unterschieden Korrekturen bei den Messungen durchzuführen. Ähnlich wie die topographische Vermessung bringen auch wiederholte *reflexionsseismische* Aufnahmen auf Gletschern Einblick in die Änderungen der Eisdicke und somit Grundlagen für die Berechnung von Massenänderungen, worauf B. Brockamp (1958) hingewiesen hat.

3.4.2. Ergebnisse von Massenhaushaltsuntersuchungen und ihre Darstellung

Seitdem H. W. Ahlmann (1948) und Mitarbeiter im atlantischen Teil der Arktis in den 20er Jahren mit der Aufnahme von Massenhaushalten der Gletscher begannen, hat sich das angefallene Beobachtungsmaterial zu diesen Fragen besonders in den beiden letzten Jahrzehnten sehr stark vermehrt. Allein in den Alpen sind dazu zahlreiche Untersuchungen durchgeführt worden. Erwähnt seien die Arbeiten von H. Hoinkes (1970 mit Literaturzusammenstellung) und Mitarbeitern in den Ostalpen und P. Kasser (1959, 1967) in den Schweizer Alpen. M. Vanni (1958) berichtet über die Tätigkeit an italienischen und L. Lliboutry (1962) an französischen Gletschern. Von den nordamerikanischen Kordilleren liegen Massenhaushaltsberichte über Gletscher von M. F. Meier und W. V. Tangborn (1965), E. La Chapelle (1965) und anderen vor. Daten über die Massenbilanz von Gletschern in der U.d.S.S.R. sind knapp bei M. G. Grosvald und V. M. Kotlyakov (1969) zusammengefaßt. Zahlreiche Forschungsberichte sind aus der Arktis bekannt, von denen nur die Mitteilungen über das grönländische Inlandeis von F. Loewe (1964) und A. Bauer (1966) sowie über die Gletscher von der Axel-Heiberg-Insel im Königin-Elisabeth-Archipel Kanadas durch F. Müller (1962) erwähnt seien. Zu den ausgedehnten Untersuchungen über den Massenhaushalt in der Antarktis seit dem Internationalen Geophysikalischen Jahr haben viele Nationen beigetragen. Kurze zusammenfassende Beiträge darüber finden sich bei F. Loewe (1961 a u. b, 1965), K. K. Markov (1961), G. Q. de Robin (1962),

Haushaltsjahr 1.10. bis 30.9.	Nettoakkumulation		Nettoablation		Massenbilanz			mittlere Höhe der Gleichgewichtslinie über Meer [m]	Flächenverhältnisse	
	S_c [km²]	B_c [10⁶m³]	S_a [km²]	B_a [10⁶m³]	S [km²]	B [10⁶m³]	$\bar{b}$ [g/cm²] (cm Wasser)		[S_c/S]	[S_c/S_a]
1952/53	5,44	+1,66	4,80	−7,19	10,24	−5,53	−54,0	3020	0,53	1,13
1953/54	7,04	+3,03	3,16	−5,95	10,20	−2,92	−28,6	2970	0,69	2,23
1954/55	7,57	+5,20	2,58	−4,43	10,15	+0,77	+7,6	2850	0,75	2,93
1955/56	7,01	+3,19	3,10	−5,97	10,11	−2,78	−27,5	2920	0,69	2,26
1956/57	6,51	+3,74	3,55	−5,64	10,06	−1,90	−18,9	2930	0,65	1,83
1957/58	3,49	+1,49	6,53	−11,32	10,02	−9,83	−98,1	3100	0,35	0,53
1958/59	3,42	+1,26	6,55	−8,87	9,97	−7,61	−76,3	3060	0,34	0,52
1959/60	7,15	+4,32	2,77	−4,94	9,92	−0,62	−6,2	2880	0,72	2,58
1960/61	6,27	+4,11	3,61	−6,14	9,88	−2,03	−20,5	2940	0,63	1,74
1961/62	3,57	+1,27	5,64	−7,68	9,21*	−6,41	−69,6	3080	0,39	0,63
1962/63	4,83	+3,20	4,33	−8,72	9,16	−5,52	60,3	3010	0,53	1,12
1963/64	2,29	+0,81	6,77	−12,09	9,06	−11,28	−124,4	3180	0,25	0,34
1964/65	7,36	+10,67	1,69	−2,30	9,05	+8,37	+92,5	2770	0,81	4,36
1965/66	6,83	+6,97	2,22	−3,86	9,05	+3,11	+34,4	2850	0,76	3,08
1966/67	6,20	+5,04	2,83	−4,86	9,03	+0,18	+2,0	2950	0,69	2,20
1967/68	6,63	+6,73	2,40	−3,68	9,03	+3,05	+33,8	2850	0,73	2,76

* Seit 1962 sind zwei kleine Hanggletscher vom Hintereisferner getrennt und werden daher nicht mehr in die Bilanz einbezogen.

Tab. 37 Massenbilanz des Hintereisferners für die Zeit 1952/53 bis 1967/68 nach H. Hoinkes (1970, S. 59).

M. Mellor (1963), M. B. Giovenetto (1968, 1970), J. Hollin (1968) sowie C. Bull und C. R. Carnein (1970).

Der wohl am besten durchforschte Gletscher der Ostalpen ist der Hintereisferner in den Ötztaler Alpen. Für ihn sind die Massenbilanzwerte der Jahre 1952/53 bis 1967/68 veröffentlicht *(Tab. 37)*. In Tabelle 37 sind die wichtigsten Massenhaushaltsgrößen zusammengestellt. Sie zeigen von Jahr zu Jahr erhebliche Schwankungen, wobei aber eindeutig ein negativer Trend bis zum Haushaltsjahr 1963/64 signifikant ist. Seither haben sich nur positive Werte eingestellt. Damit verhält sich der Hintereisferner wie viele andere Alpengletscher. Wie aus *Fig. 93* hervorgeht, waren in der Dekade von 1940 bis 1950 die Massenverluste besonders groß, in einer Zeit also, in der nach H. Rudloff (1964) die wärmsten und trockensten Jahre von Bergstationen in den Alpen seit 1818 registriert wurden.

Negative Massenhaushalte werden auch von anderen Vergletscherungsgebieten der Erde gemeldet. Die Intensität des Abschmelzens schwankt dabei von Gletscher zu Gletscher (s. Figur 93) und unterscheidet sich auch in Großregionen. In der europäischen Arktis ist z. B. der Gletscherrückgang in den vergangenen Jahrzehnten wesentlich kräftiger gewesen als im kanadischen Bereich. M. G. Grosvald und V. M. Kotlyakov (1962) stellten sogar fest, daß der Trend der Massenbilanzen von Gletschern im Nord-Ural und der des Aletschgletschers gegenläufig sind. Diese Tatsache läßt sich einmal auf die unterschiedliche Auswirkung von Klimagegebenheiten zurückführen, zum anderen kann sie auch durch die topographische Situation der Einzelgletscher erklärt werden. Als Beispiel dafür seien die Gletscher der Figur 93 in den Haushaltsjahren 1954/55, 1955/56 und 1956/57 angeführt. Während sich am Hintereisferner nur eine Verringerung des Massenschwundes zu erkennen gibt, sind die Bilanzwerte von Kesselwandferner und Aletschgletscher positiv. Da Kesselwand- und Hintereisferner unmittelbar benachbart sind, kann es sich nicht um unterschiedliche klimatische Einflüsse handeln. Vielmehr ist der Sachverhalt so zu erklären, daß durch den Verlust der tieferen Zungenteile am Kesselwandferner sich das Verhältnis von *Akkumulationsgebiet* S_c zu *Ablationsgebiet* S_a zugunsten von S_c verschoben hat. Gerade an den unteren Bereichen der Zunge sind aber die Ablationsverluste besonders hoch. Daraus folgt, daß sich bei jedem Gletscher unter beliebigen Klimaverhält-

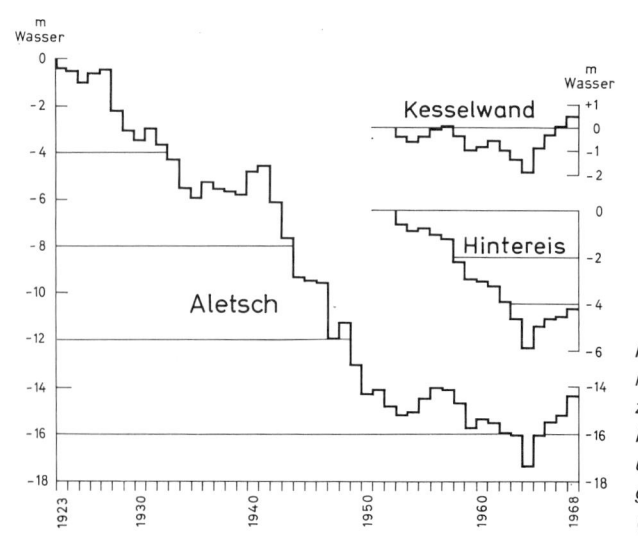

Fig. 93 Vergleich der Summenkurven der mittleren spezifischen Massenbilanz von Hintereis-, Kesselwandferner und dem Großen Aletschgletscher. Nach H. Hoinkes (1970).

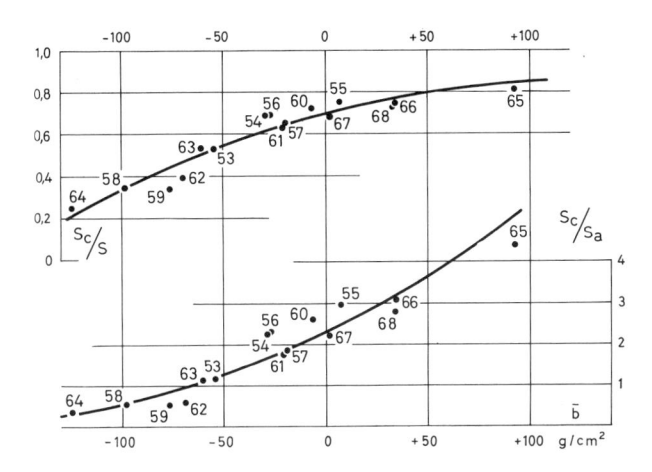

Fig. 94 Zusammenhang zwischen der mittleren spezifischen Massenbilanz ($g \cdot cm^{-2}$) und den Flächenverhältnissen von Akkumulationsgebiet zur Gesamtfläche des Gletschers (S_c/S) bzw. von Akkumulationsgebiet zu Ablationsgebiet (S_c/S_a) des Hintereisferners für die Zeit von 1952/53 bis 1967/68. Nach H. Hoinkes (1970).

nissen – vorausgesetzt, die Bedingungen zur Gletscherbildung sind gegeben – eine ausgeglichene Bilanz durch Veränderung seiner Ausdehnung einstellen kann.
Die Flächenverhältnisse von S_c/S_a und S_c/S sind in Tabelle 37 dargestellt. Zwischen ihnen und der mittleren spezifischen Massenbilanz (*Fig. 94*) besteht ein eindeutiger Zusammenhang. In den drei Haushaltsjahren mit nahezu ausgeglichener Bilanz 1954/55, 1959/60, 1966/67 wurden die Flächenverhältnisse S_c/S = 0,69 bis 0,75 und S_c/S_a = 2,20 bis 2,93 gefunden. Nach H. Hoinkes (1970) werden sehr ähnliche Werte für S_c/S_a bei ausgeglichenem Massenhaushalt auch von N. N. Polgov (1962) für den Zentralny Tuyuksu Gletscher (2,64) und von F. Müller (1962) für den White Glacier auf der Axel-Heiberg-Insel (2,80) berichtet. In Jahren mit positiver Bilanz (1964/65) sind die Werte größer (S_c/S = 0,81 und S_c/S_a = 4,36), in Jahren mit negativer Bilanz kleiner (S_c/S = 0,34 und S_c/S_a = 0,52). Nach diesen Ergebnissen müßten die russischen Gletschergebiete angefangen von den arktischen Inseln, über polaren Ural, Kaukasus, Tienschan, Ostsibirien bis Kamtschatka eine negative Bilanz aufweisen, da die von M. B. Grosvald und V. M. Kotlyakov (1969) mitgeteilten Werte für S_c/S_a alle zwischen 0,5 und 1,8 liegen. Aufgrund des genannten und dargestellten

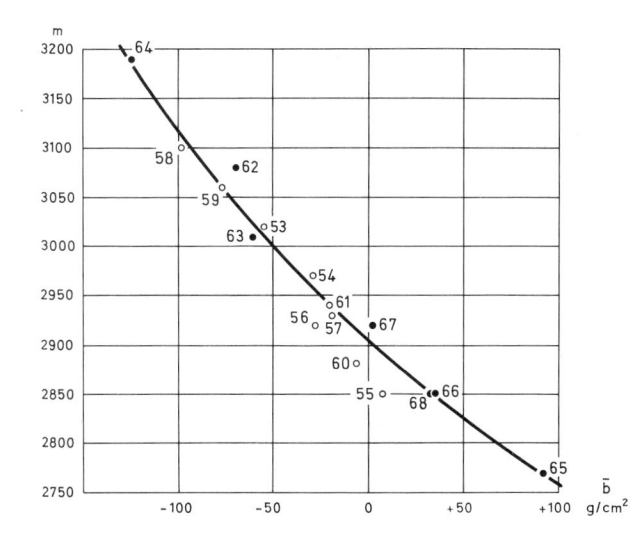

Fig. 95 Zusammenhang zwischen mittlerer Höhe der Gleichgewichtslinie und mittlerer spezifischer Massenbilanz $\bar{b}$ des Hintereisferners für die Zeit 1952/53 bis 1967/68. Nach H. Hoinkes (1970).

212 Gletscher und Inlandeise

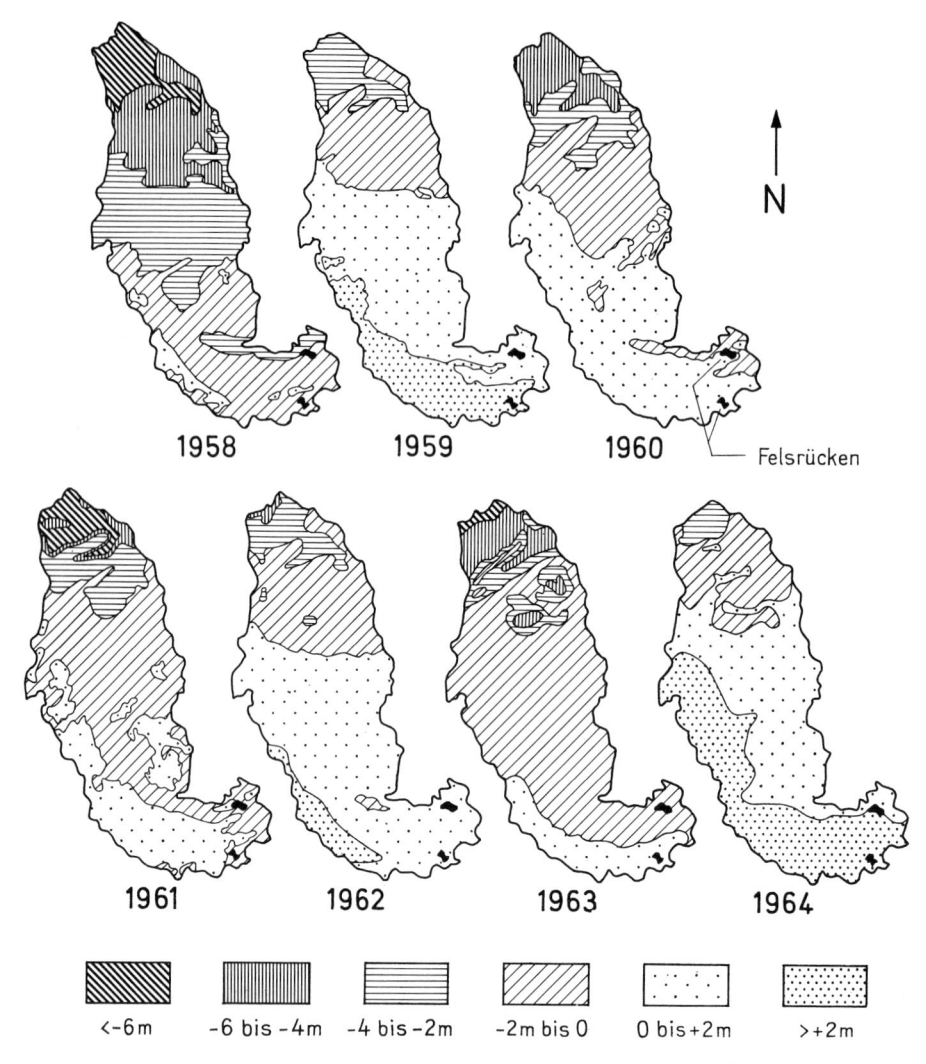

Fig. 96   Spezifische Massenbilanz b des South Cascade Gletschers für die Jahre 1957/58 bis 1963/64. Nach M.F. Meier und V.W. Tangborn (1965).

Zusammenhanges kann mittels Luftaufnahmen am Ende der Ablationsperiode ein guter Einblick in die Massenbilanz von Gletschern gewonnen werden. M.F. Meier und A. Post (1962) haben dieses Verfahren für 475 Gletscher im westlichen Nordamerika mit gutem Erfolg angewandt.

Aus der engen Korrelation zwischen mittlerer spezifischer Massenbilanz und den Flächenverhältnissen S_c/S bzw. S_c/S_a folgt zwangsläufig auch eine starke Abhängigkeit zwischen Bilanz und Höhenlage der Gleichgewichtslinie *(Fig. 95)*. Nach Tabelle 37 ergeben sich für die Höhenlage der Gleichgewichtslinie, in temperierten Gebieten auch der Firnlinie, erhebliche Schwankungen. Die Extreme in den 16 Haushaltsjahren liegen bei 3180 m (1963/64) und 2770 m (1964/65). Im Ablauf eines Jahres zeigt sich damit ein Höhenunter-

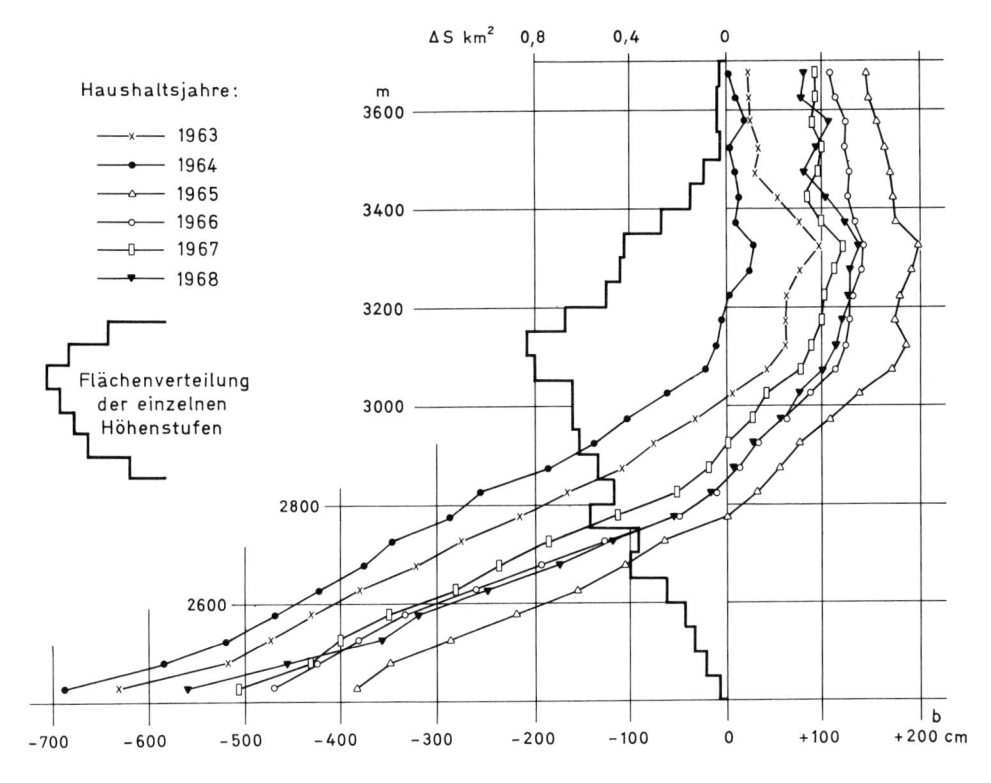

Fig. 97 Spezifische Massenbilanz b für einzelne Höhenstufen des Hintereisferners der Jahre 1963 bis 1968. Nach H. Hoinkes (1970).

schied von 410 m. Dieser starken Variationsbreite muß man sich bei der Interpretation der Firnlinie stets bewußt bleiben.

Die Massenbilanz von Gletschern kann neben der Tabellenform auch graphisch auf Karten dargestellt werden (Figur 89). In ihr sind die Linien gleicher spezifischer Massenbilanz in cm Wasseräquivalent in Abständen von 25 cm aufgenommen. Der Wert $b_n = 0$ gibt die Lage der Gleichgewichtslinie an, die in diesem Falle von der Firnlinie geringfügig abweicht. *Fig. 96* zeigt die Nettobilanz des South Cascade Gletschers. Auch hier sind die Bilanzwerte von Jahr zu Jahr erheblich verschieden. Ein besonders kräftiger Massenverlust ergab sich in den Jahren 1958, 1961 und 1963. Wie ein Vergleich mit Figur 74, in der das Relief des Gletschergebietes dargestellt ist, zeigt, wird durch die hohe Südwest-Umrahmung der anschließende Bereich des Gletschers durch Beschattung vor stärkerer Ablation geschützt. Die Nettoakkumulation beträgt gerade auf diesen Flächen zum Teil mehr als 2 m Wasseräquivalent pro Jahr.

Einen weiteren wichtigen Einblick in den Ablauf der Schnee- und Eisumsetzungen auf einem Gletscher bringt die Darstellung der spezifischen Massenbilanz für einzelne Höhenstufen im Abstand von 100 m oder, wenn sehr gute Karten vorliegen, in 50 m Intervallen. Wie die Abbildungen bei M.F. Meier und M.V. Tangborn (1965, S. 557) sowie H. Hoinkes (1970, S. 65, s. *Fig. 97*) zeigen, tritt trotz der unterschiedlichen Bilanzwerte ein sehr ähnlicher Verlauf der Kurven auf. Sie lassen sich durch Parallelverschiebung in Richtung der

Abszisse angenähert ineinander überführen. Deutlich ist aus den Werten der spezifischen Massenbilanz für die einzelnen Höhenstufen eine Änderung des *vertikalen Gradienten* db/dz abzulesen. Er ist am größten im Gebiet unterhalb der Firngrenze mit Eisablation, wo der Mittelwert über sechs Haushaltsjahre 1,15 m Wasser/100 m Höhe bei einem Minimalwert von 0,97 und einem Maximalwert von 1,34, beträgt. Im schneebedeckten Teil ist er nach H. Hoinkes (1970) bis 3100 m mit 0,50 m Wasser/100 m Höhe deutlich geringer und nimmt bis 3350 m sogar auf 0,15 m Wasser/100 m Höhe ab. Im obersten Teil des Einzugsgebietes wird der Gradient der spezifischen Massenbilanz sogar schwach negativ, was auf die Steilheit der Hänge zurückgeführt wird.

Die Änderung des vertikalen Gradienten der spezifischen Massenbilanz erklärt H. Hoinkes (1970) als unterschiedlichen Einfluß der Albedo und die Dauer der Eisablation an der Gletscheroberfläche. Eisablation tritt am unteren Zungenteil während mehrerer Monate im Jahr ein, nahe der Firngrenze nur an wenigen Tagen. Dabei ist die Albedo auf den einzelnen Gletscherteilen sehr verschieden. Sie beträgt für Blankeis 10 bis 50%, für Firn 35 bis 75% und für Neuschnee 75 bis 95%. Diese Tatsache verstärkt neben der Dauer auch die Intensität der Ablation mit abnehmender Höhenlage, da das Schmelzen vorwiegend durch Strahlungsaufnahme bedingt ist.

Durch Multiplikation der spezifischen Bilanzwerte b_z der einzelnen Höhenzonen mit den entsprechenden Flächenanteilen S_z erhält man die Bilanzvolumen der einzelnen Höhenstufen (s. Figur 90).

Seit dem Internationalen Geophysikalischen Jahr haben sich auch die Kenntnisse über die Massenbilanz der großen *Inlandeise* wesentlich verbessert. Dabei ist die Erfassung der Bilanzgrößen nach wie vor schwierig. Sie läßt sich für einzelne Jahre durch Vergleiche von Auf- und Abtrag nur mit geringer Signifikanz durchführen. Nach W. S. B. Paterson (1969) ist eine wichtige Frage, ob die Bilanz in den vergangenen 50 bis 100 Jahren positiv oder negativ war. Aufgrund der geringen Mobilität des Inlandeises in den zentralen Teilen geben vorrückende Auslaßgletscher oder das Einsinken der Eisoberfläche, wie es in der Nachbarschaft von Nunataker beobachtet werden kann, keineswegs Auskunft über die augenblickliche Ernährungssituation. Die dafür verantwortlichen Massenzunahmen bzw. Verluste können schon Jahrhunderte bis Jahrtausende vorher eingetreten sein. Auch der Meeresspiegelanstieg der vergangenen 50 Jahre um rund 6 cm ist kein eindeutiger Hinweis auf Verringerung der Inlandeisflächen. Er ist voll durch das Abschmelzen von Gletschern und durch Temperaturzunahme in den Ozeanen zu erklären. Das geodätische Verfahren, wie es sich für außerpolare Gletscher als geeignet erwiesen hat, versagt bei den Inlandeisen. Die Mächtigkeitsschwankungen von Eisschilden der Dimension der Antarktis liegen in der Größenordnung von rund 10 cm/Jahr. Photogrammetrische und seismische Aufnahmeverfahren geben aber bei der weiten Entfernung von Festpunkten und der Mächtigkeit des Eises nur eine Genauigkeit von 5 bis 10 m. Daraus folgt, daß durch diese Verfahren eindeutige Ergebnisse ausschließlich in einem zeitlichen Abstand von im Minimum 50 Jahren gewonnen werden können. So bleibt für eine Abschätzung der Massenbilanz nur die glaziologische Methode.

Am einfachsten läßt sich noch die Jahresnettoakkumulation in Schneeschächten erfassen. Sie beträgt nach A. J. Gow (1965) im Mittel für die gesamte Antarktis $1,7 \cdot 10^{18}$ g/Jahr oder $1,7 \cdot 10^3 \cdot$ km³/Jahr Wasser, M. B. Giovinetto (1968) kommt nach seinen Berechnungen zu einem Wert von $3 \pm 1 \cdot 10^{17}$ g/Jahr. Um die Totalakkumulation zu erhalten, müssen nach M. Mellor (1959) noch rund $2 \cdot 10^{17}$ g Niederschlag pro Jahr addiert werden, der durch Windeinwirkung in Form von Schneetreiben jährlich über die Grenzen des Eis-

Eisart	Küstenlänge in [km]	Eisverlust in [10^{17}g/Jahr]
Eisschelfe	7500	4,8
Auslaßgletscher	1500	0,7
Eisschild	11000	0,2
insgesamt	20000	5,7

Tab. 38 Kalbungsverluste am arktischen Inlandeis nach M. Mellor, 1959.

schildes in die umliegenden Meeresgebiete verdriftet wird. Diese Schneemenge von $1,9 \cdot 10^{18}$ g/Jahr würde geschmolzen den antarktischen Kontinent mit 14 cm Wasser bedecken.

Sehr viel schwieriger ist es, den Massenverlust zu bestimmen. Schmelzen an der Oberfläche, das bei temperierten Gletschern zum Abbau des Eisvorrates beiträgt, spielt in der Antarktis nur eine untergeordnete Rolle. Schmelzprozesse an der Firnoberfläche kommen zunächst nur bis etwa 400 m über Meeresspiegel vor. Das anfallende Schmelzwasser gefriert aber sofort wieder in den unterlagernden kalten Straten, so daß kein Massenverlust auftritt. Er ist wohl nur randlich nachweisbar. Auch der Verdunstungsverlust ist auf dem antarktischen Eisschild gering, da er in den zentralen Teilen durch Kondensation ausgeglichen wird und nur in den Randbereichen mit kräftigen katiabatischen Winden höhere Werte erreicht. Schmelzen und Verdunstung, die bei temperierten Gletschern den wesentlichen Anteil zum Massenverlust beitragen, sind in der Antarktis mit $0,74 \cdot 10^{17}$ g/Jahr, relativ gering. Ein viel größerer Teil geht durch das Kalben von Eisbergen entlang der Küste und der Eisschelfgrenze verloren *(Tab. 38)*. Der gesamte Kalbungsverlust beträgt nach M. Mellor (1959) danach $5,7 \cdot 10^{17}$ g/Jahr.

Ein erheblicher Anteil an Eis, nämlich rund $0,48 \cdot 10^{17}$ g/Jahr geht an der Unterseite der schwimmenden Eisschelfe durch Schmelzen verloren. Dieser Vorgang ist aber quantitativ nur schwer bestimmbar. Aus diesen Größen schätzte M. Mellor (1961) eine positive Massenbilanz von 10^{18} g oder 10^3 km³ Wassergewinn pro Jahr *(Tab. 39)*. Unter Berück-

Vorgang	Massengewinn in [10^{17}g/Jahr]	Massenverlust in [10^{17}g/Jahr]	Auftrag bzw. Abtrag in [10^{17}g/Jahr]
Nettoakkumulation	+17		+17
Eisbergkalbung		−5,7	
Schmelzen und Verdunsten		−0,74	−6,92
Bodenschmelzen		−0,48	
insgesamt	+17	−6,92	+10,08

Tab. 39 Massenbilanz der Antarktis nach M. Mellor, 1961

Haushaltsgröße	Fläche 10^6 [km²]	Auftrag/Abtrag [g/cm²]	Auftrag/Abtrag [10^9 t]
Zuwachs	1,47	+ 34	+ 500
Abtrag	0,25	− 110	− 280
Inlandeis	1,72	+ 13	+ 220
Kalbung von Eisbergen			
Westküste			− 110
Ostküste			− 55
Insgesamt			+ 55

Tab. 40 Massenhaushalt des grönländischen Inlandeises nach F. Loewe, 1964.

sichtigung der Schwierigkeiten, die einzelnen Haushaltsgrößen zu erfassen, darf es nicht verwundern, daß die in den letzten Jahren veröffentlichten Bilanzwerte zwischen 10^8 g/Jahr (= + 8 cm) und $-0,4 \cdot 10^{18}$ g/Jahr (= − 3 cm) Wasseräquivalent schwanken. Die meisten Werte zeigen jedoch einen Akkumulationsüberschuß. Im allgemeinen darf für die Antarktis eine ausgeglichene bis schwach positive Bilanz angenommen werden. Auch der Eismassenhaushalt des grönländischen Inlandeises ist ausgeglichen bis schwach positiv. In der Aufteilung der Bilanzwerte *(Tab. 40)* zeigt sich jedoch, daß die Verluste durch Schmelzen und Verdunsten relativ bedeutender sind gegenüber der Kalbung von Eisbergen als in der Antarktis.

3.4.3. Einfluß des Klimas auf den Massenhaushalt

Nach M. F. Meier (1965) besteht zwischen Klima und Gletscherverhalten nachfolgend dargestellter Zusammenhang:

Groß-klima	→	Lokal-klima	→	Massen- u. Energie-austausch	→	Netto-massen-bilanz	→	Gletscher-verhalten	→	Vorstoß oder Rückzug

Dieses stark vereinfachte Flußdiagramm enthält eine Fülle von glaziologischen, meteorologischen und geomorphologischen Fragen, die zur Lösung in einzelne Grundkomponenten aufzugliedern sind. Zunächst ergeben sich zwei Gesichtspunkte:
1 Wie wirkt das Klima auf die Massenbilanz, ein Problem, das von Meteorologen und Glaziologen zu lösen ist
2 Wie verhalten sich die Gletscher auf Änderungen der Massenbilanz, eine dynamisch-morphologische Fragestellung.

Nachdem bereits J. Walcher (1773) einen Zusammenhang zwischen Klima und Massenhaushalt der Gletscher erkannt hatte, ihn aber mangels hinreichender Daten nicht beweisen konnte, gab es zahlreiche Versuche, durch einfache klimatologische Größen eine Beziehung zu den Gletscherschwankungen herzustellen. Bekannt geworden ist vor allem die Interpretation von H. Wagner (1929, 1940), wonach Gletschervorstöße in Zeiten mit schwacher atmosphärischer Zirkulation, d. h. bei kalten Wintern und niedrigen Jahresmitteln der Lufttemperatur auftreten, Gletscherrückzug aber ein Kennzeichen für zunehmende atmosphärische Zirkulation sind. Mit anderen Worten, positive Bilanzwerte treten bei kontinentalem Klima, negative bei maritimem Klima auf. Diese Auffassung ist, wie H. Hoinkes (1968) nachgewiesen hat, in der vereinfachten Form nicht haltbar. Faßt man den Druckunterschied zwischen Azorenhoch und Islandtief als Maß für die Intensität der atmosphärischen Zirkulation auf, dann zeigt sich, daß bei gleicher Zirkulation sich Gletscher im skandinavischen und alpinen Bereich invers in Bezug auf ihren Massenhaushalt verhalten können. Das Großklima gibt also keine brauchbaren Hinweise für die Klärung der mikroklimatischen Fragen des Massenhaushalts von Gletschern. H. Hoinkes (1968) sieht ein Bindeglied zwischen beiden Klimadimensionen im Mesoklima des Witterungsablaufs, indem er eine Analyse der Häufigkeit der von Hess und Brezowsky (1952) aufgestellten Großwetterlagen vornimmt.

Dabei zeigt sich, daß weniger die Witterung im Winter als vielmehr das Wettergeschehen im Sommer die Haushaltssituation von Gletschern beeinflußt. Niederschlagsreiche Sommer, wobei in Höhenlage der Gletscher ein erheblicher Teil als Schnee fällt, zeigen eine Tendenz zu positiven Bilanzwerten beim Gletscherhaushalt. Das ist damit zu erklären, daß Neuschnee auf Gletschern im Sommer die Albedo wesentlich erhöht und damit die Ablation verringert.

Diese Aussage wird durch *Tab. 41* bewiesen. Danach zeichnen sich die Jahre mit negativer Bilanz gerade durch besondere Winterstrenge und reiche Niederschläge in der Akkumulationsperiode aus. In der Ablationsperiode bzw. im Sommer ist dafür die Sonnenscheindauer länger, die Temperaturen sind höher, aber die Niederschläge sind wesentlich geringer. Also eine zyklonale Tätigkeit während der Ablationszeit fördert die Massenbilanz von Gletschern. Dies steht in eindeutigem Widerspruch zu den Ergebnissen von A. Wagner (1940). H. Hoinkes (1968) kann seine Erkenntnis weiter stützen durch eine Analyse der 500 mb-Fläche über Europa. Bei negativer Abweichung der 500 mb-Fläche

Massenbilanz 1952/53 bis 1967/68	Hydrologisches Jahr 1.10. bis 30.9.		Akkumulationsperiode 1.10. bis 30.4.		Ablationsperiode 1.5. bis 30.9.			Sommer 1.6. bis 31.8.		
	T	N	T	N	T	N	S	T	N	S
positiv 3 Jahre	1,2	722	−2,9	228	7,0	494	798	8,3	341	484
ausgeglichen 3 Jahre	1,4	713	−3,0	314	7,4	399	794	8,8	231	482
negativ	1,4	621	−3,2	254	7,8	367	814	9,0	262	496

Tab. 41 Klimadaten von Vent/Ötztal und Massenhaushalt des Hintereisferners nach H. Hoinkes (1970).
T = Temperatur in °C, N = Niederschlag in [mm] und S = Sonnenscheindauer in Stunden

Abweichung der Höhenlage der 500 mb-Fläche vom Mittel 1951/60
in geopotentiellen Dekametern [gpdm]

	1960	1962	1964	1965
Alpen	−0,6	+4,6	+12,4	−6,4
Skandinavien	+23,1	−20,1	−16,9	−11,4

Mittlerer spezifischer Massenhaushalt von Gletschern in [mm]
Wasseräquivalent

	1959/60	1961/62	1963/64	1964/65
Großer Aletschgletscher	+412	−412	−1293	−1257
Hintereisferner	−62	−686	−1245	−925
Kesselwandferner	+118	−416	−537	+1040
Storglaciären	−1610	+320	+490	+430
Nigardsbreen	—	+2250	+950	+910
Storbreen	−1090	+720	+210	+340

Tab. 42 Zusammenhang zwischen mittlerem spezifischem Massenhaushalt von Gletschern in den Alpen und in Skandinavien und der Abweichung der Höhenlage der 500 mb-Fläche für die Monate Mai bis September vom Mittel 1951/60, nach H. Hoinkes (1968).

vom Mittel 1951 bis 1960, also bei zyklonaler Tätigkeit, stellen sich in den vergletscherten Gebieten positive, bei positiver Abweichung, d.h. antizyklonale Wetterlagen, negative Haushaltswerte ein *(Tab. 42)*.

Diese Tabelle gibt auch Auskunft darüber, daß sich nord- und mitteleuropäische Gletscher sehr unterschiedlich je nach regionaler Druckverteilung verhalten können. Als besonders förderlich für positive Massenbilanzwerte erweisen sich die Großwetterlagen W_1 vom ozeanischen Typ im Winter, F_4 Kaltlufteinbrüche im Frühjahr und S_6 monsunaler Wetterablauf im Sommer. Als sehr ungünstig im Sinne des Gletscherhaushaltes ergab sich S_5, antizyklonale Wetterlagen mit hohen Strahlungswerten während der Ablationsperiode zu erkennen. Über den Strahlungsgewinn wird damit die Temperatur ein wichtiges Maß für die Massenbilanz eines Gletschers. In *Fig. 98* sind die positiven Temperatursummen für verschiedene Perioden in Beziehung zur Massenbilanz des Hintereisferners gesetzt. Die Tagesmittel der Temperatur von Vent wurden mit einem Temperaturgradienten von 0,6 °C/100 m Höhe auf 2400 m reduziert. Ferner wurden für je 5 cm Neuschnee auf dem Gletscher in den Sommermonaten zwei positive Gradtage abgezogen, da diese Wärmemenge nach Erfahrung zum Schmelzen benötigt wird. Die so gewonnenen Werte zeigen einen engen Zusammenhang zur Massenbilanz des Hintereisferners. Besonders eng ist die Korrelation für die Temperatursummen in der Ablationsperiode, also vom Beginn bis zum Ende des Eisschmelzens.

Neben dem Ablauf der Sommerwitterung nimmt auch das Lokalklima erheblichen Einfluß auf die Massenbilanz. Das zeigt schon die Tatsache, daß während einer Vorstoßperiode nicht alle Gletscher eines Gebietes vorrücken und umgekehrt bei Rückzugsphasen nicht alle abschmelzen. Diese Ausnahmen sind zum einen durch lokalklimatische Unterschiede, zum anderen durch die Konfiguration des Gletscherbettes und das Relief seiner

Umrahmung zu erklären. M. F. Meier (1966) berichtet z. B. vom Klawattigletscher im Nordwesten der USA, daß sein nördlicher Ast in der Zeit von 1947 bis 1961 in seiner Mächtigkeit um 8,3 m geschrumpft ist, der südliche dagegen um 5,8 m zunahm. Hier spielen Beschattungsverhältnisse (s. Figur 96) eine erhebliche Rolle. Aber auch das Relief moduliert die Aktivität von Gletschern in Vorstoß und Rückzugsphasen. V. Paschinger (1963) stellt fest, daß einzelne Gletscher weniger empfindlich als andere auf Massenhaushaltsänderungen reagieren. Als Grund hierfür gibt er an, daß bei Gletschern, die aus einem breiten Firnfeld in eine schmale Zunge ausmünden, ein gewisser Rückstau, eine Speicherung der Eismassen an der Engstelle [*Staulinie* nach V. Paschinger (1963), *Ausströmungsbreite* nach H. Hess (1904)] eintritt. Aus diesem Grunde reagieren Gletscher mit Stauerscheinungen auf Klimaschwankungen mit einer zeitlichen Verzögerung gegenüber frei abfließenden Gletschern. Für den Futschölferner und den Vadret Tiatscha hat G. Vorndran (1968) den Zusammenhang zwischen Höhenlage der Firnlinie und der Flächenausdehnung unter Einfluß von Stauerscheinungen dargestellt. Die Ergebnisse zeigen klar, daß die Flächenänderung von Gletschern mit Stau der Eismassen vor der Karschwelle oder von Engstellen im Gletscherbett kein hinreichendes Maß für die jeweilige Haushaltssituation ergeben. Vielmehr ist hier besonders das An- oder Abschwellen der Gletschermächtigkeit zu berücksichtigen. Ohne im einzelnen auf die Stauerscheinungen einzugehen, sollte hier wenigstens auf den Einfluß der Gletscherumrahmung und des Gletscherbettes auf Mächtigkeits- und Flächenschwankungen von Gletschern bei sich ändernden Haushaltsbedingungen hingewiesen werden.

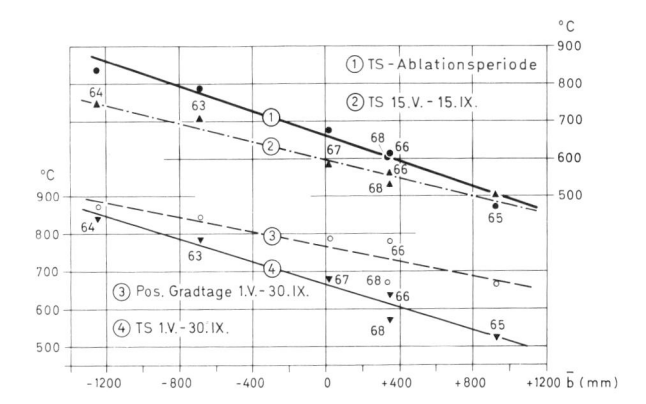

Fig. 98 Zusammenhang zwischen mittlerer spezifischer Massenbilanz $\bar{b}$ (mm Wasser) und positiven Temperatursummen von Vent für den Hintereisferner in einzelnen Perioden. Die beste Übereinstimmung liegt für die Ablationsperiode (vom Beginn bis Ende der Eisablation) vor (Kurve 1). Eine gute Annäherung bringen auch die Temperatursummen der potentiellen Ablationsperiode (Kurve 4). die Kurven 2 und 3 weichen stärker ab und sind nur zum Vergleich aufgenommen. Nach H. Hoinkes (1970).

3.5. Gletscherschwankungen

3.5.1. Nacheiszeitliche Gletscherschwankungen

Massenhaushaltsänderungen, durch unterschiedlichen Witterungsablauf von Jahr zu Jahr und über längere Zeitabschnitte bedingt, führen zu Flächen- und Volumenänderung bei Gletschern, die sich durch Vorstöße und Zurückschmelzen von Gletscherzungen zu erkennen geben. Dabei reagieren nicht alle Gletscher gleich schnell auf die Verschiebungen der Bilanzwerte. Große, flache Eisströme zeigen in der Regel eine stärkere zeitliche Verzögerung (time lag) als kleine, steile Flankenvereisungen. Daneben spielt für die Flächenänderung, worauf im vorangehenden Abschnitt schon hingewiesen wurde, auch die Reliefgestaltung des Gletscherbettes eine Rolle.

Als ein einfaches, wenngleich nicht immer hinreichendes Maß für die Massenhaushaltsänderungen werden seit 1874 in den Schweizer Alpen und nach den Anregungen von E. Richter seit 1879 in den Ostalpen die *Längenänderungen* von Gletschern genommen. Man bestimmt sie im allgemeinen, indem man jährlich den geradlinigen Abstand zwischen dem Zungenende und markanten Festpunkten im Gletschervorfeld (Moränenblöcke) mit Hilfe eines Maßbandes mißt. Aus den so gewonnenen Werten, die in unregelmäßigen Abständen z.B. in der *Zeitschrift für Gletscherkunde und Glazialgeologie für die Ostalpen*, in der Zeitschrift *Die Alpen* für die Schweiz oder in den *Glaciological Notes* weltweit veröffentlicht werden, wird auf *Rückzug, Vorstoß* oder *Gleichgewicht (stationärer Zustand)* von Gletschern geschlossen. Aus den genannten Gründen ist es verständlich, daß nicht alle Gletscher gleichartig reagieren *(Tab. 43)*. Wenngleich die Anzahl der zurückschmelzenden Gletscher dominiert, werden auch vorstoßende und stationäre vermerkt. Zu ganz ähnlichen Ergebnissen kommen P. Kasser (nach H. Hoinkes, 1968), G. Patzelt (1970) und R. Vivian (1971), die das Verhalten der schweizerischen, österreichischen und französischen Gletscher für die Zeit von 1890 bis 1900, bis 1965 bzw. 1970 untersucht haben *(Fig. 99* und *Fig. 100)*.

Danach findet sich im letzten Jahrzehnt des 19. Jahrhunderts in den Ostalpen eine kräftige Vorstoßphase, die 1900 ihr Maximum erreicht. Dieser Vorstoß war in den Schweizer Alpen bereits zu Beginn der neunziger Jahre im Abklingen. Es ist hier also eine zeitliche

	Westalpen Anzahl	Zentralalpen Anzahl	Ostalpen Anzahl	Insgesamt Anzahl	[%]
Rückgang	9	50	4	63	59
Gleichgewicht	1	7	2	10	9,5
Vorstoß	6	5	–	11	10,5
Unsicher	2	20	–	22	11
Insgesamt	18	82	6	106	100

Tab. 43 Veränderungen der Zungenenden italienischer Gletscher 1961 nach M. Vanni (1962, 1963).

Gletscherschwankungen

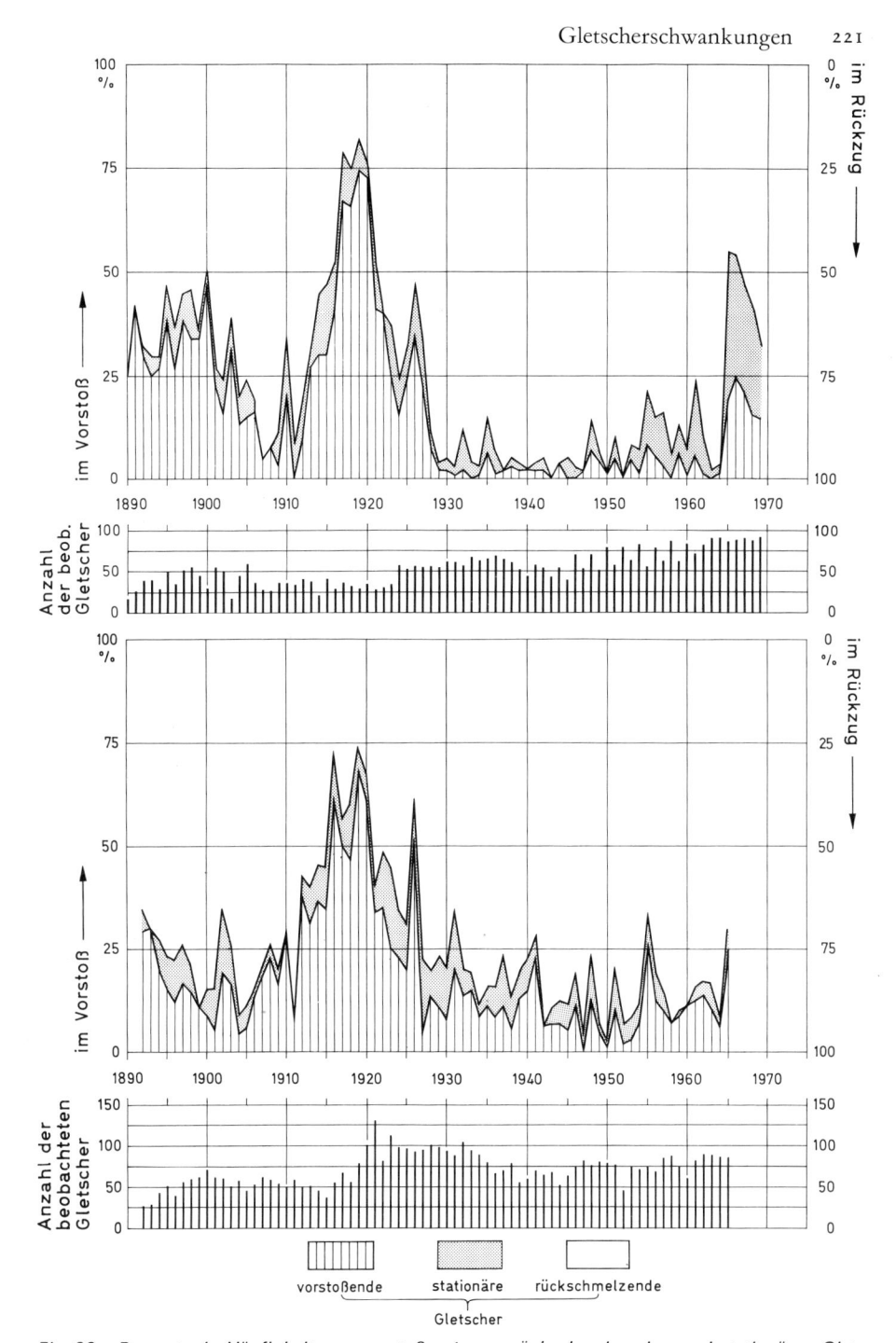

Fig. 99 Prozentuale Häufigkeit von vorstoßenden, zurückschmelzenden und stationären Gletscherzungenenden in den Ostalpen (oben) für die Zeit von 1890 bis 1969 (nach G. Patzelt 1970) und den Schweizer Westalpen (unten) für die Zeit von 1891–1965 nach unveröffentlichten Arbeiten von P. Kasser. Aus H. Hoinkes (1968).

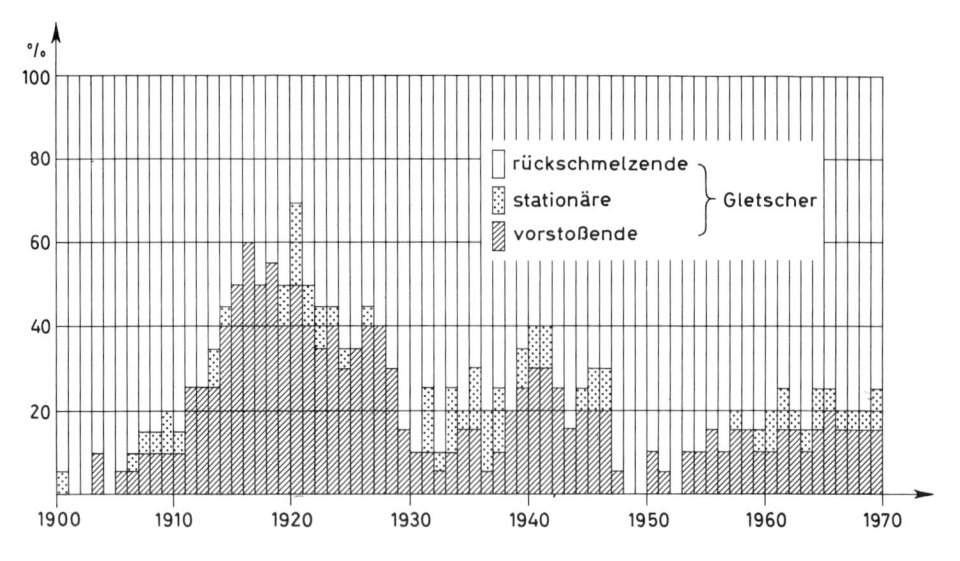

Fig. 100 Prozentuale Häufigkeit von vorstoßenden, zurückschmelzenden und stationären Gletscherzungenenden in den französischen Alpen. Nach R. Vivian (1971).

Verzögerung zwischen West- und Ostalpen vorhanden, die auch im folgenden, besonders ausgeprägtem Gletscherwachstum, wenngleich in abgeschwächter Form noch zu erkennen ist. Nach 1926 setzt ein allgemeiner sehr starker Gletscherschwund ein, der bis gegen die Mitte der sechziger Jahre andauert. Erstmals werden 1965 in den österreichischen Alpen weniger als 50% zurückschmelzende Gletscher gemeldet. Dieser gewaltige Rückgang der Alpengletscher wird von einer Anhebung der Firnlinie (Gleichgewichtslinie) begleitet. Nach R. Finsterwalder (1961) betrug sie im Mittel aus 6 Ostalpengletschern der Zentralalpen für die Zeit von 1950 bis 1959 30 m. G. Vorndran (1968, 1970) berechnete für die Silvretta Südabdachung seit dem Hochstand der Gletscher von der Mitte des vergangenen Jahrhunderts bis 1952/59 sogar einen Anstieg von 120 m in Südexposition und 95 m auf der Nord- und Westabdachung. Die dadurch bedingten Abschmelzungsbeträge sind gewaltig. Nach H. Schatz (1963) hat der Hintereisferner zwischen 1920 und 1960 1300 m seiner Zunge verloren und der Vernagtferner schmolz mit 30 m/Jahr etwa gleich schnell zurück.

Der Gletscherrückgang der letzten 40 Jahre läßt sich weltweit verfolgen. W. H. Theakstone (1965) berichtet aus Nordeuropa, daß sich die Gletscher von Svartisen besonders seit 1930 sehr stark zurückgezogen haben. W. Kick (1966) gibt einen anschaulichen Vergleich des Massenverlustes in einzelnen Höhenstufen von Gletschern in den Alpen und dem Tunsbergdalsbreen in Nordeuropa *(Tab. 44)*. Dabei lassen sich Vorstoß- und Rückzugsphasen in Nordeuropa und in den Alpen gut parallelisieren (K. Faegi, 1948).

Wie in den Alpen, so war auch dort die Gletscherausdehnung um die Mitte des vergangenen Jahrhunderts am größten. Seither setzte ein Rückzug ein, beschleunigt seit den dreißiger Jahren, der durch Vorstöße zwischen 1905 bis 1908 und von 1920 bis 1924 kurzfristig unterbrochen wurde (vergleiche auch Figur 99 u. Figur 100). Auch im Kaukasus ist seit mehr als 100 Jahren ein starker Gletscherschwund zu verzeichnen. Nach P. V. Kovalyev (1962) sin im Taberdaeinzugsgebiet seit 1911 von 155 Gletschern 37 mit einer Fläche von

Tunsbergdalsbreen 1937 bis 1961		10 Ostalpengletscher (Mittel) 1920 bis 1950	
Höhenstufe hm	Einsinkbetrag h in [m] H_2O	Einsinkbetrag h in [m] H_2O	Höhenstufe hm
8–9	−1,82	−1,81	22
9–10	−1,63	−1,54	23
10–11	keine Messung	−1,30	24
11–12	−1,25	−1,08	25
12–13	−1,13	−0,88	26
13–14	−0,82	−0,70	27
14–15	−0,53	−0,55	28
15–16	−0,83	−0,42	29

Tab. 44 Einsinkbeträge der Gletscheroberfläche des Tunsbergdalsbreen 1937 bis 1961 und von 10 Ostalpengletschern (Mittel) 1920 bis 1950 nach W. Kick (1966).

6 km² völlig verschwunden. Die Zunge des Fedschenkogletschers (im Nordwest-Pamir) ist in den dreißiger Jahren von 1928 (Aufnahmen durch R. Finsterwalder) bis 1958 (Kartierung durch K. Regensburger, 1963) um 300 m zurückgeschmolzen und hat 1,66 km² seiner Fläche verloren. Bei einem allgemeinen Eismassenverlust im Karakorum lassen sich drei Typen im Gletscherverhalten unterscheiden:
a) Von einigen großen Gletschern berichtet J. H. Mercer (1963), daß der Rückzug durch surges unterbrochen wurde. So stieß nach einem Erdbeben mit Schnee- und Eislawinen im Gefolge 1892/93 der Hasanabadgletscher in 2½ Monaten um 7 km, der Kutiahgletscher in drei Monaten sogar um 10 km vor.
b) Viele andere Gletscher zeigten bis 1920 ein langsames, stetiges Vorrücken.
c) Die kleineren Vereisungsgebiete reagieren unmittelbar durch Vorstoß- und Rückzugsphasen auf Massenhaushaltsänderungen.
Auch die Gletscher der nordamerikanischen Kordilleren weisen nach Field (1948), V. Meek (1948), E. P. Collier (1958) und Th. O. Hamilton (1965) im Mittel erhebliche Eisverluste auf. Daß der Nisqually-Gletscher am Mt. Rainier/Washington/USA zwischen 1952 und 1956 um 300 m vorgestoßen ist, mit einer Flächenzunahme von 12,57 ha und einem Volumengewinn von 35,5 Mio m³ Eis (W. Hofmann, 1958), ist nur eine jener Ausnahmen, die auch von den Alpen bekannt sind. Ein besonders kräftiger Rückzug zeigt sich nach den Aufnahmen von C. J. Heusser und M. G. Marcus (1964) in Alaska seit den dreißiger Jahren. Dieses Ergebnis bestätigt die Ausführungen von D. W. Lawrence (1951), wonach sich das Junau-Eisfeld in der Zeit zwischen 1910 und 1950 genau soviel verkleinerte wie in den 245 Jahren zwischen 1765 und 1910.
Die Gletscher der südamerikanischen Anden verhalten sich in den einzelnen Regionen nach J. H. Mercer (1962) recht unterschiedlich. In den subtropischen und tropischen Nordanden wird von einem starken Rückzug und zum Teil von stationärem Zustand berichtet. H. Kinzl (1968) stellt fest, daß sich seit den dreißiger Jahren die Gletscher der Zentralanden gleichsinnig wie die der Alpen verhalten. Die Anhebung der Firnlinie ist beachtlich. Sie läßt sich nicht allein durch Temperaturanstieg, sondern nur durch gleichzeitige Berücksichtigung der Niederschlagsänderungen erklären. In den Südanden unter-

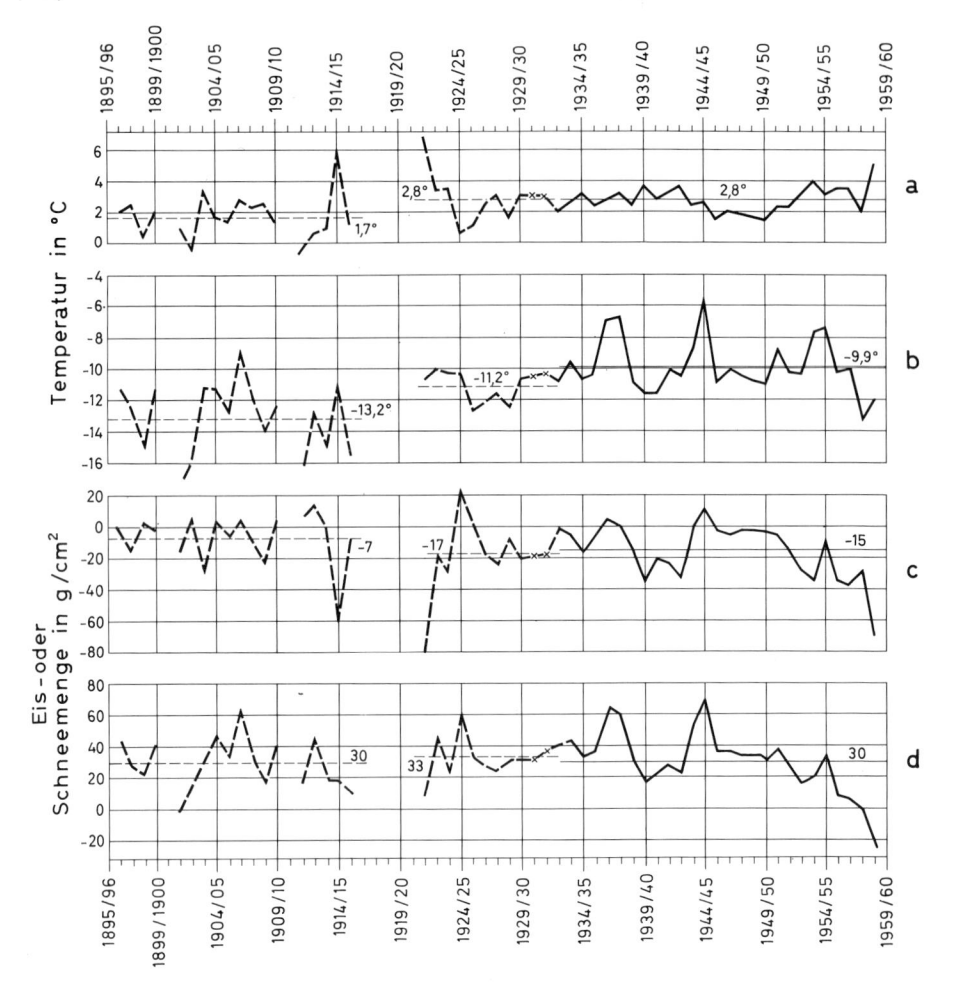

Fig. 101 Schwankungen von Gletschern auf Nowaja Semlja in der Zeit von 1896 bis 1959. a = Sommertemperatur im Mittel der Monate Juni und August; b = Wintertemperatur im Mittel der Monate November mit Mai; c = spezifische Massenbilanz des Eisschildes in $g \cdot cm^{-2}$; d = spezifische Massenbilanz des Schikalsky Gletschers in $g \cdot cm^{-2}$. Nach O.P. Chizov u. V.S. Koryakin (1962).

scheiden sich der trockene Osten mit Gletscherrückgang und der feuchte Westen mit gut ernährten Gletschern, die sogar eine leichte Vorstoßtendenz erkennen lassen, erheblich.

Sieht man von einem kleineren Vorstoß des Franz-Josef-Gletschers ab, so befinden sich die Gletscher Neuseelands seit ihrer Vorstoßphase in der zweiten Hälfte des 19. Jahrhunderts im Rückzug (J.H. Mercer, 1962). Das Anheben der Schneegrenze setzte zunächst im Norden ein und machte sich erst später im Süden bemerkbar. Auch die an sich geringen Gletscherflächen am Ruwenzori, Mt. Kenya und Kilimandscharo nahmen in den vergangenen Jahrzehnten ab. J.B. Whittow (1963) berichtet, daß am Ruwenzori seit 1940 sechs Gletscher vollkommen verschwunden sind und daß sich andere, ehemals zusammenhängende vergletscherte Areale in kleine Einzelgletscher aufgelöst haben. Diese

Bemerkungen zeigen, daß die Gletscher in Mittelbreiten, Subtropen und Tropen gegenwärtig zum Teil erheblich zurückschmelzen.

In der Arktis ist zwischen der Massenbilanz großer Inlandeise (Grönland) und dem Verhalten von Auslaßgletschern und kleineren Eisschilden zu unterscheiden. Trotz positiver Haushaltswerte des Grönländischen Inlandeises schmelzen am Rand gegenwärtig die Gletscher zurück (W. E. Davis und O. B. Krinsley, 1962). Im einzelnen zeigt ein Vergleich zu den Alpengletschern ein sehr ähnliches Verhalten in den Flächenänderungen. Nach A. Weidick (1963) stießen in Grönland die Gletscher von etwa 1700 an vor und erreichten zwischen 1850 und 1870 ihre maximale Ausdehnung. Auf die schwachen Rückzugsphasen von 1870 bis 1890 und 1900 bis 1915 folgten jeweils kleinere Vorstöße, die seit 1925 von einem erheblichen Gletscherschwund, der zwischen 1925 bis 1945 das stärkste Ausmaß verzeichnete, sich seither aber abschwächte, abgelöst wurden. Bei den kleineren Eisschilden war die gesamte Massenbilanz in den vergangenen vierzig Jahren mit Ausnahme von wenigen Einzeljahren (s. *Fig. 101*) negativ, was zu einem Rückzug der Eisfronten auf Nowaja Semlja führte. Von gleichartigen Erscheinungen auf Franz-Josef-Land *(Tab. 45)* berichten M. G. Grosvald und A. N. Krenke (1962).

Dieser erhebliche Eismassenschwund führte zu einem Rückgang der Gletscher auf Nowaja Semlja, Franz-Josef-Land und auch auf Spitzbergen. Von Jan Mayen berichten dagegen D. J. J. Kinsman und J. W. Sheard (1968) für die Zeit von 1938 bis 1961 von einem Gletschervorstoß. Diese Beobachtung gibt nur Auskunft über das Verhalten von Einzelgletschern, die unbeschadet des Gesamthaushaltes eines größeren Nährgebiets von mehreren Auslaßgletschern vorstoßen oder zurückschmelzen können. Diese Erscheinung ist in der Arktis häufig. F. Wilhelm (1965) weist z. B. beim Freemangletscher auf der Barentsinsel (Ostspitzbergen) vier Vorstoßphasen zwischen 1890 und 1960 nach, wobei ein Vorrücken für die Zeit von 1944 bis 1959 gesichert ist. Betrachtet man aber alle Gletscher der Barentsinsel, die vom zentralen Firnfeld gespeist werden, so steht für die Zeit von 1936 bis 1959 einem Flächengewinn von 8,56 km² beim Freeman-, Murnau- und Reymondgletscher ein Flächenverlust von 14,51 km² beim Defant-, Bessels-, Duckwitz-, Ritter- und Willygletscher gegenüber. Daraus errechnet sich trotz einzelner vorstoßender Gletscher ein Eisflächenverlust von 5,95 km², der der Bilanzsituation entspricht.

Bilanzgröße	Churlyanis Eisdom Bilanz		Jackson Eisdom Bilanz	
	1958	Mittel 1929/59	1958	Mittel 1929/59
Nettoakkumulation [Mio t]	+0,2	+0,4	+2,6	+4,4
Nettoablation [Mio t]	−1,8	−1,4	−12,2	−8,5
Eisbergkalbung [Mio t]	−1,2	−1,2	−2,4	−2,4
Bilanz [Mio t]	−2,8	−2,2	−12,0	−6,5
Bilanz [mm] Wasser	−510	−400	−240	−130

Tab. 45 Massenbilanz von 1958 und Mittel der Massenbilanz 1929/59 für die Churlyanis Eiskuppel mit 5,5 km² und 500 Mio t Eisvorrat sowie die Jackson Eiskuppel mit 50 km² und 5 Mrd t Eisvorrat auf Franz-Josef-Land. Nach M. G. Grosvald und A. N. Krenke (1962).

Auch das Inlandeis der Antarktis war in der letzten Kaltzeit des Pleistozäns wesentlich größer, wie Glazialablagerungen am Meeresgrund weit nördlich der heutigen Eisschelfgrenze sowie alte Moränen auf eisfreiem Gebiet z. B. in den sogenannten Oasen in Victorialand oder der 600 km² großen Bunger Oase in der Ostantarktis belegen. Das Eis war gleichzeitig wesentlich mächtiger als heute. O. Nordenskjöld (1904) schloß aus Erratika und Kritzungen, daß die Eisoberfläche an der Ostküste der Palmer Halbinsel um 300 m höher lag. In den Ellsworth Mountains, ebenfalls Westantarktis, finden sich Kritzer nach V. H. Anderson (1958) in 183 m über dem heutigen Eis, und T. W. E. David und H. E. Priestley (1914) fanden in Süd-Victorialand Vergletscherungsspuren einer Vorzeit 600 bis 900 m höher als heute. Am Gaußberg in der Ostantarktis betrug der Mächtigkeitsschwund nach E. v. Drygalski (1921) seit dem Hochstand rund 370 m. Dieses mächtige Inlandeis schmolz vor allem in der Zeit von 18 000 bis 6 000 (J. Hollin, 1970) in starkem Maße zurück. Der kräftige Anstieg des Meeresspiegels, der unter anderem zu einer erneuten Überflutung des Nordseebeckens führte, ist eine Auswirkung dieses Vorganges. In den letzten 1000 Jahren waren dagegen zumindest für den Bereich des McMurdo Sundes die Änderungen gering. T. L. Péwé (1960) datierte mittels der ^{14}C-Methode die jüngsten noch einen Eiskern enthaltenden Moränen einer Rückzugsphase auf älter als 6000 Jahre.

Eine umfassende Zusammenstellung der Schwankungen der antarktischen Eismasse der Frühzeit und der Gegenwart gibt J. H. Mercer (1962) anhand einer umfangreichen Literatursichtung. In der Westantarktis ist allgemein ein rezenter Gletscherrückzug festzustellen, der sich nach D. P. Mason (1950) besonders seit 1940 verstärkte. Das zeigt sich unter anderem darin, daß der Eisschelf im King George VI Sund zwischen 1940 und 1949 um 48 km zurückschmolz (V. E. Fuchs, 1951). Dabei können sich Einzelgletscher sehr unterschiedlich verhalten. Die Kalbungsfront des Stenhouse Gletschers auf der King George Insel/Süd-Shetland stieß 1957/58 80 m vor, schmolz 1958/59 20 m zurück und stieß 1959/60 erneut 60 m vor. Die unterschiedliche Höhenlage der Gletscher auf der gleichen Insel wirkt sich entscheidend auf ihre Haushaltslage aus. Während bei tief gelegenen Gletschern die verstärkte Zyklonentätigkeit im Verbund mit einer Temperaturzunahme zum Abschmelzen führt, stoßen höhere Gletscher vor, da durch reichlicheren Neuschneefall die Massenzufuhr bei gleichzeitiger Abnahme der Ablation infolge des Bewölkungsschutzes größer wird. Dagegen haben sich nach einem Vergleich alter Photos und Karten mit neueren Aufnahmen durch T. L. Péwé (1958) die Gletscher in der Umgebung des McMurdo Sundes in den ersten 50 Jahren unseres Jahrhunderts kaum verändert. Dieses Ergebnis steht in starkem Widerspruch zum Verhalten der subpolaren und Mittelbreitengletscher, stimmt aber mit dem Eishaushalt des Inlandeises überein. Die Grenze des Ross-Eisschelfs, die J. C. Ross (1848) als Great ice barrier kartierte, schmolz von 1840 bis zur Wiederholungsaufnahme durch die Discovery 1902 im Mittel um 24 bis 32 km, maximal um 72 km zurück. Diese Änderungen sind minimal im Vergleich zum Maximalstand, der nach T. W. E. David (1914) 320 km nördlicher angenommen wurde, ein Wert, den J. Hollin (1962) aufgrund neuerer Untersuchungen bestätigt. In der Ostantarktis ist dagegen ein Gletscherrückzug in jüngerer Zeit wieder verbreitet. Nach P. Bellair (1960) schmolzen Gletscher in der Nähe der französischen Station Dumount d'Urville an der Küste von Adelieland in den vergangenen 100 Jahren um 5 bis 7 km zurück. Auf den subantarktischen Inseln ist für die letzten Jahrzehnte allgemein ein Gletscherrückzug zu verzeichnen. Für die Heard Insel scheinen sich zwischen 1874 und 1929 kaum Änderungen zu ergeben. Ein Rückzug setzte erst 1929 ein und verstärkte sich seit 1947. Gerade in diese Zeit fällt auch eine erhebliche Temperaturzunahme, die für das Jahresmittel von 1948 bis 1951 1,8 °C betrug (G. M. Budd und P. J. Stephenson, 1970). Den Massenhaushaltsänderungen der großen Inlandeise (Antarktika, Grönland) ist besondere Aufmerksamkeit zu widmen, da stärkeres Abschmelzen einen *eustatischen Meeresspiegelanstieg* hervorrufen würde, der in Flachländern durch *Transgression* zu weiten Überflutungen führen könnte.

Abb. 53   Gletschervorfeld des Rhonegletschers (Gletschboden). Der Steinmann 1 (links neben dem Steg) markiert den Gletscherhalt von 1818, Nr. 2 an der Wegkrümmung im Hintergrund jenen von 1856. Zu den beiden durch Steinmänner fixierten Gletscherhalten sind auf der linken Bildseite auch zugehörige Moränenwälle zu erkennen, die im Bereich des Bachbettes zerstört sind. Beide sind mit Gras und Latschen bewachsen. Der jüngste Gletscherrückzug, etwa seit den 20er Jahren unseres Jahrhunderts bis zur heutigen Gletscherfront wird durch die kahlen Felspartien gekennzeichnet. (Aufnahme: 22.9.70, M. Aellen, VAW-ETH-Zürich).

Der für die vergangenen rund 100 Jahre weltweit feststellbare Gletscherrückgang, der von einigen kleineren Vorstoßphasen unterbrochen wurde (1890 bis 1900, 1920) ist Ausdruck eines Eismassenabbaus während einer neuzeitlichen Vereisungsphase, die etwa um 1600 einsetzte und in der Mitte des vergangenen Jahrhunderts ihre maximale Ausdehnung erreichte *(Abb. 53)*. Über die Schwankungen der Alpengletscher in dieser Zeit liegen gute Untersuchungen von F. Richter (1891), H. Kinzl (1929, 1932, 1949), H. Heuberger und R. Beschel (1958), F. Mayr (1964), H. Heuberger (1966, 1968), S. Bortenschlager und G. Patzelt (1969 – siehe auch H. Supetzky, 1971 –) vor. Danach stießen in den Ostalpen erstmals seit dem Hochmittelalter in den Jahren 1600, 1640 und 1680 Gletscher tiefer in die Waldregion vor, und die Pasterze am Groß-Glockner überfuhr einen im Spätmittelalter genutzten Abbaustollen. Diese Gletscherhalte, die sich durch Endmoränen zu erkennen geben, werden nach dem locus typicus, dem Fernaugletscher in den Stubaier Alpen, als *Fernaustadium* zusammengefaßt. Weitere Vorstöße erfolgten 1770/80, 1820,

1850. Seither setzte der allgemeine Rückzug ein, der durch kleinere Vorstöße um 1870, 1890/1900 und 1920 unterbrochen wurde. Die einzelnen Gletscherstände konnten anhand historischer Überlieferungen und durch *lichenometrische* Messungen an Blöcken von Moränen datiert werden. Aufgrund schriftlicher Nachrichten hat H. Kinzl (1931, 1958) für den Aletschgletscher im Wallis/Schweiz für das Hochmittelalter eine viel größere Ausdehnung nachgewiesen. *Radiokarbondatierungen* ergaben die Entstehung dieser Gletscher etwa um die Zeit zwischen 1150 und 1230 n.Chr. (H. Oeschger und H. Röthlisberger, 1961). Gerade die Radioaktivitätsmessungen (^{14}C-Bestimmung) an Resten organischer Substanz (meist Holzproben) sowie pollenanalytische Untersuchungen bekommen für die Klärung der Gletschergeschichte ein besonderes Gewicht.

Noch bis vor etwa 10 Jahren war die gültige Lehrmeinung (s. J.K. Charlesworth, 1957, Bd. 2), daß am Ende der Eiszeit, deren konventionelle Grenze zum Holozän an die Wende *Jüngere Dryas/Präboreal* gelegt wird (N.A. Mörner, 1973), eine so starke Erwärmung einsetzte, daß zur Zeit des *Klimaoptimums im Boreal* in den Alpen, in Skandinavien und den nordamerikanischen Kordilleren fast alle Gletscher abgeschmolzen wären. In den Alpen hätte es danach nur am Mt. Blanc, in Skandinavien am Jotun Fjell, Rondane und Svartisen, in den USA am Mt. Rainier und Mt. Olympus kleinere Eisfelder gegeben. Ja, selbst Spitzbergen sei bis auf Nordostland eisfrei gewesen, und auch der Eisschelf von Ellesmereland hätte nicht mehr existiert. Nur die großen Inlandeise Grönlands und Antarktikas hätten diese Periode überdauert, wobei die Auslaßgletscher stark zurückgeschmolzen wären.

Diese Feststellung mußte zu der Auffassung führen, daß die Gletscher der Hochgebirge der Mittelbreiten nicht *Relikte* der pleistozänen Vereisung sind, sondern *Nachfolgegletscher*. Sie wurden neu gebildet, als im *Subatlantikum* eine Abkühlung erfolgte. Scheinbare Nachweise dafür gibt es weltweit. In Spitzbergen stießen zu jener Zeit Gletscher über marine Sedimente auf den gehobenen Strandplattformen vor, in Island drangen sie in Waldgebiete ein. In den Alpen erreichten nach H. Heuberger (1966, 1968) diese Gletscher eine Ausdehnung ähnlich denen der neuzeitlichen Vergletscherung. H. Zoller u. a. (1966) unterscheiden für die Antike und das Frühmittelalter zwei getrennte Vorstöße im Gotthardmassiv, die sie mittels ^{14}C-Datierungen als *Göschener Kaltphase 1* zeitlich 880 bis 320 v.Chr. und *Göschener Kaltphase 2* 100 bis 750 n.Chr. einordnen. Sie wurden auch, allerdings ohne absolute Datierung, durch H. Heuberger (1966) in den Stubaier Alpen und durch G. Patzelt (1967) in der Venedigergruppe festgestellt.

Nach der dargelegten Lehrmeinung war das *Gschnitzstadium* (A. Penck und E. Brückner, 1909) in der jüngeren Dryas der letzte pleistozäne Gletschervorstoß aufgrund einer Schneegrenzdepression von 600 m gegenüber heute. Die langsamere Erwärmung im Präboreal wird durch die Gletschervorstöße von *Daun* (A. Penck und E. Brückner, 1909) und *Egesen* (H. Kinzl, 1929, 1932), beide im Stubaital nachgewiesen, mit einer Schneegrenzsenkung von 300 bis 400 m, unterbrochen. Darauf folgte eine rasche Erwärmung mit lang dauernden hohen Temperaturen *(Wärmezeit)*. Gegenüber einem Julimittel von −3 °C in den Kaltzeiten soll nach F. Klute (1951) dieses Monatsmittel für Erfurt im Klimaoptimum über mehrere Jahrtausende 19 bis 20 °C betragen haben *(s. Fig. 102)*. Die Schneegrenze hat damals 300 bis 400 m höher als heute gelegen.

Diese Auffassung muß nach den Forschungen der vergangenen 20 Jahre erheblich geändert werden. Bereits 1954 hat H. Heuberger (1954) bei Umhausen im Ötztal Blockschuttbildungen erkannt, die einem Gletschervorstoß in der mittleren Wärmezeit um 4200 v.Chr. zugeordnet wurden *(Larstigvorstoß)*. Ihm dürfte die *Misoxschwankung* im insubrischen Bereich der Schweizer Alpen, die nach ^{14}C-Datierungen von H. Zoller

Gletscherschwankungen 229

Abteilung	absolute Chronologie	Klimastufen		Vegetation	Gletschervorstöße	Schneegrenzdepression
n	+1970	Nachwärmezeit	Subatlantikum ozeanisch	Buche und Fichte	1920, 1900, 1870, 1850, 1820, 1780	
	+1900					
	+1800					
	+1700				} Fernau	−80 bis −100 m
	+1600					
ä	+1500					
	+1000				Aletschgletscher	
					Göschener Kaltphase 2	
	±0					
N					Göschener Kaltphase 1	
	−1000	späte	Subboreal (kontinental) Abkühlung	Eichenmischwald mit Buche und Fichte	Löbbenschwankung	
	−2000					
O	−3000	mittlere	Atlantikum (warm ozeanisch) Klimaoptimum	Eichenmischwald	Pioraphase	
	−4000				Larstig/Misox	−200 m
	−5000	Wärmezeit			} Venedigergruppe	
L	−6000	frühe	Boreal (kontinental) starke Erwärmung	Kiefern-Eichenmischwald	} Venedigerschwankung	
	−7000			Hasel		
H	−8000	Vorwärmezeit	Präboreal (kühl kontinental)	Kiefer	Egesen, Daun	−300 bis −400 m
Pleistozän	−9000	subarktische Zeit	jüngere Dryas	Birke	Gschnitz	−600 m

Tab. 46 Chronologie der Gletschervorstöße im Postglazial. Vorwiegend nach H. Brinkmann (1948), H. Zollner (1960, 1966), H. Heuberger (1966, 1968), S. Bortenschlager u. G. Patzelt (1969).

(1960) in die gleiche Zeit datiert wurde, entsprechen. Pollenanalysen in hochgelegenen Mooren und ¹⁴C-Untersuchungen an Holz aus Mooren (S. Bortenschlager und G. Patzelt, 1969) belegen nun für das Klimaoptimum eine Vielzahl von Gletschervorstößen in den Ostalpen *(s. Tab. 46)*. Für die frühe Wärmezeit wurden Gletschervorstöße in der Zeit um 6700, 6400 und 6000 v. Chr. festgestellt, die mit dem Begriff *Venedigerschwankung* umschrieben werden. Weitere Vorstöße in der Venediger Gruppe sind für 5600 und 5200 v. Chr. belegt. Für die mittlere Wärmezeit ist auf die etwa gleichaltrigen Kaltphasen von Larstig/ Misox schon hingewiesen worden. Sie erfährt einen Kälteeinbruch um 2600 v. Chr., der sich sowohl im Venedigergebiet als auch im Bereich des Oberaargletschers als *Pioraphase* nachweisen läßt. Ein weiteres Gletscherwachstum zeigt das Frosnitzkees (Venedigergruppe) um 1500 v. Chr., das als *Löbbenschwankung* angesprochen wird. Erst dann folgt die schon länger bekannte Eisausbreitung im *Subatlantikum*.

Diese Ausführungen zeigen, daß die postglaziale Wärmezeit, als geschlossene, lang dauernde Gunstperiode sicherlich durch eine Vielzahl von Kälterückfällen gegliedert wird. Eine auffallende Erscheinung ist dabei, daß sich die Vegetationsänderungen, wie S. Bortenschlager und G. Patzelt (1969) berichten, nur im Pollenbestand hochgelegener Moore nahe der Waldgrenze, nicht aber in tiefliegenden Gebieten nachweisen lassen. Man

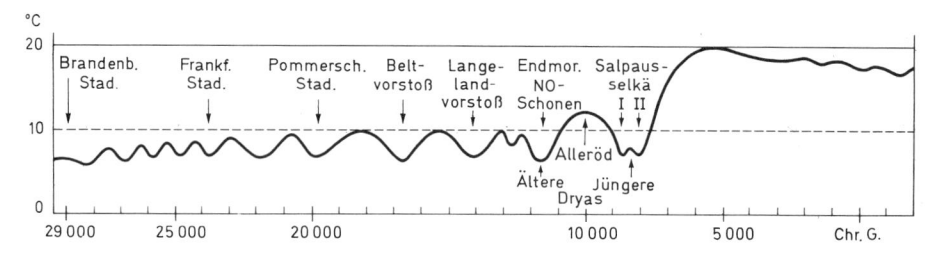

Fig. 102 Temperaturschwankungen der wirklichen Julitemperaturen für Erfurt in den vergangenen 31 000 Jahren. Nach F. Klute (1951).

kann auch zunächst noch Zweifel am absoluten Charakter der ¹⁴C-Daten aussprechen. Perkolation von Wasser oder Anreicherung anderer strahlender Isotopen in Holzfunden im wasserdurchlässigen Sediment können Zeitbestimmungen verfälschen. Doch ist es auffallend, daß an vielen Stellen in den Alpen gleichaltrige Funde gemacht wurden, wobei die ¹⁴C-Bestimmungen von verschiedenen kernphysikalischen Instituten durchgeführt wurden. Für die Gletscher der Alpen bedeuten die neuen Befunde, daß sie nicht mehr wie bisher durchweg Neubildungen des Subatalantikums sind, sondern daß viele von ihnen auch die postglaziale Wärmezeit, wenngleich mit zeitweise reduziertem Volumen und verkleinerter Fläche, überdauert haben dürften. Die gegenwärtig sehr intensiv laufenden Forschungen werden sicher weitere Differenzierungen, aber auch weitere Klarheit über das Verhalten der Gletscher im Postglazial erbringen.

3.5.2. Arten der Gletscherschwankung

Wie die voranstehenden Ausführungen zeigen, reagieren Gletscher auf Massenhaushaltsänderungen mit Schwankungen, die sich in Vorstoß oder Rückzug äußern. Je nach Dauer der Flächen- und Volumenvariationen können *jahreszeitliche, kurz-, mittel-* und *langfristige* Schwankungen unterschieden werden. Jahreszeitliche Schwankungen treten im Zeitraum von einem Jahr oder weniger auf. Kurzfristige umfassen einige Jahre bis einige Jahrzehnte und mittelfristige mehrere Jahrhunderte. Für die langfristigen Vereisungsperioden, die sogenannten *Eiszeiten*, sind zumindest einige Jahrzehntausende anzusetzen, da der Auf- und Abbau von Inlandeisen, die während des Pleistozäns wiederholt weite Flächen Europas, Asiens und Nordamerikas bedeckten, nach theoretischen Ableitungen durch R. Haefeli (1964) und J. Weertman (1964) im Minimum 15 bis 40 000 Jahre oder länger beansprucht.

Nach den Klimagegebenheiten der Mittelbreiten sind die jahreszeitlichen einjährigen Schwankungen auf den Wechsel von winterlicher Akkumulations- mit sommerlicher Ablationsperiode zurückzuführen. Der Rhonegletscher stieß z. B. in den Wintermonaten im Mittel um 2,4 m vor und schmolz im Sommer 18,5 m zurück. Den Maximalstand erreichte er jeweils in der letzten Maidekade, seine geringste Ausdehnung Mitte Oktober, am Ende der Ablationsperiode. Diese *Oszillationen* sind rhythmisch in Abhängigkeit vom Jahreszeitengang. Ganz andere Verhältnisse finden sich jedoch in den Hochlagen der immerfeuchten inneren Tropen, denen im Witterungsablauf sowohl in thermischer als auch hygrischer Sicht Jahreszeiten fehlen und wo nach C. Troll (1943) vorwiegend ein Tagesgang der Klimaelemente zu verzeichnen ist. Die Schneegrenze sinkt bei Niederschlag in den Nachtstunden ab und hebt sich tagsüber wieder an. Diese Änderung in den Bilanzwerten dürfte aber durch die Trägheit des Gletschereises ausgeglichen werden. Dennoch kann es am Gletscherende zu geringfügigen täglichen Längenvariationen kommen, die aber meßtechnisch schwierig erfaßbar und für das Gesamtverhalten des Gletschers von untergeordneter Bedeutung sind. Sie werden durch das speziell für das Gletscherende gültige Verhältnis von Ablation zur Gletscherbewegung verursacht. Die Abschmelzbeträge sind in den Tagesstunden am größten. Gleichzeitig erhöht sich auch die Gletschergeschwindigkeit mit ansteigender Temperatur. R. v. Klebelsberg (1948) stellte Werte von täglichen Geschwindigkeitsbeobachtungen zusammen. Danach kann die Tagesbewegung bis zu viermal so groß werden wie die nächtliche. Erst aus der Überlagerung beider Komponenten ergibt sich, ob die Zunge nachts oder tags vorstößt: Ist die Gletscherbewegung am Zungenende kleiner als die Ablationsrate, wird es zu einem nächtlichen, im anderen Falle zu einem Tagesvorstoß kommen. Die gleichen Überlegungen sind auch gültig für mehrtägige Längenänderungen als Folge von Schön- und Schlechtwetterperioden. Zu den jahreszeitlichen Gletscherschwankungen sind auch die surges zu rechnen. Gegenüber den vorher genannten *Oszillationen* weisen sie keine so strenge Periodizität auf. Da diese Vorstöße innerhalb weniger Monate mehrere Kilometer betragen können, ist ihr Einfluß in dichter besiedelten Gebirgen auf die Wirtschaft und die Siedlungen erheblich. Erwähnt seien hier nur die surges von Vernagt- und Guslarferner, die in den vergangenen Jahrhunderten wiederholt das Rofental absperrten und einen See aufstauten, dessen katastrophale Ausbrüche zu argen Schäden im Ötztal führten.

Aus dem Verhalten des Rhonegletschers mit rund 2 m Vorstoß im Sommer und 18 m Winterrückzug geht bereits hervor, daß sich die jährlichen Pulsationen kurz- und mittelfristigen Schwankungen überlagern, da die Summe der Jahresänderungen eindeutig negativ ist. Sie paßt sich also dem allgemeinen Rückzug der vergangenen Jahrzehnte an. Während nun die jahreszeitlichen Gletscherschwankungen mit Ausnahme der surges durch den Ablauf der Jahreszeiten, den Tagesrhythmus und durch das Wettergeschehen (Witterung) bedingt sind, werden kurz-, mittel- und langfristige Schwankungen durch *Klimaänderungen* hervorgerufen.

Die kurzfristigen Längenänderungen von Gletscherzungen im Ablauf weniger Jahre bis

Jahrzehnte, z. B. die Vorstöße der Alpengletscher um 1820, 1850, 1870, 1900 und 1920 und die dazugehörenden Rückzugsphasen in den Zwischenzeiten sind wohl eindeutig, wie H. Hoinkes (1968, 1970) überzeugend nachgewiesen hat, regionalen Klimaschwankungen (H. Flohn, 1960) zuzuordnen. Ihre Ursache liegt in der zirkulationsbedingten Änderung der Werte von Klimaelementen innerhalb einiger Jahre. Diese Sachlage läßt auch die Tatsache verstehen, daß in den einzelnen Alpengruppen oder auch im Vergleich zu Skandinavien Vorstoß- und Rückzugsphasen von Gletschern nicht immer synchron auftreten. Damit besteht zu den mittel- und langfristigen Schwankungen nicht nur ein gradueller, sondern ein prinzipieller Unterschied, da letztere durch globale Klimaänderungen, die sich gleichsinnig weltweit verfolgen lassen, hervorgerufen werden.

Als mittelfristige Gletscherschwankungen seien hier angesprochen das »little ice age« von Fernau (17. Jh.) bis zur Gegenwart, die Göschener Kaltphasen 1 und 2 im Subatlantikum sowie die von H. Zoller (1960), H. Zoller u.a. (1966), H. Heuberger (1966, 1968) und G. Patzelt (1967) nachgewiesenen Kaltphasen innerhalb der postglazialen Wärmezeit. Die Vergrößerung der Gletscherareale erstreckte sich bei all diesen Phasen über mehrere Jahrhunderte. Für die Erklärung dieser Erscheinungen müssen kräftige Klimaänderungen angenommen werden, deren Ursachen zum Teil im extraterrestrischen Bereich liegen (siehe Eiszeittheorien).

Zwischen mittel- und langfristigen Schwankungen besteht nur ein gradueller Unterschied. Er läßt sich sowohl für polare Bereiche als auch für die Mittelbreiten quantifizieren. Von einer Eiszeit (langfristige Schwankung) ist in den Mittelbreiten dann zu sprechen, wenn sich die Gletscher der Hochregionen zu Eisstromnetzen in den Haupttälern vereinen und auch eine Vorlandvereisung auftritt. Die Polkappen tragen eine flächige Vereisung nur in den Eiszeiten, in den Wärmezeiten sind sie eisfrei. Voraussetzung dafür ist, daß die Klimaänderung sehr kräftig ist und lange andauert, da ein derartiges Gletscherwachstum Jahrtausende beansprucht. Dieser Vorgang führt zwangsläufig zu einer völligen Änderung der Naturlandschaft auch in den betroffenen Tiefländern, von den wirtschaftlichen Folgen sei hier nicht gesprochen. Ganz anders ist dagegen die Situation bei mittelfristigen Gletscherschwankungen. Hier werden im wesentlichen unmittelbar nur die Hochregionen der Gebirge der Mittelbreiten in die Wirkungen einbezogen. Sicherlich stoßen Gletscher in die oberen Siedlungs- und Wirtschaftsregionen vor, zerstören Almflächen und Gebäude, das Leben in den Haupttälern und im Vorland der Gebirge wird nur wenig oder kaum davon beeinflußt. Wie S. Bortenschlager und G. Patzelt (1969) darlegen, lassen sich diese Klimaschwankungen teilweise im Pollenprofil tief gelegener Moore gar nicht nachweisen, sondern nur im Bereich um oder über der Waldgrenze.

In den vielfältigen Wiederholungen von Vorstoß und Rückzugsphasen glaubte man anfänglich eine *Periodizität* erkennen zu können. Eine umfassende Zusammenstellung darüber findet sich bei J. K. Charlesworth (1957, Bd. 1, S. 144ff). Danach sollte es 4-, 7-, 11-, 17-, 35- und 50-jährige Perioden geben. Allein die Vielzahl der unterschiedlichen Angaben legt bereits nahe, daß eine strenge Periodizität nicht vorliegt, ja gar nicht vorliegen kann. Die von Gletscher zu Gletscher unterschiedliche Reaktionsgeschwindigkeit *(time lag)*, führt dazu, daß die einzelnen Gletscher mit je eigener Verzögerung auf Klimaschwankungen reagieren. Zudem hat sich auch die Brücknersche 35jährige Klimaperiode nicht als haltbar erwiesen. Wenngleich die Abfolge von Gletschervorstößen 1820–1855–1890–1925 geradezu eine 35jährige Periode zu beweisen scheint, so wird hier nur eine idealisierte, der Theorie angepaßte Zeitabfolge vorgestellt, von der die Einzelwerte doch erheblich abweichen. Vor allem wurde bei der Auswahl von Daten, die zu so schön »passenden«

Ergebnissen führten, nicht hinreichend kritisch der Zeitpunkt der Phasengleichheit von Erscheinungen – Maximalstand der Vereisung, Beginn oder Ende einer Vorrückungs- oder Rückzugsphase – berücksichtigt. Nach dem gegenwärtigen Stand der Forschung lassen sich für Gletscherschwankungen im allgemeinen keine Periodizitäten erkennen (L. Lliboutry, 1965).
Bei Gletscherschwankungen verändert sich auch das Aussehen der Gletscheroberfläche, vornehmlich im Zungenbereich, in Abhängigkeit vom Ernährungszustand. Bei vorrückenden Gletschern läßt sich schon zu Beginn im Firnfeld eine leichte Aufwölbung erkennen, die sich später gletscherabwärts fortpflanzt. Vor allem die Gletscherstirn ist dabei meist kopfförmig angeschwollen, mit leicht rückläufigem Oberflächengefälle zum unteren Zungenteil. Gleichzeitig ist die Zunge vielfach in Séracs aufgelöst. Bei rückschmelzenden Gletschern dagegen ist der unterste Zungenabschnitt flach, und Einsturzpingen über dem subglazialen Gletscherbach weisen auf den geringen Eisnachschub hin. Im Zusammenwirken mit der Ablation nimmt das Moränenmaterial stark zu, so daß die Zungenenden im Schutt ertrinken. Letztlich verlieren ganze Teile der Zunge den Zusammenhang mit dem Hauptstrom und damit mit dem Nährgebiet und werden so zu Toteis.

3.5.3. Nachweis und Datierung von Gletscherschwankungen

Die Änderungen der vergletscherten Flächen der Erde im Ablauf der Zeit lassen sich auf verschiedene Art nachweisen:
Gletscherschwankungen der Gegenwart können unmittelbar beobachtet werden. Mittels einfacher geodätischer Verfahren, z. B. Abstandsmessungen des Gletscherendes zu Fixpunkten im Gletschervorfeld, zu denen nur ein Maßband erforderlich ist, geben bereits guten Aufschluß über die Längenänderung im Ablauf der Zeit. Wiederholte topographische Aufnahmen vergletscherter Gebiete bieten im Vergleich der einzelnen Karten darüber hinaus einen Einblick in die Volumenzu- bzw. -abnahme in den Meßintervallen. Die Entwicklung der terrestrischen, vor allem aber der Luftbildphotogrammetrie ermöglicht es, in relativ kurzen Abständen Neuaufnahmen der Gletscherareale durchzuführen, deren Auswertungen Ergebnisse hoher Präzision liefern (W. Pillewizer, 1967). Für entlegenere Gebiete in den Polarregionen können auch aus Bildern von Wettersatelliten zumindest für die Bestimmung von Flächenänderungen brauchbare Erkenntnisse gewonnen werden.
Für die historische Zeit liegen aus bewohnten Gebieten, vor allem von den Alpen, zahlreiche *Berichte* in Pfarrbüchern, Orts- und Landeschroniken über die Aktivitäten der Gletscher vor. Wenn die schriftliche Kunde von den Gletschern in manchen Gebirgstälern der Alpen schon viele Jahrhunderte zurückreicht, so sieht dies R. Klebelsberg (1948, S. 212) darin begründet, »daß Gletscher verschiedentlich Naturereignisse, Elementarkatastrophen ausgelöst haben oder mit solchen wenigstens in Zusammenhang standen, Ereignisse, die sich mehr oder weniger schädigend auf Siedlung, Wirtschaft und Verkehr auswirkten.«
Neben diesen unmittelbaren Beobachtungen liefern die Gletscher selbst Zeugen in Form von *Moränenwällen* und Kritzung des Untergrundes, aus denen ihre ehemaligen Verbreitungsgebiete rekonstruiert werden können. Während die Kritzung und Polierung der Gesteinsoberflächen nur von der Ausdehnung der Gletscher im allgemeinen künden, zeigen Endmoränenwälle jeweils Vorstoßphasen bzw. länger wirkende Gletscherhalte

an. Die Geschichte einer Rückzugsperiode, die von kleineren Vorstoßphasen bzw. Gletscherhalten unterbrochen wird, läßt sich durch Kartierung der Moränen im Gelände oder anhand großmaßstäbiger Luftbilder eindeutig herausarbeiten, da auf Luftbildern 1 : 25 000 bis 1 : 40 000 Moränen als lineare Details gut erkennbar sind (H. Schroeder-Lanz, 1970). Aber nicht nur die einzelnen Moränenwälle in vielfachen Staffeln lassen sich auf Luftbildern identifizieren *(Fig. 103)*, auch ihr Erhaltungszustand und Bewuchs geben weitere Aufschlüsse. Während die Moränen im Bereich C verwaschene Formen aufweisen, die in B gerundete, wobei der Boden bewachsen ist, sind die in A scharf, grobblockig und meist vegetationslos. Daraus ergibt sich bereits eine relative Alterseinstufung. Allerdings sind Moränen in ihrer Wallform nicht stets so deutlich zu erkennen; dann muß zur Luftbildauswertung unbedingt die Bodenerkundung treten. Erst sie gibt unter Berücksichtigung der Struktur und Textur der Ablagerung eindeutig den Nachweis, ob es sich um Moränenmaterial handelt.

Nicht immer sind Moränen als Zeugen verstärkter Gletscheraktivität erhalten. Ein weitreichender Vorstoß, der über ältere Stände erheblich hinausgeht, kann diese durch Gletscherschurf völlig beseitigen oder zumindest so gründlich umformen, daß sie nicht mehr mit Sicherheit als Beweis für einen Gletscherhalt erkannt werden können. In diesem Falle besteht die Möglichkeit, indirekt aus *Klimazeugen* auf das Verhalten von Gletschern zu schließen. Kälteperioden, die sich in Pollendiagrammen, im $^{18}O/^{16}O$-Verhältnis von Ablagerungen oder im Fossilinhalt von Sedimenten zu erkennen geben, dürfen als Zeugen für Gletschervorstöße, Wärmeperioden für Rückschmelzphasen gewertet werden. Allerdings ist in diesen Fällen über die wirkliche Ausdehnung der Gletscher nichts bekannt. So gibt sich die Pioraphase von H. Zoller (1960, 1966) zwar in den Pollenprofilen aus der Venedigergruppe zu erkennen (S. Bortenschlager und G. Patzelt, 1969), doch konnten dort keine zugehörenden Moränen gefunden werden. Damit liefert die *Paläoklimatologie* wichtige Hinweise auf das Verhalten von Gletschern in der Vorzeit.

M. Schwarzbach (1961) hat zahlreiche Kriterien für warme, kühle, feuchte und trockene Klimate der geologischen Vergangenheit zusammengetragen. Auf seine Ausführungen sei nachdrücklich verwiesen. Hier sollen nur einige Verfahren paläoklimatischer Forschung erwähnt werden, die häufig bei Untersuchungen der Gletscherschwankungen, vornehmlich für das Postglazial, angewandt werden.

Für die historische Zeit liegen, wenngleich in der Frühzeit überaus lückenhaft, einige *schriftliche Überlieferungen* von den klimatischen Verhältnissen vor. Sie beziehen sich vielfach auf Extremzustände und berichten von besonders guten oder schlechten Ernten, die durch den Witterungsablauf bedingt waren. Auch andere auffällige Erscheinungen werden erwähnt, daß z. B. im Jahre 1434 Paris eine über 40 Tage währende Schneebedeckung verzeichnete und daß die Kälteperiode vom 30. November bis 17. April dauerte (L. Lliboutry, 1965, S. 847). Daraus und aus weiteren Hinweisen ergibt sich, daß das Klima in Frankreich im 11. und 12. Jahrhundert mild, im 14. und 15. Jahrhundert sehr viel kälter war. Neben diesen mehr allgemeinen Berichten liegen auch sehr ausführliche Klimaaufzeichnungen vor. Aus den Daten der Wetterstation London vom Ende des 17. und Beginn des 18. Jahrhunderts lassen sich einwandfrei die Ursachen für den Gletschervorstoß zwischen 1690 und 1720 ablesen. Wie G. Manley (1961) ausführt, nahm von 1691 bis 1700 gegenüber der vorangehenden Dekade die Zahl der Niederschlagstage um 11 % zu. Vor allem Frühling und Sommer wurden feuchter. Die Zahl der Tage mit Schneefall im Dezennienmittel stieg von 1671/80 mit 17,1, in den Jahren 1681/90 auf 18,3 und von 1691/1700 weiter auf 25,5 Tage pro Jahr und nahm 1701/10 wieder auf 16 ab. Dabei er-

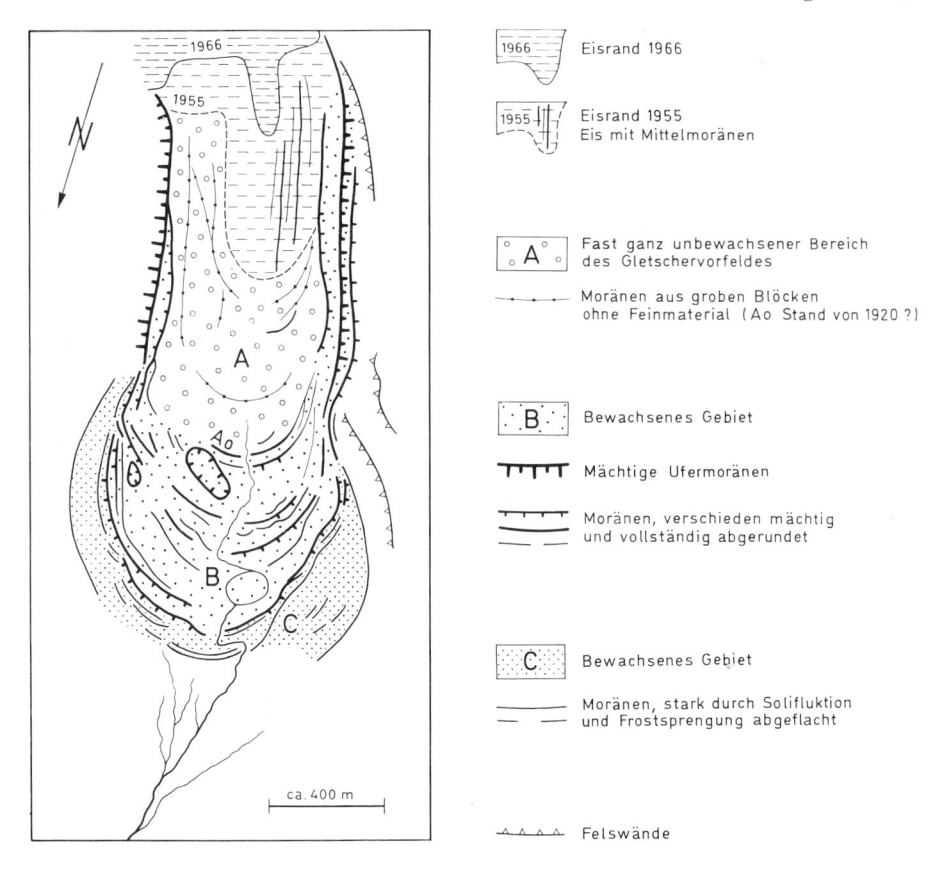

Fig. 103 Gletscherrückzug des Visbrae in den letzten Jahrzehnten dargestellt anhand einer Interpretation von Luftbildern aus den Jahren 1955 und 1966. Auf den Luftbildern lassen sich deutlich die Vegetationsbedeckung, Lage und Zustand von verschiedenen Moränenwällen erkennen. Nach H. Schroeder-Lanz (1970).

wies sich die Dekade von 1691/1700 im Jahresmittel um 0,6 °C kälter als die vorangehende. Besonders die Frühlingstemperaturen sanken im Mittel um 1,0 °C ab, was dazu führte, daß in dieser Jahreszeit mehr Schnee als Regen fiel. Genau diese Klimabedingungen sind aber nach den Ergebnissen von H. Hoinkes (1968, 1970) Voraussetzungen für Gletschervorstöße. Da schriftliche Daten nur lückenhaft auch für die historische Zeit vorliegen, mußten verläßlichere, durchlaufend registrierende Klimazeiger gefunden werden.
Sehr empfindlich auf Klimaänderungen reagiert die Vegetation. Verschiedentlich wurden in Moränenablagerungen Holzreste gefunden. Sie beweisen, daß Stellen, an denen früher Bäume standen, von Gletschern überfahren wurden, daß also eine Klimaverschlechterung eingetreten ist. Auch diese Aussagen bilden nur einen Augenblickszustand ab. Eine kontinuierliche Abfolge des Klimaablaufs über längere Zeit geben dagegen *Pollendiagramme*. Blütenpollen sind unter Luftabschluß in Torfen und Mooren nahezu unbegrenzt haltbar. Unter der Voraussetzung, daß ein Seebecken oder ein Moor ein permanenter Sedimentationsraum ist, in dem die übereinanderliegenden Schichten im zeitlichen Nacheinander abgelagert wurden, ergibt sich in der Vertikalen ein *relatives Zeitprofil*. Ändert sich nun der

Polleninhalt der Straten merklich, z. B. Verhältnis von *Baumpollen* (BP) zu *Nichtbaumpollen* (NBP), d. h., treten an die Stelle wärmeliebender Pflanzenarten solche, die auch noch bei niedrigeren Temperaturen gedeihen, so ist ein Nachweis für eine Klimaänderung erbracht. In besiedelten Gebieten ist bei der Analyse des Zahlenverhältnisses von BP zu NBP auch darauf zu achten, ob die Zahl der BP nicht durch Rodung zurückgegangen ist. In diesem Falle treten in den Mooren dann vielfach Pollen von Nutzpflanzen (Getreide) auf wie z. B. im 12. Jahrhundert in Schleswig-Holstein.

Ein vereinfachtes Pollenprofil aus einem Moor bei der Rostocker Hütte in 2270 m Höhe (Hohe Tauern/Österreich), in dem nur vier ausgewählte Baumarten, NBP und Gramineen als Summe dargestellt sind, zeigt *Fig. 104* für die postglaziale Wärmezeit. Das 2,3 m mächtige Profil umfaßt eine Zeitspanne von rund 5000 Jahren, wie Radiokarbondaten an Holzresten (siehe unten) ergeben haben. Deutlich lassen sich durch die Veränderung des Verhältnisses von BP und NBP sowie Gramineen mehrere Klimaschwankungen innerhalb der postglazialen Wärmezeit erkennen. Sehr schön bildet sich, am oberen Ende des Diagramms gerade noch zu sehen, die Klimaverschlechterung zum Subatlantikum ab. Aus der Kenntnis der gegenwärtigen Klimabedingungen für die einzelnen Pflanzenarten sind sogar Abschätzungen der Temperaturwerte möglich.

Die Entwicklung eines besseren *glaziologischen Thermometers* hat die Atomphysik in Form der *Sauerstoff-Isotopenmethode* ermöglicht. Seitdem H. C. Urey u. a. (1951) erstmals bei Untersuchungen von Jura- und Kreidebelemniten die Bedeutung des $^{18}O/^{16}O$-Verhält-

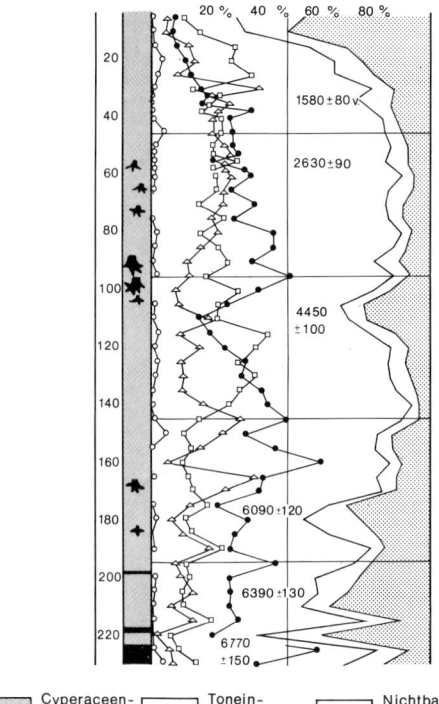

Fig. 104 Klimaschwankungen an der Baumgrenze im postglazialen Wärmeoptimum nach Ausweis der Pollenverteilung in einem Moor bei der Rostocker Hütte. (Hohe Tauern) in 2270 m. Nach S. Bortenschlager u. G. Patzelt (1969).

nisses für die Bestimmung der Paläotemperaturen erkannt haben, ist das Verfahren verfeinert worden und wird mit großem Erfolg auch in der Glaziologie eingesetzt (s. Kap. 2.1.1.). Da sich der Quotient $^{18}O/^{16}O$ mit einer Genauigkeit von etwa 0,01 %, bedingt durch die Präzision der Massenspektrographen, messen läßt, kann die Temperatur des Bildungsmilieus auf ± 0,4 °C genau bestimmt werden. Als Untersuchungsmaterial für die Feststellung der Änderungen dienen CO_2-haltige Sedimente (Kalk), die Krusten von Kalkschalern in einer Schichtabfolge oder Eis, das in Abhängigkeit von den Bildungstemperaturen einen unterschiedlichen ^{18}O-Anteil im H_2O gebunden hat. Als Fehlerquelle ist zu berücksichtigen, daß sich in die poröse Beschaffenheit der Gehäuse der Kalkschaler nachträglich $CaCO_3$ eines andersartigen Bildungsmilieus einlagern kann. Das erklärt auch die zum Teil sich widersprechenden Ergebnisse einzelner Untersuchungen. Bei Proben aus Eis, das wasserundurchlässig ist, oder im kalten Firn der Polargebiete, wo Schmelzprozesse fehlen, treten derartige Unsicherheiten weit weniger auf.

C. Emiliani (1958) hat anhand einer 10 m mächtigen Bohrprobe aus 4256 m Tiefe im nördlichen mittleren Atlantik eine Temperaturkurve für die Meeresoberfläche berechnet (*Fig. 105*). Obwohl die zeitliche Länge des Profils nicht genau bekannt ist, dürfte sie aus den allgemeinen Sedimentationsbedingungen auf mehrere 100 000 Jahre geschätzt werden. In ihm läßt sich ein wiederholter Wechsel von Kalt- und Warmzeiten während des Pleistozäns erkennen. W. Dansgaard u. a. (1969) haben aus einem 1390 m tiefen Bohrkern von Camp Century auf dem Grönländischen Eisschild 1600 Proben auf das O_2-Isotopenverhältnis untersucht und konnten eine recht genaue Temperaturkurve der vergangenen 100 000 Jahre erstellen. Die Schwankungen der letzten 15 000 Jahre sind in *Fig. 106* dargestellt. Neben der Erwärmung von Bölling- und Allerödinterstadial kommen die Kälterückfälle der älteren und jüngeren Tundrenzeit gut zum Ausdruck. Gleichzeitig erscheint es auch hiernach sinnvoll, das Pleistozän nach der jüngeren Dryas enden zu lassen; denn dann setzt eine Erwärmung (geringer negative δ-Werte) ein, die zu wesentlich höheren Jahrestemperaturen als vorher führte. In dieser Kurve ist die postglaziale Wärmezeit von 7000 bis 3000 vor heute ebenfalls durch eine Reihe von Kälterückfällen gegliedert, auf die die Alpengletscher, wie jüngere Untersuchungen zeigen, mit Schwankungen reagiert haben.

Eine weitere Möglichkeit, auf Änderungen von Klimafaktoren zu schließen, bietet die

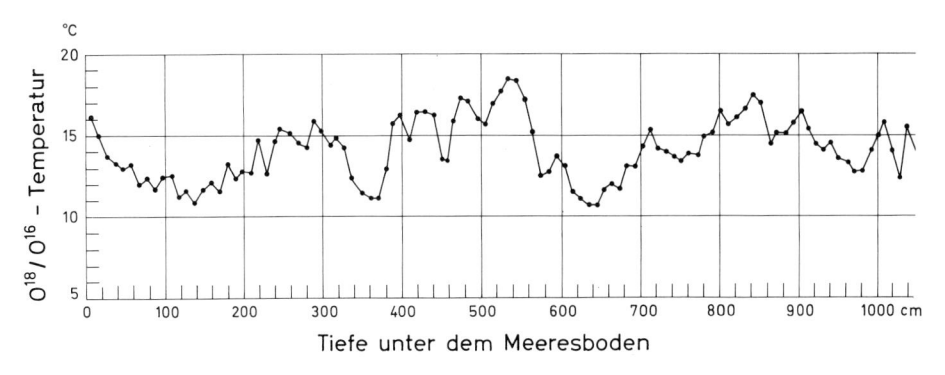

Fig. 105. Temperaturkurve der Meeresoberfläche im nördlichen mittleren Atlantik nach O^{18}/O^{16}-Untersuchungen in den obersten 10 m der Sedimentdecke durch C. Emiliani (1958). Die zeitliche Länge des Profils ist unbekannt. Aus P. Woldstedt (1969).

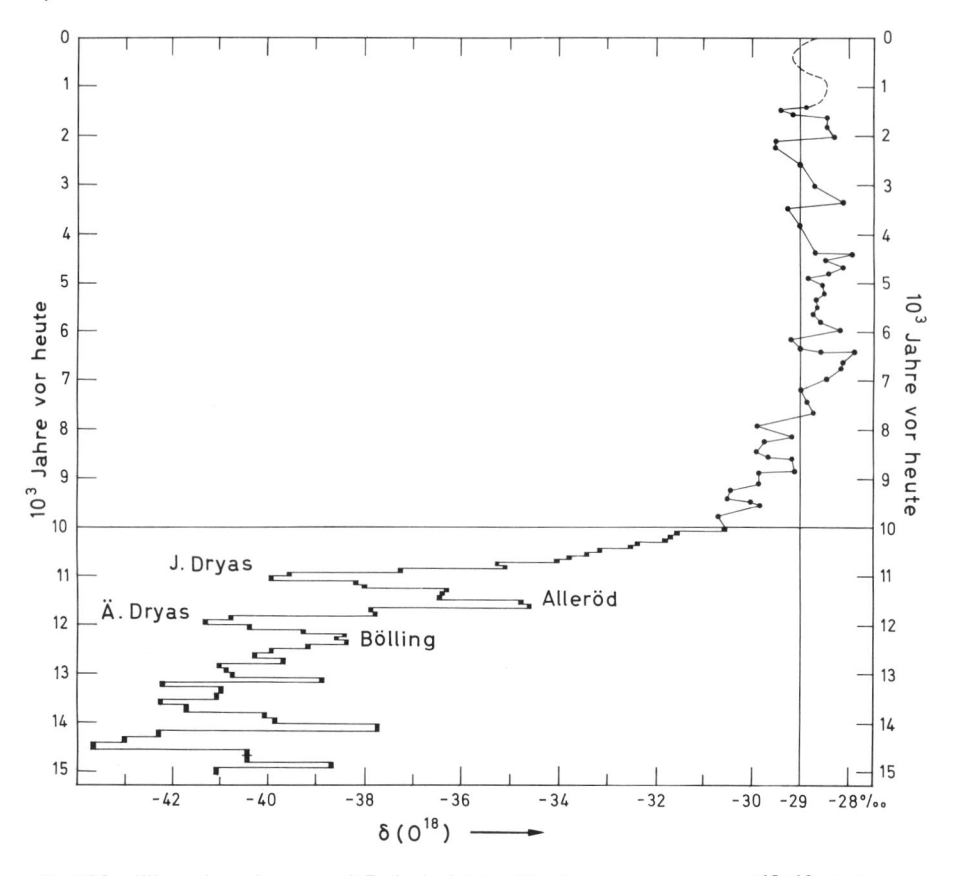

Fig. 106 Klimaschwankungen seit Ende der letzten Eiszeit nach Ausweis von $O^{18}/\cdot^{16}$-Variationen im grönländischen Inlandeis. Aufgrund der gefundenen Verhältnisse wird auf eine Klimaperiode von 940 Jahren geschlossen. Aus W. Dansgaard u. a. (1969).

Dendrochronologie. Sie beschäftigt sich mit den Wachstumsverhältnissen von Holzgewächsen, die sich aus Jahresringen auf Baumscheiben gut ablesen lassen. Engabständige Jahresringe bedeuten ungünstige, weitabständige günstige Wachstumsbedingungen *(Fig. 107)*. Bei der Auswertung derartiger Messungen ist zu berücksichtigen, daß sich die Breite der Jahresringe mit dem Alter des Baumes exponentiell verringert. Wachstumsschwankungen werden vornehmlich durch wechselndes Feuchte- und Wärmeangebot bedingt. Besonders gegen die Trocken- und Kältegrenze machen sich derartige Wachstumsschwankungen sehr deutlich bemerkbar. Die Ausmessung und Auszählung der Jahresringe bringt zudem noch den Vorteil, daß eine *absolute Datierung* durch die Abfolge der Ringe (Anzahl) möglich ist.

Damit wurde bereits eine Möglichkeit, Klima- und als deren Folge Gletscherschwankungen zeitlich zu fixieren, genannt. Eine weitere ist durch schriftliche Überlieferung gegeben. Sie erfaßt aber bei weitem nicht die Fülle der Ereignisse, wie sie die Natur bietet. Um die zahlreichen Gletscherstände, wie sie durch Moränen in den Alpen belegt werden, zeitlich einordnen zu können, bedarf es weiterer, möglichst eindeutiger Zeitmarken.

Eine verläßliche Methode, das Alter von Moränenablagerungen im Zeitraum von einigen

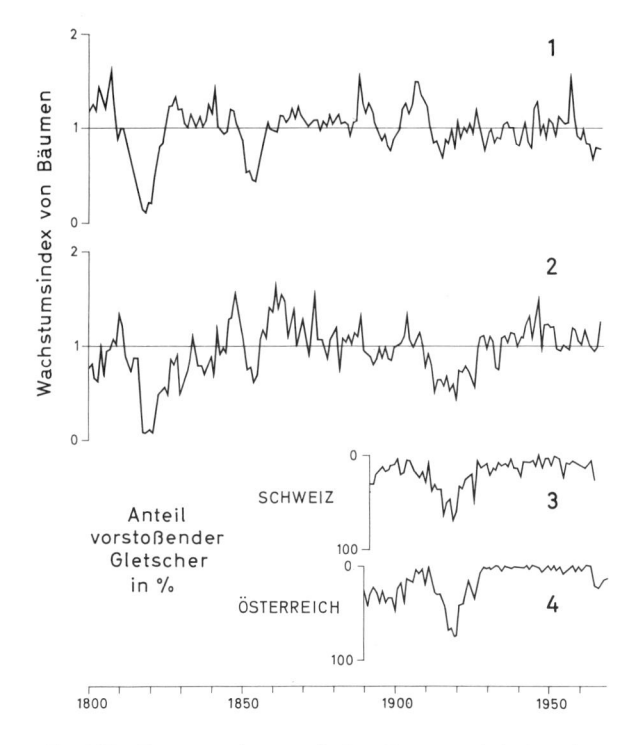

Fig. 107 Zusammenhang zwischen Baumwuchsindex, abgeleitet aus der Dicke der Jahresringe an Bäumen unter Berücksichtigung des Wuchsalters und Gletscherschwankungen in den Alpen. Die dendrochronologischen Aufnahmen wurden in den Beständen der Riederalp (1) oberhalb Brig (Wallis) und dem Patscherkofel (2) bei Innsbruck (Inntal) durchgeführt. (3) gibt den Anteil vorstoßender Gletscher in der Schweiz, (4) in Österreich nach den Gletschermessungen wieder. Deutlich wird der Zusammenhang zwischen geringem Wachstumsindex und hohem Anteil vorstoßender Gletscher für die Zeit um 1920 belegt. Die scharfen Minima des Wachstumsindex vor 1900 stimmen sehr gut mit den bekannten Vorstoßphasen der Gletscher im 19. Jahrhundert überein. Aus V. C. la Marche und H. C. Fritts (1971).

hundert Jahren zu erfassen, erarbeitete R. Beschel (1950) auf der Basis lichenometrischer Messungen. Flechten siedeln sich bald nach der Ablagerung von Moränen auf den Gesteinsoberflächen von Blöcken, in Rissen, Haarspalten und auf Unebenheiten an. Freilich dauert es einige Zeit, bis sie makroskopisch sichtbar werden. Dann wachsen sie für einige Jahrzehnte relativ rasch in ihrer »großen Periode«. Die konstante weitere Zunahme der Durchmesser der meist kreisförmigen Flechten dauert dann bei manchen Krustenflechten viele Jahrhundert, bei einzelnen ist sie überhaupt nicht begrenzt.

Die Wachstumsgeschwindigkeit einer Flechtenart ist abhängig vom Klima und Gesteinsuntergrund. Ein Hauptfaktor neben dem Licht, das für Assimilationsvorgänge unerläßlich ist, ist die Feuchte. Wo Flechten mehr Wasser zur Verfügung haben, wachsen sie rascher als an trockenen Stellen. So ist es verständlich, daß die Durchmesser von Flechten unterschiedlicher hygrischer Standorte nach Alter nicht vergleichbar sind. Das Flechtenwachstum im Bereich großer Massenerhebungen ist wegen der höheren hygrischen Kontinentalität weit langsamer als in Gebirgsrandzonen. Da verschiedene Flechten

240 Gletscher und Inlandeise

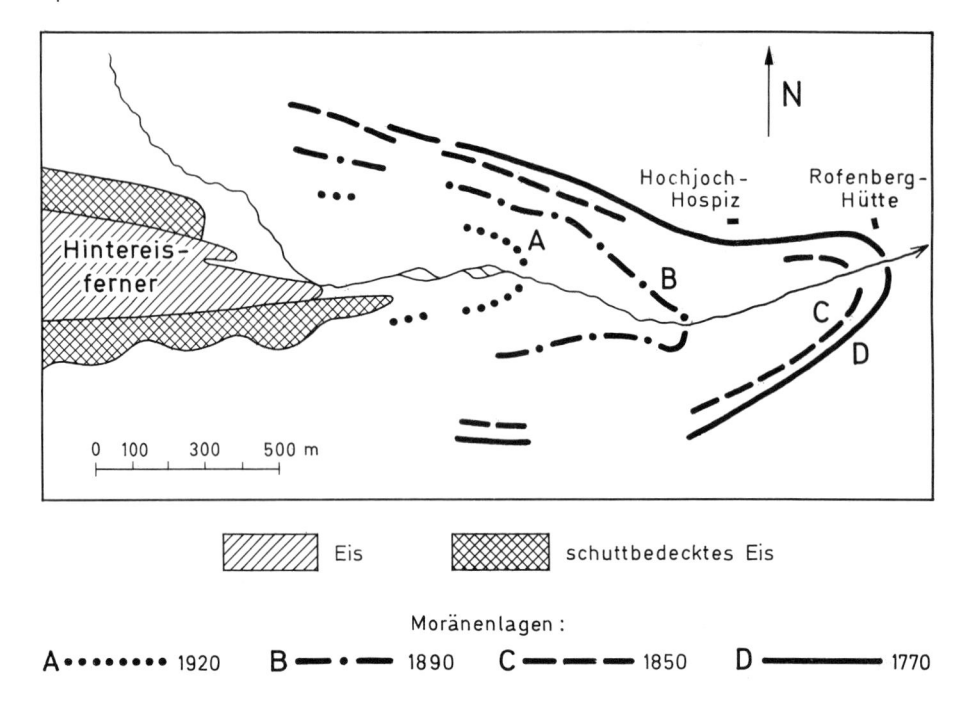

Fig. 108 Moränenwälle als Zeugen historischer Gletscherstände am Hintereisferner. Nach R. Beschel (1950).

schattige Standorte sowieso meiden, innerhalb eines Gletschervorfeldes die Gesteinsvariationen der Blöcke gering bzw. konstant sind, ist es möglich, derartig homogene Gebiete und benachbarte hinsichtlich des Alters nach Flechtendurchmessern zu vergleichen. Um eine absolute Datierung durchzuführen, ist es erforderlich, daß zwei Gletscherrandlagen in hinreichend zeitlichem Abstand nach ihrem absoluten Alter bekannt sind. In *Fig. 108* sind die Gletscherrandlagen, markiert durch Moränenwälle, für die Zeit von 1750 bis 1920 aufgetragen. *Fig. 109* zeigt die entsprechenden Durchmesser der Landkartenflechte (Rhizocarpon geographicum (L.) DC.). Sind die Gletscherstände B und C, die zeitlich nach der sogenannten »großen Phase« mit verstärktem Flechtenwachstum liegen, der sich durch einen steilen Kurvenanstieg zwischen 1910 und 1890 zu erkennen gibt, in absoluter Datierung bekannt, so kann durch lineare Extrapolation auf das Alter von D geschlossen werden. Der Moränenwall D wurde danach um 1770 abgelagert.

Fig. 109 Zunahme des Durchmessers der Landkartenflechte (Rhizocarpon geographicum (L)DC.) mit wachsendem Alter nach Aufnahmen von R. Beschel (1950) an Moränen des Hintereisferners. Der steilere Kurvenverlauf im Bereich 1910/1890 zeigt die sogenannte »große Phase« mit beschleunigtem Flechtenwachstum an.

Aus der großen Zahl der Flechtenarten der Hochregion der Alpen erwiesen sich nach Beschel für die Altersdatierung als besonders aussagekräftig: Rhizocarpon geographicum (L.) DC., Sporastatia testudinea (Ach.) Mass., Aspicilia cinerea (L.) Kbr., Diploschistes scruporus (L.) Norm., Lecidea Ach. und Lecidea promiscens Nyl.. Auch die Polster von Blütenpflanzen nehmen zum Teil regelmäßig an Größe zu, wie z. B. das stengellose Leimkraut (Silene acaulis (L.) Jacq.). Dabei ergeben sich für die einzelnen Flechten unterschiedliche *Wachstumsgeschwindigkeiten (Tab. 47)*.

Tabelle 47 zeigt, daß sich die Flechtendurchmesser auf verschiedenaltrigen Moränen sehr deutlich voneinander unterscheiden, wobei eine unterschiedliche Wachstumsgeschwindigkeit bei den Einzelwerten festzustellen ist. Aufgrund zahlreicher Messungen kann R. Beschel (1957) für die einzelnen Flechtenarten folgendes Verhältnis der linearen Wachstumsgeschwindigkeiten angeben:

$R:S:A:D:Ll:Lp \approx 1:0,8$ bis $2:1,5$ bis $2,5:2,0$ bis $3,0:2,5$ bis $3,5:2,5$ bis $4,0$.

Lichenometrische Messungen wurden mit großem Erfolg für die Altersdatierung von Moränen der jüngeren Vergangenheit in den Alpen angewandt. Es sei aber nochmals betont, daß nur hygrisch gleichartige Gebiete miteinander verglichen werden können. Bei größeren Horizontalentfernungen zwischen einzelnen Alpengruppen oder auch bei unterschiedlichen Expositionen innerhalb einer Region müssen zusätzliche absolute Altersdatierungen gesucht werden, um aus dem Flechtendurchmesser auf das wirkliche Alter der Moränen schließen zu können.

Eine absolute *Chronologie* für die Datierung von Gletscherständen hat G. de Geer (1912, 1940) anhand der Auszählung von gebänderten Tonen entwickelt. Sie erlaubt es, den Rückzug der letzteiszeitlichen Gletscher in Südskandinavien zeitlich einzuordnen. Die von ihm gewonnenen Ergebnisse wurden später durch Altersbestimmungen mittels der ^{14}C-Methode (siehe unten) bestätigt (E. H. De Geer 1951). Ähnliche Untersuchungen sind auch von E. Antevs (1922, 1925, 1928) und Ch. Reeds (1926) an Bändertonen im Bereich des Hudson- und Connecticut-Tales und von C. Caldenius (1932) in Patagonien durchgeführt worden. Während die grundlegenden Beobachtungen im Ostseeraum durch G. De Geer (1912) und M. Sauramo (1918, 1923) – eine zusammenfassende Übersicht gab C. Troll 1925 – schon in den ersten Jahrzehnten unseres Jahrhunderts durchgeführt wur-

Flechtenart	maximaler Flechtendurchmesser in [cm] auf Moränen					
	1890	1850		um 1770		
Rhizocarpon geographicum	1,0	2,1	2,4	4,3	4,3	4,7
Aspicilia cinerca	2,4	4,6	4,8	9,1	8,5	9,8
Lecidea promiscens	2,8	5,5	5,3	9,8	10,5	10,3
Blütenpflanze Silene acaulis	39	77	74	138	125	—

Tab. 47 Maximale Flechtendurchmesser auf einigen Moränenständen nach R. Beschel (1950).

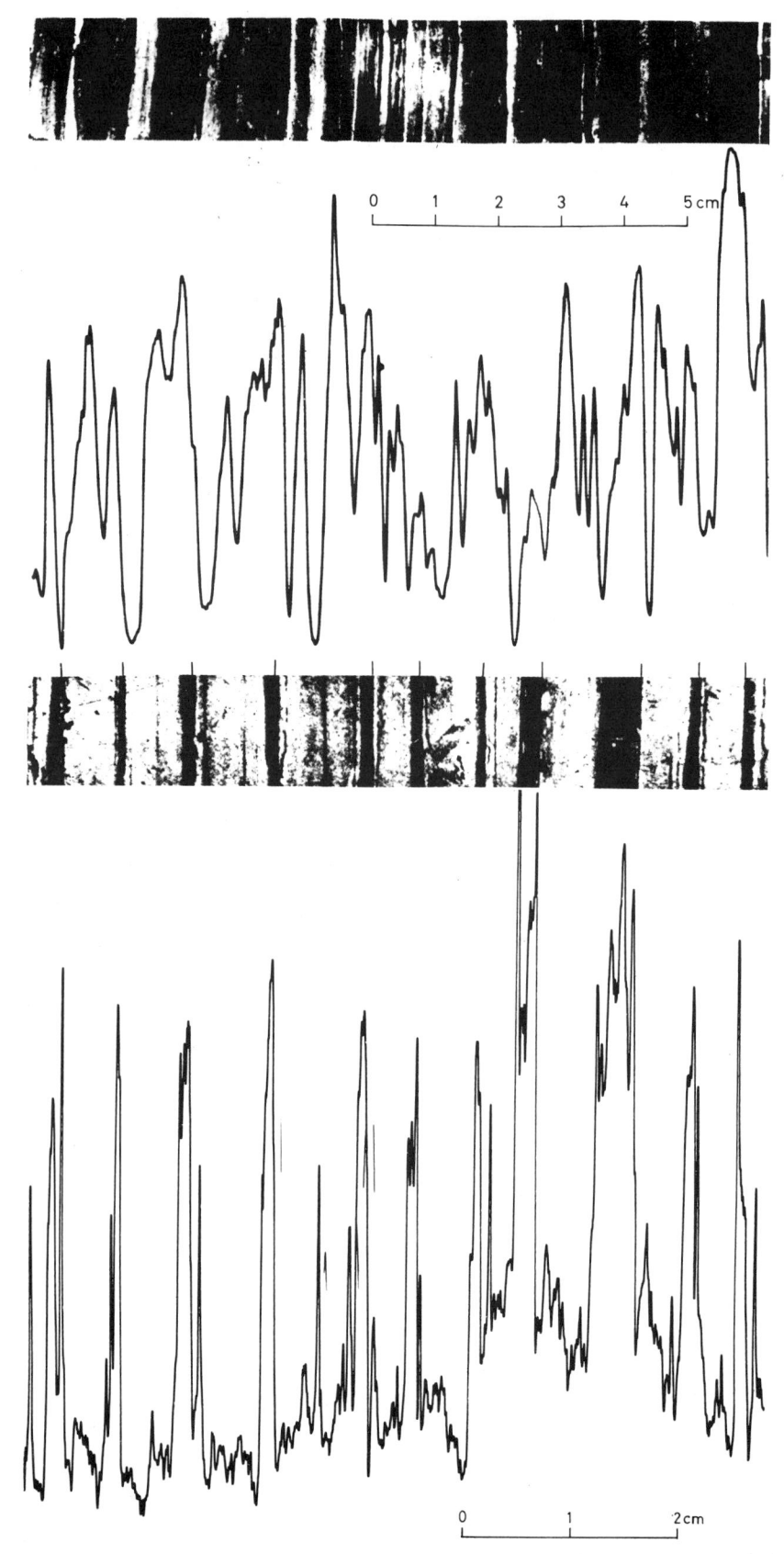

Fig. 110 Jahreswarven aus skandinavischen Bändertonen (Duved, Jämtland) – links – und dem Rosenheimer Becken – rechts –. An den rechten Bildrändern sind jeweils die Photostreifen der Warvenproben montiert, daneben sind die mittels eines Mikrodensitometers gewonnenen Schwärzungskurven von Sommer- und Winterlagen aufgetragen. Die schärfere Trennung von Winter- und Sommerschichten bei den skandinavischen Warven ist durch eine ausgeprägtere Korngrößensortierung gegenüber den oberbayerischen hervorgerufen. Nach W. Fürbringer (1968).

den, finden sich vergleichbare Arbeiten im nördlichen Alpenvorland erst im letzten Jahrzehnt (E. Ebers 1965, W. Schumann 1965, W. Fürbringer 1968). Diese Tatsache ist aus den homogenen Sedimentationsverhältnissen in diesem Gebiet zu erklären, wie noch gezeigt werden wird.

Das Prinzip der *Warvenchronologie* geht auf den Tatbestand zurück, daß Sedimente toniger Konsistenz vielfach eine deutliche Abfolge heller und dunkler Straten aufweisen. Im südskandinavischen Bereich sind die hellen Schichten etwas grobkörniger als die dunklen. Diese Differenzierung ließ sich im Alpenvorland zumindest im Korngrößenbereich von 2 μ und größer nicht nachweisen (W. Fürbringer, 1968). Eine derartige Abfolge zeigt einen Sedimentationsrhythmus in Abhängigkeit von der Wasser- und Schwebstoffführung der materialliefernden Zuflüsse an. Den Hochwässern (Schneeschmelze, Starkregen) können die grobkörnigen, den Niedrigwässern (Winterniedrigwasser, Schönwetterperioden) die feinkörnigen Sedimente zugeordnet werden. Die Kombination einer hellen und einer dunklen Schicht wird als ein *Warv* (Plural *Warven*) angesprochen. Im Wechsel des Wettergeschehens können danach Warven in relativ kurzen Zeiträumen von wenigen Tagen bis Wochen entstehen. Als erste haben S. A. Anderson und S. Hansen (1929) in Dänemark auf derartige *Tageswarven* hingewiesen. Im Wechsel von Sommer und Winter entstehen dann *Jahreswarven*. Bei feinstratigraphischen Untersuchungen im Weistritztal (Sudeten) konnte M. Schwarzbach (1938, 1940) pro Jahreswarv mit einer Mächtigkeit von 6 bis 10 cm 73 bis 158 Tageswarven der Bänderung von 0,2 bis 1,0 mm Dicke nachweisen. Für eine Chronologie ist es danach primäre Aufgabe, die betrachteten Warven als Jahreswarven zu identifizieren.

Einen ersten Anhalt dafür bietet die grobe Abfolge von hellen und dunklen Schichten *(Fig. 110)*. Wie der Vergleich der Schichten aus Südschweden und dem Alpenvorland zeigt, sind die Schichtgrenzen in Südschweden wesentlich markanter. Als weiteres Kriterium für ein Jahreswarv kann der sich ändernde Kalkgehalt gewertet werden, mit einem Maximum im Winter und einem Minimum im Sommer. Die Magnesiumkarbonatkonzentrationen verhalten sich gerade umgekehrt *(Tab. 48)*. Eine zusätzliche Differenzierung

Schicht	$MgCO_3$ in [%]	$CaCO_3$ in [%]
dunkle Winterschicht	0,053	31,80
helle Sommerschicht	0,091	20,80
dunkle Winterschicht	0,076	31,65
helle Sommerschicht	0,106	21,96
dunkle Winterschicht	0,060	30,58
helle Sommerschicht	0,068	20,50
dunkle Winterschicht	0,036	31,09

Tab. 48 Änderung des $MgCO_3$- und $CaCO_3$-Gehaltes in Sommer- und Winterschichten in den Seetonablagerungen des Rosenheimer Beckens. Nach W. Fürbringer (1968).

erbringt die Überprüfung des Gehaltes an organischer Substanz, deren Abbauprodukte durch Bestimmung des H_2S-Gehaltes nachweisbar ist. Eindeutig lassen sich Jahreswarven über den Pollengehalt (sofern einer vorhanden) nachweisen. Durch die exarierende Tätigkeit der Gletscher entstehen unter dem Eis übertiefe, allseits geschlossene Hohlformen. Beim Gletscherrückzug füllen sich die Becken in humiden Klimaten mit Wasser, und es werden in den Staubecken die *Bändertone* mit jahreszeitlicher Schichtung abgelagert. Der älteste Warv muß jünger sein als der Beginn der Abschmelzungsperiode, da vorher das Gebiet mit Eis bedeckt war. In Richtung des abschmelzenden Gletschers werden die der Grundmoräne auflagernden Warven jünger, da dieses Gebiet später eisfrei geworden ist. Wird nun der Rückzug durch einen Gletscherhalt unterbrochen und läßt sich die Verzahnung der neu abgelagerten Moräne mit den davorliegenden Seetonen erkennen, so kann aus der Zahl der im älteren Becken übereinandergelagerten Warven die Dauer der Rückzugsphase bestimmt werden. G. De Geer (1912) hat auf diese Weise die Geschichte des Gletscherrückzuges für die vergangenen 12 000 Jahre in Südschweden erarbeitet. W. Schumann (1965) hat aus einem rund 50 m mächtigen Tonprofil die Lebensdauer des ehemaligen Rosenheimer Sees auf etwa 7000 Jahre berechnet.

Die Aufnahme der Jahreswarven erfolgt auf unterschiedliche Art. G. De Geer hat an die Profilausschlußwand einen Papierstreifen gelegt und die Jahreswarven darauf markiert. Dieses Verfahren ist im Alpenvorland nicht möglich, da die Warven im Gelände vielfach nicht sichtbar sind, sondern erst nach einer Lackbehandlung erkennbar werden. Diese Lackbehandlung erfolgt im Laboratorium. Die Tonproben im Vertikalprofil werden dazu mittels eines ca 50 cm langen und etwa 8 cm breiten und 5 cm tiefen Weißblechkastens ausgestochen und zwar derart, daß sich der obere Teil des unteren und der untere Teil des oberen Blechkastens überlappen. Die weitere Auswertung kann im Laboratorium vorgenommen werden. Nachdem die Jahreswarven identifiziert sind, werden sie ausgezählt. W. Fürbringer (1968, 1970) fertigte dazu Fotostreifen der Profile an und hat die Jahreswarven mit Hilfe eines Double-Beame-Recording-Microdensitometers, der die Grautonunterschiede auf den Schwarz-Weiß-Photographien registriert, festgehalten *(s. Fig. 111)*. Dieses Verfahren objektiviert die Auszählung in starkem Maße.

Bei der Bearbeitung eines längeren Zeitraumes sind die Tonablagerungen selten in einer einzigen Grube in der gesamten vertikalen Mächtigkeit erschlossen. Vielmehr müssen die Proben benachbarter Aufschlüsse herangezogen werden. Dies erfordert, daß gleichalte Seetonablagerungen hinreichend sicher als solche erkannt, d. h. *konnektiert* werden können. Bereits G. De Geer (1912) hat eine Methode der *diagrammatischen Warvenverknüpfung* entwickelt, die auf der *relativen* Mächtigkeit der Einzelwarven beruht. Zwar schwankt die *absolute* Schichtdicke der Warven von Aufschluß zu Aufschluß, doch ist in einer identischen Zeitreihe die Abfolge der relativen Warvenmächtigkeiten unbeschadet ihrer absoluten Dicke stets die gleiche. Figur 111 zeigt ein Konnektionsprofil aus dem Rosenheimer Becken, das mit Hilfe eines Microdensitometers angefertigt wurde. Die Schichten der benachbarten Profile sind danach identisch. Über größere Entfernungen hinweg, z. B. zwischen unterschiedlichen Klimagebieten oder Bereichen mit andersartigem Witterungsablauf, können allerdings derartige Fernkonnektierungen nicht durchgeführt werden. Die Ursache dafür liegt in den verschiedenen Sedimentationsbedingungen.

Die Datierung von Ereignisabläufen mittels *Warvogrammen* ist auch mit Erfolg bei alteiszeitlichen Ablagerungen (R. Grahmann, 1925) versucht worden. Selbstverständlich können die Ergebnisse, obwohl von Jahreswarven abgeleitet, nicht auf Einzeljahre angegeben werden. Beim ehemaligen Rosenheimer See errechnet sich für eine Zeit von 7000 Jahren

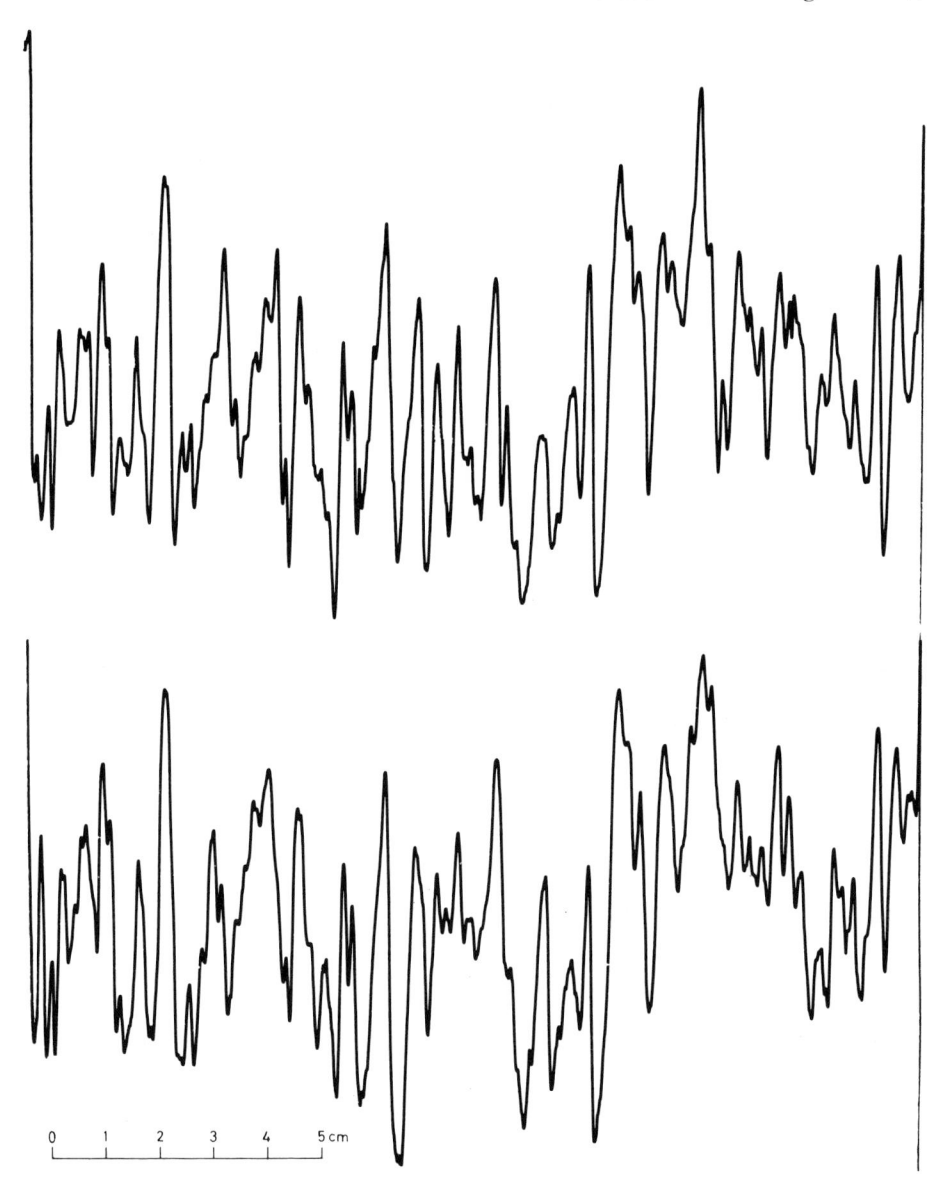

Fig. 111 Durch die mittels dem Double-Beam Recording Microdensitometers gewonnenen Schwärzungskurven lassen sich benachbarte überlappende Warwenproben exakt konnektieren, wie das Beispiel der Kastenprofile Ha 20 und Ha 21 der Tongrube Hamberger bei Rosenheim zeigt. Nach H. Fürbringer (1968).

ein Fehler von ± 200 Jahren. Die Unsicherheit ist gemessen an der langen Zeit relativ gering.
Eine weitere Methode zur absoluten Altersdatierung ergibt sich aus der Bestimmung des ^{14}C-*Gehaltes* in fossilen Gewebestücken organischer Substanz. *Radioaktiver Kohlenstoff* der

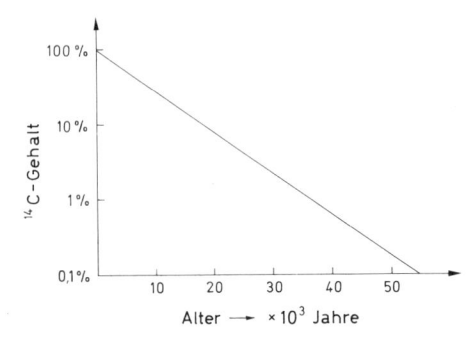

Fig. 112 Änderung des Verhältnisses von radioaktivem Kohlenstoff ^{14}C zur stabilen Isotope ^{12}C in Abhängigkeit von der Zeit. Der Wert von 100% entspricht einem Verhältnis von $^{14}C/^{12}C = 10^{-12}$. Nach K.O.Münnich (1960).

Isotope ^{14}C entsteht durch Kernreaktionen in der hohen Atmosphäre durch Einwirkung kosmischer Neutronenstrahlung auf Stickstoff ^{14}N. Das Verhältnis von *stabilem Kohlenstoff* ^{12}C zum *radioaktivem* ^{14}C beträgt in der freien Atmosphäre $1 : 10^{12}$. Mit dem übrigen CO_2 der Luft wird auch ^{14}C von Pflanzen und Tieren aufgenommen und im Gewebe gebunden. Im Rahmen des Stoffwechsels und durch Fäulnisvorgänge wird es als CO_2 wieder frei und gelangt erneut in die Atmosphäre. Wird pflanzliches oder tierisches Gewebe dagegen *fossiliert*, d.h. unter Luftabschluß konserviert, so daß keine Verwesung eintritt, so nimmt diese Substanz weder frischen Kohlenstoff auf, noch wird der gebundene abgegeben. Das radioaktive Isotop ^{14}C zerfällt nun im Zeitraum von 5730 Jahren (ein Wert, der auf der 5. Internationalen Konferenz für Radiokarbondaten im Juli 1962 allgemein angenommen wurde) auf die Hälfte der Ausgangssubstanz *(Halbwertzeit)*. Setzt man die Ausgangssubstanz gleich 100%, so sind nach 5730 Jahren noch 50%, nach 11460 Jahren 25%, nach 17190 Jahren 12,5%, nach 34380 Jahren noch 1,56% und nach etwa 55000 Jahren nur mehr etwa 1% vorhanden *(s. Fig. 112)*. Damit ist die Obergrenze der Altersbestimmung in etwa mit 50000 Jahren gegeben. Nur unter erheblichem zeitlichen und damit finanziellen Aufwand kann man durch Isotopenanreicherung in Trennrohren die Altersgrenze auf maximal 70000 Jahre hinaufschieben. Doch lohnt sich diese Anstrengung nur bei wirklich sehr aussagefähigen Proben.

Für die Bestimmung der ^{14}C-Gehalte einer Probe wird die organische Substanz zu CO_2 verbrannt und die ^{14}C-Konzentration in einem von kosmischer Strahlung abgeschirmten *Geigerzählrohr* ermittelt. Die statistische Schwankung bei den Messungen beträgt $\pm 0,5$ bis 1%, was einem Altersfehler von ± 40 bis ± 80 Jahren entspricht (K.O. Münnich 1960). Damit ist die rein aus der Meßtechnik hergeleitete Mindestaltersgrenze der Bestimmung auf rund 200 Jahre fixiert.

Eine weit größere Unsicherheit in der Altersbestimmung bereitet die mangelnde Kenntnis über die wirkliche *Ausgangskonzentration* von ^{14}C zum Zeitpunkt der Fossilierung. Wie dargelegt, wird radioaktiver Kohlenstoff durch Einwirkung kosmischer Strahlung auf Stickstoff produziert. Gleiche Ausgangskonzentration, wie sie für die Berechnung angenommen werden muß, würde bedeuten, daß die kosmische Strahlung über viele Jahrtausende konstant geblieben ist. Dies ist aber nicht der Fall. H.L.De Fries (1958) hat gezeigt, daß die Ausgangskonzentration von ^{14}C zwischen 1845 und 1945 um 1,5% abgenommen hat, und in den vergangenen 1000 Jahren treten sogar Schwankungen von $\pm 2\%$ auf, wie aus *Fig. 113* abzulesen ist. Damit erhöht sich das Mindestalter für sinnvolle Altersbestimmung an Proben auf 300 Jahre. Diese Art des Fehlers wirkt sich vor allem bei jüngeren Proben gravierend aus. Bei der Entnahme von organischer Substanz für die

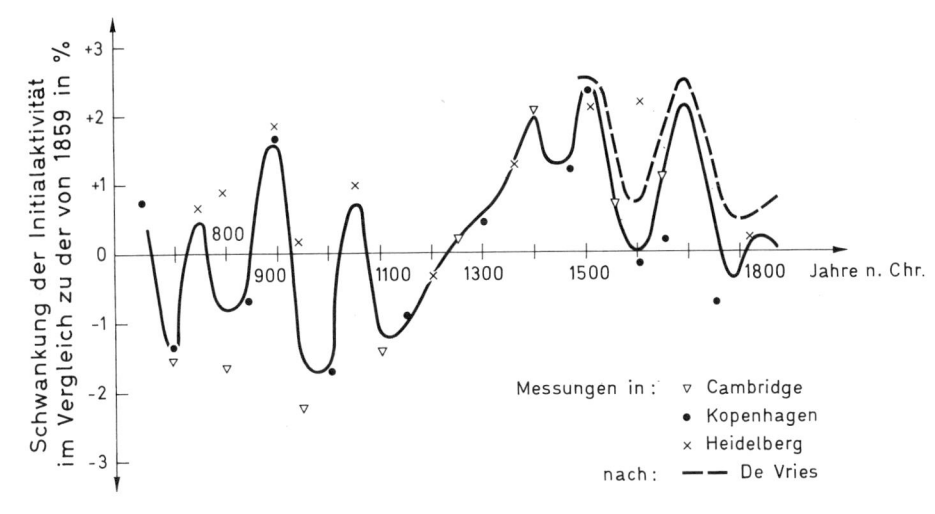

Fig. 113 Die Ausgangsaktivität des ^{14}C-Gehaltes weist Schwankungen von einigen % im Ablauf mehrerer Jahrhunderte nach Messungen an Proben aus einer Sequoia Gigantea auf. Aus L. Lliboutry (1965).

Altersdatierung nach dem ^{14}C-Verfahren ist sorgfältig darauf zu achten, daß die Probe nicht durch jüngeres Material verunreinigt und damit die Bestimmung verfälscht wird. Der Fehler wird vor allem bei den älteren Daten erheblich (Fig. 114). Während bei einem wahren zeitlichen Abstand von 1000 Jahren 20% Verunreinigung an ^{14}C aus rezenten Schichten das Alter nur auf 800 Jahre reduziert wird, bewirkt eine gleiche Beimengung bei einer Zeitdifferenz von 20000 Jahren eine Verfälschung auf die Hälfte und bei 50000 Jahren auf ein Drittel des wirklichen Alters. Doch läßt sich die jüngere Beimengung bei Zellulose durch Behandlung mit Laugen und Säuren weitgehend entfernen, so daß dieser Fehler auch nachträglich im Laboratorium klein gehalten werden kann.

Außer organischen Substanzen eignen sich für die Altersbestimmung alle C-Verbindungen, sofern sie in hinreichenden Mengen auftreten. Das ist besonders wichtig für Eis, in dem in Gasblasen auch CO_2, von Luftzutritt abgeschlossen, enthalten ist, das beim

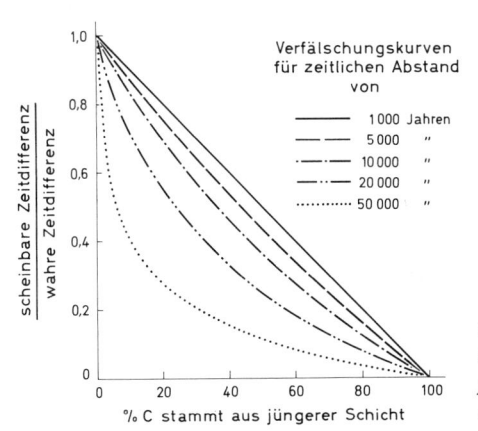

Fig. 114 Verfälschung der wahren Zeitdifferenz durch Verunreinigung (Beimengung von jüngeren C-Verbindungen) bei der Probenentnahme. Nach K. O. Münnich (1960).

Schmelzen frei wird. Auf diese Weise läßt sich auch die Bildungszeit alter Eisvorkommen datieren.

Während man mit dem ^{14}C-Verfahren gerade noch Datierungen im letzten Interglazial (Eem) bis maximal 70000 Jahre durchführen kann, reichen Methoden der Bleiisotopen Protactinium (^{231}Pa), Thorium (^{230}Th), Uran (^{234}U) in ihrem Meßbereich bis 150000 bis 200000 Jahre zurück. Eine wesentliche Erweiterung des Datierungszeitraumes wird durch die Kalium-(^{40}K), Argon-(^{40}Ar)Methode erreicht. Man erzielt damit ein Alter von 8 bis 10 Milliarden Jahren. Nach J. Zähringer (1970), der darüber eine gute Zusammenfassung gibt, ist die K-AR-Methode nicht das genaueste Verfahren, doch ist es vielseitig anwendbar.

Bei den hier kurz angeführten Verfahren der Altersbestimmung durch radioaktive Isotopen muß man sich stets darüber bewußt werden, welches Alter erfaßt wird. Das ist bei den einzelnen Methoden sehr unterschiedlich, worauf vor allem F. G. Houtermans (1960) verweist. Die Radiokarbondaten geben im allgemeinen den Zeitpunkt der Fossilierung des pflanzlichen und tierischen Gewebes wieder. Die Bleiverfahren zeigen die letzte Separation von Mutter- und Tochtersubstanz bei der Vererzung, und das K-Ar-Alter wird durch die Zeit der letzten Entgasung eines Gesteins (Minerals), also seit dem Argon in dem verfestigten Material aufgespeichert ist, bestimmt. In allen Fällen führt nur eine enge Zusammenarbeit zwischen den die Feldaufnahmen durchführenden Wissenschaftlern (Geologen, Petrographen, Geomorphologen, Hydrologen oder Glaziologen) und den Physikern und Chemikern in den Isotopenlaboratorien zu befriedigenden Ergebnissen.

3.6. Die großen Vereisungsphasen der Erdgeschichte

3.6.1. Vergletscherung der Erde im Pleistozän

Die voranstehenden Ausführungen zeigen, daß Gletscher in Abhängigkeit von Witterung und Klima Flächenänderungen erfahren, die als Gletscherschwankungen angesprochen werden. Es gibt nun zahlreiche Hinweise in Form eindeutig identifizierbarer Moränenablagerungen, geschrammter Felsoberflächen und anderes mehr, weit entfernt von den heutigen Vereisungsgebieten, daß Gletscherflächen in junger geologischer Vergangenheit sehr viel ausgedehnter waren als sie es gegenwärtig sind. Nördlich vom Bodensee liegen Moränen noch jenseits der Donau, sie finden sich wenige Kilometer südlich von München und schmiegen sich weiter im Osten an den Alpenrand an. Noch eindrucksvoller ist die nordische Inlandvereisung. Vom Vereisungszentrum etwa im Bereich des Bottnischen Meerbusens stießen die Gletscher 2000 km nach Süden vor und erreichten den Nordsaum der deutschen Mittelgebirge. Zwar sind Moränenwälle in diesem Bereich selten, doch kann die Gletscherausdehnung anhand *erratischer Geschiebe*, vor allem durch die aus dem Ostseeraum stammenden Feuersteine *(Feuersteinlinie)* nachgewiesen werden. Auch die britischen Inseln, mit Ausnahme eines südlich der Verbindungslinie Severn-Themsetrichter gelegenen Gebietes, waren vom Eis bedeckt *(Fig. 115)*.

Ausgedehnte Eisschilde lagen ferner in West- und Ostsibirien sowie in Zentralasien. Sind in Europa drei *Vereisungszentren* zu nennen – das *skandinavische, britische* und *alpine* – so sind es in Nordamerika zwei, das *laurentische* und das *Kordillereneis*. Beide haben sich vereint und sind weit in die Tiefländer bis südlich 40° N vorgestoßen. Long Island bei New York ist

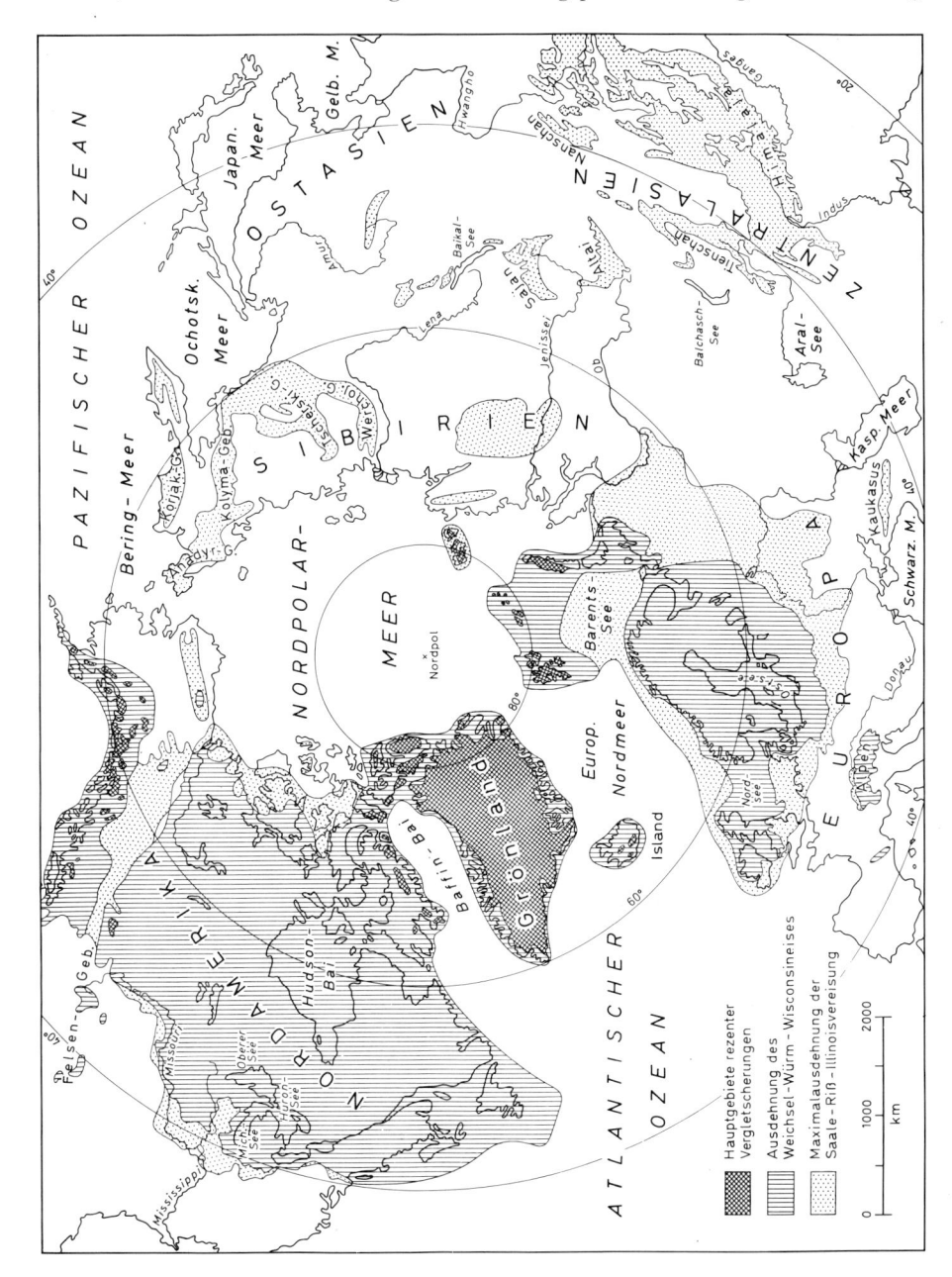

Fig. 115 Gegenwärtige und eiszeitliche Vergletscherung auf der Nordhalbkugel. Nach L. Lliboutry 1965.

in seinem Kern aus Moränenmaterial aufgebaut, und im Central Park sind gut geschrammte Rundhöcker freigelegt. Den südlichsten Punkt erreichte das nordamerikanische Eis etwa an der Mündung des Ohio in den Mississippi. In Südamerika trugen die hohen Anden eine geschlossene Eisdecke, die im Süden nach Ostpatagonien und Feuerland vorstieß. Auch das antarktische Inlandeis war nach R. F. Flint (1957, 1971) mit 13,2 Mio km² um rund 600 000 km² größer als heute. Spärlich sind die Spuren der pleistozänen Vergletscherung der Erde nur in Afrika, Australien und Ozeanien.

Während die vergletscherten Flächen der Erde heute etwa 16 Mio km² ausmachen, bedeckten die Eismassen im Pleistozän zum Zeitpunkt ihrer maximalen Ausdehnung rund 45 Mio km². Zwischen der Größe der pleistozänen Eismassen und der Nivosität der Gegenwart zeigt sich in den Einzelregionen ein sehr ähnliches Verhalten. Nordamerika, der schneereichste Kontinent, abgesehen von Antarktika, hatte im laurentischen Eis mit 13,1 Mio km² und dem Kordillereneis mit 2,5 Mio km² auch die größte zusammenhängende Vergletscherungsfläche. Selbst unter Einbeziehung des westsibirischen (4,2 Mio km²) und des ostsibirischen Eises (1,1 Mio km²) erreicht die nordeurasiatische Vergletscherung einschließlich der Alpengebiete (38 500 km²) nur eine Fläche von 11,3 Mio km², wovon nach R. F. Flint (1957, 1971) 5,5 Mio km² auf das skandinavische und 0,45 Mio km² auf das britische Eis entfallen.

Der Unterschied der Flächenausdehnung der Vereisungsgebiete zwischen Eiszeitalter (Pleistozän) und Gegenwart (Holozän) ist erheblich. Dennoch ist die Frage zu stellen: Befinden wir uns gegenwärtig in einer Warmzeit oder in einem gerade wärmeren Eiszeitstadium? M. Schwarzbach (1961), der sich eingehend mit der Klimaentwicklung der Erde beschäftigt hat, stellt fest, daß der Normalzustand im Ablauf der Erdgeschichte eisfreie Pole zeigt. Das uns jetzt so vertraute Bild der polaren Eiskappe ist außergewöhnlich und weist darauf hin, daß wir uns in einer wärmeren Eiszeitphase befinden, also in einem Interglazial.

Weitere Anzeichen dafür finden sich auch in den Abgrenzungskriterien des Quartärs. Entgegen der üblichen Gepflogenheit, Formationen und Abteilungen nach faunistischen Befunden zu trennen, soll nach einem Beschluß des Internationalen Geologenkongresses von London 1948 *Abgrenzung* und *Gliederung* des *Quartärs* nicht nach biostratigraphischen Gesichtspunkten, sondern nur nach den Klimagegebenheiten erfolgen. Wie K. H. Kaiser (1969) feststellt, geben weder Floren noch Faunen brauchbare Quartärgrenzen. Dagegen ist es sehr wohl möglich, aus der Kombination von auf palynologischen Wege erarbeiteten Abfolgen von Vegetationsprofilen mit stratigraphischen Differenzierungen derartige Grenzen und Gliederungen von Interglazialen und Glazialen zu erhalten. Charakteristisch für das gesamte Quartär ist die große Schwankungsbreite zwischen kälte- und wärmeliebenden Pflanzen im Zeitablauf. Das gilt sowohl für Pleistozän wie Holozän. Sehr anschaulich drücken sich die Temperaturschwankungen z. B. im Kalkgehalt mariner Ablagerungen (siehe auch Abschnitt über Warvenchronologie) aus. G. Arrhenius (1952) stellte in den oberen Metern von Bohrkernen aus dem Pazifik einen starken Wechsel im Kalkgehalt fest, den er durch Temperaturschwankungen erklärte. *In den Interglazialen werden die kalkarmen, in den Kaltzeiten die kalkreichen Sedimente abgelagert.* *Fig. 116* zeigt die Änderung der Individuenzahl von Foraminiferen in einem Tiefseebohrkern aus dem östlichen Pazifik nach E. Olaussen (1961) (aus P. Woldstedt, 1969). Danach nehmen die Variationen der Individuenzahl von Schicht zu Schicht zunächst vom Pliozän bis in 395 cm (Bohrkerntiefe, entspricht etwa Ende Cromerinterglazial) zu und erreichen dort ein erstes Maximum. Aufgrund dieser Sachlage ist es auch hier schwierig, eine klare Grenze

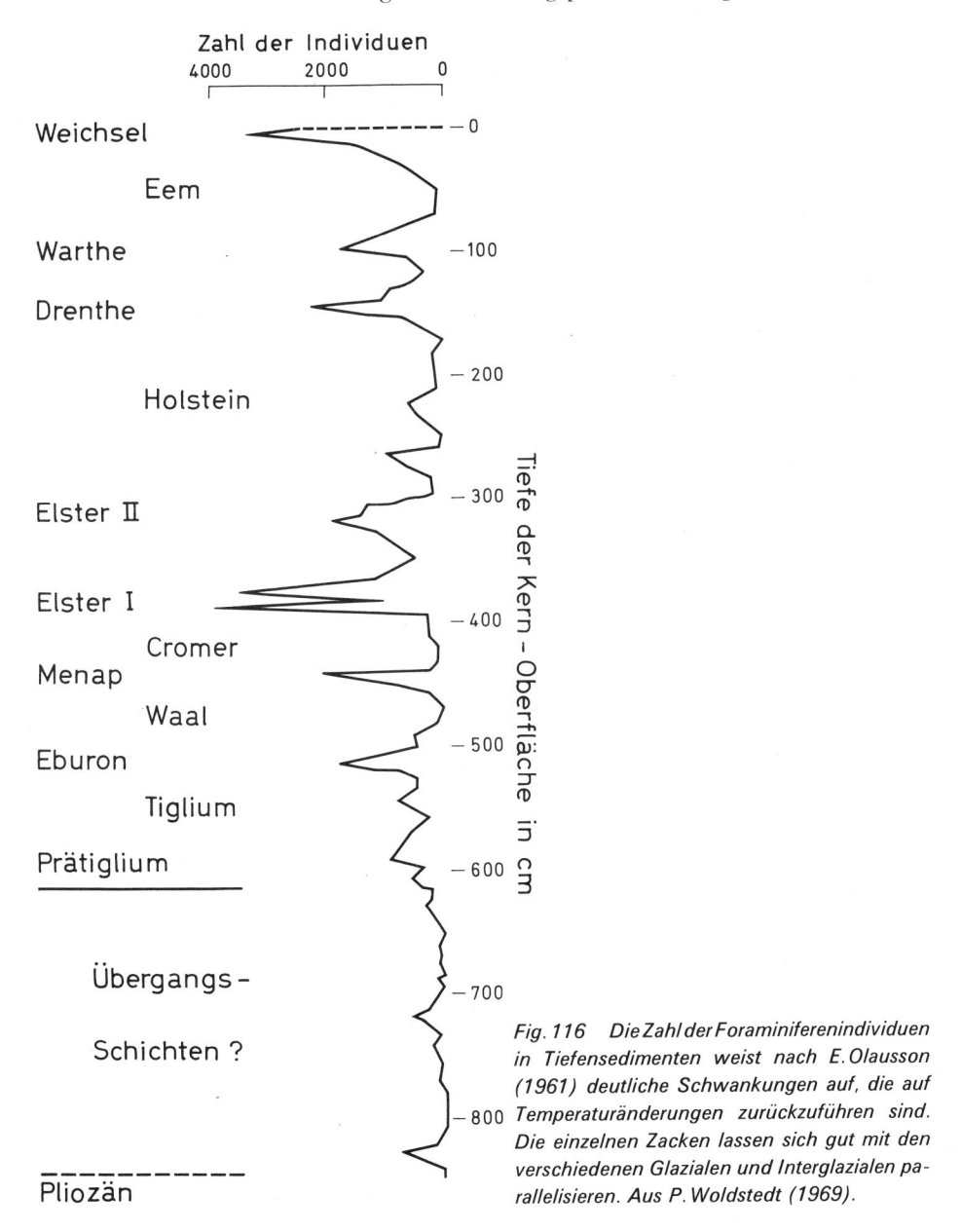

Die großen Vereisungsphasen der Erdgeschichte 251

Fig. 116 Die Zahl der Foraminiferenindividuen in Tiefensedimenten weist nach E. Olausson (1961) deutliche Schwankungen auf, die auf Temperaturänderungen zurückzuführen sind. Die einzelnen Zacken lassen sich gut mit den verschiedenen Glazialen und Interglazialen parallelisieren. Aus P. Woldstedt (1969).

Quartär/Tertiär zu ziehen. So verwundert es nicht, daß G. Arrhenius (1952) die Grenze Pliozän/Pleistozän bei 395 cm, E. Olaussen (1961) bei 610 cm legte und sie nach W.R. Riedel u. a. (1963) sogar erst bei 800 cm anzusetzen wäre.

Diese Unsicherheit in der Abgrenzung ist einfach die Folge einer allmählichen Abkühlung des Klimas seit Ende der Kreidezeit. Während noch im Eozän die Jahresmitteltemperaturen der Luft um 10 bis 12 °C höher als heute angenommen werden müssen, lagen sie im

Miozän 7 bis 9 °C darüber, im Pliozän 0 bis 4 °C, und die pleistozänen weichen um + 3 bis − 6 °C von den gegenwärtigen ab. Die Temperaturabnahme war gleichzeitig verknüpft mit einer Zunahme der langfristigen Temperaturvariationen, von etwa 2 °C im Eozän, 4 °C im Pliozän bis 9 °C im Pleistozän (nach L. Lliboutry, 1965). Diese kräftigen Temperaturschwankungen mit Verstärkung in den Kaltzeiten und Abschwächung in den wärmeren Perioden reichen bis in die Gegenwart, wie auch die Messungen von W. Dansgaard u. a. (1969) am grönländischen Inlandeis belegen.

Wenngleich die Abgrenzung des Pleistozäns gegen das Pliozän nach klimatischen Kriterien unsicher bleiben muß, so bieten sie dennoch eine gute Möglichkeit für die innere Gliederung des Pleistozäns, da letztlich Gletscherschwankungen sehr großen Ausmaßes, wie sie für das Eiszeitalter typisch sind, Ergebnis von weltweiten Klimaänderungen sind. Faunen, Floren, Sedimente, Paläoböden und Oberflächenformen als Klimazeiger geben zusammen mit den Paläotemperaturen der Kernphysik eine vielfältige zeitliche Gliederung in kältere und wärmere Phasen des Pleistozäns. Allein die Würmkaltphase ist nach dem gegenwärtigen Stand der Kenntnisse durch 7 wärmere Perioden in 8 Kaltphasen (Stadien), die zum Teil weiter unterteilt sind, gegliedert *(s. Fig. 117)*.

Dabei ist es erst 130 Jahre her, daß die in der Gletscherwelt erfahrenen Schweizer Geologen L. Agassiz (1840) und J. v. Charpentier (1841) an *Schrammen* des Untergrundes und *»erratischen«* Blöcken erkannten, daß die Eismassen des Gebirges in geologischer Vorzeit eine weitere Verbreitung auch im Vorland gehabt haben müssen. Für Norddeutschland oder auch England konnte man sich damals noch keine Gletscherbedeckung vorstellen. So bedeutende Geologen wie L. v. Buch und Ch. Lyell sahen in den pleistozänen Lockersedimenten Bildungen von Schlammfluten und erklärten die Erratika, jene großen Felsblöcke, deren Herkunftsgebiete eindeutig Skandinavien oder den Schottischen Hochlanden zuzuordnen waren, durch schwimmende Eisberge angetrieben *(Drifttheorie)*. Erst O. Torell (1875) erkannte an den Muschelkalkbergen von Rüdersdorf bei Berlin Gletscherschrammen und verhalf somit der *Inlandeistheorie* zum Durchbruch.

Zu jener Zeit vertrat man die Auffassung einer einheitlichen pleistozänen Vergletscherung *(Monoglazialismus)*, und noch nach der Jahrhundertwende sind z. B. die Untersuchungen von P. D. Aigner (1910, 1913) im südlichen Alpenvorland von dieser Lehrmeinung geprägt. Dies obwohl A. Penck (1882) schon Jahrzehnte vorher eindeutige Beweise, unter anderem die fossilführende, von Moränen über- und unterlagerte Höttinger Breccie, für eine wiederholte Vereisung erbracht hatte *(Polyglazialismus)*. So spricht die oben erwähnte vielfältige Unterteilung der Eiszeit, ja der einzelnen Eiszeitstufen, von der großen Forschungsleistung der vergangenen einhundert Jahre. Sie darzustellen, ist nicht Sinn dieser Ausführungen. Dazu sei auf eine umfangreiche Spezialliteratur hingewiesen, die in neueren Lehr- und Handbüchern, z. B. bei F. Zeuner (1945, 2. Aufl. 1959, 1952), R. v. Klebelsberg (1948), P. Woldstedt (1954, 1958, 1969), J. K. Charlesworth (1957), R. F. Flint (1957, 1971), L. Lliboutry (1965), K. G. West (1968) oder J. Cornvall (1970) zusammengefaßt und zum Teil referiert ist. Hier soll nur auf die pleistozäne Verbreitung der Gletscher aufgrund der veränderten Klimabedingungen im Sinne von Gletscherschwankungen hingewiesen und eine knappe Gliederung des Pleistozäns gegeben werden. Dabei folge ich im wesentlichen den obengenannten Lehrbüchern.

Im Bereich der weiten Flächen, die von den pleistozänen Vereisungen auf der Nordhalbkugel eingenommen wurden (s. Figur 115), lassen sich anhand zahlreicher Kriterien mehrere Altersstufen feststellen. Bereits in dem kleinen Maßstab von Figur 115 sind, durch Wallmoränenlagen markiert, die maximale Ausdehnung der pleistozänen Inland-

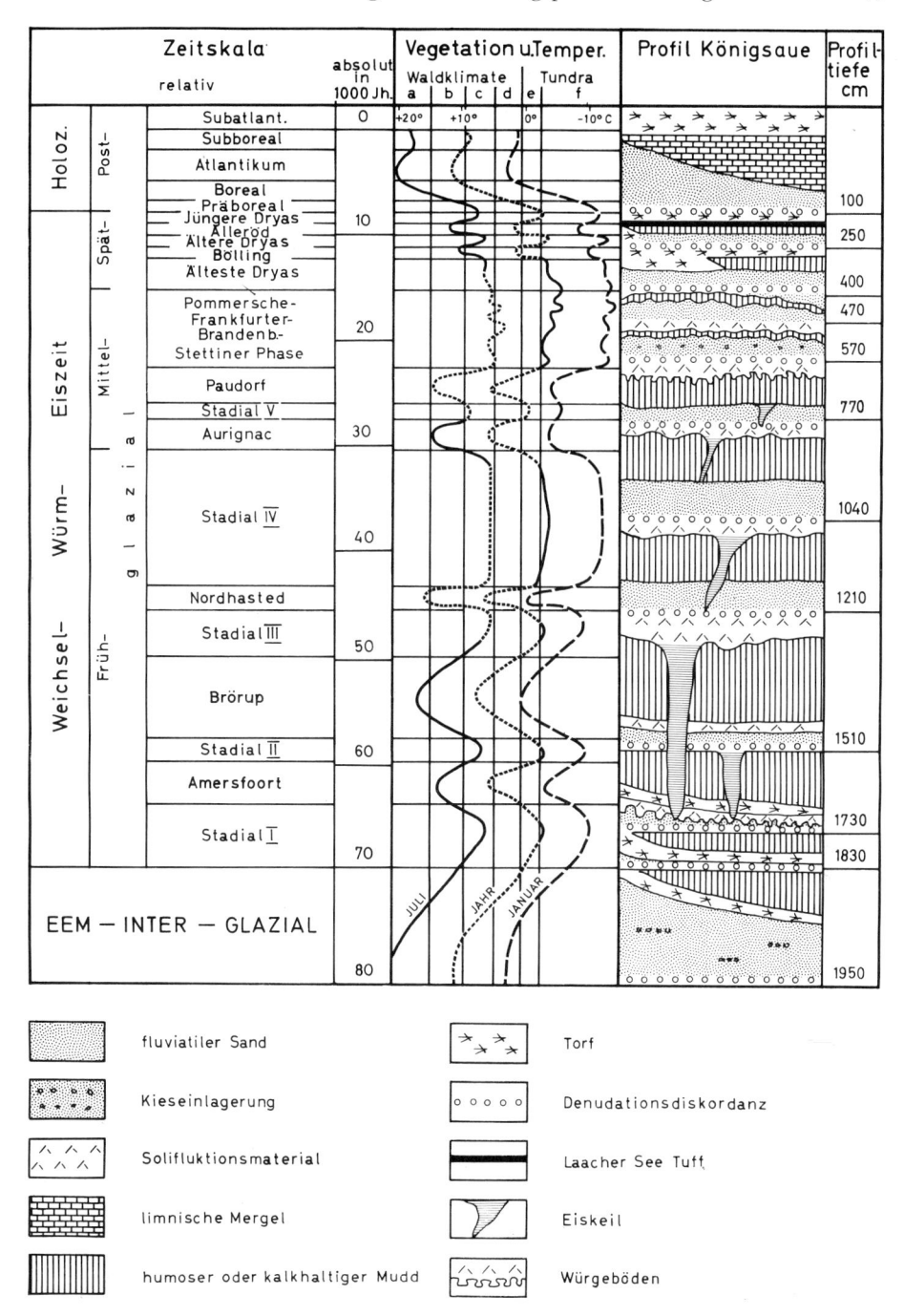

Fig. 117 Gliederung der Weichsel-Würm-Eiszeit anhand des Profils Königsaue. Zusammengestellt nach K.H.Kaiser (1969). Die Profiltiefe weist einen variablen Maßstab auf. Er ergab sich dadurch, daß die absolute Zeitskala linear aufgetragen wurde.

eise zur Zeit der Riß-, Saale- im weiteren Sinne – bzw. Illinoianvereisung, die Verbreitung der letzteiszeitlichen (Würm-, Weichsel-, Wisconsineiszeit) Eismassen und die rezente Vergletscherung der Erde dargestellt. Eine genauere Betrachtung der äußeren Eisrandlage in Eurasien zeigt, daß sie von verschieden alten Gletscherständen gebildet wird. Im Bereich der deutschen Mittelgebirge sind die Gletscher der Elstereiszeit am weitesten nach Süden vorgestoßen. Am Dnjepr südlich von Kiew und am Don nahmen die Gletscherloben der Saalevereisung die äußersten Südlagen ein. Weiter im Osten bilden wieder elstereiszeitliche Ablagerungen den Südsaum der Vereisung. Sie ziehen etwa vom Wolgaknie bei Kubyschew, den Ural bei Swerdlowsk querend, zum Zusammenfluß von Tobol und Irtysch. Die Erkenntnis, daß die einzelnen *Gletscherrandlagen* und die mit ihnen verbundenen *fluvioglazialen* Bildungen nicht den Schwankungen einer einzelnen Eiszeit, sondern verschiedenen, durch warme Phasen getrennten Kaltzeiten des Pleistozäns zuzuordnen sind, basiert auf zahlreichen Kriterien.

Bereits der leicht beobachtbare Formenunterschied der fast durchweg kräftiger reliefierten, mit zahlreichen geschlossenen Hohlformen durchsetzten Wallendmoränen der letzten Vereisung gegenüber den gerundeten Rücken der älteren Moränen, wo durch *solifluidale Vorgänge* während der letzten Kaltphase alle Steilheiten beseitigt wurden, gibt einen ersten Hinweis. Ferner zeichnen sich die *Jungmoränengebiete* (Weichsel-Würmvereisung) durch ihren Seenreichtum aus, der den älteren Glazialgebieten fehlt. Eine genauere Betrachtung der Ablagerungen zeigt, daß die älteren Moränen vielfach von *Solifluktionsdecken* überzogen, von Lehmfüllungen ehemaliger *Eiskeile* durchsetzt sind und an der Oberfläche zahlreiche *Windkanter* tragen. Diese Erscheinungen fehlen den jüngeren Moränen. Daneben gibt es noch weitere genetisch-geomorphologische Hinweise, z.B. die seitliche Unterscheidung älterer Moränenwälle durch Sanderfächer, die mit jüngeren Moränen verknüpfbar sind, für eine relative Alterseinstufung. Diese Merkmale reichen aber noch nicht aus, um verschiedene durch *Warmzeiten (Interglaziale)* getrennte *Kaltzeiten* auszuscheiden.

Sehr viel eindeutigere Kriterien für die Unterbrechung von Kaltphasen durch Interglaziale bilden Verwitterungsrelikte und fossile Böden. Auf den Altmoränen des nördlichen Alpenvorlandes finden sich durchweg mehrere Meter mächtige Böden oder Verlehmungszonen. Die ursprünglich kalkreichen Ablagerungen sind in der Bodenzone meist völlig entkalkt, und die Kristallinanteile im B/C-Horizont sind so zermürbt, daß sie mit der Hand zerdrückt werden können. Die Jungmoränen tragen dagegen nur eine geringmächtige Bodendecke von 50 cm oder wenig darüber, die im Postglazial gebildet wurde. Da die intensive chemische Verwitterung, wie sie sich durch Kalklösung und die Kaolinitisierung der Feldspate in den Kristallingesteinen ausweist, nicht in der Kaltzeit mit vorwiegend mechanischer Gesteinsaufbereitung stattgefunden haben kann, muß zwischen der tiefverwitterten und der nur mäßig verwitterten Moräne eine Warmzeit gelegen haben. Dies wird besonders südlich der Alpen deutlich, wo in der Lombardei und in Venezien zum Teil viele Meter mächtige Rotlehme *(Feretto)* auf glazialen Sedimenten auftreten. Sind diese Bodenhorizonte von glazialem Material über- und unterlagert, so sind sie ein sicherer Beweis für ein Interglazial *(Fig. 118)*. Letztlich basiert der Nachweis von mehreren Eiszeiten durch A. Penck mit auf der Beobachtung von fossilem Boden in der Höttinger Breccie. A. Bronger (1966, 1969, 1969/70) konnte in den Lößprofilen Südbadens fünf fossile Böden nachweisen, die nach Bodentyp und Tonmineralgehalt auf fünf Warmzeiten hinweisen. Zum Teil ist es für die jüngeren Phasen des Pleistozäns sogar möglich, anhand der organischen Substanz das absolute Alter (J. Fink, 1962) nachzuweisen.

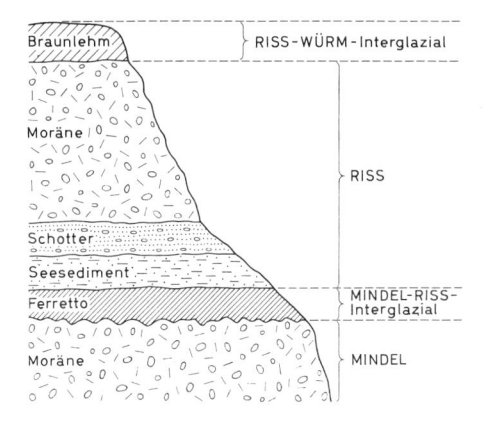

Fig. 118 Nachweis von Interglazialen durch Bodenbildungen in Pleistozänablagerungen am Beispiel des Chiese-Steilufers oberhalb von Cantrina im Gardaseegletschergebiet. Aus O. Fränzle (1959).

Hervorragend eignen sich geschlossene Hohlformen und Senkungsräume, in denen ein Wechsel von minerogener und organischer Sedimentation auftrat, für die Gliederung der Eiszeit. Der Pollengehalt gibt einen deutlichen Hinweis auf den Wechsel der Klimabedingungen. Für das Altpleistozän ist in *Fig. 119* das Profil von Leffe dargestellt. Die Schieferkohle von Leffe im Val Gandino zwischen Iseo- und Comersee zeigt im Pollendiagramm deutlich den Wechsel von Warm- und Kaltzeiten. Besonders ausgeprägt sind die Kaltzeiten von Donau II, Günz I und Günz III, die nach P. Woldstedt (1969) den in den Niederlanden gefundenen Eiszeiten Prätiglium (Brüggen), Eburonium und Menapium entsprechen. Donau III und Günz II sind schwächer entwickelt, kommen aber im Pollendiagramm dennoch durch die Zunahme von Pinus-, Picea-, Betula- und Salixpollen sowie der mehr Wärme bedürftigen Bäume wie Tsuga, Quercetum mixtum, Carya, Pterocarya und Juglans zum Ausdruck. Dieses Pollendiagramm zeigt ferner den Unterschied zwischen Alpennordseite mit einem Tundrenklima – Fehlen von Bäumen – und der Alpensüdseite, wo die Gletscher während der Kaltphasen in ein Waldklima vorgestoßen sind.

Sehr aufschlußreich für die Gliederung des Pleistozäns sind marine Ablagerungen. In den Tiefseebecken, wo die Sedimentation während des Pleistozäns niemals unterbrochen war, bietet sich die Möglichkeit, am Wechsel der Faunen oder an geologischen Thermometern wie dem $^{18}O/^{16}O$-Verhältnis in den Ablagerungen (siehe Kap. 3.5.3.) die Klimageschichte über viele hunderttausend Jahre sehr exakt zurückzuverfolgen. Im strandnahen Bereich weist der Fazieswechsel zwischen marinen und terrigenen Sedimenten auf *glazialeustatische Meeresspiegelschwankungen* hin. Sie werden hervorgerufen durch die langfristige Bindung von aus dem Meer verdunstetem Wasser in den großen Inlandeisen *(Regression)* und dem nachfolgenden Abschmelzen *(Transgressionen)*. Erhebliche Meeresspiegelschwankungen im Ausmaß von 100 bis 200 m aufgrund der von L. Agassiz (1840) angenommenen Vereisungsperioden hat schon Ch. MacLaren (1842) gefolgert. Diese Vorstellung konnte aber erst durch Arbeiten von R. A. Daly (1910, 1934) allgemeine Gültigkeit erlangen.

Anhand der Höhenlage von submarinen Flachformen, vor allem aber der Untergrenze der Lagunen von Atollen, die durch die Lebensbedingungen von riffbauenden Korallen gegeben ist, hat man auf eine Absenkung des Meeresspiegels während der letzten Eiszeit von 90 bis 100 m geschlossen. Aufgrund der Ausdehnung der letzteiszeitlichen Vergletscherung und Schätzungen seiner Mächtigkeit kam R. F. Flint (1947) zu dem Ergebnis, daß während der Weichseleiszeit rund 40 Mio km³ mehr Eis auf dem Festland gebunden waren als heute. Bei einer Dichte des Eises von 0,91 errechnen sich daraus 36,4 Mio km³

256 Gletscher und Inlandeise

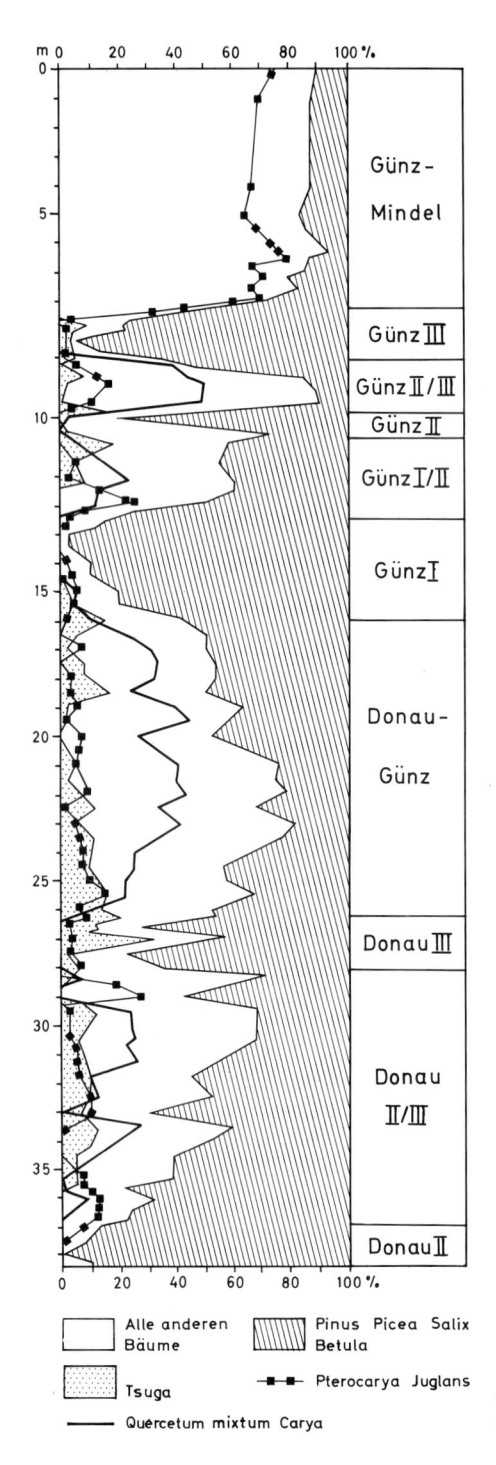

Fig. 119 Pollendiagramm von Leffe und seine zeitliche Zuordnung nach der Auffassung von S. Venzo (1952). Aus P. Wolstedt (1969).

Wasser. Bezogen auf eine Ozeanfläche von 361 Mio km² ergibt sich dann ein Meeresspiegelanstieg von 101 m. Selbst unter der Annahme, daß durch den Wasserentzug in den Ozeanen *isostatische Ausgleichsbewegungen* der Kruste einsetzten, dürfte die genannte Größenordnung richtig sein. Zur Zeit der maximalen Ausdehnung der Gletscher in der Rißeiszeit betrug die zusätzliche Wasserentnahme aus den Ozeanen nach H. Hoinkes (1968) sogar 52 Mio km³ Wasser (56,5 Mio km³ Eis). Daraus errechnet sich eine Meeresspiegelsenkung von 145 m. H. G. Gierloff-Emden u. a. (1970) konnten bei Lotfahrten vor der portugiesischen Küste auch Flachformen in dieser Tiefenstufe ausmachen. Allerdings ist dieses Kriterium nicht so stichhaltig wie z. B. die Befunde an Korallenbauten. Eine Übersicht über die Auffassungen zu den Meeresspiegelschwankungen gibt H. Valentin (1952).

In den Warmzeiten kam es als Folge des Abschmelzens der Gletscher und Inlandeise zu Transgressionen. Erwähnt seien hier nur das *Eem-, Treene-, Holstein-* und *Cromermeer*, nach denen auch die Interglaziale zwischen Riß und Würm (Eem), Riß I und Riß II (Treene), Mindel und Riß (Holstein) sowie Günz und Mindel (Cromer) benannt sind. Gerade das Absinken des Meeresspiegels am Ende des Pliozäns im Villafranchian ist ein deutlicher Hinweis für die Vergrößerung der Gletscherflächen des Festlandes und damit für den Beginn des Pleistozäns. Bei den Transgressionen wurden ehemals landfeste, vergletscherte Gebiete vom Meer überflutet und auf die glazialen Ablagerungen legten sich marine Sedimente, Sande, Tone. In der nächsten Kaltzeit wurden die marinen Ablagerungen nicht völlig beseitigt, sondern zum Teil von glazialem oder fluvioglazialem Material überdeckt. So ergibt sich an diesen Stellen der exakte Nachweis für den Wechsel von Glazialen und Interglazialen.

Die Transgressionen haben an den Stränden aber auch Terrassen in verschiedenen Höhen über dem Meer hinterlassen. Es gilt hier die einfache Regel, daß eine Strandterrasse umso älter ist, je höher sie über dem gegenwärtigen Meeresspiegel liegt. Im Mittelmeergebiet finden sich z. B. in verschiedenen Höhenlagen ausgeprägte Strandterrassen: 70 bis 100 m *Sizil*-Stufe (Waalwarmzeit), 46 bis 60 m *Milazzo*-Stufe (Cromerwarmzeit), 20 bis 30 m *Tyrrhen*-I-Stufe (Holsteinwarmzeit) und 6 bis 15 m *Tyrrhen*-II-Stufe (Eemwarmzeit). Noch höher gelegene Strandterrassen werden der *Calabrischen* Transgression zugerechnet.

Durch Terrassen über und unter dem Meeresspiegel sind somit Lagen von Stränden in einzelnen Phasen der jüngeren Erdgeschichte festgelegt. Eine Schwierigkeit in der Deutung der Strände, deren relatives Alter durch Faunen und zum Teil Artefaktefunde eindeutig bestimmt werden kann, liegt in der Tatsche, daß ihre Höhenlage über dem Meeresspiegel mit zunehmendem Alter ebenfalls ansteigt. Da die Strände weltweit in sehr einheitlicher Höhenlage auftreten – sieht man einmal von den tektonisch unruhigen Teilen des Kettenreliefs ab –, so scheint eine Erklärung durch gleichmäßige Hebung der Landblöcke sehr unwahrscheinlich. Es sind auch keine Hinweise vorhanden, daß seit dem Pliozän die Wassermassen der Erde abgenommen haben. Eine Deutung der Korrelation zwischen Höhenlage der Terrassen und ihrem Alter ergibt sich aber, wenn man eine Ausweitung der Ozeanbecken, wie sie durch das *seafloor-spreading* angedeutet ist – siehe dazu Zusammenstellung bei H. G. Gierloff-Emden (1969) – annimmt. Nach J. R. Heirtzler (1970) beträgt das Auseinanderweichen im Pazifischen Ozean 2 bis 6 cm pro Jahr, im Atlantik südlich Island sind es 1 cm pro Jahr, im nördlichen Südatlantik 2 cm pro Jahr. Danach finden gleiche Wassermassen in einem weniger tiefen Ozean Platz.

Anhand der oben skizzierten Kriterien konnte für die Nordhemisphäre eine Gliederung des Pleistozäns durch zahlreiche Spezialuntersuchungen erarbeitet werden, die allerdings

Gletscher und Inlandeise

Vereisungsgebiete	Nordmitteleuropa	Alpen	Rußland	USA-Seengebiet	USA-Felsengebirge
	Holozän	Holozän	Holozän	Holozän	Holozän
Jungpleistozän	Weichsel-E.	Würm-E.	Waldai-Vere.	Wisconsin-Vere.	Pinedale-Vergl.
	Eem-I.	Riß-Würm-I.	Mikulino-I.	Sangamon-I.	—
	Warthe-E.	Riß-II-E.	Moskau-Vere.	Iowan-Vere.	Bull-Lake-Vergl.
	(Saale-E.) Treene-I.	—	Odinzowo-Interst.	—	—
	Drenthe-E.	Riß-I-E.	Dnjepr-Vere.	Illinoian-Vere.	Mono-Basin-Vergl.
Mittelpleistozän	Holstein-I.	Mindel-Riß-I.	Lichwin-I.	Yarmouth-I.	—
	Elster-E.	Mindel-E.	Oka-Vere.	Kansan-Vere.	Sherwin-Vergl.
	Cromer-I.	Günz-Mindel-I.	Bjelovjesh-I.	Aftonian-I.	—
	Menap-E.	Günz-E.	Narew-Vere.	Nebraskan-Vere.	McGee-Vergl.
Altpleistozän	Waal-I.	Donau-Günz-I.	—	—	—
	Eburon-E.	Donau-E.	—	—	Alte Vergl./Sierra Nevada
	Tegelen-I.	Biber-Donau-I.	—	—	—
	Brüggen-E.	Biber-E.	—	—	—
Pliozän					

Tab. 49 Gliederung des Pleistozäns vornehmlich nach P. Woldstedt (1969) und K. H. Kaiser (1969).
E. = Eiszeit; Vere. = Vereisung; Vergl. = Vergletscherung; I. = Interglazial; Interst. = Interstadial

noch einige Unsicherheiten in der Parallelisierung einzelner Kaltphasen aufweist *(Tab. 49)*. Selbst die einzelnen Kalt- und Warmphasen zeigen noch deutlich Schwankungen, wie dies am Beispiel der Würm- (Weichsel-)Kaltzeit oder für das Postglazial näher dargestellt wurde.

Auch absolute Altersbestimmungen, die zumindest für das *Mittel-* und *Jungpleistozän* große Wahrscheinlichkeit beanspruchen, für das *Altpleistozän* aber unsicher sind, liegen vor. Nach der *Fluorapatitmethode* an Knochenfunden wird nach K. Richter (1958) Eem (s. Tabelle 49) im Minimum auf 60000 Jahre, das Holsteininterglazial auf 240000 Jahre angesetzt. Die Angaben für Cromer mit 640000 Jahren und für die Tegelwarmzeit mit gar 1,4 Mio Jahren scheinen sehr hoch. In recht guter Übereinstimmung mit K. Richter (1958) haben C. E. Stearns und D. L. Thurberer (1965) mit dem Verhältnis von $^{230}Th/^{234}U$ das Alter von Tyrrhen-II-Sedimenten (Eem) für eine späte Phase zu 75 000 bis 95 000 Jahren und für eine frühe Phase zu 110 000 bis 140 000 Jahren bestimmt. Das dem Holsteininterglazial altersgleiche Tyrrhen I ergab sich zu älter als 200 000 Jahre. Dagegen sind Cromersedimente mit 400 000 bis 500 000 Jahren wesentlich jünger als bei Richter datiert. Für das Mittel- und Jungpleistozän ergibt sich unter Einbeziehung von Menap (Günzeiszeit) ein Alter von rund 600 000 Jahren. Da für das Altpleistozän keine verläßlichen Daten vorliegen, werden geschätzte Werte von 300 000 bis 500 000 Jahren angenommen, so daß für das Gesamtpleistozän ein Alter von 900 000 bis 1,1 Mio Jahren anzusetzen ist.

Bei dem rhythmischen Phänomen des Wechsels von Kalt- und Warmzeiten während des Pleistozäns handelt es sich um Massenhaushaltsschwankungen sehr großen Ausmaßes von Gletschern und Inlandeisen. Der *zyklische Ablauf* beginnt stets mit einer Kaltphase (Aufbau der Eismassen) und endet mit einem Interglazial (Abbau des Eises). Ehe auf die Ursachen dieser erheblichen Klimaschwankungen, die zur Änderung der Massenbilanzen bei den Vereisungsgebieten geführt haben, eingegangen wird, sollen noch die älteren Vereisungsspuren im Ablauf der Erdgeschichte kurz aufgezeigt werden.

3.6.2. Präpleistozäne Vereisungsspuren auf der Erde

Gletscher hinterlassen auf den ehemals von Eis bedeckten Flächen typische Oberflächenformen (Rundhöcker, geschrammter Untergrund) sowie glazigene Ablagerungen (Moränen), die es erlauben, das Verbreitungsareal früherer Vereisungen zu rekonstruieren. Solche Spuren finden sich nicht nur in und auf Ablagerungen des jüngsten Abschnittes der Erdgeschichte, dem Quartär, sondern wurden auch bei viel älteren Gesteinen erkannt. Als Kriterien einer ehemaligen Vereisung werden der geschrammte Felsuntergrund und Moränen, sofern sie eindeutig gekritzte Geschiebe enthalten, angesehen. Leider ist die Identifizierung von Moränen nicht immer ganz einfach, denn Bergsturz- und Rutschmaterial, bei dem ebenfalls Kritzungen auftreten, können zu Verwechslungen führen. So sind manche Funde älterer Eiszeitspuren im wissenschaftlichen Schrifttum umstritten.

Alte verfestigte Moränen wurden schon 1856 durch W. T. Blanford in Indien um 1868 von Sutherland (beide zitiert nach M. Schwarzbach 1961) in Südafrika erkannt. Für die südafrikanische Moränenablagerung, das Dwyka-Konglomerat, benannt nach dem Fluß Dwyka am Westsaum der Großen Karoo, hat A. Penck (1906) den Namen Tillit geprägt, der heute allgemein für verfestigte Moränen gebraucht wird. In *Fig. 120* sind einige bekannte Tillitvorkommen eingetragen, um die regionale und zeitliche Verbreitung der Vereisungsphasen im Ablauf der Erdgeschichte darzustellen. Eine umfangreiche Zusam-

260 Gletscher und Inlandeise

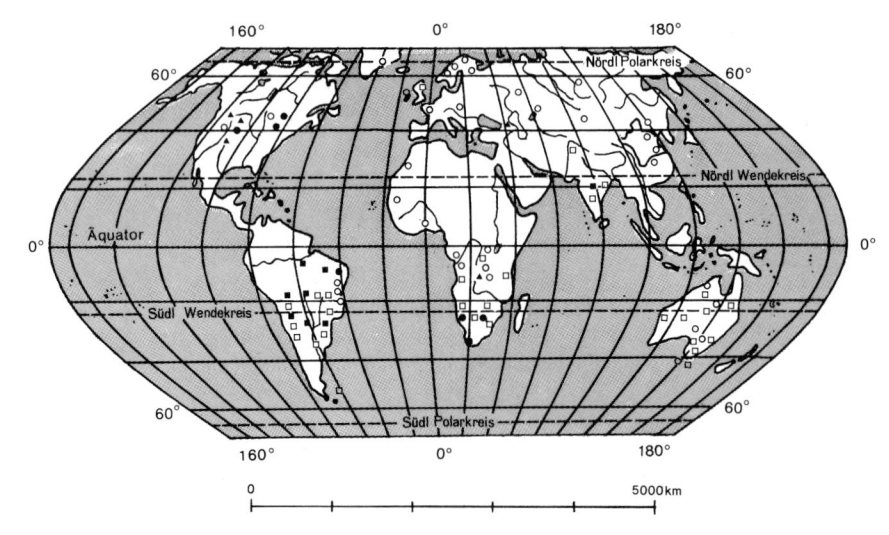

- ■ alttertiäre Vereisungsspuren
- ▫ jungpaläozoische (Karbon/Perm) Vereisungsspuren
- ■ altpaläozoische (Silur/Devon) Vereisungsspuren
- ○ Eokambrische Vereisung
- ● präkambrische Vereisung

Fig. 120   Präpleistozäne Vereisungsspuren. Nach Angaben bei M. Schwarzbach (1961).

menstellung über die Vereisung der Erde findet sich bei M. Schwarzbach (1961). An seine Darstellung halte ich mich im folgenden.

Für das Tertiär, sieht man von der Abkühlung im jüngeren Pliozän ab, wo sich die Gletscher in Island, Grönland und Alaska schon ausdehnten, und das Mesozoikum sind kaum sichere Vereisungsspuren bekannt. Die in Figur 120 eingetragenen eozänen Tillite aus den San Juan Mts./Colorado, den Bighorn Mts./Wyoming oder im Felsengebirge von Montana können nach F. B. van Houten (1948) und R. P. Sharp (1948) ebenso als Schlammströme oder als Fanglomerate aufgefaßt werden. Auch die Tillite aus dem Kaukasus sind nach neueren Forschungen sehr unsicher. Aber »kein Zeitabschnitt der engeren Erdgeschichte ist so arm an Gletscherspuren wie das Mesozoikum. Sichere Tillite fehlen vollständig.« (M. Schwarzbach 1961, S. 139). Sowohl die mitteltriassischen »Moränen« von Gorki östlich von Moskau, die oberkretazischen und oberjurassischen Konglomerate in den südlichen Anden als auch die »Eiskristalle« im unteren Muschelkalk von Baden hielten als Spuren von Vereisungen einer kritischen Überprüfung nicht stand.

Ein völlig anderes Bild bietet dagegen das jüngere Paläozoikum für die Wende Karbon/ Perm. Auch hier sind nach den von M. Schwarzbach gesammelten Argumenten die von der Nordhemisphäre gemeldeten Tillite von den Ouachita Mts./Oklahoma, Thüringen oder der Lenamündung äußerst fraglich. Dafür weist die Südhalbkugel zahlreiche gesicherte Eiszeitspuren auf.

Bekannt ist die jungpaläozoische Vereisung vor allem von Südafrika, wo sie weit mehr als 1 Mio km^2 Fläche eingenommen hat. Die Serie der Dwyka-Tillite ist 300 bis 400 m, teilweise sogar 700 m mächtig. Auch Rundhöcker und der geschrammte Untergrund sind trefflich erhalten, so daß sich aus der Kritzungsrichtung mehrere Vereisungszentren ab-

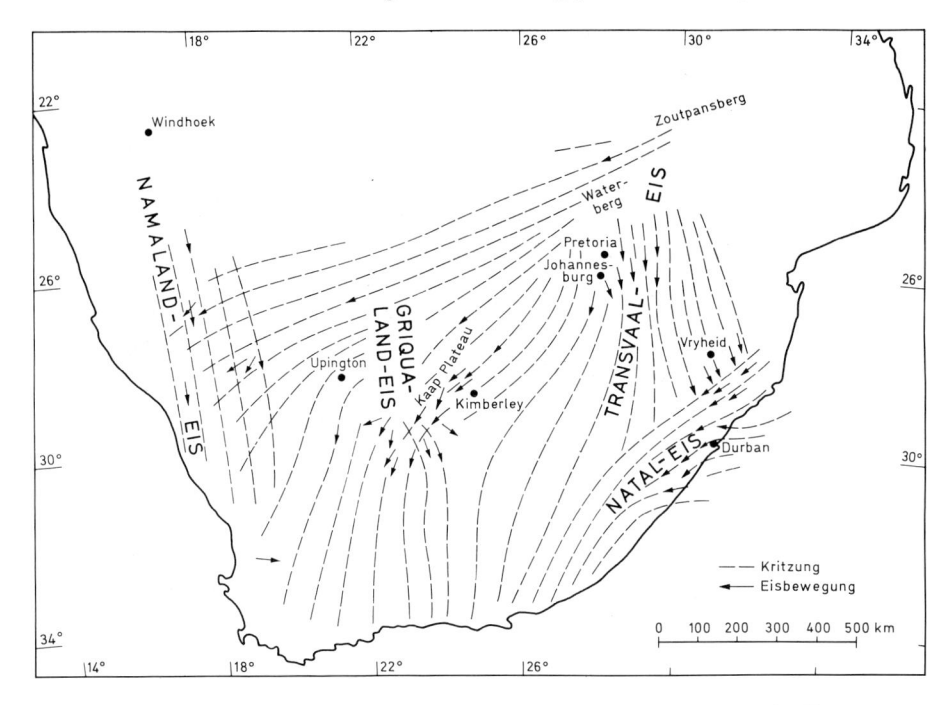

Fig. 121 Glazialspuren im Jung-Paläozoikum von Südafrika aus denen sich vier Eiszentren erschließen lassen. Nach Du Toit, aus M. Schwarzbach (1961).

leiten lassen *(Fig. 121)*. Im südlichen Südwestafrika lag das Namaland-Eis, in der südlichen Kalahari das Griqualand-Eis. Nach Osten schließen das gewaltige Transvaal-Eis und das Natal-Eis an, dessen Einzugsgebiet im Bereich des heutigen Indischen Ozeans lag. Zwar wurden mehrere Tillithorizonte erkannt, sie reichen aber nicht zur Klärung der Frage, ob sie mehreren Eiszeiten zuzurechnen sind. Zweifellos hatte das südafrikanische Eis auch Abfluß nach Norden, denn die Glazialspuren in Form von Tilliten lassen sich über das nördliche Angola (10° S) bis 6° S am Lukuga verfolgen.

Glazialspuren aus dieser Zeit finden sich über den ganzen australischen Kontinent verbreitet. Eine erste Vereisungsphase dürfte in Neu-Südwales durch die oberkarbone (Namur) Kuttung-Serie, der mehrere bis 20 m mächtige Tillite eingelagert sind, ausgewiesen sein. Eine andere Vereisung wird in Westaustralien durch die Lochinvar-Tillite belegt. Nach dem Faunenbefund der Deckschichten sind sie dem unteren Perm zuzuordnen. Danach scheint sich in Australien für das Jungpaläozoikum ein Wechsel von Glazialen und Interglazialen anzudeuten, wie er auch von H. R. Wanless (1960) angenommen wurde. Das Vereisungszentrum dürfte südlich des australischen Kontinents im heutigen Meeresgebiet gelegen haben. Die glazialen Striemungen des Felsuntergrundes weisen auf einen Abfluß nach Norden.

In Südasien ist der Talchir-Tillit, mit dem zusammen auch geschrammter Untergrund auftritt, ein sicherer Beweis für die jungpaläozoische Vereisung. Sein Hauptverbreitungsgebiet liegt auf der Ostabdachung des Dekkanhochlandes zwischen 17° und 24° N, also etwa vom Godawari im Süden bis zum Bihargebirge im Norden. Weitere Glazialspuren

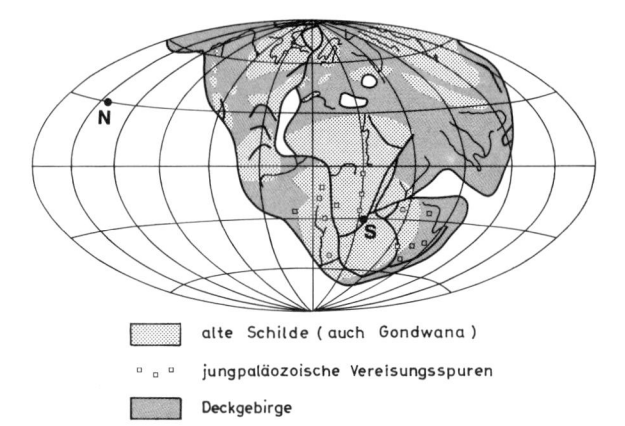

Fig. 122 Lage der Urkontinente im Spätpaläozoikum. Nach den gesicherten Tillitvorkommen aus jener Zeit handelt es sich um eine zirkumsüdpolare Vereisung. Nach R. Brinckmann (1950) und M. Schwarzbach (1961).

Legende:
- alte Schilde (auch Gondwana)
- jungpaläozoische Vereisungsspuren
- Deckgebirge

finden sich in der Saltrange Pakistans sowie in Kashmir bei Simla. Nach Ausweis der Geschiebe ist das Eis vom Süden gekommen.

Auch in Südamerika sind Spuren einer karbonisch/permischen Vereisung weit verbreitet. Gute neuere zusammenfassende Untersuchungen darüber finden sich bei K. Beurlen (1957) und R. Maack (1957). Nach M. Schwarzbach (1961) liegt das Hauptverbreitungsgebiet der zum Teil in mehreren Horizonten auftretenden Tillit-Serien in Südbrasilien. Es zieht sich in einem schmalen Streifen durch die Staaten São Paulo, Parana, Sta. Catarina, Rio Grande do Sul, weiter nach Uruguay und Paraguay. Auch in Süd-Matto Grosso und in Argentinien finden sich Tillite. Ferner sind sie aus den Anden Boliviens und von den Falklandinseln bekannt. Obwohl die Streichrichtung der Glazialschrammen in Brasilien sehr einheitlich mit Nordwest-Südost gemessen wurden, ist man sich über die Fließrichtung des Eises und damit über die Lage des Vereisungszentrums im unklaren. V. Leinz (1938) und R. Maack (1957) vermuten es im Norden, K. Beurlen (1957) und H. Putzer (1957) dagegen im Süden. Für das südliche Zentrum spräche vor allem die der pleistozänen und rezenten Verteilung ähnlichen Anordnung des glazialen Formenschatzes. Auf dem präkambrischen Rio Grande Schild mit der größten Eismächtigkeit finden sich vorwiegend Schliffspuren (vergleiche Laurentischer, Fenno-Sarmatischer Schild im Pleistozän), und weiter im Norden liegen die Hauptmassen der Tillite (vergleiche Großes Seen Gebiet, Norddeutsches Tiefland).

Betrachtet man Figur 120, so fällt auf, daß sichere Spuren einer jungpaläozoischen Vereisung nur auf der Südhalbkugel und zwar in Klimazonen, die gegenwärtig zu den Tropen und Subtropen zu rechnen sind, vorkommen. Zu einem Verständnis dieser Verteilung der Glazialspuren gelangt man, wenn man die paläogeographischen Verhältnisse für das Jungpaläozoikum betrachtet. Nach der Kontinentalverschiebungstheorie von A. Wegener (1915, 1936) lagen im Jungkarbon die Kontinentalmassen noch zusammen *(Fig. 122)*. Sie trennten sich erst in einer späteren Zeit. Aus den Messungen des Paläomagnetismus der Gesteine lassen sich die Lagen des Süd-(Nord-)pols zu jener Zeit etwa zu 30° S, 35 E (30° N, 145° W) bestimmen. Unter Berücksichtigung der Paläogeographie des Jungpaläozoikums und der relativ veränderten Pollagen sind in Figur 122 die gesicherten Tillitfunde eingetragen. Danach handelt es sich um eine zirkum-südpolare Vereisung, die etwa der der heutigen Antarktis entspricht *(Tab. 50)*.

Vergleicht man dazu die Vergletscherung der heutigen Antarktis mit 12,6 Mio km², so

	Nordgrenze	Südgrenze	Eisfläche in [qkm · 10⁶]
Südamerika	15° S	53° S	4
Südafrika	6° S	33° S	2
Australien	18° S	44° S	4 bis 5
Vorderindien	32° N	17° N	3
Gesamtvergletscherungsfläche auf Südhalbkugel			13 bis 14

Tab. 50 Ausdehnung der Glazialablagerungen im Jungpaläozoikum. Aus: M. Schwarzbach (1961), Vergletscherungsflächen nach W. Salomon Calvi (1933).

stimmen die Größenordnungen der eisbedeckten Flächen auffallend überein. Aus der Lage der Erdpole zu jener Zeit wird ferner verständlich, daß auf der Nordhalbkugel kaum sichere Vereisungsphasen nachweisbar sind, weil ähnlich wie heute der Nordpol in einem Meeresgebiet in allerdings noch größerer Landferne lag.

Eine gleichartige paläogeographische Situation mit einer ähnlichen Verteilung der Vereisungsspuren ist für das ältere Paläozoikum anzusetzen. Auch hier gilt wieder, daß Zeugen einer Vereisung auf der Nordhalbkugel sehr unsicher sind. Das gilt für die ordovizischen Gerölltonschiefer in Thüringen, die boulder conglomerates aus Alaska sowie die Tillite aus Britisch Columbien, Main und Nowaja Semlja. Am ehesten wird noch der Squantum-Tillit bei Boston als wirkliche Moräne angesehen.

Ganz anders liegen die Verhältnisse auf der Südhalbkugel. Aus Südafrika ist der Tafelberg-Tillit bei Kapstadt bekannt, der sich weit verfolgen läßt. Nach seinem stratigraphischen Verband ist er dem Obersilur bis Unterdevon zuzurechnen (A. L. Du Toit 1954). Auch in Südamerika finden sich sowohl in den silurischen wie devonischen Schichten Hinweise für Vereisungen. Hierzu gehören gekritzte Blöcke in den nordargentinischen Vorkordilleren, über 30 km verfolgbare Tillit-Horizonte in der Sierra Sao Joaquim in Paraná. Nach M. Schwarzbach (1961) sind vor allem die stratigraphischen Beziehungen des Tafelberg-Tillites und der südamerikanischen Igapo-Formation sehr auffallend und weisen auf eine gleichzeitige Vereisung in beiden Südkontinenten hin.

Je weiter man in die Erdgeschichte zurückgeht, umso schwieriger wird es, neben einer eindeutigen Identifizierung der Tillite vor allem ihr Alter sicher zu fixieren. Eine klare stratigraphische Einbettung ergibt sich erstmals mit dem Auftreten einer reicheren Fauna an der Wende Präkambrium/Kambrium. Man hat diesen Zeitabschnitt auch mit dem Namen Eokambrium oder Infrakambrium belegt. Gerade in diese Zeit werden eine Vielzahl von Tilliten eingestuft, von denen aber nur einige sichere sowohl nach ihrer zeitlichen Einordnung als nach glazigenem Ausweis, erwähnt werden sollen. Die Vereisungsspuren treten zirkumpolar sowohl auf der Nord- wie der Südhalbkugel auf. In Nordeuropa sind Tillitvorkommen in der Sparagmit-Formation des skandinavischen Hochgebirges häufig. Berühmte Aufschlüsse von Moränen mit gekritztem Untergrund liegen am Varanger-Fjord im norwegischen Lappland. O. Külling (1951) spricht daher auch von Varanger-Vereisung. Bekannt sind ferner die Tillite in Ostgrönland, die auf eine mehrfache Vereisung hinweisen. Nord- und Südamerika bietet wie Afrika nur unsichere Funde. Dagegen lassen sich die Tillite in Australien über 1500 km verfolgen, und die Serie der glazigenen Ablagerungen erreicht in der Flinders Range bis zu 6000 m Mächtigkeit. In China sind Tillite aus jener Zeit sowohl im Süden als auch im Norden weit verbreitet. Als besonders gesichert gelten die bis zu 35 m mächtigen Nantung-Tillite, die von eindeutig datierbarem Kambrium überlagert werden. Aus den Funden geht hervor, daß die Tillite vermutlich mehrere Eiszeiten repräsentieren. Die Deutung ihrer geographischen Verbreitung ist allerdings schwierig. Nach der Lage der Tillite dürften wie im Paläozoikum die Südkontinente dem Pol näher gewesen sein. Für die Nordhalbkugel könnte aber auch der gegenwärtige Pol sehr gut passen.

Aber schon aus sehr viel früherer Zeit, dem Präkambrium, sind Eiszeitspuren bekannt. Relativ wenig gesichert sind die Funde in Finnland. In Nordamerika finden sich aber im Kobalt-(Gowganda-)Tillit Spuren, die vom Huronsee an über 800 km verfolgbar sind. Nach dem Verbreitungsgebiet wird diese Kaltphase, die über 1 Mrd Jahre zurückliegen dürfte, als Huronische Eiszeit bezeichnet. Auch von anderen Stellen Nordamerikas sind ähnlich alte Tillite beschrieben worden. Aus Südamerika wird von zum Teil metamorphisierten Tilliten aus den Staaten Bahia und Minas Gerais berichtet. Sehr alt sind die Vorkommen des Chuos Tillits in Südwestafrika (Damara-Land). Ihr Alter wird ebenfalls mit rund 1 Mrd Jahre angegeben. Sie haben eine Verbreitung von mehr als 50 000 km². Jünger sind jedenfalls die Glazialspuren und fluvioglazialen Bildungen des Witwatersrand-Systems. Mit etwas mehr als 620 Mio Jahren werden dann die Numees-Tillite in Südwestafrika, das Grand- und Petit-Conglomerat Katangas oder die Griquatown-Tillite in West-Griqualand als jüngste Serie eingestuft. Auf jeden Fall ergibt sich nach den Beobachtungen sowohl in Südafrika als auch Nordamerika, daß während des Präkambriums zu verschiedenen Zeiten z. T. wieder in sich gegliederte Eiszeiten aufgetreten sind.

Aus dem kurzen Überblick über die Vereisungsphasen der Erdgeschichte geht hervor, daß zumindest mit 4 großen Eiszeitepochen gerechnet werden kann:

1 die präkambrische vor rund 1 Mrd Jahre
2 die eokambrische vor 600 Mio Jahren
3 die permokarbone vor 275 Mio Jahren und
4 die quartäre, deren Beginn vor rund 1 Mio Jahren anzusetzen ist *(Fig. 123)*.

Weitere Vereisungsspuren sind in Südafrika und Südamerika noch wahrscheinlich. M. Schwarzbach (1961) stellt fest, daß seit dem Eokambrium die Eiszeiten etwa im Abstand von rund 300 Mio Jahren aufeinander folgen. Die Annahme von G. F. Lungershausen (1956, zitiert nach M. Schwarzbach 1961), der unter Hinzunahme der ordovizischen Vereisung zu einem Rhythmus von 190 bis 200 Mio Jahren kommt und darin eine Beziehung zum galaktischen Jahr (Rotation des Milchstraßensystems in gleicher zeitlicher Größenordnung) erblickt, ist zumindest interessant, wenngleich noch der Nachweis der wirkenden Kausalitäten offen ist.

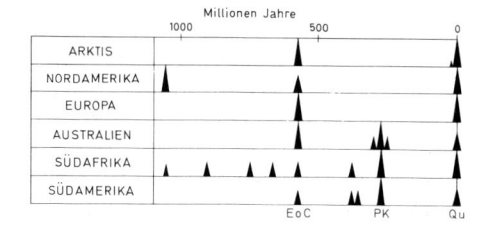

Fig. 123 Zeitliche Zuordnung der Vereisungsphasen der Erdgeschichte in den einzelnen Kontinenten. Qu = Quartär, Pk = Permokarbon, EoC = Eocambrium. Die Datierung ist vornehmlich bei den eokambrischen und älteren Vereisungen sehr unsicher. Nach M. Schwarzbach (1961).

3.6.3. Theorien über Ursachen der großen Vereisungsphasen

Bei Behandlung der Massenhaushaltsänderungen von rezenten Gletschern und deren Ursachen in Kapitel 3.4.3. konnte gezeigt werden, daß sie durch Schwankungen im Witterungsablauf zu klären sind (H. Hoinkes 1968, 1970). Dabei handelt es sich um verhältnismäßig kurzfristige Oszillationen im Zeitraum von einigen Jahren bis Jahrzehnten, maximal Jahrhunderten. Für die Erklärung der Vereisungsphasen im Pleistozän müssen aber Ursachen gefunden werden, die langfristige Schwankungen von der Dauer von 10 000 bis 100 000 Jahre begründen. Die großen Vereisungsepochen der Erde weisen sogar Zeitabstände von mehreren hundertmillionen Jahren auf. Sie sind sicherlich nicht mehr allein durch den Ablauf des jährlichen Wettergeschehens zu begründen, sondern gehen auf tiefergreifende Veränderungen zurück. Im Verlauf der vergangenen 100 Jahre wurden vornehmlich von Physikern, Geophysikern und Astronomen rund 60 Theorien zur Erklärung von Eiszeiten entwickelt. Die meisten von ihnen können Einzelerscheinungen im Ablauf der Vereisungsphasen deuten, keine aber erfaßt die Vielfalt der Erscheinungen. Das liegt zweifellos daran, daß für die Voraussetzung einer Eiszeit viele Faktoren zusammenwirken müssen und sich aus der gegenseitigen, nicht immer gleichartigen Überlagerung der beteiligten Komponenten die von Geologen und Geomorphologen erkannten Schwankungen ergeben. M. Schwarzbach (1968) spricht daher berechtigterweise von *multilateraler Eiszeitentstehung*. Da aber das Zusammenwirken der Einzelkomponenten auch in Ansätzen noch lange nicht geklärt ist, sei nachfolgend die Wirkung von Einzelelementen auf Klimafaktoren, wie sie von den Eiszeittheorien angenommen werden, dargestellt. Gute Zusammenfassungen zu diesen Fragen haben in jüngster Zeit E. P. Brooks 1949, Rh. W. Fairbridge (1967), H. Flohn (1965), D. A. Livingstone (1959), E. J. Öpik (1965), M. Schwarzbach (1961, 1968) und P. Woldstedt (1969) gegeben. In den Grundlagen folge ich diesen Ausführungen.

Überblickt man die Möglichkeiten der Einflüsse auf das irdische Klima, so lassen sich im Grunde drei getrennte Ursachenkomplexe nennen:

1 Die Sonnenenergie, die an der »Grenze« der Atmosphäre ankommt, ist über längere Zeit nicht konstant *(extraterrestrische Ursachen)*

2 Das Klima wird durch unterschiedliche Lage, Ausdehnung und Höhe der Festlandmassen, Verteilung der Meere, inneren Wärmehaushalt der Erdkruste sowie durch atmosphärische Bedingungen gesteuert *(terrestrische Ursachen)*

3 Die einfallende Sonnenenergie wird durch *Änderung* der *Erdbahnelemente* im Laufe der Zeit moduliert.

Die Änderung der Einzelfaktoren kann dabei gering sein, durch geeignete Überlagerung verschiedener Faktoren können aber erhebliche Wirkungen erzielt werden. Dabei ist noch zu erwähnen, daß selbst die richtig festgestellte Veränderung eines Faktors in seiner Wirkung auf die Vereisung keinesfalls immer eindeutig erkannt wird. Sogar bei der Interpretation der rezenten Gletscherschwankungen wurde der Einfluß des Klimas (Kap. 3.4.3.) durch A. Wagner (1940) und H. Hoinkes (1968, 1970) sehr unterschiedlich gewertet. So erstaunt es wenig, daß von E. Dubois (1893) verminderte, von G. C. Simpson (1929) erhöhte Sonneneinstrahlung als Indiz für die Entstehung einer Eiszeit angenommen wird. Bei den terrestrischen Ursachen sieht (nach M. Schwarzbach, 1961) W. Wundt (1944) die Abschnürung des Golfstromes vom arktischen Mittelmeer, W. Behrmann (1944) gerade den Zufluß dieser warmen Meeresströmung als eine Voraussetzung an. Die Widersprüche bei den Klimahypothesen sind häufig, und so stellt M. Schwarzbach unter den Titel Klimahypothesen den Ausspruch Thales in Faust II »Sei ruhig – es war nur gedacht«.

3.6.3.1. *Extraterrestrische Ursachen*

Bei den extraterrestrischen Ursachen wäre zunächst daran zu denken, daß die Sonne ein *veränderlicher Stern* mit entweder abnehmendem oder periodischem Energiefluß ist. Es war zunächst E. Dubois (1893), der eine langsame Abkühlung der Sonne annahm, die letztlich im Pleistozän zur Vereisung führte. Die älteren Vereisungsepochen der Erdgeschichte kann er damit aber nicht erklären. Es sei hier darauf hingewiesen, daß eine Abkühlung der Sonne sich aus Messungen der Solarkonstante nicht nachweisen läßt. E. J. Öpick (1950) hat jedoch wahrscheinlich gemacht, daß rhythmische Strahlungsschwankungen mit Periodizitäten von 250 bis 300 Mio Jahren auftreten können. Auch P. Jordan (1959, 1961, 1966) rechnet im Zusammenhang mit einer Abnahme der Gravitationskonstante bei sich ausdehnender Erde *(Expansionstheorie)* mit einer Verringerung der Sonneneinstrahlung. Die pleistozänen Klimaschwankungen, die sich aus einer konstanten Verringerung der einfallenden Energie nicht ergeben, erklärt er damit, daß zu dieser Zeit ein Schwellenwert der Strahlung unterschritten wurde, bei dem dann die von M. Milankovitsch (1930, 1938, 1941) berechneten Energieschwankungen wirksam wurden. Diese Theorie würde sich also mit den Feststellungen von S. Bortenschlager u. J. Patzelt (1969) decken, daß sich Klimaänderungen zum Teil wohl in den Hochlagen der Alpen durch Gletscherschwankungen, nicht aber in Tälern bemerkbar machen. Aber auch hier gilt, daß die bereits von Dirac angenommene Abnahme der Gravitation von einem Teil der Geophysiker abgelehnt wird. Mit dieser Strahlungsabnahme kann P. Jordan (1959, 1961, 1966) nur die pleistozäne Vereisung erklären, nicht aber jene in den älteren Epochen der Erdgeschichte. Gerade für die Frühzeit bis zum Jungpaläozoikum nimmt er sehr hohe Temperaturen an, die eine dichte Wolkendecke auf unseren Planeten bedingte. Sie brachte nach P. Jordan zwei Vorteile:

1 die Temperaturen wurden für Organismen erträglich, »die Trilobiten brauchten im Cambrium nicht in den Ozeanen zu kochen« (zitiert nach M. Schwarzbach, 1965)
2 das Klima war über die Erde sehr einheitlich. Die permokarbone Vereisung, deren Spuren vorwiegend in heutiger Äquatornähe zu finden sind, erklärte er durch Hagel so hoher Intensität, daß sie das Abschmelzen überdauerten.

Diese Auffassung klingt recht unwahrscheinlich. Wie M. Schwarzbach (1965) ausführt, finden sich im Devon und Karbon, besonders deutlich aber im Perm sowohl in den Florenresten als auch in Sedimenten Zeugen für eine beachtliche Klimadifferenzierung. Danach ist die Auffassung von P. Jordan für die älteren Abschnitte der Erdgeschichte, soweit überhaupt Klimazeugen vorliegen – das gilt für die Zeit seit dem Kambrium, also etwa für $1/7$ des Erdalters – nicht zutreffend.

Dem gleichen Grundgedanken wie P. Jordan (1959, 1961, 1966) schließt sich J. Steiner (1967) an. Er macht aber noch die erweiterte Annahme, daß durch die Rotation des Milchstraßensystems eine Lageänderung innerhalb der Galaxis zu periodischen Änderungen der Gravitationskonstante und damit der Strahlung führt. Die Rotationszeit beträgt ungefähr 280 Mio Jahre, und der Rhythmus würde damit auffallend mit dem Eintritt der einzelnen Vereisungsepochen in der Erdgeschichte übereinstimmen *(Fig. 124)*.

Führte bisher abnehmende Strahlung zu einer Vereisung, so nimmt G. C. Simpson (1929) in seiner Hypothese gerade das Gegenteil an. Hierbei spielen Fragen der Verdunstung eine Rolle. Mit zunehmender Energie steigen Temperatur, Verdunstung und Niederschlag.

Die großen Vereisungsphasen der Erdgeschichte   267

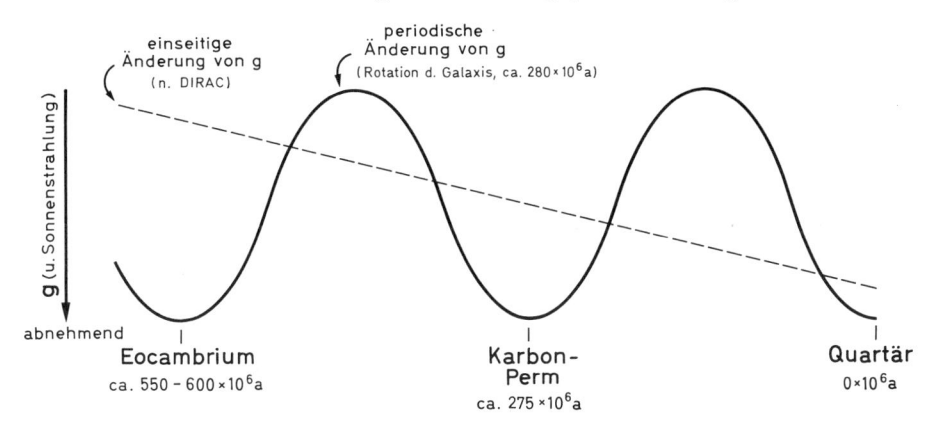

Fig. 124 Erklärung des Eiszeitklimas durch J. Steiner aufgrund einer abnehmenden Gravitationskonstante und der weiteren Annahme einer Rotation des Milchstraßensystems, die zu einer zusätzlichen Änderung der Gravitationskonstante führt. Die Periode von ca. 280 Mio. Jahren entspricht überraschend gut dem zeitlichen Abstand der Vereisungsperioden. Aus M. Schwarzbach (1968).

In der ersten Phase würde zunehmende Strahlung zunächst zu einer Vereisung bei stärkerem Niederschlag und noch kühleren Temperaturen führen. Im Strahlungsmaximum sind aber die Gletscher wieder abgeschmolzen und machen einem feuchtwarmen Interglazial Platz. Verringert sich die Strahlung, so tritt Vereisung auf. Das Strahlungsminimum ist dann aber, da die Niederschläge zu gering werden, durch ein trockenes Interglazial gekennzeichnet. Eine Strahlungsschwankung entspricht damit einem doppelten Wechsel von Glazialen und Interglazialen. Vor allem die Tatsache, daß das trockene Interglazial nicht belegbar ist, die Hypothese sonst aber auf richtigen Annahmen basiert, haben unter anderen B. Bell (1953) veranlaßt, die Theorie mehr den Befunden der Glazialgeologen anzupassen. In der veränderten Form wäre beim Strahlungsminimum das Polarmeer vereist, und die nachfolgende verstärkte Niederschlagstätigkeit bei zunehmender Strahlung läßt die Gletscher wachsen (Vereisungsphase). Gegen das Strahlungsmaximum werden die Temperaturen zu hoch, die Gletscher schmelzen ab (feuchtes Interglazial). Damit entspricht eine Strahlungsschwankung einer Glazial- und Interglazialphase.

Die Veränderlichkeit der Strahlung der Sonne kann nach H. Shapley (1921), F. Hoyle und K. A. Littleton (1939) und K. Himpel (1947) zitiert nach M. Schwarzbach (1961), dadurch erklärt werden, daß diese durch interstellare Materie *(Dunkelwolken)* sekundär zu erhöhter Strahlung angeregt wird. F. Nölke (1928) hat gerade diesen Dunkelwolken eine absorbierende Wirkung zugeschrieben, die die Strahlungsenergie vermindern und durch Abkühlung zur Vereisung führen. Berechnungen haben aber ergeben, daß die Entfernung Sonne–Erde zu gering ist, als daß diese Dunkelwolken eine hinreichende Schwächung der Strahlung bewirken könnten.

3.6.3.2. Terrestrische Ursachen

Bei der Behandlung der *terrestrischen Ursachen* wird die an der Grenze der Atmosphäre ankommende Strahlung *(Solarkonstante)* als konstant betrachtet, unbeschadet der Tatsache,

daß langzeitliche Schwankungen, wie sie E. J. Öpik (1950) in der Größenordnung von ± 1 bis 2% annimmt, nach H. Flohn (1965) auftreten können. Die Veränderungen der zugeführten Energie erfolgen dann innerhalb der Atmosphäre und als Folge unterschiedlicher Albedobedingungen an der Erdoberfläche.
Innerhalb der Atmosphäre verändern vor allem der Wasserdampfgehalt und der Anteil an Kohlendioxyd, in der Stratosphäre der Ozon und feste Partikel, wie sie bei Aschenausbrüchen von Vulkanen in die Luft geschleudert werden, die Strahlungsintensität.
Verschiedentlich, unter anderen von V. E. Fuchs und T. T. Patterson (1947), wurde darauf hingewiesen, daß vulkanische Aschenausbrüche zu Klimaänderungen führen können. Nach M. Schwarzbach (1961) warf der Krakatau 1883 18 km³ und 1912 der Katmai 21 km³ Lockermaterial in die Luft, das sich sehr langsam absetzte. In der Tat war nach dem Katmaiausbruch die Strahlung, wie Beobachtungen in Kalifornien und Algerien zeigten, um rund 20% geschwächt. Wie C. E. P. Brooks (1949) feststellt, folgen alle sehr kalten Jahre seit 1700 großen Vulkanausbrüchen. Wenngleich nach den Ausbrüchen in einzelnen Fällen meteorologische Auswirkungen beobachtet wurden, so dürften sie weltweit keine allzu große Bedeutung haben. M. Schwarzbach (1968, S. 258) schreibt daher sicherlich zu recht, »daß es ein großer Zufall wäre, wenn unsere Nachfahren, sagen wir, nach 20 Mio Jahren, die Krakatau-Eruption von 1883 in ihrem ganzen Ausmaß erkennen oder den isländischen Hekla-Aschen von 1947 anmerken würden, daß diese klimatisch ohne Bedeutung waren«. Aber gerade dieser Nachweis müßte erbracht werden, wenn es sich um so gravierende Änderungen handeln sollte, daß sie etwa zu größeren Vereisungsphasen führten. Daneben hat M. R. Bloch (1965) darauf hingewiesen, daß eine Aschenstreu auf Gletschern durch Verringerung der Albedo die Ablation erhöhen und damit zu ihrem Abschmelzen beitragen würde.
Sehr viel entscheidender für den effektiven Strahlungsgewinn sind die unterschiedlichen Albedo-Verhältnisse an der Erdoberfläche und in der Atmosphäre. Die Albedo ist auf der festen Erde durch den Wechsel von Fels-, Vegetations- und Schnee-/Eisoberflächen erheblichen Schwankungen unterworfen. Auf ihre Wirkung im Zusammenhang mit Strahlungsschwankungen hat zunächst W. Wundt (1944) hingewiesen, und H. Hoinkes (1968, 1970) hat ihren Einfluß auf den Massenhaushalt rezenter Gletscher voll erkannt. Während die Albedo über Ozeanen ca 0,04 beträgt, bemißt sich ihr Wert auf Eis und Schnee zwischen 0,5 bis 0,8 oder sogar noch höher. Durch die Änderung der Albedo kann nun selbst bei kleinen initialen Temperaturänderungen eine Vereisung auftreten.
C. E. P. Brooks (1949) hat dies an einem sehr anschaulichen Beispiel dargestellt *(Fig. 125)*. Voraussetzung ist ein eisfreies Polarmeer mit Wintertemperaturen, die gerade über dem Gefrierpunkt von Meerwasser mit 35 $^0/_{00}$ Salzgehalt von −1,9 °C liegen. Bereits eine geringfügige Temperaturabnahme von weniger als 1 °C würde nun zu einer lokalen Vereisung mit gewaltigem Anstieg der Albedo führen, was eine weitere Temperaturabnahme zur Folge hätte. Mit Zunahme der Vereisung werden auch die Flächen verstärkter Albedo größer. Durch diesen Effekt der *Selbstverstärkung*, der beim Wachstum der pleistozänen Gletscher sicher nicht zu unterschätzen ist, dehnt sich letztlich die polare Eiskappe über 25 Breitengrade aus, wie C. E. P. Brooks (1949) wahrscheinlich machen konnte. Klimabedingungen für eisfreie Polarkalotten hat es im Ablauf der Erdgeschichte immer wieder gegeben. Eisfreie Polarmeerflächen können aber auch auf andere Weise zu Eiszeiten führen, wie M. Ewing und W. L. Donn (1958, 1966) ausführen (siehe unten).
Noch wichtiger für die planetare Albedo ist der Wasserdampfgehalt der Atmosphäre. Wegen der weltweiten Transgressionen und Regressionen in der geologischen Vergan-

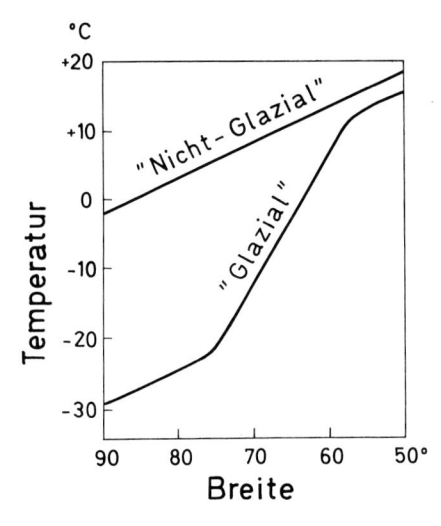

Fig. 125 Temperaturverlauf auf der Nordhemisphäre zwischen 50° und 90° N-Breite bei glazialem und nichtglazialem Klima. Bei eisfreiem Pol nimmt die Temperatur mit abnehmender Breite etwa gleichförmig zu. Setzt Eisbildung ein, so tritt durch erhöhte Albedo ein Selbstverstärkungseffekt in der Abkühlung auf, der zu einem sehr kräftigen Temperaturgradienten in den nördlichen Breiten führt. Aus M. Schwarzbach (1961).

genheit, im Wechsel von thalassokraten und geokraten Perioden verbietet sich nach H. Flohn (1965) die Annahme eines konstanten Wasserdampfgehaltes der Atmosphäre. Bei einer Albedo der Wolken von 0,36 bis 0,78 bringen Bewölkungsschwankungen eine erhebliche Veränderung der einkommenden Energie. Bei einer mittleren Bewölkung der Erde von $^5/_{10}$, die regional sehr unterschiedlich ist, mit $^6/_{10}$ am Äquator, $^2/_{10}$ in den Wüsten und bis $^7/_{10}$ in höheren Breiten im Jahresdurchschnitt, beträgt der Strahlungsverlust der Erde ca 37%. C. E. P. Brooks (1949) schätzt, daß sich die Lufttemperatur der Erde um 8°C erhöhen würde, wenn die mittlere Bewölkung nur um $^1/_{10}$ abnähme. Ganz geringe Änderungen hätten hier also schon einen großen Effekt. Aus diesem Grunde ist es verständlich, daß 1888 von Tomasello (zitiert nach M. Schwarzbach, 1961) Zunahme der Bewölkung als eine mögliche Bedingung für Eiszeiten angesehen wurde.

Ein weiterer wichtiger Faktor ist der Kohlendioxidgehalt (CO_2) der Luft, der im Zusammenwirken mit dem Wasserdampf die Strahlungsbilanz des Systems Erde–Atmosphäre steuert. Bereits geringfügige Änderungen hätten schon erhebliche Wirkungen auf das globale Temperaturmittel und die thermische Stabilität. Nach G. N. Plass (1956) tritt bei Verdoppelung oder Halbierung des CO_2-Gehaltes im Zusammenwirken mit der Bewölkung eine Veränderung der Temperatur um 3°C auf. Dabei ist zu berücksichtigen, daß für die CO_2-Verteilung auf der Erde Atmosphäre und Ozean ein Gleichgewichtssystem darstellen, bei dem ein bestimmter Partialdruck von CO_2 in der Atmosphäre einer definierten Menge CO_2 gelöst im Meerwasser entspricht.

Auf diesem geschlossenen System baut nun G. N. Plass (1956) unter der Voraussetzung einer Abnahme des CO_2-Gehaltes, so daß die Temperatur um 4°C sinken würde, eine zyklische Eiszeittheorie auf *(Fig. 126)*. Punkt P in Figur 126 stellt das gegenwärtige Gleichgewichtssystem der CO_2-Verteilung vor. Bei einer Abnahme des Gesamtkohlendioxydgehaltes der Erde und nachfolgender erneuter Konstanz des Wertes würde im Meer der CO_2-Gehalt um den Betrag a und in der Atmosphäre entsprechend um a' abnehmen (Punkt G in Figur 126). Bei der damit verbundenen Abkühlung würden sich Gletscher bilden und wachsen. Durch die Bindung von Wasser als Eis auf dem Festland ist aber ein Absinken des Meeresspiegels, also eine Verkleinerung des Meeres, sagen wir

270 Gletscher und Inlandeise

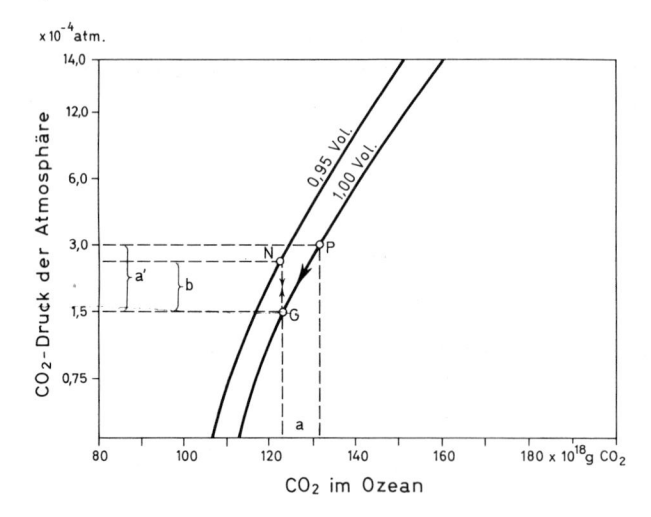

Fig. 126 Kurven des CO_2-Gleichgewichtes im System Atmosphäre-Ozean. 1,00 Vol. = heutiges Meeresvolumen; 0,95 Vol. = um 5% vermindertes Meeresvolumen. Erläuterung siehe Text. Nach G. N. Plass (1956) aus M. Schwarzbach (1961) verändert.

auf 95 % des Ausgangsvolumens verbunden. Die verringerten Wassermassen des Ozeans vermögen aber nur einen entsprechend kleineren Teil an CO_2 zu binden (Punkt N in Figur 126), der CO_2-Gehalt im Eis ist unbedeutend, so daß der Partialdruck von CO_2 in der Atmosphäre um den Betrag b steigt. Dies führt zu einer Erwärmung und damit zum Abschmelzen der Gletscher. Da sich das Gleichgewicht im CO_2-Gehalt zwischen Ozean und Meer nur langsam einstellt – entsprechend bekannten Austauschvorgängen ist mit Zeiten von 10000 bis 50000 Jahren zu rechnen – folgen Kalt- und Warmphasen in den genannten Abständen.

Die *Kohlensäure-Hypothese* für sich allein ist nicht haltbar, da ein so regelmäßiger Wechsel zwischen Glazialen und Interglazialen nicht nachweisbar ist. Aber der Gedanke, daß durch eustatische Meeresspiegelschwankungen Änderungen im CO_2-Gehalt der Atmosphäre, verbunden mit Temperaturzu- oder -abnahme auftreten, ist richtig. In Verbindung mit anderen Faktoren kann somit ein wechselnder CO_2-Druck in der Atmosphäre Eiszeitbereitschaft erhöhen oder vermindern. Eine erhebliche Schwäche der ganzen Hypothese bildet die initiale Schwankung des CO_2-Gehaltes. Abgesehen von der CO_2-Anreicherung durch die Industrie, der eine Klimabesserung parallel geht, ist nach M. Schwarzbach (1961) »kein geologischer Faktor bekannt, der die CO_2-Bilanz so wesentlich beeinflußt hätte, daß damit die Grundzüge der Klimageschichte erklärt werden könnten«.

Ebenso wie für G. N. Plass (1956) ist für die Hypothese von T. C. Chamberlein (1899) der Gedanke von S. Arrhenius (1893) über die Rolle des CO_2-Gehaltes Grundlage. Für T. C. Chamberlain spielt aber auch noch der Salzgehalt des Ozeans eine Rolle. Durch erhöhte Verdunstung (CO_2-Zunahme) in niederen Breiten steigt der Salzgehalt und warmes, salzreiches Äquatorwasser sinkt unter die Oberfläche und strömt dort gegen die Pole. Für Warmzeiten nimmt also T. C. Chamberlain gerade eine umgekehrte Tiefenzirkulation wie heute an, wo antarktisches Kaltwasser die Tiefenzirkulation bestimmt. Auch A. H. Clarks (1924) glaubt, in veränderten Salzgehaltskonzentrationen des Meerwassers, die bei Erhöhung zu einer Abnahme der Verdunstung und als Folge des geringeren Wasserdampfgehaltes der Atmosphäre zu wechselhaftem Klima führen, eine Ursache für Klimaänderungen zu erkennen. Die Hypothesen, die zwar von richtigen physikalischen Grundvorstellungen ausgehen, bei quantitativer Betrachtung aber nicht haltbar sind, seien nur erwähnt, um auf den Einfluß der Salzgehalte der Meere auf des Klimageschehen hinzuweisen. Auf durch Wasserdampf-, CO_2-Gehalt, eisfreien und eisbedeckten Meeresflächen veränderten Strahlungsgewinn, wobei Salinität des Meerwassers und ozeanische Strömungen ebenfalls eine Rolle spielen, basieren eine Reihe von »*Eiszeittheorien*«, von denen nur einige angeführt seien, um auch die Widersprüchlichkeiten in den Ansätzen zu zeigen.

M. Ewing und W. L. Donn (1958, 1966) gehen bei ihrer Hypothese von einem eisfreien, von Kontinenten gesäumten Nordpolarmeer aus. Dieses eisfreie Polarmeer, in das der relativ warme Golfstrom (Nordatlantikdrift) ungehindert einfließt, ist Quelle erhöhter Verdunstung. Sie führt an den Randkontinenten zu vermehrten Niederschlägen, die bei den niederen Temperaturen hoher Breiten als Schnee fallen und damit zur Gletscherbildung führen. Es bauen sich nachfolgend große Inlandeise auf, wobei sicherlich Prozesse der Selbstverstärkung, wie sie dargestellt wurden, auftreten. Mit dem Wachsen der Inlandeise sinkt der Meeresspiegel ab, und damit wird durch die Island-Föroer-Schwelle das Nordpolarbecken vom Golfstrom nahezu abgeschnitten. (Diese Annahme ist eine Schwäche der ganzen Theorie, da die Schwellen zwischen Norwegen und Grönland zum Teil so tief unter dem heutigen Meeresspiegel liegen, daß eine Absenkung von 100 oder 140 m für die Strömungsverhältnisse kaum etwas ausmachen würden.) Dadurch friert in einer Schlußphase der Vereisung auch das Nordpolarbecken zu, und die Quelle der Vereisung, erhöhte Wasserdampfzufuhr zu den Kontinenten, versiegt. Die Gletscher schmelzen ab, letztlich wird auch das Polarmeer wieder eisfrei und der Zyklus kann von vorne beginnen. Eisbedeckt bleibt lediglich Grönland. Gegen Einzelheiten dieser Theorie lassen sich eine Reihe von Argumenten anführen (siehe D. A. Livingstone 1959 und M. Schwarzbach 1960). Besonders die Tatsache, daß das Polarmeer erst so spät zufrieren soll, kann angezweifelt werden. Aber die Idee ist interessant, weil sie die geographische Situation der Land-Meer-Verteilung am Nordpol berücksichtigt.

Eine andere Ernährungsquelle für die großen nordischen Inlandeise sieht W. F. Tanner (1967). Auch bei ihm wird die Vereisung sowohl auf der Nord- als auf der Südhalbkugel von der Arktis gesteuert. Die Niederschläge kommen bei Tanner aber von Süden und speisen das nach Norden vordringende Eis vorwiegend an seinem Außensaum. Eine wichtige Voraussetzung dabei ist, daß die Kontinente durch entsprechende Hochlage eine Vereisungsbereitschaft durch Abnahme der Temperatur (negativer vertikaler Temperaturgradient) aufweisen. Gerade im Laufe des Tertiärs soll sich nach R. F. Flint (1957) die mittlere Höhe der Kontinente von 300 m auf 800 m gehoben haben. Durch die Eisüberlagerung setzt nunmehr ein isostatisches Rücksinken der Festländer ein, und das Eis kommt letztlich im Süden in so warme Gebiete, daß es abschmilzt. Dieser Schmelzprozeß setzt sich weiter im Norden fort, da die Eisunterlage durch isostatische Bewegungen gegenüber der Ausgangssituation tiefer liegt. Erst wenn nach der Vereisungsperiode die Kontinente wieder isostatisch aufgestiegen sind, beginnt der Vorgang von neuem. Auf Inseln, die nicht in warme Regionen hineinragen, Grönland und Antarktika, bilden sich permanente Eisschilde. Auch dieser Ansatz trifft nur für das Pleistozän zu, da bekannt ist, daß in geologischer Vorzeit Grönland und Antarktika eisfrei waren. P. Woldstedt (1969) weist ferner darauf hin, daß bei der nordeuropäischen Vereisung die Eisscheide östlich des skandinavischen Hochgebirges lag, die Ernährung also von Westen und nicht von Süden gekommen sein konnte.

Eine weitere *Autozyklen-Hypothese* hat A. T. Wilson (1964) vorgelegt. Entgegen der Annahme von W. F. Tanner (1967) sieht er den Anstoß für die Eiszeiten im Verhalten der antarktischen Eismassen. Das Inlandeis der Antarktis wird nach ihm instabil, wenn es eine größere Mächtigkeit als heute annimmt, da dann an seiner Basis der Druckschmelzpunkt des Eises erreicht wird. Es beginnt rascher zu fließen, und nach allen Seiten schieben sich gewaltige Eisschelfe vor. Dadurch erhöht sich die Albedo und die irdische Temperatur nimmt ab, wodurch auch auf der Nordhalbkugel ein Glazial eingeleitet wird. Durch das Ausfließen des antarktischen Inlandeises verringert sich dessen Mächtigkeit, die Temperaturen am Grunde sinken wieder unter den Druckschmelzpunkt, so daß sich der Nachschub für die Eisschelfe verringert. Sie werden durch Kalbung abgebaut. Mit erneuter Änderung der Albedoverhältnisse, die zu einem Temperaturanstieg führen, wird das Interglazial eingeleitet. Dieser zyklisch ablaufende Mechanismus kann nur bei sehr großen Eisschilden wirksam werden, vor allem dann, wenn sie sehr weit, bis etwa 50° S, ausfließen. Für die Antarktis liegt ein Nachweis dafür nicht vor.

Die zuletzt vorgestellten Hypothesen setzen voraus, daß die Land-Meer-Verteilung ähnlich wie heute gewesen ist, daß am Südpol ein Kontinent, am Nordpol ein landumgrenztes Meeresbecken liegt. Rh. W. Fairbridge (1967) hat in diesem Zusammenhang von einer *Polarkoinzidenz-Theorie* gesprochen, wobei der Übereinstimmung von Südpol und Lage des antarktischen Kontinentes eine besondere Bedeutung zukommt.

Diese Feststellung von Rh. W. Fairbridge ist, wenn man von der Vorstellung ausgeht, daß jeweils die Pole oder polnahe Gebiete Zentren der Vereisung waren, vor allem für die Deutung der älteren Vereisungsphase der Erdgeschichte wichtig. Wie gezeigt werden konnte, liegen viele Spuren der permokarbonischen und der eokambrischen Vereisung in heute tropischen bis subtropischen Bereichen. Das muß nicht immer so gewesen sein. Zwar ist aus Stabilitätsgründen eine Lageänderung der Rotationsachse unwahrscheinlich, es können sich aber durch Verdriftung von Kontinentalschollen die Lagebeziehungen der Festlandmassen untereinander und in Bezug auf den Pol verschoben haben. Messungen des Paläomagnetismus an Gesteinen haben eine derartige Verdriftung mit Sicherheit nachgewiesen. Für die Erklärung der jungpaläozoischen Vereisung sind die Verhältnisse in Figur 122 dargestellt. Ein sehr vereinfachtes, aber anschauliches Schema für die Deutung der unterschiedlichen Verteilung der Vereisungsspuren im Ablauf der Erdgeschichte hat am Beispiel von Nord- und Südamerika M. Schwarzbach (1968) gegeben *(Fig. 127)*.

Von der Behandlung anderer terrestrer Ursachen, die zur Erklärung von Eiszeiten herangezogen wurden, z. B. der kräftigen Heraushebung von Festländern mit Höhenlagen bis zu 5000 m, der Gondwanaländer, für die Deutung der jungpaläozoischen Vereisung (C. E. P. Brooks 1949) sei hier abgesehen, da für sie keine geologischen Belege vorliegen. Es soll aber zumindest noch kurz auf die Bedeutung des Wärmestromes aus dem Erdinneren für Klimaänderungen hingewiesen werden. Der Wärmestrom aus dem Erdinnern ist mit 0,13 Ly/d (1 Langley = 1 cal/cm^{-2}, d = Tag) verglichen mit dem Strahlungsgewinn der Festlandoberflächen von 720 Ly/d sehr gering, so daß sich auch eine erhebliche Änderung kaum auswirken würde. H. Flohn (1965) schätzt, daß der *geothermische Wärmestrom* gerade ausreichen würde, um im Ozean, falls kein kaltes Tiefenwasser vorhanden ist, eine Wassersäule von 4500 m in 10000 Jahren um 1 °C zu erwärmen. Ursprünglich wurde die Vorstellung vertreten, daß sich die Erde im Laufe ihrer Geschichte abkühlte und zu Beginn des Quartärs ein Punkt erreicht war, bei dem Vereisung einsetzte. Die vor-

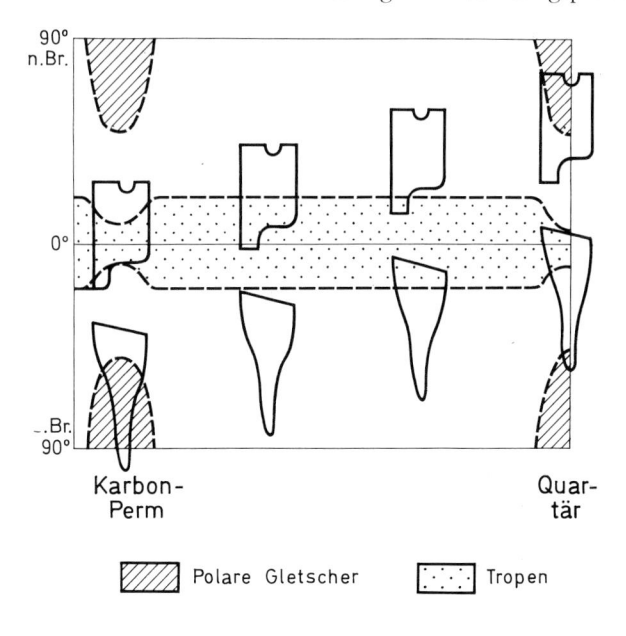

Fig. 127 Erklärung der Vereisungsspuren auf einem N- und S-Kontinent (beide Amerikas z.B.) durch Kontinentaldrift seit dem Paläozoikum und daraus resultierende Klimaänderungen. (Nach M. Schwarzbach (1968).

pleistozänen Vereisungsepochen legen aber nahe, daß seit langem keine spürbare Temperaturabnahme mehr vorhanden ist. A. Wagner (1940) sieht den Einfluß der Erdwärme auf das Klima deshalb auch unter anderem Gesichtspunkt. Die Erdwärme hat ihre Quelle zum größten Teil im radioaktiven Zerfall innerhalb der Kruste. In Zeiten tektonischer Ruhe speichert sich Wärme an. Der Gradient und damit der Temperaturfluß werden größer. Daraus erklärt sich nach A. Wagner das warme Klima des Alttertiärs. Gebirgsbildungen verbrauchen aber die Wärme und so folgen nach orogenen Phasen durch abnehmende geothermische Energie Eiszeiten. Der Zusammenhang zwischen orogenen Phasen und Kaltzeiten ergibt sich aber nur, wenn man die alpidische, varistische Ära oder andere geschlossen betrachtet. In Wirklichkeit handelt es sich um sehr viele Einzelabschnitte, die über die Zeit der Erdgeschichte stark streuen.

Auch bei den terrestrischen Ursachen von Eiszeiten vermochte keine einzige zu überzeugen. Vielmehr zeigen alle irgendwie brauchbare Ansätze, die aber in ihren Folgen nur schwer überprüfbar sind.

3.6.3.3. Klimaschwankungen durch Änderung der Erdbahnelemente

Bereits 1842 hat der französische Mathematiker Adhémar die Eiszeit durch Umlauf des Perihels *(Präzession* der *Tag-* und *Nachtgleiche)* erklärt. Das *Perihel*, der Ort größter Sonnennähe mit 147 Mio km, fällt gegenwärtig auf den 3. Januar, liegt also im Winter, das *Aphel*, mit 152 Mio km Distanz, tritt am 4. Juli ein. Im mittleren Zeitraum von 21 000 Jahren durchläuft das Perihel einmal das Kalenderjahr. Gegenwärtig wirkt sich auf der Nordhalbkugel die Sonnennähe im Winterhalbjahr mildernd auf die Winterstrenge, auf der Südhemisphäre aber verstärkend aus. Der Einfluß der Präzession der Tag- und Nacht-

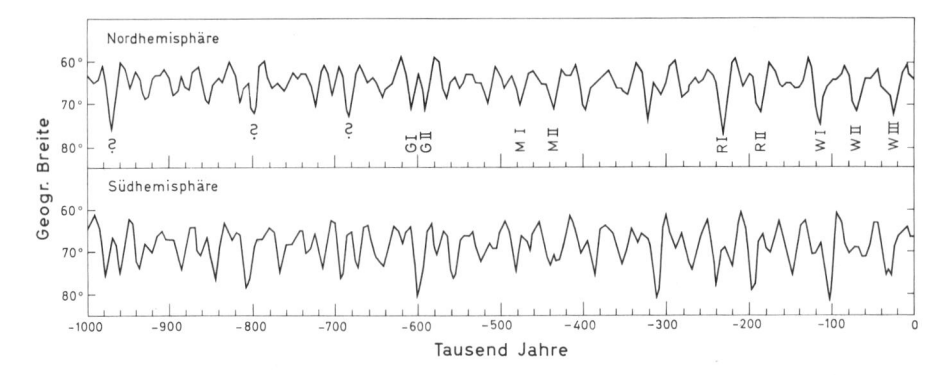

Fig. 128 Strahlungskurve von Milankowitch (1920) in der Neuberechnung von A.J.J. Woerkom (1953). Die Schwankungen der Strahlungsenergie von sechs Sommermonaten in 65° N-Breite ist im Zeitablauf in Breitenäquivalenten dargestellt. Hohe N- bzw. S-Breiten geben also eine Verringerung der Strahlung an. Für die Nordhemisphäre sind die bekannten Vereisungsphasen eingetragen. Schon für Mindel und Günz sind die Kennzeichnungen unsicher, für noch ältere Vereisungen wurde deshalb auf eine Angabe völlig verzichtet (?). Nach L. Lliboutry (1965).

gleiche ist also alternierend auf beiden Erdhalbkugeln in Bezug auf die Winterhärte. Zumindest für die letzte Kaltzeit gilt aber nach Ausweis von ^{14}C-Datierungen Gleichzeitigkeit auf Nord- und Südkontinenten. Auch war gar nicht entschieden, ob strenge Winter (J. Croll 1895, L. Pilgrim 1904) oder milde Winter mit kühlen Sommern (W. Köppen und A. Wegener 1924, R. Spitaler 1940) für Eiszeiten verantwortlich gemacht werden sollen. Nach den Erkenntnissen der Massenhaushaltsuntersuchungen an rezenten Gletschern sind es die kühlen Sommer, die ein Wachstum der Eismassen hervorrufen. Eine weitere Einflußnahme von Erdbahnelementen auf das irdische Klima erkannte J. Croll (1875) in der Änderung der *Exzentrizität* des *Erdumlaufes* (die Werte liegen zwischen 0,0475 und 0,0051) mit einer Periode von im Mittel 92 000 Jahren. Eine mehr kreisförmige Bahn verursacht ausgeglicheneres Klima, eine mehr ellipsenförmige führt zu stärkeren Schwankungen. Letztlich wies vor allem L. Pilgrim (1904) auch auf die Bedeutung der im Mittel von 40 000 Jahren wechselnden *Schiefe* der *Ekliptik* mit Werten 21°58' und 24°36' hin. Gegenwärtig beträgt die Neigung 23°27'. Kleinere Werte der Schiefe, mit einem geringeren Jahreszeitenwechsel, werden als kaltzeitfördernd angesehen. Aus diesen drei variablen Erdbahnelementen mit jeweils unterschiedlichen Perioden berechnete M. Milankowitch (1920) *Strahlungskurven*. In *Fig. 128* sind von A. J. J. van Woerkom (1953) neu berechnete Kurven für 65° Nord- und Südbreite dargestellt. Die Schwankung der Strahlungsintensität ist in Breitenäquivalenten angegeben. Zeiten geringeren Strahlungsgewinnes werden durch Zacken in höhere, vermehrte Einstrahlung durch Maxima im Bereich niederer Breiten gekennzeichnet.

Diese von wohldefinierten Grenzbedingungen ausgehende mathematisch durchformulierten Strahlungskurven fanden infolge ihrer Exaktheit vielfache Zustimmung, und man hat daraus *Vereisungskurven* konstruiert. Wichtig bei der Erklärung der Eiszeiten ist hierbei, daß die veränderte Strahlung ja nur den ersten Anstoß für eine Klimaänderung gibt, sich darauf fußend noch weitere Effekte (Verstärkung der Albedo nach W. Wundt, 1944, Änderung der Zirkulation) hinzukommen. Die Strahlungskurven, die sich für die ein-

zelnen Breiten unterscheiden, geben aber nicht nur Hinweise auf einen unterschiedlichen Strahlungsgewinn, sondern auch entsprechend den in die Berechnung eingegangenen Periodizitäten eine *absolute Chronologie*. Freilich ist für die Beurteilung des zeitlichen Eintreffens von Vergletscherungen auch die Erkenntnis wichtig, daß Gletschervorstöße und -rückzüge zeitlich den Klimaänderungen nachhinken. W. Köppen und A. Wegener (1924) haben als erste eine Parallelisierung der Strahlungskurve mit den von A. Penck und E. Brückner (1901, 1909) aufgestellten Eiszeiten vorgenommen. Selbst die Feingliederung in Würm I–III und Riß I–II soll sich in den Strahlungskurven ausdrücken (Figur 128).
So uneingeschränkte Zustimmung die Strahlungskurven von vielen Wissenschaftlern, unter anderen W. Soergel (1925), W. Wundt (1944), F. E. Zeuner (1959) sowie C. Emiliani und J. Geiss (1959) gefunden haben, so ergaben sich aber auch viele kritische Stimmen, besonders seitens P. Woldstedt (1929, 1969) und M. Schwarzbach (1954, 1961, 1968). Ein entscheidender Einwand liegt zunächst darin, daß sich auch präpleistozän die Strahlungsschwankungen fortsetzen und damit Eiszeiten auftreten müßten. Diesem Hinweis entgegnete W. Wundt (1944), daß eine Eiszeitbereitschaft vorhanden sein müsse, ehe Strahlungsschwankungen wirksam werden können. Ganz ähnliche Gedanken sind auch bei P. Jordan (1966) zu finden. Ferner wird darauf hingewiesen, daß zumindest die letzte Kaltzeit auf Nord- und Südhalbkugel gleichzeitig eintrat; nach den Strahlungskurven müßten zeitliche Verzögerungen vorhanden sein. Die Strandterrassen können aber gleich alt sein, da die Meeresspiegelschwankungen vorwiegend durch Eismassenänderungen auf der Nordhalbkugel gesteuert werden. Nach R. Flint (1957) betrug die Vergletscherungsfläche im Maximum der Vereisung auf der Nordhalbkugel 32 Mio km^2 (heute 2,3 Mio km^2), auf der Südhalbkugel 13,3 Mio km^2 (heute 12,7 Mio km^2). Die großen Schwankungen finden sich also auf der Nordhalbkugel. Auch die zeitliche Übereinstimmung zwischen Strahlungskurven und geologischen Befunden ist oft wenig befriedigend. Im großen Interglazial zwischen Mindel und Riß treten negative Strahlungsschwankungen auf (Figur 128), die weitaus stärker sind als jene, die zur Mindelvereisung geführt haben. Ein Maximum der Strahlung soll um 8000 v. Chr. eingetreten sein, das postglaziale Klimaoptimum findet sich aber erst rund 4000 v. Chr. W. Wundt erklärt dies als zeitliche Verzögerung. Auch die Schwankungen von älterer Dryas, Alleröd und jüngerer Dryas kommen in keiner der Strahlungskurven zum Ausdruck. Die von P. Woldstedt (1969) aufgeführte Zeitdifferenz zwischen Maximum der Weichselvereisung 18000 bis 20000 Jahre vor heute und dem Strahlungsminimum vor 25000 Jahren könnte man wohl als zeitliche Verzögerung, verursacht durch Gletscherwachstum auffassen. Daß allerdings das Paudorf-Interstadial (30000 Jahre vor heute) genau mit einem Strahlungsminimum zusammenfällt, ist bedenklich. Für die älteren Phasen des Pleistozäns sind die Zuordnungen vollkommen unsicher. Auch stimmen zum Teil Paläotemperaturschwankungen nach $^{18}O/^{16}O$-Verhältnissen in Sedimenten nicht mit den Strahlungsverhältnissen überein.
Alle Kritik darf aber nicht verschleiern, daß durch die Berechnungen der Strahlungskurven ein Beitrag geliefert wurde, die Klimaschwankungen der Vergangenheit zu erklären. Wenn das nicht für alle Einzelheiten zutrifft, so liegt das an der Schwierigkeit, die vielfache Verwobenheit mit unseren gegenwärtigen Mitteln zu entwirren. Sicher aber dürfte sein, daß nicht ein Faktor allein für die Erklärung der Eiszeiten genügt.

3.6.3.4. *Multilaterale Eiszeitentstehung*

M. Schwarzbach (1968) hat daher den Gedanken einer *multilateralen Eiszeitentstehung*, wie er unter anderen bei C. E. P. Brooks (1949) schon anklingt, wieder aufgegriffen und er-

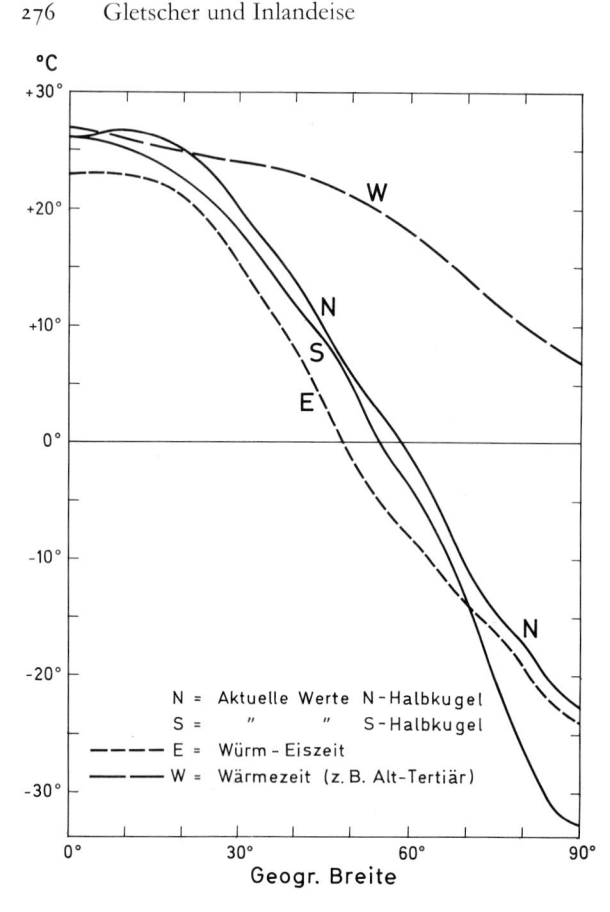

Fig. 129 Mittlere Verteilung der Jahrestemperaturen auf N- und S-Halbkugel für Gegenwart (N und S), hypothetisch für Würmeiszeit auf N-Halbkugel (E) und für akryogene, also eisfreie Warmzeiten im Alttertiär bzw. Mesozoikum (W). Erhebliche Temperaturschwankungen treten danach nur in den mittleren und hohen Breiten, nicht aber in den Tropen auf. Aus H. Flohn (1964).

weitert. Im Gegensatz zu vielen anderen Wissenschaftlern geht er dabei nicht von den vorhandenen Klimaunterschieden der *sensitiven Breiten* (Rh. W. Fairbridge 1967) in zirkumpolarer Region, sondern von der meist unbeachteten Klimakonstanz aus. Wie H. Flohn (1965) (siehe *Fig. 129*) zeigt, weisen die Temperaturen im Vergleich von Warm- und Kaltzeiten nur in den höheren Breiten, nicht aber um den Äquator größere Schwankungen auf. Diese *Klimakonstanz* wird durch die Entwicklung der Pflanzen- und Tierwelt bestätigt. M. Schwarzbach (1968) weist hier auf das Prinzip der biologischen Kontinuität hin. Danach kann sich auch die Strahlungskraft der Sonne über viele hundertmillionen Jahre kaum generell geändert haben, wobei Einzelschwankungen nicht ausgeschlossen sind. Zu diesen kommen nun zahlreiche andere, in den einzelnen Eiszeithypothesen kurz erwähnte Faktoren (CO_2-, H_2O-Gehalt der Atmosphäre, Dunkelwolken, Kontinentaldrift und anderes mehr), die bei geeigneter Überlagerung zu Eiszeiten führen. Eiszeiten müssen danach keineswegs periodische Erscheinungen sein. Von entscheidender Bedeutung ist z. B. die Land-Meer-Verteilung und die Lage der Festländer zu den Polen, worauf auch H. Flohn (1965) hinweist. Für die Kontinentaldrift ist aber keine Periodizität nachweisbar. Die multilaterale Eiszeithypothese, so M. Schwarzbach (1968), ist eine provisorische Erklärung, die dem heutigen unvollkommenen Stand unserer Kenntnisse entspricht. Eiszeiten sind also nicht als globale Klimaänderungen, sondern nur als Schwankungen innerhalb der sensitiven Breiten anzusehen.

3.7. Typologie der Gletscher

Zu einer Typisierung der Gletscher können verschiedene Merkmale allein oder auch im Zusammenwirken herangezogen werden. A. Heim (1885) und H. Hess (1904) gingen zunächst von formalen Kriterien der Vergletscherung aus und unterschieden einen *alpinen, skandinavischen* sowie *grönländischen Vergletscherungstyp*. Der alpine Gletschertyp ist gekennzeichnet durch Firnfelder in flachen Karmulden, aus denen sich Gletscherzungen gegen die Talregion vorschieben. Beim skandinavischen sind besonders Plateaugletscher entwickelt, und der grönländische Typ weist sich dadurch aus, daß das Eis das Relief vollkommen überwältigt. Aus den Grundformen einer dem *Relief untergeordneten* bzw. *übergeordneten Vergletscherung* – in dem einen Fall bestimmt das Relief Form und Fließrichtung des Eises, im anderen werden Form und Fließrichtung fast ausschließlich durch die innere und äußere Dynamik des Eises selbst geregelt – wurden im Laufe einer rund 50-jährigen Forschung zahlreiche weitere Typen erkannt. Gute Zusammenstellungen darüber finden sich unter anderen bei R. v. Klebelsberg (1948) und J. K. Charlesworth (1957). Um den entstandenen Benennungswirrwarr wieder durchschaubar zu machen, schlug Ph. C. Visser (1934) eine Vereinfachung vor, in der er auf die Lagebeziehungen von Nähr- und Zehrgebiet hinweist. Sie bildet die Grundlage der Typologie, wie sie H. J. Schneider (1962) gegeben hat. Von völlig anderen Gesichtspunkten, nämlich von der thermischen Charakteristik des Gletschereises ging H. W. Ahlmann (1935) aus. Er gliedert in *temperierte* und *polare Gletscher*, wobei er weiter zwischen *hoch-* und *subpolaren* unterscheidet. Während bei den temperierten Gletschern das Eis ganzjährig die Temperaturen des jeweiligen Druckschmelzpunktes aufweist, liegen diese bei den polaren Gletschern zum Teil erheblich darunter. So kommt es bei den hochpolaren ganzjährig zu keinem Abfluß, bei den subpolaren nur während einer kurzen Phase der Ablationsperiode. P. A. Schumskii (1965) hat diese Gliederung berichtigt und unter Berücksichtigung thermodynamischer Ansätze verfeinert.

Nachfolgend werden die genannten Typisierungsversuche in den Grundzügen dargestellt. Es kann dabei auf die zum Teil nur wenig befriedigenden Bezeichnungen der Relieftypen nicht verzichtet werden, weil sie im glaziologischen Schrifttum schon einen breiten Raum einnehmen. Die Kritik muß bei ihnen vor allem dort ansetzen, wo Abgrenzungen nicht mehr sicher vollzogen werden können. Dies ist leider häufig der Fall. Sie führen auch nicht zu einer allgemein gültigen regionalen systematischen Gliederung, wie das z. B. bei der Typisierung nach thermischen Gesichtspunkten der Fall ist.

3.7.1. Formale Kriterien für eine Typisierung von Gletschern

3.7.1.1. Reliefbedingte Gletschertypen

Bei der Klassifikation von Landeis sind u. a. bei J. K. Charlesworth (1957)
1 *Deckgletscher*
2 *Gebirgsgletscher*
3 *Tieflandgletscher* und
4 *Meeresgletscher*, also Festlandeis, das auf Meeresgebieten übertritt oder sich dort bildet, unterschieden.

In dieser Gliederung werden zunächst Großformen des Reliefs für eine Einteilung herangezogen. Deckgletscher entwickeln sich danach auf gehobenem, relativ ebenem Gelände,

Gebirgsgletscher im Bereich kräftigen Reliefs, Tieflandgletscher in Höhenlagen nahe dem Meeresspiegel, und Meeresgletscher nehmen den Saum an der Grenze Land/Meer ein. Diese Einteilung spiegelt aber auch die Mächtigkeit und damit die Intensität der Vereisung wider. Sicherlich ruhen die Eismassen der Ostantarktis, sieht man einmal von subglazialen Felsaufragungen bis zu 1000 m nahe Mirny ab, auf verhältnismäßig flachem Untergrund. Ganz anders ist das subglaziale Relief in der Westantarktis beschaffen, wo Höhenunterschiede von 1000 m, ja 2000 m den Regelfall bilden und ein wirklich kräftiges Relief vorhanden ist. Auch dort gibt es einen Eisschild, während z. B. auf der Barents- oder Edge-Insel in Ostspitzbergen bei einem Skulpturrelief von nur 200 bis maximal 500 m Talgletscher auftreten. Dieser Unterschied drückt einfach die verschiedene Vereisungsintensität aus. Auch der Hinweis auf Tieflandgletscher muß als Beleg für besondere Vereisungsgunst angesehen werden. Nur wenn die Klimabedingungen es gestatten, werden sich nahe dem Meeresspiegel, wie es heute noch in hohen Nord- und Südbreiten der Fall ist, Gletscher entwickeln können.

Ein gutes Beispiel für die unterschiedlichen Entwicklungsbedingungen von Tieflandgletschern *(Vorlandvereisung)* bilden die Gletscher der Alpen während der pleistozänen Kaltzeiten. Im Westen und Norden der Alpen schob sich das Eis zwischen Lyon und Salzburg weit ins Vorland, im Süden erreichten die Loben der Dora Riparia, der Dora Baltea, die Gletscher des Lago Maggiore, Comer- und Gardasees gerade die Padania, und im Osten der Alpen haben die Gletscher das Gebirge niemals verlassen. Danach eignen sich diese Bezeichnungen nicht für eine eindeutige Gliederung nach Klimaregionen, weil vielfach das Relief durch Verhältnis von Nähr- und Zehrgebietsflächen die Ausbildung von Gletschern so nachhaltig bestimmt, daß in ein und derselben Region ganz unterschiedliche Typen auftreten können. In Spitzbergen finden sich neben großen Deckgletschern, Eisstromnetze, Tal- und Karkgletscher, also zum Teil gleiche Formen, wie sie in den Alpen, Pyrenäen oder der Betischen Kordillere auftreten.

An dieser Stelle ist auch eine Bemerkung zu den orographischen Haupttypen der Vergletscherung, die dem Relief unter- und übergeordnete, angebracht. Nach H. Louis (1968) werden bei der dem Relief untergeordneten Vergletscherung Grundriß, Formen der Eisoberfläche und Gefälle wesentlich durch das Tälerrelief dirigiert. Dem ist voll zuzustimmen. Bei der dem Relief übergeordneten Vergletscherung sollen die gleichen Merkmale aber weitgehend von den Gefällsverhältnissen des Untergrundes unabhängig sein. Dies trifft aber nur in beschränktem Umfange zu, z. B. für die Ostantarktis. Bereits in der Westantarktis machen sich die Aufragungen des subglazialen Reliefs in der Oberflächenform und der Bewegung bemerkbar. Beginn und Stärke der Einflußnahme sind sicherlich abhängig vom Verhältnis der Eismächtigkeit zur Höhe des Skulpturreliefs. Die Abgrenzung, ab wann man einen Deckgletscher dann zur einen oder anderen Gruppe zu rechnen hat, dürfte schwer fallen. Es scheint daher angebracht bei der Entscheidung dieser Frage dem Vorschlag von F. E. Matthes (1942) zu folgen, von übergeordneter Vergletscherung dann zu sprechen, wenn das Eis das Gesamtrelief verhüllt. Er bezeichnet diesen Zustand als Eiskappe. Alle anderen Vereisungen, angefangen von den Eisstromnetzen bis zu den Kleinformen der Wand- und Hangvereisung wären dann dem Typ der untergeordneten Vergletscherung zuzuordnen. Damit können auch die Piedmontgletscher (Vorlandgletscher) zu den Deckgletschern (übergeordnete Vergletscherung) gezählt werden, weil sie das Vorlandrelief vollständig bedecken. Dabei wird allerdings nicht berücksichtigt, ob das präglaziale Relief die Fließrichtung des Eises beeinflußt hat, wie es tatsächlich vielfach zutraf, oder nicht. Aus einer dem Relief untergeordneten Vergletscherung im Gebirge wird dann beim Austritt in das Vorland eine übergeordnete Vergletscherung, weil sich am Gebirgsrand das oben angeführte Verhältnis von Eis- zur Skulpturreliefmächtigkeit relativ zugunsten der Eisdicke verschiebt.

Die von J. K. Charlesworth (1957) aufgeführte Gruppe III (Tieflandgletscher) wird damit überflüssig. Es fällt sowieso schwer, regenerierte Gletscher oder Wandfußgletscher in diese Abteilung einzureihen. Nachfolgend werden die drei Haupttypen

1 Deckgletscher
2 Gebirgsgletscher
3 Übergangseis weiter gegliedert.

Ich folge hierbei im wesentlichen R. v. Klebelsberg (1948) und J. K. Charlesworth (1957). An erster Stelle werden die *Deckgletscher*, die das Relief ganz verhüllen, behandelt. Zu ihnen zählen die *kontinentalen Eisschilde (Inlandeise)*, *Piedmont-(Vorland-)Gletscher*, *Hochland-* und *Inseleiskappen* sowie *Plateaugletscher*.

Kontinentale Eisschilde. – R. E. Priestley (1922) und W. H. Hobbs (1911) sprechen von »continental glaciers«, auch *Inlandeise* genannt – finden sich heute in der Antarktis und auf Grönland. Die Antarktis, die zu 98% mit Eis bedeckt ist, hat eine Vergletscherungsfläche von 12,6 Mio km², Grönland von 1,80 Mio km². Beide Inlandeise umfassen zusammen 88% der vergletscherten Erdoberfläche. In den Kaltzeiten des Pleistozäns waren in Nordamerika (Laurentisches Eis) und in Nord- und Mitteleuropa (Fennoskandischer Eisschild) ebenfalls sehr große Inlandeise entwickelt. Bei der Ausdehnung und der großen Mächtigkeit der Eismassen wirkt der Untergrund kaum oder nur schwach auf die Großform der Eisoberfläche. Im allgemeinen sind die Inlandeise flache Kuppeln mit geringem Oberflächengefälle (*Tab. 51*, siehe auch Figur 80).

Höhenstufe [m]	Oberflächenneigung		
	maximale	mittlere	minimale
0 bis 1500	4° 03′	2° 01′ 00″	14′ 00″
1500 bis 2000	1° 21′	0° 20′ 30″	4′ 35″
2000 bis 2500	1° 01′	0° 16′ 00″	4′ 30″
2500 bis 3000	0° 11′ 20″	0° 09′ 00″	4′ 40″

Tab. 51 Mittleres, maximales und minimales Oberflächengefälle des grönländischen Inlandeises nach H. Hess (1933), aus J. K. Charlesworth (1957).

Das Eis grenzt entweder unmittelbar an das Meer (in der Antarktis auf einer Länge von 11 000 km) oder erreicht es über Auslaßgletscher (outlet-glacier). Eine charakteristische Erscheinung der Inlandeise ist der geringe Moränengehalt, da sie nur am Grunde, nicht aber durch Steinschlag von den umrahmenden Höhen Fremdmaterial erhalten. Die heutigen kontinentalen Eisschilde liegen nahezu in ihrer gesamten Ausdehnung im Bereich des Nährgebietes. In der Antarktis zählen selbst die Randbereiche dazu. Der Eisabbau erfolgt durch Kalbung bzw. Winddrift von Schnee in die umliegenden Meeresgebiete. Nur in Grönland gehören die tieferen Randlagen dem Ablationsgebiet an.

Ganz anders liegen die Ernährungsverhältnisse bei den zuerst von I. C. Russel (1885) erkannten *Piedmont-(Vorlandgletscher)*. Sie entstehen beim Austritt vom Talgletscher in ein nur wenig reliefiertes Vorland, wo die Eismassen den präglazialen Untergrund voll überwältigen. Die Oberflächen der Vorlandgletscher sind im Regelfall das Zehrgebiet eines ausgedehnten Eisstromnetzes im Liefergebiet eines Hochgebirges. Ein besonders schönes Beispiel dafür bietet der Malaspinagletscher in Alaska mit einer Fläche von 2680 km^2. Er ist ein reiner Vorlandgletscher nahe dem Meeresspiegel unterhalb der Firnlinie und wird durch das Eisstromnetz der Upper und Lower Seward Glacier in den St. Eliasketten gespeist (s. Figur 134). Deshalb wird bei Piedmontgletschern auch vom *Malaspina-* oder *Alaskatyp* der Vereisung gesprochen. (Es sei hier bemerkt, daß ich diesen Ausdruck ebenso wie viele andere der Lokalbezeichnungen nicht für sinnvoll halte. Piedmontgletscher kommen in Alaska vor, daneben aber auch viele andere Typen. Ich füge die Namen nur an, damit sie bekannt sind, wenn sie im Schrifttum auftauchen.) Piedmontgletscher waren während des Pleistozäns in den Vorländern vergletscherter Gebirge verbreitet. Heute trifft man sie nur in hohen Nord- und Südbreiten, z. B. an der Südküste Alaskas, im kanadischen Felsengebirge, Ellesmereland, Nowaja Semlja oder in Süd-Victorialand in der Antarktis an.

Hochland- und *Inseleiskappen* können zusammengefaßt werden. Sie sind nach J. K. Charlesworth (1957) eine Miniaturausgabe der großen kontinentalen Eisschilde und unterscheiden sich von ihnen durch Größe und Art der Ernährung. Hochland- und Inseleiskappen finden sich z. B. auf Peary-Land in Nordostgrönland, Baffinland, Severnaja Semlja, Franz-Josef-Land oder Nordostland im Spitzbergenarchipel. Nordostland zeigt dabei eine Gliederung in drei Eiskuppeln, das Westeis, Osteis und Südeis, die bis maximal 400 m aufragen und zusammen eine Fläche von 11 425 km^2 einnehmen. Wesentlich erscheint mir sowohl bei Hochland- wie Inseleiskappen, daß sie ein deutlich ausgeprägtes Relief überlagern. Dadurch unterscheiden sie sich von der nächsten, kleineren Dimension, den Plateaugletschern.

Plateaugletscher, benannt von E. Richter (1888), entstehen durch Schneeakkumulation auf einheitlichen, hochgelegenen, wenig geneigten Ebenheiten in Gebirgen. Ihre Ernährungslage ist im allgemeinen schlechter als bei Hochland- und Inseleiskappen. Im anderen Falle würden sie überfließen und kräftige Talgletscher ausbilden. So entsenden sie nur kurze Zungen über den Plateaurand. Auch die Eismächtigkeit ist wie beim Jostedalsbre in Norwegen mit 20 bis 40 m meist nur gering. Der Unterschied zwischen Hochlandeiskappe und Plateaugletscher liegt also in der Intensität der Vergletscherung. Zu Beginn der letzten pleistozänen Vereisung, als sich noch kein Inlandeis gebildet hatte, waren im norwegischen Fjellgebiet sicherlich Hochlandeiskappen vorhanden, die sich über mehrere Plateaus und ein flaches Tälerrelief hinweg erstreckten. Beim Zerfall des Eises am Ende der Kaltphase verschwand das Eis aus den Talregionen, übrig blieben Plateaugletscher, die auch bei einer Gletscherneubildung dort zuerst wieder entstehen. Da sich diese Art der Vergletscherung sehr häufig in Norwegen findet, sprach A. Heim (1885), später auch W. H. Hobbs (1911) vom *norwegischen Gletschertyp*. Er ist weit verbreitet in den ganzen arktischen Inselarchipelen, tritt aber auch in den Alpen, z. B. der Übergossenen Alm im Steinernen Meer, auf.

Bei der dem Relief untergeordneten Vereisung, der Gebirgsvergletscherung, werden *Eisstromnetze, Talgletscher, Kargletscher, Wandgletscher, Wandfußgletscher* und *regenerierte Gletscher* behandelt.

Eisstromnetze sind Ausdruck einer sehr kräftigen Vergletscherung. Sie sind Gemeinschaften von Talgletschern, wie es R. v. Klebelsberg (1948) ausdrückt, die über Wasserscheiden und Einsattelungen im Kammverlauf zusammenhängen. Gletschermassen erfüllen damit alle Täler und werden nur von Graten und Karlingen überragt. Ein großartiges Beispiel von Eisstromnetzen boten die Alpen zum Hochstand der pleistozänen Vereisungen. Rhône-, Rhein- und Inngletscher auf der Alpennordseite waren über Simplon- (2009 m), Gotthard- (2112 m), St. Bernhardin- (2063 m), Maloja- (1817 m) und Reschenpaß (1510 m) mit dem Tessiner-, Bergeller-, Veltliner- und Etschgletscher zu einer einzigen Eismasse vereint. Über andere *Transfluenzpässe*, den Fernpaß (1209 m), den Seefelder Sattel (1180 m), den Achenpaß (969 m) und das Inntal floß das Inneis zum nördlichen Alpenvorland, wo sich große Piedmontgletscher entwickelten. So stammt auch die Bezeichnung Eisstromnetz von der alpinen Eiszeitforschung und wurde von A. Penck und E. Brückner (1901 bis 1909) geprägt. Gespeist wurden die Eisströme aus den Firnmulden der hochgelegenen Flachformen. Nur eine kräftige Senkung der Schneegrenze gegenüber der heutigen, so daß die Firnströme selbst zum Teil Nährgebiet wurden, konnte eine derart ausgedehnte Vergletscherung hervorrufen. Heute sind Eisstromnetze nur mehr in hohen Nordbreiten, vor allem in Gebieten maritimen Klimas mit ausreichenden Niederschlägen entwickelt, wie im südlichen Alaska (St. Eliaskette), auf Nowaja Semlja oder Spitzbergen. Nach der weiten Verbreitung von Eisstromnetzen in Westspitzbergen wird diese Art der Vergletscherung auch *Spitzbergentyp* genannt. Man trifft ihn auch in den Gebirgen der Randantarktis und dem Tälerrelief Grönlands. Doch trägt er hier einen etwas anderen Charakter. Während in den Alpen im Eiszeitalter die Eisstromnetze ebenso wie heute in den Hauptverbreitungsgebieten der Arktis die Gebirge selbst Nährgebiet der

Abb. 54 Großer Aletschgletscher/Wallis von den Geistrittplatten aus aufgenommen als Beispiel eines Talgletschers. Die hellen Flächen im Hintergrund stellen einen Teil des Nährgebietes dar, die Zunge selbst (Blankeis) bildet das Zehrgebiet. (Aufnahme: 12.9.58, H. Widmer, VAW-ETH-Zürich).

282   Gletscher und Inlandeise

Gletscher waren und sind, das Eis dort autochthon ist, sind die Täler der Gebirge der Randantarktis, zum Teil mit Abflußmassen des Inlandeises erfüllt, also allochthonem Material. Die Vergletscherung im Gebirge selbst trägt bei den geringen Ausmaßen kaum etwas zur Ernährung bei.

Talgletscher kennzeichnen einen Zustand, bei dem die Vereisung weit weniger kräftig als im vorstehend genannten Fall ist. Die Eisströme einzelner Täler hängen über Wasserscheiden und Joche nicht mehr zusammen. Wohl ist aber die Ernährung noch so ausreichend, daß aus den Nährgebieten Zungen unterschiedlicher Länge und Mächtigkeit in die Täler vorstoßen. Die Pasterze am Großglockner, der Gurgler- und Hintereisferner in den Ötztaler Alpen, der Silvrettagletscher (Silvrettagruppe), Rhône-, Aletsch-, Gorner- oder Miagegletscher in den Westalpen, um nur einige bekannte Beispiele aus der Vielzahl der übrigen zu nennen, sind dafür Beispiele *(Abb. 54)*. Aufgrund der weiten Verbreitung in den Alpen wird diese Art der Vergletscherung auch als *alpiner Typ* angesprochen. Sie ist aber in allen Hochgebirgen der Erde von den äquatorialen Breiten bis zu den polaren Regionen vertreten. Die Ernährung des alpinen Talgletschertyps erfolgt aus einem oder mehreren Firnsammelbecken. Im Regelfalle vereinigen sich mehrere durch Mittelmoränen getrennte Talgletscher (siehe Figur 63, Hochjochferner) zu einem einzigen. Wie wichtig für die Entwicklung eines Talgletschers der Eiszustrom von Seitengletschern ist, zeigt die Zunge des Vernagtferners in den Ötztaler Alpen. Nur, wenn die benachbarten

Abb. 55   *Gornergletscher/Wallis als Beispiel eines dendritischen Gletschersystems. Zahlreiche Seitengletscher münden in den Hauptgletscher ein. (Aufnahme: 19.10.71, P. Kasser, VAW-ETH-Zürich).*

Guslar- und Vernagtferner gemeinsam vorrückten und sich unterhalb der heutigen Vernagthütte vereinten, kam es zu einer erheblichen Verlängerung der Gletscherzunge, die während des »little-ice-age« wiederholt bis ins Rofental zur Zwerchwand vorstießen und talauf jeweils einen See aufstauten. Die Vereinigung von Neben- und Haupttalgletschern bezeichnet W. H. Hobbs (1911) auch als *dendritisches Gletschersystem (Abb. 55 und 56).* Die acht längsten Gletscher Zentralasiens, die einzigen in außerpolaren Breiten,

Abb. 56 Der Susitnagletscher in der östlichen Alaska Range (Blick etwa gegen N) ist der voll ausgebildete Typ eines dendritischen Gletschers. Zahlreiche Nebengletscher münden in den Haupttalgletscher ein und vereinigen sich mit ihm. Vom Eisstromnetz unterscheidet er sich dadurch, daß die Gletschermassen die Wasserscheiden des Haupttales nicht überwältigen. Der stark gekrümmte, z. T. gezackte Verlauf der Mittelmoränen ist nach H. Ramberg, (J. Gl. Bd. 5, Nr. 38, S. 207–218) durch starke seitliche Pressungen zu erklären. (Aufnahme: Austin Post, US Geological Survey, am 3.9.1970).

deren Zungen länger als 50 km sind, der Fedschenko-, Siachen-, Inylchek-, Hispar-, Biafo-, Baltoro-, Batura- und Koc-Kaf-Gletscher gehören diesem System an. Von der Südhalbkugel wäre der Tasmangletscher zu nennen. Sonst treten sie weitverbreitet im südlichen Alaska auf. Beim alpinen Typ gehen die Gletscherzungen kontinuierlich aus den Firnfeldern hervor.

In Zentralasien gibt es aber mächtige Gletscherzungen, die keinen unmittelbaren Zusammenhang mit dem Nährgebiet haben. In diesem Fall werden die Zungen entweder durch steile Schlucht- und Rinnengletscher sowie zusätzlich durch Eislawinen aus einem über der Firnlinie gelegenem Nährgebiet gespeist (Batura-Gletscher Nordwest-Karakorum, s. Figur 138). Sie bezeichnete K. Östreich (1912) als *Mustagh-Typ* (Mustagh-Karakorum). Erfolgt die Ernährung fast ausschließlich durch Eis- und Schneelawinen von hohen, steilen Flanken, so spricht R. v. Klebelsberg (1922, 1926) vom *Turkestanischen Typ*, wie ihn der Shispar-Gletscher, ebenfalls Nordwest-Karakorum (s. Figur 139), vorstellt.

Kargletscher sind auf hochgelegene, glazial umgestaltete, von Wänden umrahmte Flachformen, die Karböden beschränkt. Viele der Alpengletscher haben im Laufe der vergangenen 50 Jahre ihre Zungen weitgehend verloren und sind so zu Kargletschern geworden. Dies ist nichts anderes als eine Folge der Tatsache, daß durch Anhebung der Firnlinie bereits ein Teil des ehemaligen Firnsammelbeckens zum Zehrgebiet geworden ist. Das Gletscherende liegt teilweise gerade auf der Karschwelle, so daß es durch die Gletscherbewegung zum Absturz von Eislawinen über die steilen Trogschlüsse kommen kann. Bei folgender Hebung der Schneegrenze schmelzen die Gletscher noch weiter zurück und halten sich nur mehr als schmaler Eissaum unmittelbar am Fuße der Karwände im Schutz der Wandschatten. Die Gletscher nehmen damit eine hufeisenförmige Gestalt an. Kargletscher sind demnach Ausdruck einer schwachen Vereisung eines Gebietes. Sie sind häufig z. B. in den Pyrenäen, besonders auf der Nordabdachung zwischen Garonnetal und dem Val d'Assone. Man spricht bei ihnen deshalb auch vom *Pyrenäen-Typ*.

Ebenso vielfältig wie die Wandgestaltung ist die *Wandvereisung*. Man trifft sie häufig an den steilen, hinreichend humiden hohen Flanken tropischer und subtropischer Gebirge, aber auch in den Alpen z. B. am Mt. Blanc oder am Hochfeiler (Zillertaler Alpen). H. Kinzl (1942) spricht vom *zentralandinen Gletschertyp*. Ebenso zur Wandvereisung sind die *Kegelberggletscher* an vulkanischen Aufragungen zu rechnen. H. Meyer (1902) führt aufgrund seiner Arbeiten am Kilimandscharo den Begriff *tropischer Gletschertyp* ein. Dabei soll nicht unerwähnt bleiben, daß er besonders an Vulkankegeln Alaskas, z. B. Ilamna-Peak, also gerade außerhalb der Tropen vielfach auftritt. Um eine meist auf polare Breiten beschränkte Vereisung handelt es sich bei den *Wandfußgletschern*. Zum Teil erheblich unter der Firnlinie wird durch Winddrift Schnee in solchen Mengen in Lee von Hängen und Wänden abgelagert, daß er im Lauf der Ablationsperiode nicht abschmilzt und langsam in Gletschereis umgewandelt wird. Man spricht deshalb auch von *Schneewehengletscher*. Perennierende Firnfelder in sehr tiefer Lage sind auch am Nordfuße von Wänden, wo Lawinenschnee vielfach das ganze Jahr liegen bleibt, bekannt.

Gelegentlich werden auch *regenerierte Gletscher* als eigener Typ herausgestellt. Bei ihnen ist durch eine Steilstufe im Relief der unmittelbare Zusammenhang im Eisnachschub unterbrochen. Der tiefere Teil der Gletscherzunge wird hier durch Eislawinen vom höher gelegenen ernährt. Im Grunde handelt es sich um eine Erscheinung, die fast ausschließlich bei Talgletschern auftritt. Mustagh- und Turkestanischer Typ sind dafür treffliche Beispiele.

Als letzte Gruppe von Gletschern sollen *Meergletscher* besprochen werden, also Eis, das in

Form von Gletscherzungen vom Land auf das Meer übertritt, und *Eisschelfe*, die als Gletschereis weitgehend auf Meeresgebieten selbst entstehen. In beiden Fällen ist am Eismassenabbau das Kalben von Eisbergen zum Teil wesentlich beteiligt. Das eigentliche *Meereis* wird im Rahmen des Bandes Geographie der Meere behandelt.

In Gebieten mit sehr niedriger Lage der Firnlinie können Gletscher auch in die angrenzenden Meeresgebiete vorstoßen. Dabei zeigen sich gleiche Typen wie auf dem Lande. Solange sich die Eismassen in vom Meer überfluteten Tälern bewegen, sind es Talgletscher. Sie sind häufig in Ostgrönland, besonders im Bereich der Dänemarkstraße zwischen Kap Brewster im Norden und Angmagssalik im Süden, wo neben zahlreichen kleinen der Stor Brae, Sorte Brae oder Steenstrup Brae als Auslaßgletscher des Inlandeises von König-Christian-IX.-Land das Meer erreichen. Aus Westgrönland seien hier der Umiamako-, Rink-, Ingnerit-, Lille- und Store-Karajak-Brae im Gebiet des Umanakfjordes oder der Jakobshavn-Brae in der Diskobucht erwähnt. Diese Erscheinung ist auch bei allen anderen arktischen Inselgruppen z. B. Spitzbergen, Franz-Josef-Land, Severnaja Semlja weit verbreitet. Sie findet sich auch an der Südküste Alaskas. Selbstverständlich erreichen Auslaßgletscher auch in der Antarktis das Meer. Sobald die Gletscher aber den Gebirgsrand verlassen und auf das Schelfgebiet übertreten, breiten sich ihre Zungen lobenförmig aus. Es entstehen Piedmontgletscher, die sich mit benachbarten zu einer großen Vorlandvereisung vereinen können.

Bei diesen in Meeresgebiete vorstoßenden Gletschern sind zwei Grundtypen zu unterscheiden. Entweder liegen die Eismassen auf dem Untergrund auf (aground), oder der Auftrieb im Wasser ist so groß geworden, daß sie schwimmen (afloat). Hinweise dafür, ob ein Gletscher dem Grund aufliegt oder schwimmt, kann man dem Verhältnis von Eiskliffhöhe über Wasser zur Wassertiefe an der Gletscherfront entnehmen. Ist der Betrag größer als rund $1/9$, wird der Gletscher aufsitzen, bei kleineren Werten aber schwimmen. Daß die großen eiszeitlichen Gletscher den Schelfen vor Grönland oder Spitzbergen auflagen, geht auch aus der Gestaltung des Untergrundes hervor. Die Trogformen des Gebirges setzen sich auf den Schelfen fort. Ferner ist deutlich zwischen einem *Rundhöckerrelief* und einem äußeren Rand mit *Wallendmoränen* zu unterscheiden. Sehr klar hat dies jüngst G. Sommerhoff (1973) für den Ostgrönlandschelf gezeigt. Bei schwimmenden Gletschern fehlt aber gegenwärtig eine glazigene Bearbeitung des Untergrundes ebenso wie deutliche Wallendmoränen.

Eine weitere Form der Meergletscher sind die *Eisschelfe*. Es handelt sich dabei nur zu einem sehr geringen Teil um gefrorenes Meerwasser an der Unterseite, sondern vielmehr um Firn- und Gletschereis, das durch Metamorphose von festem Niederschlag auf Meeresgebieten entstand. In bescheidenem Maße steuern auch zuströmende Gletscher vom Festland zu ihrer Ernährung bei. Eisschelfe sind vor allem in der Antarktis weit verbreitet, wo sie nach Ch. Swithinbank und J. H. Zumberge (1965) eine Fläche von 1,4 Mio km² einnehmen. Das Rosseis (530000 km²) und der Filchnereisschelf (400000 km²) sind die beiden größten. 7500 km der antarktischen Küste, mehr als $1/3$ der Gesamtküstenlänge, werden von Eisschelfen gebildet. In der Arktis sind Eisschelfe selten. Ihre Verbreitung beschränkt sich auf Nordgrönland und Ellesmereland.

Eisschelfe bilden sich in der Regel in großen Buchten des Inlandeises oder des Festlands, so daß nur eine Richtung freier Bewegung gegen das Meer bleibt. Es handelt sich im allgemeinen um schwimmende Eismassen, die an der landwärtigen Seite bis 1300 m mächtig sein können. Dort oder an Aufragungen des Untergrundes liegen sie dem Schelf auf. Seewärts nimmt ihre Dicke auf etwa 200 m ab *(s. Fig. 130)*. In den inneren Teilen werden sie außer durch festen Niederschlag und Gletscherzustrom auch noch durch Gefriervorgänge an der Unterseite ernährt. Der Abbau am äußeren Rand erfolgt durch Winddrift des auflagernden Lockerschnees, Bodenschmelzen, über das bisher nur wenig bekannt ist, und Kalben.

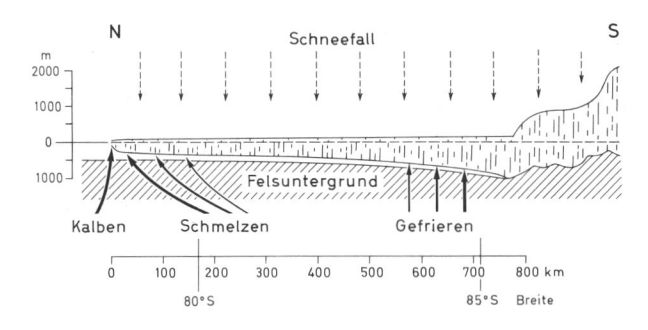

Fig. 130 Generalisierter Querschnitt entlang 168°W durch den Roßeisschelf. Aus C. Swithinbank u. J. H. Zumberge (1965).

Die *Seefront* bildet ein *Kliff* von im Mittel 30 m Höhe, die Werte schwanken zwischen 2 und 50 m. Während die niederen Kliffe allmählich auskeilen, kann sich bei den mächtigen eine submarine *Brandungsplattform* entwickeln *(ram)*. Die Oberfläche der Eisschelfe ist meist völlig eben und spaltenarm. Nahe dem äußeren Rand finden sich gelegentlich Depressionen, die durch divergierenden Eisabfluß erklärt werden. An Stellen, wo das Eis dem Untergrund aufliegt, treten leichte Aufwölbungen (ice rise) mit Spaltenbildungen auf. Zu Stauchungserscheinungen kommt es auch dort, wo Inlandgletscher einmünden. Die *Inlandgrenze* der *Eisschelfe* gibt sich meist dadurch zu erkennen, daß das Oberflächengefälle schwach zunimmt.

Bei im Meer endenden Gletschern und Eisschelfen erfolgt der Massenverlust vor allem durch *Eisabstoß* ins *Meer*. Diesen Vorgang bezeichnet man als *Kalben*, den Ort als *Kalbungsfront* (Abb. 56). Dabei entstehen *Eisberge*. Von der Antarktis sind die großen *Tafeleisberge* bekannt, die in stabiler Lage als flächige mehrere bis über 100 km² große Tafeln im Meer schwimmen, und in den wärmeren Gewässern niederer Breiten abschmelzen. Entsprechend der Lage der Eisschelfe in der Arktis gliedern sich die Tafeleisberge der antizyklonalen Strömung der Westarktis ein. Die »arktischen Inseln«, wie diese großen treibenden Eismassen auch genannt werden, tragen heute vielfach Forschungsstationen. Einen anderen Typ von Eisbergen liefern die Gletscher. Durch den Abbruch meist säulenförmiger Eismassen kentern die Eisberge durch ihre instabile Lage beim Kalben. Ein wichtiges Liefergebiet ist Westgrönland, von wo sie südwärts bis zur Neufundlandbank treiben, wenn sie nicht schon vorher an den Küsten Labradors gestrandet sind.

Über den Vorgang der Kalbung weiß man bis heute nur unzureichend Bescheid, obwohl es nicht an Theorien mangelt. Die unmittelbare Beobachtung ist wegen der Gefährlichkeit des Prozesses überaus schwierig. *Auftrieb* von Eismassen, *Abbiegen* durch Schmelzen, *Gezeiten-* und *Brandungswirkung* werden als die wichtigsten Ursachen angesehen. Sobald ein Gletscher in tieferes Wasser vorstößt und seine Verbindung zum Untergrund verliert, erfährt sein Zungenende einen Auftrieb, da Eis leichter als Salzwasser ist. Werden die Festigkeitsverhältnisse überschritten, so kommt es zum Abbruch von ganzen Frontteilen. Für einen stationären Gletscher bedeutet dies, daß das Kalben an einen festen Ort gebunden ist. Dabei entstehen die sogenannten großen *Eisberge*, deren mittlere Höhe zu etwa 60 m bestimmt wurde, mit Maximalwerten von über 130 m. Zweifellos spielen bei diesem

Typologie der Gletscher 287

Abb. 57 Kalbungsfront des Griesgletschers/Nufenenpaß/Schweiz im Griessee. Im Vordergrund einige angetriebene kleine »Eisberge«. (Aufnahme: 15.10.69, H. Siegenthaler, VAW-ETH-Zürich).

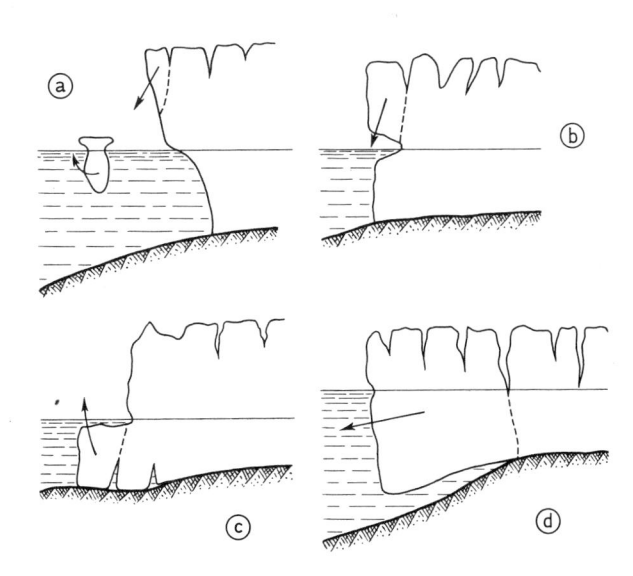

Fig. 131 Schematische Darstellung des Kalbungsprozesses an Gletscherfronten. a und b Entstehung von relativ kleinem weißen Kalbungseis wobei in a das Eis entlang untergeordneter Spalten abbricht, in b durch eine Brandungshohlkehle labilisiert wird. c zeigt den Aufstoß großer Eisblöcke aus dem Meerwasserbereich nach dem Archimedischen Prinzip und d den Abbruch ganzer Frontteile. Nach L. Lliboutry (1964).

288 Gletscher und Inlandeise

Vorgang auch Gezeitenwirkungen durch Hebung und Senkung des Wasserspiegels und dadurch ausgelöste Spaltenbildung im Gletscher ebenso eine Rolle wie kräftiger Wellengang und Dünung. Bei den Tafeleisbergen in der Antarktis hat man auch angenommen, daß durch Schmelzvorgänge am Untergrund des Außensaumes das entstehende Massendefizit zu einer Abbiegung der Front und damit zum Abbruch führen kann. Dies ist sicherlich auch nur eine Teilursache, die nur im Zusammenwirken mit Stürmen und Gezeiten das Kalben letztlich auslöst.

Von den großen Eisbergen ist das *weiße Kalbeis* zu unterscheiden. Kleinere Eistrümmer bis hin zu hausgroßen Brocken treiben stets in reichem Maße im Freiwasser vor den Gletscherzungen. Mit lautem Knall brechen diese Trümmer oberhalb der Wasserlinie ab. Hierbei spielt sicher die Brandungswirkung am Gletscherende eine Rolle.

E. v. Drygalski (1897) beschreibt noch eine dritte Art von Eisbergen, nämlich solche, die mit mächtigem Schwall aus dem Meer auftauchen. Er erklärt sie so, daß in der Tiefe Eis bis ins Meer vorgeschoben wird und unter Auftrieb losbricht. Diese Erscheinung könnte auch durch Aufstoß eines ice-ram, wenn die Brandungsplattform zu breit geworden ist, erklärt werden. Die unterschiedlichen Typen des Kalbens sind in *Fig. 131* schematisch dargestellt. 131a und b geben eine Vorstellung von der Entstehung des kleineren weißen Kalbeises, 131c zeigt den Aufstoß von großen Blöcken aus dem Unterwasserbereich und 131d das Kalben ganzer Frontteile.

3.7.1.2. *Geodätische Klassifikation*

Die im voranstehenden Kapitel dargestellten Gletschertypen wurden nach formalen Kriterien aufgestellt. Unterschiede der Formen lassen sich aber auch quantitativ fassen. H. W. Ahlmann (1948) nimmt dazu als einfachen Index die *hypsographische Kurve* der Gletscher. Bei ihr sind auf der Ordinate die Höhenstufen, auf der Abzisse die entsprechenden Flächenanteile aufgetragen. Die hypsographische Kurve verbindet dann als Summenkurve die zu entsprechenden Höhenintervallen Δz gehörigen Flächenanteile Δf. Es ist leicht einzusehen, daß die einzelnen hypsographischen Kurven verschiedener Gletscher nicht unmittelbar miteinander vergleichbar sind, da sich die gemessenen Gletscher in der Vertikalerstreckung und in der absoluten Flächenausdehnung zum Teil erheblich unterscheiden. Um diesen Nachteil zu meiden, geht man von *normierten* hypsographischen Kurven aus. Am Beispiel des Hintereisferners sei der Vorgang anhand *Tab. 52* erläutert.

Spalte a gibt die absoluten Höhenintervalle von 3700 bis 2350 m in 50 m Stufen. In Spalte b wurde die Untergrenze von 2350 zu 0 gesetzt und die Stufen in relativen Höhen angegeben. Der Hintereisferner erstreckt sich danach über 1350 m in der Vertikalen. In Spalte c sind die Flächen der einzelnen Höhenstufen und in d ihre Summen von 1350 bis 0 angegeben. In e bezeichnet z die einzelnen Höhenintervalle von 0 m, 50 m usw. bis 1350 m, Z die Gesamthöhe von 1350 m. In Spalte f sind die normierten Flächensummen $\Sigma \Delta f$, dividiert durch die Gesamtfläche F aufgeführt. Daraus ergibt sich die in *Fig. 132* dargestellte normierte hypsographische Kurve des Hintereisferners für das Jahr 1962. Durch die Überführung der absoluten Zahlenangaben in Prozentwerte erlangen alle noch so verschiedenen hypsographischen Kurven gleiche Dimension und werden leicht miteinander vergleichbar.

Typologie der Gletscher

Höhenintervall		zugehörige Flächenanteile		normierte Höhenstufe	normierte Flächensummen
absolut [m]	relativ [m]	f [km²]	f [km²]	$\frac{z}{Z} \cdot 100$	$\frac{f}{F} \cdot 100$
a	b	c	d	e	f
3700–3650	1350–1300	0,023	0,023	100,00–96,3	0,3
–3600	–1250	0,030	0,053	–92,6	0,6
–3550	–1200	0,030	0,083	–88,9	0,9
–3500	–1150	0,032	0,115	–85,2	1,2
–3450	–1100	0,087	0,202	–81,5	2,2
–3400	–1050	0,152	0,354	–77,8	3,8
–3350	–1000	0,268	0,622	–74,1	6,8
–3300	– 950	0,425	1,047	–70,4	11,4
–3250	– 900	0,435	2,482	–66,7	16,2
–3200	– 850	0,502	1,984	–63,0	21,6
–3150	– 800	0,697	2,681	–56,2	29,2
–3100	– 750	0,821	3,502	–55,5	38,1
–3050	– 700	0,795	4,297	–51,8	46,7
–3000	– 650	0,643	4,930	–48,1	53,6
–2950	– 600	0,651	5,581	–44,4	60,6
–2900	– 550	0,610	6,491	–40,7	70,5
–2850	– 500	0,511	6,702	–37,0	72,9
–2800	– 450	0,456	7,158	–33,3	77,8
–2750	– 400	0,590	7,748	–29,6	84,1
–2700	– 350	0,372	8,120	–25,9	88,2
–2650	– 300	0,398	8,518	–22,2	92,6
–2600	– 250	0,253	8,771	–18,5	95,3
–2550	– 200	0,171	8,942	–14,8	97,2
–2500	– 150	0,134	9,076	–11,1	98,6
–2450	– 100	0,086	9,162	– 7,4	99,6
–2400	– 50	0,036	9,198	– 3,7	99,8
–2350	– 0	0,005	9,203	– 0,0	100,0

Tab. 52 Umrechnung absoluter Höhen- und Flächenwerte für eine normierte hypsographische Kurve am Beispiel des Hintereisferners. Originalwerte für 1962 aus H. Hoinkes 1970.

Ahlmann geht bei seiner Auswertung noch einen Schritt weiter und führt die sogenannte *Normalkurve* ein. Er gelangt dazu, indem er die gesamte Vertikalerstreckung eines Gletschers in 10 gleiche Teile untergliedert und die zugehörigen Flächen bestimmt. Anhand von Figur 132 läßt sich diese Zuordnung leicht durchführen; die entsprechenden Schritte sind durch Pfeile markiert. Oberhalb des fünften Höhenintervalls (= 50%) liegen 50% der Fläche (dieser Wert ist ein Zufall), oberhalb des sechsten 27%. Aus der Differenz beider Werte ergibt sich 23% für das sechste Höhenintervall. Auf der Abszisse werden nun die Höhenintervalle (1 bis 10) und auf der Ordinate die zugehörigen Prozentanteile der Gletscherfläche aufgetragen *(Fig. 133)*. Diese Normalkurven geben sehr anschaulich die Flächenverteilung in den einzelnen Höhenstufen bei unterschiedlichen Gletscher-

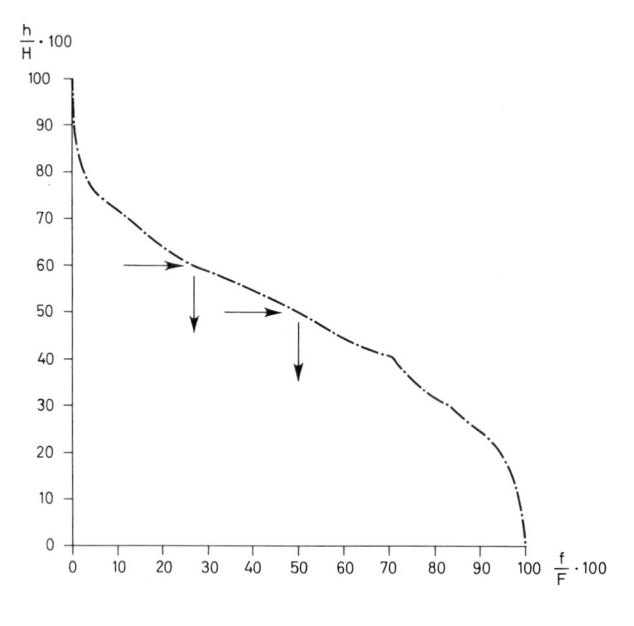

Fig. 132 Normierte hypsographische Kurve des Hintereisferners für 1962. Nach Werten bei H. Hoinkes (1970).

typen wieder. Die flache, kuppelförmige Aufwölbung der *Inlandeise* und ihr ziemlich abrupter, randlicher Abfall bedingen, daß die tieferen Höhenstufen, etwa 1 bis 5, unterdurchschnittlich, die anderen aber überdurchschnittlich an der Gesamtfläche vertreten sind. Die maximalen Flächenanteile liegen im Bereich der Intervalle 7 bis 9 (Figur 133 a). Das trifft zum Teil auch für die Talgletscher (Hintereisferner, Aletschgletscher) zu, doch ist bei ihnen das Maximum nicht so breit angelegt. Vor allem der Flächenanteil der Höhenstufe 10 ist weitaus geringer als bei Inlandeisen und Eiskappen, wo die Werte immer noch um 10% betragen, wie die Beispiele Grönländisches Inlandeis und Myrdalsjökull (Figur 133 a, aus A. Bauer, 1955/56) zeigen. Eine ganz ähnliche Flächenverteilung bieten *Eisstromnetze* bis auf die Höhenintervalle 9 und 10, die flächenmäßig nur gering am Aufbau des Gletschers beteiligt sind. Diese Eigenschaft haben sie gemein mit allen Talgletschern. Sie ist durch die Tatsache zu erklären, daß die Eisstromnetze und Talgletscher aus Karen gespeist werden, in deren höheren Teilen die Gletscheranfänge bereits in steilerem Relief liegen, also wenig Flächenausdehnung besitzen.

Bei den *Talgletschern* lassen sich verschiedene Typen erkennen (Figur 133 c u. d). Alle Normalkurven besitzen ein ausgeprägtes Maximum, dessen Lage jedoch zwischen den Höhenintervallen 1 bis 9 variieren kann. Das hängt davon ab, wie Zunge und Firngebiet entwickelt sind. Beim Hintereisferner steht eine sehr lange Zunge einem verhältnismäßig schmalem Firngebiet im Bereich der Weißkugel gegenüber. Als seitliches Nährgebiet ist nur jenes des Langtaufererjoch-Ferners zu nennen. Ganz anders sieht der Aletschgletscher aus, dessen Zunge aus vier weitausladenden Firnsammelbecken gespeist wird (s. *Fig. 136*) und zudem weiter unterhalb noch der Mittelaletschgletscher hinzustößt. Für die alpinen Talgletscher sind die Normalkurven (Figur 133 c) mit Maxima zwischen 5. bis 8. Höhenintervall typisch. Wesentlich verschieden davon sind jene Gletscher, deren kräftige Zungen unterhalb der Firnlinie aus relativ kleinen hochgelegenen Firnkesseln *(Firnkesseltyp, Mustagh-Typ)* oder von Eislawinen einer verbreiteten Flankenvereisung hoher Wände *(Lawinenkesseltyp, Turkestanischer Typ)* gespeist werden. Sie treten vornehm-

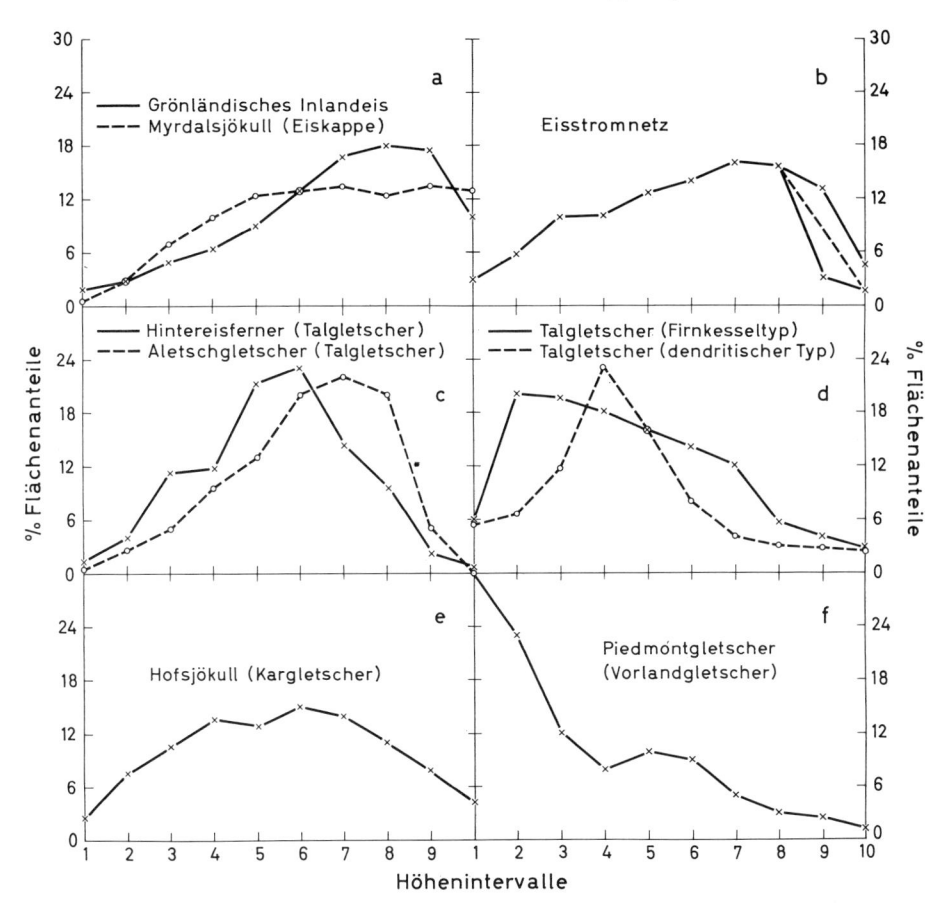

Fig. 133 *Normalkurven verschiedener Gletschertypen. Nach H.W.Ahlmann (1948) und A. Bauer (1955/56).*

lich in den Hochgebirgen Zentralasiens auf. Bei der großen Vertikalerstreckung, aber verhältnismäßig kleinem Areal des Nährgebietes sind die hochgelegenen Höhenintervalle gegenüber der flachen, ausgedehnten Zunge in den tieferen Stufen unterdrückt. Das Maximum des Flächenanteiles liegt so im zweiten und dritten Höhenintervall. Beim dendritischen Typ, bei dem sich mehrere Seitentalgletscher mit dem Hauptgletscher vereinen (Figur 133d), ist naturgemäß das mittlere Höhenintervall besonders stark vertreten. Sowohl das untere Zungenende des Hauptgletschers, wie auch die wieder steiler ansteigenden Firngebiete sind dagegen flächenmäßig unterdurchschnittlich vertreten.

Bei den *Kargletschern* zeigt die Normalkurve, wie das Beispiel Hofjökull nach A. Bauer (1955/56) lehrt, einen stark symmetrischen Verlauf. Die geringeren Flächenanteile der unteren und oberen Höhenintervalle werden durch Versteilung in diesen Bereichen erklärt.

Die Normalkurve der *Piedmontgletscher (Vorlandgletscher)* ist durch eine nahezu gleichsinnige Abnahme der Flächenanteile vom untersten zum obersten Höhenintervall gekennzeichnet. Dabei ist zu bemerken, daß man die auseinanderfließenden Vorlandgletscher mit Beginn höherer Erhebungen, wo sich nur verhältnismäßig schmale Zungen in den Tälern entwickeln können, enden läßt. Nur so ist die Flächenabnahme der höheren Bereiche zu verstehen.

Wie gezeigt werden konnte, liefern die formalen Gletschertypen Normalkurven, die sich charakteristisch gegeneinander absetzen, also für eine Unterscheidung herangezogen werden können. Sie erlauben ferner einen quantitativen Vergleich der am Aufbau in den einzelnen Höhenstufen beteiligten Flächenanteile auch gleicher Gletschertypen, sind also für eine Untergliederung nützlich.

3.7.2. Typisierung von Gletschern nach der Ernährungsweise

Im Laufe der vergangenen Jahrzehnte, als immer weitere Teile der vergletscherten Erde bekannt wurden, hat sich eine geradezu babylonische Sprach-(Begriffs-)Verwirrung bei der Benennung der Gletscher ergeben (H. J. Schneider 1962). Im Abschnitt über reliefbedingte Gletschertypen sind Bezeichnungen für Gletscher mit aufgeführt, die, worauf hingewiesen wurde, keineswegs immer sehr zutreffend sind. So z.B. beim tropischen Gletschertyp, der vorwiegend in den polaren und subpolaren Gebieten häufig ist. Auch Lokalnamen wie Mustagh-, Tibetanischer- oder Norwegischer Typ führen mehr zu Irrtümern, als sie einer logischen Erfassung nützlich sind. Aus diesem Grunde hat schon Ph. C. Visser (1937) darauf hingewiesen, daß es dringend erforderlich sei, zu einer einheitlichen, klar faßbaren Nomenklatur bei der Benennung von Gletschertypen zu kommen. Er schlägt vor, durch die Art des Nährgebietes die Gletscher zu charakterisieren. Diese Anregung hat H. J. Schneider (1962) aufgegriffen und Gletschertypen nach der durch Klima und Form des vereisten Gebietes bedingten Ernährungsweise geschaffen.

Er unterscheidet die beiden Grundformen *geschlossene* und *offene Gletschersysteme*. Geschlossene Systeme in Bezug auf die Ernährung sind solche, wo Nähr- und Zehrgebiet eine Einheit bilden. Das ist z.B. bei den alpinen Talgletschern und Kargletschern der Fall. Als *offene Systeme* stellt er jene hin, wo einzelne Gletscherzungen für sich oder auch Vorlandgletscher ohne Zusammenhang mit dem Gesamtnährgebiet betrachtet werden. Viele polare Gletscher tragen eigene Namen, obwohl sie vornehmlich aus einem zentralen Nährgebiet (Inlandeis, Eiskappe) gespeist werden und als sogenannte Auslaßgletscher abströmen. Es muß hier aber in Übereinstimmung mit Schneider auch darauf hingewiesen werden, daß Gletscherzunge nicht identisch sein muß mit Zehrgebiet. Die arktischen Gletscherzungen liegen fast ausschließlich in Gebieten mit positiver Massenbilanz, und auch das Eisstromnetz der Alpen war während des Hochstandes der Vereisung weitgehen dem Nährgebiet zuzurechnen.

Diese Gliederung in ein geschlossenes und offenes System ist einer Typisierung der Gletscher nach der Ernährungsweise nicht förderlich. Nähr- und Zehrgebiet, die bei allen Massenhaushaltsuntersuchungen zusammen betrachtet werden müssen, werden hier zerrissen. Der Malaspinagletscher (Fig. 134) ist in seiner Existenz ohne die Nährgebiete im Upper, Lower Seward- und Logan-Gletscher sowie ihren Tributären einfach nicht vorstellbar. Ob sich ein Vorlandgletscher in nur geringer Höhenlage über dem Meer entwickelt, ist von der Intensität der Vergletscherung abhängig. Der Vorlandlobus kann dabei von einem Eisstromnetz, einem kräftigen Talgletscher oder auch von überfließendem Inlandeis gespeist werden. In seinem Ernährungstyp ist er also der Gesamtvergletscherung zuzuordnen. Aus diesem Grunde werden die offenen Systeme hier nicht eigens behandelt.

Typologie der Gletscher   293

▓▓▓ Verlauf der Firnlinie im Schema

Fig. 134 Kombiniertes Firn-Eisstromnetz am Beispiel der Malaspina-Sewardgletscher/Alaska. Upper und Lower Sewardgletscher führen aus den hochgelegenen Einzugsgebieten Eis zum Fächer des Malaspinagletschers. Aus H.J.Schneider (1962).

Im einzelnen ergibt sich folgende Gliederung:
1 *Typ* der *zentralen Firnhaube* (Zf in *Tab. 53*). Das Nährgebiet bildet eine mehr oder weniger ausgedehnte Eiskuppel, die das Relief im Regelfalle überwältigt. Es handelt sich hierbei also um die übergeordnete Vergletscherung oder Deckgletscher. Vom zentralen Nährgebiet, das von der Firnlinie etwa konzentrisch umrahmt wird, können nach allen Seiten Gletscher abfließen *(Fig. 135)*. Zu diesem Typ gehören die großen Inland-

Gletscher	Gebirgsgruppe	Beob. Jahr	Fläche [km²]	Länge [km]	Schneegrenze [m]	Typ
Folgefonna	Südnorwegen	um 1945	264	10	310	Zf
Hardangerjökulen	Südnorwegen	um 1950	90	8,5	1600 bis 1800	Zf
Mt. Adams-Kalotte	Cascadengebirge	um 1906	6	5,5	2600	Zf
Großer Aletschgletscher	Berner Oberland	um 1940	113,4	25,5	2950	Fm
Gornergletscher	Walliser Alpen	um 1941	63,0	14,5	3200	Fm
Hintereisferner	Ötztaler Alpen	1967	9,0	7,0	2900	Fm
Seward-Malaspina-System	St. Eliaskette	1949	4275	ca. 100	900	Fs
Siachen-Gletscher	Ost-Karakorum	1919	1180	75	5200 bis 5600	Fs
Fedtschenko-Gletscher	Nordwest-Pamir	1929	828	72	4600 bis 4800	Fs
Baltoro-Gletscher	Zentral-Karakorum	1929	754	57	5400 bis 5600	Fk
Hispar-Gletscher	Nordwest-Karakorum	1939	326	47,5	4800 bis 5000	Fk
Batura-Gletscher	Nordwest-Karakorum	1954	290	57	5000	Fk
Östl. Garmo-Gletscher	Nordwest-Pamir	1928	153	28	460	Lk
Shispar-Gletscher	Nordwest-Karakorum	1959	30	16	5000	Lk
Höllentalferner	Wettersteingebirge	1950	0,25	0,85	2750	Lk

Tab. 53 Flächen und Zungenlängen von Gletschertypen. Zusammengestellt nach H. J. Schneider (1962) und H. Hoinkes (1970).

eise, Eiskappen, Inseleis ebenso wie die Plateaugletscher unbeschadet ihrer Flächenausdehnung. Entscheidend bei dieser Art der Vergletscherung ist, daß Vorrückungs- und Schrumpfungsphasen einzelner Gletscher nicht ohne Berücksichtigung der Massenumlagerungen im ganzen Nährgebiet zu erklären sind. Dabei können sich die Einzelzungen recht unterschiedlich verhalten, wie F. Wilhelm (1965) am Beispiel der Gletscher der Barentsinsel gezeigt hat.

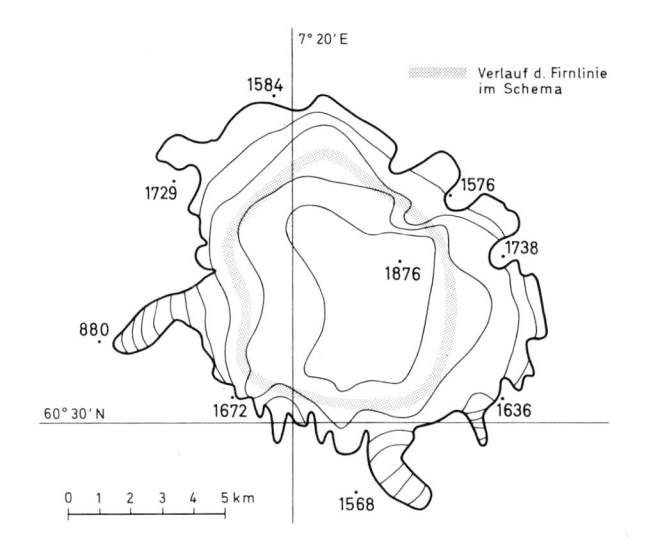

Fig. 135 Typ der zentralen Firnhaube am Beispiel Hardangerjökulen (Südnorwegen). Von einem zentralen Firngebiet strömen einzelne kleine Gletscherzungen radial ab. Aus. H.J. Schneider (1962).

2 *Firnmuldentyp* (Fm in Tabelle 53). Das Nährgebiet der Vergletscherung liegt in einer Flachform des Gebirges (Mulde, Kar, Wandstufe usw.). Dabei können sich die Eismassen auf die Hohlform selbst beschränken (Kargletscher) oder bei positiven Massenbilanzen eine Zunge ausbilden. Jeder Gletscher hat sein eigenes Nährgebiet. Wie am Beispiel des Hochjochferners gezeigt und in Fig. 136 am Großen Aletschgletscher dargestellt wurde, können aus verschiedenen Firnmulden stammende Einzelgletscher sich zu einer großen Zunge vereinen, wobei aber die Einzelströme durch Mittelmoränen voneinander getrennt bleiben. Für die Untersuchung der Massenbilanz ergeben sich hier insofern günstige Voraussetzungen, als Nähr- und Zehrgebiete verhältnismäßig leicht überschaubare Einheiten bilden.

3 *Firnstromgletscher* (Fs in Tabelle 53). Sie sind dem Firnmuldentyp ähnlich, nur gehören bei ihnen auch Teile der Zunge dem Nährgebiet an. Diese Tatsache ist durch eine Senkung der Schneegrenze zu erklären. Damit werden aber die Wachstumsbedingungen der Gletscher wesentlich gefördert. Die »Gletscherriesen« Zentralasiens und die meisten polaren Talgletscher gehören zu diesem Typ. Durch diese kräftige Ernährung entwickeln sich dendritische Gletscher *(Fig. 137)*, und letztlich überfluten die Eismassen Wasserscheiden, so daß Eisstromnetze entstehen. Auch bei ihnen handelt es sich um Firnstromgletscher. Es ist nicht einzusehen, weshalb H.J. Schneider (1962) einen eigenen Typ Eisstromnetz ausgliedert, denn in der Ernährungsweise hat sich qualitativ nichts geändert. Aufgrund der kräftigen Ernährung können sich auch Vorlandgletscher bilden (Figur 134).

4 *Firnkesselgletscher* (Fk in Tabelle 53). Das Nährgebiet dieser Gletscher bilden Firnkessel über der Schneegrenze. Sie erhalten ihren Nachschub nur in bescheidenem Maße durch unmittelbaren Niederschlag wie die Firnmulden (Typ 2). Vielmehr tragen dazu Schnee- und Eislawinen aus den steilen überragenden Felswänden bei. Der Baturagletscher im Nordwest-Karakorum kann als Beispiel dafür angeführt werden *(Fig. 138)*.

5 *Lawinenkesselgletscher* (Lk in Tabelle 53). Gegenüber dem Firnkesselgletscher beginnt der dynamisch zusammenhängende Lawinenkesselgletscher unterhalb der Firnlinie

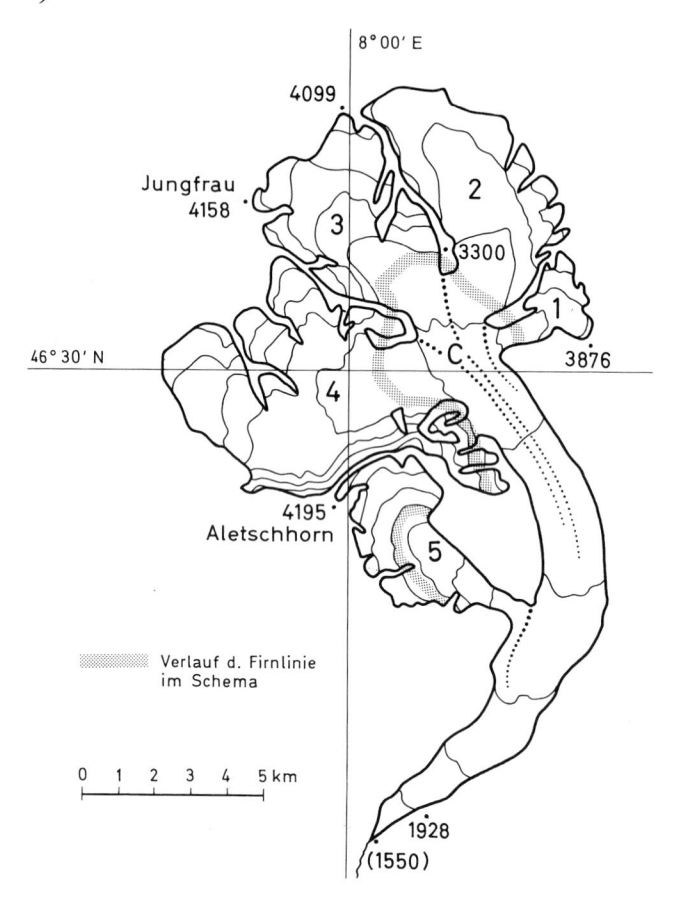

Fig. 136 Typ des Firnmuldengletschers am Beispiel Großer Aletschgletscher (Berner Oberland/Schweiz). Der Gesamtgletscher wird aus fünf Teilströmen zusammengesetzt, die von Gruneggfirn (1), Ewigschneefeld (2), Jungfraufirn (3), Großer Aletschfirn (4) und Mittelaletschgletscher (5) gespeist werden. C Concordiaplatz. Die gepunkteten Linien geben den Verlauf der Mittelmoränen und damit die Abgrenzung der einzelnen Teilströme wieder. Aus H.J. Schneider (1962).

in einem Sammelbecken, wo durch Eis- und Schneelawinen von den hohen Flanken die Speisung erfolgt *(Fig. 139)*.

6 Bei beiden vorher genannten Typen spielt die *Flankenvereisung* eine erhebliche Rolle. Sie sei deshalb als eigener Typ herausgestellt.

Tabelle 53 zeigt, daß zwischen den nach Ernährungsweise ausgeschiedenen Gletschertypen und der Vergletscherungsfläche enge Beziehungen bestehen. Es ergibt sich hinsichtlich der Flächenausdehnung eine fallende Reihe vom Firnstromtyp (Fs) über Firnkessel- (Fk) bis zu Lawinenkessel- (Lk) bzw. Firnmulden-Typ (Fm). Dabei können die Werte innerhalb weiter Grenzen schwanken. Die größten Vergletscherungsflächen finden sich beim Typ der zentralen Firnhaube (Zf), zu der die großen Inlandeise gehören. In Tabelle 53 sind jedoch Plateaugletscher aufgeführt, um die unterschiedlichen Dimen-

Typologie der Gletscher   297

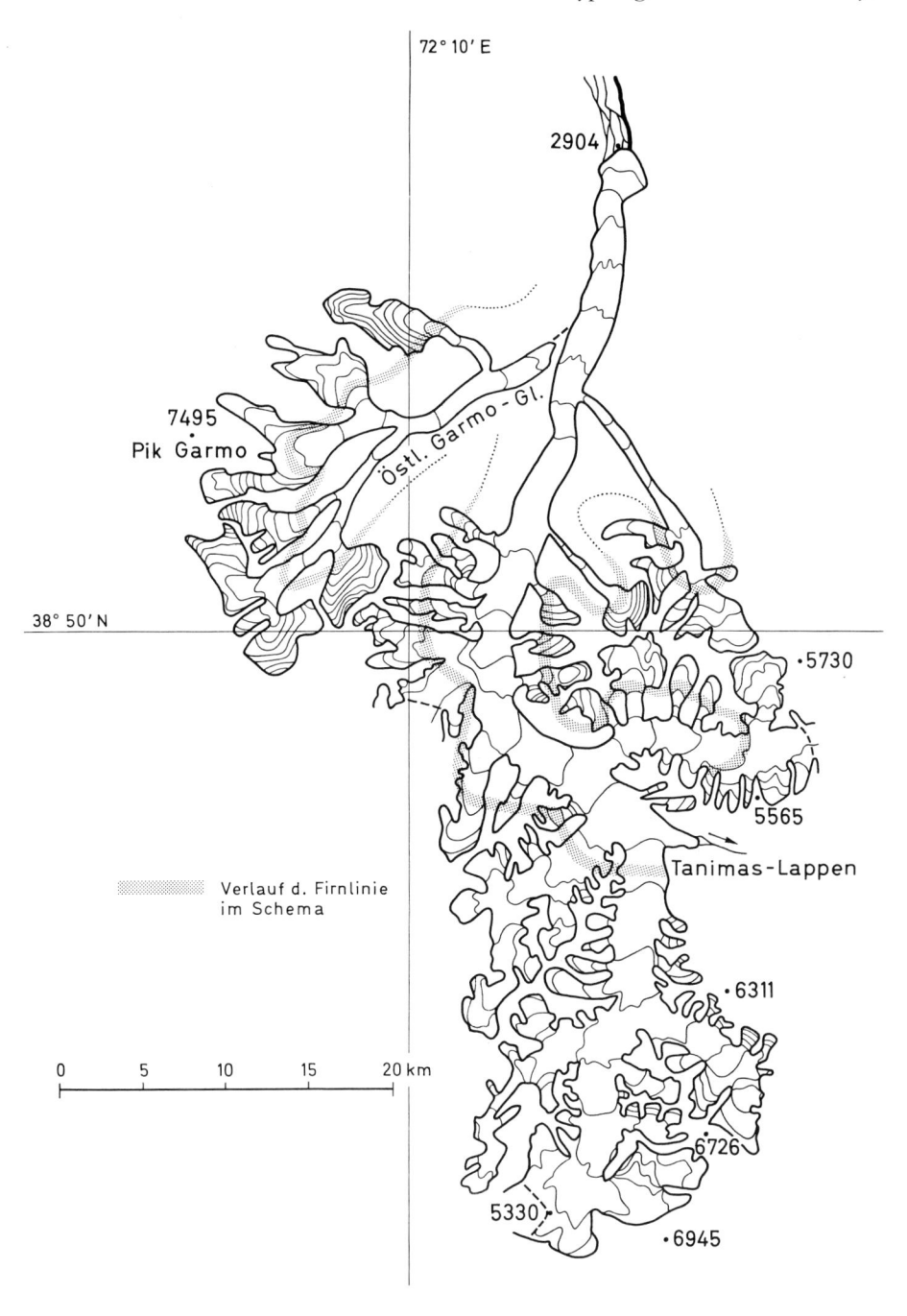

Fig. 137   Typ des Firnstromgletschers am Beispiel des Fedtschenkogletschers (NW-Pamir). Hier gehören entsprechend der Lage der Firnlinie auch noch Teile der oberen Gletscherströme dem Nährgebiet an. Aus H.J. Schneider (1962).

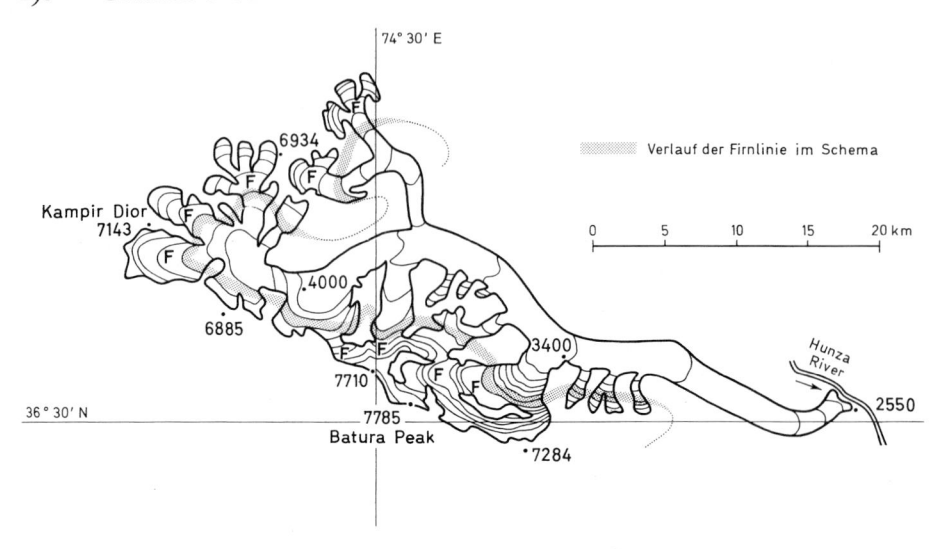

Fig. 138 Typ des Firnkesselgletschers am Beispiel des Batura-Gletschers (NW-Karakorum). Die in mehr als 5000 m über NN. gelegenen Firnkessel (F) bilden das Nährgebiet einer relativ flachen sehr ausgedehnten Zunge, die bis in die winterkalte Wüstensteppe nahe dem Hunzafluß reicht. Aus H.J.Schneider (1962).

sionen dieses Vergletscherungstyps zu zeigen. Flankenvereisung ist in der Tabelle nicht mit aufgenommen, da es dafür kaum verläßliche Meßdaten gibt. Wie leicht einzusehen, sind die Einzelflächen aber klein, da Wände nur eine eng begrenzte Vertikalerstreckung aufweisen.

Die Ernährung von Gletschern, und ihr Haushalt, kann auch noch auf andere Weise zur Typisierung herangezogen werden. H.W.Ahlmann (1933) geht dazu vom Massenumsatz, also von den Akkumulations- und Ablationsbeträgen aus. Bei sehr niedrigen Umsätzen von nur 100 bis 300 mm im Jahr an der Schneegrenze, wie sie im arktisch kontinentalen Klima auftreten, spricht er von *inaktiven Gletschern*. Mit Werten von 600 bis 1000 mm Auf- und Abtrag an der Schneegrenze sind die Bilanzgrößen im Bereich arktisch-maritimen Klimas wesentlich höher. Das sind die Nährgebiete der *aktiven Gletscher*. Als *sehr aktiv* bezeichnet Ahlmann Gletscher mit mehr als 1500 mm Umsatz im Jahr in den subarktisch-maritimen und maritim-temperierten Klimaten.

Entsprechend den Ergebnissen von Massenhaushaltsuntersuchungen kann auch zwischen *positiven* und *negativen Gletscherregimen* unterschieden werden (H.W.Ahlmann 1948). In dem einen Fall liegt ein Gewinn an Eis, im anderen ein Verlust vor. Gletscherteile, die den unmittelbaren Zusammenhang mit dem Nährgebiet verloren haben, werden als *Toteis* bezeichnet.

3.7.3. Digitale Gletscherklassifikation und Gletscherbeschreibung

Um eine möglichst große Vielfalt aussagefähiger Kriterien für die Auswertung in elektronischen Datenverarbeitungsmaschinen aufbereiten zu können, wurde von einer Kommission der Unesco unter Leitung von F. Müller eine *digitale Gletscherklassifikation* (UNESCO 1970) erarbeitet. Sie geht von sechs Hauptkriterien aus (Spalten 1 bis 6 in

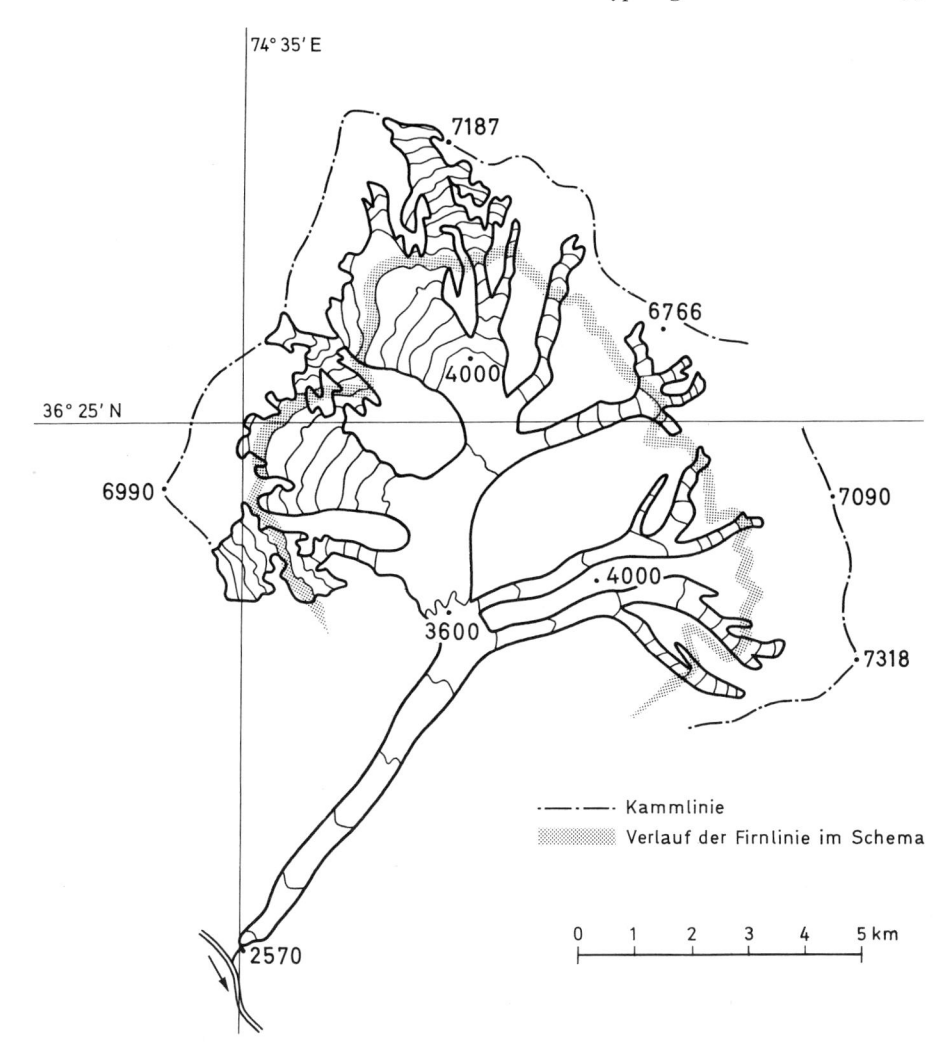

Fig. 139 Typ des Lawinenkesselgletschers am Beispiel des Shispar-Gletschers (NW-Karakorum). Ein zusammenhängender Firnstrom stellt sich erst unterhalb der sehr steilen Talwände in ca. 4900 m ein und besteht nach Lage der Firnlinie fast ausschließlich aus dem Zehrgebiet. Die Ernährung erfolgt durch Eis- und Schneelawinen der bis über 7000 m aufragenden begrenzenden Grate und Gipfel. Aus H.J. Schneider (1962).

Tab. 54): dem Gletschertyp, der Gletscherform, dem Aussehen der Gletscherfront, der Längsprofilgestaltung, Gletscherernährung und der Aktivität der Gletscherzunge. Jedes der Hauptkriterien erfährt eine weitere Unterteilung nach den Ziffern 0 bis 9.

Ziffer 1: Gletschertyp

Hierbei bedeutet:
0   Unsicher oder Mischform
1   Kontinentaler Eisschild von der Größe eines Kontinentes

2 Eisfeld, das ist eine flächenhafte Vergletscherung mit so geringer Dicke, daß sie die Topographie des Felsreliefs nicht völlig unterdrückt
3 Eiskappe ist eine kuppelförmige Vergletscherung mit radialem Eisabfluß
4 Auslaßgletscher und Gletscherabflüsse von Eisschilden oder Eiskappen, gewöhnlich Talgletscher, deren Einzugsgebiet aber nicht eindeutig abgrenzbar ist
5 Talgletscher folgen einem Talverlauf und besitzen ein eindeutig definierbares Einzugsgebiet
6 Gebirgsgletscher: Hierzu werden Kar-, Nischen- und Krater-Gletscher sowie die Flankenvereisung gerechnet
7 Gletscherflecke und Schneefelder: Darunter versteht man kleine Eismassen unregelmäßiger Form in Nischenlage und an strahlungsgeschützten Hängen, die sich aus der Akkumulation von Driftschnee, aus Lawinenschnee oder sehr kräftigen Niederschlägen in einzelnen Jahren entwickelt haben. Deutliche Fließstrukturen sind nicht erkennbar, so sind sie auch kaum von perennierenden Schneefeldern zu unterscheiden. Sie müssen im Minimum zwei Ablationsperioden überdauern
8 Eisschelfe sind schwimmende Gletschereistafeln von erheblicher Dicke in unmittelbarer Verbindung mit der Küste. Sie werden durch Gletscherzustrom, Schneeakumulation und gefrierendes Meerwasser an der Unterseite ernährt
9 Blockgletscher sind zungenförmige Anhäufungen von eckigem Blockwerk, das entweder von Eis, Firn oder Schnee durchsetzt ist oder einem Gletschereisrest aufsitzt. Sie bewegen sich langsam hangab.

Ziffer 2: Gletscherform

Hierbei bedeutet:
1 Eisstromnetz und dendritische Gletscher: Bei ihnen vereinigen sich einige Haupttalgletscher oder mehrere Seitental- mit einem Haupttalgletscher zu einem einheitlichen Gletscherstrom
2 Zusammengesetzter Gletscher: Aus mehreren Firnbecken in einem Haupttalschluß wird eine einheitliche Gletscherzunge gespeist. Beispiele hierfür sind der Aletschgletscher, Hochjochferner und viele andere mehr
3 Firnbeckengletscher entstammt einem einzigen, nicht weiter gegliederten Akkumulationsgebiet
4 Kargletscher: Er liegt ausschließlich in einem Kar und hat keine deutliche Zunge entwickelt
5 Nischengletscher sind kleine Gletscher in ursprünglich U-förmigen Rinnen oder Hangvertiefungen, die durch den Gletscherschurf erweitert wurden. Sie sind in der Regel häufiger als Kargletscher
6 Kratergletscher treten in erloschenen oder gegenwärtig nicht aktiven Vulkankratern auf, die über die Schneegrenze aufragen
7 Eisschürzen bilden sich an steilen Gebirgswänden und an Hängen. Sie sind meist nur geringmächtig
8 Eisgruppe: Darunter versteht man benachbarte kleine Gletschereisvorkommen, die zu klein sind, um sie einzeln zu behandeln
9 Toteis ist eine inaktive, von einem Gletscher stammende Resteismasse, die keinen Zusammenhang mit dem Nährgebiet besitzt.

Ziffer 3: Charakteristik der Gletscherfront

Hier bedeutet:
1 Piedmontgletscher ist ein Eiskuchen, der durch seitliche Ausbreitung eines Eisstromnetzes oder dendritischen Gletschersystems im Gebirgsvorland entsteht
2 Gebirgsfußgletscher. Er ist dem Piedmontgletscher ähnlich, aber kleiner und kann sich auch innerhalb des Gebirges entwickeln, wenn eine Gletscherzunge in ein breites Haupttal mündet. Es handelt sich hier um einen Eisfächer, der sich ausbreitet, sobald die einengenden Talflanken fehlen
3 Eisloben sind breite rundliche Ausstülpungen von Inlandeismassen oder Eiskappen, die nicht als Auslaßgletscher im Sinne eines Talgletschers eingestuft werden können. Derartige Eisloben fanden sich während der Eiszeit vielfach am Südrand der nordischen Inlandvereisung. Die Boddenküste an der Ostsee zeichnet den Verlauf der Eisloben nach. Typische Auslaßgletscher finden sich dagegen in E- und W-Grönland
4 Kalbende Gletscher: Die Gletscherfront ist hier gekennzeichnet durch den Abbruch von Eismassen in Seen oder das Meer. Es entstehen Eisberge
5 Sich berührende, aber nicht zusammenfließende Gletscherzungen. Gelegentlich tritt der Fall ein, daß ein Nebentalgletscher gerade auf einen Haupttalgletscher trifft, sich aber nicht zu einem komplexen Gletscherstromgefüge vereint. Diese Ausnahmesituation soll hiermit erfaßt werden.

Ziffer 4: Längsprofilentwicklung

Hierbei bedeutet:
1 Gleichmäßig. Das Längsprofil des Gletschers kann leicht gestuft sein, es treten aber keine markanten Gefällsversteilungen auf
2 Hängegletscher hängen mit ihren Enden über einem Bergabbruch oder ihre Front hat gerade die Mündung eines Hängetales beziehungsweise den steilen Trogschluß erreicht
3 Kaskaden: Darunter versteht man merkliche Gefällsversteilungen an einem Längsprofil, die mit dem Aufreissen von großen Spaltensystemen und der Bildung von Séracs verknüpft sind
4 Eisbruch: Er tritt bei regenerierten Gletschern im Längsprofil auf. Oberes Nährgebiet und unteres Zungengebiet bilden keine dynamische Einheit, sondern sind durch den Eisbruch über einer sehr kräftigen Gefällsversteilung getrennt.

Die Bezeichnungen der Ziffern 5 und 6, Gletscherernährung und Zungenaktivität, bedürfen keiner weiteren Erläuterung, sie ergeben sich aus Tabelle 54 von selbst.
Durch diese Aufgliederung der Gletschercharakteristika in einem Ziffernschlüssel ist es möglich, alle genannten Merkmale auf einer Lochkarte zu speichern. Der Vergleich von Einzelgletschern oder vergletscherter Areale wird mit Hilfe der Rechenmaschinen wesentlich beschleunigt. Der Ausdruck 5, 1, 1, 1, 1, 5 würde somit etwa der Ausbreitung der Vorlandvergletscherung nördlich der Alpen während des Würmmaximums entsprechen. Die Ziffernfolge 5, 2, 0, 1, 1, 1 dagegen kennzeichnet den Hochjochferner in den Ötztaler Alpen. Da im Gletscherkataster noch sehr viel mehr Kriterien auf Lochkarten gespeichert werden, ist der Einsatz elektronischer Rechenmaschinen für die Auswertung eines weltweiten Materials auch gerechtfertigt.

Ziffer 1 Primary Classification / Gletschertyp	Ziffer 2 Form / Gletscherform	Ziffer 3 Frontal Characteristic / Gletscherfront	Ziffer 4 Longitudinal Profile / Gletscherlängsprofil	Ziffer 5 Nourishment / Gletscherernährung	Ziffer 6 Activity of tongue / Aktivität d. Gl.-Zunge
0 Uncertain or miscellaneous / Zuordnung unsicher bzw. Mischformen					
1 Continental ice sheet / Kontinentaler Eisschild	Composed basins / Eisstromnetz u. dendritische Gletscher	Piedmont / Piedmontgletscher	Even, regular / gleichmäßig	Snow and/or drift / Schneefall u. Triebschnee	Marked retreat / deutlicher Rückgang > 20 m/Jahr
2 Ice-field / Eisfeld	Composed basin / Zusammengesetzter Gletscher	Expanded foot / Gebirgsfußgletscher	Hanging / Hängegletscher	Avalanche ice and/or avalanche snow / Eis- u. Schneelawinen	Slight retreat / Leichter Rückgang < 20 m/Jahr
3 Ice cap / Eiskappe	Simple basin / Firnbeckengletscher	Lobed / Eisloben	Cascading / Kaskaden	superimposed ice / aufgefrorenes Eis	Stationary / stationär
4 Outletglacier / Auslaßgletscher	Cirque / Kargletscher	Calving / kalbende Gletscher	Ice-fall / Eisbruch	—	Slight advance / leichtes Vorrücken < 20 m/Jahr
5 Valley glacier / Talgletscher	Niche / Nischengletscher	Coalescing, non contributing / sich berührende Gletscher	—	—	Marked advance / deutliches Vorrücken > 20 m/Jahr
6 Montain glacier / Gebirgsgletscher	Crater / Kratergletscher	—	—	—	Possible surge / möglicher Surge
7 Glacieret / Gletscherflecke	Ice aprons / Eisschürzen	—	—	—	Known surge / bekannte surges > 500 m/Jahr
8 Ice shelf / Eisschelf	Groups of small units / Eisgruppen	—	—	—	Oscillating / oszillierend
9 Rock glacier / Blockgletscher	Remnant / Toteis	—	—	—	—

Tab. 54 Schema der digitalen Gletscherklassifikation nach UNESCO (1970). Erläuterung der Einzelbegriffe im Text.

3.7.4. Thermische Klassifikation von Gletschern

Ideen zu einer *thermischen Klassifikation* von Gletschern sind unabhängig voneinander von M. Lagally (1932) und von H. W. Ahlmann (1935) entwickelt worden. Die grundlegende Gliederung in *temperierte* (Lagally spricht von *warmen*) Gletscher und *kalte* oder *polare*, bei denen *hochpolare* ohne und *subpolare* mit saisonalem Schmelzwasser ausgeschieden werden, wurden bereits auf S. 278 erwähnt. Dadurch wird ein Zustand in allgemeinen Zügen zwar charakterisiert, doch ist diese Einteilung für eine feinere Differenzierung der Kryosphäre nicht unmittelbar zu verwenden. Bereits im Kapitel über die Entstehung von Gletschereis (3.1.1., s. auch Figur 57) wurde gezeigt, daß an seiner Bildung sehr unterschiedliche Prozesse der Metamorphose wirksam werden, je nachdem es sich um trockenen (kalten) oder nassen Schnee handelt. Diese thermodynamischen Bedingungen eignen sich nach P. A. Schumskii (1965) sehr gut zu einer geographischen, regional bestimmten Klassifizierung der Gletscher. Gerade die regionale Differenzierung der Eisbildungsprozesse lassen es geraten erscheinen, in einem Lehrbuch der Allgemeinen Geographie die Gedanken Schumskii's etwas weiter auszubreiten.

In den tieferen Lagen der temperierten Klimate kommt Eis nur in den kalten Jahreszeiten vor. Es entsteht entweder durch Gefrieren von flüssigem Wasser *(Wassereis)* oder durch sehr rasche Schmelzmetamorphose aus Schnee (Schneeglätte). Hierzu zählen das Eis der Flüsse und Seen ebenso wie Glatteis oder die dünnen Schmelzeishorizonte am Grunde, innerhalb und auf einer Schneedecke. Hier ist bei der Eisbildung in jedem Falle fast ausschließlich flüssiges Wasser beteiligt. Diese jahreszeitlichen Erscheinungen werden hier nicht berücksichtigt, und ich beschränke mich auf die Verhältnisse der Gletscherregion, wo Schnee und Eis über viele Jahre erhalten bleiben.

In den vergletscherten Gebieten entsteht Eis auf dreifache Weise:

1 durch *Umkristallisation*
2 durch *Infiltration* von Schmelzwasser in Schnee und Gefrieren sowie
3 durch vorwiegendes *Gefrieren* von reinem *Schmelzwasser*.

Die Bildung der drei Eisarten ist an streng definierte Voraussetzungen geknüpft. Durch *Umkristallisation* entsteht Eis aus Akkumulation von festem atmosphärischem Niederschlag ohne Beteiligung von Schmelzen. *Infiltration* führt zur Eisbildung unter der Voraussetzung, daß

a) ein hinreichender Rest von ungeschmolzenem Schnee (Firn) verbleibt.
b) durch Wärmezufuhr Schmelzwasser entsteht, das die Poren des Restschnees erfüllt und
c) daß ein Frostgehalt (cold content) der Altschneedecke oder tieferer Firnschichten zu einem Wiedergefrieren des Schmelzwassers führt.

Schmelzwassereis (aufgefrorenes Eis, superimposed ice) entsteht, wenn

a) die Wärmezufuhr so groß ist, daß ein großer Teil des festen Niederschlags einschließlich der tieferen Firnschichten schmilzt oder von der Eisoberfläche Schmelzwasser abfließt und
b) eine hinreichende Kältereserve vorhanden ist oder durch eine neuerliche Abkühlung das Schmelzwasser wieder gefriert.

Im einzelnen unterscheidet P. A. Schumskii (1965)
1 die *Umkristallisationszone*
2 die *Umkristallisations-Infiltrationszone*
3 die *kalte Infiltrationszone*
4 die *warme Infiltrationszone*
5 die *Infiltrationsaufeiszone*
6 die reine *Wassereiszone*
7 die *saisonale Wassereiszone*

All diese Zonen weisen eine typische geographische Verbreitung in Abhängigkeit vom Klima, besonders den kontinentalen und maritimen Einflüssen auf, und führen so zu einer Differenzierung der Vergletscherungsgebiete.

3.7.4.1. Die Umkristallisationszone

Die Lage der *Umkristallisationszone* ist identisch mit dem Verbreitungsgebiet von permanent *kaltem Schnee*. Das ist nur in sehr kalten Gebieten der Fall, wo die absoluten Maxima der Lufttemperatur 0 °C niemals überschreiten. Die Energiebilanz dieser Bereiche ist dadurch gekennzeichnet, daß die jährliche Summe von Wärmegewinn und Wärmeabgabe gleich ist. Die Materialbilanz ist dadurch charakterisiert, daß die Nettoakkumulation (A) der Menge des gefallenen Niederschlags ($N = N_{sol}$) entspricht. Die bei tiefen Temperaturen geringen *Verdunstungsverluste* werden durch *Sublimation* wieder ersetzt. Eine wesentliche Rolle für die Aufrechterhaltung der niedrigen Temperaturen kommt dabei dem *Selbstverstärkungseffekt* durch die hohe *Albedo* zu. Ein Vergleich von Mitteltemperaturen der Station Eismitte und Werchojansk *(Tab. 55)* zeigt, daß in den dauernd schneebedeckten Gebieten bei gleichen Wintertemperaturen vor allem die Sommer und damit auch das Jahresmittel kälter sind.

Mitteltemperatur	Eismitte (Grönland) 71° 11' N, 39° 54' W	Werchojansk 67° 5' N
wärmster Monat	−13,7 °C	+15,5 °C
kältester Monat	−51,0 °C	−50,1 °C
Jahresmittel	−32,5 °C	−15,9 °C

Tab. 55 Vergleich ausgewählter Lufttemperaturmittel von Station Eismitte und Werchojansk (aus P. A. Schumskii 1965).

Die Oberfläche dieser Gletschergebiete wird, da Schmelzen niemals auftritt, von Schnee gebildet. Massenverluste treten nur durch Winddrift auf. Die Firnifikation und Eisbildung erfolgt durch Umkristallisation und Setzen unter Überlagerungsdruck sehr langsam. Die Firn-Eis-Grenze liegt in einer Größenordnung von 30 bis 50 m unter der Oberfläche. An Hängen, wo eine zusätzliche Bewegung auftritt, ist Eis schon in geringerer Tiefe anzutreffen. Das Verbreitungsgebiet der Umkristallisationszone ist die Antarktis einschließlich der Eisschelfe mit Ausnahme einer schmalen Küstenzone, die zentralen Teile des grönländischen Inlandeises sowie Hochregionen subtropischer Gebirge, die erheblich über der Firnlinie liegen. R. Finsterwalder (1937) nimmt dafür die Höhenstufen ab 5800 m an, P. A. Schumskii (1965) glaubt, daß sie dort erst bei 7000 m oder noch höher beginnt. Eine Sonderform der Umkristallisationszone findet sich in hohen Lagen sehr trockener subtropischer und tropischer Breiten. Entsprechend der geringen Luftfeuchtigkeit fällt selbst bei hohem Strahlungsgewinn kein Schmelzwasser an. Der Schnee verdunstet. Die Umwandlung von Schnee zu Firn erfolgt sehr rasch, aber ohne Beteiligung von Schmelzwasser. Dies ist der Bereich der Büßerschneeformen (nieve penitentes) (siehe Kapitel 2.5.).

3.7.4.2. Die Umkristallisations-Infiltrationszone

Sie ist vor allem in Grönland bekannt, nicht aber von der Antarktis, und läßt sich dort gegen die reine Umkristallisationszone nicht scharf abgrenzen. Dies ist leicht aus den beteiligten Prozessen einzusehen. In Gebieten, die von der atmosphärischen Zirkulation mit erhöhtem Wasserdampfgehalt überstrichen werden, kommen stets feinverteilte, unterkühlte Wassertropfen auch bei tiefen Temperaturen vor, die bei Kondensation an der Schneeoberfläche gefrieren und eine sehr dünne Eishaut bilden. Damit tritt erstmals eine Stratifizierung sonst sehr homogener Schnee- und Firnschichten auf. Auf dem grönländischen Inlandeis sind wiederholt bis 3030 m Höhe Eiseinlagerungen im Schnee gefunden worden. Sie erklären sich dadurch, daß man auf der nördlichen Eiskappe noch in 3100 m Höhe Lufttemperaturen von $+0,5\,°C$, auf der südlichen in 2700 m sogar $+5\,°C$ gemessen hat. Durch Temperaturschwankungen können also die Temperaturen bis in diese Höhe den Schmelzpunkt überschreiten und so zur Bildung von Eislamellen führen. Aber erst ab einer Höhenstufe von 2000 m und tiefer werden Eislagen häufiger, so daß man in dieser Höhe die Grenze der Umkristallisations-Infiltrationszone ansetzen kann. Ihr Verbreitungsgebiet ist gekennzeichnet durch Jahresmittel von $-20°$ bis $-25\,°C$, mit Mittelwerten des wärmsten Monats von $-4°$ bis $-7\,°C$.

3.7.4.3. Die kalte Infiltrationszone

Die wesentlichen Voraussetzungen für die *kalte Infiltrationszone* sind, daß
1 durch Schmelzen in der warmen Jahreszeit und durch flüssige Niederschläge (N_{liq}) Wasser für die Infiltration bereitsteht, und daß
2 die Schnee- und Firnschichten Temperaturen unter dem Gefrierpunkt aufweisen.

An der Obergrenze des Verbreitungsgebietes der kalten Infiltrationszone wird zunächst der Schmelzwasseranfall nur minimal sein, und das infiltrierende Wasser gefriert sofort wieder zu einer dünnen Eisschicht. Der darunterliegende Schnee des gleichen Jahresstratums bleibt aber davon unbeeinflußt. Das gleiche geschieht in jeder nachfolgenden Jahresschicht von Schnee. In diesem Falle sind reine Schneeschichten von Eislamellen durchsetzt und lassen eine Stratifizierung in *Jahreslagen* zu. An der Obergrenze des Verbreitungsgebietes hört infolge jährlicher Unterschiede im Witterungsablauf die regelmäßige Schmelzwasserbildung auf und man gelangt in die Umkristallisations-Infiltrationszone (Abschnitt 3.7.4.2.). Wird jedoch in tieferen Lagen die sommerliche Wärmezufuhr größer und tritt gelegentlich auch flüssiger Niederschlag (N_{liq}) auf, so ist ab einer bestimmten Schmelzwasser- und Regenmenge das ganze Jahresstratum durchfeuchtet. Der Anteil an flüssigem Wasser gefriert aber wieder. Dadurch entsteht *Regelationsfirn* mit relativ raschem Wachstum der einzelnen Firnkörner. Eine Trennung von Eislamellen und unbeeinflußtem reinem Schnee fehlt also in dieser Zone. Bei noch höherem Wasserangebot wird die *Kältereserve* der Jahresschicht nicht mehr ausreichen, um es als Eis zu binden, und das Wasser sickert in tiefere Straten ein, wo es bei den noch vorhandenen negativen Temperaturen gefriert. Erst an der Untergrenze der Verfirnungszone bildet sich dann eine Eislage aus.

Aus der Beschreibung der vorgefundenen Verhältnisse folgt, daß der verbleibende *Akkumulationsüberschuß* (A) gleich dem *Gesamtniederschlag* (N) ist, A = N, da kein Schmelzwasser abfließt, sondern in der Firnschicht wieder gefriert. Die minimalen Verdunstungsverluste werden durch Kondensation und Sublimation ersetzt. Beim Gefrieren des infiltrierten Wassers wird die *latente Schmelzwärme* von 80 cal/g frei und erhöht die Temperatur der betroffenen Firnschicht. Ist ϱ die *Ausgangsdichte* des Firns, $\Delta\varrho$ die durch Infiltration bewirkte *Verdichtung*, so ergibt sich der Betrag der *Temperaturerhöhung* (Δt) unter Berücksichtigung einer latenten Schmelzwärme von 80 cal/g und einer *spezifischen Wärme* des Eises von 0,5 aus der Gleichung

$$\Delta t = \frac{80 \Delta\varrho}{0,5 \varrho} = 160 \frac{\Delta\varrho}{\varrho}.$$

Unter der Voraussetzung, daß es sich in thermischer Hinsicht um ein stationäres System handelt, müssen sich die Summen von *Wärmegewinn* (W) und *Wärmeabgabe* (F) die Waage halten. Bei der Energiezufuhr sind zwei Komponenten zu unterscheiden
a) der Wärmegewinn (W) vornehmlich durch Strahlung und fühlbarem Wärmestrom
b) die latente Schmelzwärme, die durch flüssige Niederschläge (N_{liq}) zugeführt wird.
Der Gesamtniederschlag setzt sich also aus einer festen (N_{sol}) und einer flüssigen (N_{liq}) Phase zusammen, $N = N_{sol} + N_{liq}$. Für den Wärmehaushalt folgt daraus die Gleichung

$$W + 80\, N_{liq} = F.$$

Aus dieser Überlegung lassen sich nun die klimatologischen Grenzbedingungen für die Verbreitung dieser Zone ableiten. Bezeichnet F_T den *Frostgehalt* der Firndecke, W_T jenen Anteil an zugeführter Energie, der zum Schmelzen verwendet wird, und $80\, N_{liq}$ die latente Wärme des flüssigen Niederschlags, so gilt die Beziehung

$$0 \ll W_T + 80\, N_{liq} < F_T.$$

Mit Worten ausgedrückt bedeutet dies, daß die Summe von Schmelzwasseranfall und flüssigem Niederschlag erheblich von Null verschieden sein muß, daß aber die beim Wiedergefrieren frei werdende Schmelzwärme den Betrag des Frostinhaltes des Gesamtstratums nicht überschreiten darf. Je nach den Klimabedingungen werden 20 bis 40 m Firnschicht von Schmelzwasser durchsetzt. Darunter treten durchweg negative Temperaturen auf.

Diese Ausführungen geben auch einen Hinweis, wie groß der Schmelzwasser- und Regenanteil relativ zur Jahresschneemenge sein darf, ohne daß es zur Änderung des thermischen Systems kommt. Wie gezeigt wurde, ist in der kalten Infiltrationszone der jährliche *Akkumulationsüberschuß* (A) = $N = N_{sol} + N_{liq}$. Das infiltrierende Schmelz- und Regenwasser führt nun in den tieferen Lagen zu einer Verdichtung des Firns. Als Maß (δ) für die Verdichtung wird das Verhältnis der Differenz der Enddichte (ϱ_u) minus Ausgangsdichte (ϱ_o) zur Enddichte genommen, $\delta = (\varrho_u - \varrho_o)/\varrho_u$. Für die Firndichte nahe der Oberfläche können Werte um 0,48 angenommen werden, in der Tiefe beim Übergang zu Eis 0,80. Daraus errechnet sich eine Verdichtung von 0,4, die ohne Setzen, rein durch Infiltration zustandegekommen ist. Bei noch höherer Verdichtung würde reines, wasserundurchlässiges Eis entstehen, an dessen Oberfläche bei erhöhter Infiltration Abfluß erfolgt. Damit wären aber die Voraussetzungen der kalten Infiltrationszone verlassen. Aus dem Gesagten folgt, daß

$$W_T + 80\, N_{liq} < 0,4 \cdot 80\, N_{sol}$$

sein muß. Mit Worten: der Schmelzwasseranfall plus Regen dürfen rund 40% des festen Niederschlags nicht überschreiten.

Damit sind die drei grundlegenden klimatischen Bedingungen für die kalte Infiltrationszone genannt:
1. Der Gesamtwärmegewinn im stationären Zustand muß gleich der Wärmeabgabe sein ($W + 80\,N_{liq} = F$)
2. Die Summe der zum Schmelzen erforderlichen Wärme und die latente Wärme des flüssigen Niederschlages dürfen den Frostinhalt der Firnschicht nicht übersteigen ($W_T + 80\,N_{liq} < F_T$)
3. Schmelz- plus Niederschlagswasser pro Jahr dürfen 40% des Wasseräquivalentes des festen Niederschlags nicht überschreiten ($W_T + 80\,N_{liq} < 0{,}4 \cdot 80\,N_{sol}$)

Die kalte Infiltrationszone findet sich unter anderem auf der Westabdachung des grönländischen Inlandeises in einem ca 60 km breiten Band in der Höhenstufe zwischen 2000 und 1400 m. Die mittlere Jahrestemperatur beträgt dort -15 bis $-20\,°C$ bei maximalen mittleren Monatstemperaturen von $-1°$ bis $-4\,°C$. Der Jahresniederschlag liegt bei 450 mm.

Der kalten Infiltrationszone kommt nach P. A. Schumskii (1965) für die Gliederung der gesamten *Kryosphäre* entscheidende Bedeutung zu. Sie teilt den Bereich der Eisbildung in zwei hinsichtlich der Reaktionsweise auf Massen- und Energiehaushaltsänderungen sehr unterschiedliche Sphären. Im Verbreitungsgebiet von kaltem Schnee spielen Massenhaushaltsänderungen unter der angeführten Bedingung $A = N$ für die Art der Eisbildung keine Rolle. Nur die Quantität und die relative Lage der Eis-/Schneegrenze ändert sich. Eis entsteht dort immer durch Setzen und Umkristallisation, unbeschadet ob 5 mm oder 1000 mm fester Niederschlag fallen. Dies ändert sich aber an der Untergrenze der kalten Infiltrationszone. Dort können Veränderungen der Massen- und Energiebilanz zu sehr unterschiedlichen Eisbildungsbedingungen führen. An zwei Beispielen sollen die ablaufenden Prozesse dargestellt werden.

Als eine der Grenzbedingungen für die kalte Infiltrationszone wurde die Beziehung $W_T + 80\,N_{liq} < F_T$ vorgestellt. Werden nun infolge einer Klimaschwankung die Beträge der zum Schmelzen zugeführten Wärme (W_T) sowie durch Vermehrung des flüssigen Niederschlags (N_{liq}) die latente Wärme ($80\,N_{liq}$) größer als der Frostinhalt des Firnpaketes (F_T), so wird die gesamte Firnschicht in den Schmelzungsprozeß einbezogen und es erfolgt ein Abfluß. Durch Umkehr der oben vorgestellten Beziehung in $W_T + 80\,N_{liq} \geq F_T$ werden die Bedingungen der *temperierten (warmen) Infiltrationszone* erreicht.

Ein anderer Fall tritt dann ein, wenn die Summe von Schmelzwasser und Regen die zweite Grenzbedingung $W_T + 80\,N_{liq} < 0{,}4 \cdot 80\,N_{sol}$ überschreitet, der Frostinhalt aber noch größer ist als die beim Wiedergefrieren freiwerdende Kristallisationswärme. Unter diesen Voraussetzungen werden sich alle Poren des Firns mit Schmelz- und Regenwasser füllen und zu einer Aufeisdecke (superimposed ice) frieren. Überschüssiges Schmelzwasser wird an der Oberfläche abfließen. Durch die Beziehung $W_T + 80\,N_{liq} > 0{,}4 \cdot 80\,N_{sol}$ werden aber die Bedingungen für die *Infiltrations-Aufeiszone* (aufgefrorenes Eis) gekennzeichnet.

Werden beide Grenzbedingungen verändert, so ist für die Art der Eisbildung das Verhältnis der Beträge von Frostgehalt aus der Winterperiode (F_T) und dem latenten Kältevorrat der Schneedecke ($0{,}4 \cdot 80\,N_{sol}$) entscheidend. Ist $F_T < 0{,}4 \cdot 80\,N_{sol}$, so ergeben sich die Bedingungen der »warmen« Infiltrationszone, bei $F_T > 0{,}4 \cdot 80\,N_{sol}$ die der Infiltrations-Aufeiszone. Der erstgenannte Prozeß läuft vorwiegend in maritimen, der zweite mehr in kontinentalen Klimaten ab (siehe auch *Fig. 140*). Änderungen der Massen- und Energiebilanz führen also unterhalb der kalten Infiltrationszone nicht nur quantitativ, sondern vor allem zu einer qualitativ anders gearteten Eisbildung.

3.7.4.4. *Die temperierte (warme) Infiltrationszone*

Die *temperierte* Infiltrationszone wird in der Temperaturverteilung dadurch gekennzeichnet, daß die gesamte Firnschicht im Laufe des Jahres *Schmelztemperatur* von Eis annimmt. Die günstigsten Voraussetzungen dafür finden sich in hochozeanischen Klimaten mit reichlich Schneeniederschlag und einer geringen Amplitude um $0\,°C$ Jahresmitteltemperatur. Unter diesen Bedingungen geht der Betrag des Frostinhaltes (F_T) des Stratums gegen Null. Alle einkommende Energie kann schmelzwirksam werden, das Schmelzwasser durchsickert den Firn und fließt entweder an der Gletscheroberfläche oder, nachdem es in Gletscherspalten weiter in die Tiefe gelangt ist, am Grunde der Gletscher ab. Das Schmelz- und Regenwasser trägt in diesem extremen Falle weder zur Erwärmung von Firn und Eis, noch zur Infiltrationsverdichtung bei, da es nicht mehr gefriert. Die Eisbildung erfolgt hier also weitgehend über Verdichtung durch Setzen sowie Überlagerungs- und Bewegungsdruck. Die Eisgrenze wird in einer Tiefe von 20 bis 30 m unter der Oberfläche erreicht. Entsprechend der latenten Kältereserve der Schnee- und Firnpartikel kann Eisbildung bei großen Winterschneemächtigkeiten auch noch bei positiven Jahresmitteln der Lufttemperatur von $+1$ bis $+1{,}5\,°C$ auftreten.

Auch die alpinen Gletscher gehören nach Art der Eisbildung dem Typ der temperierten Infiltrationszone an. Allerdings gewinnt bei ihnen die Infiltrationsverdichtung eine etwas größere Bedeutung als in hochozeanischen Gebieten. In der kalten Jahreszeit durchfriert der Firn in einer Dicke von 10 bis 15 m. Am Beginn der Schmelzperiode werden in 2 bis 3 m Tiefe Temperaturwerte in Abhängigkeit von der Winterkälte von -2 bis $-10\,°C$ angetroffen. Von dort bis zur Oberfläche des Gletschereises, das Schmelztemperatur aufweist, nimmt die Temperatur langsam zu. Sobald Tauprozesse einsetzen, wird das einsickernde Schmelzwasser in den unterkühlten Schichten solange wiedergefrieren, bis durch die freiwerdende Schmelzwärme das gesamte Stratum auf Schmelztemperatur gebracht ist. Erst danach fließt es als Gletscherbach ab. Ein kleiner Anteil des Schmelzwassers, der kapazitiv im Firn festgehalten wird und nach W. Ambach (1965) rund 3 bis 4%, maximal 10% beträgt, wird zu Winterbeginn wieder gefrieren.

Durch das teilweise Wiedergefrieren von Schmelzwasser als Folge des zu Beginn der Schmelzperiode noch vorhandenen Frostvorrates des Winters und durch tägliche oder witterungsbedingte Temperaturschwankungen spielt bei den alpinen Gletschern auch die *Infiltrationsverdichtung* eine gewisse Rolle. In welchem Maße sie wirksam wird, hängt unter anderem auch von der Zeit bis zur Umwandlung von Schnee in Eis ab. Nach Figur 24 wurde in einem Bohrloch auf dem Kesselwandferner schon in 16 m eine Dichte von 0,836 erreicht. Nimmt man einen jährlichen Akkumulationsüberschuß von 2 m an, so verbleibt diese Schicht 8 Jahre in der aktiven Firnzone, ehe sie zu undurchlässigem Eis wird. Auf dem Isachsenplateau in Westspitzbergen liegt die Übergangszone zu Eis bei 10 m. Der Massenüberschuß beträgt aber nur 0,4 m, so daß 25 Jahre benötigt werden, um das Stratum in Eis überzuführen. In Spitzbergen wirkt auf ein Stratum rund die dreifache

Anzahl von Schmelzperioden im Vergleich zu Alpengletschern. Daraus folgt, daß der relative Anteil der Infiltrationsverdichtung in den niederschlagsschwächeren Gebieten größer ist, in den Alpen aber die Setzungsprozesse stärker an der Eisbildung beteiligt sind. Diese Feststellung legt den Gedanken nahe, daß für die Infiltrationseisbildung in der temperierten Infiltrationszone Gesetzmäßigkeiten zwischen Frostinhalt (F_T), Schmelzwasseranfall (W_T) und festem Gesamtniederschlag (N_{sol}) bestehen. Nach P. A. Schumskii (1965) ist die Menge an Infiltrationseis dem Frostinhalt und Schmelzwasseranfall direkt, dem Betrag des festen Niederschlags umgekehrt proportional, folgt also der Beziehung $F_T \cdot W_T / 80\, N_{sol}$. Da sich alle drei genannten Größen sowohl in der Vertikalen als auch in der Horizontalen, beim Übergang vom maritimen zum kontinentalen Klima, ändern, ist in beiden Richtungen eine Variation der Infiltrationseisbildung zu erwarten.

Bei Alpengletschern ist in größeren Höhen, um 3500 bis 4000 m, der Frostinhalt des Winters, bezogen auf die Gesamtfirnmächtigkeit, zu gering, als daß das Schmelzwasser erheblich zur Eisbildung führen würde. Das Setzen ist dabei der wichtigste Prozess der Eisbildung. Mit abnehmender Meereshöhe verringert sich in maritimen bis mäßig kontinentalen Klimaten der Akkumulationsüberschuß sehr viel rascher als der Frostinhalt. Das führt dazu, daß relativ zur Firnmächtigkeit der Anteil an gefrorenem Schmelzwasser größer wird und so stärker als in größeren Höhenlagen zur Infiltrationsverdichtung beiträgt. Letztlich kann nahe der Untergrenze der warmen Infiltrationszone, der *Firnlinie*, der gesamte Firn zu Wassereis *(aufgefrorenes Eis, superimposed ice)*, umgewandelt werden, wie das Beispiel des Hintereisferners (siehe Figur 89) zeigt. Besonders durch diesen Vorgang der verstärkten Bildung von Infiltrationseis erklärt sich neben der Verringerung der Niederschläge und Zunahme der Ablation mit abnehmender Höhe das rasche Auskeilen der Firnschicht. Sie ist am Großen Aletsch-Gletscher in 3500 m mehr als 30 m, in 3300 m noch 20 m mächtig und beißt in 3000 m aus. Unterhalb der Firnlinie kann es danach in maritimen Klimaten nur mehr saisonal in der kalten Jahreszeit zur Eisbildung kommen.

Ebenso wie in der Vertikalen tritt auch in der Horizontalen eine regelhafte Änderung von Klimaelementen auf. Die Temperaturschwankungen werden von maritimen zu kontinentalen Bereichen größer, die Niederschläge nehmen in gleicher Richtung ab. Entsprechend den hohen Sommertemperaturen ist der Schmelzwasseranfall hier groß. Das Wasser infiltriert in ein Stratum, das wegen der exzessiven Wintertemperaturen einen hohen Frostinhalt besitzt, so daß erhebliche Mengen an Infiltrationseis entstehen, ehe die gesamte Schicht auf Schmelztemperatur gebracht wird. Ja, es kann bei zu geringen Niederschlagsmengen der Fall eintreten, daß die Grenzbedingungen für die warme Infiltrationszone, $F_T < 0{,}4 \cdot 80\, N_{sol}$, sich zu denen der Infiltrations-Aufeiszone, $F_T > 0{,}4 \cdot 80\, N_{sol}$, verschieben. Aus diesem Grunde ist auch die Abfolge der Vertikalzonierung in maritimen und kontinentalen Klimaten nicht identisch.

In Bereichen, wo die warme Infiltrationszone ausgebildet ist, folgen in maritimen Gebieten in der Vertikalen von oben nach unten die kalte Infiltrationszone, die warme und letztlich saisonale Eisbildung; in mäßig kontinentalen Klimaten, am Beispiel der Alpen schon erfaßt, schiebt sich aber zwischen warme Infiltrationszone oben und saisonale Eisbildung unten noch die Infiltrations-Aufeiszone *(s. Fig. 140)*.

Diese unterschiedliche Zonierung hat auch Folgen für das Temperaturregime der unterlagernden Gletschereismassen. In ozeanischen Einflußsphären haben bei einem temperierten Infiltrationstyp im Firn auch die Gletschereismassen Schmelzpunkttemperaturen, da der gesamte Firn selbst unterhalb der Eindringtiefe von Jahresschwankungen der Lufttemperatur durch Schmelzwasserperkolation beim Gefriervorgang aufgeheizt wird. Die

Firntemperatur an der Untergrenze der Frosteindringtiefe ist für eine spätere Phase der Schmelzperiode mit 0 °C anzusetzen. Dieser Zustand gilt auch für die höheren Lagen in mäßig kontinentalen Klimaten, wo wegen der größeren Schneefallmengen die Grenzbedingungen $F_T < 0{,}4 \cdot 80 \, N_{sol}$ erhalten sind. Im selben Augenblick, wo aber der Frostinhalt (F_T) größer wird als die vorhandene latente Kristallisationswärme ($0{,}4 \cdot 80 \, N_{sol}$), die Beziehung also $F_T > 0{,}4 \cdot 80 \, N_{sol}$ lautet, wird der gesamte Firn in Eis umgewandelt. Da nunmehr die gefrorene Schicht, in der noch ein Kältevorrat aus dem Winter vorhanden ist, als Eis wasserundurchlässig ist, kann sie auch durch Schmelzwasser, das an der Oberfläche abfließt, nicht mehr weiter aufgeheizt werden. Die Temperaturen an der Untergrenze der Frosteindringtiefe liegen damit ganzjährig unter 0 °C. Im Gegensatz von Firn hat also Eis keinen erwärmenden Effekt auf die unterlagernden Schichten. Das kann nun dazu führen, daß in einer höheren Lage ein Gletscher nach H. W. Ahlmann (1935) ein temperiertes, der gleiche Gletscher in einer geringeren Höhenstufe aber ein kaltes Regime aufweist. Am Beispiel von Nordostland im Spitzbergenarchipel lassen sich diese Verhältnisse nachweisen. Da Ahlmann die Eisbildungsprozesse nicht berücksichtigt hat, läßt sich seine thermische Klassifikation von Gletschern, wie gezeigt, auch nicht allgemein anwenden.

Kommt man in hochkontinentale, arktische Klimabereiche, so wird die temperierte Infiltrationszone völlig auskeilen (Figur 140). Der Grund dafür ist in dem exzessiven Temperaturgang mit großer Winterkälte bei abnehmender Schneemächtigkeit zu suchen.

3.7.4.5. Die Infiltrations-Aufeiszone

Aufeisbildungen (superimposed ice) wurden oben schon erwähnt und sind von H. Hoinkes (1970) an der Untergrenze der warmen Infiltrationszone am Beispiel des Hintereisferners in den Ötztaler Alpen beschrieben worden. Das Hauptverbreitungsgebiet liegt jedoch in den kontinentalen Klimaten der Arktis, Nord-Eurasiens und Nordamerikas, einschließlich einer Randzone Grönlands. Aber auch aus den hochkontinentalen Bereichen des östlichen Pamir, dem Altaigebirge und von der Ostgrenze des Tienschan werden derartige Erscheinungen berichtet. Während sich superimposed ice in den Alpen nur in einer Höhenstufe von wenigen Dekametern um die Firnlinie findet, nimmt sie in den genannten Hauptverbreitungsgebieten einen Höhenbereich von 400 bis 600 m ein.

Die grundlegende Grenzbedingung für diese Zone wurde im vorangehenden Kapitel bereits durch die Beziehung $F_T > 0{,}4 \cdot 80 \, N_{sol}$ gegeben. Anhand eines von P. A. Schumskii (1965) gegebenen Beispiels soll der Übergang von der kalten Infiltrationszone unmittelbar in die Infiltrations-Aufeiszone vorgestellt werden. Dabei handelt es sich um ein Vereisungsgebiet mit einer mittleren Jahrestemperatur der Luft von -12 °C. Durch Winddrift nimmt die Akkumulation mit geringeren Höhenwerten sehr rasch ab. Bruttoschneeakkumulation, Schmelzbeträge und Regenfall sind in *Tab. 56* zusammengestellt.

Aus Tabelle 56 ergibt sich, daß in der oberen Höhenstufe die Bedingungen für die kalte Infiltrationszone erfüllt sind, nämlich

$$W_T = 80 \, N_{liq} = 16\,000 \text{ cal/cm}^2 < 0{,}4 \cdot 80 \, N_{sol} = 24\,320 \text{ cal/cm}^2.$$

Die Jahresschneedecke mit 760 mm Wasseräquivalent wurde zu einer Firnlage von 95 cm Dicke mit einer mittleren Dichte von 0,6 umgeformt. Daraus errechnet sich ein Wasseräquivalent von 570 mm. Da Firn mit $\varrho = 0{,}6$ wasserdurchlässig ist, konnten die restlichen 190 mm Wasser tiefer einsickern und in den noch kalten tieferen Straten wiedergefrieren.

	obere Höhenstufe	mittlere Höhenstufe	untere Höhenstufe
Schneefall (Wasseräquivalent)	760 mm	540 mm	275 mm
Schmelzwasser u. Regen	200 mm	215 mm	225 mm
Restschicht Firn u. Eis	95 cm	40 cm	12 cm
Mittlere Dichte	0,6	0,8	0,9
Wasseräquivalent Restschicht	570 mm	320 mm	108 mm
Differenz N_{sol} minus Restschicht absolut	190 mm	220 mm	167 mm
Differenz in %	25 %	41 %	61 %

Tab. 56 Massenbilanz einer Jahresschicht in der kalten Infiltrationszone und Infiltrations-Aufeiszone nach P. A. Schumskii (1965).

Unter der Annahme, daß die Jahresfirnschicht die gleiche Dichte und Mächtigkeit aufweist ($\varrho = 0,6$, Dicke = 95 cm), würde sich ϱ durch Aufnahme von 190 mm Wasser/cm² nur auf 0,76 erhöhen. Die gesamte Schmelzwassermenge bleibt also im Firn gespeichert, womit auch die zweite Voraussetzung der kalten Infiltrationszone, nämlich N = A (der Gesamtniederschlag entspricht der Nettoakkumulation) erfüllt ist.

Bereits in der mittleren Höhenstufe haben sich die thermischen Verhältnisse verschoben,

$$W_T + 80\,N_{liq} = 17\,200\ \text{cal/cm}^2 \approx 0,4 \cdot 80\,N_{sol} = 17\,280\ \text{cal/cm}^2.$$

Das heißt, daß sich nun alle Poren mit Schmelzwasser gefüllt haben. Es entstand eine Firneisdecke von 40 cm mit der Dichte 0,8. Das überschüssige Schmelzwasser konnte in diesem Falle nicht mehr voll infiltrieren, sondern floß bereits seitlich ab, so daß ein Wasserverlust entstand. Hier zeichnet sich der Übergang zur Infiltrations-Aufeiszone deutlich ab, der in der unteren Stufe vollzogen ist. Es gilt die Beziehung

$$W_T + 80\,N_{liq} = 18\,000\ \text{cal/cm}^2 > 0,4 \cdot N_{sol} = 8\,800\ \text{cal/cm}^2.$$

Durch den erhöhten Schmelzwasseranfall wurde eine Restschneeschicht von 12 cm in reines Aufeis der Dichte 0,9 umgewandelt. Das gesamte überschüssige Schmelzwasser mußte an der Oberfläche abfließen und trug nicht mehr zur Erwärmung der tieferen Lagen bei, so daß dort das kalte Regime erhalten blieb. Der Schmelzwasserüberschuß, der von einer Jahresschicht nicht mehr aufgenommen wird, steigt von der oberen zur unteren Höhenstufe von 25 % über 41 % auf 61 % an. Das heißt, der relative Wärmeverlust nimmt von höheren Lagen gegen tiefere zu. In der Infiltrations-Aufeiszone wird also die Oberfläche auch im Bereich des Nährgebietes durch eine Blankeis- (Aufeis-)schicht gebildet. In ihr befinden sich häufig *Kryokonitlöcher*, ja sie sind fast ausschließlich auf diese Zone beschränkt. So erklärt sich auch die regionale Verteilung dieser Erscheinung. Sie wurden besonders häufig und gut ausgebildet in den Randbereichen des grönländischen Inlandeises, wo eine breite Infiltrations-Aufeiszone entwickelt ist, beobachtet, in viel geringerem Maße auch bei alpinen Gletschern, wo nur wenig superimposed ice anzutreffen ist.

Es gibt Gletscher in der Arktis, wo ein Firngebiet im engeren Sinne fast völlig fehlt. Sie wurden vielfach als *Reliktgletscher*, praktisch als Toteis angesehen, da ein Nährgebiet nicht erkannt wurde. In Wirklichkeit handelt es sich aber um voll aktive Gletscher innerhalb der Infiltrations-Aufeiszone, wo eben entsprechend den Eisbildungsbedingungen der jährliche Akkumulationsüberschuß unmittelbar in Aufeis umgewandelt wird. Diese Tatsache darf bei Massenhaushaltsuntersuchungen nicht übersehen werden. Das Blankeis der Zehrflächen eines Gletschers ist durch seine rauhe Schmelzoberfläche gekennzeichnet, wogegen sich das Aufeis im Nährgebiet mehr als eine glatte Wassereisschicht zu erkennen gibt.

Mit diesen Ausführungen sind alle Arten der Eisentstehung, wie sie zur Bildung von Gletschern beitragen, behandelt. Es zeigt sich, daß entsprechend den klimatischen Bedingungen die Umwandlung von festem Niederschlag in Gletschereis in einzelnen Regionen unterschiedlich verläuft und daß somit die Ernährung der Gletscher ein wichtiges Gliederungsprinzip der Kryosphäre vorstellt.

Neben dem Gletschereis, das durch Metamorphose fester Niederschläge entsteht, bildet sich auf und unter der Erdoberfläche Eis auch durch gefrierendes Wasser. Auf diese Erscheinungen soll hier nicht mehr eingegangen werden, sie sind Bestandteil des Buches über die Gewässer des Festlandes. Ergänzend seien nur die Haupttypen vorgestellt.

3.7.4.6. *Die perennierende und saisonale Wassereiszone*

Sobald die aus der Atmosphäre durch Strahlung und Wärmeleitung zugeführte Energie (W_T) größer wird als die latente Kristallisationswärme einer Schneedecke ($80 N_{sol}$) und deren Frostinhalt (F_T), wird die Schneedecke jeden Sommer vollständig abschmelzen. Die Grenzbedingung $W_T > F_T + 80 N_{sol}$ schließt daher eine Bildung von Gletschern aus. Perennierendes Eis findet sich dann nur mehr in kontinentalen Klimaten mit großer Winterstrenge unter der Bodenoberfläche, wo ein hinreichender Kältevorrat vorhanden ist. In ozeanischen Klimaten dürfen die Sommertemperaturen dabei nur wenige Grad über Null betragen, in hochkontinentalen können sie aber sehr wohl $+15\,°C$ bis $+20\,°C$ erreichen. Das im Boden vorhandene, das Jahr überdauernde Eis ist innerhalb der Gesteinsporen und Klüfte gefrorenes Wasser. Es wird als *Dauerfrostboden*, besser *Bodengefrornis*, *perenne Tjäle*, *Pergelisol* oder auch *Permafrost* bezeichnet. Seine Mächtigkeit kann im Bereich von wenigen Metern bis zu vielen hundert Metern betragen. Die Untergrenze seiner Verbreitung wird dadurch gegeben, daß die Bodentemperatur $0\,°C$ erreicht. Da für die Eindringtiefe des Frostes die Wärmeleitung des Bodens, der Gesteine, der Wassergehalt und die Pflanzendecke entscheidend sind, ist die Verbreitungsgrenze des Permafrostes nicht leicht gesetzmäßig zu erfassen. Die Südgrenze des Permafrostes zieht in Eurasien vom nördlichen Norwegen, die Kola-Halbinsel querend, zum Ural bei Swerdlowsk, erreicht den Jenissei an der Mündung der unteren Tunguska, umzieht den Balkaschsee im Süden, erreicht die Küste am Ochotskischen Meer und quert die Halbinsel Kamtschatka. In Nordamerika setzt sie in Alaska an der Seward-Halbinsel an, buchtet im Bereich des Felsengebirges nach Süden aus und läßt sich weiter südlich des Athabaska-, Winnipegsees zur James-Bay am Hudsonmeer und weiter zum Hamilton-Inlet in Labrador verfolgen.

Außerhalb der genannten Grenze tritt Gefrornis nur in der kalten Jahreszeit, also saisonal als Eis der Flüsse und Seen, Bodengefrornis, Kammeis oder Glatteis auf den Straßen auf.

Verbreitung der Gletscher auf der Erde   313

Umkristallisationszone
$N = N_{sol} = A$

$W_T = 0 \ll F_T$
$F_T \gg W_T + 80 N_{liq} > 0$

Umkristallisations-Infiltrationszone
$N \approx N_{sol} = A$

kalte Infiltrationszone
$N = N_{sol} + N_{liq} = A$

$F_T > W_T + 80 N_{liq} < 0.4 \cdot 80 N_{sol}$
$F_T < W_T + 80 N_{liq} < 0.4 \cdot 80 N_{sol}$

temperierte Infiltrationszone
$N = N_{sol} + N_{liq} > A$

$F_T > W_T + 80 N_{liq} < 0.4 \cdot 80 N_{sol}$
$F_T > W_T + 80 N_{liq} > 0.4 \cdot 80 N_{sol}$

$W_T + 80 N_{liq} > 0.4 \cdot 80 N_{sol} > F_T$
$W_T + 80 N_{liq} > F_T > 0.4 \cdot 80 N_{sol}$

Infiltrations-Aufeiszone
$N = N_{sol} + N_{liq} \gg A$

$W_T < F_T + 80 N_{sol}$
$W_T > F_T + 80 N_{sol}$

$W_T < F_T + 80 N_{sol}$
$W_T > F_T + 80 N_{sol}$

$W_T < F_T + 80 N_{sol}$
$W_T > F_T + 80 N_{sol}$

Permafrostzone
$A = 0$

$t < 0°C$
$t > 0°C$

saisonale Wassereiszone
$A = 0$

hochkontinental ⟵ Klima ⟶ maritim

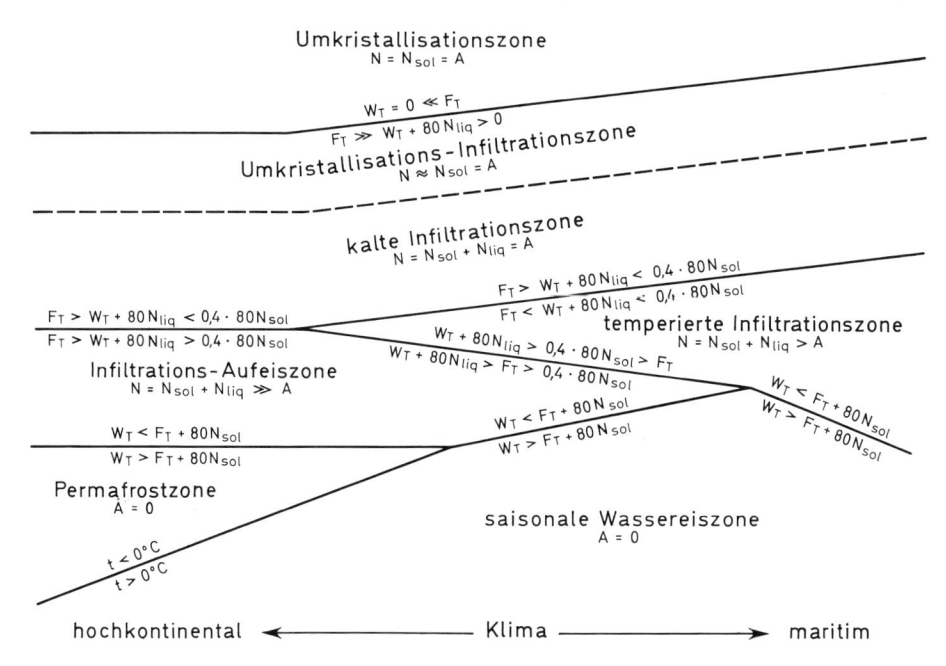

Fig. 140   Schema der Eisbildungszonen in Abhängigkeit des Wärmehaushaltes der Vergletscherungsgebiete. Nach P. A. Schumnskii (1965).

Die in diesem Kapitel dargelegte Gliederung und Typisierung der Kryosphäre ist in Figur 140 in Form eines Schemas dargestellt, an dem die einzelnen Grenzbedingungen abgelesen werden können.

3.8. Verbreitung der Gletscher auf der Erde

3.8.1. Anteil des Eises am Gesamtwasserhaushalt der Erde

Bereits A. Heim (1885) berichtet im Handbuch der Gletscherkunde auf 73 Seiten über die Verbreitung von Gletschern. Entsprechend dem Stand der kartographischen Erschließung der Erde mußte er auf exakte Flächenangaben der vereisten Gebiete weitgehend verzichten. Er gibt aber sehr aufschlußreiche Hinweise über die regionale Verteilung, Höhenlage und klimatische Bedingungen der Gletschergebiete. Doch schon H. Hess (1904) erfaßt die Gesamtgletscherfläche der Erde mit 15,1 Mio km², E. v. Drygalski und F. Machatschek (1942) nennen dafür 15,5 Mio km². Diese Werte weichen nur wenig von der Gesamtsumme der gegenwärtigen Angaben mit 15,2 Mio km² (P. A. Schumskii, A. N. Krenke u. I. A. Zotikov, 1964) ab. Eine Zusammenstellung neuerer Daten (Tab. 61) ergab 16,3 Mio km². Diese gute Übereinstimmung ist wohl darauf zurückzuführen, daß die Hauptgletscherflächen in den Polargebieten liegen. Die außerpolaren Gletscherareale machen nur einen Anteil von rund 0,6% aus. Ihre Flächen sind damit innerhalb der Fehlergrenzen der kartographischen Erfassung der polaren Gletscher in früheren Jahrzehnten. Für die Einzelgebiete ergeben sich aber erhebliche Abweichungen bei den Angaben *(Tab. 57)*.

Region	Teilgebiete	Heß 1904 [km²]	Drygalski u. Machatschek 1942 [km²]	Tab. 61 S. 322/323 [km²]
Europa	Alpen	3 800	3 600	3 200
	Pyrenäen	40	30	15
	Skandinavien	5 000	5 000	3 800
	Island und Jan Mayen	13 470	13 500	12 290
	Kaukasus	1 840	1 980	1 805
Asien	Zentralasien u. Sibirien	10 000 ?	37 810	115 021
Amerika	Nordamerika und Alaska	20 000 ?	59 000	76 880
	Südamerika	10 000 ?	12 000	26 500
Afrika	Ostafrika	20 ?	—	12
Pazifisches Gebiet	Neuseeland	1 000	1 000	1 000
Polarländer	Grönland	1 900 000	1 700 000	1 892 600
	Spitzbergen	56 000	58 000	57 000
	Franz-Josefs-Land	17 000	18 000	13 735
	Nowaja Semlja	15 000	30 000	24 300
	Nordamerikanische Inseln	100 000	100 000	151 829
	Subantarktische Inseln	3 000	4 000	3 000
	Antarktika	13 000 000	13 500 000	13 988 000

Tab. 57 Vergleich vergletscherter Flächen nach H. Hess (1904), E. v. Drygalski u. F. Machatschek (1942) und Tab. 61, S. 322/323.

Nach Tabelle 57 stimmen die Flächenangaben der Gletschergebiete Europas und der europäischen Arktis recht gut überein. Abweichungen lassen sich zum Teil durch den Gletscherrückzug der letzten 100 Jahre erklären. Auch die Werte für das Südpolargebiet sind in der Größenordnung richtig. Erhebliche Unterschiede zeigen sich aber in Asien und den beiden Amerikas. Durch die intensive Arbeit russischer Forscher und nordamerikanischer Glaziologen in den letzten Jahrzehnten konnten auch diese Unsicherheiten weitgehend beseitigt werden. Lediglich in den südamerikanischen Anden sind noch größere Lücken in der Erfassung der Gletscherareale vorhanden. Aber auch dort sind weite Gletschergebiete schon gut bekannt.

Da rund 80% des Süßwassers der Erde in fester Phase vorliegen, ist die Erfassung der Verteilung und jahreszeitlichen Änderung der Vorkommen von Schnee und Eis eine überaus wichtige Grundlage für die Planung der menschlichen Umwelt. Zwar sind mehr als 99 % des irdischen Eises auf die Polargebiete konzentriert (L. Lliboutry, 1969), doch bildet auch der Rest eine bedeutende Quelle für die Gewinnung von Bewässerungswasser und Hydroelektrizität. Nicht vergessen werden darf auch der Freizeitwert der Gletschergebiete, worauf in Kapitel 3.9. noch eingegangen wird. So bildet im Rahmen der Internationalen Hydrologischen Dekade die Erstellung eines weltweiten *Katasters für Eisvorkommen* ein vordringliches Projekt (UNESCO 1970).

Grundlage für die Erfassung vergletscherter Gebiete sind gute *topographische Karten* im Maßstab von 1 : 250 000, besser aber noch größere. Das klassische Verfahren der Kartenaufnahme ist hierfür kaum ausreichend, da mittels Meßtisch und Tachymetrie so weite Flächen nicht hinreichend schnell kartiert werden können. Sehr viel besser eignet sich die Auswertung von *Luftbildbefliegungen*, durch die auch über größere Flächen hin eine quasi synoptische Aufnahme möglich wird. Noch aussagefähiger als aus Luftbildern gewonnene Karten sind für die Glaziologie Halbtonbilder von *Orthophotos*, auf denen der

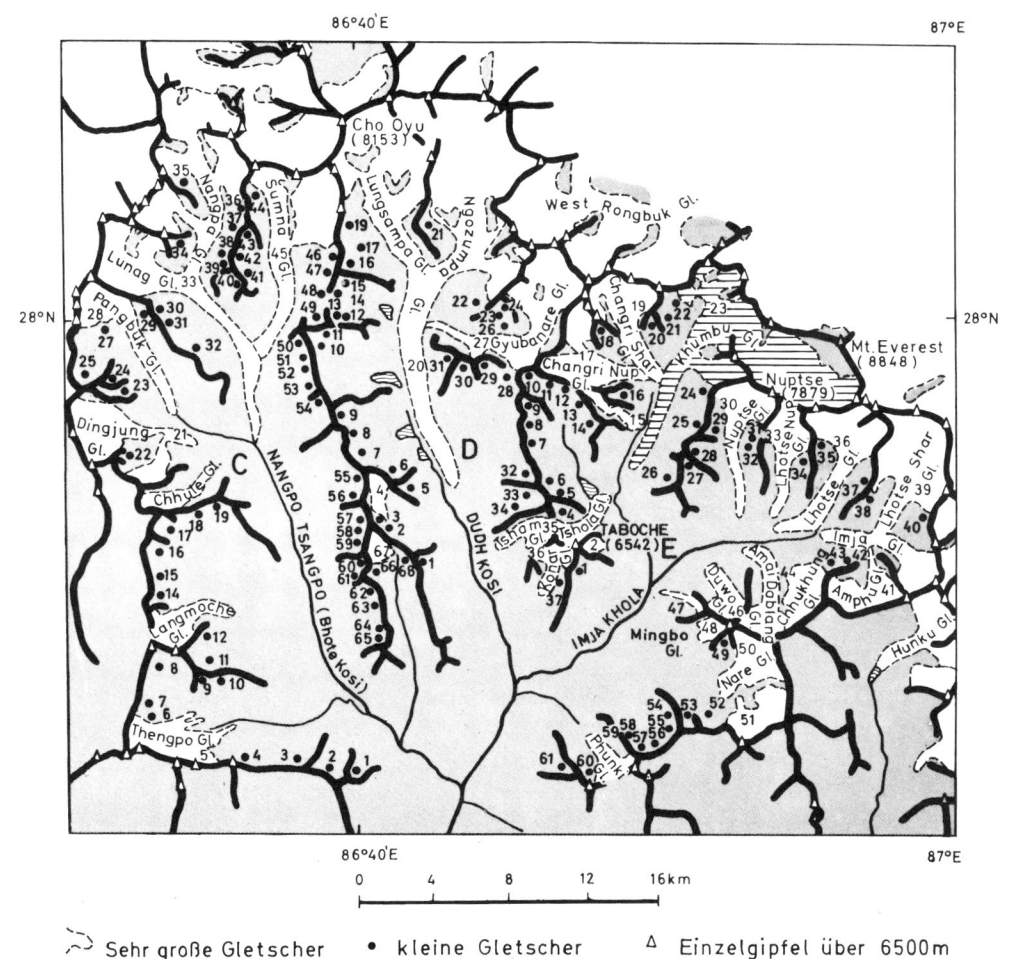

Fig. 141 Karte zum Gletscherkataster des Mount Everest-Gebietes. Der Khumbugletscher, dessen Datenblatt in Tab. 58 ausgeführt und in Tab. 59 durch Unterstreichung markiert ist, ist schraffiert dargestellt. Aus UNESCO (1970.)

Schichtlinienplan eingezeichnet wird, weil sie viele Details der Oberfläche wiedergeben, die nicht im Kartenbild durch Signaturen dargestellt werden können (R. Finsterwalder, 1972). Die Gletscher der österreichischen Alpen sind z.B. 1969 beflogen worden. Eine Wiederholung der Aufnahme im Abstand von etwa 10 Jahren würde es ermöglichen, die Massenhaushaltsveränderungen in diesem Zeitintervall zu berechnen. *Satellitenphotos*, die wohl einen sehr großen Ausschnitt der Erdoberfläche erfassen, sind für diese Kartierungen weniger geeignet, da die Abbildungen zu kleinmaßstäbig sind.

Für die Erstellung eines weltweiten Gletscherkatasters hat eine Arbeitsgruppe der Unesco unter Leitung von F. Müller (UNESCO 1970) Richtlinien erarbeitet, um einheitliche, in elektronischen Datenverarbeitungsmaschinen verwertbare Unterlagen zu erhalten. Am Beispiel des Khumbu-Gletschers im Mt. Everestgebiet/Nepal soll das genannte Aufnahmeverfahren dargestellt werden. Der Khumbu-Gletscher ist auf der Kartenskizze *(s. Fig. 141, S. 311)* schraffiert angelegt. Die wichtigen erforderlichen Daten werden in das genormte Aufnahmeblatt *(Tab. 58)* und von dort auf Lochkarten (Lochkartenausdruck, *Tab. 59)* übertragen. Das Aufnahmeblatt besteht aus drei Einheiten. Auf der linken Seite ist Platz für die allgemeine Beschreibung des Bearbeitungsgebietes. Die Angaben sind so eindeutig, daß sie nicht näher erläutert werden müssen. Wie aus der Abfolge der Flüsse Ganges, Sunkosi, Dudhkosi, Imjakhola hervorgeht, steigt die Flußordnungszahl mit abnehmender Niederschlagsgebietsgröße. Im großen umrahmten rechten Teil finden sich die Angaben für die Verschlüsselung der Gletscherdaten. Auch hier seien nur einige ergänzende Bemerkungen zum einfacheren Verhältnis angebracht. Die ersten beiden Zeilen geben die Adresse des Gletschers, zunächst das Kennzeichen des Niederschlagsgebietes und dann die Gletschernummer (vgl. Figur 141). Das UTM-Netz ist in der von Erwin Schneider 1957 im Maßstab 1:25 000 erstellten Alpenvereinskarte nicht eingetragen, daher fehlen Angaben. Für die tiefste Lage des Gletscherzungenendes werden zwei Werte verlangt. Unter »exposed« ist die tiefste Lage der Blankeisoberfläche, hier in 5220 m, unter »total« das Ende der schuttbedeckten Zunge, hier in 4920 m, zu verstehen. Diese Angaben sind wichtig, da die Albedo und damit der Strahlungsgewinn auf Blankeis und Schutt sehr unterschiedlich ist. Für die Genauigkeit der Bestimmungen (accuracy rating) sind am unteren Ende des Blattes Codezahlen angegeben. Unter accumulation area ratio (AAR%) wird das Zahlenverhältnis von Akkumulationsfläche zur Gesamtfläche in % verstanden.

$$AAR(\%) = \frac{\text{Akkumulationsfläche}}{\text{Gesamtfläche}} \cdot 100 = 100 - \frac{\text{Ablationsfläche}}{\text{Gesamtfläche}} \cdot 100$$

In der letzten Zeile wird eine Zuordnung des Gletschers zur digitalen Gletscherklassifikation (s. S. 298ff) gegeben. Die Bezeichnung 5, 1, 0, 3, 1, 2 bedeutet danach, daß es sich beim Khumbu-Gletscher um einen Talgletscher (5), der aus mehreren Firnbecken gespeist wird (2) handelt. Die Zuordnung seiner Gletscherfront ist unsicher (0). Im Längsprofil treten Kaskaden auf. Er wird vorwiegend durch Schneefall und Driftschnee ernährt und weist einen leichten Rückgang von weniger als 20 m/Jahr an seinem Zungenende auf. Die entsprechenden Angaben des Aufnahmeblattes sind auf der ausgedruckten Lochkarte (Tabelle 59) unterstrichen. Durch diese kompakte Zusammenstellung ist eine vergleichende Auswertung sehr erleichtert.

Wenngleich die Werte für die *Gesamteismasse* der *Kryosphäre* aufgrund der noch nicht erschöpfenden Kenntnis über die jährliche Verbreitung der Schneedecke und der Gletschermächtigkeiten gewisse Unsicherheiten aufweisen, dürfen die anhand von zahlreichen Messungen gewonnenen Abschätzungen zumindest in der Größenordnung als richtig

State, Province or Region: NEPAL, (N.E.)
Mountain area: MT. EVEREST
Hydrological basin:-
 Ist order: GANGES (A)
 IInd order: SUN KOSI (4)
 IIIrd order: DUDH KOSI (3)
 IVth order: IMJA KHOLA (E)
Glacier name: KHUMBU
Sources:-
 Map, title & No: MAHALANGUR HIMAL
 Compiled by: ERWIN SCHNEIDER
 Date: 1957
 Scale: 1:25,000
 Contour interval: 20 METRES
 Reliability: BETTER THAN ONE CONTOUR
Photographs:-
 Type: TERRESTRIAL PHOTOGRAMMETRY
 Serial No:
 Date: MAY 1955
 Remarks: EXCELLENT QUALITY; UPPER REACHES LESS DETAIL
 Literature:

Data compiled by: J.M. WOLFE
Date & organisation: JUNE 1967
Supervisor: F. MÜLLER, McGILL UNIVERSITY

REMARKS (special geomorphological features, abnormal characteristics, if international boundary, source information on mean depth estimate, observations regarding snow line or equilibrium line from other years)

VARYING THICKNESS OF DEBRIS COVER FOR MOST OF ABLATION AREA; LOWEST THIRD MOST HEAVY. LARGE PENITENTES. THERE IS A 400-METRE ELEVATION DIFFERENCE BETWEEN HIGHEST AND LOWEST PART OF FIRN LINE, WHICH WAS ESTABLISHED BY FIELD-WORK AND WAS PARTICULARLY DIFFICULT TO ASSESS, ESPECIALLY IN THE 1500 METRE-HIGH KHUMBU ICE-FALL.

Regional and basin identification	N.E.A.4.5.E.
Glacier number	2.3
Longitude	E. 86°50.5'
Latitude	N. 27°58.9'
U.T.M.	
Orientation: Accumulation area (8 pt. compass)	N.N.
Ablation area (8 pt. compass)	S.W.
Highest glacier elevation (m/a.s.l.)	8,848
Lowest glacier elevation: Exposed (m/a.s.l.)	5,220
Total (m/a.s.l.)	4,920
Elevation of snow line (m/a.s.l.)	5,720
Date of snow line	day mo. yr. 9 56
Mean accumulation area elevation, weighted, (m/a.s.l.)	6,360
*Accuracy rating (1-5)	3
Mean ablation area elevation, weighted, (m/a.s.l.)	5,280
*Accuracy rating (1-5)	3
Maximum length: Ablation area (km) incl. debris covered	11.1
Exposed (km)	10.7
Total (km)	18.2
Mean width of main ice body (km)	.7
Surface area: Exposed (km^2)	25.41
Total (km^2)	33.79
*Accuracy rating (1-5)	2
Area of ablation (km^2)	12.25
*Accuracy rating (1-5)	2
Accumulation area ratio (per cent)	64
Mean depth (m)	100
Volume (km^3) of ice	3.379
*Estimated accuracy rating (1-5)	3
Classification and description (see Table 1)	5,1,0,3,1,2

*Accuracy ratings

	Area	Elevations	Volume
1 Excellent	0-5%	0-25 m	0 - 10%
2 Good	5-10%	25-50 m	10 - 25%
3 Fair	10-15%	50-100 m	25 - 50%
4 Acceptable	15-25%	100-200 m	50 - 100%
5 Unreliable	> 25%	> 200 m	> 100%

Tab. 58   Gletscherkatasterdatenblatt für das Mount Everest Gebiet (aus Unesco 1970).

IMJA KHOLA

IDENT NO.	LONGITUDE	LATITUDE	U.T.M.	ORIENT AC AB	ELEVATIONS HIGH L.EX L.L SNOW	DATE	MEAN ELEVATION ACCU ABLA
NEA45E 1	E 86 47.0	N 27 53.6		SE SE	6542 5380 5280 5850		6200 3 5400 3
NEA45E 2	E 86 47.5	N 27 53.8		SE E	6542 5096 5096 5950		6200 3 5300 3
NEA45E 3	E 86 47.0	N 27 54.7		NE NE	6440 4860 4580 5450		5900 4 4840 2
NEA45E 4	E 86 46.5	N 27 45.7		NE E	6440 5020 5020 5480		6000 4 5260 3
NEA45E 5	E 86 46.5	N 27 55.3		NE NE	6440 5040 5040 5600		6080 4 5240 3
NEA45E 6	E 86 46.3	N 27 55.7		NE NE	6020 4840 4740 5400		5700 3 4920 2
NEA45E 7	E 86 45.4	N 27 56.7		NE SE	5780 5100 5100 5540		5620 3 5420 2
NEA45E 8	E 86 45.4	N 27 56.3		E E	5580 5160 5160 5400		5460 2 5320 2
NEA45E 9	E 86 45.5	N 27 57.7		SW SE	5580 5280 5280 5500		5560 3 5380 2
NEA45E 10	E 86 45.8	N 27 58.2		S SE	5690 5180 5180 5550		5680 3 5460 2
NEA45E 11	E 86 46.3	N 27 58.2		SE SE	6080 5300 5300 5650		5900 3 5500 3
NEA45E 12	E 86 46.7	N 27 58.1		SW SW	8145 5160 5160 5680		5880 3 5460 3
NEA45E 13	E 86 47.2	N 27 57.6		SW SW	6145 5140 5140 5600		5720 3 5320 3
NEA45E 14	E 86 47.5	N 27 57.1		SW SW	6119 5140 5140 5600		5800 3 5360 3
NEA45E 15	E 86 48.3	N 27 57.6		SE SE	6145 5120 4980 5570		5740 2 5080 2
NEA45E 16	E 86 48.0	N 27 58.0		N N	5980 5540 5540 5720		5820 2 5650 2
NEA45E 17	E 86 47.3	N 27 58.8		S E	6853 5280 5220 5620		5740 3 5420 2
NEA45E 18	E 86 48.1	N 27 59.6		SE SE	6549 5440 5300 5780		6000 3 5420 3
NEA45E 19	E 86 48.8	N 27 59.2		S SE	7145 5290 5120 5700		6000 3 5380 3
NEA45E 20	E 86 49.4	N 28 00.0		S S	6080 5440 5440 5730		5840 3 5600 2
NEA45E 21	E 86 50.0	N 28 00.0		SE SE	7145 5440 5320 5900		6200 3 5490 3
NEA45E 22	E 86 50.3	N 28 00.5		SE SE	7145 5520 5520 6000		6360 3 5680 2
NEA45E 23	E 86 50.5	N 27 58.5		NW SW	8848 5220 4920 5720		6360 3 5280 3
NEA45E 24	E 86 51.0	N 27 58.0		NW NW	5965 5270 5270 5630		5760 2 5460 2
NEA45E 25	E 86 50.5	N 27 58.2		NW NW	5965 5100 5100 5500		5590 3 5180 3
NEA45E 26	E 86 50.0	N 27 55.7		N N	5806 5360 5360 5520		5620 2 5500 2
NEA45E 27	E 86 50.5	N 27 56.3		S S	5760 5540 5540 5670		5700 2 5600 1
NEA45E 28	E 86 50.8	N 27 56.2		NE NE	5640 5380 5380 5540		5600 3 5480 2
NEA45E 29	E 86 51.1	N 27 56.9		NE NE	5880 5580 5580 5700		5760 2 5640 1
NEA45E 30	E 86 51.9	N 27 57.0		SW S	7879 5480 4970 5700		6360 4 5340 3
NEA45E 31	E 86 52.2	N 27 56.7		NW W	5640 5420 5420 5570		5590 2 5490 2
NEA45E 32	E 86 52.5	N 27 56.5		NW NW	5800 5330 5380 5580		5660 2 5440 2
NEA45E 33	E 86 53.6	N 27 56.2		S S	7680 5180 4980 5700		6200 3 5200 3
NEA45E 34	E 86 54.3	N 27 56.0		W W	5775 5250 5250 5480		5560 3 5320 2
NEA45E 35	E 86 54.7	N 27 56.6		SE SE	6220 5400 5400 5800		5900 3 5680 3
NEA45E 36	E 86 55.3	N 27 55.5		SW SW	8380 5200 4920 5750		6700 4 5220 2
NEA45E 37	E 86 56.0	N 27 55.5		NW NW	6189 5260 5260 5720		5880 3 5500 3
NEA45E 38	E 86 56.1	N 27 55.5		S S	6189 5560 5560 5820		5960 3 5720 3
NEA45E 39	E 86 56.5	N 27 54.0		SW S	8383 5280 5020 5730		6600 3 5300 3
NEA45E 40	F 86 58.0	N 27 54.5		W W	6677 5260 5260 5750		6080 2 5600 2

IMJA KHOLA

IDENT NO.	TOTAL LENGTH ABLA EXP TOTAL	WIDTH	SURFACE AREA EXP TOTAL ABLATION	AAR	DEPTH	VOLUME	TYPE
NEA45E 1	0.6 1.1 1.1		0.27 0.27 3 0.08 4	70	15	0.004 3	600421
NEA45E 2	1.1 1.7 1.7		0.58 0.58 2 0.19 2	67	20	0.012 3	640421
NEA45E 3	2.7 1.5 3.3	0.4	0.81 1.54 2 1.31 2	15	40	0.062 2	532322
NEA45E 4	1.0 1.5 1.5		0.55 0.55 3 0.34 3	38	18	0.010 3	600421
NEA45E 5	0.4 0.8 0.8	0.1	0.16 0.16 4 0.04 4	75	15	0.002 4	600020
NEA45E 6	1.2 0.8 1.5	0.3	0.28 0.48 3 0.37 3	30	20	0.010 3	600022
NEA45E 7	0.5 0.8 0.8		0.19 0.19 3 0.11 2	42	18	0.003 3	600022
NEA45E 8	0.5 0.6 0.6	0.1	0.11 0.11 3 0.06 3	46	18	0.002 3	600010
NEA45E 9	1.1 1.2 1.2	0.4	0.44 0.44 2 0.39 2	11	20	0.009 2	640021
NEA45E 10	1.7 2.2 2.2	0.4	1.37 1.37 3 0.89 2	35	40	0.055 2	530111
NEA45E 11	0.5 1.1 1.1		0.37 0.37 3 0.17 3	54	16	0.006 4	600021
NEA45E 12	0.7 1.0 1.0		0.42 0.42 3 0.25 3	40	16	0.007 4	600221
NEA45E 13	0.5 0.8 0.8		0.62 0.62 3 0.33 3	47	18	0.011 4	600221
NEA45E 14	0.7 1.2 1.2		0.58 0.58 3 0.30 3	48	18	0.010 4	600011
NEA45E 15	2.3 2.2 3.5	0.4	0.66 1.69 3 0.99 2	42	40	0.068 2	532312
NEA45E 16	0.2 0.6 0.6		0.14 0.14 4 0.03 4	79	15	0.002 4	640022
NEA45E 17	4.9 4.6 6.7	1.1	5.06 8.20 2 5.45 2	34	50	0.410 3	515112
NEA45E 18	1.9 1.1 2.2		0.39 0.92 4 0.73 3	21	18	0.017 3	645322
NEA45E 19	5.5 3.5 6.0	0.9	3.85 8.98 2 5.45 2	39	70	0.629 3	535112
NEA45E 20	0.6 1.0 1.0	0.3	0.48 0.48 2 0.19 2	60	18	0.009 3	600211
NEA45E 21	2.1 1.7 3.0	0.5	0.67 1.39 3 1.11 2	20	35	0.049 2	530121
NEA45E 22	0.8 1.8 1.8		0.62 0.62 3 0.33 2	47	15	0.009 3	603211
NEA45E 23	11.1 10.7 18.2	0.7	25.41 33.79 2 12.25 2	64	100	3.379 3	510312
NEA45E 24	0.7 1.1 1.1		0.63 0.63 3 0.31 2	51	18	0.011 3	600011
NEA45E 25	1.6 2.2 2.2	0.3	1.11 1.11 2 0.64 3	42	25	0.028 3	522312
NEA45E 26	0.3 0.6 0.6		0.31 0.31 3 0.19 2	39	16	0.005 3	600011
NEA45E 27	0.6 0.8 0.8	0.3	0.22 0.22 3 0.16 2	27	15	0.003 3	640121
NEA45E 28	0.2 0.3 0.3		0.17 0.17 3 0.12 2	29	15	0.003 3	600020
NEA45E 29	0.1 0.4 0.4		0.19 0.19 3 0.94 3	80	15	0.003 3	600010
NEA45E 30	0.2 2.4 7.8	0.4	2.53 5.95 2 4.37 2	25	55	0.327 2	520122
NEA45E 31	0.4 0.5 0.5		0.11 0.11 3 0.09 2	18	12	0.001 3	600021
NEA45E 32	0.4 0.7 0.7		0.17 0.17 3 0.11 2	35	12	0.002 3	600112
NEA45E 33	4.4 2.5 6.1	0.4	2.61 5.09 2 3.12 2	39	60	0.305 2	520122
NEA45E 34	0.6 0.6 0.6		0.22 0.27 3 0.19 3	30	15	0.004 3	600021
NEA45E 35	0.5 0.7 0.7		0.36 0.36 3 0.19 3	47	15	0.005 3	600211
NEA45E 36	7.2 3.5 8.5	1.0	6.93 11.61 2 7.36 2	37	90	1.045 3	530122
NEA45E 37	0.7 1.1 1.1		1.17 1.17 2 0.55 2	53	20	0.023 3	603011
NEA45E 38	0.3 1.1 1.1		0.43 0.43 2 0.14 2	67	17	0.007 3	600311
NEA45E 39	8.2 5.2 11.2	0.6	11.61 19.87 2 10.99 2	45	70	1.391 2	515112

Tab. 59 Computerkarte des Gletscherkatasters (aus Unesco 1970).

angesehen werden. Eine Zusammenstellung eines weltweiten Datenmaterials über die Eisvorräte bringen P. A. Schumskii, A. N. Krenke und I. A. Zotikov (1964). Auf dieser Untersuchung basieren die nachfolgenden Ausführungen.

Nach P.A. Schumskii u.a. (1964) bedecken Gletscher eine Fläche von 16,2 Mio km². Sie nehmen damit 10,9 % der festen Landoberfläche ein. L. Llibourty (1969) kommt zu einem Wert von 8,3 %.

Die jahreszeitlich bedingte Verbreitung der Schneedecke schwankt von Jahr zu Jahr zwischen 115 bis 126 Mio km². Davon entfallen etwa $2/3$ auf Land-, $1/3$ auf vereiste Seeoberflächen. Die Nordhalbkugel weist entsprechend den klimatischen Bedingungen mit 77 bis 85 Mio km² eine ungleich ausgedehntere Schneebedeckung auf als die Südhalbkugel mit nur 38 bis 41 Mio km². Ferner sind temporäre Eisbildungen auf Meeren, Seen, Flüssen, im Boden und in der Atmosphäre sowie die Eisberge zu berücksichtigen. Faßt man die Gesamtmasse der Kryosphäre zusammen, so ergeben sich $(2,42 \pm 0,30) \cdot 10^{22}$ g Eis oder bei einer Dichte von 0,91 g/cm³ 26,59 Mio km³ *(s. Tab. 60)*, (nach L. Llibourty, 1959, $3,5 \cdot 10^{22}$ g). Damit beträgt der Anteil des Eises an der frei verfügbaren Wassermenge von 1500 Mio km³ ($1,5 \cdot 10^{24}$ g) zwar nur 1,62 %. An den Gesamtsüßwasservorräten der Erde, wovon Oberflächen- und Grundwasser zusammen $5,0 \cdot 10^{20}$ g ausmachen, ist es aber mit etwa 83 % beteiligt. Allein der jährliche Eisumsatz (Akkumulation und Ablation) von $4,29 \cdot 10^{20}$ g ist in der Größenordnung der Oberflächen- und Grundwasservorräte der Erde. Er liegt damit bei 1,8 % der Gesamteismasse, so daß sich daraus eine mittlere Lebensdauer für alle Eisvorkommen von 55,5 Jahren errechnet. Sie ist selbstverständlich bei den einzelnen Eisvorkommen sehr verschieden (s. Tabelle 60). Bei einer gleichmäßigen Verteilung würde das Eis die Erde mit einer rund 53 m mächtigen Schicht bedecken. Sein vollständiges Abschmelzen ließe den Ozeanspiegel, ohne Berücksichtigung von

Art des Eises	Masse		Verteilung		Mittlere Bedeckung	Lebensdauer
	[g]	[%]	[$10^6 \cdot$ km²]	[%]	[g/cm²]	[Jahre]
Gletscher	$2,398 \cdot 10^{22}$	98,95	16,2	10,9/L	$1,478 \cdot 10^5$	9580
Grundeis (Bodeneis)	$2 \cdot 10^{20}$ bis $5 \cdot 10^{20}$	0,83	21,0	14,1/L	$9,52 \cdot 10^3$ bis $23,8 \cdot 10^3$	30 bis 75
Meereis	$3,483 \cdot 10^{19}$	0,14	26,0	7,2/M	$1,34 \cdot 10^2$	1,05
Schneedecke	$1,05 \cdot 10^{19}$	0,04	72,4	14,2/E	$1,45 \cdot 10^1$	0,35 bis 0,52
Eisberge	$7,65 \cdot 10^{18}$	0,03	63,5	18,7/M	$1,43 \cdot 10^1$	4,7
Eis in Atmosphäre	$1,68 \cdot 10^{18}$	0,01	510,1	100/E	$3,3 \cdot 10^{-1}$	$4 \cdot 10^{-3}$
Insgesamt	$2,42 \cdot 10^{22}$	100				

Tab. 60 Der Eisvorrat und seine Verteilung auf der Erde. L = Land, M = Meer, E = Erde gesamt. (Nach P. A. Schumskii u.a. 1964).

isostatischen Ausgleichsbewegungen und bei Schmelztemperatur von 0 °C, um $64 \pm 8,8$ m ansteigen, wobei sich seine Fläche um $(14,9 \pm 1,5) \cdot 10^6$ km² vergrößern würde.

Die Hauptmasse des Eises der Kryosphäre ist in Form von Gletschern mit $2,398 \cdot 10^{22}$ g festgelegt. Sie vereinen danach 98,95 % des Gesamteises. Bei einer Dichte von 0,9 g/cm³ und einem Verbreitungsareal von 16,2 Mio km² errechnet sich daraus eine mittlere Gletschermächtigkeit von $1,64 \pm 0,24$ km. Die realen Werte differieren dabei erheblich zwischen dem Maximum von 4,3 km in der Antarktis – nicht überprüfte Angaben sprechen sogar von 4,8 und 5,2 km – und sehr dünnen, nur wenige Dekameter dicken außerpolaren kleinen Gletschern. Obwohl im Gletschereis rund 100 mal mehr Wasser gespeichert ist als in den Oberflächengewässern des Festlandes, ist der Schmelzwasserabfluß ($2,5 \cdot 10^{18}$ g/Jahr) infolge der langsameren Bewegung des Gletschereises gegenüber Flußwasser ($3,7 \cdot 10^{19}$ g/Jahr) rund 15 mal geringer. Aus dem Wasserumsatz und der Eismasse errechnet sich für Gletschereis eine mittlere Lebensdauer von 9680 Jahren. Sie variiert zwischen 100 Jahren und wenig mehr bei den Alpengletschern und maximal etwa 200 000 Jahren für die zentralen Teile des antarktischen Inlandeises.

Das Grundeis (Permafrost und Auftauboden) einschließlich dem Süßwassereis der Flüsse und Seen mit 2 bis $5 \cdot 10^{20}$ g folgt nach Menge an nächster Stelle. Mehr als 98 % davon sind im Permafrost, dessen maximale Tiefen mit 900 bis 1300 m angegeben werden und der auf einer Fläche von 21 Mio km² auf der Erde bekannt ist, gespeichert. Jahreszeitlich bedingte Gefriervorgänge im Boden, in Flüssen und Seen, die auf 60 Mio km² der festen Erdoberfläche zu Eisbildung führen, umfassen nur 6 bis $7 \cdot 10^{18}$ g. Obwohl in der perennen Tjäle das Eis für sehr lange Zeiten, Jahrtausende bis Jahrzehntausende festgelegt ist, ist die mittlere Lebensdauer des Eises in dieser Gruppe wegen der raschen Umsetzungen im Auftauboden und bei den Oberflächengewässern nur mit 30 bis 75 Jahren zu schätzen.

Die Eisbedeckung der Meere zeigt im Ablauf der Jahreszeiten erhebliche Schwankungen zwischen 9 bis 18 Mio km² ($= (1,0$ bis $2,3) \cdot 10^{19}$ g) auf der Nordhalbkugel und 5 bis 20 Mio km² ($= 6,3 \cdot 10^{18}$ bis $1,8 \cdot 10^{19}$ g) auf der Südhemisphäre. Da die Vereisung auf Nord- und Südhalbkugel innerhalb eines Jahres alterniert, ergibt sich die mittlere Eisbedeckung zu 26 Mio km² mit einer Schwankung von ± 3 Mio km². Die entsprechenden Massenzahlen lauten $3,483 \cdot 10^{19}$ g Vorrat mit einer jahreszeitlichen Änderung von $\pm 1,66 \cdot 10^{19}$ g. Daraus errechnet sich eine mittlere Erhaltungsdauer des Meereises von 1,05 Jahren. Sie ist auf der Nordhalbkugel mit 1,3 Jahren etwas länger als auf der Südhalbkugel, wo sich nach den Massenbilanzen nur 0,8 Jahre ergeben.

Eisberge entstehen durch Kalben von Gletschern im Meer. Sie sind eine bedeutende Bilanzgröße im Eisumsatz. Nur etwa 27 % des Eisverlustes von Gletschern erfolgt durch Schmelzen, Verdunstung und Sublimation, 73 % oder $1,88 \cdot 10^{18}$ g Eis werden jährlich als Eisberge abgestoßen. Die Produktion ist in der Antarktis mit $1,63 \cdot 10^{18}$ g/Jahr rund 6,5 mal größer als in der Arktis mit nur $2,5 \cdot 10^{17}$ g/Jahr. Die Gesamtmasse der Eisberge erreicht ca $7,65 \cdot 10^{18}$ g, wovon sich 93 % in den antarktischen Gewässern befinden ($7,15 \cdot 10^{18}$ g). Die Verbreitung von Eisbergen ist sehr viel größer als von Meereis, da sie durch Meeresströmungen auch in niedere Breiten verfrachtet werden. Eisberge sind auf einer Fläche von 63 Mio km², das sind 18,7 % der Gesamtmeeresfläche, bekannt. Allein 56 Mio km² entfallen dabei auf die Südhalbkugel, wo sie bis 44° S auftreten. Im nördlichen Atlantischen Ozean werden sie durch den Labradorstrom sogar bis 36° N gedriftet. Eisberge bleiben im Mittel etwa 4 Jahre im Meerwasser, ehe sie abschmelzen. Bei einigen erfolgt dies sehr rasch, andere, vor allem wenn sie im arktischen Polarmeer in geschlossenen Strömungssystemen eingefangen sind, bleiben aber sehr lange Zeit erhalten.

Wie bereits ausgeführt, ist die Schneedecke von 115 bis 126 Mio km² der Erde bekannt, wobei sie auf der Nord- und Südhemisphäre jahreszeitlich alternierend auftritt. Daraus ergibt sich eine mittlere schneebedeckte Fläche der Erde von 72,5 Mio km² mit einer jahreszeitlichen Schwankung von ± 18,2 Mio km². Die im Schnee gespeicherte Wassermasse entspricht $1,05 \cdot 10^{19}$ g. Davon schmelzen jährlich rund 24% nicht ($2,5 \cdot 10^{18}$ g/Jahr) und werden über die Vorgänge der Metamorphose zu Gletschereis umgewandelt. Durch die raschen Umsetzungen in Gebieten mit nur kurzfristiger jahreszeitlicher Schneedecke ist auch die Erhaltungsdauer des Eises im Schnee mit nur 0,35 bis 0,52 Jahren kurz. Sowohl Schneedecke als auch Gletschereis werden ausschließlich durch Niederschläge gespeist. Aus der jährlichen Verdunstungs- beziehungsweise Niederschlagsmenge mit $5,186 \cdot 10^{20}$ g und einem Wasserdampfgehalt der Atmosphäre von nur rund $7,10^{18}$ bis $1,2 \cdot 10^{19}$ g folgt, daß die gesamte Luftfeuchtigkeit der Atmosphäre pro Jahr etwa 55 mal umgesetzt werden muß, um den Niederschlagsbedarf zu decken. Nimmt man ferner an, daß rund $3/4$ des Wasserdampfes in die feste Phase des Wasserkreislaufes übergeführt wird, so werden in der Atmosphäre jährlich $3,89 \cdot 10^{20}$ g Eis gebildet, wobei $2,63 \cdot 10^{23}$ cal/Jahr an Kristallisationswärme frei werden. Damit ist die Atmosphäre der wichtigste Eisproduzent und eine wichtige Wärmequelle. Die genannte Kristallisationswärme würde ausreichen, um die 1,4-fache Menge des grönländischen Inlandeises (nach F. Loewe, 1964, $2,34 \cdot 19^{21}$ g) zu schmelzen. Um die gleiche Wärmeenergie zu erzeugen, wäre ein Anthrazitberg mit $8,5 \cdot 10^{3}$ kcal/kg Anthrazit erforderlich, der die Fläche des Bundeslandes Hessen (21 110 km²) 1000 m hoch bedecken würde. Da aber das Eis in der Atmosphäre nur kurz beständig ist, ein erheblicher Teil schmilzt bzw. sublimiert, bevor es den Boden erreicht, ist der wirkliche Eisgehalt der Atmosphäre für einen Augenblickszustand nur mit $1,68 \cdot 10^{18}$ g anzusetzen. Wie die Ausführungen zeigen, spielen Eisbildungen im Rahmen des Wasserkreislaufes eine erhebliche Rolle, wobei vor allem das Wärmeaufkommen besonders zu berücksichtigen ist.

3.8.2. Die heutige Verbreitung und das Ausmaß der Gletscher der Erde

Nach dem gegenwärtigen Forschungsstand beträgt die vergletscherte Fläche der Erde rund 16,3 Mio km² *(Tab. 61)*. Die größten zusammenhängenden Eismassen bilden der antarktische Eisschild (12,5 Mio km²) und das grönländische Inlandeis (1,8 Mio km²). In den außerpolaren Gebieten weist Asien, vor allem die Hochgebirge Zentral- und Südasiens, mit 115 000 km² eine sehr starke Vergletscherung auf. Nach Flächenanteilen folgen der nordamerikanische Kontinent (76 880 km²), die südamerikanischen Kordilleren (28 500 km²), Europa (8 850 km²) und Neuseeland mit 1000 km². In Afrika finden sich Gletscher (ca 12 km²) nur in den höchsten Teilen Ostafrikas, Ruwenzori, Mt. Kenia und Kilimandscharo. In Australien fehlen Gletscher gegenwärtig völlig.
Nachfolgend wird versucht, die Vergletscherungsflächen der einzelnen Kontinente weiter zu gliedern und kurz zu charakterisieren.

Vergletscherte Festlandflächen der Erde

3.8.2.1. Europa

Die größten Gletschergebiete Europas liegen in Skandinavien (3800 km²), in den Alpen (3200 km²) und im Kaukasus (1805 km²). Ural (28 km²) und Pyrenäen (15 km²) tragen

Gletscher und Inlandeise

Vergletscherte Festlandflächen der Erde

		Fläche [km²]	Quelle
I.	**Nordpolargebiet mit subarktischen Inseln**		
1	Grönland	1 802 600	R. F. Flint, 1971
2	Baffin-Insel	37 903	W. E. S. Hennoch, 1967
3	Bylot-Insel	4 869	W. E. S. Hennoch, 1967
4	Queen-Elizabeth-Inseln	109 057	S. Ommanney, 1970
5	Island	12 173	R. F. Flint, 1971
6	Jan Mayen	117	R. F. Flint, 1971
7	Spitzbergen	57 000	L. Lliboutry, 1965
8	Nordostland	11 425	L. Lliboutry, 1965
9	Franz-Josef-Land	13 735	M. G. Grosvald, 1969
10	Nowaja-Zemlja	24 300	M. G. Grosvald, 1969
11	Severnaja-Zemlja	17 500	M. G. Grosvald, 1969
12	Neusibirische Inseln	398	M. G. Grosvald, 1969
	Zwischensumme	2 091 077	
II.	**Nordamerikanischer Kontinent**		
1	Alaska	51 476	R. F. Flint, 1971
2	Kanada, Felsengebirge	12 352	S. Ommanney, 1970
3	Kanada, Pazifische Ketten	37 659	S. Ommanney, 1970
4	Kanada, Labrador	24	S. Ommanney, 1970
5	USA, Pazifische Ketten	440	M. F. Meier, 1961 u. A. S. Post, 1971
6	USA, Felsengebirge	76	M. F. Meier, 1961 u. A. S. Post, 1971
7	Mexico	11	L. Lliboutry, 1965
	Zwischensumme	101 944	
III.	**Südamerikanische Anden**		
1	Nördliche Anden bis 28° S Cordillera Blanca und Cordillera de Huayhuach	1 000	L. Lliboutry, 1965
2	Anden von Santiago und Cuyo zwischen 32° und 35°	ca 1 300	L. Lliboutry, 1965
3	Patagonien südlich von 46° S	ca 24 000	L. Lliboutry, 1965
4	restliche Anden	ca 200	L. Lliboutry, 1965
	Zwischensumme	ca 26 500	
IV.	**Europa**		
1	Skandinavien	3 800	R. F. Flint, 1971
2	Alpen	3 200	L. Lliboutry, 1965
3	Pyrenäen	15	P. Höllermann, 1968
4	Kaukasus	1 805	M. G. Grosvald, 1969
5	Ural	28	M. G. Grosvald, 1969
	Zwischensumme	8 848	

			Fläche [km²]	Quelle
V.	*Asien*			
	1	Byrranga Gebirge	50	M. G. Grosvald, 1969
	2	Werchojansker Gebirge	229	G. A. Avsyuk, 1967
	3	Tscherski Gebirge	162	M. G. Grosvald, 1969
	4	Kodar Gebirge	15	M. G. Grosvald, 1969
	5	Korjäken Gebirge	650	M. G. Grosvald, 1969
	6	Kamtschatka	866	M. G. Grosvald, 1969
	7	Ostsayan	32	M. G. Grosvald, 1969
	8	Altai	846	M. G. Grosvald, 1969
	9	Dsungarische Gebirge	956	M. G. Grosvald, 1969
	10	Tienschan	6 190	M. G. Grosvald, 1969
	11	Alai u. Pamire	9 375	M. G. Grosvald, 1969
	12	Nanschan u. Kuenlun	16 700	R. F. Flint, 1971
	13	Tibet	9 100	R. F. Flint, 1971
	14	Gebirge südlich des östlichen Kuenlun	1 400	R. F. Flint, 1971
	15	Gebirge südwestlich des oberen Salwen-Flusses	7 500	R. F. Flint, 1971
	16	Transhimalaya	4 000	R. F. Flint, 1971
	17	Himalaya	33 200	R. F. Flint, 1971
	18	Ladakh-, Deosai-, Rupschu-Gebirge	1 700	R. F. Flint, 1971
	19	Karakorum	16 000	R. F. Flint, 1971
	20	Hindukusch	6 200	R. F. Flint, 1971
	21	Elburs und türkische Gebirge	50	R. F. Flint, 1971
		Zwischensumme	115 021	
VI.	*Afrika*			
	1	Ostafrika	12	R. F. Flint, 1971
VII.	*Pazifische Region*			
	1	Neu Guinea	15	R. F. Flint, 1971
	2	Neuseeland	1 000	R. F. Flint, 1971
		Zwischensumme	1 015	
VIII.	*Südpolargebiet*			
	1	Antarktischer Eisschild	12 535 000	R. F. Flint, 1971
	2	Einzelgletscher des antarktischen Kontinentes	50 000	R. F. Flint, 1971
	3	Eisschelf Antarktis	1 400 000	Ch. Swithinbank, 1965
	4	subantarktische Inseln	3 000	R. F. Flint, 1971
		Zwischensumme	13 988 000	
		Gesamtsumme	16 332 417	

Tab. 61 Vergletscherungsfläche der Erde, gegliedert nach Kontinenten.

nach den Flächenangaben nur mehr Gletscherspuren. Im Apennin ist am Gran Sasso d'Italia sogar nur ein Gletscherfleck mit 6,2 ha in Nordexposition vorhanden.

Obwohl in den Alpen die glaziologische Forschung durch erste Arbeiten in der Schweiz, nachfolgend in Österreich ihren Ausgang genommen hat und bis in die Gegenwart in diesem Gebiet wichtige methodische Untersuchungen durchgeführt werden, die weltweit Anregungen gegeben haben, ist die Kenntnis von der Gesamtvergletscherung der Alpen noch lückenhaft. Eine sehr gute Zusammenstellung über Gletscherflächen, Länge, Breite und Exposition der Gletscher, ihre Höhenerstreckung, die Ernährungsweise und die Schwankungen des Zungenendes gibt der *Catasto dei Ghiacciai Italiani* (1959–1962) für den italienischen Alpenanteil. Dort ist auch eine umfassende Bibliographie der glaziologischen Arbeiten über das Gebiet aufgeführt. Ähnliche Angaben, nämlich Beschreibung der Situation und der physisch-geographischen Ausstattung des Gletschergebietes, Hinweise auf vorhandene Karten und Luftbilder sowie die Begehbarkeit der Gletscher, Bibliographie, Ausführungen über Lage, Oberfläche, Länge, Gletscherhaushalt und Morphologie des Gletscherareals finden sich in den von R. Vivian u. a. (1967 bis 1972) bearbeiteten »fiches des glaciers français« in der Revue de Géographie Alpine für den französischen Alpenbereich. Für die Schweiz und für Österreich liegen zwar zahlreiche Einzelangaben, aber keine geschlossenen Bearbeitungen der Gletscherverbreitung vor. Die Befliegung der österreichischen Gletschergebiete 1969 (R. Finsterwalder, 1972) soll nun dazu dienen, um einen auf quasi-synoptischer Grundlage beruhenden Gletscherkataster zu erstellen.

Nach den vorhandenen Unterlagen darf die Gletscherfläche der Alpen mit L. Llibouty (1965) zu 3200 km^2 angegeben werden. Das sind rund 2% des gesamten Alpenareals von 175 000 km^2. Entsprechend der kräftigen Massenerhebung und einer günstigen Exposition zu den niederschlagsbringenden Westwinden findet sich die größte Gletscherfläche der Alpen in der Schweiz mit rund 1580 km^2. Die Gipfel der Walliser Alpen – Dufourspitze 4634 m, Monte Rosa 4566 m, Weißhorn 4506 m, Matterhorn 4478 m, um nur einige bekannte zu nennen – ragen weit über 4000 m auf. Nur wenig niedriger sind jene der östlichen Berner Alpen, wo Finsteraarhorn (4274 m), Aletschhorn (4195 m) oder Jungfrau (4158 m) und einige andere ebenfalls 4000 m übersteigen. Dort findet sich auch das größte zusammenhängende Eisgebiet der Alpen, der Aletschgletscher, dessen Fläche P. Kasser (1967) anhand der neuen Karte aus dem Jahre 1957 zu 129,8 km^2 angibt. Seine Zungenlänge beträgt 22,3 km. Der zweitgrößte Alpengletscher, der Gornergletscher mit 67 km^2, liegt in den Walliser Alpen und wird von den großen Firnfeldern im Bereich von Monte Rosa und Dufourspitze gespeist. Auch das Gebiet der Bernina (Piz Bernina 4009 m) weist eine ausgedehnte Vergletscherung auf.

Obwohl das Alpenareal in Österreich wesentlich größer ist als in der Schweiz, betrug die Gletscherfläche um 1930 nach L. Llibouty (1965) nur etwa 820 km^2. Diese Tatsache wird durch das Abtauchen der Ostalpen gegen Osten und durch eine Abnahme der Niederschläge in gleicher Richtung erklärt. Die größten Gletscherflächen finden sich hier in den Ötztaler und Stubaier Alpen sowie um die beiden mächtigen Auftragungen des Großvenedigers (3674 m) und Großglockners (3797 m) in den Hohen Tauern. Auch die Gletscher der Zillertaler Alpen und die der Silvrettagruppe sind hier zu nennen. Die zusammenhängenden Gletscherareale sind in den Ostalpen verglichen mit den Verhältnissen in der Schweiz wesentlich kleiner. G. Patzelt und H. Slupetzky (1970) geben für die Pasterze am Großglockner anhand der Alpenvereinskarte von 1965 eine Fläche von 19,7 km^2 an, nach R. Finsterwalder (1953) erstreckte sich der Gepatschferner in den Ötztaler Alpen 1950 über 17,5 km^2, und H. Hoinkes (1970) gibt für den Hintereisferner im Jahre 1968

9,0 km² an. In den deutschen Alpen liegen nur drei sehr kleine Gletscher, Höllentalferner und Schneeferner im Zugspitzgebiet und das Blaueis in den Berchtesgadener Alpen. Für den Schneeferner nennt R. Finsterwalder (1959) bei einer Länge von 915 m eine Fläche von 0,6 km² und für den Höllentalferner 0,2 km².

Die Gletscherfläche der italienischen Alpen beträgt nach den Angaben im *Catasto dei Ghiacciai Italiani* (1959–1962) 540,8 km², die sich aus insgesamt 823 Einzelgletschern zusammensetzt. Zu den am stärksten vergletscherten Gebirgsgruppen zählen Ortler/Cevedale (101,97 km²) (A. Desio, 1967), Adamello/Presanella (48,68 km²) und Gran Paradiso (40,32 km²) (siehe auch *Tab. 62*). Der größte Gletscher ist der Vedretta del Forno in der Ortler/Cevedale-Gruppe mit 22,0 km², gefolgt vom Mandronegletscher (Adamello/Presanella) mit 11,93 km² und dem Miagegletscher im Mont Blanc-Gebiet mit 11,29 km².

In den französischen Alpen bemißt sich die Gletscherfläche zu rund 300 km². Allein 115 km² davon finden sich im Mont Blanc-Gebiet, mit 4810 m die höchste Aufragung in den Alpen. Dort liegt auch der flächengrößte Gletscher Frankreichs, das Mer de Glace mit 30,4 km² (R. Vivian, 1969). Als weitere wichtige Gletschergebiete sind die Pellvoux-Gruppe, das Massif de la Vanoise sowie die Westabdachung der Grajischen Hauptkette zwischen dem Mont Cenis-Paß im Süden und dem Kleinen Sankt Bernhard im Norden zu nennen.

Für die Erhaltung von Gletschern ist der Schutz vor direkter Sonnenstrahlung, die mit einem wesentlichen Anteil zur Ablation beiträgt, vorteilhaft. So ist eine besondere Häufung von Gletschern in nördlichen Expositionen anzutreffen (s. Tabelle 62). Noch deutlicher wird dieser Unterschied zwischen Nord- und Süd-Auslage, wenn man nicht nur die Anzahl der Gletscher, sondern ihre Fläche berücksichtigt. Nach Tabelle 62 liegen 71% des Gletscherareals der aufgeführten Gebirgsgruppen in Nord-, Nordost- und Nordwest-Exposition. Alle übrigen Himmelsrichtungen weisen eine ziemlich gleichmäßige Besetzung mit Gletschern von 6 bis 7% aus. Das Minimum mit 4% findet sich in Südwestauslage. Hierbei handelt es sich um Mittelwerte aus 534 Gletschern in einem großen Gebiet. Bei kleineren Gebirgsgruppen können sehr wohl von der aufgeführten Regel Abweichungen auftreten. R. Vivian und J.P. Collicard (1971) berichten z.B. von den Gletschern der Bellecôte im Norden des Massif de la Vanoise, daß bei einer Gesamtgletscherfläche von 205 ha 136 ha südlich, nur 69 ha aber nördlich exponiert sind. Für die Erklärung dieser Sachlage sind zweifellos auch Reliefgegebenheiten mit heranzuziehen. Wenn in Nordlage größere Flachformen über der Schneegrenze fehlen, in Südexposition aber vorhanden sind, dann liegen in dieser Richtung auch die ausgedehnteren Gletscher.

Gegenüber den Angaben über die Verteilung von Gletscherflächen sind die Kenntnisse über die Gletschermächtigkeit sehr viel geringer. Das beruht auf der Tatsache, daß die Eisdicke ungleich schwieriger und nur mit erheblichem meßtechnischen Aufwand durch Bohrungen oder seismische Lotungen exakt zu erfassen ist. Die ersten Beobachtungen über Eismächtigkeiten wurden an Schächten von Gletschermühlen angestellt. L. Agassiz (zitiert nach R. v. Klebelsberg, 1948) nennt danach für den Unteraargletscher eine Tiefe von 260 m. Das ist sicher nicht der Maximalbetrag, da Gletschermühlen im Zehrgebiet der Gletscher auftreten. Weitere Angaben über die Gletschertiefe erbrachten Bohrungen von A. Blümcke und H. Hess in den Jahren zwischen 1890 und 1910 auf dem Hintereisferner, die allerdings den Felsuntergrund nicht erreichten. Nach H. Hess (1909) ergaben sich Minimalgletschertiefen von 214 m bzw. 224 m. Diese Werte wurden aufgrund reflexionsseismischer Bestimmungen durch H. Mothes (1926), der 293 m bzw. 194 m fand, in der Größenordnung bestätigt. Ähnliche Werte nennt B. Brockamp (1958) für das Paster-

Gletscher und Inlandeise

Gebirgsgruppe	Anzahl	Nord a [%]	Nord ha	Nordost a [%]	Nordost ha	Ost a [%]	Ost ha	Südost a [%]	Südost ha	Süd a [%]	Süd ha	Südwest a [%]	Südwest ha	West a [%]	West ha	Nordwest a [%]	Nordwest ha	Fläche ha
Gran Paradiso	67	15	525	21	1173	9	226	9	332	6	77	3	42	9	481	28	1176	4032
Orobische Alpen	21	43	61	19	34	0	0	0	0	0	0	5	6	0	0	33	75	176
Adamello/Presanella	86	27	1699	8	1542	9	596	6	254	5	292	1	38	22	145	22	302	4868
Ortler/Cevedale	130	22	2546	14	1550	8	593	15	644	7	928	5	605	10	655	19	2676	10197
Dolomiten	30	36	612	17	74	0	0	7	20	0	0	7	19	7	9	26	51	785
insgesamt	334		5443		4373		1415		1250		1297		710		1290		4280	20058
Fläche [%]		27		22		7		6		6		4		6		22		100 %
Anzahl [%]		25		14		7		10		5		4		12		23		

Tab. 62 Prozentuale Verteilung von Gletschern und Anteile von Gletscherflächen in verschiedenen Expositionen an ausgewählten Beispielen der italienischen Alpen (a [%] = prozentualer Anteil der Anzahl der Gletscher eines Gebietes, der auf eine Exposition entfällt). Die Werte sind entnommen aus Comitato Glaciologico Italiano (1959 bis 1962).

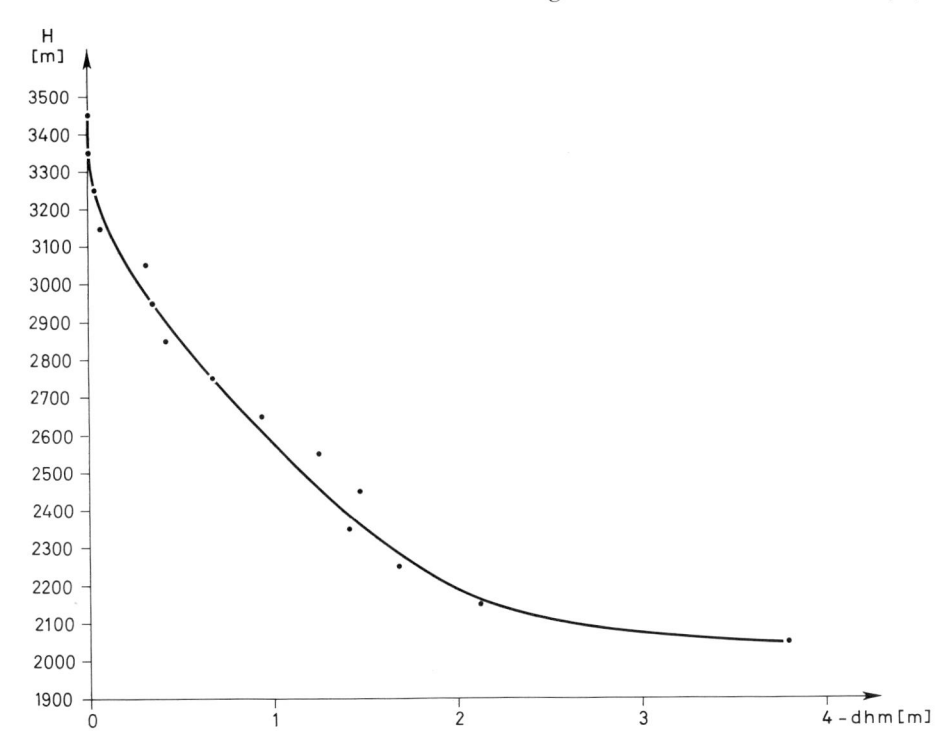

Fig. 142 Mittlere jährliche Höhenänderung (−dhm) von 8 ausgewählten Ostalpengletschern als Funktion der Höhe über NN (H) für die Zeit von 1920–1950. Nach R. Finsterwalder (1953.)

zenkees mit 270 m. Gegen das untere Ende des Zehrgebietes nehmen die Eismächtigkeiten erheblich ab. So wurden von F. Brüchl und P. Steinhäuser (1967) auf der Zunge des Vernagtferners nur mehr 30 bis 70 m Eisdicke gemessen. Die größte Eismächtigkeit von Alpengletschern wird vom Concordiaplatz des Aletschgletschers, einer nahezu horizontalen Fläche an der Vereinigung mehrerer Nährgebiete, von H. Mothes (1927, 1932) zu 792 m angegeben. Für viele der großen Alpengletscher dürfte die maximale Eismächtigkeit gegenwärtig im Mittel 150 bis 230 m betragen. Mit dem Gletscherrückgang der vergangenen Jahrzehnte war auch ein erhebliches Einsinken der Gletscheroberfläche verbunden (Fig. 142). Nach Figur 142 wurden dabei die unteren Teile der Gletscherzungen weit stärker betroffen als die oberen Areale der Nährgebiete. Für die Zeit von 1920 bis 1950 errechnet sich aus dem Verhalten von acht Gletschern in den Zillertaler-, Stubaier- und Ötztaler Alpen ein mittlerer Einsinkbetrag von 114,0 m für die Höhenstufe 2000 bis 2100 m, 27,2 m für die Höhenstufe 2600 bis 2700 m und nur 3,0 m für die Höhenstufe 3300 bis 3400 m.

Die größten Vergletscherungsflächen Europas mit rund 3800 km² liegen in Skandinavien. Obwohl auch dort schon seit etwa der Jahrhundertwende intensiv glaziologische Forschung betrieben wurde, fehlten mangels hinreichender topographischer Karten genauere Angaben über die Vergletscherungsareale. Eine erste exakte Zusammenstellung über die Verteilung von Gletschern und ihrer Fläche in Schweden gibt V. Schytt (1959) anhand der Auswertung von Luftbildern in seiner Arbeit über die Gletscher des Kebnekajse-

Massivs. O. Liestöl (1962) erarbeitete eine Liste der Gletscher Norwegens, wobei er noch häufig auf ältere Angaben zurückgreifen mußte. Sie wird für Südnorwegen erweitert durch den hervorragenden Atlas over Breer i Sør-Norge von G. Østrem und T. Ziegler (1969).

Danach finden sich in Nordnorwegen nördlich des Tröndelag 792 Gletscher mit 1954 km², in Südnorwegen 921 mit 1620 km² und in Schweden 237 Gletscher mit 310 km². Von diesen liegen in Schweden allein 218 zwischen 67° und 68°24′N, nur 19 südlich davon. Als bedeutendstes Vereisungsgebiet mit 100 Gletschern, die eine Fläche von 171 km² einnehmen, wird der Sarek National Park, zwischen 67°8′N und 67°36′N sowie 17°15′E und 18°5′E gelegen, genannt. Vom Sarekmassiv strömt auch der Park-Gletscher, die flächengrößte zusammenhängende Eismasse, mit 14,1 km² ab. Im allgemeinen sind die schwedischen Gletscher nicht sehr bedeutend. 69% aller Gletscher sind kleiner als 1 km², nur 2% (absoluter Wert 5) sind wenig größer als 10 km². In Nordnorwegen sind als ausgedehnte Vergletscherungsareale Svartisen, etwa um den Polarkreis gelegen, mit 5 Gletschern, die eine Fläche von 576,5 km² und Blamansisen im Hinterland des Saltfjordes, wo 9 Gletscher eine Fläche von 145,23 km² umfassen, zu nennen. In Südnorwegen entfallen auf das Gebiet des Jostedalsbreen im weiteren Sinne 331 Gletscher mit 873,95 km². Die Vergletscherung des Folgifonni (30 Gletscher auf 212,46 km²), Jotunheimen (110 Gletscher mit 155,10 km²) oder des Hardanger-Jökulen (78 km²) ist dagegen bescheiden. Norwegen weist nicht nur die ausgedehntesten Vereisungsareale Europas auf, es finden sich dort auch die flächengrößten zusammenhängenden Gletscher, wie die Eiskappen des Jostedalbreen (486,27 km²), Vestresvartisen (268,35 km²), Østresvartisen (199,75 km²), Folgifonni (167,18 km²). Selbst Blamansisen hat (123,53 km²) fast noch die gleiche Ausdehnung wie der größte Alpengletscher.

Die Vergletscherungsgrenze, bestimmt nach der Gipfelmethode, steigt von der Küste am Sognefjord (1200 m) landeinwärts sehr rasch auf 1600 m (Jostedalsbreen) bis 2200 m im östlichen Jotunheimen an. Hinsichtlich der Exposition einzelner Gletscher ergibt sich zu den Verhältnissen in den Alpen ein deutlicher Unterschied, ja selbst die Auslagen in Südnorwegen weichen merkbar voneinander ab *(Tab. 62, 63)*. Während in den Alpen Nord-, Nordost- und Nordwest-Expositionen vorherrschen und damit eine bevorzugte Gletschergunst durch Schattlagen erkennen lassen, dominieren in Skandinavien speziell in der Flächenverteilung östliche Komponenten der Exposition. Selbst Südauslagen sind gegenüber Gletscherflächen in westlichen Quadranten stärker vertreten. V. Schytt (1959) erklärt diese Tatsache dadurch, daß in den höheren nördlichen Breiten die Richtung der niederschlagbringenden Winde (östliche Komponenten in Schweden und in den Binnenlagen Südnorwegens) die Exposition von Gletschern weit stärker bestimmen als die bereits in ihrer Intensität stark abnehmende Strahlung. Für die Westküste Norwegens, wo die Hauptwindrichtung zwischen Südwest und Nordwest variiert, kann diese Deutung nicht zutreffen. G. Østrem (1969) weist jedoch darauf hin, daß zwischen täglicher Windgeschwindigkeit und Gletscherschmelze in den maritimen Gebieten Westnorwegens eine hohe Korrelation besteht. Er führt dies auf advektive Wärmezufuhr, die mit der Windgeschwindigkeit zunimmt, und auf Kondensationsvorgänge zurück.

Ganz entscheidend dagegen macht sich die Schattlage wieder bei den Pyrenäengletschern bemerkbar. Von den 74 Gletschern in den westlichen Zentral-Pyrenäen, zwischen Balaitous im Westen und Maladeta im Osten, weisen 68% eine nördliche, aber nur 13% eine südliche Expositionsrichtung auf. In Ostlage finden sich 12%, in Westlage 7%. Allerdings nehmen alle Gletscher zusammen nach P. Höllermann (1968) nur eine Fläche

Südnorwegen	Nord	Nord-ost	Ost	Süd-ost	Süd	Süd-west	West	Nord-west	ins-gesamt
Gletscher Anzahl	228	213	183	74	54	26	48	84	910
Prozent	25,0	23,5	20,1	8,1	5,9	2,8	5,3	9,3	100,0
Gletscherfläche km²	241,76	229,62	292,34	253,07	172,37	87,75	172,33	171,43	1620,67
Prozent	14,9	14,1	18,0	15,6	10,7	5,4	10,7	10,6	100,0
Schweden									
Gletscher Anzahl	23	67	99	22	15	3	4	4	237
Prozent	10	28	42	9	6	1	2	2	100
Gletscherfläche km²	30	63	163	13	16	10	11	4	310
Prozent	10	20	53	4	5	3	4	1	100

Tab. 63 Verteilung von Gletschern und Gletscherflächen auf die Expositionsrichtungen in Südnorwegen und Nordschweden nach Unterlagen aus G. Østrem und T. Ziegler (1969) und V. Schytt (1959).

von 15 km² ein. Das bedeutet, daß sie durchweg sehr klein sind, einzig der Aneto erreicht etwas mehr als 1 km². Sie treten entsprechend der südlichen Breite nur in Höhen größer als 3000 m auf. Auch der einzige Gletscher des Apennin am Gran Sasso d'Italia, der Ghiacciaio del Calderone mit 0,06 km², ist nordexponiert.

Die Gletscher des Kaukasus (1805 km²) und des Ural (28 km²), die in Tabelle 61 unter Europa aufgeführt sind, werden zusammen mit den Gletschern Asiens behandelt, um die von russischen Glaziologen gefundene und begründete Gliederung übernehmen zu können.

3.8.2.2. Asien

Die weitaus größten Gletscherflächen der außerpolaren Gebiete liegen mit 115 000 km² in den Hochgebirgen Asiens. Die Flächenverteilung und der Eisvorrat der heutigen Gletscher ist vor allem durch zahlreiche Arbeiten russischer Forscher für das Staatsgebiet der UdSSR sehr gut bekannt und unter anderen bei G. A. Avsyuk u. K. M. Kotlyakov (1967), L. D. Dolguskin (1961) sowie M. G. Grosvald u. V. M. Kotlyakov (1969) kurz zusammengefaßt. Für die übrigen sei auf die grundlegende Darstellung von H. v. Wissmann (1959) hingewiesen.

Nach M. G. Grosvald u. V. M. Kotlyakov (1969) können die Gletscher der UdSSR in vier Regionen gegliedert werden:

1 *Atlantisch-arktische Region:* Sie umfaßt die arktische Inselwelt mit Franz-Josef-Land einschließlich der Inseln Victoria und Ushakova, Novaija Semlja, Severnaija Semlja, die De Longa-Gruppe der Neusibirischen Inseln sowie den polaren und subpolaren Ural. Hier sollen nur die Gletscher des Ural behandelt werden, denn sie gehören wie

die meisten Gebirgsgletscher der UdSSR nach ihrer Ernährung zur temperierten Infiltrationszone nach P. A. Schumskii (1964), wogegen jene der arktischen Inseln im Bereich der Rekristallisations- und kalten Infiltrationszone liegen. Bei einem Wintermaximum der Niederschläge ist ihr Jahresmittel mit 700 bis 900 mm anzugeben. Die Gleichgewichtslinie findet sich entsprechend der hohen Nordbreite in 600 bis 1000 m ü. NN. Der Vertikalgradient der Nettomassenbilanz ist mit 15 bis 20 mm/m sehr hoch und damit typisch für eine maritime Klimabeeinflussung.

2 *Atlantisch-eurasische Region:* Hierzu zählen Kaukasus, Alai, Pamir, Tienschan, Dsungarischer Alatau, Altai und Ostsajan. Die Höhe der Gleichgewichtslinie variiert zwischen 2100 bis 5200 m. Die tiefsten Lagen finden sich im Ostsajan, die höchsten im Pamir. Diese Anordnung ist nun keinesfalls einfach eine Folge der geographischen Breite, sondern vielmehr durch die jahreszeitliche Verteilung der Niederschläge zu erklären. Die Niederschlagshöhen nehmen vom Kaukasus, Alai und Pamir mit 800 bis 1500 mm über Tienschan (800 bis 1300 mm) auf 800 bis 1200 mm im Altai und Ostsajan ab. Dies würde zunächst zu dem Schluß führen, daß die Gleichgewichtslinie in derselben Richtung anhebt. Aber gerade das Gegenteil ist der Fall: sie sinkt vom Alai-Pamir (3800 bis 5200 m) – im Kaukasus liegt sie zwischen 3000 bis 3800 m – über 3400 bis 4800 m im Tienschan auf nur 2100 bis 3500 m im Altai und Ostsajan. Es läßt sich aber eine deutliche zeitliche Verschiebung der Niederschlagsmaxima feststellen. Sie treten im Kaukasus im Herbst und Winter, im Altai, Pamir und Tienschan im Winter bis Frühling, im Ostsajan aber im Frühling und Sommer auf. Gerade die Sommerniederschläge, vor allem wenn Neuschnee mit einer erheblichen Vergrößerung der Albedo eintritt, führen durch eine Verringerung der Ablation zu einem Absinken der Gleichgewichtslinie. Mit zunehmender Kontinentalität des Klimas verringert sich auch der Vertikalgradient der Nettomassenbilanz von 10 bis 12 mm/m im Kaukasus über 4 bis 10 mm/m im Alai-Pamir, 5 bis 8 mm/m im Tienschan auf nur 3 bis 6 mm/m im Altai und Ostsajan.

3 *Ostsibirische Region:* Hier werden die Gletscher des Werchojansker-, Tscherski- und Kodargebirges sowie des Suntarhayata zusammengefaßt. Diese Region zeichnet sich durch den höchsten Kontinentalitätsgrad und eine Überlagerung atlantischer und pazifischer Einflüsse aus. Die Jahresniederschläge sind mit 500 bis 900 mm niedriger als in allen anderen Gletscherregionen der UdSSR. Ihr Maximum fällt in den Sommer und Herbst. Aus der nördlichen Lage und der zeitlichen Niederschlagsverteilung erklärt sich die geringe Höhenlage der Gleichgewichtslinie von nur 1800 bis 2500 m. Der Vertikalgradient der Nettomassenbilanz ist im Mittel mit 4 bis 5 mm/m ebenso gering wie im Ostsajan. Wegen der hohen Kontinentalität des Klimas ändert sich auch das Ernährungsregime von der warmen Infiltrationszone zu einer Region mit superimposed ice der temperierten Infiltrations-Aufeiszone.

4 *Pazifische Region:* In ihr werden die Gletscher des Korjakengebirges und von Kamtschatka zusammengefaßt. Hier werden nun erneut maritime Klimaeinflüsse deutlich. Bei einem Jahresmittel der Niederschläge von 600 bis 2000 mm tritt ihr Maximum im Winter auf. Das führt auch zu einem erheblichen Anstieg des Vertikalgradienten der Nettomassenbilanz auf 8 bis 15 mm/m, womit also wieder Werte wie im Ural bzw. Kaukasus erreicht beziehungsweise überschritten werden. Die Höhe der Gleichgewichtslinie variiert zwischen 600 bis 2500 m.

Nach *Tab. 64* liegen die größten Vergletscherungsgebiete der UdSSR im Alai-Pamir, Tienschan, Kaukasus und in den pazifischen Randketten. Im Kaukasus weist der zentrale

Vergletscherungsgebiet	Gletscher-fläche [km²]	mittlere Eismächtig-keit [m]	Eis-vorrat [km³]	Wasser-vorrat [km³]	Vertikaler Gradient der Nettomassen-bilanz [mm/m]
I. Atlantisch-arktische Region					
1 Byrranga Gebirge	50	50	2,5	2,5	—
2 Ural	28	40	1	1	15 bis 20
gesamt	78		3,5	3,5	
II. Atlantisch-eurasische Region					
3 Kaukasus	1805	75	142	122	10 bis 12
4 Alai-Pamir	9375	180	1680	1445	4 bis 10
5 Tienschan	6190	115	725	624	5 bis 8
6 Dsungarischer Alatau	956	100	96	82	—
7 Altai	646	105	69	60	—
8 Ostsajan	32	40	1	1	3 bis 6
gesamt	19004		2713	2334	
II. Ostsibirische Region					
9 Kodargebirge	15	80	1	1	
10 Suntar Khayata	206	100	21	18	4 bis 5
11 Werchojansker Gebirge	23	50	1	1	
12 Tscherski Gebirge	162	85	14	12	
gesamt	406		37	32	
IV. Pazifische Region					
13 Korjaken Gebirge	650	50	32	28	8 bis 15
14 Kamtschatka	866	70	61	53	
gesamt	1516		93	81	
UdSSR insgesamt (ohne arktische Inseln)	20954		2846	2450	

Tab. 64 Gletscherflächen und Eisvolumen der Gletscher auf dem Festland der UdSSR. Für die Umrechnung des Eisvorrates in Wasservorrat wurde einschließlich der Firnauflage eine mittlere Dichte von 0,86 g/cm³ angenommen (nach M. G. Grosvald und V. M. Kotlyakov, 1969).

Teil zwischen Elbrus und Kazbek eine Vergletscherungsfläche von 1220 km² auf. Die Eiskappe des Elbrus stellt mit 144 km² zugleich auch das größte geschlossene Eisfeld dieses Gebietes vor. Auch die beiden längsten Einzelgletscher des Kaukasus, der Dykh-Sou mit 48,4 km² und 15,3 km Länge sowie der Bezingi mit 45,4 km², der 19,6 km lang ist, finden sich hier. Der Westkaukasus trägt nur eine Gletscherfläche von 445 km² und der Ostkaukasus von 116 km². Rund 69% der Gletscherfläche liegen dabei auf der Nordabdachung des Gebirges. Das flächengrößte zusammenhängende Vereisungsgebiet bildet das dendritische System des Fedschenkogletschers im Pamir. Bei einer Länge von 77 km und einer Breite von 2,5 km bemißt sich seine Gesamtfläche einschließlich der tributären Teilströme zu 992 km². Nach G. A. Avsyuk u. V. M. Kotlyakov (1967) weist er eine maximale Mächtigkeit von 800 m auf und ist damit auch der mächtigste Gletscher in der UdSSR (I. S. Berzon u. V. A. Pak, 1961), gefolgt vom Inilchek-Gletscher im Tienschan, der rund 400 m dick ist. Solche Eismächtigkeiten treten nur bei dendritischen Systemen auf. Einfache Talgletscher besitzen nach G. A. Avsyuk u. V. M. Kotlyakov (1967) im Regelfall nur eine Tiefe von wenig über 100 m, z. B. Tuyuksugletscher im Zailysky Alatau 120 m, bis etwas über 250 m, z. B. Bolskoy Aktrov im Altai 250 m. Die Karglescher, wie sie vielfach im Ural, Altai oder in der ostsibirischen Region auftreten, sind mit 70 bis 90 m (z. B. Obruchew-Gletscher im Nordural 90 m) noch wesentlich flacher. Wenngleich die Kenntnis von den wirklichen Eisdicken bei Einzelgletschern noch unsicher ist, wird der von M. G. Grosvald u. V. M. Kotlyakov (1969) geschätzte Wasservorrat, der in Gletschern der UdSSR gespeichert ist, mit 2400 bis 2500 km³ in der Größenordnung richtig sein. Das ist eine Wassermenge, die ausreichen würde, um den Mittelwasserabfluß der großen russischen Ströme Wolga, Ob, Jenissei und Lena für 1,25 Jahre zu garantieren. Selbst den Abfluß des Amazonas mit 100 000 m³/s könnte sie für die Dauer von 8 Monaten speisen.

In Zentralasien ist vor allem die Vergletscherung des Kuenlun mit rund 15 100 km² zu erwähnen. Auch das Nanschangebirge trägt nach L. D. Dolguschin (1961) 1055 Gletscher, die eine Fläche von 1565 km² einnehmen und rund 50 km³ Wasser speichern. Aus diesen Angaben errechnet sich eine mittlere Gletscherdicke von 35 bis 40 m, so daß die relativ kleinen Gletscher mit im Durchschnitt weniger als 1 km² auch nur eine geringe Mächtigkeit besitzen. Vielfach wird die Gletscherfläche Tibets mit 9100 km², die in einem Trockengebiet liegt, unterschätzt. Auch der Nordteil des Gebietes der meridionalen Stromfurchen, die Gebirge südlich des östlichen Kuenluns und südlich des Salwen (Nag Chu) tragen Gletscher, die insgesamt rund 8900 km² einnehmen. Die weitaus größten Gletscherflächen Asiens finden sich mit 30 000 km² im Himalaya, wo auch die höchsten Aufragungen der Erde liegen, z. B. Jongolungma (Mt. Everest) 8848 m. Entsprechend der Exposition zu den niederschlagsbringenden Winden liegt die Schneegrenze im Süden tiefer als im Norden. H. Heuberger (1956) berichtet vom Nordwestende der Mt. Everestgruppe, daß in der breiten Paßfurche des Nang-La die Schneegrenze auf der dem Monsun zugewandten Südseite in 5500 m liegt, zur Nordexposition aber auf 5900 m ansteigt. Hierin dokumentiert sich erneut, wie schon bei Skandinavien ausgeführt, die Bedeutung der Niederschläge für die Vergletscherung. Aus der extrem raschen Abnahme der Niederschläge im Lee der Himalaya-Hauptkette ist auch verständlich, daß der Transhimalaya mit rund 4000 km² – Größenordnung aller Alpengletscher – relativ schwach vergletschert ist.

Die stärkste Konzentration von Gletschern, ca 16 000 km², bezogen auf die Gesamtfläche der Gebirgsgruppe, tritt im Karakorum auf. Sie nehmen rund 30% des Gebietes ein. Dort finden sich auch die bekanntesten »Gletscherriesen« *(Tab. 65)*.

Aus Tabelle 65 geht deutlich die Bedeutung der Expositionsgunst zu den niederschlagsbringenden Winden für die Entstehung großer Gletscher hervor, worauf auch beim Himalaya hingewiesen wurde. Zwar wird für den Hindukusch eine beachtliche Gletscherfläche von 6200 km² genannt, E. Grötzbach u. C. Rathjens (1969) weisen aber darauf hin, daß über die Vergletscherung dieses Gebietes bisher nur wenig bekannt ist. Die Gletscherflächen Vorderasiens sind mit 50 km² gering. Sie konzentrieren sich im wesentlichen auf das Elbursgebiet, wo im Norden des Alam Kough kleinere Gletscherflächen auftreten.

Gletscher	Exposition	Oberfläche [km²]	Länge [km]	Höhe des Zungenendes [m]ü. NN
Westkarakorum				
Batura	Ost	282	58	2460
Chogo-Lungma	Südost	600	55	2760
Hispar	West	685	59	3233
Biafo	Südost	550	60	3063
Ostkarakorum				
Baltoro	West	895	66	3421
Siachen	Südost	1180	75	3703

Tab. 65 Fläche, Länge und Exposition einiger »Gletscherriesen« im Karakorum (aus L. Lliboutry, 1965).

3.8.2.3. Nordamerika

In Nordamerika liegen die Gletscherareale in den Hochgebieten des Kordillerensystems im Westen des Kontinents und auf den arktischen Inseln Kanadas. Die Gletscherfläche Labradors ist mit 24 km² bescheiden. Nur der Festlandanteil wird in diesem Abschnitt berücksichtigt. Die Gletscherforschung erstreckt sich in Nordamerika über sehr unterschiedliche Zeiträume. Während Kanada schon auf eine alte Tradition zurückblicken kann, die mit der Internationalen Hydrologischen Dekade neue Impulse erhielt (O. H. Løken, 1970), setzt eine Kartierung vergletscherter Gebiete in den USA nach J. B. Case (1961) erst mit den Aktivitäten des Internationalen Geophysikalischen Jahres ein. Entsprechend der nördlichen Lage über 60° N, kräftigen Massenerhebungen und reichlichen Niederschlägen, besonders im Süden des Landes, trägt Alaska mit rund 51 470 km² die ausgedehntesten Gletscherfelder des nordamerikanischen Kontinents. Speziell die pazifischen Ketten zwischen Cook-Inlet und Yakutat Bay (Chugach Mts., Wrangel Mts.) sind intensiv vergletschert. Hier findet sich im Seward-Malaspinasystem mit 4275 km² auch der flächengrößte außerpolare Gletscher, dessen Zunge allein 2680 km² einnimmt. Er wird an Ausdehnung lediglich vom patagonischen Inlandeis übertroffen. Die Brooksketten im Norden von Alaska tragen dagegen nur Gletscherspuren. In ihrer Verteilung auf die einzelnen Himmelsrichtungen zeigen sie eine charakteristische Anordnung. Nach G. Wendler (1969) sind 66% der Gletscher nordexponiert, 15% nach Süden, 8% nach Westen und 11% nach Osten. Die Nord-Süd-Verteilung dürfte weniger durch Strahlungsunterschiede bedingt sein, die für die Ablationsperiode nur 9% ausmachen, als vielmehr durch die Richtung zu den niederschlagsbringenden Winden aus Ost bis Nordost. Dadurch ist die Ostauslage gegenüber der Westexposition bevorzugt. Auch in Kanada zeigen die feuchteren pazifischen Ketten mit mehr als 37 000 km² Gletscherfläche eine rund

Gebiet	Gletscher Anzahl	Gletscher Fläche [km²]	mittlere Höhenlage [m]
Felsengebirge			
nördliches Felsengebirge	66	16,0	2380
mittleres Felsengebirge	121	58,3	3460
südliches Felsengebirge	10	1,7	3800
Snake Range (Großes Becken)	1	0,2	3600
zusammen	198	76,2	
Pazifische Ketten			
Mts. Olympic	61	33,0	1795
nördliches Cascadengebirge	756	267,3	1990
mittleres Cascadengebirge	38	20,7	2370
südliches Cascadengebirge	8	5,5	3200
Klamathgebirge	2	0,3	2600
Sierra Nevada	70	13,1	3700
zusammen	935	339,6	
insgesamt	1133	415,8	

Tab. 66   Regionale Verteilung der Gletscher in den USA nach J. L. Dyson (1952), M. F. Meier (1961) und A. S. Post u. a. (1971).

dreifach so kräftige Vereisung wie das Felsengebirge. Einen sehr guten Überblick über die vergletscherten Regionen Kanadas werden wir bekommen, sobald der Glacier Atlas of Canada in vier Farben im Maßstab 1 : 500 000 mit 150 Kartenblättern fertiggestellt sein wird. Die Gletscherfläche der USA beträgt dagegen nach Auswertung neuer großmaßstäbiger Karten und Luftbilder nur 416 km², die sich auf 1133 Einzelgletscher verteilen (*Tab. 66*).

Nach Tabelle 66 sind ebenso wie in Kanada die pazifischen Ketten wesentlich kräftiger vergletschert als das Felsengebirge. Deutlich gibt sich auch ein Anheben der mittleren Gletscherhöhe von Norden nach Süden innerhalb der einzelnen Gebirgsgruppen zu erkennen. Auch von Westen nach Osten steigt die Vergletscherungsgrenze merklich an. Diese Tatsache ist auf eine Zunahme der Strahlungsgewinnes mit abnehmender Breite bei gleichzeitiger Verringerung der Niederschläge zu erklären. Daß es sich fast durchweg um sehr kleine Gletscher handelt, ist schon aus dem Verhältnis der Anzahl der Gletscher zur Vergletscherungsfläche zu schließen. Nach einer Aufstellung bei A. S. Post u. a. (1971) sind von 756 Gletschern im nördlichen Cascadengebirge 697 kleiner als 1 km² bei einer mittleren Dicke von nur 20 bis 40 m. 54 Gletscher haben eine Fläche von mehr als 1 km² bis 5 km², und nur 5 sind größer als 5 km². Bei ihnen nimmt die mittlere Eisdicke auch auf ca 120 m zu. Immerhin sind im mittleren Cascadengebirge 15,7 km³ Wasser in den Eismassen gespeichert. Den größten Gletscher der USA bilden Carbon- und Russel-Glacier mit 9,3 km Länge und einer Fläche von 13 km². Nur wenig kleiner ist der ebenfalls am

Mt. Rainier gelegene Emmans Glacier mit 6,4 km und 12,7 km². Als häufigste Expositionsrichtung der Gletscher wird von A. S. Post u. a. (1971) Norden und Nordosten für das Cascadengebirge genannt. Neben der Schattlage spielt für die Erklärung hier auch Drift von Schnee durch Südwestwinde eine Rolle, der im Lee in Karen wieder abgelagert wird.

Die Vergletscherung Mexicos (J. L. Lorenzo, 1959) ist auf die hohen Vulkane Citlaltépetl (9,5 km²), Ixtaccíhuatl (1,21 km²) und Popocatépetl (0,72 km²) beschränkt. Sie umfaßt eine Gesamtfläche von 11 km².

3.8.2.4. Südamerika

Die Vergletscherung der südamerikanischen Anden ist mit rund 26500 km² zwar beachtlich, jedoch sind die Eismassen sehr ungleich verteilt. Die großen Flächen finden sich im Süden des Kontinentes, in Patagonien und Feuerland. Grundlegende Kenntnisse über die Vergletscherung der Anden verdanken wir C. Troll und R. Finsterwalder (1935) über die Cordillera Real, H. Kinzl (1950) über die Cordillera Blanca, B. S. Colyni (1962), der die argentinischen Anden und L. Lliboutry (1956), der die Gletscher der chilenischen Anden beobachtet hat. Eine knappe Zusammenstellung der Gletscher und ihrer Schwankungen findet sich auch bei J. H. Mercer (1962).

Nach der Intensität ihrer Vergletscherung können die Anden in drei Abschnitte gegliedert werden, nämlich in die tropischen Nordanden (11° N bis 30° S), in die Zentralanden (30° S bis 35° S) und die Südanden bis 55° S. In den Nordanden kann man für den größten Teil nur von Vergletscherungsspuren sprechen. Sie finden sich z. B. auf der Ostseite der Sierra de Mérida in Venezuela, auf der Sierra Nevada de Santa Marta und der Sierra Nevada del Cocuy (Cordillera Oriental) in Columbien. Auf den Vulkankegeln Ecuadors z. B. Chimborazo und Cotopaxi kommen Gletscher bis zu 3 km Länge vor. Eine bedeutende Vergletscherung dieses Andenabschnittes mit zusammen rund 1000 km² Gletscherfläche wird nur für die Cordillera Blanca und die Cordillera de Huayhuach in Peru erwähnt. Während nach Süden anschließend Gletscher in Bolivien und im Großen Norden Chiles recht spärlich sind, werden sie im Kleinen Süden zahlreicher, wenngleich die Flächenerstreckung gering ist.

Im zentralen Teil, den Anden von Santiago und Cuyo, tragen die Vulkane eine ausgedehnte Vergletscherung *(Fig. 143)*. Allein zwischen dem Aconcagua (6954 m) im Norden und dem Tinguiririca (4300 m) im Süden ergibt sich eine Gletscherfläche von etwas mehr als 1300 km², von denen 700 km² zur chilenischen, 600 km² zur argentinischen Abdachung zu rechnen sind. Nach L. Lliboutry (1965) entfallen auf das Aconcaguamassiv 76 km², auf das Massiv Juncal 296 km², auf den Vulkan Tupungato 239 km² und den Vulkan San José auf chilenischer Seite 56 km². Die Gletscher erreichen zum Teil eine Länge von 10 bis 12 km.

Die Südanden, Patagonien und Feuerland weisen mit 24000 km² nicht nur die größte Gletscherfläche, sondern durch das Auftreten ausgedehnter Inlandeisfelder auch einen völlig anderen Vergletscherungstyp auf. Bereits in geringer Südbreite, um 47° S, befindet sich der Hielo Patagonico Nord mit 4400 km². Ein Abflußarm, der San Rafaelgletscher, erreicht mit einer 3 km breiten Front sogar das Meer. Auch andere Gletscher, die vom zentralen Eisfeld abfließen, wie der San Tadeo (57 km lang, 8 km breit) oder der Steffengletscher (50 km lang – siehe *Fig. 144*) haben sehr kräftig entwickelte Zungen. Der Hielo Patagonico Sud ist mit 13500 km² sogar rund dreimal größer. Er erstreckt sich von 48°20'S bis 51°25'S, also über rund 400 km in Nord-Süd-Richtung. Der bedeutendste Abfluß-

336   Gletscher und Inlandeise

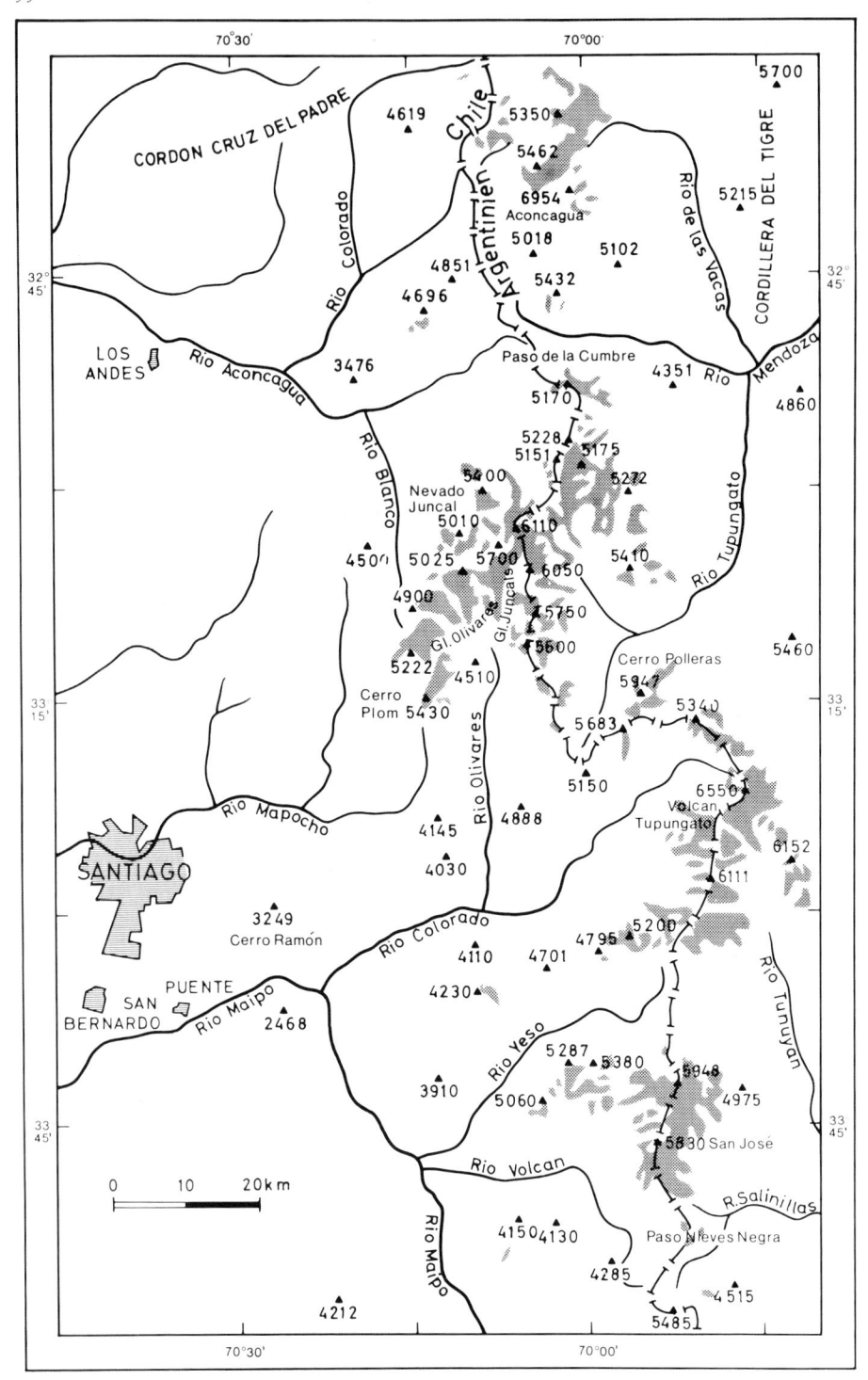

Fig. 143   Verbreitung der Gletscher in den Anden von Santiago nach Arbeiten von L. Lliboutry. Nach L. Lliboutry (1965).

Verbreitung der Gletscher auf der Erde 337

Gletscher der südl. Anden

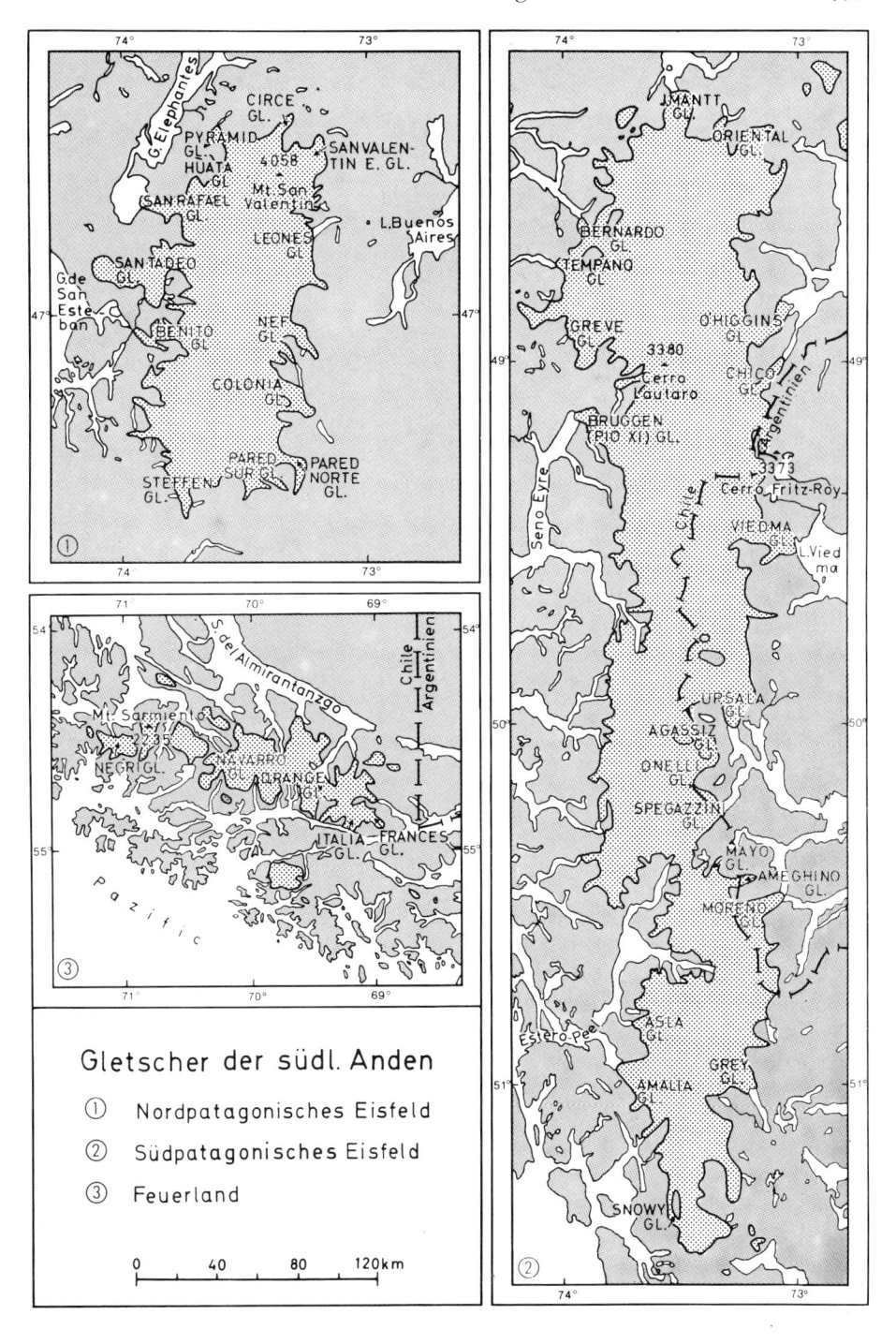

① Nordpatagonisches Eisfeld
② Südpatagonisches Eisfeld
③ Feuerland

Fig. 144 Verbreitung der südandinen Inlandeise. Aus J.H. Mercer (1962).

gletscher, der Jorge Mautt mit 10 km² liegt im äußersten Norden. Große geschlossene Eisfelder finden sich ferner im Bereich der Darwinkette auf Feuerland.

3.8.2.5. Neuseeland und Ozeanien

Die neuseeländischen Alpen der Südinsel tragen eine Gletscherfläche von rund 1000 km². Die Vereisungsbedingungen sind auf der West- und Ostseite des Gebirges sehr unterschiedlich. Die durch Westwinde herangebrachten Niederschläge bewirken im Luv eine sehr kräftige Vergletscherung, die weit in die Waldregion hineinreicht. Im Gegensatz dazu sind die Gletscher der Ostseite sehr viel kleiner und weisen vor allem eine sehr starke Moränenbedeckung auf. Sie stoßen auch nicht in ein Waldgebiet, sondern in eine Steppe vor. Auf der Nordinsel gibt es am Mt. Ruapeku nur wenige sehr kleine Gletscher. Nach den Abbildungen bei A. J. Heine (1962) ist der Whakapapanuigletscher kaum mehr als aktiver Gletscher, sondern mehr als Toteis anzusprechen. Auf Neuguinea, nahe dem Äquator gelegen, ragt der Mt. Carstenz mit 5030 m über die Schneegrenze, die bei 4700 bis 4800 m anzusetzen ist. Dort befinden sich auch einige Gletscherflächen, die zusammen ca 15 km² einnehmen.

3.8.2.6. Afrika

Unmittelbar unter dem Äquator tragen lediglich die höchsten Gipfel kleine Gletscher, die zusammen eine Fläche von nur 12 km² einnehmen. Die größten Gletscherareale finden sich am 5119 m hohen Ruwenzori mit ca 10 km². Der Mount Kenya, 5200 m hoch und weiter im Osten gelegen, ist mit 1,2 km² weit weniger vergletschert. Am höchsten Gipfel Afrikas, dem Kilimandscharo (5964 m), finden sich nur kleine, maximal 2 km lange Gletscherflächen. Die unterschiedliche Vereisungsintensität dieser Region ist allein Ausdruck der Niederschlagsmengen, die vom Ruwenzori über Mount Kenya zum Kilimandscharo abnehmen.

3.8.2.7. Arktis

In den Polargebieten sind nicht nur die ausgedehntesten und mächtigsten Eismassen der Erde vereint, es ändert sich auch der Vergletscherungstyp der Erde gegenüber dem niederer Breiten grundlegend. Als Folge eines verringerten Strahlungsgewinnes liegt die Schneegrenze tief. Ihre Höhenlage ist ferner von den Niederschlägen abhängig. So steigt sie in Westspitzbergen von Westen nach Osten von 300 auf 600 m und auf Franz-Josef-Land von 200 auf 300 m an. Auf Nowaja Semlja sinkt sie von Süden nach Norden von 700 m gegen 400 m und auf Severnaja Semlja von 600 auf 300 m ab. Auf der De Longa-Insel findet sie sich in rund 200 m. Entsprechend der Niederschlagsarmut und der geringeren Nordbreite liegt sie im kanadischen Archipel wesentlich höher. Für Baffinland werden 1550 m und für Ellesmere-Island 1280 bis 1450 m genannt. Nach F. Müller (1963) ist die Gleichgewichtslinie auf Axel Heiberg in rund 850 m anzusetzen. Es muß hier nochmals darauf hingewiesen werden, daß Schneegrenze und Gleichgewichtslinie in polaren Gebieten erheblich divergieren. So werden bei der Baffininsel für die Schneegrenze 1550 m, für die Gleichgewichtslinie aber nur 1380 m angegeben. Die tiefe Lage der Schneegrenze hat zur Folge, daß weite Landoberflächen den Entstehungsbedingungen der Gletscher entsprechen. Auf diese Weise sind Voraussetzungen für die Bildung von Deckgletschern, dem Relief übergeordnete Vergletscherung, vorhanden. Im Verein mit einer relativ geringen Ablationsrate auch in tieferen Lagen erfüllen die Eismassen die Täler in Form von Eisstromnetzen und stoßen bis zum Meer vor. Inlandeise, Plateaugletscher und Eisstromnetze sind so die typischen Varianten der polaren Vergletscherung, die in niederen Breiten nur selten anzutreffen sind. Auf Westspitzbergen beträgt die Gletscherfläche etwa 57000 km², das sind rund 80% des gesamten Inselareals. Von den ca 600 bis 900 m hoch gelegenen Plateaugletschern riesigen Ausmaßes, z. B. dem Isachsenfonna, fließen gewaltige Eisströme zum Meer ab, unter anderen der 13 km breite Königsgletscher, der sich wiederum aus mehreren Teilströmen zusammensetzt. Die im Lee der niederschlagsbringenden Winde im Osten des Spitzbergenarchipels gelegene Barentsinsel, die nur ca 600 m hoch ist, zeigt eine geringere Vereisung. Die 540 km² Gletscherareal machen knapp 40% der Inselfläche aus. Vom zentralen Firnfeld strömen radial, vorwiegend aber nach Osten Einzelgletscher zum Meer ab. Nordostland dagegen ist mit 11425 km² Vereisungsfläche wieder zu 80% vergletschert. Das sehr ausgedehnte Inseleis ist in drei Eiskuppeln gegliedert: das Westfonna (2800 km²), das 380 m dick ist, das Sörfonna (2350 km²) und das 536 m mächtige Austfonna (5570 km²). Nach E. Palosuo und V. Schytt (1960) handelt es sich in Nordostland noch um temperierte Gletscher.

Die Gletscher der sowjetischen Arktis gehören mit zunehmender Kontinentalität nach M. G. Grosvald und V. M. Kotlyakov (1969) dem kalten Regime an. Trotz der geringen Jahresniederschläge von 200 bis 700 mm, die vorwiegend im Winter fallen, sind viele Inseln (s. Tabelle 61) sehr kräftig vergletschert. Auf Franz-Josef-Land in 81°N nehmen die Gletscher 87% der Inselfläche ein. Typisch für diese polaren Gletscher ist auch, daß das Verhältnis von Nährgebiet zu Zehrgebiet etwa 0,5 beträgt, während bei den außerpolaren russischen Gletschern fast durchweg Werte um 1 oder größer auftreten.

Daß Jan Mayen und Island am Rande der Arktis liegen, geht aus der Vergletscherungsfläche und dem Gletschertyp hervor. Auf Jan Mayen erreichen 3 von ca 15 Gletschern, die eine Fläche von 117 km² einnehmen, das Meer. Auf Island teilen sich rund 37 Gletscher, von denen Vatna-, Hof-, Lang- und Myrdallsjökull die größten sind, in eine Fläche von rund 12000 km² (Polar Record 1969).

Entsprechend der hohen Lage der Schneegrenze sind die Inseln des kanadischen Archipels weit weniger stark vergletschert als die der eurasischen Arktis. Der Gletscheranteil der Devon-Insel beträgt ungefähr $1/4$, von Axel Heiberg $1/3$ der Gesamtfläche. Selbst das riesige Gletscherareal von 83000 km² bedeckt die Ellesmere-Insel nur zu rund 40%. Bei der kleineren Bylotinsel im Süden nehmen die Gletscher mit 5200 km² etwa die Hälfte der Gesamtfläche ein. Charakteristisch für den kanadischen Archipel ist, daß gemäß der größeren Massenerhebungen in Verbindung mit den Niederschlagsgegebenheiten die Ostseiten stärker vergletschert sind.

Die flächenmäßig größte zusammenhängende Inlandeis- und Gletscherbedeckung in der Arktis weist Grönland mit 1,8 Mio km² auf. Das Inlandeis umfaßt 79%, die Auslaß- und Gebirgsgletscher weitere 3,5% der Inselfläche. Das Inlandeis ist in zwei Eisdome gegliedert, die durch eine Depression getrennt sind. Der südliche erstreckt sich 300 bis 400 km in West-Ost und 600 km in Nord-Süd-Richtung. Er kulminiert in 2700 m. Weit ausgedehnter ist der Norddom, der 600 bis 1000 km von Westen nach Osten und rund 1700 km in Nord-Süd-Richtung überspannt. Er ist mit 3000 m wesentlich höher als der südliche.

Große Auslaßgletscher, die das Meer erreichen, sind in Südwest- und im südlichen Westgrönland selten. Zu erwähnen sind im Gebiet zwischen Julianehaab und Ivigtut, der Frederikshaab Isblink und der Sermilikgletscher, der in 62°N auf 3,5 km breiter Front in einen Fjord vorstößt. Seine Geschwindigkeit beträgt etwas mehr als 7 km/Jahr. Auslaßgletscher gewinnen aber an Bedeutung vom Nord-Strömfjord südlich der Diskobucht bis zum Smith Sund, der Grönland von Ellesmereland trennt. Hier enden zahlreiche große Gletscher im Meer, unter denen z. B. der Jakobshavnbreen mit einer etwa 7 km breiten Zunge den Isfjord auf 37 km Länge erfüllt oder der Upernavikgletscher in 72° N mit 30 bis 38 m/Tag extrem hohe Fließgeschwindigkeiten ausweist. Dies ist auch das Ursprungsgebiet der zahlreichen westgrönländischen Eisberge.

Obwohl im Norden Grönlands einige sehr beachtliche Gletscher wie z. B. der Humboldt Brae in das Kane Basin und einige andere in den Petermanns-, St. George-, Victoria- und Independence-Fjord vorstoßen, gibt es in diesem Bereich auch weite eisfreie Areale, so Inglefield-, Washington-, Nyehoes-, Wulffs- oder Peary-Land.

Auch an der Ostküste ist ein Kontakt zwischen Meer und Landeis vorhanden, besonders im Bereich König Frederik VIII. Land und König Christian IX.-Land. Im Kaiser-Franz-Josef-Fjord und Scoresby Sund erreichen die Auslaßgletscher aber nur die innersten Enden der Fjordverzweigungen. So treten hier gegenüber der Westküste wesentlich weniger Eisberge auf.

Als Besonderheit für die Arktis ist ein kleines Eisschelfgebiet im Norden der Ellesmereinsel, im Bereich der Ward Hunt Insel, mit 80 km Länge und 20 km Breite zu erwähnen. Aus dem Abbau dieses Eisschelfes dürften jene Tafeleisberge hervorgegangen sein, die zuerst 1946 und 1950 von der US-Luftwaffe im Polarmeer entdeckt wurden. T1 nimmt eine Fläche von 500 km², T3 von 780 km² ein. Auf Luftbildern der kanadischen Luftwaffe wurden inzwischen weitere 28 Eisinseln, wie die Tafeleisberge auch genannt werden, entdeckt. Sie treiben im amerikanischen Polarmeer in einem antizyklonalen Stromwirbel.

3.8.2.8. Antarktis

Die größte zusammenhängende Eismasse der Erde bedeckt den antarktischen Kontinent mit einer Fläche von 12,6 Mio km². Sie erstreckt sich speziell in der Ostantarktis bis zum Polarkreis, reicht im Graham-, Enderby- und Wilkesland sogar noch weiter nach Norden *(Fig. 145)*. In einer Breitenlage, wo in Eurasien noch der boreale Nadelwald auftritt und sich zumindest inselhaft Kulturlandschaften entwickelt haben, finden sich auf der Südhemisphäre Eiswüsten. Die den antarktischen Kontinent zu 98% bedeckende Eismasse speichert rund 90% des irdischen Gletschereises. Bei einem maximalen Durchmesser von 4500 km bemißt sich sein Umfang auf ca 20 000 km. Die maximale Dicke beträgt an einigen Stellen um 4000 m. Erst seit relativ junger Zeit haben wir Kenntnis von diesem Gebiet. Zwar wurde der antarktische Kontinent in den Jahren 1819 bis 1821 durch Thaddeus Bellinghausen, der von Zar Alexander I. den Auftrag hatte den Südkontinent zu entdecken, gesichtet, als er mit seinen Schiffen Mirny und Vostok bis 69° S segelte. Aber erst um die Jahrhundertwende wurde das Inlandeis betreten. Noch zu Beginn des Internationalen Geophysikalischen Jahres 1956 waren nach Schätzungen von L. M. Gold (1957) 5 bis 7 Mio km² völlig unbekannt.

Das Inlandeis von Antarktika wird durch die beiden Eisschilde der Ost- und Westantarktis gebildet. Neben dem meist durch Eis verborgenen unterschiedlichen geologischen Bau wird die Gliederung durch die tiefen Einbuchtungen der Kontinentalbegrenzung der Weddelsee und des Rossmeeres markiert. In der Ostantarktis erreicht das wiederum in sich gegliederte Inlandeis in breiter, von Spalten zerrissener Front das Meer. Neben dem Inlandeis sind noch Eisströme und Talgletscher zu unterscheiden. Die Eisströme im engeren Sinne sind Auslaßgletscher. Zu ihnen zählt unter anderen der Lambert-Gletscher in der Ostantarktis, der mit einer Zungenlänge von rund 200 km wohl der längste Gletscher der Erde ist (Figur 145). Sehr lange Zungen haben auch der Mertz- und Ninnis-

Verbreitung der Gletscher auf der Erde 341

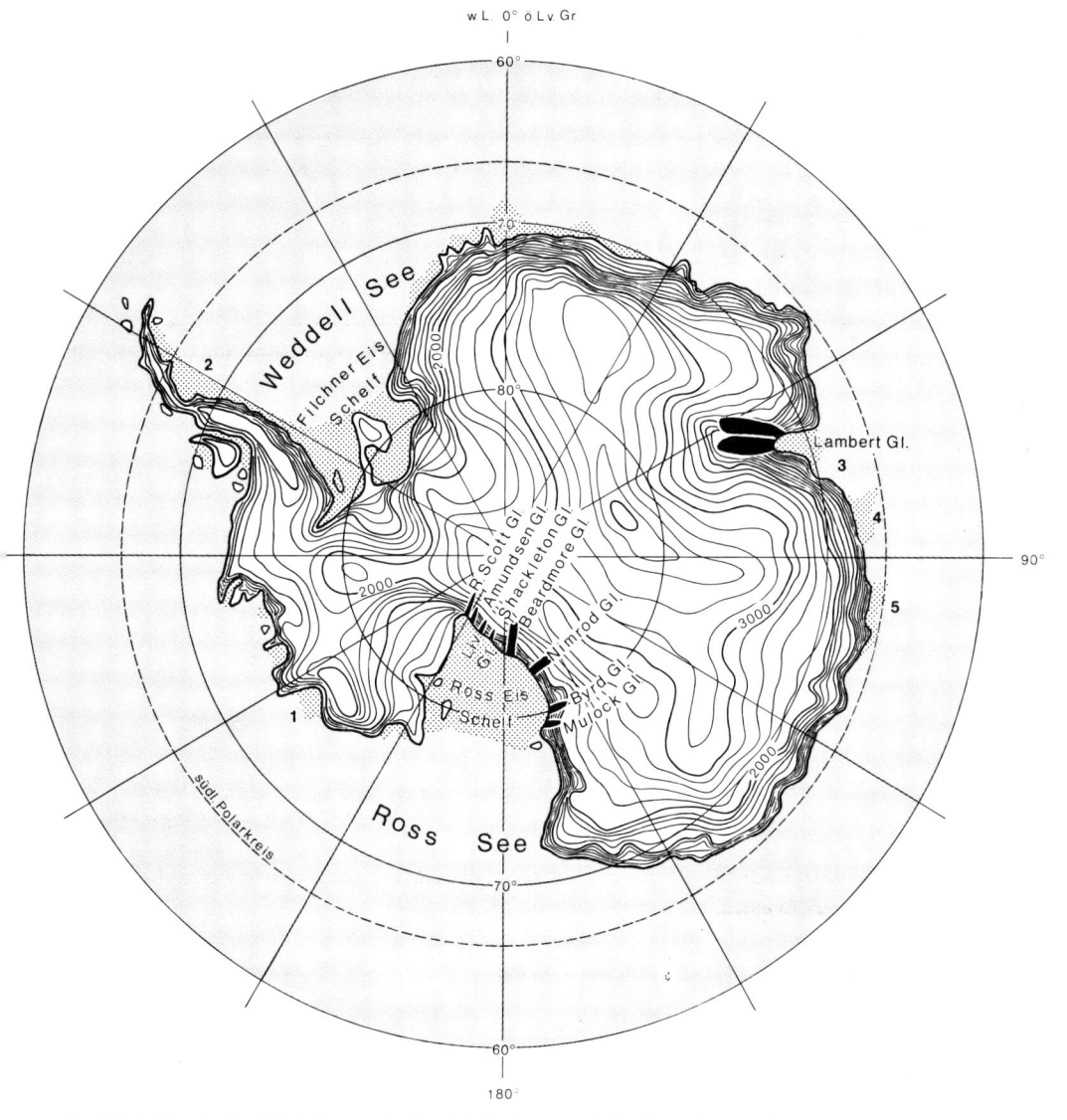

Fig. 145 Eisschelfe, Gletscher und Inlandeis in der Antarktis. Nach C. Swithinbank (1965).

Gletscher im George V.-Land entwickelt. Talgletscher, die keinen unmittelbaren Zusammenhang mit dem Inlandeis besitzen, finden sich in der Ostantarktis vornehmlich in den Horst Ranges von Victorialand und in der Königin Maud Kette. Einige von ihnen, die auf den Rosseisschelf münden, sind in Figur 145 eingetragen. Unter ihnen ist auch der Beardmore Gletscher, der lange Zeit als längster Gletscher der Erde angesehen wurde, aber vom Lambertgletscher noch übertroffen wird. Nördlich des Mac Murdo Sundes stoßen einige mächtige Gletscher unmittelbar ins Meer vor. Zu ihnen zählen Mackay-, Davis-, Tucher-, Mauson- und Davidgletscher sowie die Nordenskiold- und Drygalski-Eiszunge. In Westantarktika tragen weite Abschnitte des Inlandeises unmittelbar zur Ernährung von Filchner- und Rosseisschelf bei.

Die Eisschelfe sind Anzeichen für eine besonders intensive Vergletscherung selbst im Meeresspiegel. Die beiden größten sind der Rosseisschelf mit 530000 km², der 800 km breit ist, sich 500 km gegen den Südpol erstreckt, sowie der Filchnereisschelf mit 400000 km² (s. Figur 145). In der Westantarktis sind noch Getz- und Larseneisschelf, in der Ostantarktis Amery-, West- und Shakletoneisschelf zu nennen. Alle Eisschelfe zusammen machen mit 1,4 Mio km² etwas mehr als 10% des antarktischen Eisschildes aus. Da in der ausgesprochenen Kaltschneeregion des Südkontinents Schmelzen kaum auftritt, Verdunstungsverluste, wenngleich gering, durch Sublimation wieder ausgeglichen werden, ist das Kalben von Eisbergen neben der Winddrift von Schnee über die Meeresgrenze der wichtigste Negativposten im Massenhaushalt der Antarktis. Riesige Tafeleisberge mit 30 bis 40 km Länge und 200 m Dicke – der größte beobachtete Eisberg war 180 km lang – brechen von den sehr mobilen Eisschelfen ab. Die Gesamteismasse der Antarktis darf mit 26 bis 28 Mio km³ angesetzt werden.

Allein die Vergletscherung des antarktischen Kontinents weist bereits auf die allgemein ungünstigeren klimatischen Verhältnisse auf der Südhemisphäre gegenüber der Nordhalbkugel hin. Die Gletscherflächen der subantarktischen Inseln bestätigen dies in verstärktem Maße. Südgeorgien ist zu 80%, die Bouvetinsel zu 85 bis 90% vergletschert. Beide Inseln liegen in etwa 54° S, ihr Vergletscherungsanteil ist aber mit dem von Spitzbergen (78° N) beziehungsweise dem Franz-Josef-Land (81° N) zu vergleichen. Selbst auf den Kerguelen in nur 48° Südbreite – vergleichbar mit der Lage von Paris oder München – sind von 6336 km² 700 km², also mehr als 10% vergletschert.

3.9. Der Einfluß von Gletschern auf Natur- und Kulturlandschaft

Nach der gegenwärtigen Verteilung der Gletschereismassen auf der Erde könnte man zunächst annehmen, daß sich ihre Bedeutung für die betroffenen Landschaftsräume gleichsinnig mit dem Grad der Gletscherbedeckung ändert. Das gilt aber nur in eingeschränktem Maße für den Wasserhaushalt, der zumindest in den Trockenschneegebieten der Arktis und vor allem der Antarktis fast ausschließlich über die gasförmige und feste Phase des Wasserkreislaufes abläuft. Aber schon bei dem der Beobachtung unmittelbar zugänglichen rezenten glazigenen Formenschatz trifft diese Annahme nicht mehr zu. Er nimmt in den polaren Gebieten relativ kleine Flächen ein. In der Antarktis ist er ebenso wie in Grönland auf die begrenzenden Randgebiete beschränkt. Hier wirkt sich die flächige Geschlossenheit der Eisbedeckung nachteilig aus. Die zahlreichen im Vergleich zu den Inlandeisen sehr kleinen Gletscher der subpolaren, mittleren und niederen Breiten formen quantitativ das umgebende Relief in weit stärkerem Maße als die großen Eismassen der Polargebiete. Als Beispiel dafür seien die 823 Gletscher der italienischen Alpen angeführt, die eine Fläche von 540 km² umfassen. Nimmt man einmal an, die Gletscher hätten alle gleiche Größe, so würde jeder ein Areal von 0,66 km² bei einem kreisförmigen Umfang von 2,96 km bedecken. Die Gesamtlänge der Gletscherumrahmung beträgt danach rund 2430 km, an denen Frostverwitterung, Steinschlag und Moränenbildung wirksam werden. Dieselbe Gletscherfläche von 540 km², als zentrales Inseleis ausgebildet, hätte dagegen nur eine Begrenzungslänge von 82,5 km. Noch viel deutlicher wird die Diskrepanz zwischen Vergletscherung und Einflußnahme der Gletscher bei den Kulturlandschaften.

Während auch große Gletscherflächen in den subpolaren Bereichen kaum nennenswerte Auswirkungen auf die Kulturlandschaft ausweisen, spielen selbst kleine Eisvorkommen, vor allem in den trockenen Bereichen der Subtropen und Tropen, eine wichtige Rolle in der Gestaltung der Kulturlandschaft.

Trotz der sehr großen Bedeutung, die den Gletschern im Naturhaushalt und in der Gestaltung von Lebensäumen zukommt, findet diese Tatsache in den meisten Länderkunden keinen entsprechenden Niederschlag. Es soll deshalb versucht werden, nachfolgend einige wichtige Gesichtspunkte zu diesem Fragenkreis zusammenzustellen. Ausgehend vom glazigenen Formenschatz und dem Einfluß der Gletscher auf den Wasserhaushalt als naturgegebene Rahmenbedingungen werden nachfolgend Auswirkungen von Gletschern und durch sie gegebene Nutzungsmöglichkeiten im Rahmen der Kulturlandschaftsgestaltung exemplarisch erfaßt.

3.9.1. Gletscher als formenschaffendes Agens

Über den glazigenen Formenschatz besteht ein sehr umfangreiches Schrifttum, dessen Ergebnisse in hervorragender Weise unter anderen bei R. v. Klebelsberg (1948), P. Woldstedt (1954), J. K. Charlesworth (1957), E. Embleton u. C. A. M. King (1968), J. Tricart (1969) und R. F. Flint (1971) zusammengefaßt sind. Von glaziologischer Seite hat sich L. Lliboutry (1961) mit dem Einfluß der Gletscher auf die Landoberfläche beschäftigt. Da zudem in Band I der Reihe Allgemeine Geographie dieses Thema von H. Louis (3. Aufl. 1968) auf den Seiten 243 bis 311 ebenfalls tiefschürfend behandelt wird, erübrigt es sich, hier näher darauf einzugehen. Neben einer allgemeinen Charakterisierung der Formen soll deshalb vor allem versucht werden, die glazial gestalteten Landoberflächen in ihrer Auswirkung auf die Kulturlandschaft zu skizzieren.

Nach Definition sind Gletscher Massen körnigen Firn- und Gletschereises, die sich vom Nähr- zum Zehrgebiet bewegen. In dieser Mobilität liegt die aktive Gestaltungskraft für die betroffenen Landoberflächen. Im Bereich der dem Relief untergeordneten Vergletscherung stürzt Verwitterungsschutt auf die Oberflächen der Gletscher, wird von Neuschneefällen überdeckt, schmilzt unterhalb der Gleichgewichtslinie wieder aus und wird an den Gletscherrändern als *Ufer-* und *Stirnmoräne* abgelagert. Die Bereitstellung von Verwitterungsmaterial, besonders durch Frostsprengung, gehört nicht zum glazigenen, sondern zum periglazialen Wirkungsgefüge. Entscheidend hierbei ist, daß der lose gewordene Frostschutt abtransportiert und damit der Wandfuß nicht von einer Sturzhalde verhüllt wird. Das ist die Voraussetzung für die Entstehung von Wandversteilungen, wie sie in den *Karwandstufen*, etwa im untersten Drittel der steilen Karumrahmungen, auftreten. Sind dagegen die Frostverwitterung und solifluidale Vorgänge allein wirksam, fehlt also das Transportmedium Gletscher, so werden Wände abgeflacht, da ihr Fuß im Schutt ertrinkt, und es entstehen Hänge. Beispiele dafür finden sich in großer Zahl in den kontinentalen Hochgebirgen Asiens, z. B. in Teilen des Tienschan, wo wohl die Frostsprengung überaus wirksam ist, für Gletscherbildung aber zu wenig Niederschlag fällt. Die Tendenz, Wände in Hänge überzuführen, läßt sich auch in den nicht vergletscherten arktischen und subarktischen Arealen feststellen, unter anderen auf Spitzbergen oder in den ehemals vergletscherten Teilen der Alpen, wo gegenwärtig die Kare mit Sturzhalden verschüttet werden. Die für Hochgebirge typische Szenerie mit prallen Wänden, die sich nach oben in scharfen Graten verschneiden, steilen Gipfelpyramiden, auf mehreren Seiten durch Karbildungen unternagt *(Karlinge)*, ist somit ohne Wirkung der Gletscher in ihrer Genese nicht verständlich. An dieser Formung haben Gletscher mehr mittelbar über ihr Transportvermögen Anteil.

Durch ihre Bewegung formen Gletscher aber auch den von ihnen überflossenen Untergrund. Die Theorie der Gletscherbewegung, die Eis wie z. B. im Glen'schen Fließgesetz als strukturviskose Masse auffaßt, vermag eine Glazialerosion nicht zu erklären, da in diesem Falle die Fließgeschwindigkeit gegen die Bettwandungen Null wird. Durch die interne Deformation der Eiskristalle wird aber auch nur ein Teil der Gletscherbewegung erfaßt. Eine erhebliche Mobilitätszunahme erfahren Gletscher vor allem durch basales Gleiten, wobei die Reibung auf der Gesteinsoberfläche wirksam wird. Mit zunehmender Eismächtigkeit wird durch verstärkten Überlagerungsdruck bei gleichzeitig höherer Fließgeschwindigkeit der Abrieb auf dem Untergrund kräftiger. Dabei wirkt die Gletschererosion selektiv. Tektonische Leitlinien werden nachgezeichnet, weichere Gesteine ausgeräumt, härtere bleiben als Kuppen stehen. Karten der glazialüberformten Gebiete des kanadischen und des fennoskandischen Schildes zeigen diese Tatsache im Verlauf der Tiefenlinien, die häufig langgestreckte Seen bergen, überaus deutlich.

Die widerständigeren Gesteine werden durch Gletscher und Inlandeise zu Stromlinienkörpern *(Rundhöcker)* umgestaltet. Als Schleifmittel dient der sehr viel Feinmaterial enthaltende Grundmoränenanteil in den Liegendpartien des Eises. Dadurch entsteht auf der Stoßseite der Gletscher eine flache Rampe, deren Oberfläche meist glatt geschliffen ist und durch gröbere Moränenpartikel eine *Kritzung* erfahren hat. Die im Lee der Gletscherbewegung gelegenen Teile der Rundhöcker haben steileres Gefälle und weisen alle Spuren einer glazialen Detraktion auf. *Kritzung* und *Politur* sind aber nicht auf die basalen Bereiche der Gletscher beschränkt, sie kennzeichnen auch die seitlichen Bettwandungen. Damit ist ein gutes Kriterium für die Abschätzung der ehemaligen Gletschermächtigkeit in Tälern gegeben. Über den polierten und gekritzten Flanken der *Trogtäler* erheben sich durch Frostverwitterung rauh gehaltene schrofige Wände. Beide Höhenstockwerke eines glazialüberformten Tales werden vielfach durch einen *Schliffbord*, der mit einer *Schliffkehle* gegen die Schrofenpartien grenzt, voneinander getrennt.

Ein besonderes Kennzeichen der glazialen Erosion ist die Tatsache, daß Gletscher durch *Exaration* geschlossene Hohlformen schaffen. Aus ehemalig gleichsinnig, fluviatil angelegten Abdachungen entstehen durch *glaziale Übertiefung* rückläufige Gefälle. H. Louis (1952) hat den Vorgang aus der Art der Gletscherbewegung sehr anschaulich erklären können. Danach werden in einem gestuften fluviatilen Relief die Oberkanten der Gefällsbrüche nur schwach, die Flachstrecken unterhalb einer steilen Stufe aber besonders kräftig ausgeräumt. Die primären Reliefunterschiede werden also durch die Glazialerosion erheblich verstärkt. Als ein Beispiel für diesen Vorgang kann das Ötztal angeführt werden. Nach der Vereinigung von Venter und Gurgler Tal liegt unterhalb einer markanten Gefällsstufe das Becken von Zwieselstein, im weiteren Talverlauf gefolgt von den Weitungen Sölden, Huben, Längenfeld, Umhausen und Ötz zwischen die sich jeweils Engstellen mit kräftigen Steilanstiegen einschalten. Der ebene Talboden der Weitungen ist in vielen Fällen als fluviatile Verlandung ehemaliger Seebecken zu deuten. Diese Abfolge von Becken und Schwellen im Längsprofil glazial überformter Täler ist regelhaft. Wenn sie gegenwärtig nicht mehr sichtbar ist, so liegt das an einer nachträglichen fluviatilen Umformung, die wiederum ein gleichsinniges Gefälle geschaffen hat. Der Wechsel von Becken und Schwellen wird aber deutlich in vom Meer überfluteten, ehemals gletscherbedeckten Arealen. Gute Beispiele dafür bieten die *Fjorde* Norwegens, Spitzbergens und

Grönlands, die sich meerwärts auf den Schelfplatten fortsetzen. Aus den Tiefenlinien läßt sich die Becken-Schwellennatur klar ablesen.

Die wichtigsten Formengruppen mit glazialer Übertiefung sind *Kare, Trogtäler, Fjorde,* falls vom Meer überflutet, und *Zungenbecken,* die bei Meeresbedeckung als *Förden* und *Bodden* angesprochen werden. Da die Intensität des glazialen Tiefenschurfes von der Eismächtigkeit abhängt, treten zwischen Haupttal – größere Eismasse – und Nebentälern vielfach *Mündungsstufen, Hängetäler,* auf.

Das von den Gletschern am Grunde, an den seitlichen Bettwandungen und durch Steinschlag an ihrer Oberfläche zugeführte Gesteinsmaterial wird an ihrem distalen Ende und an den Seiten zu einem erheblichen Teil als *Moräne* und fluvioglaziale Sedimente wieder abgelagert. Für den Akkumulationsbereich der Gletscher sind demnach bogenförmig geschwungene *End-* und *Ufermoränen,* deren Innenseiten meist steiler geböscht sind als die Außenflächen, ebenso charakteristisch wie weitgespannte *Sanderflächen (Schwemmkegel), Talverschüttungen* und *Terrassenkörper.*

Endmoränen entstehen im Regelfall durch Gletschervorstoß oder einen längeren Halt. Bei vorrückenden Gletschern wird nicht nur das aus den Gletschern ausschmelzende Gesteinsmaterial abgelagert, sie schieben auch aktiv die vor ihnen liegende Lockersedimente zu *Stauchendmoränen* zusammen. Dabei kann es sich um fluvioglaziale Vorstoßschotter oder auch um ältere Ablagerungen handeln. In der Veluwe (Niederlande) z. B. sind Tertiärschichten bei Apeldoorn durch einen älteren Gletschervorstoß gestaucht, und auf Mön (Dänemark) sind bei Mönsklint Kreidekalke ebenso wie auf Rügen übereinandergeschuppt. Die glazigene Beanspruchung zeigt sich deutlich am *gekritzten Geschiebe* und darin, daß die ursprüngliche sedimentäre Schichtung durch horizontalen Schub gestört ist, Faltungen, Steilstellungen, Verwürgungen aufweist. Bei länger anhaltendem stationärem Zustand eines Gletschers bildet sich an seiner Front eine *Satzmoräne* – Absetzung des Moränenmaterials –. Ihr fehlt primär eine deutliche Schichtung. Feinanteile und grobe Blockkomponenten sind regellos durchmischt. Die Kiesfraktion zeigt oft ein Maximum beim kantengerundeten Anteil, kantige Gesteine sind häufig, gut gerundete selten. Für Stauchmoränen gilt diese Regel nicht, da der Zurundungsgrad der Einzelpartikel in diesem Falle von der vorhergegangenen Beanspruchung (eventuell fluviatiler Transport) abhängt. Im Gegensatz zu den wallförmigen Endmoränen mit einem höheren Anteil an Grobmaterial enthalten die kuppigen und flächig verbreiteten *Grundmoränen* sehr viel mehr Feinanteile der Schluff- und der Tonfraktion.

Moränenoberflächen, die nachträglich nicht mehr wesentlich umgeformt wurden, das gilt auch für jene der Würm- (Weichsel-)Vereisung, weisen eine Fülle *geschlossener Hohlformen* auf. Sie sind durch Ausschmelzen von Eis entstanden, das von den Moränen begraben wurde. Man bezeichnet sie daher als *Toteislöcher,* in Norddeutschland *Sölle.* Viele von ihnen bergen in humiden Klimaten kleine Seen. Werden Moränen von nicht mehr zu mächtigem Gletschereis überfahren, so entstehen ebenfalls stromlinienförmige Körper *(Drumlins).* Im Gegensatz zu den Rundhöckern im festen Fels ist ihre Stoßseite steil, die Leeseite flach geböscht.

Die Schmelzwässer der Gletscher transportieren das Moränenmaterial fluviatil weiter. Vor den Endmoränen finden sich daher ausgedehnte *Schotter-* und *Sanderflächen.* Die Münchener Ebene, die sich aus mehreren Schüttungskegeln aufbaut, wie C. Troll (1926) nachgewiesen hat, bietet dafür ein Beispiel. Auch einzelne hintereinandergestaffelte Moränenwälle werden häufig durch fluvioglaziale Aufschüttungen getrennt, wie die geomorphologische Karte bei K. Troll (1924) für das eiszeitliche Inn-Chiemseegletschergebiet zeigt. Diesen *Umfließungsrinnen* entsprechen in größerer Ausbildung die *Urstromtäler* Norddeutschlands. Hinsichtlich ihrer Genese verweise ich auf die eingangs genannten Lehr- und Handbücher. Beim Rückschmelzen der Gletscher werden innerhalb der Endmoränenwälle oft inaktiv gewordene Eismassen mit unregelmäßiger Mächtigkeit durch Schotter verschüttet. Beim späteren Tieftauen entstehen *Kesselfelder* (Osterseen, Seeoner See, Eggstätter Seen), die aus Kies aufgebauten Rücken werden *Kames* genannt. Auch unter und im Gletscher wird beim Nachlassen der Schmelzwasserführung und gleichzeitig hohem Schuttanfall in den subglazialen Entwässerungsrinnen akkumuliert. Auf diese Weise entstehen langgestreckte, schmale Kiesrücken, die *Oser (Åser)*. Im Unterschied zu den supraglazialen Kames tragen die ebenfalls fluviatil geschichteten, subglazialen Oser im Hangenden noch eine mehr oder minder mächtige Moränendecke.

Nach dem Abschmelzen der Gletscher ergeben sich in ihren ehemaligen *Stamm-* und *Zweigbecken* meist tiefe, weite geschlossene Hohlformen, die zum Teil heute noch als Seen erhalten sind (Chiem-, Würm-, Ammersee und viele mehr). Andere, besonders jene an großen Flüssen wie Lech, Isar, Inn, sind schon früh im Postglazial durch minerogene und biogene Verlandung aufgefüllt worden. Die weit verbreiteten und zahlreichen Moore z.B. im Alpenvorland (F. Wilhelm 1972) geben Beleg von ehemals viel ausgedehnteren Seeflächen. Zu den Zungenbeckenseen gesellen sich noch wassererfüllte Kesselfelder und Toteislöcher. Glazial überformte Landschaften zeichnen sich also durch ihren Seenreichtum aus.

Ein besonders für die Kulturlandschaft bedeutendes Sediment ist der *Löß*, der in Periglazialbereichen sedimentiert wird. Das Feinmaterial dieser äolischen Ablagerung wurde durch Gletscherabrieb der Gesteine und Sedimentation der Gletschertrübe auf den Sanderflächen für die Auswehung bereitgestellt. Sand als gröbere Fraktion wurde weniger weit durch den Wind verfrachtet und in Form von Dünen in Nachbarlandschaft der großen Schotterfelder abgelagert.

Glazialgestaltete Landschaften bilden mit ihrer typischen Formenvergesellschaftung eine natürliche Grundlage für die anthropogene Nutzung. Die nachfolgenden Zeilen dürfen nicht als Rückfall in einen Naturdeterminismus der Kulturlandschaft, wie er F. Ratzel (1882) gerne zugeschrieben wird, aufgefaßt werden. Sie sollen lediglich auf wichtige natürliche Gegebenheiten für die Inwertsetzung von Räumen durch menschliche Aktivitäten gewertet werden.

Glaziale Sedimente bilden in der Regel ein sehr geeignetes Substrat für die Bodenbildung. Als Folge eines kräftigen Abtriebes des Moränenmaterials, vor allem bei längerem Transport, unter anderem bei der nordischen Inlandvereisung, wird ein hoher Anteil von Feinmaterial bereitgestellt. Die Verwitterung und Bodenbildung kann hier sehr viel rascher wirksam werden als auf nackten Felsoberflächen. Die ältere Besiedlung in den Alpen faßte daher vorwiegend im Bereich glazialer Ablagerungen Fuß. Ein gutes Beispiel dafür ist unter anderem das Inntal, wo sich die ersten Siedlungsspuren auf dem Mittelgebirge der Inntalterrasse finden, einem Gebiet, das sich neben Felskernen aus glazialen, fluvioglazialen und limnischen Sedimenten aufbaut. Die Ortsnamen Axams, Igls, Aldrans oder Tulfes und viele andere mehr geben dafür Zeugnis. Erst die bairische und alemannische Landnahme besiedelte dann die feuchteren Flußebenen. Auch die Brennerfurche wäre sicher nicht so gut wegsam und hätte nicht die frühe große Verkehrsbedeutung erlangt, wenn nicht durch eine mächtige glaziale Talverschüttung sowohl auf der Nord- als auch auf der Südabdachung des Wipptales nahezu bis zur Paßhöhe breite Ebenheiten geschaffen worden wären. Um wieviel schwieriger die Paßüberwindung ist, wenn Talverfüllungen fehlen, zeigt der Simplonpaß, dessen Zugang erst durch Napoleon als leistungsfähige Fahrstraße ausgebaut wurde.

Auch für die Seitentäler im Gebirge hat die glazigene Umgestaltung für die Besiedlung und die wirtschaftliche Nutzung grundlegende Voraussetzungen geschaffen. Erst die Gletscher haben aus engen, steilflankigen Kerbtälern Tröge modelliert, deren breite Aufschüttungssohlen als Wirtschaftsflächen verfügbar sind. Ferner wirkt sich die Moränenverkleidung der Hänge für die agrare Nutzung vorteilhaft aus. Diese Tatsache wird deutlich in den noch klimagünstigen südlichen Lagen der glazialen Abtragungsgebiete des Laurentischen und Fennoskandischen Schildes. Während z. B. in den Countries Deux Montagnes, Argenteuil, Terrebonne im Nordwesten von Montreal, ebenso in Ontario um Orilla oder Sudbury die vom Eis gebildeten Rundhöcker entweder nackte Felsoberflächen zeigen oder einen meist dürftigen Wald tragen, werden die in den Vertiefungen gelegenen glazigenen Aufschüttungen zumindest teilweise agrarisch, sei es durch Getreide-, Hackfruchtbau oder als Mähwiesen und Weiden genutzt. Ganz ähnliche Bilder sind in Nordschweden anzutreffen. Hier wie in Norwegen spielt für die Landwirtschaft die *marine Grenze* eine wichtige Rolle. Durch *glazialisostatischen Anstieg* wurden ehemalige marine Sedimente landfest und bilden heute die Grundlage für Ackerbau und Viehzucht.

Im nördlichen Mitteleuropa sind pleistozäne Aufschüttungsmassen eine unerläßliche Voraussetzung für die gegenwärtige Verbreitung der Wirtschaftsflächen. Weite Teile wären ohne den Glazialschutt unter dem Meeresspiegel. Die Südgrenze der »*diluvialen Depression*«, wo die Quartärunterkante tiefer als der gegenwärtige Meeresspiegel liegt, verläuft nach P. Woldstedt (1950) vom Zusammenfluß von Rhein und Maas zum Dollart, buchtet südlich Bremen etwas aus und zieht dann elbeparallel, die sie nördlich von Tangermünde quert. Ihre südlichste Lage erreicht sie bei Kottbus, überschreitet die Oder nahe der Warthemündung und streicht in Pommern küstenparallel. Eine erneute Südausbuchtung erfährt sie in Polen, wo sie etwa weichselparallel gegen Warschau zieht. In Schleswig-Holstein liegt die Quartäruntergrenze im Mittel bei −50 bis −100 m, bei Tönning wurden sogar −352 m erbohrt. In Holland finden sich Werte um −130 bis −150 m, auch westlich Berlin noch mit −139 m. In Polen scheint sich das Becken mit nur −70 bis −20 m zu verflachen. Der Verlauf der heutigen Ostseeküste ist also weitgehend durch die Formung der Eiszeit zu erklären. In etwas eingeschränkter Form trifft dies auch für die südliche Umrahmung der Nordsee zu, nur sind hier die Marschbildungen des Holozäns noch zu berücksichtigen.

So positiv glaziale Ablagerungen für den Wirtschaftsraum bewertet werden können, so stellen sich auch hohe Anteile von Öd- und Unland, nicht kultivierte Moorflächen und eine große Fläche an Gewässern, die nicht genutzt werden, ein. In *Fig. 146* ist der prozentuale Anteil dieser Flächen am Gesamtwirtschaftsareal für Südbayern nach Unterlagen des *Statistischen Bundesamtes* (1971) zusammengestellt. Werte mit größer als 6,1% finden sich nur in Landkreisen, deren Flächen entweder ganz oder doch zu einem erheblichen Teil innerhalb der Grenze der Würmvereisung liegen. Besonders hohe Anteile mit mehr als 18,1% treten naturgemäß in den Hochgebirgsregionen auf. Weite Teile des Tertiärhügellandes und des Bereiches der Iller-Lechplatten zeigen dagegen Anteile von nur 3,0% oder weniger. Die Werte von 3,1 bis 6,0% sind kennzeichnend für Versumpfungszonen in Gebieten mit größeren Flüssen. Was für Südbayern kartographisch dargestellt ist, gilt in gleichem Maße für das nordische Vereisungsgebiet. Sowohl in Schleswig-Holstein als auch in Niedersachsen liegt der Index für Öd- und Unland, unkultivierte Moorflächen und Gewässer über dem Bundesdurchschnitt.

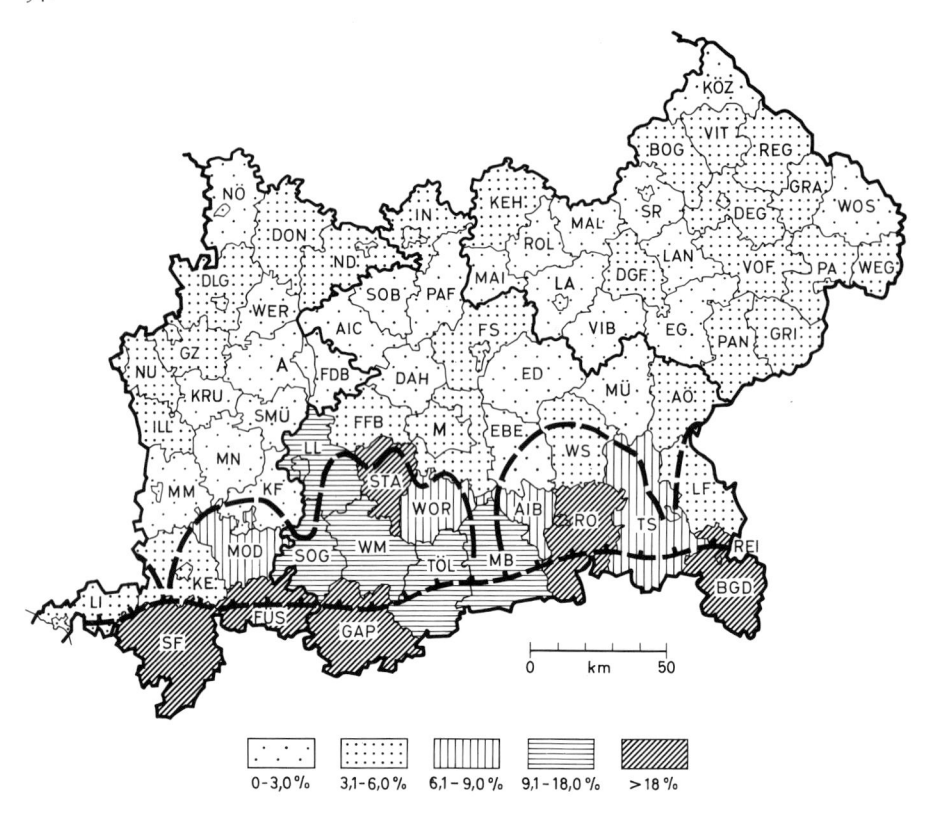

Fig. 146 Relativer Anteil an Öd-, Unland, nichtkultivierten Moorflächen und ungenutzten Gewässern in Landkreisen Südbayerns an der Gesamtfläche. Nach Unterlagen des Statistischen Landesamtes (1971).

Besonders schön werden die unterschiedlichen glazigenen Ablagerungen im Agraratlas der DDR (R. Matz 1956) durch das Nutzungsgefüge nachgezeichnet. In den langgestreckten Abflußrinnen am Außensaum der einzelnen Eisrandlagen, angefangen von der Tiefenlinie zwischen Velgaster und Rosenthaler Staffel im Norden über das Thorn-Eberswalder, Warschau-Berliner, Glogau-Baruther bis zum Breslau-Magdeburger Urstromtal findet sich vorwiegend Grünlandnutzung mit einem Anteil von mehr als 31%, zum Teil über 50% Grünland, das noch dazu durch schlechte Ertragszahlen unter dem Mittel ausgewiesen ist. Dagegen ist auf dem weitgespannten Moränenrücken Mecklenburgs, vor allem aber auf den Lößplatten der Börden der Ackerlandanteil mit hohen Erträgen sehr viel mehr verbreitet. Die gleichen Verhältnisse für das östlich anschließende Gebiet zeigt Blatt 42 des *Atlas Östliches Mitteleuropa* (1959). Sehr deutlich kommt unter anderem auch in Schleswig-Holstein der Unterschied zwischen sanftwellig bis plattiger Grundmoräne mit hohen Anteilen an Schluff und Tonen sowie den stärker reliefierten Wallendmoränen mit erheblich gröberen Strukturelementen zum Ausdruck. Während das östliche Angeln, Schwansen oder auch Fehmarn unbeschadet der Wirtschaftsstruktur – Bauern in Angeln, Güter in Schwansen – durch verbreiteten Anbau von Getreide und Hackfrüchten gekennzeichnet sind, weisen die Endmoränen südlich von

Flensburg, die Hüttener Berge usw. in viel stärkerem Maße Wald und Grünland auf. Auch im süddeutschen Alpenvorland markieren Waldstreifen die steileren Kuppen der Endmoränenwälle. In den großen Moränenamphitheatern am Alpensüdsaum zeigt sich der Wechsel von Wällen und Umfließungsrinnen in der Agrarlandschaft durch terrassierte Weinberge an den Hängen, Äcker auf den flacheren Teilen.

Diese wenigen Bemerkungen sollen nur zeigen, daß sich die Mannigfaltigkeit des glazialen Formenschatzes auch in der Agrarlandschaft widerspiegelt. Es ist mir wohl klar, daß es nicht so sein muß. Da sich aber die natürlichen und anthropogenen Muster decken, zeigt dies, daß das ökonomische Streben menschlicher Aktivitäten naturbedingte Gunst- und Ungunstfaktoren durch eine dem augenblicklichen Vermögen entsprechende Inwertsetzung zu nützen versteht.

Auch auf anderen Gebieten bedingen die glazialen und fluviglazialen Ablagerungen grundlegende infrastrukturelle Situationen. Erwähnt sei nur die Wasserversorgung. Während die Moränen entsprechend dem hohen Anteil an Feinmaterial meist nur schlecht wasserwegig sind, enthalten die großen Schotterfelder (z. B. Münchener Ebene) oder die Talsande Norddeutschlands wertvolle nutzbare Grundwasservorkommen. Durch den wiederholten Wechsel von Vorstoß- und Rückzugsphasen, Eiszeiten und Interglazialen, sind wasserleitende und wasserstauende Schichten übereinander gelagert, so daß auch tiefere Grundwasserstockwerke vorhanden sind. Sie sind, da ihr Wasser meist sehr rein ist, für die Bereitstellung von Trinkwasser von sehr großem Wert. Die Gebiete der mächtigen fluviglazialen Aufschüttungen weisen sich auch heute noch als Vorzugsregionen für die Wasserversorgung aus.

Nicht zu unterschätzen ist ferner der infrastrukturelle Wert für Freizeit und Erholung in der vielfältigen Glaziallandschaft. Neben den waldigen Höhen, den ausgedehnten Mooren, sind es vor allem Seen, die den Fremdenstrom anlocken. Untersuchungen von U. Riedel (1971) über den Naturpark Westensee/Schleswig-Holstein haben ergeben, daß es vornehmlich Seen sind, die den Vielfältigkeits- oder kurz V-Wert von H. Kiemstedt (1969) über der Grenze von 4,0, einer möglichen Attraktivitätsschwelle für Ferienerholungsgebiete, ansteigen läßt. So ist der Strukturwandel ursprünglich rein ländlicher Seeanrainergemeinden zu Fremdenverkehrsorten mit hohen Übernachtungsziffern fast selbstverständlich. Wie K. Ruppert (1962) zeigt, sind es besonders Seengebiete, wo sich Ortsfremde Zweitwohnsitze geschaffen haben. Die Änderung der Sozialstruktur dieser Gebiete, obwohl anthropogen durch das Erholungsbedürfnis vorwiegend städtischer Bevölkerung verursacht, geht letztlich doch auf die Wertschätzung der Glaziallandschaft mit ihren Seen zurück.

Auch für die Energiegewinnung bieten sich im Rahmen der Erzeugung von Hydroelektrizität im glazigen gestalteten Hochgebirge ausgezeichnete Voraussetzung. Auf Fragen der von Gletschern beeinflußten Wasserhaushalte wird im folgenden Kapitel eingegangen. Hier sollen nur die Reliefgegebenheiten hervorgehoben werden. Wie gezeigt wurde, schaffen Gletscher Übertiefungswannen und verstärken die Höhenunterschiede.

In den Hochlagen der Alpen und anderer ehemalig vergletscherter Hochgebirge der Erde treffen wir zahlreiche natürliche Seen an. Durch Errichtung von Stauwerken lassen sich die Seespiegel noch erhöhen, wobei in den breiten hochgelegenen Trogtälern große Wassermassen gespeichert werden können. Tauernmoossee und der von der Limbergsperre gestaute Wasserfallbodensee im Kapruner Tal, der Gerlossee im Wildgerlostal, der Stausee im Zemmgrund der Zillertaler Alpen, der Speicher Gepatsch im Kapruner Tal, die Seen der Illkraftwerke mit dem Silvrettastausee auf der Bieler Höhe, dem

Speicher Kops am Zeinisjoch und dem Lünersee an der Schesaplana sind dafür Beispiele aus den Ostalpen. Lago di Val di Lei im oberen Talschluß des Averserrhein, Zervreilasee im Valsertal, Göscheneralpsee oberhalb Göschenen, Grimselsee am gleichnamigen Paß oder Mattmarksee im Saastal seien als einige Beispiele aus den Westalpen genannt. H. Link (1970), der die Speicherseen der Alpen bearbeitet hat, weist ebenfalls auf die günstigen Lagebedingungen hin. Seinen Ausführungen ist zu entnehmen, daß in glazialen Zungenbecken und Trögen der geringste Flächenbedarf pro Stauvolumen auftritt. Er liegt mit 1,5 bis 2,0 ha/Mio m³ Stauraum erheblich niedriger als bei Flußtalsperren mit 2,5 bis 4,0 ha/Mio m³. Zu den günstigen Stauraumverhältnissen gesellt sich durch die Tatsache, daß all diese Seen oberhalb eines steilen Trogtalschlusses gelegen sind, eine erhebliche Nutzfallhöhe, die eine hohe Energieinstallation der Kraftwerke erlaubt.

Die voranstehenden Ausführungen sollten an wenigen Beispielen zeigen, daß glazialüberformte Landschaften für die Gestaltung des Lebensraumes wohl definierbare Voraussetzungen schaffen. Wie sie letztlich genutzt werden, hängt allerdings von der zivilisatorischen Entwicklung und den Bedürfnissen der Menschen der betroffenen Räume ab.

3.9.2. Gletscher und Wasserhaushalt

Der Wasserhaushalt von Gletschern wurde bereits in Kapitel 3.4. näher behandelt. Hier soll vor allem auf das *Abflußverhalten* von *Gletscherbächen* eingegangen werden. Sie liefern Energie für Speicher und Laufkraftwerke, und der Abfluß wird sowohl in den Hoch-

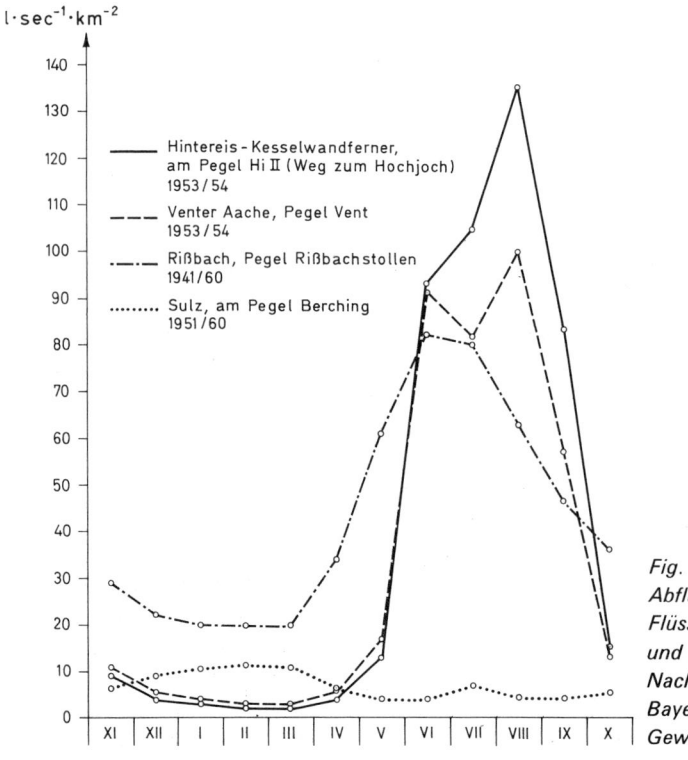

Fig. 147 Jahresgang der Abflußspende ausgewählter Flüsse in glazialen, nivalen und nivopluvialen Regimen. Nach R. Rudolph (1962) und Bayerische Landesstelle für Gewässerkunde (1967).

gebirgen als auch in Trockenräumen zur Bewässerung genutzt. Ihre wirtschaftliche Bedeutung kann nicht übersehen werden.

Der Abfluß von Gletschern ist seit vielen Jahren Gegenstand sehr eingehender Untersuchungen. Für die Zeit vor dem zweiten Weltkrieg seien vor allem die Arbeiten von E. Brückner (1895), R. v. Lendenfeld (1904), H. Hess (1906), R. v. Klebelsberg (1913), G. Greim (1934, 1936) genannt. Aber erst durch spezielle Massenhaushaltsstudien an Gletschern konnte die Wasserführung von Gletscherbächen unter anderem durch Beiträge von R. Streiff-Becker (1948), O. Lütschg u. a. (1950), R. Rudolph (1962), G. J. Heinsheimer (1964), T. Stenborg (1965, 1970) und H. Lang (1967, 1968, 1970, 1971) genauer geklärt werden. Ferner wurden zahlreiche Untersuchungen zu Einzelfragen durchgeführt.

Gletscherbäche werden im wesentlichen durch Schmelzwässer gespeist. Dies zeigt sich im Jahresgang der Wasserführung *(Fig. 147)*. Das Abflußminimum liegt in den Wintermonaten, wo die Abflußspende z. B. bei der Venter Ache oder dem vereinigten Abfluß von Hintereis- und Kesselwandferner auf weniger als 5 l/s km² sinkt. Im August, dem Monat mit maximaler Eisschmelze, werden dagegen 100 l/s km² und mehr erreicht. M. Pardé (1947) spricht in diesem Falle vom glazialen Abflußregime. R. v. Klebelsberg (1948) sieht im Sommermaximum die Auswirkung von zwei unterschiedlichen Vorgängen. Der erste Steilanstieg der Wasserführung zum Juni wird danach von der Hauptschneeschmelze, die entsprechend der größeren Höhenlage in der Gletscherregion gegenüber dem nivalen Regime des Gebirgslandes (Rißbach, Figur 147) um einen bis eineinhalb Monate verschoben ist, hervorgerufen, das zweite im August durch Eisschmelze auf der Gletscherzunge. Die besonders kräftige Wasserführung bei Schmelze der Blankeisunterlage erklärt sich durch die erheblich verringerte Albedo von Eis gegenüber Altschnee oder gar Neuschnee, wo Werte bis 90% erreicht werden. Zum Vergleich ist noch die Sulz/Fränkische Alb als Typ des nivopluvialen Regimes des Hügellandes (Figur 147) mit angegeben, wo Schmelzvorgänge auch im Winter auftreten.

Charakteristisch für gletschergespeiste Bäche ist ferner ein hoher *Schwankungsquotient*, das Verhältnis von maximaler zur mittleren Wasserführung. Er beträgt für den Hintereisbach nach Werten von R. Rudolph (1962) 1 : 3,42, für Venter Ache 1 : 3,04, für Rißbach und Sulz aber nur 1 : 1,91 bzw. 1 : 1,60. Auf diesen Sachverhalt macht auch Ph. Visser (1938) aufmerksam, der für den Rimogletscherabfluß im Karakorum einen Wert von 1 : 3,14 errechnete. Bei der Betrachtung vergleichbarer Niederschlagsgebiete wirkt sich der Anteil der Vergletscherung auf den Gesamtabfluß aus. Mit wachsender Gletscherfläche steigt in einem Niederschlagsgebiet unter sonst gleichen Bedingungen auch die Menge des durch Ablation frei werdenden Wassers. Damit erhöht sich die mittlere Abflußspende. Sie beträgt z. B. für das 26,4 km² große Niederschlagsgebiet von Hintereis- und Kesselwandferner, das zu rund 60% vergletschert war, im Jahr 1953/54 39,5 l/s km², für die Venter Ache (169,6 km² mit 44% Gletscheranteil) aber nur 32,9 l/s km². Die Differenz von 6,6 l/s km² wird nur etwa zur Hälfte durch die negative Gesamtbilanz von Hintereis-, Kesselwand-, Vernaglwandferner und Hintereiswände im Haushaltsjahr 1953/54 mit − 2,86 Mio m³ Wasser, aus denen sich eine zusätzliche Abflußspende von 3,43 l/s km² ergibt, erklärt. Die Restdifferenz dürfte auf eine vermehrte Wasserabgabe vergletscherter Gebiete zurückgehen. Mit abnehmender Gletscherfläche verringert sich danach die Abflußspende, obwohl jährlich zusätzliche Wassermengen, die in früheren Jahrzehnten als Gletschereis gespeichert wurden, frei werden. Nach freundlicher mündlicher Mitteilung von Herrn Dipl. Meteorologen O. Reinwarth/Bayer. Akad. der Wissenschaften, drückt sich diese Tatsache auch im Abflußverhalten der Rhone aus. Wie das kräftige Augustmaximum, das durch Eisschmelze bedingt ist, ausweist, kommt dem Zehrgebiet der Hauptanteil an der Abflußspende zu. Der Ursprung des Gletscherbaches ist nach R. Streiff-Becker (1948) aber zwischen Firnlinie und Bergschrund, also im Nährgebiet zu suchen, wo ebenfalls schon Schmelzwasser aus den Altschneevorräten und dem Firn geliefert wird. Die Gipfelzone scheidet nach ihm wegen der Höhenlage, in der fast durch das ganze Jahr fester Niederschlag fällt, für eine Speisung des Abflusses weitgehend aus.

Auch im Winter kommt der Abfluß zumindest bei Gletschern der Mittelbreiten bis zur Randarktis nicht voll zum Erliegen. Die Abflußspenden verringern sich aber im allgemeinen auf Werte von weniger als 5 l/s km². Sie betragen am Hintereisbach 2,2 bis 4,7 l/s km², an der Venter Ache 3,4 bis 5,9 l/s km² (R. Rudolph, 1962). R. v. Klebelsberg (1913) bestimmte das winterliche Minimum aus einer 20-jährigen Beobachtung am Suldenbach bei St. Gertraud zu 7 l/s km², ein Wert, der durch G. Greim (1936) für den Jambach bei Galtür (30% vergletschert) bestätigt wurde. Nach H. Hess (1906) errechnet sich der Winterabfluß der Rhone bei Gletsch, des Schallibaches bei Täsch, der Lonza bei Gletscherkofel und des Findelenbaches bei Winkelmatt bei einem Vergletscherungsanteil von etwas über 50% zu 3,6 l/s km², ein Wert, der sich auch bei F. Mattern (1931) mit 3 bis 4 l/s km² findet. P. Schmidt-Thomé (1950) nennt sogar 0,2 bis 2 l/s km², was sicherlich nur für das extreme Minimum gültig ist. Obwohl alle genannten Werte sehr niedrig sind, zeigt sich doch eine erhebliche Schwankungsbreite, die O. Lütschg u.a. (1950) auf ein unterschiedliches Retentionsvermögen im Gletscherbett zurückführt. H. Hess (1906) sieht dagegen in diesem Verhalten eine Beziehung zur Gletscherbedeckung des Niederschlagsgebietes, das er in folgenden Relationen ausdrückt *(Tab. 67)*.

Der *Winterabfluß* unterscheidet sich von der sommerlichen Wasserführung der Gletscherbäche nicht nur hinsichtlich der Menge, sondern auch in der Tatsache, das die tageszeitlichen Variationen, die für den Sommer typisch sind (siehe unten), fehlen. Damit ist bereits induziert, daß Oberflächenschmelzwasser, das vorwiegend durch den Strahlungsgang erzeugt wird, für die winterliche Wasserspende keine Rolle spielt. Sicherlich tritt bei Warmlufteinbrüchen und an Strahlungstagen mit Temperaturen über 0 °C Schmelzen auf, das anfallende Wasser wird jedoch durch den Frostgehalt tieferer Schichten wieder gebunden. Die Abflußspende im Winter muß deshalb durch andere Faktoren bestimmt sein.

T. Stenborg (1965) führt als mögliche Abflußerzeuger folgende vier Prozesse an:
1 Geothermische Wärmezufuhr
2 innere Reibung
3 langsames Sickerwasser, das in Hohlräumen des Gletschers während der Ablationsperiode gespeichert wurde
4 subglaziale Quellen.

Gletscheranteil [%]	100	70	45	10	0
Abflußspende [l/s km²]	0,3	1,7	3,7	10,5	11

Tab. 67 Zusammenhang zwischen Winterwasserführung von Gletscherbächen und Gletscherbedeckung nach H. Hess (1906).

Vor allem durch H. Hess (1906) und G. Greim (1914) wurde die geothermische Erwärmung als wesentlicher Beitrag für die Speisung der Gletscherbäche im Winter angesehen. Eine einfache Überschlagsrechnung ergibt aber, daß die auftretenden Energien nur sehr klein sind. Setzt man den geothermischen Gradienten dt/dz (°C/100 m) zu 30, die spezifische Wärmeleitfähigkeit von Granit mit $\lambda = 7$ mcal/cm · s · Grad an, so errechnet sich ein Wärmestrom von 2,1 μcal/cm² · s, der gerade ausreicht, pro Jahr eine Eissäule von 9,2 mm zu 8,27 mm Wasser zu schmelzen. Daraus ergibt sich eine Abflußspende von 0,26 l/s km², was etwa dem Minimalwert von P. Schmidt-Thomé (1950) entspricht. Wie gezeigt wurde, liegen aber die winterlichen Abflußspenden beim zehn- bis zwanzigfachen.

Auch die innere Reibung liefert nur einen bescheidenen Schmelzwasseranteil. Die anfallende Energie, Fallarbeit nach M. Lagally (1933), kann dadurch angenähert werden, daß man die sich abbauende potentielle Energie bei der Gletscherbewegung berechnet. Dazu ist die Kenntnis des Eisvolumens, der Dichte von Firn und Eis, der Neigung des Gletschers sowie seiner Geschwindigkeit erforderlich. Nach T. Stenborg (1965) ergeben sich beim Mikkaglaciären in Schweden 5 mm Schmelzen, was einer Abflußspende von rund 0,15 l/s km² entspricht. Im vorliegenden Fall ist angenommen, daß das gesamte Schmelzwasser abfließt. Es ist nicht berücksichtigt, welcher Anteil im Gletscher in Hohlräumen oder als Wasserfilm um Eiskristalle verbleibt oder jene Energiemenge, die benötigt wird, um Eis auf den Druckschmelzpunkt zu erwärmen. Beim Mikkaglaciären verhalten sich die Schmelzwassermengen von geothermischer Erwärmung und innerer Reibung wie 2:3, in Nordostland, nach Angaben bei V. Schytt (1960, 1964), etwa wie 1:1 und bei Alpengletschern nach M. Lagally (1933) und A. Holl (1937) wie 9:7 bzw. 9:1. Auf jeden Fall erklären weder geothermische noch Reibungsenergie den wirklichen Winterabfluß.

O. Lütschg u. a. (1950) ebenso wie R. Rudolph (1962) messen dagegen dem in Hohlräumen des Gletschers und der Grundmoräne gespeicherten Schmelzwasser der Ablationsperiode, das erst in den Folgemonaten langsam zum Abfluß gelangt, für die Speisung der Gletscherbäche im Winter eine erhebliche Bedeutung zu. Auch H. W. Ahlmann und C. Thorasinsson (1938, 1939) kommen bei ihren Untersuchungen in Island zu dem gleichen Ergebnis. Nach Anfall der Schmelzwassermenge in der Ablationsperiode und dem gegebenen Vorrat am Ende derselben muß sich der Abfluß vom Frühwinter (November) zum Hochwinter (März) verringern. In der Tat läßt sich diese Abnahme der Abflußspende in Figur 147 bei Hintereisbach und Venter Ache deutlich erkennen. Vor allem O. Lütschg u. a. (1950) haben nachdrücklich auch auf den Abfluß subglazialer Quellen hingewiesen. Nach R. Rudolph (1962) haben bereits L. Agassiz und E. Desor in der Mitte des vergangenen Jahrhunderts Quellwasser eine gewisse Bedeutung für den winterlichen Abfluß des Gletscherbaches eingeräumt. Allerdings bemerkt R. Rudolph (1962) wohl zurecht, daß Quellen im engeren Sinne, die durch Wasser aus dem die Gletscher unterlagernden Gesteinskörper gespeist werden, ebenfalls nur zu einem geringen Teil an der Abflußfülle der Gletscherbäche beteiligt sind. Grund für diese Annahme ist, daß in den seit rund 100 Jahren freigewordenen Gletschervorfeldern nur sehr wenig Quellaustritte zu beobachten sind. Danach scheint Retentionswasser der vorangegangenen Ablationsperiode, das Eishohlräume und Lockermaterial am Grunde der Gletscher erfüllt, im wesentlichen zur Aufrechterhaltung des winterlichen Abflusses beizutragen.

Das wechselnde Verhältnis von reinem Schmelzwasser, Quell- und Retentionswasser (Hangzugwasser) läßt sich aus der Ionenkonzentration im Gletscherbach ablesen.

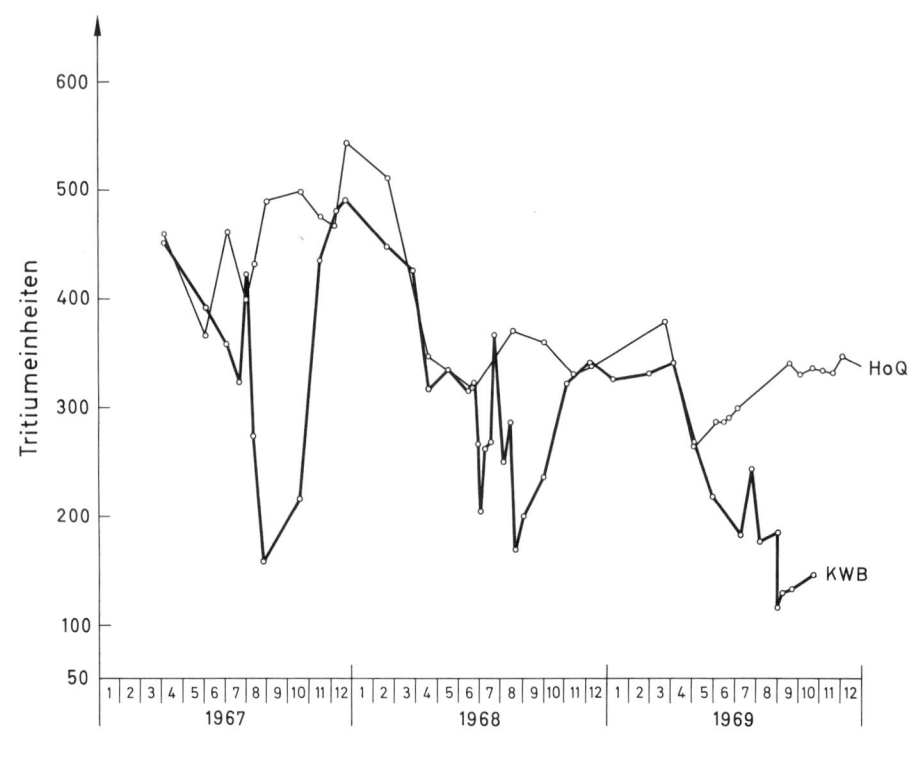

Fig. 148 Jährliche Schwankungen des Tritiumgehaltes im Abfluß des Kesselwandferners (KWB) und der Hochjochquelle (HoQ). Nach H. Behrens u. a. (1971).

P. Huber (s. O. Lütschg u. a. 1950) hat den jahreszeitlichen Gang der Lösungsgehalte im Gletscherabfluß beobachtet und festgestellt, daß die Konzentration beim Winterminimum rund 2 bis 4 mal größer ist, als bei Sommerhochwässern mit erheblichem Schmelzwasseranteil. Die höhere Ionenkonzentration im Winterwasser kann nur damit erklärt werden, daß das abfließende Wasser länger mit den Gesteinen des Untergrundes in Kontakt war.
Ein sehr elegantes Verfahren, die Anteile von Eis- und Schneeschmelze sowie von subglazialem Quell- und Hangzugwasser im Gletscherabfluß zu trennen, bietet die Untersuchung der natürlichen Isotopengehalte von Tritium und Deuterium. Seit Beginn der thermonuklearen Waffenteste 1952 stieg die natürliche Tritiumkonzentration im Wasser, die durch kosmische Strahlung hervorgerufen wird, um eine bis zwei Zehnerpotenzen an. Altes Gletschereis, das also vor 1952 entstand, weist daher kaum, Schnee und Regen der Gegenwart jedoch jeweils einen hohen Tritiumgehalt auf. Entsprechend sind auch die Anteile im Schmelzwasser. In *Fig. 148* sind die jahreszeitlichen Variationen des Tritiumgehaltes am Abfluß des Kesselwandferners 1967/69 und einer Quelle beim Hochjochhospitz aufgetragen. Die Tritiumkonzentrationen des Quellwassers sind in den einzelnen Jahren, bei einem merklich abfallenden Trend von Jahr zu Jahr, ziemlich konstant. Ganz anders sieht der Kurvenverlauf im Gletscherbach aus. Hohen Winterwerten stehen generell niedrige Sommerwerte, vor allem für die Zeit der Eisablation im August, gegenüber. Eine erste Abnahme ist in allen Jahren bereits im April zu verzeichnen. Sie wird von

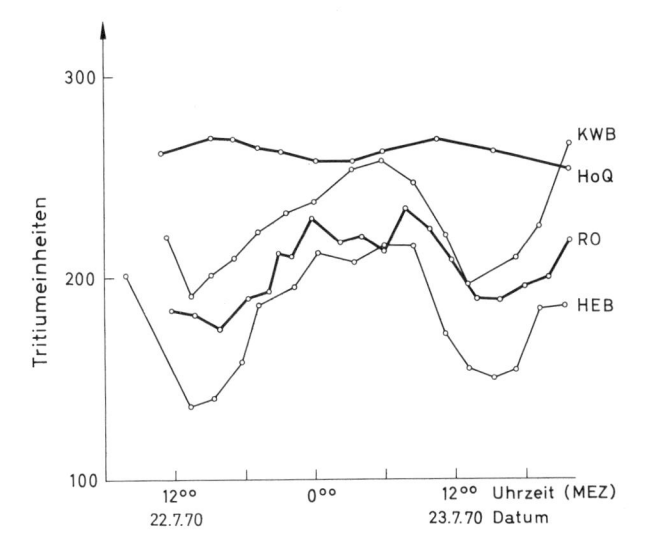

Fig. 149 Tagesgang des Tritiumgehaltes im Abfluß des Kesselwandferners (KWB), Hintereisferners (HEB), der Hochjochquelle (HoQ) und der Rofener Ache bei Vent. Nach H. Behrens u.a. (1971).

H. Behrens u.a. (1971) durch Schmelze des Winterschnees mit ursprünglich etwas geringerem Tritiumgehalt erklärt. Eine erneute Konzentrationszunahme, die regelmäßig im Juli zu verzeichnen ist, wird durch Schmelze von Altschnee hervorgerufen. Die Minimalkonzentration im August bei maximaler Wasserführung ist das Ergebnis des Eisabbaus. Kleinere Schwankungen innerhalb der Ablationsperiode sind nach W. Ambach u.a. (1969) Witterungseinflüssen, vornehmlich Neuschneefall im Sommer mit hohen Ausgangskonzentrationen, zuzuschreiben. Die aufgeführten Regelhaftigkeiten des Jahresganges kehren auch im Tagesgang wieder *(Fig. 149)*. Im Hochsommer tritt bei Strahlungswetter in den frühen Nachmittagsstunden mit kräftiger Eisablation auch wieder das Minimum der Tritiumkonzentration ein.

Bezeichnet man mit Q die Abflußanteile, mit T die Tritiumkonzentration, so läßt sich folgende Beziehung aufstellen:

$$T_t \cdot Q_t = T_e \cdot Q_e + T_s \cdot Q_s + T_r \cdot Q_r + T_q \cdot Q_q$$

wobei die Indizes t gesamter Gletscherbach, e Eisschmelze, s Schneeschmelze, r Regen, q Quellenwasser bedeuten. Da nach W. Ambach u.a. (1969, 1970, 1971) $Q_r = 0$ gesetzt werden kann, – die Messungen wurden an Tagen ohne Regen durchgeführt –, ebenso $T_e = 0$ ist, da altes Gletschereis praktisch tritiumfrei ist, vereinfacht sich die Gleichung zu

$$T_t \cdot Q_t = T_s \cdot Q_s + T_q \cdot Q_q.$$

In dieser Gleichung sind Q_t, T_s, T_q und T_t durch Messungen bekannt, Q_s und Q_q sind zu berechnen. Dafür ist eine zweite Bilanzgleichung erforderlich. Sie kann aus der Bestimmung der Deuteriumkonzentration gewonnen werden.

Der Gehalt am schweren Wasserstoffisotop Deuterium ist über die Temperatur höhen- und zeitabhängig (s. S. 15/16). Wie H. Moser und W. Stichler (1970, 1971) festgestellt haben, ergibt sich ferner eine Anreicherung bei der Metamorphose des Schnees. Daraus resultiert eine dem Tritiumgehalt gegenläufige Konzentrationsverteilung. In *Fig. 150a* treten die täglichen Maxima zur Zeit der Eisablation in den frühen Nachmittagsstunden, die Minima aber in der Nacht auf. Entsprechend gering mit δD von -118 bis $-120^0/_{00}$ sind

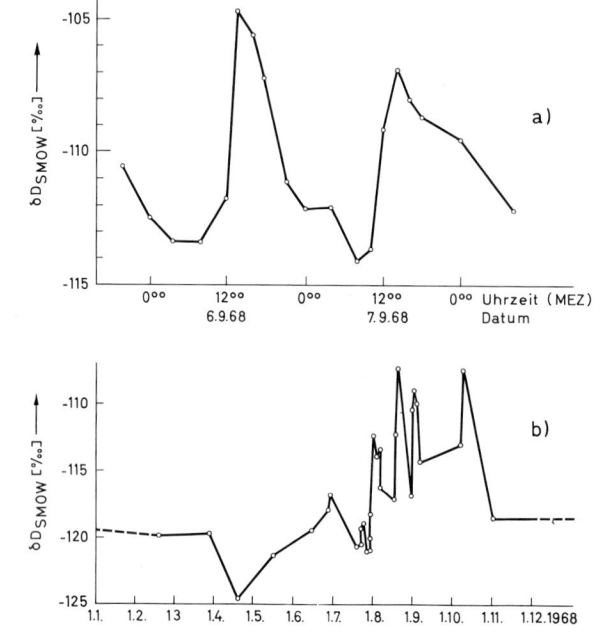

Fig. 150 Tagesgang des Deuteriumgehaltes im Gletscherbach des Kesselwandferners am 6. und 7.9.1968 (a) sowie Jahresgang des Deuteriumgehaltes des gleichen Abflusses (b). Nach W. Ambach u.a. (1970).

die Winterwerte von November bis März. Das Maximum fällt dagegen in den Sommer (*Fig. 150b*). Das extreme Minimum im April ist auf Schmelze von Winterschnee zurückzuführen, der bei niederen Temperaturen und damit einem geringen Deuteriumgehalt gefallen ist. Relativ geringe Konzentrationen zeigt auch das Quellwasser. Die Gesamtanreicherung an Deuterium am Gletscherabfluß ergibt sich auch hier aus der Beziehung

$$\delta_t \cdot Q_t = \delta_e \cdot Q_e + \delta_s \cdot Q_s + \delta_r \cdot Q_r + \delta_q \cdot Q_q$$

wobei δ der Anreicherungsquotient von Deuterium in Bezug auf den Standardwert SMOW *(Standard Mean Ocean Water)* darstellt. Da $Q_r = 0$ (niederschlagsfreie Periode), vereinfacht sich auch diese Gleichung zu

$$\delta_t \cdot Q_t = \delta_e \cdot Q_e + \delta_s \cdot Q_s + \delta_q \cdot Q_q.$$

Für die Berechnung der einzelnen Abflußanteile bestehen nunmehr zwei unabhängige Gleichungen, nämlich

$$T_t \cdot Q_t = T_{sq} \cdot (Q_s + Q_q)$$
$$\delta_t \cdot Q_t = \delta_{es} \cdot (Q_e + Q_s) + \delta_q Q_q$$

sowie die Beziehung

$$Q_t = Q_e + Q_s + Q_q.$$

zur Verfügung. Das Ergebnis der Auswertung der Messungen ist in *Fig. 151* für die Rofener Ache bei Vent/Ötztal eingetragen. In *Tab. 68* sind die Anteile für Schnee-, Eis- und Quellwasserabfluß, sowie die Gesamtwasserführung in absoluten und relativen Werten angegeben.

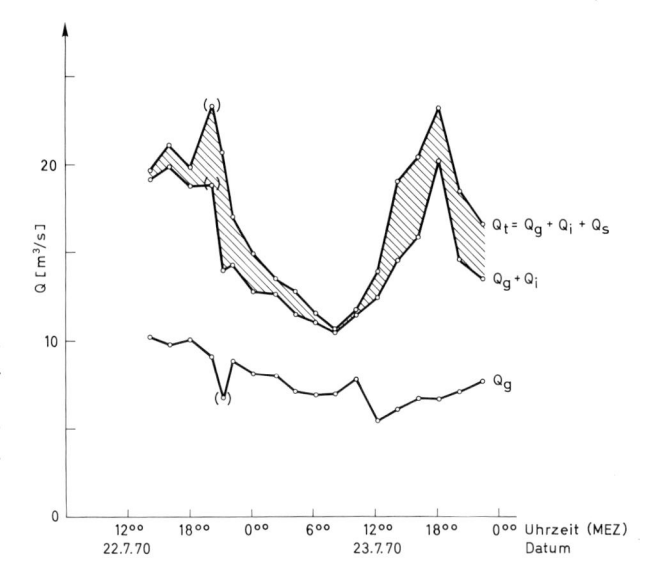

Der Einfluß von Gletscher auf Natur- und Kulturlandschaft   357

Fig. 151 Tagesgang des Abflusses (Q_t) der Rofener Ache aufgegliedert nach den Anteilen subglazialer Abfluß (Q_g), Eisschmelzwasser (Q_e) und Schneeschmelzabfluß (Q_s). Nach H. Behrens u.a. (1971)

Figur 151 und Tabelle 68 zeigen deutlich den hohen Anteil an geschmolzenem Gletschereis am Gesamtabfluß. Zugleich aber ergibt sich, daß während der Ablationsperiode auch erhebliche Mengen aus dem Untergrund als Quellwasser abfließen, es müssen also reiche Vorräte vorhanden sein, die dann im Winter, wie es R. Rudolph (1962) annimmt, mit abnehmender Ergiebigkeit den Gletscherbach allein ernähren.

Wie in Figur 150a deutlich wird, besteht in Abhängigkeit vom Schmelzwasseranfall bei Gletscherbächen auch ein ausgesprochener Tagesgang der Wasserführung *(Fig. 152)*. Bereits auf den ersten Blick fällt der gute Zusammenhang zwischen Strahlungs- und Abflußverhalten auf. Die maximale Gerinnebettfüllung folgt am Hintereisbach dem Strahlungsmaximum mit einer Verzögerung von ca 2 Stunden. Die enge Beziehung zwischen Strahlung und Abfluß ist leicht verständlich, da nach H. Lang (1971) die Strahlung 79 % der Schmelzwärme bei Alpengletschern liefert. In maritimen Klimaten höherer Breiten,

Anteil	Max. 22.7.70 [m³/sec]	%	Min. 23.7.70 [m³/sec]	%	Max. 23.7.70 [m³/sec]	%
Q_s	4,6	19,5	2,5	19,1	3,4	14,4
Q_e	10,1	42,8	3,6	27,5	13,5	57,2
Q_q	8,9	37,7	7,0	53,4	6,7	28,4
Q_t	23,6	100,0	13,1	100,0	23,6	100,0

Tab. 68 Anteil von Schnee- (Q_s), Eis- (Q_e)schmelzwasser und Quellwasser (Hangzugwasser) (Q_q) am Gesamtabfluß (Q_t) der Rofenache bei Vent-Ötztal am 22. u. 23.7.1970 nach Messungen von H. Behrens u.a. (1971).

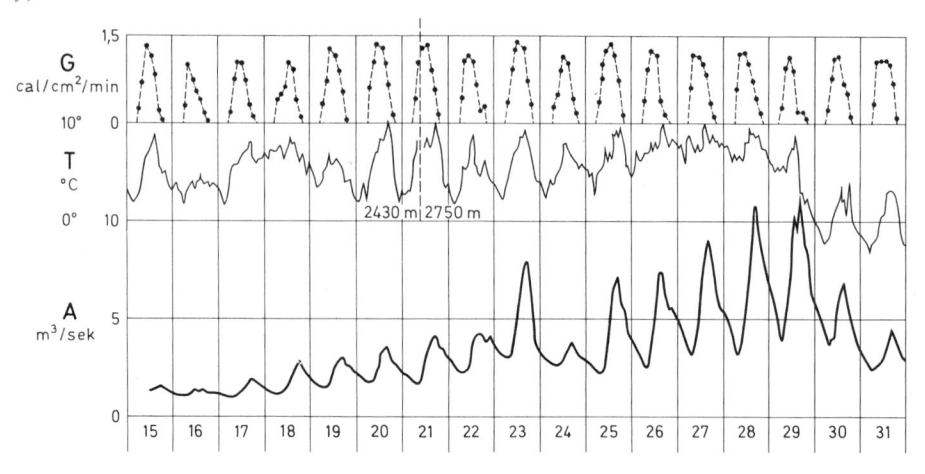

Fig. 152   Abflußgang, Lufttemperatur und Globalstrahlung im obersten Rofental für die Zeit vom 15.–31.7.1954. Nach R. Rudolph (1962).

z. B. auf Island, schätzen G. Gudmundsson und G. Sigbjarnson (1972) aufgrund von Untersuchungen am Hoffelsjökull den Anteil der Strahlung an der Gesamtablation nur mehr auf 10 bis 40 %. Die Bedeutung des fühlbaren Wärmestromes nimmt also relativ zu.

Die Amplituden des Tagesganges des Abflusses stehen nicht in unmittelbarer Beziehung zur einfallenden Strahlung, es ist vielmehr auch die Wetterlage vor und während der Messungen zu berücksichtigen. Neuschneefälle (15 bis 17.7. in Figur 152) verringern entsprechend der erhöhten Albedo – verminderter Strahlungsgewinn – die Amplitude. Während Schönwetterperioden, in denen auch auf dem Gletscher ganztägig Lufttemperaturen über dem Gefrierpunkt auftreten, vergrößert sich bei gleichem täglichen Tagesgang der Strahlung nicht nur die Amplitude des Abflußganges, es nimmt auch die Abflußfülle von Tag zu Tag zu (25. bis 29. 7.) Der nachfolgende Kaltlufteinbruch erniedrigt Amplitude und Gesamtabfluß im Gefolge von Neuschneefall erheblich. Die scharfe Spitze am 23. 7. ist durch kräftige Niederschläge zu erklären.

Da Strahlungsmessungen *(Abb. 58)* in den Hochregionen nur selten verfügbar sind, suchte man nach einfacheren, leichter faßbaren Parametern, um den Abflußgang von Gletscherbächen zu erklären. Bereits O. Lütschg (1926) hat auf die enge Beziehung zwischen Lufttemperatur und Gletscherabflußfülle hingewiesen. H. Hoinkes (1970) machte auf die gute Übereinstimmung zwischen den positiven Temperatursummen einzelner Tage und der Ablationsmenge auf dem Hintereisferner aufmerksam. Bei Untersuchungen des Einflusses meteorologischer Faktoren auf den Abfluß des Großen Aletschgletschers, der Massa, kam H. Lang (1968) anhand multipler Regressionsanalysen zu dem Ergebnis, daß schon zwischen der Lufttemperatur, außerhalb des Gletschergebietes gemessen, und dem Abfluß eine enge Korrelation von 0,861 besteht, die sich zu 0,885 verbessert, wenn man noch die Luftfeuchte und den Niederschlag mit berücksichtigt. Diese Aussagen gelten nur für stark vergletscherte Niederschlagsgebiete. Nur hier wirkt sich der Niederschlag ganzjährig negativ, d. h. abflußvermindernd aus, wie z. B. an der Massa am Großen Aletschgletscher, deren Gebiet zu 67 % vergletschert ist. Am Rosegbach (Roseggletscher), dessen Einzugsgebiet mit 66,5 km² nur zu 33 % eisbedeckt ist, werden

Abb. 58 Meßanordnung für Strahlung (links) und ein Wind-, Temperatur- und Feuchteprofil (Bildmitte) auf dem Großen Aletschgletscher. (Aufnahme: 12.8.1965, E.Brügger, VAW-ETH-Zürich).

die Einflüsse der Niederschläge positiv, d.h. sie vermehren unmittelbar den Abfluß (H. Lang 1971). Die Interpretation von Temperatur- und Abflußkurven darf nicht einseitig durchgeführt werden, es ist stets die Gesamtwetterlage zu berücksichtigen. In Figur 152 treten z.B. am 21. und 31.7.54 mit 102 bzw. 115 l/s km² sehr ähnliche Abflußspenden auf, die Tagesmitteltemperaturen (6,0 °C am 21.7., −0,2 °C am 31.7) unterscheiden sich aber um 6,2 °C erheblich voneinander. Der gleiche Abfluß bei wesentlich niedrigeren Temperaturen am 31.7. ist die Folge eines verzögerten Abflusses aus der kräftigen Ablationsperiode bis zum 29.7..

Ein verzögerter Abfluß ist in Figur 152 auch für steigenden Wasserstand zwischen 19. und 22.7. sowie 25. bis 29.7. festzustellen. Die vermehrte Wassermenge in den Folgetagen wird durch Abfluß des in den Vortagen zurückgehaltenen Schmelzwassers erklärt: Nach M.F. Meier (1964) errechnet sich der Abfluß Q_n am n-ten Tag einer Schmelzperiode zu

$$Q_n = e + f \cdot (T_n + kT_{n-1} + k^2 T_{n-2} \ldots)$$

wobei T die Tagesmitteltemperatur, k den Rezessionskoeffizienten sowie e und f Koeffizienten der Regressionsanalyse vorstellen. Wie J. Martinec (1970) ausführt, ist der Betrag des $(n-1)$-ten Tages auf den Abfluß des n-ten Tag nicht $FT_{n-1}k$ (F ist ein Faktor, mit dem der Einfluß positiver Gradtage erfaßt wird), sondern $FT_{n-1}k - FT_{n-1}k^2$. $FT_{n-1}k^2$ ist jener Schmelzwasseranteil, der erst in den Folgetagen abfließt. Daraus folgt, daß die Abflußtiefe R geringer ist als die angefallene Schmelzwassermenge, nämlich

$$R = FT - RFT = FT(1 - R).$$

Bei der vereinfachten Annahme, daß am 1. Tag die Temperaturen über 0 °C ansteigen und in den folgenden zwei Tagen positiv bleiben, errechnet sich für den dritten Tag nach J. Martinec (1970) ein Abfluß von

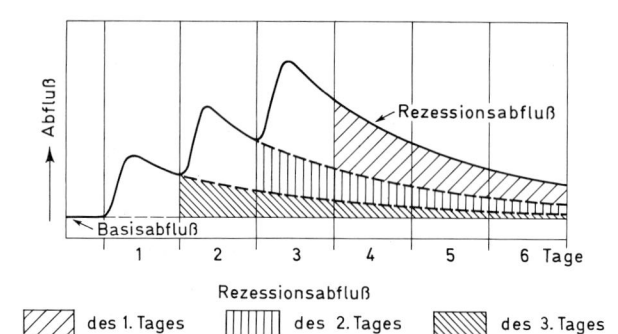

Fig. 153 Verzögerung beim Schmelzwasserabfluß und daraus resultierender Schmelzwasserhydrograph. Nach J. Martinec (1970).

$$R_3 = FT_3 - kFT_3 + kFT_2 - k^2FT_2 + k^2FT_1 - k^3FT_1$$
$$= FT_3(1-k) + FT_2 k(1-k) + FTk^2(1-k).$$
Da $R_2 = FT_2(1-k) + FT_1 k(1-k)$

kann man R_3 vereinfacht ausdrücken zu

$$R_3 = FT_3(1-k) + kR_2$$

oder für n-Tage

$$R_n = FT_n(1-k) + kR_{n-1}.$$

Unter Einbeziehung des Abflußkoeffizienten c, womit Verdunstung und Grundwasserspeisung berücksichtigt werden, bekommt obige Gleichung die Form

$$R_n = c[FT_n(1-k) + kR_{n-1}].$$

Nach M. F. Meier (1964) sollte n nicht über 7 Tage ausgedehnt werden. Der Abflußgang für n = 3 ist in Figur 153 dargestellt. Deutlich ist zu erkennen, daß der Anteil des Rezessionsabflusses von Tag zu Tag zunimmt, bis etwa nach einer Woche bei gleichbleibenden Witterungsbedingungen ein Gleichgewicht eintritt und sich der Abfluß nicht mehr erhöht. So einfach sich der verzögerte Abfluß formal erfassen läßt, so schwierig ist es, exakte Werte für k, das stets kleiner als 1 ist, zu erhalten. M. F. Meier (1964) nennt dafür 0,7 bis 0,8. Es muß aber vermerkt werden, daß sich der Rezessionskoeffizient nicht nur von Niederschlagsgebiet zu Niederschlagsgebiet ändert, sondern auch innerhalb desselben Schwankungen in Abhängigkeit von der Intensität des Schmelzwasseranfalles und der damit verbundenen Änderungen der hydrologischen Eigenschaften von Firn, Eis und Untergrund aufweist.

Neben der hier aufgezeigten regelmäßigen Schwankungen der Wasserstandsganglinie eines Gletscherbaches im Ablauf eines Jahres oder eines Tages bestehen auch noch aperiodische Variationen. Sie werden durch das Wettergeschehen ausgelöst. Kräftige Regenfälle im Sommer (23.7., Figur 152) erhöhen den Abfluß, Neuschneefälle (30.7. Figur 152) verringern ihn. Ferner wirken sich auch witterungsbedingte Temperaturschwankungen aus.

Ein typisches Verhalten des Gletscherabflusses ist ferner, daß mit steigendem Schmelzwasseranteil die Suspensionsfracht zunimmt. Während das Wasser in den Morgenstunden klar ist, trübt es sich mit steigendem Wasserstand in verstärktem Maße *(Gletschermilch)*. H. An Der Lan (1936) und R. Rudolph (1962) kommen übereinstimmend zu dem Ergebnis, daß zwischen Wasserführung und Schwebstoffmenge eine logarithmische Beziehung besteht. Nach den Messungen am Hintereisferner 1953/54 (R. Rudolph 1962) variierte der Suspensionsgehalt zwischen 5 und 3500 mg/l. Es werden damit die bei R. v. Klebelsberg (1948) angegebenen Größenordnungen der Beträge früherer Messungen bestätigt. Sehr wichtig ist der Hinweis von Rudolph, daß wirklich vergleichbare Werte auch nur bei gleichen Wetterlagen gewonnen werden können. Tritt zur Schmelze Niederschlag, so nimmt der Anteil des durch abfließendes Regenwasser oberflächlich vom nicht vergletscherten Gebiet abgespülten Feinmaterials erheblich zu. Ferner zeigen kurzfristig hintereinander bei gleichem Wasserstand entnommene Schöpfproben zum Teil beträchtliche Abweichungen der Schwebstoffführung. Sie betrugen am Gletschertor des Hintereisferners bis zu 500 mg. R. Rudolph (1962) führt dies auf turbulente Wasserführung zurück. Um zu wirklich gesicherten Aussagen zu kommen, müssen die Proben systematisch entnommen werden. Sehr geeignet dafür sind integrierende Auffanggefäße wie z.B. US-DH-48 Suspended Sediment Sampler für flachere oder US-DH-59 Suspended Sediment Sampler für tiefere Gewässer *(Subcommittee on Sedimentation 1963)*.

Der Abflußgang eines Gletscherbaches beeinflußt seine Wassertemperatur. Wie *Fig. 154* zeigt, tritt das Minimum in den frühen Morgenstunden kurz vor Sonnenaufgang ein. Die anschließende Erwärmung, die etwa bis Mittag anhält, wird durch den erheblichen Schmelzwasseranfall gestoppt, und bereits in den frühen Nachmittagsstunden sinkt dadurch die Temperatur wieder erheblich ab. Leider sind Temperaturmessungen an Fließgewässern bisher selten (H. Hofius 1971). Aus den vorliegenden Beobachtungen geht aber hervor, daß am Gletschertor das Schmelzwasser im Sommer wie Winter mit einer Temperatur von ca +0,2 °C austritt. Schon nach wenigen hundert Metern erwärmt es sich am Tage um 0,5 bis 1 °C. Am Kesselwandbach in den Ötztaler Alpen konnte R. Rudolph (1962) im Sommer sogar Temperaturerhöhungen bis zu 7 °C feststellen. Hierfür spielt die günstige Exposition zur einfallenden Strahlung, der große Höhenunterschied, den der Bach auf seiner ersten Laufstrecke überwindet, sowie die Tatsache, daß es sich um ein flaches Gerinne handelt, eine entscheidende Rolle.

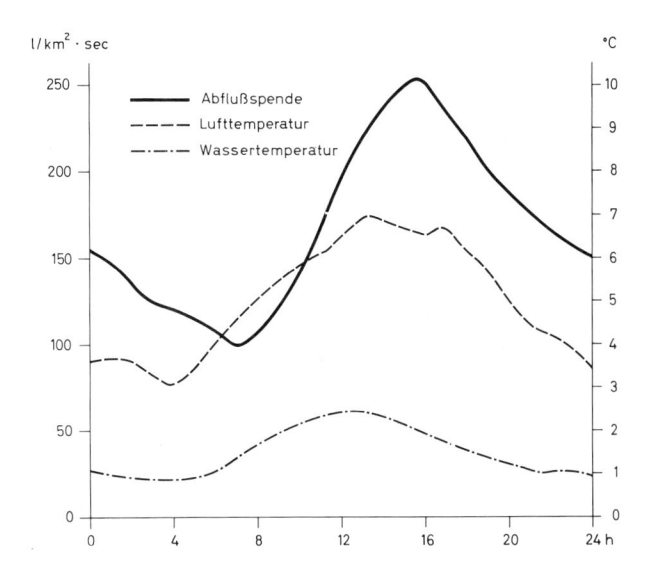

Fig. 154 Zusammenhang zwischen Abflußspende, Lufttemperatur und Wassertemperatur am Hintereisbach. Nach R. Rudolph (1962).

3.9.3. Gletscherkatastrophen

»Wenn die Kunde von den Gletschern in manchen Gebirgstälern jahrhundertweit zurückreicht und früh auch schon schriftlichen Niederschlag gefunden hat, so ist dies darin begründet, daß Gletscher verschiedentlich Naturereignisse, Elementarkatastrophen ausgelöst haben oder mit solchen wenigstens in Zusammenhang standen, Ereignisse, die sich mehr oder weniger schädigend auf Siedlung, Wirtschaft und Verkehr auswirkten« (R. v. Klebelsberg 1948, S. 212). Ursachen und Ablauf der Gletscherkatastrophen sind dabei recht verschieden. R. v. Klebelsberg (1948) unterscheidet folgende Ereignisse:

1 Die Zerstörung und Schädigung von Kulturland unmittelbar durch *Gletschervorstöße* in historischer Zeit
2 *Gletscherabbrüche*, bei denen durch Eislawinen Almen, Felder, Gebäude und Menschen in Mitleidenschaft gezogen wurden
3 durch Gletscher bedingte *Hochwässer*.

Bei letzteren kann noch zwischen *Ausbrüchen* von *Stauseen* unterschieden werden, die durch vorstoßende Gletscher in einem Haupt- oder Nebental abgedämmt wurden oder sich beim Gletscherrückzug im freiwerdenden Hohlraum zwischen Endmoräne und Gletscherstirn ansammelten und dem *ruckhaften Abfluß* von *Wasseransammlungen* in *Hohlräumen* (Wasserstuben) am Grunde oder im Inneren von Gletschern sowie den *Jökullhaups*, *Gletscherläufen*, bei denen durch vulkanische Tätigkeit in kurzer Zeit sehr viel Schmelzwasser frei wird. Vielfach werden in der Literatur Jökullhaups nicht immer eindeutig von anderen katastrophalen Gletscherhochwässern getrennt, z.B. D. Richardson (1968).

Gletschervorstöße haben in historischer Zeit verhältnismäßig selten schwerwiegende unmittelbare Schäden angerichtet. Das mag vor allem daran liegen, daß entsprechend der Klimaungunst in direkter Nachbarschaft der Gletscher agrarische Nutzflächen nicht sehr verbreitet sind. Allerdings ist bekannt, daß in den Alpen durch Vorstöße in der frühen Neuzeit schon im Mittelalter genutzte Bergwerkstollen, z.B. an der Pasterze, vom Eis überfahren wurden. Gleiches berichtet H. Kinzl (1943) von der Cordillera Blanca in Peru. Häufiger ist dagegen, daß alte Bewässerungsanlagen, die ihr Wasser unmittelbar von den Bächen nahe der Gletscher bezogen, zerstört wurden, z.B. durch den Lys- und Riedgletscher im Wallis (H. Kinzl 1958). Schäden an Dauersiedlungen sind in den Alpen nur von den Gampenhöfen in Sulden (Ortlergruppe) bekannt, die bereits 1818/19 geräumt, 1880 endgültig zerstört wurden (R. v. Klebelsberg 1948). Nach H. Kinzl (1958) sind derartige Beispiele aus Norwegen für die Zeit von 1740 bis 1750 und auch in Island häufiger, da dort Dauersiedlungen sehr viel näher den Gletscherenden liegen. Menschenleben wurden dagegen nicht bedroht, da der Gletschervorstoß allmählich erfolgt, selbst sogenannte surges nur Geschwindigkeiten von einigen Kilometern pro Jahr aufweisen.

Sehr viel gefährlicher sind dagegen *Gletscherabbrüche*, da die Eislawinen ruckhaft abgehen. Ein erschütterndes Beispiel aus den vergangen Jahren ist die Katastrophe vom 30. August 1965 an der Baustelle des Mattmarkstaudammes im Saaser Tal/Wallis, wo durch den Absturz von Zungenteilen des Allalingletschers zahlreiche Menschen ums Leben kamen. Nach R. Vivian (1966) stürzten um 17^{15} Uhr rund 500 000 m³ (oder mehr als 1 Mio m³, genau ist es nicht festgestellt) innerhalb von 30 Sekunden rund 300 m in die Tiefe und zerstörten Anlagen der Baustelle. Durch die Ausführungen von R. Vivian (1966) sind wir über die Vorgänge gut unterrichtet. Der Allalingletscher *(Fig. 155)* (siehe auch Abbildung 50) zeigte in den Jahren von 1955 bis 1965 kleine Oszillationen der Zunge. Besonders

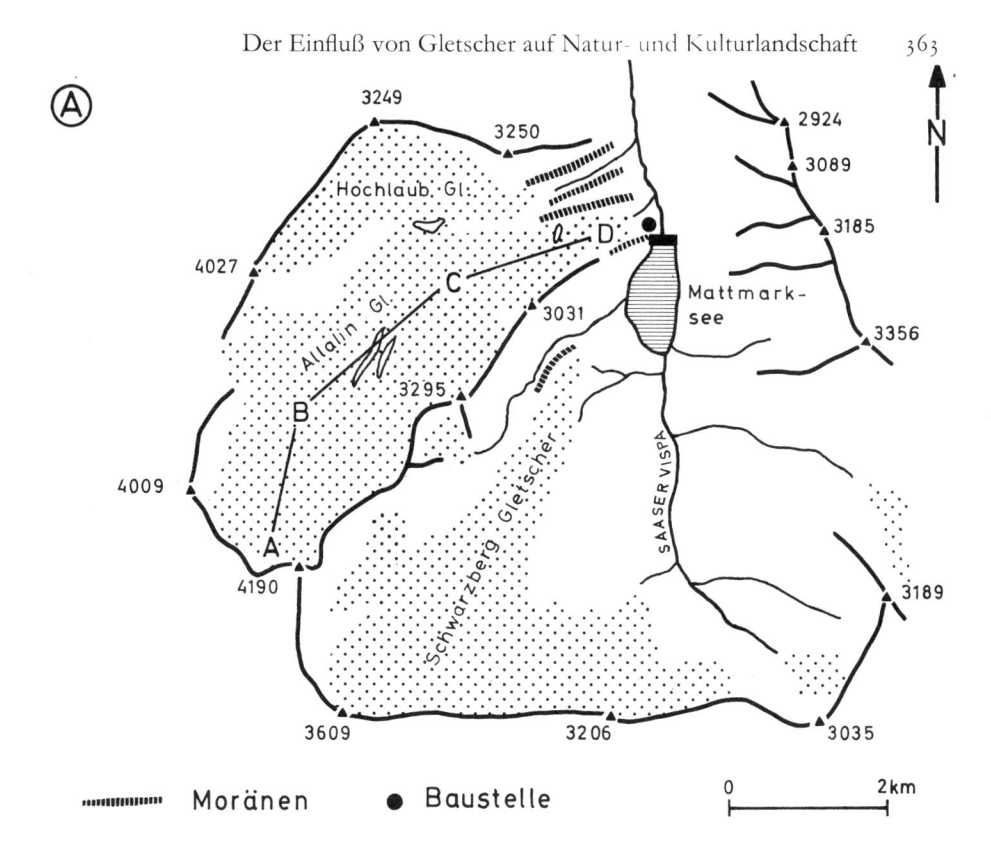

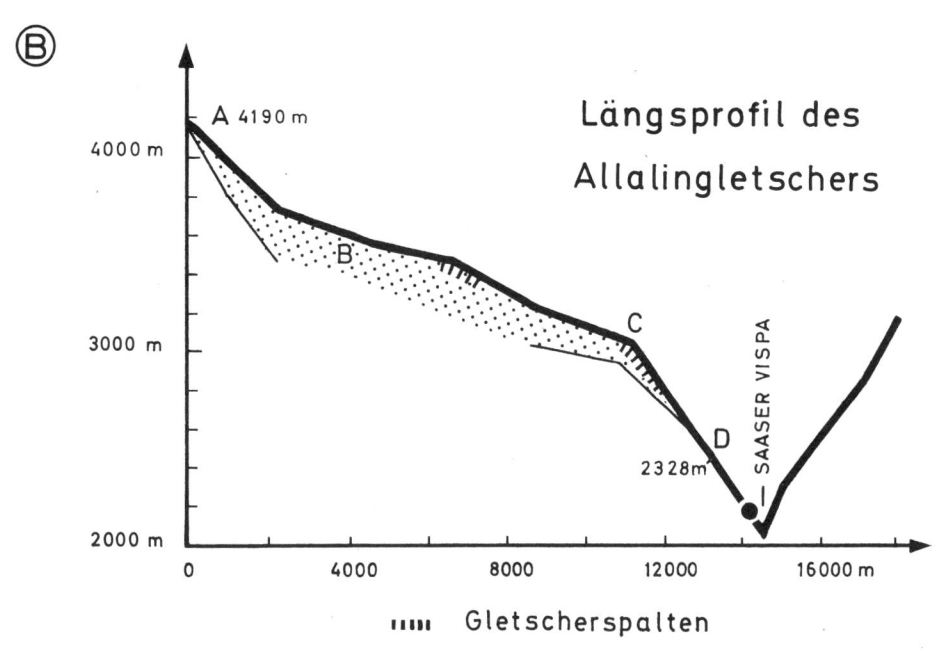

Der Einfluß von Gletscher auf Natur- und Kulturlandschaft   363

Fig. 155   Situationsskizze des Allalingletschers. Nach R. Vivian (1965).

der untere Teil ab Punkt C *(Fig. 155)* ist infolge Gefällsversteilung auf ca 30° durch zahlreiche Querspalten zerrissen. Als auslösende Ursache bei der gegebenen Situation muß die Vorwetterlage angesprochen werden. Vom 3. bis 21. August 1965 lagen nach Aufzeichnungen der Klimastation Saas Fee in 1800 m die Tagesmittel der Lufttemperatur über 10 °C, so daß reichlich Schmelzwasser anfiel. Am 22. und 23. 8. 65 wurden zudem 56 mm Niederschlag verzeichnet. Durch den hohen Wasseranteil erhöhte sich die Gletschergeschwindigkeit durch basales Gleiten (L. Lliboutry 1959, J. Weertman 1964, 1966, 1967) auf ca 4 m/Tag gegenüber einer mittleren Jahresbewegung von 20 bis 40 m. Der Abbruch geht also auf eine Verminderung der basalen Haftung zurück.

Gleiche Argumente führte P. Guichonnet (1950) für die Erklärung der Gletscherkatastrophe auf dem Glacier du Tour an. Bereits A. Heim (1896) deutete auf diese Weise den Abbruch des Altelsgletschers südlich Kandersteg in den Berner Alpen vom 11. September 1895, bei dem in ca 3100 m an einem bogigen Anriß 4 Mio m³ Eis losbrachen und auf der Sohle des Gemmitales in 1900 m auf einer Fläche von 275 ha deponiert wurden. Sechs Menschen kamen ums Leben, 160 Stück Vieh wurden getötet und 10 ha Wald wurden vor allem durch den vorauseilenden Luftdruck verwüstet. Derartige Eisabbrüche von Gletschern lassen sich zwar nicht eindeutig voraussagen. Es ist jedoch auffallend, daß sie sich meist im August und September, also in einer Zeit starker Eisablation ereignen. Eine wesentliche Voraussetzung bildet ferner die topographische Situation. Besondere Gefahrenherde bilden Gletscher, deren Zungenenden erhebliche Versteilungen aufweisen oder die über Karschwellen oder Talmündungsstufen hängen. Aus den Alpen sind seit Beginn des neuzeitlichen Gletschervorstoßes zahlreiche Eisstürze bekannt geworden (siehe E. v. Drygalski und F. Machatschek 1942 sowie R. v. Klebelsberg 1948).

Die größte Gletscherkatastrophe der Geschichte ereignete sich aber am 31. Mai 1970 am Huascaran/Cordillera Blanca/Peru, bei der neben einigen Weilern auch die Stadt Yungay völlig zerstört wurde (W. Welsch u. H. Kinzl 1970). In diesem Falle wurde der Gletschersturz allerdings durch ein Erdbeben ausgelöst. Das Eis, das am Gletscherbruch eine Mächtigkeit von 70 bis 80 m hatte, brach auf einer Länge von 800 m ab, stürzte in die Tiefe und bewegte sich als kanalisierte Eis- und Schlammlawine durch das Nebental zur Haupttiefenlinie, wo die Stadt Yungay gelegen war. Die verfrachtete Eismasse betrug 85 Mio m³. Bei dem Erdbeben fanden rund 70000 Menschen den Tod, rund ein Drittel davon durch den Gletschersturz. Es handelt sich auch hierbei nicht um eine singuläre Erscheinung, denn schon am 10. 1. 62 wurde durch einen kleinen Sturz am Huascaran das Dorf Raurahirca großteils zerstört. Ungleich häufiger als durch die bisher berichteten Vorgänge sind Verheerungen, die durch von Gletschern erzeugte *Hochwässer* verursacht werden.

An erster Stelle seien Katastrophen durch *Stauseeausbrüche* angeführt. Durch kräftige Massenvermehrung stießen Gletscher während des »little ice age« wiederholt aus Seitentälern in die Haupttäler vor und stauten den Abfluß der höher gelegenen Einzugsgebiete zu Seen auf. Auch hierfür bietet der Allalingletscher ein gutes Beispiel. Wie Figur 156 zeigt, reicht schon ein Anwachsen der Zunge von 500 bis 800 m gegenüber dem heutigen Stand aus, um den oberen Talabschnitt der Saaser Visp zu blockieren. Durch diesen wiederholten Vorgang sind allein aus dem 18. Jahrhundert 15 Ausbrüche des Mattmarksees bekannt geworden. Mit am besten erforscht sind die Verhältnisse im oberen Rofental in den Ötztaler Alpen. Besonders dann, wenn sich Vernagt- und Guslarferner vereinten, stießen sie häufig – 1599 bis 1601, 1677 bis 1682, 1771 bis 1774, 1845 bis 1848 – bis ins Rofental vor und erreichten an der gegenüberliegenden Talflanke (Zwerchwand) noch eine

Höhe von 140 m. Der See von 1848 hatte nach H. Hess (1918) eine Länge von 1 km und war 80 m tief, wobei ca 3 Mio m³ Wasser aufgestaut wurden. Diese Wassermenge entleerte sich vielfach ruckhaft unter der Eisbarriere hindurch mit verheerenden Folgen für das ganze Ötztal bis zu seiner Einmündung in das Inntal. Gelegentlich floß das Wasser auch langsam ab. Wiederholt finden sich Berichte, nach denen versucht wurde, durch Sprengungen oder Grabungen einen langsamen Wasserabfluß herbeizuführen, doch stets ohne Erfolg. Ja, es wurde sogar erwogen, die Rofener Ache mit einem Stollen durch die Zwerchwand umzuleiten, der Plan kam aber nicht zur Ausführung. Welche Ausmaße die Zerstörungen erreichten, zeigt das Beispiel des Gietrozgletschers im Val de Bagnes, wo bei einem Stauseebruch mit 60 Mio m³ Wasser 1595 500 Häuser vernichtet wurden und 140 Menschen den Tod fanden (H. Kinzl 1958). 1818 ereignete sich ein ähnlich katastrophaler Abfluß.

Zahlreiche Beispiele für Stauseeausbrüche in den Alpen hat Ch. Rabot (1905) zusammengetragen. Hier seien nur noch einige erwähnt. Vor allem an der Südostseite der Mont Blanc-Gruppe stießen die steilen Gletscher wiederholt in das Doire-Tal vor. Der Miagegletscher staute den Lac de Combal auf, von dem heute neben weiten Versumpfungen auch noch ein kleiner Restsee verblieben ist. In der Gran Paradisogruppe dämmte der Rutorgletscher den Lago Santa Margherita ab, der heutige Lago Rutor dagegen wird durch eine 1860 entstandene Stirnmoräne des Gletschers gestaut. Ferner sind Gletscherstauseen aus den Hochständen der vergangenen Jahrhunderte aus den Ortler Alpen (Zufallferner), der Tarentaise (Glacier de Lépenaz) oder dem Wallis (Glacier du Valsorey, Großer Aletschgletscher) bekannt. Der Große Aletschgletscher dämmt den Märjelensee allerdings in einem Nebental ab. Zwischen seinen Ausbrüchen zur Massa, früher gelegentlich über eine flache Schwelle zum Fiescher Tal, und Gletschervorstößen besteht nach O. Lütschg (1915) keine Beziehung, sie werden durch Wetterlagen gesteuert. Ebenfalls zu den Nebentalseen gehörten der Gurgler Eissee, der vom Gurgler Ferner/Ötztaler Alpen und der Senner-Egetentalsee in den Stubaier Alpen, der vom Übeltalferner abgedämmt wurde.

Auch von außereuropäischen Gebirgen liegen über katastrophale Stauseeausbrüche Berichte vor. Durch die großen Gletscher wurden im Karakorum Seen bis zu 100 m Tiefe aufgestaut. Sie haben wiederholt z. B. im Hunza-, Shyok- und Shaksgam-Tal zu gewaltigen Überflutungen geführt, die sich bis auf die Indusebene auswirkten. Nach Berechnungen von Ph. Visser (1938) flossen beim Hochwasser von 1929 1,475 Mrd m³ ab, wobei auch größere Eisberge, die grobe Felsblöcke umschlossen, in die Täler verfrachtet wurden. In Patagonien wurde durch den Morenogletscher mehrfach der Südarm des Lago Argentino überstaut, 1954/56 erstmals wieder seit 1899 über mehrere Jahre hinweg *(Tab. 69)*. G. J. Heinsheimer (1958) hat die hydrologischen Verhältnisse genauer untersucht. Das Stauvolumen betrug danach 1954/56 5,2 km³, 1951/52 und 1952/53, als der Canal de los Tempanos jeweils nur kurzfristig vom Morenogletscher blockiert war, erreichte es nicht einmal die Hälfte davon. Am 9. und 10. Oktober 1956 brach der Stausee aus.

Die bisher genannten Stauseeausbrüche sind kennzeichnend für Gletschervorstöße. Aber auch bei Rückzugsphasen können sich oberhalb des Endmoränenwalles, wenn er nur hinreichend dicht und von der Erosion noch nicht zerschnitten ist, Seen bilden. Bei erheblichem Schmelzwasseranfall kommt es gelegentlich zu Dammbrüchen, wobei ebenfalls in den betroffenen Tälern Schäden auftreten. Aus den Alpen sind nach R. v. Klebelsberg (1948) nur kleinere Ereignisse, z. B. am Modatsch- und Gallrutferner (Pitztal) bekannt. Ungleich verheerendere Wirkungen beschreibt H. Kinzl (1949, 1958) von der Cordillera

	1951/52	1952/53	1954/56
Staudauer in Tagen	221	199	792
überflutete Fläche in [km²]	181,3	181,3	200,0
Stauhöhe in [m]	11,90	12,85	26,00
Stauvolumen [m³ · 10⁹]	2,00	2,30	5,20
Durchschnittlicher Seespiegelanstieg in [cm/Tag]	5,4	6,46	3,28
Zunahme der Wassermenge [m³/s]	107,30	136,50	76,00

Tab. 69 Hydrographische Daten für den Stau am Südarm des Lago Argentino durch den Morenogletscher nach G. J. Heinsheimer (1958). -

Blanca, wo 1941 ein Drittel der Stadt Huaras im Santa-Tal zerstört wurde. Dabei waren etwa 5000 Tote zu beklagen.

Ganz anderen Charakter zeigt der Abfluß der *Wasserstubenausbrüche*. Unter Wasserstuben versteht man große, mit Wasser erfüllte Hohlräume im oder unter dem Gletscher. Nach R. v. Klebelsberg (1948) handelt es sich mehr um sub- als inglaziales Wasser. Als bekannteste Katastrophe dieser Art ist das Hochwasser, verbunden mit einem Gletschersturz, von St. Gervais (1892) an der Westseite des Mont Blanc zu nennen. Aus zwei durch Eistunnels verbundenen Hohlräumen im Glacier de Tête Rousse brachen rund 100 000 m³ Wasser aus, rissen Eis und Schutt mit sich und zerstörten das Dorf Bionnay und die Bäder von St. Gervay, wobei auch viele Menschen ums Leben kamen. 1894 und 1896 wiederholten sich die Ausbrüche. Seither ist der Abfluß durch Stollen geregelt. Auch aus dem Glacier des Bossons bei Chamonix flossen in Abständen von 4 bis 5 Jahren regelmäßig größere Wasseransammlungen ab. Beim Puntaiglas-Gletscher in der Tödigruppe (Vorderrheintal) stellte sich in der wärmsten Jahreszeit regelhaft eine Flutwelle ein. D. Richardson (1968) fand bei den Gletschern am Mount Rainier/Cascadengebirge ebenfalls erhebliche Hochwässer am Ende der Ablationsperiode (14. 10. 32, 24. 10. 34, 2. 10. 47, 25. 10. 55, 31. 10. 62), die zwar zusammen mit Regenfällen auftraten, aber durch die Niederschläge allein nicht erklärt werden können. Es muß eine zusätzlich ruckhafte Speisung aus dem Gletscherinneren oder vom Untergrund hinzu kommen.

Alle diese Beispiele lehren, daß für die Wasserstubenausbrüche bestimmte Voraussetzungen, nämlich geschlossene Hohlformen im oder unter dem Gletscher, vorhanden sein müssen, die sich im Ablauf einer kürzeren oder längeren Zeit mit Wasser füllen, und ferner, daß die Abdämmung nach einer Zeit zusammenbricht (Eisverschluß). Eine durch eine Felsschwelle abgeriegelte Hohlform würde zwar nach einiger Zeit überfließen, sich jedoch nicht voll entleeren. Für das Öffnen des Verschlusses muß man daher wohl Vorgänge im Eis (Schmelzen oder Bewegung) annehmen.

Gletscherläufe, Jökullhaups, sind dagegen auf Gebiete mit rezentem Vulkanismus beschränkt. Die Schmelzwärme wird hierbei durch vulkanische Prozesse geliefert. Bei einer Verstärkung der vulkanischen Aktivität, wie sie durch den Lavaausbruch aus dem Krater Grimsvötn 1934 belegt ist, flossen am Skudararjökull drei Tage lang 64000 m³/s ab, beim Myrdalsjökull sollen es 1918 sogar 200000 m³/s gewesen sein. Das entspricht etwa der Wasserführung des Amazonas an der Mündung. Auch von den Vulkangebieten in Spitzbergen, Alaska, Nordkamtschatka oder dem Cotopaxi in Ecuador sind nach R. v. Klebelsberg (1948) derartige Jökullhaups bekannt.

3.9.4. Gletscher und Wirtschaft

Nachdem in den voranstehenden Abschnitten auf Grundzüge unmittelbarer und mittelbarer Einflußnahmen von Gletschern auf Natur- und Kulturlandschaften hingewiesen wurde, soll abschließend kurz versucht werden, Aktivitäten der Menschen aufzuzeigen, sich das Gletscherreservoir für die Wirtschaftsräume nutzbar zu machen. Dies geschieht in vielfältiger Weise.

Wie gezeigt wurde, fällt während der Ablationsperiode jeweils eine große Schmelzwassermenge an, die in Verbindung mit einem hohen Nutzungsgefälle eine erhebliche Menge potentieller Energie vorstellt. Sie wird gegenwärtig, vor allem aber in den vergangenen 50 Jahren, in denen Gletscher in starkem Maße abschmolzen, noch weiter vermehrt durch die nunmehr freiwerdende langjährige Rücklage. Nach Berechnungen von O. Lanser (1959, 1963) beträgt der Anteil an zusätzlichem Schmelzwasser am Gesamtabfluß des Faggenbaches (Kaunertal, Pegel/Platz) 10,5 %, an der Rofener Ache bei Vent (Ötztal) 11,8 %, am Jambach bei Galtür (Paznaun) 6,7 %, selbst am Inn bei Innsbruck noch 4 %. Im Rahmen des ständig steigenden Energiebedarfs wurde die günstige Situation genutzt, und es entstanden zahlreiche Wasserkraftwerke, deren Speicher häufig in unmittelbarer Nachbarschaft der Gletscher liegen. Sie können hier nicht alle aufgeführt werden. Am Beispiel der Werksgruppe Obere Ill-Lünersee (Silvrettagruppe, Vorarlberg) der Illwerke AG soll aber die Landschaftsgestaltung, angeregt durch das Potential Gletscherabfluß, zumindest exemplarisch umrissen werden.

Seit den zwanziger Jahren unseres Jahrhunderts wurden die oberen Talschaften des Montafon und Paznaun sowie die hydrographischen Verhältnisse der gletschernahen Gebiete durch rege Bautätigkeit der Vorarlberger-Illwerke-AG erheblich verändert. Es entstand eine Kette von sieben Kraftwerken, von denen einige schon 1930 und 1943, die meisten aber erst nach 1950 in Betrieb genommen wurden, und das Pumpwerk Kleinvermunt *(Tab. 70)*.

Nach Angaben der Vorarlberger-Illwerke-AG beträgt (Tabelle 70) die Jahreserzeugung im Regeljahr bei voller Ausnutzung des Wälzbetriebes der Speicherpumpen 1641 Mio kWh, wovon 836 Mio kWh auf den Sommer, 805 Mio kWh auf den Winter entfallen. Für Spitzenkraftwerke dieser Art ist ferner entscheidend, daß durch eine Engpaßleistung im Turbinenbetrieb nach Einbau der dritten Maschine im Kopswerk von 844000 kW und im Pumpbetrieb eine Aufnahmeleistung von 273 000 kW vorhanden ist. Daraus errechnet sich für die überaus wichtige Frequenzhaltung im Netz eine Leistungsspanne von mehr als 1 Mio kW. Die hohe Leistungsinstallation mit sehr großer Energieproduktion wäre selbst bei den zum Teil beträchtlichen Rohfallhöhen von mehreren hundert Metern mit dem Wasserangebot im natürlichen Niederschlagsgebiet der Ill/Rheingebiet nicht möglich gewesen. Erst Beileitungen von Seitenbächen aus dem Illgebiet selbst, z. B. des Abfluß des Brandnergletschers zum Lünersee oder des Verbellbaches zum Speicher Kops, vor allem aber die Überleitungen aus dem Inngebiet *(s. Fig. 156)* schufen dazu die wasser-

Kraftwerk	Inbetriebnahme	Rohfallhöhe [m]	Ausbau Wassermenge Turbinen [m³/s]	Ausbau Wassermenge Pumpen [m³/s]	Nutzbarer Stauraum Mio [m³]	Gespeicherte Energie Mio [kWh]	Engpaßleistung bei Vollstau Turbinenbetrieb 1000 [kW]	Engpaßleistung bei Vollstau Pumpbetrieb 1000 [kW]	Jahreserzeugung Mio [kWh]	Pumpenenergie Mio [kWh]
Obervermuntwerk	1943	291	14	—	38,6	111,6	31	—	45	—
Vermuntwerk	1930	714	26	—	5,3	12,2	148	—	260	—
Pumpwerk Kleinvermunt	1968	—	—	2,3	—	—	—	4	—	10
Kopswerk	1969	780	37,5	—	43,5	107,5	245	—	392	—
Rifawerk	1969	34	30	30	0,7	—	9	9	8	13
Latschauwerk	1930	28	40	—	0,1	—	8	—	22	—
Rodundwerk	1943	353	60	20	1,0	—	173	40	543	64
Lünerseewerk	1958	947	32	28	78,3	225,2	230	220	371	541
Werkgruppe »Obere Ill-Lünersee«					167,5	456,5	844	273	1641	628

Tab. 70 Ausbau der Werksgruppe »Obere Ill-Lünersee« nach Vorarlberger Illwerke AG 1969.

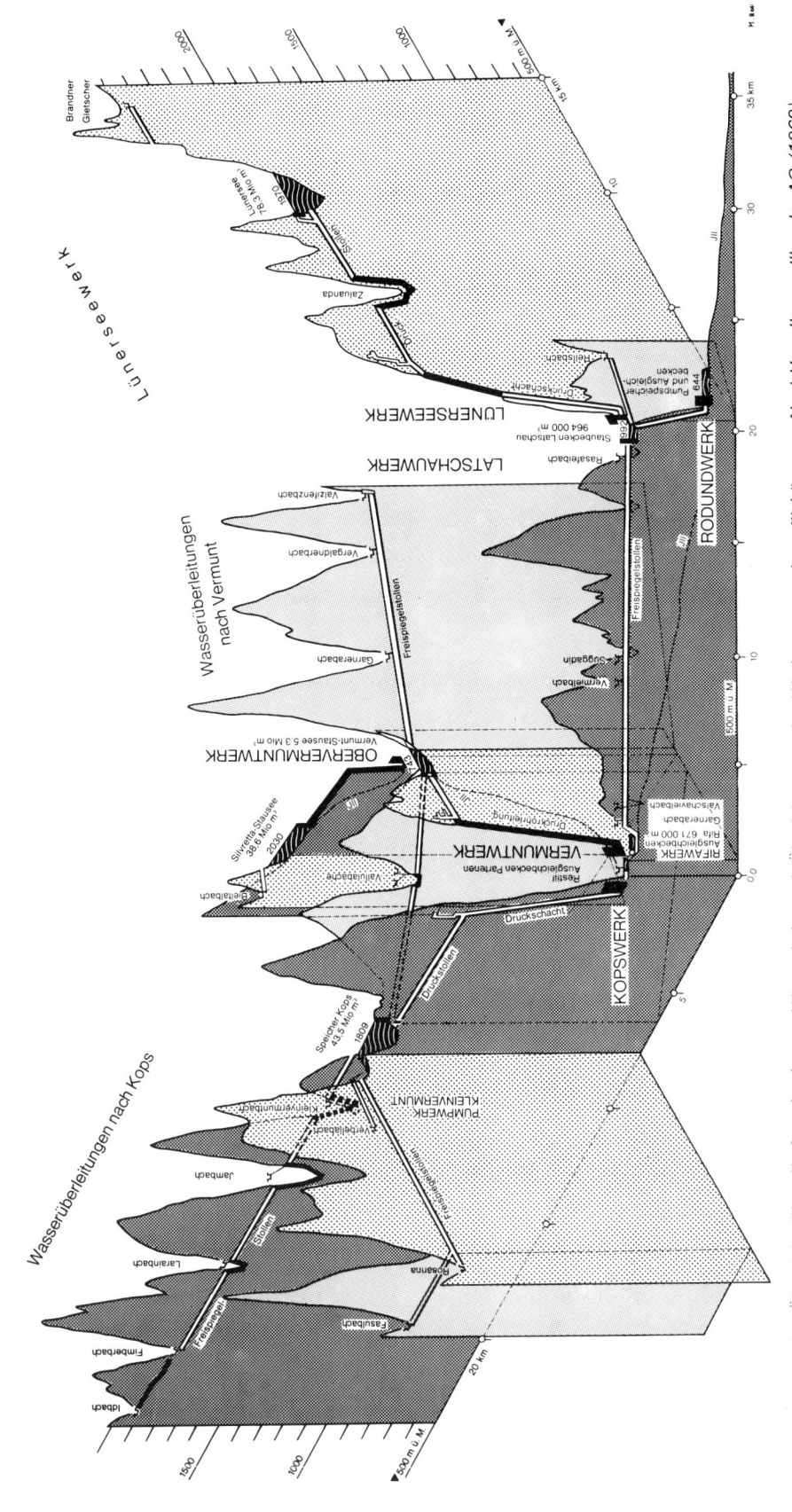

Fig. 156 Übersicht über Kraftwerkanlagen, Wasserbei- und Überleitungen der Werksgruppe obere Jll-Lünersee. Nach Vorarlberger Jllwerke AG (1969).

370 Gletscher und Inlandeise

Niederschlagsgebiet	Wassermengen in Mio [m³]			Einzugsgebiet [km²]
	Sommer	Winter	Jahr	
Natürliches Ill-Einzugsgebiet und Beileitungen				
Ill bis Silvrettastausee	57	6	63	35
Ill zwischen Silvretta- und Vermuntstausee	81	12	93	61
Vallülabäche, Beileitung zum Vermuntstausee	12	2	14	10
Natürlicher Zufluß Speicher Kops	8	2	10	8
Restillgebiet bis Staubecken Latschau	198	53	251	175
Abfluß Brandnergletscher/Beileitung	3	–	3	3
Natürlicher Zufluß Lünersee/Beileitung	10	2	12	9
Natürliches Niederschlagsgebiet Ill bis Partenen einschließlich Beileitungen	369	77	446	301
Überleitungen aus dem Inngebiet				
Bieltalbach	15	2	17	10
Idbach	8	2	10	7
Fimberbach	43	7	50	41
Larainbach	19	5	24	17
Jambach	50	8	58	35
Kleinvermuntbach	22	4	26	19
Rosanna	19	3	22	19
Fasulbach	16	3	19	16
Überleitungen aus dem Inngebiet insgesamt	192	34	216	164
Gesamtabfluß natürlich	561	111	672	465
Wasserabgabe an Ill am Rodundwerk	395	277	672	
Rücklagen in Speichern beziehungsweise Abgabe	−166	+166		

Tab. 71 Abflußmengen im Illgebiet und deren Änderungen durch wasserbautechnische Eingriffe (nach Vorarlberger Illwerke AG 1969).

wirtschaftlichen Voraussetzungen. Das natürliche Einzugsgebiet der Ill bis Partenen betrug 301 km². Durch Überleitung aus dem Innbereich (siehe Figur 156) von Id-, Fimber-, Larain-, Jam- und Kleinvermuntbach aus der Silvrettagruppe von Rosanna- und Fasulbach (Verwall) zum Speicher Kops, ferner des Bieltalbaches zum Silvrettastausee wurde es um 164 km², – das sind 54% –, auf 465 km² vergrößert. Der natürliche Jahresabfluß von 446 Mio m³ hat dadurch um 226 Mio m³ (51%) zugenommen. Die Bei- und Überleitungen erfassen ausschließlich Abflüsse vergletscherter Hochregionen. Auch der Abflußgang in den einzelnen Jahreszeiten wurde durch die Speicherwerke verändert *(Tab. 71)*. In den Sommermonaten, bei reichlichem Anfall von Schmelzwasser aus den winterlichen Schneerücklagen und aus Gletschereis, werden 166 Mio m³ in den Stauräumen gespeichert, die während der Wasserklemmen im Winter abgegeben werden. Damit verringert sich auch die unterschiedliche Wasserführung von Winter zu Sommer. Das Verhältnis Winter-/Sommerabfluß beträgt im natürlichen Zustand 1:5,1, es wird durch Speicherung auf 1:1,4 verringert.

Welche Bedeutung die Umgestaltung der Flußgebiete für die Stromerzeugung hat, ist daraus ersichtlich, daß von den 1641 Mio kWh nur 733 Mio kWh unmittelbar aus dem Abfluß des Illgebietes erzeugt werden, 667 Mio kWh stammen aus Überleitungen vom Inngebiet und 241 Mio kWh werden bei voller Ausnutzung der Langzeitwälzpumpspeicherung im Rodund- und Lünerseewerk gewonnen. Die erzeugte Energie wird über 110 bzw. 220 kV-Leitungen zum Umspannwerk Bürs bei Bludenz geleitet. Von dort wird sie entweder über eine 110 kV-Sammelschiene an die Österreichische Elektrizitätswirtschafts AG und das Land Tirol (Verbundgesellschaft) oder über 220 kV-Leitungen, die auch auf Betrieb mit 380 kV umgestellt werden können, zu den Exportabnehmern in die Bundesrepublik weitergegeben. Die Versorgung mit elektrischer Energie ist aber nur eine Fernwirkung, die auf die vergletscherte Hochregion der Gebirge zurückgeht.

Für die Durchführung der Baumaßnahmen war die Anlage von Straßen erforderlich, die heute der Öffentlichkeit gegen Entrichtung einer Mautgebühr zugänglich sind. Zu erwähnen sind hier die Silvretta-Hochalpenstraße, die Partenen mit Galtür über die Bieler Höhe (2030 m) verbindet, die Kopser Straße aus dem oberen Paznaun zum Speicher Kops in etwa 1800 m und die Straße Brand-Schattenlogant, die bis zur Talstation der Lünerseebahn in 1565 m führt. Zu dieser einspurigen Seilschwebebahn bis 1979 m kommen noch Vermuntbahn (Partenen-Tramier 1730 m), die Golmerbahn (Latschau-Golm 1890 m) sowie Schlepplifte. Durch das Hotel Silvrettasee ist nahe der Alpenvereinshütte Madlener Haus eine komfortable Unterkunft mit Restaurant entstanden, das auch gehobene Ansprüche voll erfüllt.

Durch diese Verbesserung der Infrastruktur wurde der Fremdenverkehr in der Hochregion stark belebt. In den Sommermonaten sind die reichlichen Parkplätze mit Omnibussen und PKWs überbelegt. Hier bieten sich einfache Gelegenheiten, durch einen Aufstieg zur Wiesbadener Hütte nicht nur das herrliche Hochgebirgspanorama zu genießen, sondern auch Gletscher mit gewaltigen durch Spalten zerrissenen Abbrüchen (Ochsentaler Gletscher) kennen zu lernen. Wie sehr diese Gelegenheit wahrgenommen wird, weiß jeder zu berichten, der in der Sommersaison einmal an schönen Tagen zur Wiesbadener Hütte kam. Die Anlage der Kraftwerkskette hat also in den betroffenen Talschaften Paznaun, vor allem aber Montafon, die Wirtschaft nicht nur durch Schaffung neuer Arbeitsplätze belebt, sondern auch durch den Fremdenverkehr gefördert. Dies ist ein Beispiel von zahlreichen ähnlichen aus den Alpen.

Aber nicht nur für die Energieproduktion, sondern auch für die Beseitigung von spaltbarem Material könnten zumindest großflächig zusammenhängende und mächtige Gletschereismassen, wie die Inlandeise der Antarktis oder Grönlands, eine gewisse Bedeutung erlangen. B. Philbert (1956, 1959a u. 1959b) schlägt z. B. vor, die radioaktiven Abfallsubstanzen aus der Energieerzeugung künftig durch Deponie in den großen Eiskappen der Erde zu beseitigen. Sie werden bisher unterirdisch oder submarin gelagert.

Da sich die Inlandeise, wie ausgeführt wurde, in den zentralen Teilen nur sehr langsam bewegen, sie zudem mehrere Kilometer dick sind, dauert es Jahrzehntausende, ja teils mehr als 100 000 Jahre, bis ein randfernes, oberflächlich abgelagertes Partikel wieder dem Wasserkreislauf zugeführt wird. Die anfallenden gefährlichen Spaltisotopen weisen dazu sehr kurze Halbwertzeiten auf. Sie betragen bei ^{151}Sm (Samarium) rund 100 Jahre, für ^{90}Sr (Strontium) und ^{137}Cs (Caesium) jeweils rund 30 Jahre. Von dem in geringen Mengen anfallenden ^{151}Sm wären somit nach 2000 Jahren nur mehr 10^{-12}, von ^{90}Sr und ^{137}Cs in der gleichen Zeit sogar nur 10^{-18} der Ausgangskonzentration vorhanden. Die übrigen Isotope mit viel kürzeren Halbwertszeiten würden schon in 500 bis 1000 Jahren ungefährlich. Die Lagerungszeit in den großen Inlandeisen würde also voll ausreichen, um die spaltbaren Isotope soweit abzubauen, daß sie keine Gefahr mehr vorstellen. Ferner erweist sich als günstig, daß in diesen Gebieten so tiefe Temperaturen im Firn und Eis vorherrschen, daß auch aus undichten Behältern Substanzen durch Schmelzwasser nicht abtransportiert werden können. Der radioaktive Abfall soll durch Flugzeuge in geeigneten Bomben über den Inlandeisen abgeworfen werden, so daß sie primär durch den Aufschlag schon in einer Tiefe von ca 10 m zur Ruhe kommen.

Nach B. Philbert (1959) bildet allerdings die beim Abbau der Isotopen auftretende Wärme einen Faktor, der berücksichtigt werden muß. Er berechnet, daß sich bei einem Weltenergieaufkommen durch Kernspaltung von rund 10^{12} Watt Nutzleistung im Jahre 2000 ein Gleichgewichtswert in den Abfalldeponien aus laufendem Zerfall und Neuablagerung bei $4 \cdot 10^{12}$ Curie mit einer Wärmeentwicklung von $5 \cdot 10^9$ cal/s einstellen wird. »Dieser gewaltige Wärmeanfall muß bei der Abfallbeseitigung beherrscht werden« (B. Philbert 1959, S. 117). Die Bomben dürfen sich nicht so erwärmen, daß das Eis zum Schmelzen kommt und sie damit die ganze Mächtigkeit durchsinken. Ihr Inhalt muß also »verdünnt« und die Behälter müssen über eine größere Fläche gestreut werden. Unter der Annahme, daß die spezifische Wärmeleitfähigkeit des Firns nicht kleiner als 0,002 cal/cm·s· Grad ist, reicht bei einer Wärmeentwicklung von $5 \cdot 10^9$ cal/s eine Fläche von 30 000 km^2 aus. In einer 20 m dicken Eisschicht dieser Fläche mit einer Ausgangstemperatur von $-20\,°C$ könnte für eine Zeitspanne von 30 Jahren die gesamte Wärmemenge gespeichert werden, wobei sich das Eis auf etwa $-2\,°C$ erwärmen würde. Durch die jährlichen Niederschläge würde nach seiner Auffassung eine zusätzliche Sicherheitsgarantie gegeben werden.

Die Beseitigung von radioaktivem Müll wird künftig ein vordringliches Problem werden. Die angedeutete Lösung scheint auf den ersten Blick auch ein gangbarer Weg. Ehe er aber beschritten wird, soll gut überlegt werden, ob man die bedeutendsten reinen Süßwasservorräte der Erde (83 % s. S. 319) derart belasten darf! Vorsorglich wurden deshalb schon im Antarktikvertrag vom 1. Dezember 1959 in Artikel V, Satz 1 Kernexplosionen in der Antarktis und die Ablagerung von radioaktiven Abfallmaterial untersagt. Bereits gegenwärtig werden Pläne erarbeitet *(US-Tagespresse 1972)*, weite Teile Kaliforniens mit Süßwasser aus der Antarktis zu versorgen.

Der Gedanke, die großen Eisvorräte der Polargebiete wirtschaftlich zu nutzen, ist nicht neu. Schon im Winter 1853/54 brachte ein Schiff Gletschereis aus Alaska nach San Franzisko (E. L. Keithahn 1967), und in den Jahren zwischen 1890 und 1900 wurden kleinere Eisberge vor der Küste Südchiles (45° S) bis nach Valparaiso, sogar nach Callao über eine Entfernung von 3 900 km geschleppt (W. F. Weeks u. W. J. Cambell 1973). Eine Ausbeutung der polaren Eismassen z. B. für die Bereitstellung von Bewässerungswasser in den Trockengebieten in großem Umfange setzt aber voraus, daß man sich über die technischen Möglichkeiten und die Wirtschaftlichkeit eines derartigen Unternehmens zunächst

Rechenschaft ablegt. W. F. Weeks u. W. J. Campbell (1973) haben dazu erste, nach ihren eigenen Ausführungen noch grobe Abschätzungen durchgeführt.

Als Eisreservoir kommt danach ausschließlich die Antarktis in Betracht, da nur dort zugänglich große Tafeleisberge, die sich für ein Abschleppen eignen, vorkommen. Tafeleisberge sind das Produkt kalbender Eisschelfe. Der Amery-Eisschelf liegt relativ günstig zu Australien, der Ross-Eisschelf zu Südamerika, und vom Filchner-Eisschelf aus könnten Gebiete der Namib in Südwestafrika versorgt werden. In der Arktis dagegen treiben Tafeleisberge, die vom Ward-Hunt-Eisschelf abgebrochen sind, im Packeis der Beaufortsee. Sie sind damit für die Schiffahrt nicht zugänglich. Eisberge von kalbenden Gletschern sind für ein Abschleppen ungeeignet, da sie im Regelfalle als Masse zu gering sind, außerdem durch Kentern erhebliche Schwierigkeiten auftreten würden.

In der Antarktis sind Tafeleisberge bei einer durchschnittlichen Mächtigkeit von 250 m in allen Größenordnungen der horizontalen Erstreckung vorhanden. Mit Hilfe von ERTS-Satellitenaufnahmen, die ein hohes Auflösevermögen besitzen, ist das Auffinden von geeigneten Eisbergansammlungen erleichtert.

Bei den großen Entfernungen vom Amery-Eisschelf nach Australien (ca 6900 km) und vom Ross-Eisschelf zur Atacama (ca 9000 km) tritt in Abhängigkeit von der Schleppzeit ein beträchtlicher Schmelzverlust auf. Da der Schleppwiderstand mit dem Quadrat der Geschwindigkeit wächst, muß die Schleppgeschwindigkeit selbst bei sehr starken Schiffen unter einem Knoten liegen. Daraus errechnen sich Fahrtzeiten von 100 bis 150 Tagen, um die Entfernungen zwischen den genannten Gebieten zurückzulegen. Ein Tafeleisberg mit den Maßen 55 m · 220 m · 250 m würde in dieser Zeit völlig schmelzen. Nur wesentlich größere Eisberge können deshalb sinnvoll aus der Antarktis zu den Wassermangelgebieten geschleppt werden. Bei hinreichenden Dimensionen wird am Endziel mehr, zum Teil erheblich mehr als die Hälfte der Ausgangsmasse am Bestimmungsort ankommen. Eine Überschlagsberechnung der Rentabilität zeigt, daß bei den gegenwärtigen Möglichkeiten der Kubikmeterpreis für Wasser (als Eis aus der Antarktis geliefert) bei 0,30 Pfennig in Westaustralien, 0,44 Pfennig in Südamerika (Atacama) betragen würde. Der Wasserpreis wäre damit niedriger als gegenwärtig, vor allem was die Wassergewinnung durch Entsalzung von Meerwasser betrifft (Kubikmeterpreis ca 44 Pfennige).

W. F. Weeks und W. J. Campbell (1973) haben in ihrem Beitrag ein sehr schwieriges, vielschichtiges Problem angeschnitten. Sie erkennen, daß eine Wasserversorgung von Trockengebieten der Südhemisphäre durch Eis aus den Randgebieten der Antarktis wirtschaftlich möglich ist und empfehlen, durch Expertengruppen das Projekt weiter ausarbeiten zu lassen.

Gletscherschmelzwasser spielt auch in der Landwirtschaft für die Bewässerung eine nicht unerhebliche Rolle. Schon seit vielen Jahrhunderten werden in den relativ trockenen inneralpinen Tälern, z. B. Wallis, Engadin, Vintschgau, die Gletscherabflüsse nahe dem Zungenende gefaßt, und das Wasser wird in kunstvoll zum Teil hangparallel geführten Leitungen (Wasserfuhren, Bissen), die in Aquädukten auch kleinere Täler überspannen, auf die Felder geleitet. Gelegentlich sind an den Fassungen Holzkästen als Sandfang eingebaut, um die Äcker und vor allem auch Wiesen vor Überschüttungen zu schützen. Nach H. Kinzl (1943) bemißt sich die mittlere Länge solcher Wasserfuhren in den Alpen auf 5 bis 10 km, die der Bisse von Saxon im Wallis beträgt sogar 26 km. Die Wasserführung kann 50 bis 100 l/s erreichen. Die Abflußspende der Gletscher ist für die Bewässerung von so großem Wert, weil sie gerade dann, wenn alle übrigen Gewässer mangels Niederschlag versiegen, besonders hoch ist.

Ein anschauliches Beispiel für die Bedeutung des Gletscherschmelzwassers für die agrare Nutzung zeigt H. Kinzl (1943) am Santa-Tal in den peruanischen Anden, wo sich auf Seite der Cordillera Blanca mit ihrem Schmelzwasseranfall reiche Bewässerungsfluren finden, die auf der gegenüberliegenden Flanke an der Cordillera Negra viel seltener sind. Das Santa-Tal könnte ohne Bewässerung aus Gletscherschmelzwasser nicht einmal die Hälfte der heute dort lebenden Bevölkerung ernähren. Auch die Kulturflächen im westlichen Puebla/Mexico erhalten in dem Trockenraum das erforderliche Bewässerungswasser von Gletschern der Vulkane Popocatépetl und des Ixtaccíhuatl (H. G. Gierloff-Emden 1970). Für den Karakorum zeigt H. J. Schneider (1969) den Unterschied in den landwirtschaftlichen Nutzungsmöglichkeiten in Abhängigkeit von der Vergletscherung. Die Bewässerungsoase Pisan-Minapin auf den Terrassenflächen des Haupttales im Hunza-Nagar-Gebiet bezieht ihr Wasser über Zuleitungen, deren Fassungen unmittelbar an den Gletscherzungen der Rakaposchi-Kette gelegen sind. Bereits kleine Gletscherschwankungen können so arge Störungen in den Anlagen bewirken. Durch diese Wasserspende ist es aber möglich, die gesamte vom Relief her geeignete Ackerfläche auch zu nutzen. Die Siedlung Hindi dagegen, vor dem gletscherfreien Hachindarkamm gelegen, kann aus Wassermangel bestenfalls 60% des verfügbaren Areals bestellen. Auch die teilweise hohe Bevölkerungsdichte in Ladakh, in einem sonst menschenarmen Trockenraum, jenseits der Himalayahauptkette, ist nach H. Uhlig (1962) neben sozialgeographischen Ursachen mit durch Bewässerung über gefaßte Gletscherabflüsse zu erklären.

Im Rahmen kulturtechnischer Maßnahmen beschränkt man sich nicht allein auf das natürlich anfallende Gletscherschmelzwasser, sondern es wird auch versucht, durch Eingriffe den Abfluß zu steuern. Besonders wichtig ist dies in hochkontinentalen Trockengebieten, wo die Gletscherschmelzwässer wie z.B. im Tienschan und Kuenlun rund 50 bis 70% des Oberflächenabflusses ausmachen. Nach Mitteilungen von M. Freeberne (1965) wurden vom 10. 5. bis 12. 6. 1959 an 19 Tienschangletschern großangelegte Versuche durchgeführt, um durch feinverteilte Auflage von Kohlenstaub (Verringerung der Albedo) und Ziehen von Gräben in der Eisoberfläche (Vergrößerung der Oberfläche) zusätzliches Schmelzwasser zu gewinnen. In der Tat vermehrte sich der Abfluß um 12,5 Mio m^3. 1960 wurden 70 t Kohlenstaub von Flugzeugen auf Gletscheroberflächen gestreut, wobei der Abfluß um 1,25 Mio m^3 stieg. Daraus errechnet sich pro Tonne Kohle ein zusätzlicher Schmelzwasseranfall von 18 000 m^3. In Sinkiang konnte durch Überwindung der Frühjahrstrockenheit die landwirtschaftliche Nutzfläche von 10 000 km^2 1949 auf 28 000 km^2 1964 vergrößert werden. Das hatte zur Folge, daß trotz einer Bevölkerungszunahme von rund 4 Mio Menschen in der gleichen Zeit das Gebiet, in dem vorher Getreideeinfuhren erforderlich waren, nunmehr in der Ernährung autark ist.

Vor der Zeit, in der man Eis künstlich für Kühlzwecke erzeugen konnte, wurde dafür auch Gletschereis verwendet. R. v. Klebelsberg (1948) berichtet, daß am Unteren Grindelwaldgletscher in einem richtigen Bergwerksbetrieb täglich bis zu 600 kubische Blöcke zu je 75 kg gebrochen wurden, die über eine eigens erbaute Rollbahn abtransportiert wurden. Bis Interlaken betrug der Gewichtsverlust rund 25 kg. Andere Beispiele aus den Alpen finden sich am Glacier du Trient bei Martigny oder bei den Gletschern an den Diablerets im Kanton Waadt. Für Brauereien in Mexico wurden früher am Ixtaccíhuatl von den »Neveros« ebenfalls 50 kg schwere Eisblöcke geschlagen, die als Strahlungsschutz mit Gras umwickelt auf Maultieren abtransportiert wurden. E. Böse u. E. Ordonez (1901) berechneten die Jahresproduktion auf 2700 t Eis und führten darauf zum Teil den Gletscherrückgang zurück. Auch Lima erhielt sein Kühleis bis zur Einführung von Kühlmaschinen von Gletschern, das durch die »heladeros« gebrochen wurde. Das Eismonopol, das in Pacht vergeben war, war eine wichtige Einnahme der Krone. H. Kinzl (1943) berichtet, daß nach dem Erdbeben von 1746 eine der ersten Verfügungen des Vizekönigs die Wiederaufnahme der Eisversorgung betraf. Der mittlere tägliche Eisbedarf in Lima belief sich Mitte des 19. Jahrhunderts auf 50 bis 55 Zentner. Die 50·40·20 cm messenden, sehr sorgfältig bearbeiteten Eisblöcke wurden auch hier mit Ichugras als Verdunstungsschutz umwickelt. Noch 1936 bezahlte man am Endpunkt der Eisenbahn in Huallanca 20 bis 25 Pfennig für einen solchen Block.

In vielen Trockenräumen der Erde mit Vergletscherungsanteilen in Hochlagen wird die Gletscherschmelze auch für einfache Trinkwasserversorgung genommen. Größere Anlagen sind für Mexico City geplant, wo von den Abflüssen der Gletscher des Ixtaccíhuatl und Popocatépetl 1,5 bis 2 m³/s für die Wasserversorgung abgezweigt werden sollen (H. G. Gierloff-Emden 1970). Auf die Pläne, antarktisches Eis in die Wassernotstandsgebiete im Südwesten der USA zu bringen, wurde bereits hingewiesen.

Seitdem Teile der vergletscherten Hochgebirge der Erde durch den Verkehr erschlossen wurden, sei es durch Straßen, ausgebaute Bergpfade, Luftseilbahnen oder Skilifte, sind die Gletscher in zunehmendem Maße Anziehungspunkte für den Massentourismus mit all seinen positiven aber auch negativen Folgeerscheinungen geworden. Am Beispiel der Silvretta wurde im Zusammenhang mit der Verbesserung der Infrastruktur durch den Kraftwerkbau schon darauf hingewiesen. Am Rhonegletscher führt unmittelbar die Furkapaßstraße vorbei. Auf den unter schwierigen Bedingungen angelegten Parkplätzen stehen in den Sommermonaten enggedrängt PKWs und Omnibusse, und in die Gletscherfront ist ein Stollen getrieben, den die zahlreichen Besucher gegen Eintrittsgeld betreten dürfen, um auch den inneren Aufbau randnaher Gletscherpartien kennenzulernen. Die Gletscherwelt Zermatts und am Mont Blanc ist durch Zahnrad- und Luftseilbahnen gut erschlossen. Seit einigen Jahren wird in diesen Regionen auch Sommerskilauf von einem breiteren Publikum, z. B. am Theodulpaß, betrieben. Auch im nordamerikanischen Felsengebirge sind vergletscherte Gebiete in Montana, Alberta und British Columbia durch die Anlage von National Parks mit Straßen, Wegen und Unterkünften erschlossen. Eines der beliebten Ausflugsziele im Staate Washington ist der Mount Rainier National Park, wo von vier Besucherzentren aus Wanderungen zu den Gletschern, auch Bergtouren auf dem Eis unternommen werden können. Es stehen dafür wohlausgebildete Führer zur Verfügung, ja selbst Bergausrüstung kann in beschränktem Umfange geliehen werden.

Die Gletscher der Hochgebirge haben damit den Schrecken, den sie in früheren Jahrhunderten verbreiteten, verloren, sie sind nicht mehr dem bergerfahrenen Wanderer allein vorbehalten, sondern an zahlreichen Stellen auch für den Massentourismus zugänglich. Er stellt aber nicht nur in den Hochlagen sondern vornehmlich in den Tälern höhere Anforderungen an Unterkunft und das Dienstleistungsgewerbe.

Die kurzen Ausführungen im letzten Abschnitt über die Auswirkungen der Gletscher auf das Wirtschaftsleben der betroffenen Räume sollten andeuten, daß sich eine Geographie der Gletscher nicht allein auf die physisch-geographischen Tatbestände beschränken darf, sondern daß auch eine sozialgeographische Betrachtung erforderlich ist. Diese hat die Aufgabe zu zeigen, wie das natürliche Potential »Gletscher« unter gegebenen Umständen genützt werden kann, in welchem Maße es landschaftsgestaltend wirkt und welche sozialgeographischen Prozesse für diesen Wandel entscheidend sind. Darüber liegen bisher nur wenige Arbeiten vor.

Schrifttum

Das nachfolgend aufgeführte Schrifttum ist durchweg als Beleg im Text zitiert. Es soll dem Leser dieses Buches zugleich Hilfe und Wegweiser zum Auffinden der Spezialliteratur für ein vertieftes Studium sein.

Bei der Fülle des glaziologischen Schrifttums ist es in einem Lehrbuch nicht mehr möglich eine vollständige Bibliographie zu geben. Für die Zeit vor dem Zweiten Weltkrieg finden sich ausführliche Literaturangaben bei E. v. Drygalski u. F. Machatschek (1942) und R. v. Klebelsberg (1948). Einen sehr umfangreichen bibliographischen Teil enthält auch das Werk von J. K. Charlesworth (1957). Seit 1947 sind ferner in jedem Heft des Journal of Glaciology Neuerscheinungen auf dem Gebiet der Glaziologie sehr vollständig zusammengestellt. Diese Bibliographie umfaßt folgende Teilgebiete: Kongreßberichte; allgemeine Glaziologie; glaziologische Instrumente und Methoden; Physik des Eises; Landeis, Gletscher und Eisschelfe; Eisberge, Meeres-, Fluß- und See-Eis; Glazialgeologie; Frostwirkungen in Fels und Boden; gefrorener Grund und Permafrost; meteorologische und klimatologische Glaziologie; Schnee. Ein Autorenregister für die glaziologische Literatur in jedem Band erleichtert das Auffinden der Zitate.

Einige häufiger gebrauchte Abkürzungen sind nachstehend zusammengestellt.

Abh. d. Geogr. Inst. d. Freien Univ. Berlin	Abhandlungen des Geographischen Instituts der Freien Universität Berlin
Amer. Geogr. Soc. Res. Ser.	American Geographical Society Research Serie
Amer. J. of Sci.	American Journal of Science
Ann. d. Meteorol.	Annalen der Meteorologie
Ann. of the IGY	Annals of the International Geophysical Year
Arch. f. Meteorol., Geophys. u. Biokl.	Archiv für Meteorologie, Geophysik und Bioklimatologie
Beitr. z. Hydrogr. Österreichs	Beiträge zur Hydrographie Österreichs
Ber. d. Dt. Wetterdienstes	Berichte des Deutschen Wetterdienstes in der US-Zone
Bull. Amer. Assoc. Petrol. Geol.	Bulletin of the American Association of Petrology and Geology
Bull. Geol. Soc. of Amer.	Bulletin of the Geological Society of America
Bull. IASH	Bulletin of the International Association of Scientific Hydrology
Coll. Geogr.	Colloquium Geographicum
Dt. Hydrogr. Z.	Deutsche Hydrographische Zeitschrift
Frankf. Geogr. H.	Frankfurter Geographische Hefte
Geogr. Abh.	Geographische Abhandlungen
Geogr. Annaler	Geografiska Annaler

378 Schrifttum

Geogr. Bull	Geographical Bulletin
Geogr. Helv.	Geographica Helvetica
Geogr. J.	Geographical Journal
Geogr. Mag.	Geographical Magazine
Geogr. Rev.	Geographical Revue
Geogr. Z.	Geographische Zeitschrift
Gerl. Beitr. z. Geophys. Suppl. Bd.	Gerlands Beiträge zur Geophysik Supplementband
Geologiska Fören. Förhandl.	Geologiska Föreningens Förhandlingar
Geol. Mag.	Geological Magazine
Geol. Rdsch.	Geologische Rundschau
IASH Publ. Nr.	International Association of Scientific Hydrology Publication Number
Jb. d. DÖAV	Jahrbuch des Deutschen und Österreichischen Alpenvereins
J. of Geol.	Journal of Geology
J. Geol. Soc. of Australia	Journal of the Geological Society of Australia
Jap. J. of Geol. and Geophys.	Japenese Journal of Geology and Geophysics
J. of Geophys. Res.	Journal of Geophysical Research
J. Gl.	The Journal of Glaciology
Med. Dansk. geol. Fören.	Meddelanden fra de Danske geologiske Föreningens
Meteorol. Rdsch.	Meteorologische Rundschau
Meteorol. Z.	Meteorologische Zeitschrift
Mitt. d. DÖAV	Mitteilungen des Deutschen und Österreichischen Alpenvereins
Monthley Not. Roy. Astr. Soc.	Monthley Notes of the Royal Astronomical Society
Münchener Geogr. Abh.	Münchener Geographische Abhandlungen
Nat. Wiss.	Die Naturwissenschaften
N. Jb. f. Geol. u. Paläontol. Beil.	Neues Jahrbuch für Geologie und Paläontologie Beilageband
Pet. Mitt.	Petermanns Geographische Mitteilungen
Pet. Mitt. Erg. H.	Petermanns Geographische Mitteilungen Ergänzungshefte
Phil. Mag.	Philosophical Magazine
Proc. Cambridge Phil. Soc.	Proceedings of the Cambridge Philosophical Society
Proc. Roy. Geogr. Soc.	Proceedings of the Royal Geographical Society
Proc. Roy. Soc.	Proceedings of the Royal Society
Rev. Géogr. Alpine	Revue de Géographie Alpine
Rev. Géogr. des Pyrén. et du Sud-Ouest	Revue de Géographie des Pyrénées et du Sud-Ouest
Schr. d. Geogr. Inst. d. Univ. Kiel	Schriften des Geographischen Instituts der Universität Kiel
Science J.	Science Journal
Sver. Geol. Und.	Sveriges Geologiska Undersöknings

Umsch. in Wiss. u. Techn.	Umschau in Wissenschaft und Technik
USDA	United States Department of Agriculture
US Geol. Surv. Profess. Paper	United States Geological Survey Professional Papers
Verh. d. Mus. Ferd.	Verhandlungen des Museum Ferdinandeum
Wiss. Veröff. d. DÖAV	Wissenschaftliche Veröffentlichungen des Deutschen und Österreichischen Alpenvereins
Würzburger Geogr. Arb.	Würzburger Geographische Arbeiten
Z. Dt. Geol. Ges.	Zeitschrift der Deutschen Geologischen Gesellschaft
Z. DÖAV	Zeitschrift des Deutschen und Österreichischen Alpenvereins
Z. DÖAV Wiss. Erg. H.	Zeitschrift des Deutschen und Österreichischen Alpenvereins Wissenschaftliche Ergänzungshefte
Z. f. Geom. Suppl. Bd.	Zeitschrift für Geomorphologie Supplementband
Z. f. Glkd.	Zeitschrift für Gletscherkunde
Z. f. Glkd. u. Glazialgeol.	Zeitschrift für Gletscherkunde und Glazialgeologie
Z. f. Meteorol.	Zeitschrift für Meteorologie

1.1. Gesamtdarstellungen der Schnee- und Gletscherkunde

AGASSIZ, L. 1840: Etudes sur les glaciers. Solothurn.

AGASSIZ, L. 1847: Nouvelles études et expériences sur les glaciers actuels, leur structure, leur progression et leur action physique sur le sol. Paris.

ARMSTRONG, T.E. u.a. 1966: Illustrated glossary of snow and ice. Scott Polar Res. Inst. spec. Publ. Nr. 4.

BUDD, W.F. 1969: The dynamics of ice masses. ANARE Scient. Rep. Ser. A (IV). Glaciology. Publ. Nr. 108.

BUDD, W.F. u. RADOCK, U. 1971: Glaciers and other large ice masses. Rep. on Progress in Physics 34/1, S. 1–70.

CHARLESWORTH, J.K. 1957: The quarternary era, with special reference to its glaciation. 2 Bände, London.

CHURCH, J.H. 1942: Snow and snow surveying, ice. In: Meinzer, O.E. (Hrsg.): Hydrology. S. 83–148, New York.

CORBEL, J. 1962: Neiges et glaciers. Paris.

DEMERS, J. (Hrsg.) 1970: Glaciers. Ottawa.

DRYGALSKI, E.v. u. MACHATSCHEK, F. 1942: Gletscherkunde. Enzyklopädie d. Erdkunde, Wien.

DYSON, J.L. 1962: The world of ice. New York.

FLAIG, W. 1958: Das Gletscherbuch. Leipzig.

FLINT, R.F. 1971: Glacial and quarternary geology. New York.

HEIM, A. 1885: Handbuch der Gletscherkunde. Stuttgart.

HESS, H. 1904: Die Gletscher. Braunschweig.

HESS, H. 1930: Die Physik der Gletscher. In: HB der Physik von Müller-Pouillet, 11. Aufl.

HOBBS, W.H. 1911: Characteristics of existing glaciers. New York.

HUBER, W. 1867: Les glaciers. Paris.

JAHN, A. 1971: Lód i zlodowacenia (ice and glaciations). Warschau.

KALESNIK, S.V. 1963: Ocherki glyatsiologii (survey of glaciology). Moskau.

KLEBELSBERG, R.v. 1948: Handbuch der Gletscherkunde und Glazialgeologie. 2 Bände, Innsbruck.

KOECHLIN, R. 1944: Les glaciers et leur mécanisme. Lausanne.

LLIBOUTRY, L. 1964, 1965: Traité de glaciologie. 2 Bände, Paris.

LLIBOUTRY, L. 1971: Physique des glaciers. In: Goquel: Géophysique. Paris.

MATTHES, F. E. 1942: Glaciers. In: Meinzer, O. E. (Hrsg.): Hydrology. S. 149–219, New York.

MOUSSON, A. 1854: Die Gletscher der Jetztzeit. Zürich.

PATERSON, W. S. B. 1969: The physics of glaciers. Oxford, London, Edinburgh, New York, Toronto.

PEGUY, C. P. 1952: La neige. Que sais-je? Paris.

REINWARTH, O. u. STÄBLEIN, G. 1972: Die Kryosphäre. Das Eis der Erde und seine Untersuchung. Würzburger Geogr. Arb. H. 36, Würzburg.

ROBIN, G. Q. DE, 1967: Glaciology. Ann. of the IGY, 1957/58, Vol. 41.

ROMANOVSKY, V. u. CAILLEUX, A. 1953: La glace et les glaciers. Que sais-je? Paris.

SHARP, R. P. 1960: Glaciers. University of Oregon Press, Eugene.

SCHUMSKII, P. A. 1955 (1964): Osnovy strukturnovo ledovedenija. Akad. Nauk. SSR, Moskau. Englische Übersetzung: Principles of structural glaciology. New York.

TRICART, J. u. CAILLEUX, A. 1954: Cours de géomorphologie. Teil 2, Band I/2: Le modelé glaciaire et nival. Paris.

TYNDALL, J. 1876: Les glaciers et les transformation de l'eau. Paris.

TYNDALL, J. 1898: Die Gletscher der Alpen. Braunschweig.

WOLDSTEDT, P. 1954: Das Eiszeitalter. Band 1: Die allgemeinen Erscheinungen des Eiszeitalters. Stuttgart.

1.2. Geschichte der Gletscherkunde

AGASSIZ, L. 1841: Untersuchungen über die Gletscher. Solothurn.

BESSON, H. 1780: Discours sur l'histoire naturelle de la Suisse. In: Labordes, J. B.: Tableaux topographiques de la Suisse. Paris.

BLÜMCKE, A. u. HESS, H. 1899: Untersuchungen am Hintereisferner. Z.D.Ö.A.V. Wiss. Erg. H. Bd. 1, H. 2, München.

BORDIER, A.C. 1773: Voyage pittoresque aux glacières de Savoye 1772. Genf.

BUCHER, E. 1948: The Weissfluhjoch Research Institute. J. Gl. Bd. 1, Nr. 3, S. 134–139.

BURGKLEHNER, M. 1619: Vom Gericht Castellbell, Tal Schnals und großen Ferner daselbst. »Tiroler Adler«, Innsbruck.

CHAPMAN, S. 1959: year of discovery. Toronto.

CHARPENTIER, J. DE 1841: Essai sur les glaciers et sur le terrain erratique du bassin du Rhône. Lausanne.

DOBROWOLSKI, A. B. 1923: Historia Naturalna Lodu. Inst. Mianowski, Warschau.

FINSTERWALDER, R. 1929: Das Expeditionsgebiet im Pamir. Z.D.Ö.A.V. Bd. 60, S. 143–156.

FINSTERWALDER, R. 1937: Die Gletscher des Nangaparbat. Z. f. Glkd. Bd. 25, S. 57–108.

FINSTERWALDER, S. 1897: Der Vernagtferner. Z.D.Ö.A.V. Wiss. Erg. H. Bd. 1, H. 1, Graz.

FINSTERWALDER, S. 1911: Geschwindigkeitsmessungen in kartographisch unerforschten Gletschergebieten. Z. f. Glkd. Bd. 5, S. 222–223.

GERRARD, J. A. F. u. a. 1952: Measurement of the velocity distribution along a vertical line through a glacier. Proc. of the Royal Soc. Ser. A, Vol. 213, S. 548.

GRUNER, G. S. 1760: Die Eisgebirge des Schweizerlandes. 3 Teile, Bern.

HATHERTON, T. (Hrsg.). 1965: Antarctica. London.

HOFMANN, W. 1964: Die geodätische Lagemessung über das grönländische Inlandeis der internationalen glaziologischen Grönlandexpedition (EGIG) 1959. EGIG 1957–1960, Bd. 2, Nr. 4, Kopenhagen.

HOINKES, H. 1961: Die Antarktis im Internationalen Geophysikalischen Jahr. Berge der Welt, Bd. 13, S. 177–236.

HUGI, F. J. 1842: Über das Wesen der Gletscher und Winterreise in das Eismeer. Stuttgart u. Tübingen.

KLEBELSBERG, R. v. 1948: Handbuch der Gletscherkunde und Glazialgeologie. Band 1, Innsbruck.

KUHN, B. F. 1787: Versuch über den Mechanismus der Gletscher. A. Höpfners Magazin für die Naturkunde Helvetiens, Bd. 1, S. 119–136.

LAGALLY, M. 1930: Die Zähigkeit des Gletscher-

eises und die Tiefe der Gletscher. Z. f. Glkd. Bd. 18, S. 1–8.
LUC, J. A. DE, 1774: Glacières de Grindelwald. Remarques sur ce phénomène des Alpes. Lettres sur quelques parties de la Suisse et sur le climat d'Hieres X. La Haye.
MOTHES, H. u. BROCKAMP, B. 1931: Seismische Untersuchungen am Pasterzenkees. Z. f. Glkd. Bd. 19, S. 1–17.
MOTHES, H. 1926: Dickenmessungen von Gletschereis mit seismischen Methoden. Geol. Rdsch. Bd. 17, H. g, S. 397–400.
MÜNSTER, S. 1544: Cosmographia universalis, Basel.
NYE, J. F. 1951: The flow of glaciers and ice-sheets as a problem in plasticity. Proc. of the Royal Soc., Ser. A. Bd. 207, S. 554–572.
NYE, J. F. 1952: The mechanics of glacier flow. J. Gl. Bd. 2, Nr. 12, S. 82–93.
OROWAN, E. 1948: Joint meeting of the British Glaciological Society, the British rheologists club and the Institute of Metals. J. Gl. Bd. 1, Nr. 5, S. 231–240.
PAULCKE, W. 1938: Praktische Schnee- und Lawinenkunde. Verständliche Wissenschaft, Bd. 38, Berlin.
PEGUY, C. P. 1961: Chronique arctique. Norois Nr. 7, 1955, S. 443–445 und Nr. 32 1961, S. 481–491.
PEGUY, C. P. 1962: Le dévelopment actuel des études glaciologiques dans le monde. Rev. Géogr. Alpine Bd. 50, H. 2, S. 213–227.

RENDU, L. 1841: Théorie des glaciers de la Savoye.
SAUSSURE, H. B. DE 1779–1796: Voyages dans les Alpes, précédés d'un essai sur l'histoire naturelle des environs de Genève. 8 Bände. Neuchâtel.
SCHEUCHZER, J. J. 1706–1708: Beschreibung der Naturgeschichte des Schweizerlandes. 7 Bände, Zürich.
SCHEUCHZER, J. J. 1710–1718: Helvetiae historia naturalis oder Naturhistorie des Schweizerlandes. Bern.
SCHLAGINTWEIT, H. u. A. 1850: Beiträge zur Topographie der Gletscher (Pasterze, Ötztalergruppe). Z. Dt. Geol. Ges. Bd. 2, S. 362–381.
SELIGMAN, G. 1954: Recent trends in glaciological research. IASH (Rom), Publ. Nr. 39, S. 14–22.
SIMLER, J. 1574: Vallesiae et Alpinum descriptio. Zürich.
SIMONY, F. 1871: Die Gletscher des Dachsteingebietes. Sitz. Ber. Akad. Wiss. Wien, Math. Phys. Abt. 1, Wien.
SOMIGLIANA, C. 1921: Sulla profondita dei ghiacciai. Rend. Acc. Lincei, 30, Rom.
STUMPF, J. 1548: Schweizer Chronik. Zürich.
TYNDALL, J. 1857: Sur la théorie des glaciers. Arch. sc. phys. et nat. de Genève, Bd. 34, Genf.
VERCEL, R. 1938: A l'assaut des pôles. Paris.
WALCHER, J. 1773: Nachrichten von den Eisbergen in Tirol. Wien.
WARD, W. H. 1954: Portable ice-boring equipment. J. Gl. Bd. 2, Nr. 16, S. 433–436.

2. Schneedecke und ihre Eigenschaften
2.1. Fester Niederschlag

ANDERSON, H. W. 1968: Snow accumulation as related to meteorological, topographic and forest variables in Central Sierra Nevada, California. IASH, Publ. Nr. 76, S. 215–224.
BADER, H., HAEFELI, R., BUCHER, E., NEHER, J., ECKEL, O. u. THAMS, CH. 1939: Der Schnee und seine Metamorphose. Beitr. z. Geol. d. Schweiz, Geotechn. Ser., Hydrologie, Lfg. 3, XXIII, Bern.
BERGER, H. 1964: Vorgänge und Formen der Nivation in den Alpen: ein Beitrag zur geographischen Schneeforschung. Klagenfurt.
BLACK, H. P. u. BUDD, W. 1964: Accumulation in the Region of Wilkes Land, Antarctica. J. Gl. Bd. 5, Nr. 37, S. 3–15.

BLÜTHGEN, J. 1966: Allgemeine Klimageographie. Berlin.
BORISOV, A. A. 1965: Climates of the USSR. Edinburgh und London.
BRECHTEL, H. M. 1969: Gravimetrische Schneemessungen mit der Schneesonde »Vogelsberg«. Die Wasserwirtschaft, Bd. 59, H. 11, S. 323–327.
BRECHTEL, H. M. 1970: Schneeansammlungen und Schneeschmelze im Wald und ihre wasserwirtschaftliche Bedeutung. Das Gas- und Wasserfach, 111. Jg., S. 377–379.
BRECHTEL, H. M. 1971: Erkundung der Auswirkungen des Waldes auf die Schneeansammlung

und Schneeschmelze in den verschiedenen Höhenstufen der Hessischen Mittelgebirge. Interpraevent 1971: Grenzen und Möglichkeiten der Vorbeugung vor Unwetterkatastrophen im alpinen Raum. S. 239–253.

CORBEL, J. 1962: Neiges et glaciers. Paris.

DANSGAARD, W. 1961: The isotopic composition of natural waters with special reference to the Greenland Ice Cape. Meddelelser om Grönland, Nr. 165.

DIECKMANN, A. 1930: Über den jährlichen und monatlichen Anteil des Schnees an der Gesamtmenge des Niederschlags. Tätigkeitsbericht Preuß. Meteorol. Inst. S. 109–114.

EIDMANN, F. E. 1959: Die Interception in Buchen- und Fichtenbeständen. Ergebnisse mehrjähriger Untersuchungen im Rothaargebirge (Sauerland). IASH, Publ. Nr. 48, S. 5–25.

EUGSTER, E. 1938: Schneestudien im Oberwallis und ihre Anwendung auf den Lawinenverbau. Beitr. Geol. d. Schweiz, Geotechn. Ser., Hydrologie, Lfg. 2, Bern.

FOREST SERVICE, 1961: Snow Avalanches. A handbook of forecasting and control measures. USDA Agricultural Handbook Nr. 194.

GRUNOW, J. u. HAEFNER, D. 1959 u. 1960: Observations and analysis of snow crystals for proofing aerological sonde. Meteorol. Observatorium Hohenpeissenberg, Teil I 1959, Teil II 1960.

GRUNOW, J. 1960: Snow crystals analysis as a method of indirect aerology. Proc. Amer. Geophys. Union. Geophys. Monogr. Nr. 5, S. 130–141.

HAASE, H. 1958: Kritik, Fehler und Brauchbarkeit der Niederschlagsmessungen. Wasser und Boden, Jg. 10, H. 5, S. 112–117.

HEMPEL, L. 1952: Abtragung durch Schneekorrasion. Pet. Mitt., Jg. 96, S. 183–184.

HERRMANN, A. 1972: Variations de l'epaisseur, de la densité et de l'equivalent en eau d'une couche de neige alpine en hiver. Intern. Symp. on the role of Snow and ice in hydrology. Banff, S. 1–18.

HERRMANN, A. 1973: Entwicklung der winterlichen Schneedecke in einem nordalpinen Niederschlagsgebiet. Schneedeckenparameter in Abhängigkeit von Höhe ü. NN, Exposition und Vegetation im Hirschbachtal bei Lengries im Winter 1970/71. Münchener Geogr. Abh., H. 10.

HOINKES, H. 1955: Über die Schneeumlagerung durch Wind. Jahresber. d. Sonnblickvereins 1953/55, S. 27–32.

HOINKES, H. u. LANG, H. 1962: Winterschneedecke und Gebietsniederschlag 1957/58 und 1958/59 im Bereich des Hintereis- und Kesselwandferners (Ötztaler Alpen). Arch. f. Meteorol., Geophys. u. Biokl., Ser. B., Bd. 11, H. 4, S. 424–446.

HOOVER, M. D. 1962: Wateraction and watermovement in the forest. »Forest Influences«, FAO, Forest and Forest Prod. Stud. 15, S. 33–80.

HOOVER, M. D. u. LEAF, C. F. 1967: Process and significance of interception in Colorado subalpine forest. Proc. Intern. Symp. Hydrology, Pergamon Press, S. 213–222.

JEFFREY, W. W. 1970: Snow hydrology in the forest environment. Snow Hydrology, Proc. of Nation. Workshop Sem. 1968, S. 1–19.

KUZ'MIN, P. P. 1963: Snow cover and snow reserves. (Übers. aus dem Russischen) S. 1–84, Washington.

LAUTENSACH, H. 1952: Der geographische Formenwandel. Studien zur Landschaftssystematik. Coll. Geogr. Bd. 3, Bonn.

LLIBOUTRY, L. 1964: Traité de glaciologie. Band 1, Paris.

LULL, H. W. 1964: Ecological and silvicultural aspects. In: Ven Te Chow (Hrsg.): Handbook of applied hydrology, Sect. 6, New York, San Francisco, Toronto, London.

MEIMANN, J. R. 1970: Snow accumulation related to elevation aspect and forest canopy. Snow Hydrology, Proc. of Nation. Workshop Sem. 1968, S. 35–47.

MILLER, P. H. 1962: Snow in trees – where does it go? Western Snow Conference Proc. Nr. 30, S. 21–29.

MILLER, P. H. 1966: Transport of intercepted snow from trees during snow storms. U.S. Forest Service Research Paper PSW–33.

NAKAYA, N. 1954: Snow crystals. Natural and artificial. Harvard University Press, Cambridge.

PARZIG, W. 1963: Snow crystals. Zeiss Informationen Nr. 47, S. 28–29.

PAULCKE, W. u. WELZENBACH, W. 1938: Schnee, Wächten und Lawinen. Z. f. Glkd. Bd. 16, S. 42–69.

PAULCKE, W. 1932: Aus meinem Naturlaboratorium für Schnee- und Lawinenforschung: 1. Der Schnee und seine Diagenese, 2. Schnee, Wind und Wächten, 3. Lawinen, ihre Entstehung und ihre Gefahren. Der Bergsteiger, 2. Jg. S. 332–342, 540–548, 750–768.

PAULCKE, W. 1934: Eisbildungen I. Der Schnee und seine Diagenese. Z. f. Glkd. Bd. 21, S. 259–282.

PAULCKE, W. 1938: Praktische Schnee- und Lawinenkunde. Verständliche Wissenschaft Bd. 38, Berlin.

POWER, B. A. 1962: Relationship between density of newly fallen snow and form of snow crystals. Nature 193, Nr. 4821, S. 1171.

RAKHMANOV, V. V. 1954: Forest-cover effects on snowpack accumulation and snow melting in relation to meteorological conditions. IASH, Publ. Nr. 46, S. 210–221.

RAPP, A. 1958: Om Bergas och Laviner i Alperna. Ymer, Jg. 78, H. 2, S. 112–131.

RAPP, A. 1959: Avalanche boulder tongues in Lapland, Description of little-known forms of preglacial debris accumulations. Geogr. Annaler Bd. 41, Nr. 1, S. 34–48.

RAPP, A. 1960: Recent development of mountain slopes in Kärkevagge and surroundings, northern Scandinavia. Geogr. Annaler, Bd. 42, Nr. 2/3, S. 65–200.

REICHSAMT FÜR WETTERDIENST, 1939: Klimakunde des Deutschen Reiches. Berlin 1939.

ROBIN, G. Q. DE, 1962: The ice of the Antarctic. Scientific American 207/3, S. 132–146.

SCHAEFER, V. J. 1948: The formation of ice crystals in the laboratory and the atmosphere. IASH, Publ. Nr. 48, S. 165–176.

SCHUMSKII, P. A. 1957: Principes de glaciologie structurale. (Übersetzung aus dem Russischen) Paris.

SELIGMAN, G. 1936: Snow structure and ski fields. London.

TROLL, C. 1943: Thermische Klimatypen der Erde. Pet. Mitt. Jg. 89, S. 81–89.

U.S. WEATHER BUREAU, 1962: Instructions for climatological observers. US Weather Bureau Circular B, Washington D.C.

VISHER, S. S. 1954: Climatic atlas of the United States. Cambridge.

WEICKMANN, H. (Hrsg.) 1960: Physics of precipitation. Proc. Amer. Geophys. Union. Geophys. Monogr. Nr. 5.

WELZENBACH, W. 1930: Untersuchungen über Stratigraphie der Schneeablagerungen und die Mechanik der Schneebewegung nebst Schlußfolgerungen auf die Methoden der Verbauung. Wiss. Veröff. d. D.Ö.A.V. Nr. 9, Innsbruck.

2.2. Aufbau und Eigenschaften der Schneedecke

AMBACH, W. 1965: Untersuchungen des Energiehaushaltes und des freien Wassergehaltes beim Abbau der winterlichen Schneedecke. Arch. f. Meteorol. Geophys. u. Biokl. Ser. B, Bd. 14, H. 2, S. 148–60.

ANDERSON, L. u. BENSON, C. S. 1963: The densification and diagenesis of snow. In: Kingery, W. D. (Hrsg.): Ice and snow, Cambridge / Mass., S. 391–411.

ARAI, T. 1966: On the relationship between albedo and the property of snow-cover. Jap. Progr. in Climat. S. 88–95.

BADER, H., HAEFELI, R. u. BUCHER, E. 1939: Der Schnee und seine Metamorphose. Beitr. z. Geol. d. Schweiz, Geotechn. Ser. Hydrologie, Bern.

BALLARD, G. E. H. u. FELDT, E. D. 1966: A theoretical consideration of the strength of snow. J. Gl. Bd. 6, Nr. 43, S. 159–170.

BENDER, J. A. 1958: Air permeability of snow. IASH, Publ. 46, S. 46–62.

BOSSOLASCO, M., CICCONI, G., EVA, G. u. FLOCCHINI, G. 1964: Schneemetamorphose und Sonnenbestrahlung. Polarforschung Bd. 5, 33. Jg., S. 218–220.

BUCHER, E. 1948: Beitrag zu den theoretischen Grundlagen des Lawinenverbaus. Eidgenössisches Institut für Schnee- und Lawinenforschung, Davos.

BUDD, W., DINGLE, R., MORGAN, P. u. RADEK, U. 1962: Schneefegen im Massenhaushalt der Antarktis. Polarforschung Bd. 5, Jg. 33, S. 187–188.

CORBEL, J. 1962: Neiges et glaciers. Coll. Armand Collin, Nr. 361, Section de Géographie, Paris.

EIDGENÖSSISCHES INSTITUT FÜR SCHNEE- UND LAWINENFORSCHUNG 1961: Schnee und Lawinen in den Schweizeralpen, Winter 1959/60. Winterbericht des Eidgen. Inst. f. Schnee- u. Lawinenforsch. Weißfluhjoch/Davos, Nr. 24, Davos.

EUGSTER, H. P. 1952: Beitrag zu einer Gefügeanalyse des Schnees. Beitr. z. Geol. d. Schweiz, Geotechn. Ser. Hydrologie, Bern.

FANKHAUSER, F. 1928: Über Lawinen und Lawinenverbau. Schweiz. Zeitschr. f. d. Forstwesen, Beiheft 2.

FELDT, E. D. u. BALLARD, G. E. H. 1966: A theory of the consolidation of snow. J. Gl. Bd. 6, Nr. 43, S. 145–157.

FRÄNZLE, O. 1959: Glaziale und periglaziale Formbildung im östlichen Kastillischen Scheidegebirge (Zentralspanien). Bonner Geogr. Abh. H. 26.

GIOVINETTO, M. B. 1964: Distribution of diagenetic snow facies in Antarctica and Greenland. Arctic, Bd. 17, H. 1, S. 33–40.

GOLD, L. W. 1958: Influence of snow cover on heat flow from the ground. IASH, Publ. Nr. 46, S. 13–21.

GOW, J. A. u. RAMSEIER, R. O. 1963: Age hardening of snow at the South Pole. J. Gl. Bd. 4, Nr. 35, S. 521–536.

GRUNOW, J. 1952: Zum Wasserhaushalt einer Schneedecke. Messungen der Schneedichte beim Observatorium Hohenpeissenberg. Ber. Dt. Wetterdienst i. d. US-Zone, H. 38, S. 385–393.

HAEFELI, R. 1942: Spannungs- und Plastizitätserscheinungen der Schneedecke unter besonderer Berücksichtigung der Schneedruckberechnung und verwandter Probleme der Erdbauforschung. Schweizer Arch. f. angew. Wiss. u. Technik. 8. Jg. H. 9–12, S. 263–274, 308–315, 349–358, 380–396.

HAEFELI, R. 1948: Schnee, Lawinen, Firn und Gletscher. In: Bendl, L: Ingenieurgeologie, II. Hälfte, S. 663–735. Wien.

HAEFELI, R., BADER, H. u. Bucher, E. 1939: Das Zeitprofil, eine graphische Darstellung der Entwicklung der Schneedecke. Beitr. z. Geol. d. Schweiz, Geotechn. Ser. Hydrologie 3, Bern.

HÄUSER, J. 1933: Höhe und Wassergehalt der Neuschneedecke; Ergiebigkeit und Dauer starker Schneefälle in München. Z. f. angew. Meteorol. Bd. 50, S. 257–271.

HESS, E. 1931: Wildschneelawinen. Die Alpen, Bd. 7, S. 321–334.

HOBBS, P. V. u. MANSON, B. J. 1964: The sintering and adhesion of ice. Philosophical Magaz. 8. Ser. Bd. 9, Nr. 98, S. 181–197.

HOBBS, P. V. u. RADKE, L. F. 1967: The role of volume diffusion in the metamorphism of snow. J. Gl. Bd. 6, Nr. 48, S. 879–892.

HOINKES, H. 1970: Methoden und Möglichkeiten von Massenhaushaltsstudien auf Gletschern. Z. f. Glkd. u. Glazialgeol. Bd. 6, H. 1–2, S. 37–90.

KARTASKOV, S. N. 1966: Mechanic properties of snow and firn. IASH, Publ. Nr. 69, S. 114–118.

KINGERY, W. D. 1960: On the metamorphism of snow. Intern. Geol. Congr. Rep. Part 21, S. 81–89.

KRASSER, L. 1964: Grundzüge der Schnee- und Lawinenkunde. Bregenz.

LEAF, CH. F. 1966: Free water content of snow pack in subalpine areas. 34th annual meeting, Western Snow Conference, April 19–21, 1966, at Seattle, Washington, Proc. S. 17–24.

LISTER, H. 1961: Accumulation and firnification in North Greenland. Folia Geogr. Danica Bd. 9, S. 163–174.

LLIBOUTRY, L. 1964: Traité de glaciologie. Bd. 1, Paris.

MATHEWS, W. H. u. MACKAY, J. R. 1963: Snowcreep studies, Mount Seymour, B. C. Geogr. Bull. Bd. 20, S. 58–75.

MELLOR, M. 1963: Polar snow – a summery of engineering properties. In: Kingery, W. D.: Ice and snow. Cambridge/Mass. S. 528–559.

MELLOR, M. 1966: Snow mechanics. Applied Mechanics Rev. Bd. 19, H. 5, S. 379–389.

MOCK, J. S. u. WEEKS, W. F. 1966: The distribution of 10 meter snow temperatures on the Greenland ice sheet. J. Gl. Bd. 6, Nr. 43, S. 23–41.

MOSER, E. H. 1963: Navy cold-processing snow-compaction technics. In: Kingery, W. D.: Ice and snow. Cambridge/Mass., S. 459–484.

PAULCKE, W. 1934: Der Schnee und seine Diagenese. Z. f. Glkd. Bd. 21, S. 259–282.

PAULCKE, W. 1938: Praktische Schnee- und Lawinenkunde. Verständl. Wissensch. Bd. 38, Berlin.

QUERVAIN, M. R. DE 1948: Über den Abbau der alpinen Schneedecke. IASH, Publ. Nr. 29, S. 55–68.

QUERVAIN, M. R. DE 1958: On the metamorphism and hardening of snow under constant pressure and temperature gradient. IASH, Publ. Nr. 46, S. 225–239.

QUERVAIN, M. R. DE 1962: Zur Bedeutung der Diffusion bei der Metamorphose des Schnees. Arch. f. Meteorol. Geophys. u. Biokl. Ser. B., Bd. 12, H. 1, S. 151–158.

QUERVAIN, M. R. DE 1963: On the metamorphism of snow. In: Kingery, W. D.: Ice and snow. Cambridge/Mass., S. 377–390.

Rachner, M. 1966: Zum Problem Schneerücklage und Gebietswasserhaushalt. Z. f. Meteorol. Bd. 18, H. 11/12, S. 436–444.
Ramseier, R.O. u. Keeler, Ch. M. 1967: The sintering process in snow. J. Gl. Bd. 6, Nr. 45, S. 421–424.
Roch, A. 1966: les variations de la résistance de la neige. IASH, Publ. Nr. 69, S. 89–99.
Sommerfeld, R. A. u. La Chapell, E. 1970: The classification of snow metamorphism. J. Gl. Bd. 9, Nr. 55, S. 3–18.
Sulakvelidze, G. K. 1958: Physical properties of the snow cover. IASH, Publ. Nr. 46, S. 166.
USDA Forest Service 1961: Snow avalanches; a handbook of forecasting and control measures. USDA Agricultural Handbook Nr. 194, Washington D.C.
Wakahama, G. 1969: The metamorphism of wet snow. IASH, Publ. Nr. 79, S. 370–379.
Welzenbach, W. 1930: Untersuchungen über die Stratigraphie der Schneeablagerungen und die Mechanik der Schneebewegungen nebst Schlußfolgerungen auf die Methoden der Verbauung. Wiss. Veröff. d. D.Ö.A.V. Nr. 9, Innsbruck.
Wuori, A. F. 1963: Snow stabilization studies. In: Kingery, W.D.: Ice and snow. Cambridge / Mass. S. 438–458.
Yosida, Z. 1963: Physical properties of snow. In: Kingery, W.D.: Ice and snow. Cambridge / Mass. S. 485–527.
Zienert, A. 1961: Die Großformen des Schwarzwaldes. Forsch. z. Dt. Landeskd. Bd. 128, Bad Godesberg.
Zingg, Th. 1966: Relation between weather situation, snow metamorphism and avalanche activity. IASH, Publ. Nr. 69, S. 61–64.

2.3. Messungen an der Schneedecke

Ambach, W. 1958: Zur Bestimmung des Schmelzwassergehaltes des Schnees durch elektrische Messungen. Z. f. Glkd. u. Glazialgeol. Bd. 4, S. 1–8.
Ambach, W. u. Eisner, H. 1965: Radioaktivitätsmessungen zur Bestimmung der Firnrücklagen eines Alpengletschers. Nat. Wiss. Bd. 52, H. 7, S. 154.
Ambach, W. u. Eisner, H. 1966: Pollen-analysis investigation of a 20 m firn pit on the Kesselwandferner (Ötztal Alps). J. Gl. Bd. 6, Nr. 44, S. 233–236.
Barnes, J.C. u. Bowley, C. J. 1968: Snow cover distribution as mapped from satellite photography. Water Resources Res. Bd. 4, H. 2, S. 257–271.
Brechtel, H.M. 1969: Gravimetrische Schneemessungen mit der Schneesonde »Vogelsberg«. Die Wasserwirtschaft Bd. 59, H. 11, S. 323–327.
Brechtel, H.M. 1971: Grenzen und Möglichkeiten der Vorbeugung von Unwetterkatastrophen im alpinen Raum. Interpraevent S. 239–253.
Danfors, E. 1962: Application of the neutron scattering method for measuring snow density. Geogr. Annaler Bd. 4, Nr. 3/4, S. 409–411.
Gand, H. R. in der 1954: Beitrag zum Problem des Gleitens der Schneedecke auf dem Untergrund. Winterber. d. Eidg. Inst. f. Schnee- u. Lawinenforsch. Nr. 17, S. 103–117.
Gand, H.R. in der 1956: Spezielle Schnee- und Lawinenuntersuchungen im Parsenngebiet. Winterber. d. Eidg. Inst. f. Schnee- u. Lawinenforsch. Nr. 19, S. 85–89.
Gand, H.R. in der 1957: Ergebnisse der Gleitmessungen. Winterber. d. Eidg. Inst. f. Schnee- u. Lawinenforsch. Nr. 20, S. 111–114.
Gand, H.R. in der 1959: Ergebnisse der Gleitmessungen. Winterber. d. Eidg. Inst. f. Schnee- u. Lawinenforsch. Nr. 22, S. 122–126.
Garstka, W.U. 1964: Snow and snow survey. In: Ven Te Chow (Hrsg.): Handbook of applied Hydrology, S. 10-1–10-57, New York, San Francisco, Toronto, London.
Haefeli, R. 1939: Schneemechanik mit Hinweisen auf die Erdbaumechanik. Beitr. z. Geol. d. Schweiz. Geotechn. Ser. Hydrologie 3, S. 63–241.
Henning, H. 1963: Zur Bestimmung des Wassergehaltes einer Schneedecke unter Benutzung von Gamma-Strahlen an der meteorologischen Station Fichtelberg. Z. f. Meteorol. Bd. 17, H. 7–8, S. 229–233.
Kaminski, H. 1970: Eis und Schnee in Satellitenphotos. Umsch. in Wiss. u. Techn. H. 6, S. 163–169.
Karkonen, W.W. 1932: Über die lokale Verän-

derlichkeit der Schneedecke. Meteorol. Z. Bd. 49, S. 72–76.

LA CHAPELLE, E. R. 1969: Field guide to snow cristals. University of Washington Press, Seattle, London.

LANSER, O. 1954: Zeitgemäße Aufgaben der österreichischen Hydrographie. Österr. Wasserwirtsch. Jg. 6, H. 1/2.

LLIBOUTRY, L. 1964: Traité de glaciologie. Bd. 1, Paris.

MARTINEC, J. 1958: Measurement of snow-water-content with use of radiocobalt. IASH, Publ. Nr. 46, S. 88–96.

MARTINELLI, M. 1965: New snow-measuring instruments. Intern. Symp. on forest Hydrology 29.8.–10.9.1965, Oxford–New York, S. 797–800.

OECHSLIN, M. 1937: Schneetemperaturen, Schneekriechen und Schneekohäsion. Schweizer. Z. f. Forstwesen, Jg. 88, H. 1, S. 1–19.

OECHSLIN, M. 1942: Die Bewegung und Kohäsion in der Schneedecke. Die Alpen, Jg. 18, H. 1, S. 8–17.

POPHAM, R. W., FLANDERS, A. F. u. NEISS, H. 1966: Second progress report on satellite applications to snow hydrology. Proc. 23rd Eastern Snow Conference.

QUERVAIN, M. R. DE 1946: Zur Bestimmung des Wassergehalts von Naß-Schnee. Verh. Schweiz. Naturforsch. Ges. Nr. 94.

SCHUBERT, H. 1964: Hydrometeorologie. In: Wechmann, A.: Hydrologie. München–Wien, S. 251–430.

SHARP, R. P. u. EPSTEIN, S. 1962: Comments on annual rates of accumulation in West-Antarctica. IASH, Publ. Nr. 58, S. 273–285.

SIEMENS-HALSKE 1953: Beschreibung einer Schneemengen-Fernmeßeinrichtung. Ber. z. Hydrographentag in Wien.

SMITH, J. I. u. WILLEN, D. W. 1964: Radio snow gauges. A review of the literature. Isotopes and radiation technics Bd. 2, Nr. 1, S. 41–49.

TARBLE, R. D. 1964: Areal distribution of snow as determined from satellite photographs. IAHS, Publ. Nr. 61, S. 372–375.

UNESCO, 1970: Seasonal snow cover. Technical papers in Hydrology 2, Paris.

TOEBES, C. u. OURYAEV, V. (Hrsg.) 1970: Representative and experimental basins. Haarlem.

WMO 1970: Guide to Hydrometeorological practices. 2. Aufl. World Meteorological Organization.

ZINGG, TH. 1954: Die Bestimmung der Schneehöhenverteilung auf photogrammetrischem Weg. IASH, Publ. Nr. 39, S. 33–37.

ZINGG, TH. 1964: Zur Methodik der Schneemessung am Eidg. Institut für Schnee- und Lawinenforschung (SLF). Winterber. d. Eidg. Inst. f. Schnee- u. Lawinenforsch. Nr. 27, S. 130–138.

2.4. Oberflächenformen der Schneedecke

ASHWELL, I. Y. u. HANNELL, F. G. 1966: Experiments on a snow-patch in the mountains of Sweden. J. Gl. Bd. 6, Nr. 43, S. 135–144.

BLÜTHGEN, J. 1939: Die landschaftliche Bedeutung des Schnees. Das Wetter, Jg. 56, H. 4, S. 111–122.

CORNISH, W. 1913: Waves of sand and snow. Chicago.

DOLGUSHIN, L. D. 1961: Zones of snow accumulation in Eastern Antarctica. IASH, Publ. Nr. 55, S. 63–70.

DRYGALSKI, E. V. 1897: Die Grönland-Expedition der Berliner Gesellschaft für Erdkunde I. Berlin.

GOW, A. J. 1965: The ice sheet. In: Hatherton, T. (Hrsg.): Antarctica, London, S. 221–258.

KELLER, R. 1961: Gewässer und Wasserhaushalt des Festlandes. Berlin.

KRAUS, H. 1966: Freie und bedeckte Ablation. Ergebn. Forsch. Unternehmen Nepal Himalaya, Berlin, Heidelberg, New York, Liefg. 3, S. 203–236.

KURZ, M. 1919: Les Corniches de neige et leur formation. Echo des Alpes.

LIED, N. T. 1961: Notes on sastrugi and snow dune observations. A.N.A.R.E. Satellite Station, Vestfold Hills.

LLIBOUTRY, L. 1964: Traité de glaciologie. Bd. 1, Paris.

PAULCKE, W. 1934: Schnee, Wächten und Lawinen. Z. d. D.Ö.A.V. Bd. 65, S. 247–262.

PAULCKE, W. 1938: Praktische Schnee- und Lawinenkunde. Verständliche Wissenschaften Bd. 38, Berlin.

PAULCKE, W. u. WELZENBACH, W. 1928: Schnee, Wächten, Lawinen. Z. f. Glkd. Bd. 16, H. 1/2, S. 42–69.

SCHWEIZER, G. 1969: Büßerschnee in Vorderasien. Erdkunde, Bd. 23, H. 3, S. 200–205.

SELIGMAN, G. 1936: Snow structure and skifields. London.

SELIGMAN, G. 1963: An ice »stalagmite«. J. Gl. Bd. 4, Nr. 34, S. 489.

TROLL, C. 1942: Der Büßerschnee (nieve de los penitentes) in den Hochgebirgen der Erde. Pet. Mitt. Erg. H. 240, Gotha.

TROLL, C. 1949: Schmelzung und Verdunstung von Eis und Schnee in ihrem Verhältnis zur geographischen Verbreitung der Ablationsformen. Erdkunde, Bd. 3, H. 1, S. 18–29.

WELZENBACH, W. 1930: Untersuchungen über Stratigraphie der Schneeablagerungen und die Mechanik der Schneebewegung nebst Schlußfolgerungen auf die Methoden der Verbauung. Wiss. Veröff. d. D. u. Ö.A.V. Nr. 9, Innsbruck.

2.5. Abbau der Schneedecke

BAYERISCHE LANDESSTELLE FÜR GEWÄSSERKUNDE 1967: Deutsches Gewässerkundliches Jahrbuch Donaugebiet, Abflußjahr 1964. München.

BRECHTEL, H. M. 1971: Einfluß des Waldes auf Hochwasserabflüsse bei Schneeschmelzen. Wasser u. Boden H. 3, S. 60–63.

FRANKENBERGER, E. 1955: Über Strahlung und Verdunstung. Ann. d. Meteorol. Bd. 7, S. 47–52.

FROHNHOLZER, J. 1959: Die Zuflußvorhersage aus Schneegewichtsbestimmungen für den Lechspeicher Roßhaupten von April bis Juli (Einzugsgebiet 1582 km²). Ber. d. Dt. Wetterdienstes, Nr. 54, S. 157–162.

GARSTKA, W. U. 1964: Snow and snow survey. In: Ven Te Chow (Hrsg.): Handbook of applied Hydrology. S. 10-1–10-57. New York, San Francisco, Toronto, London.

GEIGER, R. 1961: Das Klima der bodennahen Luftschicht. Braunschweig.

HOFMANN, G. 1963: Zum Abbau der Schneedecke. Arch. f. Meteorol., Geophys. u. Biokl. Bd. 13, H. 1, S. 1–20.

HOFMANN, G. 1964: Wärmehaushalt und Ablation der Schneeoberfläche. Polarforsch. Bd. 5, Jg. 33, H. 1/2, S. 216–218.

HOINKES, H. 1970: Methoden und Möglichkeiten von Massenhaushaltsstudien auf Gletschern. Ergebnisse der Meßreihe Hintereisferner (Ötztaler Alpen) 1953–1968. Z. f. Glkd. u. Glazialgeol. Bd. 6, H. 1/2, S. 37–90.

IVERNOWA, M. I. 1966: The hydrological role of snow avalanches. IASH, Publ. Nr. 69, S. 73–75.

KERN, H. 1959: Wasserhaushaltsuntersuchungen in der winterlichen Schneedecke einer randalpinen Tallage. Ber. d. Dt. Wetterdienstes Nr. 54, S. 150–154.

KERN, H. 1971: Wasserhaushaltsuntersuchungen mit großen Schneewaagen in der Winterschneedecke am bayerischen Alpenrand. Schriften d. Bayer. Landesst. f. Gewässerkd. München, H. 7, München.

KRAUS, H. 1966. Freie und bedeckte Ablation. Ergebnisse Forschungsunternehmen Nepal Himalaya. Liefg. 3, S. 203–236. Berlin, Heidelberg, New York.

KUZ'MIN, P. P. 1972: Melting of snow cover. Übers. aus dem Russ. Jerusalem.

LLIBOUTRY, L. 1964: Traité de glaciologie. Bd. 1. Paris.

LUGEON, J. 1928: Précipitations atmospheriques, écoulement et hydro-électricité. Inst. Féd. Suisse Météorol. Publ. Nr. 16.

MARTINELLI, M. 1965: Accumulation of snow in alpine areas of Central Colorado and means of influencing it. J. Gl. Bd. 5, Nr. 41, S. 625–636.

MÜLLER, H. G. 1953: Zur Wärmebilanz der Schneedecke. Meteorol. Rdsch. Bd. 6, S. 140–143.

PARDÉ, M. 1959: Sur les fontes des neiges lors des crues. Rev. Géogra. Alpine Bd. 17, S. 325–361.

PFOLLIOT, P. F. u. HANSEN, E. A. 1968: Observations of snowpack accumulation, melt and runoff on a small Arizona watershed. USDA Forest Service Res. Note RM 124, Fort Collins /Col.

QUERVAIN, M. R. DE 1948: Über den Abbau der alpinen Schneedecke. IASH, Publ. Nr. 29, S. 55–68.

QUERVAIN, M. R. DE 1951: Zur Verdunstung der Schneedecke. Arch. f. Meteorol., Geophys. u. Biokl. Bd. 3, S. 47–67.

QUERVAIN, M. R. DE 1954: Zur Wärmeleitung von Schnee. IASH, Publ. Nr. 39, S. 26–32.

SCHERMERHORN, P. 1961: Short range snow melt forecast. Bull. IASH, Jg. 6, H. 4, S. 75–85.

WÖHR, F. 1959: Aus Schneevorratsmessungen abgeleitete Zuflußprognosen zu voralpinen Energiespeichern (erläutert a. Beisp. »Walchensee«). Ber. d. Dt. Wetterd. Nr. 54, S. 155–156.

2.6. Lawinen

Allix, A. 1924: Avalanches. Geogr. Rev. Bd. 14, S. 519–560.

Allix, A. 1925: Les Avalanches. Rev. Géogr. Alpine Bd. 13, H. 1, S. 359–423.

Bucher, E., Haefeli, R., Hess, E., Jost, W. u. Winterhalter, R. U. 1940: Lawinen, die Gefahr für den Skifahrer. Bern.

Chomicz, K. 1966: Les avalanches dans les montagnes de Tatra. Méthodes de mesure. IASH, Publ. Nr. 69, S. 294–303.

Coaz, J. 1881: Die Lawinen der Schweizer Alpen. Bern.

Fankhauser, F. 1929: Über Lawinen und Lawinenverbau. Die Alpen, Jg. 5, H. 1, S. 2–15.

Field, W. O. 1966: Avalanches caused by the Alaska earthquake of march 1964. IASH Publ. Nr. 69, S. 326–331.

Flaig, W. 1955: Lawinen. 2. Aufl. Wiesbaden.

Frutiger, H. 1966: Behaviour of avalanches in areas controlled by supporting structures. IASH Publ. Nr. 69, S. 243–250.

Fukui, A. 1966: The classification of snow avalanches in Japan. IASH Publ. Nr. 69, S. 377–381.

Gand, H. R. in der 1966: Snow gliding and avalanches. IASH Publ. Nr. 69, S. 230–242.

Haefeli, R. 1938: Schnee, Lawinen, Firn und Gletscher. In: Bendel, L.: Ingenieurgeologie. Bd. 2, S. 663–735, Wien.

Haefeli, R. 1963: Stress transformations, tensil strength, and rupture processes of the snow cover. In: Kingery, W. D.: Ice and snow. Cambridge/Mass. S. 560–575.

Haefeli, R. 1966: Note sur la classification, le mechanisme et le contrôle des avalanches de glace et des crues glaciaires extraordinaires. IASH Publ. Nr. 69, S. 316–325.

Haefeli, R. u. Quervain, M. R. de 1955: Gedanken und Anregungen zur Benennung und Entstehung von Lawinen. Die Alpen, Jg. 31, H. 4, S. 72–77.

Jaccard, C. 1966: Neue Erkenntnisse in der Lawinenforschung. Umsch. in Wiss. u. Techn. Bd. 3, S. 69–75.

Krasser, L. 1964: Grundzüge der Schnee- und Lawinenkunde. Bregenz.

La Chapelle, E. R. 1961: Snow avalanches. Agriculture Handbook Nr. 194, USDA, Forest Service, Washington.

La Chapelle, E. R. 1966: The control of snow avalanches. Scient. American Nr. 214/2, S. 92–101.

Lliboutry, L. 1964: Traité de glaciologie. Bd. 1, Paris.

Lossev, K. S. 1966: Genetic classification of avalanches. IASH Publ. Nr. 69, S. 394–396.

Martinelli, M. 1966: Avalanche technology and research, recent accomplishments and future prospects. Weatherwise, Bd. 19/6, S. 232–239 u. 270–271.

Martinelli, M. u. Davidson, K. D. 1966: An example of damage from a powder avalanche. Bull. IASH, Jg. 11, Nr. 3, S. 26–34.

Moskalev, Yu. D. 1966: On the mechanism of the formation of wet snow avalanches. IASH Publ. Nr. 69, S. 196–198.

Nobles, L. H. 1966: Slush avalanches in northern Greenland. IASH Publ. Nr. 69, S. 267–272.

Paulcke, W. 1938: Praktische Schnee- und Lawinenkunde. Verständliche Wissenschaft Bd. 38, Berlin.

Poggi, A. u. Plas, J. 1966: Conditions météorologiques critiques pour le déclenchement des avalanches. IASH Publ. Nr. 69, S. 25–34.

Pollack, V. 1891: Über die Lawinen Österreichs und der Schweiz und deren Verbauungen. Zeit- u. Wochenschr. d. österr. Ingenieur- u. Architektenver. Jg. 1891.

Quervain, M. R. de 1958: Avalanche classification congress IUGG 1957 Toronto. IASH Publ. Nr. 47, S. 387–392.

Quervain, M. R. de 1966: Problems of avalanche research. IASH Publ. Nr. 69, S. 15–22.

Quervain, M. R. de 1966: On avalanche classification: a further contribution. IASH Publ. Nr. 69, S. 410–417.

Ratzel, F. 1889: Die Schneedecke, besonders in deutschen Gebirgen. Forsch. z. dt. Landes- u. Volkskd. Bd. 4/3.

Roch, A. 1965: An approach to the mechanism of avalanche release. Alpine Journ. Bd. 70, S. 57–68.

Roch, A. 1966: Les déclenchements d'avalanches. IASH Publ. Nr. 69, S. 182–185.

Seligman, G. 1936: Snow structure and skifields. London.

Shen, W. H. u. Roper, A. T. 1970: Dynamics of snow avalanche. Bull. IASH, Jg. 15, Nr. 1, S. 7–26.

SKODA, M. 1966: An experimental study on dynamics of avalanches snow. IASH Publ. Nr. 69, S. 215–229.
SOREDOV, I. S. u. SEVERSKY, I. V. 1966: On hydrological role of snow avalanches in the northern slope of the Zailiysky Alatau. IASH Publ. Nr. 69, S. 78–85.
TUSHINSKIY, G. K. 1966: Avalanche classification and rhythmus in snow cover and glaciation of northern hemisphere in historical times. IASH Publ. Nr. 69, S. 382–393.
USDA, FOREST SERVICE 1961: Snow avalanches: a handbook of forecasting and control measures. Agriculture Handbook Nr. 194, Washington.
VANNI, M. 1966: Pour une classification géographique des avalanches. IASH Publ. Nr. 69, S. 397–407.
WELZENBACH, W. 1930: Untersuchungen über die Stratigraphie der Schneeablagerungen und die Mechanik der Schneebewegung nebst Schlußfolgerungen auf die Methoden der Verbauung. Wiss. Veröff. d. D.Ö.A.V. Nr. 9, Innsbruck.
ZINGG, TH. 1961: Schnee- und Lawinenuntersuchungen im Parsenngebiet. Winterbericht d. Eidg. Inst. f. Schnee- und Lawinenforsch. a. Weißfluhjoch Nr. 24, S. 91–99.
ZINGG, TH. 1966: Relation between weather situation, snow metamorphism and avalanche activity. IASH Publ. Nr. 69, S. 61–64.

2.7. Feste Phase des Wasserkreislaufs

DIETRICH, G. 1954: Ozeanographisch-meteorologische Einflüsse auf Wasserstandsänderungen des Meeres am Beispiel der Pegelbeobachtungen von Esbjerg. Die Küste, Jg. 2, H. 2, S. 130–156.
FAIRBRIDGE, RH. W. 1950: Recent advances in eustatic research. Investigation and correlation of eustatic changes in sea-level to Australia and New Zealand. Nedlands.
HOINKES, H. 1961: Die Antarktis und die geophysikalische Erforschung der Erde. Die Naturwissensch., Bd. 48, S. 354–374.
MARMER, H. A. 1951: Tidal datum planes. U.S. Department of coast and geodetic survey. Spec. Publ. Nr. 135, Washington.
USDA, FOREST SERVICE 1961: Snow avalanches: a handbook of forecasting and control measures. Agriculture Handbook Nr. 194, Washington.
VALENTIN, H. 1954: Die Küsten der Erde. Pet. Mitt. Erg. H., H. 246, Gotha.

2.8. Schneegrenze, Firnlinie, Gleichgewichtslinie

BOBEK, H. 1937: Die Rolle der Eiszeit in Nordwest-Iran. Z. f. Glkd. Bd. 25, S. 130–187.
BRÜCKNER, E. 1886: Die Hohen Tauern und ihre Eisbedeckung. Z. d. DÖAV, Bd. 17, S. 163–187.
BRUSCH, M. 1948: Die Höhenlage der heutigen und eiszeitlichen Schneegrenze in Europa, Vorderasien und angrenzenden Gebieten. Diss. Göttingen.
CAPELLO, C. F. 1966: Contributions de l'Institut Italien de Géographie Alpine à l'étude des neiges saisonnières et des avalanches. IASH Publ. Nr. 69, S. 276–282.
CAPELLO, C. F. u. LUCINO, M. 1959: Recherches sur la limite temporaire des neiges dans les Alpes Occidental Italiennes. Ber. Dt. Wetterdienst Nr. 54, S. 129–131.
COURT, A. 1963: Snow cover relations in the Kings River basin, California. J. of Geophys. Res. Bd. 68, Nr. 16, S. 4751–4761.
DRYGALSKI, E. v. u. MACHATSCHEK, F. 1942: Gletscherkunde. Enzyklopädie der Erdkunde, Wien.
ENQUIST, F. 1916: Der Einfluß des Windes auf die Verteilung der Gletscher. Bull. Geol. Inst. Uppsala, Bd. 14, S. 1–108.
ESCHER, H. 1970: Die Bestimmung der klimatischen Schneegrenze in den Schweizer Alpen. Geogr. Helv. Jg. 25, S. 35–43.
FINSTERWALDER, R. 1952: Zur Bestimmung der Schneegrenze und ihrer Hebung seit 1920. Sitz. Ber. Bayer. Akad. d. Wiss. Math.-Naturwiss. Kl. Nr. 6, München.
FINSTERWALDER, R. 1953: Die zahlenmäßige Erfassung des Gletscherrückgangs an Ostalpengletschern, Z. f. Glkd. u. Glazialgeol. Bd. 2, H. 2, S. 189–239.
HAASE, E. 1966: Gedanken zu Schneegrenzbestimmungsmethoden aufgrund neuer Schnee-

grenzbestimmungen im Südschwarzwald. Ber. Naturf. Ges. zu Freiburg i. Br. Bd. 56. H. 1, S. 17–22.

HASTENRATH, ST. L. 1967: Observation on the snowline in the Peruvian Andes. J. Gl. Bd. 6, Nr. 46, S. 541–550.

HERMES, K. 1955: Die Lage der oberen Waldgrenze in den Gebirgen der Erde und ihr Abstand zur Schneegrenze. Kölner Geogr. Arb. H. 5, Köln.

HERMES, K. 1965: Der Verlauf der Schneegrenze. Geogr. Taschenb. 1964/65, S. 58–712, Wiesbaden.

HESS, H. 1904: Die Gletscher. Braunschweig.

HÖFER, H. V. 1879: Gletscher und Eiszeitstudien. Sitz Ber. Akad. d. Wiss. Wien, Math.-Phys. Kl. I, Bd. 79, Wien.

HOINKES, H. 1970: Methoden und Möglichkeiten von Massenhaushaltsstudien auf Gletschern. Ergebnisse der Meßreihe Hintereisferner (Ötztaler Alpen) 1953–1968. Z. f. Glkd. u. Glazialgeol. Bd. 6, H. 1/2, S. 37–90.

HOSHIAI, M. u. KOBAYASHI, K. 1957: A theoretical discussion on the so-called »snow line« with reference to temperature reduction during the last Glacial Age in Japan. Jap. J. of Geol. and Geophys. Bd. 28, Nr. 1–3, S. 61–75.

KLEBELSBERG, R. V. 1948: Handbuch der Gletscherkunde und Glazialgeologie, Bd. 1, Wien.

KLUTE, F. 1928: Die Bedeutung der Depression der Schneegrenze für eiszeitliche Probleme. Z. f. Glkd. Bd. 16, S. 70–93.

KUROWSKI, L. 1891: Die Höhe der Schneegrenze mit besonderer Berücksichtigung der Finsteraarhorngruppe. Geogr. Abh. Bd. 5, H. 1, Wien.

LICHTENECKER, N. 1937: Die rezente und diluviale Schneegrenze in den Ostalpen. Verh. III. Intern. Quartärkonferenz, Wien.

LLIBOUTRY, L. 1965: Traité de Glaciologie. Bd. 2, Paris.

LOUIS, H. 1933: Die eiszeitliche Schneegrenze auf der Balkanhalbinsel. Mitt. d. Bulgar. Geogr. Ges. Sofia Bd. 1, S. 28–31.

LOUIS, H. 1955: Schneegrenze und Schneegrenzbestimmung. Geogr. Taschenb. 1954/55, S. 414–418, Wiesbaden.

MACHATSCHEK, F. 1913: Die Depression der eiszeitlichen Schneegrenze. Z. f. Glkd. Bd. 8, S. 104–128.

MACHATSCHEK, F. 1944: Diluviale Hebung und eiszeitliche Schneegrenzdepression. Geol. Rdsch. Bd. 34, H. 7/8, S. 327–341.

MARTONNE, E. DE 1948: Traité de Géographie physique. Paris.

MESSERLI, B. 1967: Die eiszeitliche und gegenwärtige Vergletscherung im Mittelmeergebiet. Geogr. Helv. Jg. 22, S. 105–228.

PASCHINGER, V. 1912: Die Schneegrenze in verschiedenen Klimaten. Pet. Mitt. Erg. H., H. 173, Gotha.

RATZEL, F. 1886: Zur Kritik der natürlichen Schneegrenze. Leopoldina.

REID, F. H. 1896: The mechanics of glacier. J. of Geol. Bd. 4, S. 912–928.

RICHTER, E. 1887: Schneegrenze und Firnflekkenregion. Mitt. d. DÖAV Bd. 13, N.F. Bd. 3, S. 49–50.

RICHTER, E. 1888: Die Gletscher der Ostalpen. Stuttgart.

SCHWINNER, R. 1923: Die Oberflächengestaltung des Suganer Gebietes. Ostalpine Formenstudien Bd. III/2.

SEIFFERT, H. 1950: Das Klima an der Schnee-Grenze Diss. Göttingen.

TERRA, H. DE u. PATERSON, T. T. 1939: The ice age in India and associated human cultures. Carnegie Inst. Publ. Nr. 493.

TROLL, C. 1929: Die Cordillera Real. Z. Ges. f. Erdkd. Berlin, 1929, S. 279–312.

TROLL, C. 1937: Quartäre Tektonik und Quartärklima der tropischen Anden. Frankf. Geogr. H. H. 11, Frankfurt.

VISSER, PH. C. 1938: Wissenschaftliche Ergebnisse der Karakorum-Expeditionen. Bd. II, 1, IV, Glaziologie, Leiden.

VORNDRAN, G. 1968: Untersuchungen zur Aktivität der Gletscher – dargestellt an Beispielen aus der Silvrettagruppe –. Schr. d. Geogr. Inst. d. Univ. Kiel, Bd. 29, H. 1, Kiel.

VORNDRAN, G. 1970: die Höhe der Schneegrenze in der Silvrettagruppe. Mitt. Geogr. Ges. München Bd. 35, S. 155–168.

WILHELMY, H. 1957: Eiszeit und Eiszeitklima in den feuchten Anden. Geom. Studien, Machatschek-Festschrift, Pet. Mitt. Erg. H. H. 262, S. 281–310.

WISSMANN, H. V. 1960: Die heutige Vergletscherung und Schneegrenze in Hochasien. Akad. d. Wiss. u. d. Lit. Mainz, Abh. d. Math.-Naturwiss. Kl. Jg. 1959, Nr. 14, Darmstadt.

ZINGG, TH. 1954: Die Bestimmung der klimatischen Schneegrenze auf klimatischer Grundlage. Mitt. d. Eidg. Inst. f. Schnee- u. Lawinenforsch. Nr. 12, Davos.

2.9. Verbreitung der Schneedecke

ALFORD, D. 1967: Density variation in alpine snow. J. Gl. Bd. 6, Nr. 46, S. 495–503.

BESNON, S. K. 1967: Polar snow cover. Proc. Intern. Conf. on Low Temperature Science, Sapporo, Jap. 1966, Physics of snow and ice, S. 1039–1063.

BLACK, R. F. u. BERG, TH. E. 1963: Hydrothermal regimen of patterned ground, Victoria Land, Antarctica. IASH Publ. Nr. 61, S. 121–127.

BORISOV, A. A. 1965: Climates of the USSR. Edinburgh u. London.

CORBEL, J. 1962: Neiges et glaciers. Paris.

GOW, J. A. 1965: On the accumulation and seasonal stratification of snow at the South Pole. J. Gl. Bd. 5, Nr. 40, S. 467–477.

HERRMANN, A. 1972: Variations de l'epaisseur de la densite et de l'équivalent en eau d'une couche de neige alpine en hiver. Intern. Symp. on the role of Snow and Ice in hydrology, Unesco – 1: Physics and chemistry of snowfall and snow distribution. Banff.

HERRMANN, A. 1973: Entwicklung der winterlichen Schneedecke in einem nordalpinen Niederschlagsgebiet. Schneedeckenparameter in Abhängigkeit von Höhe ü. NN, Exposition und Vegetation im Hirschbachtal bei Lengries im Winter 1970/71. Münchener Geogr. Abh. H. 10, München.

HYDROGRAPHISCHER DIENST IN ÖSTERREICH 1962: Der Schnee in Österreich im Zeitraum 1901–1950. Beitr. z. Hydrogr. Österreichs, H. Nr. 24, Wien.

KENDREW, W. G. 1953: The climates of the continents. London.

KOSSINNA, E. 1939: Die Schneedecke der Ostalpen. Wiss. Veröff. Dt. Museum f. Länderkd. N. F. 7, S. 71–93.

KOTLYAKOV, V. M. 1961: The snow cover of the Antarctic and its role in the presentday glaciation of the continent. Moskau.

KOUCEK, N. 1959: Schneeverhältnisse der Hohen Tatra. Ber. Dt. Wetterdienst Nr. 54, S. 132–133.

KÜCHLE-SCHEIDEMANTEL, I. 1956: Die Dauer der Schneedecke in Europa. Pet. Mitt. Jg. 100, S. 185–192.

MANLEY, G. 1952: Climate and British scene. London.

MARTINEC, J. 1965: Design of snow – gauging networks, with regard to new measuring techniques. IASH, Publ. Nr. 67, S. 189–96.

MORANDINI, G. 1967: Ten years observation on snow in Italy 1951/52–1960/61. Bull. IASH, Jg. 8, Nr. 3, S. 101–108.

PETROV, V. N., SMIRNOV, N. P. u. BARKOV, N. I. 1966: Snow accumulation periodicity in Antarctica. In: Soviet Antarctic Exped. Inform. Bull. 6/2, S. 124–128.

POGGI, A. 1959: Contribution à la connaissance de la distribution altimetrique de la durée de l'enneignement dans les Alpes francais du nord. Ber. Dt. Wetterd. Nr. 54, S. 134–149.

POTTER, J. G. 1958: Mean duration and accumulation of snow cover in Canada. IASH Publ. Nr. 46, S. 82–87.

RINALDINI, B. v. 1936: Ein Schneeprofil durch Tirol von Kufstein bis Rovereto. Landeskundliche Forsch., Festschr. N. Krebs, S. 238–253, Stuttgart.

RUBIN, M. J. u. WEYANT, W. S. 1965: Antarctic Meterology, In: Hatherton Tr. (Hrsg): Antarctica. S. 375–402, London.

UTTINGER, H. 1963: Die Dauer der Schneedecke in Zürich. Arch. f. Meteorol., Geophys. u. Biokl. Ser. B. Bd. 12, H. 3–4, S. 404–421.

WARD, R. C. 1967: Principles of hydrology. London, New York, Toronto Sydney.

WEISCHET, W. 1950: Die Schneedecke im Rheinischen Schiefergebirge und ihre synoptisch-metereologischen Bedingungen. Decheniana Bd. 104, S. 103–144.

WEISCHET, W. 1970: Chile, seine länderkundliche Individualität und Struktur. Darmstadt.

2.10. Einfluß von Schnee auf Natur- und Kulturlandschaft

ADAC 1970: Reiseführer, Alpenpässe und Alpenstraßen. München.

AULITZKI, H. 1968: Berücksichtigung der Wildbach- und Lawinengefahren in der Raumordnung. Berichte z. Raumforschung u. Raumplanung, Wien. Jg. 12, H. 3, S. 43–52.

BERGER, H. 1964: Vorgänge und Formen der Nivation in den Alpen. Klagenfurt.

BOWMAN, I. 1913: Asymmetrical crestlines and abnormal valley profiles on the Central Andes. Z. f. Glkd. Bd. 7, S. 119–127.

BOWMAN, I. 1916: The Andes in South Peru. Geographical reconnaissance along the 73rd meridian. New York.

CHERNYSHEV, A. A. 1963: Velocities of snow melt run off in forest and field. Soviet Hydrology, Selected Papers, Nr. 6, S. 621–622.

COAZ, J. 1881: Die Lawinen der Schweizer Alpen. Bern.

FIEGL, H. 1963: Schneefall und winterliche Straßenglätte in Nordbayern als witterungsklimat. u. verkehrsgeogr. Problem. Erlanger Geogr. Arb. H. 15, S. 1–52.

FLAIG, W. 1955: Lawinen, Abenteuer und Erfahrung, Erlebnis und Lehre. Wiesbaden.

FORNIER, E. 1967: Le déneigement des cols pyrénéens. Rev. Géogr. des Pyrén. et du Sud-Ouest Bd. 38, H. 4, S. 309–324.

FROHNHOLZER, J. 1959: Die Zuflußvorhersage aus Schneegewichtsbestimmungen für den Lechspeicher Roßhaupten von April bis Juli. Ber. Dt. Wetterdienst Nr. 54, S. 157–162.

FRUTINGER, F. H. 1963: Technische Entwicklung der Lawinenverbauung. Tätigkeitsber. d. Eidgen. Inspektion f. Forstwesen, Jagd und Fischerei 1939–1963, S. 1–20.

FRUTINGER, F. H. u. QUERVAIN, M. R. DE 1964: Stützverbau oder Galerie. Straße u. Verkehr Nr. 1/1964, S. 17–18.

GAVELIN, A. 1900: De islämda sjöarna i Lappland och nordligaste Jämtland. Sveriges Geologiska Undersoekning, Afhandlingar, Ser. Ca., Nr. 7, Stockholm.

GOLD, L. W. 1963: Influence of the snow cover on the average annual ground temperature at Ottawa/Canada. IASH Publ. Nr. 61, S. 82–91.

GRÖTZBACH, E. 1963: Der Fremdenverkehr in den nordwestlichen Kitzbühler Alpen. Mitt. Geogr. Ges. München, Bd. 48, S. 59–106.

HAEFELI, R. 1951: Neuere Entwicklungstendenzen und Probleme des Lawinenverbaus im Anbruchgebiet. Zeitschrift d. Schweiz. Forstvereins, Beih. Nr. 26.

HOOVER, M. D. u. SHAW, E. W. 1962: More water from the mountains. Yearb. of Agriculture, S. 246–252.

KOTLYAKOV, V. M. u. PLAM, M. YA. 1966: The influence of drifting in snow distribution in mountains and its role in the formation of avalanches. IASH Publ. Nr. 69, S. 53–60.

MARTINELLI, M. 1966: Possibilities of snow pack management in alpine areas. Intern. Symp. on Forest Hydrology, Pennsylv. State Univ. 29.8.–10.9.1965, Oxford–New York.

PEEV, KH. D. 1966: Geomorphic activity of snow avalanches. IASH Publ. Nr. 69, S. 357–368.

PENCK, A. 1894: Morphologie der Erdoberfläche. I. Teil. Stuttgart.

QUERVAIN, M. R. DE 1964: Die Lawinengefährdung der Verkehrswege. Straße und Verkehr Nr. 1/1964. S, 3–5.

RAPP, A. 1960: Recent development of mountain slopes in Kärkevagge and surroundings, northern Scandinavia. Geogr. Annaler Bd. 42, S. 71–200.

RATZEL, F. 1889: Die Schneedecke besonders in deutschen Gebirgen. Forsch. z. dt. Landes- u. Volkskd. Bd. 4, H. 3, Stuttgart.

RICHTER, G. 1961: Role of snow cover in nature. IASH Publ. Nr. 54, S. 107.

ROONEY, J. F. 1967: The urban snow hazard in the United States. Geogr. Rev. Bd. 57, H. 4, S. 538–559.

ZULAUF, R. 1964: Mikroklimastation und präventive Streusalzverwendung. Straße u. Verkehr Nr. 1/1964, S. 31–35.

ZULAUF, R. 1964: Zur Frage der in den verschiedenen Klimagebieten der Schweiz zu erwartenden Streusalzmengen pro Winter und Quadratmeter Nationalstraße. Straße u. Verkehr Nr. 1/1964, S. 22–26.

3.1. Entstehung, Struktur und Textur des Gletschereises

AHLMANN, H. W. 1935: Contribution to the physics of glaciers. Geogr. J. Bd. 86, S. 97–113.

AHLMANN, H. W. 1948: Glacier ice crystal measurements at Kebnekajse Sweden. IASH Publ. Nr. 29, S. 221–227.

AMBACH, W., BORTENSCHLAGER, S. u. EISNER, H. 1969: Untersuchung von charakteristischen Pollenspektren im Akkumulationsgebiet eines Alpengletschers (Ötztaler Alpen, Österreich). Pollen et Spores Bd. 11, Nr. 1, S. 65–72.

ANGELY, G. 1967: Anciens glaciers rocheux dans

l'est des Pyrénées Centrales. Rev. Géogr. des Pyrén. et du Sud-Ouest, Bd. 38, S. 5-28.

ANNAHEIM, H. 1958: Morphologische Dynamik des Bündnerischen Rheingebietes. Geogr. Helv. Bd. 13, S. 281-287.

BARSCH, D. 1971: Rock glaciers and ice-cored moraines. Geogr. Annaler Se. A Bd. 53, Nr. 3-4, S. 203-206.

BENSON, C. S. 1961: Stratigraphic studies in the snow and firn of the Greenland Ice Sheet. Folia Geogr. Danica, Bd. 9, S. 13-37.

BOESCH, H. 1951: Beiträge zur Kenntnis der Blockströme. Die Alpen, Bd. 27, H. 1, S. 1-5.

CHARLESWORTH, J. K. 1957: The quaternary era. Bd. I, London.

CHARPENTIER, J. DE. 1841: Essai sur les glaciers et sur le terrain erratique du bassin du Rhône. Lausanne.

DANSGAARD, W., JOHNSEN, S. J., MÖLLER, J. u. LANGWAY, C. C. 1969: One thousand centuries of climatic record from Camp Century on the Greenland Ice Sheet. Science 166, S. 377-381.

DOMARADZKI, J. 1951: Blockströme im Kanton Graubünden. Ergebn. Wiss. Unters. d. Schweizer National Parks Bd. III, (NF), Nr. 24, Liestal.

DRYGALSKI, E. v. u. MACHATSCHEK, F. 1942: Gletscherkunde. Enzyklopädie der Erdkunde, Wien.

FOREL, F. A. 1882: Le grain du glacier. Archaeologia Science, Bd. 3, H. 7.

GEORGI, H. W. 1963: Der Spurenstoffgehalt des Gletschereises. Polarforsch. Bd. 5, Jg. 32, H. 1-2. S. 140-144.

GLEN, J. W. 1958: The mechanical properties of ice. I. The plastic properties of ice. Advances in Physics, Bd. 7, Nr. 26, S. 254-265.

GLEN, J. W. 1963: The rheology of ice. In: Kingery, W. D. (Hrsg.); Ice and snow. Cambridge/Mass. S. 3-7.

GOW, A. J. 1963: The inner structure of the ross ice shelf at little America V, Antarctica, as revealled by deep core drilling. IASH Publ. Nr. 61, S. 272-284.

GRÖTZBACH, E. 1965: Beobachtungen an Blockströmen im afghanischen Hindukusch und in den Ostalpen. Mitt. Geogr. Ges. München Bd. 50, S. 175-201.

GUITER, V. 1972: Une Forme montagnarde: Le rock-glacier. Rev. Géogr. Alpine, Bd. 60, H. 3, S. 467-487.

HAMBERG, A. 1932: Struktur und Bewegungsvorgänge im Gletschereise nebst Beiträgen zur Morphologie der arktischen Gletscher. Z. f. Glkd. Bd. 20, S. 486-488.

HOBBS, P. V. u. MASON, B. J. 1964: The sintering and adhesion of ice. Philosophical Mag. 8. Ser., Bd. 9, Nr. 98, S. 181-197.

HÖLLERMANN, P. 1964: Rezente Verwitterung, Abtragung und Formenschatz in den Zentralalpen am Beispiel des oberen Suldentales (Ortlergruppe). Z. f. Geom., Suppl. Bd. 4, Berlin.

HUGI, F. J. 1830: Naturhistorische Alpenreisen. Solothurn.

JUNGE. C. E. 1960: Sulfur in the atmosphere. J. of. Geophys. Res., Bd. 65, S. 227-237.

KAMB, W. B. u. SHREVE, R. L. 1963: Structure of ice at depth in a temperate glacier. Transact. of Amer. Geophys. Union Bd. 44, Nr. 1, S. 103.

KLAER, W. 1962: Untersuchungen zur klimatischen Geomorphologie in den Hochgebirgen Vorderasiens. Heidelberger Geogr. Arb., H. 11, Heidelberg–München.

KLEBELSBERG, R. v. 1948: Handbuch der Gletscherkunde und Glazialgeologie. Bd. I, Wien.

KOCH, L. P. u. WEGENER, K. 1930: Wissenschaftliche Ergebnisse der dänischen Expedition nach Dronning Louises Land I. Meddelelser om Grönland Nr. 75.

LANGWAY, C. C. 1958: Bubble pressure in Greenland glacier ice. IASH Publ. Nr. 47, S. 336-349.

LLIBOUTRY, L. 1964: Traité de glaciologie. Bd. 1, Paris.

MÜLLER, F. 1962: Zonation in the accumulation area of the glaciers of Axel Heiberg Island, N. W. T., Canada. J. Gl. Bd. 4, Nr. 33, S. 203-310.

ÖSTREM, G. 1971: Rock glaciers and ice-cored moraines, a replay to D. Barsch. Geogr. Annaler Ser. A. Bd. 53, Nr. 3-4, S. 207-213.

PATERSON, W. S. B. 1969: The physics of glacier. Oxford, London, Edinburgh, New York, Toronto, Sidney, Paris, Braunschweig.

PILLEWIZER, W. P. 1957: Untersuchungen an Blockströmen der Ötztaler Alpen. Geomorphologische Abhandlungen. Abh. d. Geogr. Inst. d. freien Univ. Berlin, Bd. 5, S. 37-50.

POUNDER, E. R. 1965: The physics of ice. Oxford.

REID, J. R. 1964: Structural glaciology of an ice layer in a firn fold ice shelf, Antarctica: Ice grain analyses. J. Gl. Bd. 5, Nr. 38, S. 191-206.

RENAUD, A. 1951: Nouvelle contribution a l'étude du grain de glacier. IASH Publ. Nr. 32, S. 206-211.

REVELLE, R. u. SUESS, H. 1957: Carbon dioxyd exchange between atmosphere and ocean and the question of an increase of atmospheric CO_2 during the past decades. Tellus, Bd. 9, S. 18–27.

RIGSBY, G. P. 1960: Crystal orientation in glacier and in experimentally deformed ice. J. Gl. Bd. 3, Nr. 27, S. 589–606.

SAUSSURE, H. B. DE 1779: Voyages dans les Alpes, précédés d'un essai sur l'histoire naturelle des environs de Genève. Bd. I, Neuchâtel.

SCHNEIDER, H. J. 1962: Die Gletschertypen. Versuch im Sinne einer einheitlichen Terminologie. Geogr. Taschenb. 1962/63, S. 276–283, Wiesbaden.

SELIGMAN, G. 1943: Forschungsergebnisse am Großen Aletschgletscher. Die Alpen Bd. 19, S. 357–364.

SELIGMAN, G. 1948: The growth of the glacier crystal. IASH Publ. Nr. 29, S. 216–220.

SHARP, R. P. 1951: Features of the firn on upper Seward Glacier, St. Elias Mountains, Canada. J. of Geology, Bd. 59, Nr. 6, S. 599–621.

SCHUMSKII, P. A.: Principles of structural glaciology. New York (Übers. aus d. Russischen).

STEINMANN, S. 1954: Results of preliminary experiments on the plasticity of ice crystals. J. Gl. Bd. 2, Nr. 16, S. 404–413.

STEINMANN, S. 1958: Experimentelle Untersuchungen zur Plastizität von Eis. Beitr. z. Geol. d. Schweiz, Geotechn. Ser. Hydrologie, Nr. 10.

STREIFF-BECKER, R. 1952: Probleme der Firnschichtung. Z. f. Glkd. u. Glazialgeol. Bd. 2, H. 1, S. 1–9.

TAMANN, G. 1929: Die Bildung des Gletscherkorns. Naturwiss. Bd. 17, S. 851–854.

TAYLOR, L. D. 1963: Structure and fabric on the Burroughs Glacier, South-East Alaska. J. Gl. Bd. 4, Nr. 36, S. 731–752.

THOMPSON, W. F. 1962: Preliminary notes on the nature and distribution of rock glaciers relative to true glaciers and other effects of climate on the ground in North America. IASH Publ. Nr. 58, S. 212–219.

TRICART, J. u. CAILLEUX, A. 1962: Traité de Géomorphologie. Bd. III: Le modelé glaciaire et nival. Paris.

TROSHKINA, E. S. u. MACHOVA, J. V. 1961: Application of the spore – pollen analysis for studying the structure of glaciers on Elbrus Mountain. IASH Publ. Nr. 54, S. 295–203.

VARESCHI, V. 1936: Blütenpollen im Gletschereis. Z. f. Glkd. Bd. 23, S. 255–76.

VORNDRAN, E. 1969: Untersuchungen über Schuttentstehung und Ablagerungsformen in der Hochregion der Silvretta (Ostalpen). Schr. d. Geogr. Inst. d. Univ. Kiel, Bd. 29, H. 3, Kiel.

WAHRHAFTIG, C. u. COX, A. 1959: Rock glaciers in the Alaska Range. Bull. Geol. Soc. of Amer. Bd. 70, S. 383–436.

WAKEFIELD, D. 1967: Internal structure of sandy glacier, Southern Victoria Land, Antarctica. J. Gl. Bd. 6, Nr. 46, S. 529–540.

3.2. Gletscherbewegung

AHLMANN, H. W. 1935: Contribution to the physics of glaciers. Geogr. J. bd. 86, S. 97–113.

ALIVERTI, G. 1961: a propos des »Vagues« des glaciers: aspects observés sur la langue et sur le front du glacier du Lys (Mont Rose). IASH Publ. Nr. 54, S. 574–577.

AMBACH, W. 1968: The formation of crevasses in relation to the measured distribution of strain – rates and stresses. Arch. f. Metereol., Geophys. u. Biokl. Ser. A., Bd. 17, H. 1, S. 78–87.

ATHERTON, D. 1963: Comparision of ogive systems under various regimes. J. Gl. Bd. 4, Nr. 35, S. 547–557.

BAUER, A. 1961: Interprétation des résultats obtenues sur les vitesses des glaciers du Groenland. Soc. Franc. de Photogrammetrie Bull. Nr. 3, S. 15–17.

BAUSSART, M. 1958: Essai de determination par photogrammétrie de la vitesse superficielle d'un glacier du Groenland. IASH Publ. Nr. 47, S. 8–10.

BAUSSART, M. 1961: Les procédés de mesure de la vitesse des glaciers par photogrammétrie. Soc. Franc. de Photogrammétrie, Bull. Nr. 3, S. 3–9.

BEHRENDT. J. C. 1962: Geophysical and glaciological studies in the Filchner Ice Shelf Area of Antarctica. J. Geophys. Res. Bd. 67, S. 221–234.

BEITZEL, J. 1970: The relationship of ice thicknesses and surface slopes in Dronning Maud Land. IASH Publ. Nr. 86, S. 191–203.

BULL, C. 1963: Measurement of the surface velocity of inland parts of Antarctic Ice Sheet by an aerial triangulation method. IASH Publ. Nr. 61, S. 144–146.

BUTKOVICH, T. R. u. LANDAUER, J. K. 1958: The flow law for ice. IASH Publ. Nr. 47, S. 318–325.

CAMPBELL, W. u. RASMUSSEN, L. 1970: A heuristic numerical model for three-dimensional time-dependent glacier flow. IASH Publ. Nr. 86, S. 177–190.

CAROL, H. 1947: The formation of roches moutonnées. J. Gl. Bd. 1, Nr. 2, S. 57–59.

COLBECK, S. C. u. EVANS, R. J. 1973: A flow law for temperate glacier ice. J. Gl. Bd. 12, Nr. 64, S. 71–86.

COLLIER, J. 1969: Beneath the advancing glacier. Geogr. Mag. Bd. 41, H. 6, S. 462–464.

DEBENHAM, F. 1923: Report on the maps and surveys. British (Terra Nova) Antarctic Expedition, London.

DESIO, A. 1954: An exceptional glacier advance in the Karakoram – Ladakh Region. J. Gl. Bd. 2, Nr. 16, S. 383–385.

DISTEL, L. 1925: Bergschrund und Randkluft. Festschrift f. E. v. Drygalski, S. 225–228, Berlin, München.

DOLGUSHIN, L. D. 1966: New data on the rates of movement of Antarctic glaciers. Soviet Antarctic Exped. Inform. Bull. Bd. 6, H. 6 (Nr. 56), S. 41–42.

DORRER, E. 1970: Movement determination of the Ross Ice Shelf, Antarctica. IASH Publ. Nr. 86, S. 467–471.

DRYGALSKI, E. v. 1898: Die Eisbewegung, ihre physikalischen Ursachen und geographischen Wirkungen. Pet. Mitt. Jg. 44, S. 55–64.

DRYGALSKI, E. v. u. MACHATSCHEK, F. 1942: Gletscherkunde. Enzyklopädie der Erdkunde, Wien.

FINSTERWALDER, R. 1931: Geschwindigkeitsmessungen an Gletschern mittels Photogrammetrie. Z. f. Glkd. Bd. 19, S. 251–262.

FINSTERWALDER, R. 1937: Die Gletscher des Nanga Parbat, Z. f. Glkd. Bd. 25, S. 57–108.

FINSTERWALDER, R. 1958: Brief notes about development of the physical aspects of ice movement. IASH Publ. Nr. 47, S. 5–7.

FINSTERWALDER, R. 1958: Measurement of ice velocity by air photogrammetry. IASH Publ. Nr. 47, S. 11–12.

FINSTERWALDER, S. 1897: Der Vernagtferner. Z. d. DÖAV Erg. H., H. 1/1, Graz.

FINSTERWALDER, S. 1910/11: Geschwindigkeitsmessungen in kartogr. unerforschten Gletschergebieten. Z. f. Glkd. Bd. 5, S. 222–223.

FLOTRON, A. 1971: Gletscherbeobachtungen mit der Kamera. Neue Züricher Zeitung vom 21.1.1971.

FORBES, J. D. 1859: Occasional papers on the theory of glaciers. Edinburgh.

FRIESE-GREEN, T. W. u. PERT, G. J. 1965: Velocity fluctuations of the Bersaekebrae, East Greenland. J. Gl. Bd. 5, Nr. 41, S. 739–747.

GLEN, J. W. 1952: Experiments on the deformation of ice. J. Gl., Bd. 2, Nr. 12, S. 111–114.

GLEN, J. W. 1958: The mechanical properties of ice. I. The plastic properties of ice. Advances in Physics, Bd. 7, Nr. 26, S. 254–265.

GLEN, J. W. 1958: The flow law of ice. A discussion of assumptions made in glacier theory, their experimental foundations and consequences. IASH Publ. Nr. 47, S. 171–183.

GLEN, J. W. 1961: Measurement of the strain rate of a glacier snout. (Cambridge Austerdalsbre Expedition). IASH, Publ. Nr. 54, S. 562–567.

GOLDTHWAIT, R. F. 1938: Seismic soundings on South Crillon and Klooch Glaciers. Geogr. J. Bd. 87, S. 496–517.

GOW, J. A. 1965: The Ice-Sheet. In: Hatherton, T. (Hrsg.): Antarctica. S. 221–258. London.

GRUNER, G. S. 1760: Die Eisgebirge des Schweizer Landes. 3 Teile, Bern.

GUNN, B. M. 1964: Flow rates and secondary structures of Fox and Franz Josef Glaciers, New Zealand. J. Gl. Bd. 5, S. 173–190.

HAEFELI, R. 1958: Druck- und Verformungsmessungen in Eisstollen. IASH, Publ. Nr. 46, S. 492–499.

HAEFELI, R. 1961: Zur Rheologie von Eisschildern der Arktis und Antarktis. IASH, Publ. Nr. 54, S. 547–561.

HAEFELI, R. 1963: A numerical and experimental method of determining ice motion in the central parts of ice sheets. IASH, Publ. Nr. 61, S. 253–260.

HAEFELI, R. u. KASSER, P. 1951: Geschwindigkeitsverhältnisse und Verformungen in einem Eisstollen des Z'Muttgletschers. IASH, Publ. Nr. 32, S. 222–236.

HANCE, J. H. 1937: The recent advance of Black Rapids Glacier, Alaska. J. of Geol. Bd. 45, S. 775–783.

HEUSSER, C. J. u. MARCUS, M. G. 1964: Surface movement, hydrological change and equilibrium flow in Lemoncreek Glacier, Alaska. J. Gl. Bd. 5, Nr. 37, S. 61–75.

HATTERLEY-SMITH, G. 1964: Rapid advance of

glacier in Northern Ellesmere Island. Nature 201, Januar 1964, S. 176.

HESS, H. 1924: Ein Beitrag zur Lösung des Problems der Gletscherbewegung. Z. f. Glkd. Bd. 13, S. 145–203.

HOFMANN, W. 1961: Tellurometer measurements on the Greenland ice cap during the International Glaciological Greenland Expedition (EGIG) summer 1959. IASH, Publ. Nr. 54, S. 469–473.

HOFMANN, W., DORRER, E. u. NOTTARP, K. 1964: The Ross Ice Shelf survey. Antarctic snow and ice studies, Antarctic res. Ser., Bd. 2, S. 83–110.

HOLDSWORTH, G. 1965: An examination and analysis of the formation of transverse crevasses, Kaskawulsh Glacier, Yukon Territory, Canada. Ohio State Univ., Inst. of Polar Studies, Rep. Nr. 16.

HOLDSWORTH, G. 1970: The flow law of cold ice: investigations on Merseve Glacier, Antarctica. IASH, Publ. Nr. 86, S.204–216.

KAMB, B. u. LA CHAPELLE, E. 1964: Direct observation of the mechanism of glacier sliding over bedrock. J. Gl. Bd. 5, Nr. 38, S. 159–172.

KLEBELSBERG, R. v. 1948: Handbuch der Gletscherkunde und Glazialgeologie. Bd. 1, Wien.

KÖRNER, H. 1964: Schnee- und Eismechanik und einige ihrer Beziehungen zur Geologie. Felsmechanik u. Ingenieurgeol. Bd. 2, H. 1, S. 45–67.

LACHEBRUCH, A. H. 1961: Depth and spacing of tension cracks. J. Geophys. Res. Bd. 65, H. 12, S. 4273–4292.

LAGALLY, M. 1930: Die Zähigkeit des Gletschereises und die Tiefe der Gletscher. Z. f. Glkd. Bd. 18, S. 1–8.

LAGALLY, M. 1933: Mechanik und Thermodynamik der stationären Gletscher. Gerl. Beitr. z. Geophys. Suppl. Bd. 2.

LAW, P. 1967: Movement of the Amery Ice Shelf. Polar Record, Bd. 13, Nr. 85, S. 439–441.

LINDIG, G. 1958: Feinbewegungsmessungen an einigen Ostalpengletschern. IASH, Publ. Nr. 46, S. 455–474.

LISIGNOLI, C. A. 1964: Movement of the Filchner Ice Shelf, Antarctica. Transact. Amer. Geophys. Union Bd. 45, H. 2, S. 391–397.

LLIBOUTRY, L. 1958: Studies of the shrinkage after a sudden advance, blue bands and wave ogives on Glacier Universidad (Central Chilean Andes). J. Gl. Bd. 3, Nr. 24, S. 261–268.

LLIBOUTRY, L. 1965: Traité de glaciologie. Bd. 2, Paris.

LLIBOUTRY, L. 1965: How glaciers move. New Scientist, Bd. 28, S. 734–736.

LLIBOUTRY, L. 1969: How ice sheets move. Science J. Bd. 5, Nr. 3, S. 50–55.

LLIBOUTRY, L. 1970: Ice flow law from ice sheet dynamics. IASH, Publ. Nr. 86, S. 216–228.

LOEWE, F. 1964: Das grönländische Inlandeis nach neuen Feststellungen. Erdkunde Bd. 18, H. 3, S. 189–202.

LOEWE, F. 1970: Schelfeis oder Eisschelf? Erdkunde Bd. 24, H. 2, S. 144–145.

MACHAY, J. R.: Glacier flow and analogue simulation. Geogr. Bull. Bd. 7, H. 1, S. 1–6.

MCCALL, J.G. 1952: The internal structure of a cirque glacier: report on studies of the englacial movements and temperatures. J. Gl. Bd. 2, Nr. 12, S. 122–130.

MEIER, M.F. 1958: The mechanics of crevasses formation. IASH, Publ. Nr. 46, S. 500–508.

MEIER, M.F. 1958: Vertical profiles of velocity and flow law of glacier ice. IASH, Publ. Nr. 47, S. 169–170.

MEIER, M.F.: Mode of flow of Sasketchewan Glacier, Alberta, Canada. US. Geol. Surv. Profess. Paper Nr. 351.

MEIER, M.F. u. TANGBORN, W. V. 1965: Net budget and flow of South Cascade Glacier, Washington. J. Gl. Bd. 5, Nr. 41, S. 547–566.

MERCANTON, P.L. 1916: Vermessungen am Rhonegletscher 1874–1915. Neue Denkschr. d. Schweizer. Naturforsch. Ges. 52.

MILL, H.R. 1888: Sea temperature and the continental shelf. Proc. Roy. Geogr. Soc. Bd. 10, S. 667–668.

MOCK, J.S. 1963: Tellurimeter traverse for a surface movement survey in N. Greenland. IASH, Publ. Nr. 61, S. 147–153.

NIELSEN, L. E. 1965: Earthquake – induced changes in Alaskan glaciers. J. Gl. Bd. 5, Nr. 42, S. 865–867.

NORDENSKJÖLD, O. 1909: Einige Beobachtungen über Eisformen und Vergletscherung der antarktischen Gebiete. Z. f. Glkd. Bd. 3, S. 321–334.

NYE, J.F. 1951: The flow of glaciers and ice-sheets as a problem in plasticity. Proc. Roy. Soc. Ser. A, Bd. 207, Nr. 1091, S. 554–572.

NYE, J.F. 1955: Comments on Dr. Loewe's letter and notes on crevasses. J. Gl. Bd. 2, Nr. 17, S. 512–514.

NYE, J. F. 1957: The distribution of stress and velocity in glaciers and ice-sheets. Proc. Roy. Soc., Ser. A., Bd. 239, Nr. 1216, S. 113–133.

NYE, J. F.: A theory of waves on glaciers. IASH, Publ. Nr. 47, S. 139–154.

NYE, J. F. 1965: The flow of a glacier in a channel of rectangular, elliptic or parabolic cross – section. J. Gl. Bd. 5, Nr. 41, S. 661–690.

OROWAN, E. 1949: The flow of ice and other solids. J. Gl. Bd. 1, Nr. 5, S. 231–240.

PALMER, A. C. 1967: Creep – velocity bounds and glacier – flow problems. J. Gl. Bd. 6, Nr. 46, S. 479–488.

PATERSON, W. S. B. 1964: Variations in velocity of Athabaska Glacier with time. J. Gl. Bd. 5, Nr. 39, S. 277–285.

PATERSON, W. S. B. 1969: The physics of glaciers. Oxford, London, Edinburgh, New York.

PATERSON, W. S. B. u. SAVAGE, J. C. 1963: Measurements on Athabaska Glacier relating to the flow law of ice. J. of. Geophys. Res. Bd. 68, Nr. 15, S. 4537–4543.

PERUTZ, M. F. 1948: A description of the iceberg aircraft carrier and the bearing of the mechanical properties of frozen wood pulp upon some problems of glacier flow. J. Gl. Bd. 1, Nr. 3, S. 95–104.

PILLEWIZER, W. 1939: Die kartographischen und gletscherkundlichen Ergebnisse der Deutschen Spitzbergenexpedition 1938. Pet. Mitt. Erg. H., H. 238, Gotha.

PILLEWIZER, W. 1957: Bewegungsstudien an Karakorumgletschern. Geomorphol. Studien, Machatchek-Festschrift, Pet. Mitt. Erg. H., H. 262, S. 53–60, Gotha.

PILLEWIZER, W. 1958: Neue Erkenntnisse über die Blockbewegung der Gletscher. IASH, Publ. Nr. 46, S. 429–436.

PILLEWIZER, W. 1964: Bewegungsstudien an einem arktischen Gletscher. Polarforschung, Bd. 5, Jg. 34, H. 1–2, S. 247–253.

POST, A. S. 1960: The exceptional advances of the Muldrow, Black Rapids, and Susitna Glaciers. J. Geophys. Res. Bd. 65, Nr. 11, S. 3703–3712.

RAYMOND, CH. F. 1973: Inversion of flow measurements for stress and rheological parameters in a valley glacier. J. Gl. Bd. 12, Nr. 64, S. 19–44.

RIGSBY, G. P. 1951: Crystal fabric studies on Emmons Glacier, Mount Rainier, Washington. J. of Geol., Bd. 59, H. 6, S. 590–598.

ROBIN, G. Q. DE 1955: Ice movement and temperature distribution in glaciers and ice sheets. J. Gl. Bd. 2, Nr. 18, S. 523–532.

ROBIN, G. Q. DE u. WEERTMAN, J. 1973: Cycling surging of glaciers. J. Gl. Bd. 12, Nr. 64, S. 3–18.

RUNDLE, A. S. 1970: Snow accumulation and ice movement on the Anvers Island ice cap, Antarctica: a study of mass balance. IASH, Publ. Nr. 86, S. 377–390.

SAUSSURE, H. B. DE 1779: Voyage dans les Alpes, précédés d'un essai sur l'histoire naturelle des environs de Genève. Bd. 1, Neuchâtel.

SCHRAM, K. 1966: Untersuchungen zur vertikalen Komponente der Gletscherbewegung und Deformation des Eises im Zungengebiet des Hintereisferners. Ber. d. Naturwiss. u. mediz. Vereins in Innsbruck, Bd. 54, S. 75–150.

SHARP, R. P. u. EPSTEIN, S. 1958: Oxygen-isotope and glacier movement. IASH, Publ. Nr. 47, S. 359–369.

SCHUMSKII, P. A. 1970: The Antarctic ice sheet. IASH, Publ. Nr. 86, S. 327–347.

SOMIGLIANA, C. 1921: Sulla profondita dei ghiacciai. Rendiconti Accad. Lincei Math. Phys. Cl. 30.

SOMIGLIANA, C. 1931: Sulla teoria del movimento glaciale. Boll. Comm. Glaciol. Ital., Bd. 11.

STEINMANN, S. 1958: Experimentelle Untersuchungen zur Plastizität von Eis. Beitr. z. Geol. d. Schweiz, Geotechn. Ser. Hydrologie, Nr. 10.

STREIFF-BECKER, R. 1952: Probleme der Firnschichtung. Z. f. Glkd. u. Glazialgeol. Bd. 2, H. 1, S. 1–9.

SWITHINBANK, CH. u. ZUMBERGE, J. H. 1965: The ice shelfes. In: Hatherton. T. (Hrsg.): Antarctica. London. S. 199–220.

TARR, R. S. u. MARTIN, L. 1914: Alaskan glacier studies. National Geogr. Soc., Washington.

THOMAS, R. H. 1973: The creep of ice shelves: Theory. J. Gl. Bd. 12, Nr. 64, S. 45–53.

THOMAS, R. H. 1973: The creep of ice shelves: Interpretation of observed behaviour. J. Gl. Bd. 12, Nr. 64, S. 55–70.

VIALOV, S. S. 1958: Regularities of glacial shields movement and the theory of plastic viscours flow. IASH, Publ. Nr. 47, S. 266–275.

VIALOW, S. S. 1958: Regularities of ice deformation. IASH, Publ. Nr. 47, S. 383–391.

VOIGT, U. 1965: Die Bewegung der Gletscherzunge des Kongsvegen (Kingsbay, Westspitzbergen). Pet. Mitt. Jg. 109, H. 1, S. 1–8.

VOIGT, U. 1966: Die Arbeiten der Überwinterungsgruppe der Deutschen Spitzbergen-Expedition 1964/65. Pet. Mitt. Jg. 110, H. 1, S. 43.

VOIGT, U. 1966: The determination of the direction of movement on glacier surfaces by terrestrial photogrammetry. J. Gl. Bd. 6, Nr. 45, S. 359–367.

WARD, W. H. 1963: A glacier wheel for measuring slip at the bed of a glacier. IASH, Publ. Nr. 61, S. 219–223.

WEERTMAN, J. 1957: On the sliding of glaciers. J. Gl. Bd. 3, Nr. 21, S. 33–38.

WEERTMAN, J. 1958: Traveling waves on glaciers. IASH, Publ. Nr. 47, S. 162–168.

WEERTMAN, J. 1964: The theory of glacier sliding. J. Gl. Bd. 5, Nr. 39, S. 287–203.

WEERTMAN, J. 1966: How glaciers move. New Scientist, Bd. 29, Nr. 481, S. 298.

WEERTMANN, J. 1967: An examination of the Lliboutry theory of glacier sliding. J. Gl. Bd. 6, Nr. 46, S. 489–494.

WILHELM, F. 1961: Die glaziologischen Ergebnisse der Spitzbergenkundfahrt der Sektion Amberg des Deutschen Alpenvereins. Mitt. Geogr. Ges. München, Bd. 46, S. 151–183.

WILHELM, F. 1963: Beobachtungen über Geschwindigkeitsänderungen und Bewegungstypen beim Eismassentransport arktischer Gletscher. IASH, Publ. Nr. 61, S. 261–271.

WILHELM, F. 1965: Jüngere Gletscherschwankungen auf der Barentsinsel in SE-Spitzbergen. Fritjof Nansen Gedächtnis Symposium, Wiesbaden, S. 73–85.

WU, T. H. u. CHRISTENSEN, R. W. 1964: Measurement of surface strain – rate of Tako Glacier Alaska. J. Gl. Bd. 5, Nr. 39, S. 305–313.

ZUMBERGE, J. H. 1960: Geologic structures of the Ross Ice Shelf. Intern. Geol. Congr. ,Rep. of the Session Norden 1960, Part 21, Copenhagen, S. 60–68.

3.3. Thermische Eigenschaften von Gletschern, Inlandeisen und Eisschelfen

AMBACH, W. 1968: Ein Beitrag zur Kenntnis des Wärmehaushaltes des grönländischen Inlandeises. Polarforsch. 38. Jg. Bd. 6, Nr. 1–2, S. 207–211.

BEHRENDT, J. C. 1970: The structure of the Filchner Ice Shelf and its relation to bottom melting. IASH Publ. Nr. 86, S. 488–496.

BLÜMCKE, A. u. HESS, H. 1899: Untersuchungen am Hintereisferner. Z. DÖAV Wiss. Erg., H., Bd. 1, H. 2, München 1899.

BOGOSLOVSKI, V. N. 1958: The temperature conditions (regime) and movement of the Antarctic glacial shield. IASH Publ. Nr. 47, S. 287–305.

CAMERON, R. L. u. BULL, C. B.: The thermal diffusivity and thermal conductivity of glacial ice at Wilkies Station, Antarctica. Proc. American Geophys. Union, Geophys. Monogr. 7, Ref. Bd. 4, S. 178–184.

CRARY A. P. u. a. 1962: Glaciological regime of the Ross Ice Shelf. J. Geophys. Res. Bd. 67, Nr. 7, S. 2791–2807.

FISHER, J. E. 1948: Pressure melting points of ice and their control on the profile of glaciated valleys. IASH Publ. Nr. 29, S. 345.

FISCHER, J. E. 1963: Two tunnels in cold ice at 4000 m on the Breithorn. J. Gl. Bd. 4, Nr. 35, S. 513–520.

FOREL, F. A. 1889: Etudes glaciaires. Arch. Sc. Physiques et Naturelles. III. Période, Nr. 17 u. Nr. 21.

GOW, A. J. 1963: Results of measurements in the 309 meter bore hole at Bird Station, Antarctica. J. Gl. Bd. 4, Nr. 36, S. 771–784.

GOW, A. J. 1965: The ice – sheet. In: Tr. Hatherton (Hrsg.): Antarctica. S. 221–258, London.

GOW, A. J. 1970: Preliminary results of studies ice cores from the 2164 m deep drill hole, Bird Station, Antarctica. IASH, Publ. Nr. 86, S. 78–90.

HAGENBACH-BISCHOFF, ED. 1888: Die Temperatur des Eises im Inneren der Gletscher. Verh. d. Naturforsch. Ges. Basel, Bd. 8.

HANSEN, B. C. u. LANGWAY, C. C. 1966: Deep core drilling in ice and core analysis at Camp Century, Greenland 1961–1966. Antarctic J. of the U.S. Bd. 1, Nr. 5, S. 207–208.

HOLTZSCHERER, J. J. u. BAUER, A. 1954: Contribution à la connaissance de l'inlandsis du Groenland. IASH Publ. Nr. 39, S. 244 ff.

LA CHAPELLE, E. 1961: Energy exchange measurements on the Blue Glacier, Washington. IASH Publ. Nr. 54, S. 302–310.

LANGWAY, C. C. 1968: Deep ice core study program: Greenland. Antarctic J. of the U.S. Bd. 3, Nr. 5, S. 184–185.

LLIBOUTRY, L. 1963: La régime thermique de la base des calottes polaires. IASH Publ. Nr. 61, S. 232–241.

LLIBOUTRY, L. 1966: Bottom temperatures and basal low – velocity layer in an ice sheet. J. Geophys. Res., Bd. 71, Nr. 10, S. 2535–2543.

LOEWE, F. 1966: The temperature of Sukkertoppen ice cap. J. Gl. Bd. 6, Nr. 43, S. 179.

MATHEW, W. H. 1964: Water pressure under a glacier. J. Gl. Bd. 5, Nr. 38, S. 235–240.

MELLOR, M. 1960: Temperaturegradients in the Antarctic Ice Sheet. J. Gl. Bd. 3, Nr. 36, S. 773–782.

MÜLLER, F. 1963: Englacial temperature measurements on Axel Heiberg Island Canadian Arctic Archipelago. IASH Publ. Nr. 61, S. 168–180.

PATERSON, W. S. B. 1969: The physics of glaciers. Oxford, London, Edinburgh, New York, Toronto, Sidney, Paris, Braunschweig.

PHILBERT, K. u. FEDERER, B. 1971: On the temperature profile and the age profile in the central part of cold ice sheets. J. Gl. Bd. 10. Nr. 58, S. 3–14.

RADOK, U., JENSSEN, D. u. BUDD, W. 1970: Steady-state temperature profiles in ice sheets. IASH Publ. Nr. 86, S. 151–165.

ROBIN, Q. G. DE 1955: Ice movement and temperature distribution in glaciers and ice sheets. J. Gl. Bd. 2, Nr. 18, S. 523–532.

ROBIN, Q. G. DE 1958: Seismic shooting and related investigations. Norwegian – British – Swedish Antarctic Exped. 1949–1952, Sc. Res. V, Norsk Polar Instituett, Oslo.

ROBIN, Q. G. DE 1970: Stability of ice sheets as deduced from deep temperature gradients. IASH Publ. Nr. 86, S. 141–151.

SCHYTT, V. 1958: The inner structure of the ice shelf at Maudheim as shown by core drilling. Norwegian – British – Swedish Antarctic Exped. 1949–1952, Sc. Res. IV, Norsk Polar Instituett, Oslo.

SCOTT KANE, H. 1970: A study of 10 m firn temperatures in central East Antarctica. IASH Publ. Nr. 86, S. 165–174.

SCHUMSKII, P. A. u. ZOTIKOV, I. A. 1963: On bottom melting of the Antarctic Ice Shelves. IASH Publ. Nr. 61, S. 225–231.

SELIGMAN, G. 1941: The structure of a temperate glacier. Publ. No. 4 of the Jungfraujoch Research Party, 1938. Geogr. J. Bd. 97, S. 295–317.

SORGE, E. 1933: The scientific results of the Wegener expeditions to Greenland. Geogr. J. Bd. 81, S. 333–352.

SVERDRUP, H. U. 1935: Scientific results of the Norwegian-Swedish Spitsbergen expedition in 1934. Part III, the temperature of firn on Isachsen's Plateau, and general conclusions regarding the temperature of glaciers in West-Spitsbergen. Geogr. Annaler Bd. 17, Nr. 1–2, S. 51–88.

SWITHINBANK, CH. u. ZUMBERGE, J. H. 1965: The ice shelves. In: Tr. Hatherton (Hrsg.): Antarctica. S. 199–220, London.

UEDA, H. T. u. GARFIELD, D. E. 1970: Deep core drilling at Bird Station, Antarctica. IASH Publ. Nr. 86, S. 53–62.

VILESOW, E. N. 1961: Temperature of ice in the lower parts of the Tuyuksu glaciers. IASH Publ. Nr. 54, S. 313–324.

WEXLER, H. 1960: Heating and melting of floating ice shelves. J. Gl. Bd. 3, Nr. 35, S. 626–645.

ZOTIKOV, I. A. 1963: Bottom melting in the central zone of the ice shield on the Antarctic Continent. Bull. IASH, Jg. 8, Nr. 1, S. 36–44.

3.4. Massenhaushalt von Gletschern

AHLMANN, H. W. 1948: Glaciological research on the North Atlantic Coasts. Royal Geogr. Soc. London, Res. Ser. Nr. 1, London.

AMBACH, W., EISNER, H., HAEFELI, R. u. ZOBL, M. 1971: Bestimmung von Firnrücklagen am Eisschild Jungfraujoch durch Messung der Gesamt-Betaaktivität von Firnproben. Z. f. Glkd. u. Glazialgeol. Bd. 7, H. 1–2, S. 57–63.

AMBACH, W. u. HOINKES, H. 1963: The heat balance of an Alpine snow field (Kesselwandferner 3240 m Ötztal Alps, August 11–Sept. 8 1958). IASH Publ. Nr. 61, S. 24–36.

ANONYM 1970: Mass – balance terms. Combined heat, ice and water balances at selected glacier basins. Unesco – IASH, technical papers in Hydrology 5, Paris. Auch in: J. Gl. Bd. 8, Nr. 52, S. 3–7, 1969.

BAUER, A. 1966: Le bilan de masse de l'Inlandsis du Groenland n'est pas positiv. Bull. IASH Jg. 11, Nr. 4, S. 8–12.

BROCKAMP, B. 1958: Reflektionsseismische Wiederholungsmessungen auf dem Pasterzengletscher und ihre Bedeutung für die Feststellung von Gletscher- und Inlandeisschwankungen. IASH Publ. Nr. 46, S. 509–513.

BULL, C. u. CARNEIN, C.R. 1970: The mass balance of a cold glacier: Meserve Glacier, South Victoria Land, Antarctica. IASH Publ. Nr. 86, S. 429–446.

EISNER, H. 1971: Bestimmung der Firnrücklagenverteilung im Akkumulationsgebiet des Kesselwandferners (Ötztaler Alpen) durch Messung der Gesamt-Beta-Aktivität von Bohrproben. Z. f. Glkd. u. Glazialgeol. Bd. 7, H. 1–2, S. 66–78.

GIOVINETTO, M. 1970: The Antarctic ice sheet and its probable bi-modal response to climate. IASH Publ. Nr. 86, S. 347–358.

GOW, A.J. 1965: The ice sheet. In: Tr. Hatherton (Hrsg.): Antarctica. London, S. 221–258.

GROSVALD, M.G. u. KOTLYAKOV, V.M. 1969: Present-day glaciers in the U.S.S.R. and some data on their mass balance. J. Gl. Bd. 8, Nr. 52, S. 9–22.

HAEFELI, R. 1962: The ablation gradient and the retreat of a glacier tongue. IASH Publ. Nr. 58, S. 49–59.

HATTERLEY-SMITH, G., LOTZ, J.R. u. SAGAR, R.B. 1961: The ablation season on Gilman Glacier northern Ellesmere Island. IASH Publ. Nr. 54, S. 152–168.

HESS, H. 1904: Die Gletscher, Braunschweig.

HESS, P. u. BREZOWSKY, H. 1952: Katalog der Großwetterlagen Europas. Ber. d. Dt. Wetterdienstes Bd. 5, Nr. 33.

HOINKES, H. 1957: Zur Bestimmung der Jahresgrenzen in mehrjährigen Schneeansammlungen. Arch.f. Met., Geophys. u. Biokl. Ser. B., Bd. 8, S. 56–60.

HOINKES, H. 1968: Glacier variation and weather J. Gl. Bd. 7, Nr. 49, S. 3–20.

HOINKES, H. 1970: Methoden und Möglichkeiten von Massenhaushaltsstudien auf Gletschern. Z. f. Glkd. u. Glazialgeol. Bd. 6, H. 1–2. S. 37–90.

HOINKES, H. 1971: Über Beziehungen zwischen Massenbilanz des Hintereisferners (Ötztaler Alpen, Tirol) und Beobachtungen der Klimastation Vent. Ann. d. Meteorol. NF Bd. 5, S. 259–264.

HOINKES, H. u. LANG, H. 1962: Der Massenhaushalt von Hintereis- und Kesselwandferner (Ötztaler Alpen) 1957/58 und 1958/59. Arch. f. Meteorol., Geophys. u. Biokl. Ser. B. Bd. 12, H. 1, S. 284–320.

HOINKES, H. u. LANG, H. 1962: Winterschneedecke und Gebietsniederschlag 1957/58 und 1958/59 im Bereich des Hintereis- und Kesselwandferners (Ötztaler Alpen). Arch. f. Meteorolog., Geophys. u. Biokl. Ser. B, Bd. 11, S. 424–446.

HOLLIN, J. 1970: Is the Antarctic ice sheet growing thicker? IASH Publ. Nr. 86, S. 363–374.

KASSER, P. 1959: Der Einfluß von Gletscherrückgang und Gletschervorstoß auf den Wasserhaushalt. Wasser- und Energiewirtschaft Nr. 6, S. 155–168.

KASSER, P. 1967: Fluctuation of glaciers 1959–1969. IASH u. UNESCO, Louvain.

LA CHAPELLE, E. 1965: The mass budget of Blue Glacier, Washington. J. Gl. Bd. 5, Nr. 41, S. 609–623.

LANG, H. u. PATZELT, G. 1971: Die Volumenänderung des Hintereisferners (Ötztaler Alpen) im Vergleich zur Massenänderung im Zeitraum 1953–1964. Z. f. Glkd. u. Glazialgeol. Bd. 8, H. 1–2, S. 39–55.

LLIBOUTRY, L., VALLON, M. u. VIVET, R. 1962: Etude de trais glaciers des Alpes Francaises. IASH Publ. Nr. 58, S. 145–155.

LLIBOUTRY, L. 1964 u. 1965: Traité de glaciologie. Bd. 1 u. 2, Paris.

LOEWE, F. 1961: Fortschritte in der physikalisch-geographischen Kenntnis der Antarktis. Erdkunde Bd. 15, H. 2, S. 81–92.

LOEWE, F. 1961: Beiträge zum Massenhaushalt des antarktischen Inlandeises. Pet. Mitt. Jg. 105, H. 4, S. 269–174.

LOEWE, F. 1964: Das grönländische Inlandeis nach neueren Feststellungen. Erdkunde Bd. 18, H. 3, S. 189–202.

LOEWE, F. 1965: Arktis und Antarktis im Lichte neuerer Forschung. Polarforschung 34. Jg. Bd. 5, H. 1–2, S. 225–236.

MARKOV, K.K. 1961: Über die Dynamik der antarktischen Eisdecke. Pet. Mitt. Jg. 105, H. 3, S. 238–247.

MEIER, M.F. 1962: Proposed definitions for glacier mass budget terms. J. Gl. Bd. 4, Nr. 33, S. 252–261.

MEIER, M.F. 1965: The Quaternary of the United States. Princeton.

MEIER, M.F. 1966: Some glaciological interpreta-

tions of remapping programs on South Cascade, Nisqually, and Klawatti Glaciers, Washington. Canadian J. of Earth Science, Bd. 3, Nr. 65.
MEIER, M. F. 1967: A proposal for mass balance terms. Part of a draft manual prepared for the International Hydrological Decade.
MEIER, M. F. u. POST, A. S. 1962: Recent variations in mass budget in western North America. IASH Publ. Nr. 58, S. 63–77.
MEIER, M. F. u. TANGBORN, W. 1965: Net budget and flow of South Cascade Glacier, Washington, J. Gl. Bd. 5, Nr. 41, S. 547–566.
MELLOR, M. 1959: Mass balance studies in Antarctica. J. Gl. Bd. 3, Nr. 26, S. 522–533.
MELLOR, M. 1964: Remarks concerning Antarctic mass balance. Polarforsch. Bd. 5, Jg. 33, H. 1–2, S. 179–180.
MÜLLER, F. 1962: Glacier mass-budget studies on Axel Heiberg Island, Canadian Arctic Archipelago. IASH Publ. Nr. 58, S. 131–142.
MÜLLER, F. u. KEELER, CH. M. 1969: Errors in short-term ablation measurements on melting ice surfaces. J. Gl. Bd. 8, Nr. 52, S. 91–105.
PASCHINGER, V. 1963: Beziehungen zwischen einigen Formenelementen und den Kleinschwankungen von Alpengletschern. Denkschr. d. Österr. Akad. d. Wiss. Math. Naturwiss. Kl. Bd. 110, 4. Abh. Wien.
PATERSON, W. S. B. 1969: The physics of glaciers. Oxford, London, Edinburgh, New York, Toronto, Paris, Braunschweig.
PATZELT, G. u. SLUPETZKY, H. 1970: Die Vertikalkomponente der Gletscherbewegung auf der Pasterze 1968–69 und ihr Einfluß auf die Berechnung der Massenbilanz. Z. f. Glkd. u. Glazialgeol. Bd. 6, H. 1–2, S. 119–127.

POLGOV, N. N. 1962: The relation between glacier retreat and the position of the firn line with special reference to the Zentralny Tuyuksu Glacier. IASH Publ. Nr. 58, S. 40–48.
ROBIN, G. Q. DE 1962: The ice of the Antarctic. Scientific American 207, 3, S. 132–146.
RUDLOFF, H. VON 1964: Die Klimaschwankungen in den Hochalpen seit Beginn der Instrumentenbeobachtung. Arch. f. Meteorol., Geophys. u. Biokl. Ser. B, Bd. 13, S. 303–351.
SCHIMPP, O. 1958: Der Eishaushalt am Hintereisferner in den Jahren 1952/53 und 1953/54. IASH Publ. Nr. 46, S. 301–314.
SCHYTT, V. 1967: A study of ablation gradient. Geogr. Annaler Bd. 49 A, Nr. 2–4, S. 327–332.
SHARP, R. P. 1960: Glaciers. Eugene/Oregon.
TANGBORN, W. V. 1963: Instrumentation of a high altitude glacier basin to obtain continous records for water budgets. IASH Publ. Nr. 61, S. 131–137.
VANNI, M. 1958: L'activité du comité glaciologique et les variations des glaciers Italiens en 1956. IASH Publ. Nr. 46, S. 315–319.
VORNDRAN, G. 1968: Untersuchungen zur Aktivität der Gletscher – dargestellt an Beispielen aus der Silvrettagruppe –. Schr. d. Geogr. Inst. d. Univ. Kiel, Bd. 29, H. 1.
WAGNER, A. 1929: Neuere Untersuchungen über die Schwankungen der allgemeinen Zirkulation. Met. Z. 45. Jg., H. 10, S. 361–367.
WAGNER, A. 1940: Klimaänderungen und Klimaschwankungen. Braunschweig.
WALCHER, J. 1773: Nachrichten von den Eisbergen in Tyrol. Wien.
WAKONIGG, H. 1971: Gletscherverhalten und Witterung. Z. f. Glkd. u. Glazialgeol. Bd. 7, H. 1–2, S. 103–123.

3.5. Gletscherschwankungen

ANDERSEN, S. A. u. HANSEN, S. 1929: Varvene i Danmark. Medd. Dansk. geol. Foren. Bd. 7.
ANDERSON, V. H. 1958: Byrd Station Glaciological Data 1957–1958. The Ohio State University Foundation.
ANTEVS, E. 1922: The recession of the last ice sheet in New England. Amer. Geogr. Soc. Res. Ser. Nr. 11, New York.
ANTEVS, E. 1925: Retreat of the last ice sheet in eastern Canada. Geol. Surv. Canada, Mem. 146.
ANTEVS, E. 1928: The last glaciation. Amer. Geogr. Soc. Res. Ser. Nr. 17, New York.

BELLAIR, P. 1960: La bordure cotière de la Terre Adélie. Sciences, Nr. 8–9, S. 86–118.
BESCHEL, R. 1950: Flechten als Altersmaßstab rezenter Moränen. Z. f. Glkd. u. Glazialgeol. Bd. 1, H. 2, S. 152–161.
BESCHEL, R. 1957: Lichenometrie im Gletschervorfeld. Jb. d. Vereinig. Schutz d. Alpenpflanzen u. Tiere, S. 164–185.
BONE, R. M. 1961: A note on the Kashka-Tash Glacier of the Caucasus, USSR. Geol. Bull. Nr. 16, S. 40–44.

BORTENSCHLÄGER, S. u. PATZELT, G. 1969: Wärmezeitliche Klima- und Gletscherschwankungen im Pollenprofil eines hochgelegenen Mooses (2270 m) der Venedigergruppe. Eiszeitalter u. Gegenwart, Bd. 20, S. 116–122.

BRINKMANN, R. 1948: Abriß der Geologie. Bd. 2, Stuttgart.

BUDD, G. M. u. STEPHENSON, P. J. 1970: Recent glacier retreat on Heard Island. IASH Publ. Nr. 86, S. 449–458.

CALDENIUS, C. 1932: Las glaciaciones cuaternarias en la Patagonia y Tierra del Fuego. Geogr. Annaler Bd. 14, Nr. 1–2, S. 1–164.

CHARLESWORTH, J. K. 1957: The quarternary era. Bd. 2, London.

CHIZKOV, O. P. u. KORYAKIN, V. S. 1962: Recent changes in the regimen of Nowaya Zemlya Ice Sheet. IASH Publ. Nr. 58, S. 187–193.

COLLIER, E. P. 1958: Glacier variation and trends in run-off in the Canadian Cordillera. IASH Publ. Nr. 46, S. 344–357.

DANSGAARD, W., JOHNSON, S. J., MOELLER, J. u. LANGWAY, C. C. 1969: One thousand centuries of climatic record from Camp Century on the Greenland Ice Sheet. Science 166, S. 377–381.

DAVID, T. W. E. 1914: Antarctica and some of its problems. Geogr. J. Bd. 43, S. 605–630.

DAVID, T. W. E. u. PRIESTLEY, H. E. 1914: Glaciology, physiography, and tectonic geology of South Victoria Land. British Antarctic Expedition, 1907–1909, reports on the scientific investigations; Geology Bd. 1, Nr. 3, London.

DAVIES, W. E. u. KRINSLEY, O. B. 1962: The recent regimen of the ice-cap margin north Greenland. IASH Publ. Nr. 58, S. 119–130.

DE GEER, E. H. 1951: De Geers chronology confirmed by radioactive carbon ^{14}C. Geologiska Fören. Förhandl., Bd. 73.

DE GEER, G. 1912: A geochronology of the last 12000 years. Compt. Rend. XI. Congr. Géol. Intern. Stockholm.

DE GEER, G. 1940: Geochronologia Suecica principales. K. Svensk. Vet. Akad. Handl. (3) 18, Nr. 6, Stockholm.

DENTON, G. u. PORTER, ST. 1970: Neoglaciation. Scientific American, Bd. 222, Nr. 6, S. 100–110.

DE VRIES, H. L. 1958: Variation in concentration of radio carbon with time and location on earth. Proc. Koninkl. Nederl. Akad. Wetensch. Bd. 61, S. 1–9.

DRYGALSKI, E. v. 1921: Das Eis der Antarktis und subantarktischen Meere. Deutsche Südpolar-Expedition 1901–1903, Bd. 1 (Geographie), Nr. 4, S. 365–709, Berlin, Leipzig.

EMILIANI, C. 1958: Paleotemperature analysis of core 280 and Pleistocene correlations. J. of Geol. Bd. 66, S. 264–275.

FAEGRI, K. 1948: On the variations of western Norwegian glaciers during the last 200 years. IASH Publ. Nr. 29, S. 293–303.

FIELD, O. 1948: The variation of Alaskan glaciers 1935–1947. IASH Publ. Nr. 29, S. 277–282.

FINSTERWALDER, R. 1961: On the measurement of glaciers fluctuations. IASH Publ. Nr. 54, S. 325–334.

FLOHN, H. 1960: Climatic fluctuations and their physical causes, especially in the tropics. In: D. J. Bargman: Tropical Meteorology in Africa. S. 270–282, Nairobi.

FUCHS, V. E. 1951: Explorations in British Antarctica. Geogr. J., Bd. 117, S. 399–421.

FÜRBRINGER, W. 1968: Geochronologische Untersuchungen in den Warventonen des Rosenheimer Beckens, insbesondere der fluviogenen Decktone. München.

FÜRBRINGER, W. 1970: Eine neue Methode zur Konnektion von Schichten. Z. f. Geom. N. F. Bd. 14, H. 2, S. 219–227.

GERHOLD, N. 1966: Die Gletscherschwankungen und ihre Zeugen. 33. Jhber. d. Bischöfl. Gymn. Paulinium in Schwaz 1966, S. 3–12.

GRAHMANN, R. 1925: Diluvium und Pliozän in Nordwest-Sachsen. Abh. sächs. Akad. d. Wiss. Math. Phys. Kl. Bd. 39, Leipzig.

GROSVALD, M. G. u. KRENKE, A. N. 1962: Recent changes and mass balance of glaciers on Franz Josef Land. IASH Publ. Nr. 58, S. 194–200.

HAEFELI, R. 1964: Welche Zeit ist notwendig, um unter gegebenen Akkumulations- und Temperaturverhältnissen einen Eisschild von der Größe des grönländischen Inlandeises oder der Antarktis aufzubauen. Polarforsch. Bd. 5, 33. Jg., H. 1–2, S. 176–178.

HAMILTON, TH. O. 1965: Comparative glacier photographs from Northern Alaska. J. Gl. Bd. 5, Nr. 40, S. 479–487.

HEINZELIN, J. DE 1951: Le retrait des glaciers du flanc ouest du massif Stanley (Ruwenzori). IASH Publ. Nr. 32, S. 203–205.

HEUBERGER, H. 1954: Gletschervorstöße zwischen Daun- und Fernaustadium in den nördlichen Stubaier Alpen (Tirol). Z. f. Glkd. u. Glazialgeol. Bd. 3, S. 91–98.

HEUBERGER, H. 1966: Gletschergeschichtliche Untersuchungen in den Zentralalpen zwischen Sellrain- und Ötztal. Wiss. Alpenvereinshefte, H. 20, Innsbruck.

HEUBERGER, H. 1968: Die Alpengletscher im Spät- und Postglazial. Eiszeitalter u. Gegenwart Bd. 19, S. 270–275.

HEUBERGER, H. u. BESCHEL, R. 1958: Beiträge zur Datierung alter Gletscherstände im Hochstubai (Tirol). Schlern-Schr. Bd. 190, S. 73–100.

HEUSSER, C. J. u. MARCUS, M. G. 1964: Historical variations of Lemon Creek Glacier, Alaska, and their relationship to the climatic record. J. Gl. Bd. 5, Nr. 37, S. 77–86.

HOFMANN, W. 1958: The advance of the Nisqually Glacier at Mt. Rainier, USA, between 1952 and 1956. IASH Publ. Nr. 46, S. 325–330.

HOLLIN, J. T. 1962: On the glacial history of Antarctica. J. Gl. Bd. 4, Nr. 32, S. 173–195.

HOLLIN, J. 1970: Is the Antarctic Ice Sheet growing thicker? IASH Publ. Nr. 86, S. 363–374.

HOUTERMANS, F. J. 1960: Die Blei-Methoden der geologischen Altersbestimmung. Geol. Rdsch. Bd. 49, H. 1, S. 168–196.

HUBER, B. 1960: Dendrochronologie. Geol. Rdsch. Bd. 49, H. 1, S. 120–129.

KASSER, P. 1967: Fluctuation of glaciers 1959–1965. UNESCO u. IASH, Louvain.

KICK, W. 1966: Long-term glacier variations measured by photogrammetry. A re-survey of Tunsbergdalsbreen after 24 years. J. Gl. Bd. 6, Nr. 43, S. 3–18.

KINSMAN, D. J. J. u. SHEARD, J. W. 1963: The glaciers of Jan Mayen. J. Gl. Bd. 4, Nr. 34, S. 439–448.

KINZL, H. 1929: Beiträge zur Geschichte der Gletscherschwankungen in den Ostalpen. Z. f. Glkd. Bd. 17, S. 66–121.

KINZL, H. 1932: Die großen nacheiszeitlichen Gletschervorstöße in den Schweizer Alpen und in der Mont Blanc Gruppe. Z. f. Glkd. Bd. 20, S. 269–397.

KINZL, H. 1949: Formenkundliche Beobachtungen im Vorfeld der Alpengletscher. Veröff. Museum Ferdinandeum Bd. 26/29, S. 61–82.

KINZL, H. 1958: Die Gletscher als Klimazeugen. Verh. Dt. Geogr. Tag Bd. 31, S. 222–231, Wiesbaden.

KINZL, H. 1968: La glaciacion actual y pleistocenica en los Andes Centrales. Coll. Geogr., Bd. 9, S. 77–90, Bonn.

KLEBELSBERG, R. v. 1948: Handbuch der Gletscherkunde und Glazialgeologie, Bd. 1, Wien.

KLUTE, F. 1951: Das Klima Europas während des Maximums der Weichsel-Würmeiszeit und die Änderungen bis zur Jetztzeit. Erdkunde Bd. 5, H. 4, S. 273–283.

KOVALYEV, P. V. 1962: The fluctuation of glaciers in the Caucasus. IASH Publ. Nr. 58, S. 179–184.

LAWRENCE, D. W. 1951: Glacier fluctuation in northwestern North America within the past six centuries. IASH Publ. Nr. 32, S. 161–166.

LLIBOUTRY, L. 1965: Traité de glaciologie. Bd. 2, Paris.

MANLEY, G. 1961: Meteorological factors in the great glacier advance (1690–1720). IASH Publ. Nr. 54, S. 388–391.

MARCINKIEWICZ, A. 1961: Die zahlenmäßige Erfassung des Gletscherrückganges während der Periode 1936–1958 an 2 Westspitzbergen-Gletschern. Bull. de l'Akad. Polon. d. Sciences, Sér. de Sc. Géol. et Géogr., Bd. 9, Nr. 4, S. 233–237.

MASON, D. P. 1950: The Falkland Islands dependencies survey. Explorations of 1947–1948. Geogr. J., Bd. 115, S. 137–172.

MAYR, F. 1964: Untersuchungen über Ausmaß und Folgen der Klima- und Gletscherschwankungen seit dem Beginn der postglazialen Wärmezeit. Z. f. Geom. N. F. Bd. 8, S. 257–285.

MEEK, V. 1948: Glacier observations in the Canadian Cordillera. IASH Publ. Nr. 29, S. 264–275.

MERCER, J. H. 1962: Glacier variations in Antarctica. Glaciol. Notes Nr. 11, S. 5–29.

MERCER, J. H. 1962: Glacier variations in New Zealand. Glaciol. Notes Nr. 12, S. 33–44.

MERCER, J. H. 1962: Glacier variations in the Andes. Glaciol. Notes Nr. 12, S. 9–31.

MERCER, J. H. 1963: Glacier variations in the Karakorum. Glaciol. Notes Nr. 14, S. 19–33.

MILLER, M. M. 1964: Alaskan glacier variations and the implication of recent tectonic activity. Science in Alaska.

MÖRNER, N. A. 1973: »Post glacial« a term with three meanings. J. Gl. Bd. 12, Nr. 64, S. 139–140.

MÜNNICH, K. O. 1960: Die C^{14}-Methode. Geol. Rdsch. Bd. 49, H. 1, S. 237–244.

NORDENSKJÖLD, O. 1904: Resultats scientifiques de l'éxpédition antarctique suédoise (1901–1903). La Géogr. Bd. 10, S. 351–362.

OESCHGER, H. u. RÖTHLISBERGER, H. 1961: Datierungen eines ehemaligen Standes des Aletschgletschers durch Radioaktivitätsmessungen an Holzproben und Bemerkungen zu Holzfunden an weiteren Gletschern. Z. f. Glkd. u. Glazialgeol. Bd. 4, S. 191–205.

PATZELT, G. 1967: Die Gletscher der Venediger Gruppe. Geogr. Diss. Innsbruck, ungedruckt.

PATZELT, G. 1970: Die Längenänderung an Gletschern der Österreichischen Ostalpen 1890–1969. Z. f. Glkd. u. Glazialgeol. Bd. 6, H. 1–2, S. 151–159.

PENCK, A. u. BRÜCKNER, E. 1909: Die Alpen im Eiszeitalter. Leipzig.

PÉWÉ, T. L. 1958: Glacier fluctuations between 1911–1958 in the McMurdo Sund Region, Antarctica. Bull. Geol. Soc. Amer. Bd. 69, S. 1755–1756.

PÉWÉ, T. L. 1960: Multiple glaciation in the McMurdo Sund, Antarctica. The Ohio State Univ. Res. Found.

PÉWÉ, T. L. u. CHURCH, P. E. 1962: Glacier regimen in Antarctica as reflected by glacier-margin fluctuation in historic time with special reference to McMurdo Sund. IASH Publ. Nr. 58, S. 295–305.

PILLEWIZER, W. 1967: Die Bedeutung der Erdbildmessung für die Gletscherbewegung. Bildmessung und Luftbildwesen Bd. 35, S. 73–80.

POST, A. S. 1965: Alaskan glaciers. Recent observations in respect to the earthquake – advance theory. Science 148, S. 366–368.

REEDS, CH. 1926: The varved clays at Little Ferry, New Jersey. Amer. Mus. Nov. Nr. 209.

REGENSBURGER, K. 1963: Comperative measurements on the Fedtschenko Glacier. Bull. IASH, 8. Jg., Nr. 1, S. 57–61.

ROSS, J. C. 1847: A voyage of discovery and research in the Southern and Antarctic Regions during the years 1839–1843. 2 Bände. London.

RICHTER, E. 1891: Geschichte der Schwankungen der Ostalpengletscher. Z. DÖAV Bd. 22, S. 1–74.

SAURAMO, M. 1918: Geochronologische Studien über die spätglaziale Zeit in Südfinnland. Bull. Comm. Géol. Finnlande, Bd. 50.

SAURAMO, M. 1923: Studies on the quarternary varve sediments in Southern Finland. Bull. Comm. Géol. Finnlande, Bd. 60.

SCHATZ, H. 1963: Observations on the Hintereis- and Vernagtferner. Bull. IASH, 8. Jg., Nr. 1, S. 94–96.

SCHROEDER-LANZ, H. 1970: Erfahrungen bei der Herstellung von Moränenkatastern im Hochgebirge mit Hilfe der Luftbildauswertung. Bildmessung und Luftbildwesen Bd. 38, S. 164–171.

SCHUMANN, W. 1965: Geochronologische Studien in Oberbayern auf der Grundlage von Bändertonen. Unveröffentlichtes Manuskript, München.

SCHUMSKII, P. A., 1963: On the theory of glacier variations. Bull. IASH, 8. Jg., Nr. 1, S. 45–56.

SCHWARZBACH, M. 1938: Tierfährten aus eiszeitlichen Bändertonen. Z. f. Geschiebeforsch. Bd. 14.

SCHWARZBACH, M. 1940: Das diluviale Klima während des Höchststandes einer Vereisung. Z. Dt. geol. Ges. Bd. 92.

SCHWARZBACH, M. 1961: Das Klima der Vorzeit. Stuttgart.

SLUPETZKY, H. 1971: Gletscherkundliche Forschungen in Österreich im Rahmen der Internationalen Hyrologischen Dekade 1965–1974. Österreich in Gesch. u. Lit. Bd. 15, H. 7, S. 402–420.

THEAKSTONE, W. H. 1965: Recent changes in the glaciers of Svartisen. J. Gl. Bd. 5, Nr. 40, S. 411–431.

TROLL, C. 1925: Methoden, Ergebnisse und Ausblick der geochronologischen Eiszeitforschung. Naturwiss. Bd. 13.

TROLL, C. 1943: Thermische Klimatypen der Erde. Pet. Mitt. Bd. 89, S. 81–89.

UREY, H. C., LOWENSTAM, H. A., EPSTEIN, S. u. MCKINNEY, C. R. 1951: Measurement of paleotemperatures and temperatures of upper Cretaceous of England, Denmark, and the southeastern United States. Bull. Geol. Soc. Amer. Bd. 62.

VALMORE, C., LAMARCHE, J. R. u. FRITTS, H. C. 1971: Tree rings, glacial advance, and climate in the Alps. Z. f. Glkd. u. Glazialbeol. Bd. 7, H. 1–2, S. 125–131.

VANNI, M. 1963: Variations of the Italien Glaciers in 1961. J. Gl. Bd. 4, Nr. 34, S. 467–470.

VANNI, M. 1962: Variation in Italien Glaciers and the glaciological survey of 1961. IASH Publ. Nr. 58, S. 160–165.

VIVIAN, R. 1971: Les variations récents des glaciers dans les Alpes francaises (1900–1970) possibilites de prévision. Rev. de Géogr. Alpine Bd. 59, H. 2, S. 229–242.

VORNDRAN, G. 1968: Untersuchungen zur Aktivität der Gletscher – dargestellt an Beispielen aus der Silvrettagruppe –. Schr. d. Geogr. Inst. d. Univ. Kiel, Bd. 29, H. 1.

VORNDRAN, G. 1970: Die Höhe der Schneegrenze in der Silvrettagruppe. Mitt. Geogr. Ges. München Bd. 55, S. 155–167.

WAKEFIELD, D. 1970: Climatic causes of alpine glacier fluctuation, southern Victoria Land. IASH Publ. Nr. 86, S. 358–362.

WEERTMAN, J. 1964: Rate of growth or shrinkage of nonequilibrium ice sheet. J. Gl. Bd. 5, Nr. 38, S. 145–158.

WEIDICH, A. 1963: Glacial variations in West Greenland in postglacial time. Bull. IASH, 8. Jg., Nr. 1, S. 75–82.

WHITTOW, J.B., SHEPHERD, A., GOLDTHORPE, J.E. u. TEMPLE, P.H. 1963: Observations on the glaciers of the Ruwenzori. J. Gl. Bd. 4, Nr. 35, S. 581–616.

WILHLEM, F. 1965: Jüngere Gletscherschwankungen auf der Barentsinsel in SE-Spitzbergen. Vorträge des Fritjof-Nansen-Gedächtnis-Symposions über Spitzbergen, S. 73–85, Wiesbaden.

ZÄHRINGER, J. 1960: Altersbestimmung nach der K-Ar-Methode. Geol. Rdsch. Bd. 49, H. 1, S. 224–237.

ZOLLER, H. 1960: Pollenanalytische Untersuchungen zur Vegetationsgeschichte der insubrischen Schweiz. Denkschr. d. Schweizer Naturforsch. Ges. Bd. 83, Abh. 2.

ZOLLER, H., SCHINDLER, C. u. RÖTHLISBERGER, H. 1966: Postglaziale Gletscherstände und Klimaschwankungen im Gotthardmassiv und Vorderrheingebiet. Verh. Naturforsch. Ges. Basel Bd. 77, H. 2, S. 97–164.

3.6. Die großen Vereisungsphasen der Erdgeschichte

AGASSIZ, L. 1840: Etude sur les glaciers. Neuchâtel u. Soleuse.

AIGNER, P.D. 1910: Das Tölzer Diluvium. Mitt. Geogr. Ges. München Bd. 5, S. 1–159.

AIGNER, P.D. 1913: Das Murnauer Diluvium. Mitt. Geogr. Ges. München Bd. 8, S. 77–177.

ARRHENIUS, G. 1952: Sediment cores from the Eastern Pacific. Swedish Deep-Sea-Exped. 1947-48, Rep. Nr. 5, Stockholm.

ARRHENIUS, S. 1896: On the influence of carbonic acid in the air upon the temperature of the ground. Phil. Mag. Bd. 41.

BEHRMANN, W. 1944: Das Klima der Präglazialzeit auf der Erde. Geol. Rdsch. Bd. 34, S. 763–776.

BELL, B. 1953: Solar variation as an explication of climatic change. In: H. Shapley (Hrsg.): Climatic change. Cambridge/Mass.

BEURLEN, K. 1957: Das Gondwana-Inlandeis in Südbrasilien. Geol. Rdsch. Bd. 45, S. 595–599.

BLOCH, M.R. 1965: Die Beeinflussung der Albedo von Eisflächen durch Staub und ihre Wirkung auf Ozeanhöhe und Klima. Geol. Rdsch. Bd. 54, S. 515–522.

BORTENSCHLÄGER, S. u. PATZELT, G. 1969: Wärmezeitliche Klima- und Gletscherschwankungen im Pollenprofil eines hochgelegenen Mooses (2270 m) der Venedigergruppe. Eiszeitalter u. Gegenwart Bd. 20, S. 116–122.

BRONGER, A. 1966: Lösse, ihre Verbraunungszonen und fossilen Böden. Ein Beitrag zur Stratigraphie des oberen Pleistozäns in Südbaden. Schr. d. Geogr. Inst. d. Univ. Kiel, Bd. 24, H. 2, Kiel.

BRONGER, A. 1969: Zur Klimageschichte des Quartärs von Südbaden auf bodengeographischer Grundlage. Pet. Mitt. Bd. 113, S. 112–124.

BRONGER, A. 1969/70: Zur Mikromorphogenese und zum Tonmineralbestand quartärer Lößböden in Südbaden. Geoderma Bd. 3, S. 281–320.

BROOKS, C.E.P. 1949: Climate through the ages. 2. Aufl. London.

CHAMBERLAIN, C.T. 1899: An attempt to frame a working hypothesis of cause of glacial periods on an atmospheric basis. J. of Geol. Bd. 7.

CHARLESWORTH, J.K. 1957: The quarternary era. 2 Bde. London.

CHARPENTIER, J. DE 1841: Essai sur les glacier. Lausanne.

CORNWALL, J. 1970: Ice ages. Their nature and effects. London, New York.

CROLL, J. 1875: Climates and time in their geological relations. London.

DALY, R.A. 1910: Pleistocene glaciation and coral reef problem. Amer. J. of Science, Bd. 4, Nr. 30.

DALY, R.A. 1934: The changing world of the ice age. New Haven.

Dansgaard, W., Johnsen, S. J., Möller, J. u. Langway, C. C. 1969: One thousand centuries of climatic record from Camp Century on the Greenland Ice Sheet. Science Nr. 166, S. 377–381.

Dubois, E. 1893: Die Klimate der geologischen Vergangenheit und ihre Beziehungen zur Entwicklungsgeschichte der Sonne. Leipzig.

Du Toit, A. L. 1954: The geology of South Africa. 3. Aufl. Edinburgh–London.

Emiliani, C. u. Geiss, J. 1959: On glaciations and their causes. Geol. Rdsch., Bd. 46, S. 576–601.

Ewing, M. u. Donn, W. L. 1956, 1958, 1966: A theory of Ice-Ages. Science Bd. 123, Nr. 3207, S. 1061–1066, Bd. 127, Nr. 3307, S. 1159–1162, Bd. 152, Nr. 3730, S. 1706–1712.

Fairbridge, Rh. W. 1967: Ice-age Theory. In: The encyclopedia of atmosperic sciences and astrology S. 462–474, New York.

Fink, J. 1962: Studien zur absoluten und relativen Chronologie der fossilen Böden in Österreich. II. Wetzleinsdorf und Stillfried. Archaeologia Austriaca Bd. 31, S. 1–18.

Flint, R. F. 1957: Glacial and pleistocene geology. New York.

Flint, R. F. 1971: Glacial and quaternary geology. New York.

Flohn, H. 1965: Grundfragen der Paläoklimatologie. Geol. Rdsch. Bd. 54, S. 504–515.

Fränzle, O. 1959: Untersuchungen über Ablagerungen und Böden im eiszeitlichen Gletschergebiet Norditaliens. Erdkunde Bd. 13, H. 4, S. 289–297.

Fuchs, V. E. u. Paterson, T. T. 1947: The relation of volcanity and orogeny to climatic change. Geol. Mag. Bd. 84.

Gierloff-Emden, H. G. 1969: Tektonisch-geologische Übersichtskarte der Ozeane der Erde. Dt. Hydrogr. Z. Bd. 23, H. 3, S. 118–120.

Gierloff-Emden, H. G., Schroeder-Lanz, H. u. Wieneke, F. 1970: Beiträge zur Morphologie des Schelfs und der Küste bei Kap Sines (Portugal). Meteor Forsch. Ergebn. Reihe C, H. 3, S. 65–84, Stuttgart.

Heirtzler, J. R. 1970: Fahrplan der Verschiebung der Kontinente. Umschau Jg. 70, S. 546.

Hoinkes, H. 1968: Glacier observation and weather. J. Gl. Bd. 7, Nr. 49, S. 3–19.

Hoinkes, H. 1968: Wir leben in einer Eiszeit. Umschau Bd. 26, S. 810–815.

Hoinkes, H. 1970: Methoden und Möglichkeiten von Massenhaushaltsstudien auf Gletschern. Ergebnisse der Meßreihe Hintereisferner (Ötztaler Alpen) 1953–1968. Z. f. Glkd. u. Glazialgeol. Bd. 6, H. 1–2, S. 37–90.

Houten, F. B. van 1948: Origin of red banded early cainozoik deposits in Rocky Mountains region. Bull. Amer. Assoc. Petrol. Geol. Bd. 32.

Hoyle, F. u. Littleton, R. A. 1939: The effect of interstellar matter on climatic variation. Proc. Cambridge Phil. Soc. Bd. 35.

Jordan, P. 1959: Die Bedeutung der Dirac'schen Hypothese für die Geophysik. Abh. Math. Nat. Kl. Akad. d. Wiss. u. Lit. Mainz, Bd. 9, S. 769–795.

Jordan, P. 1961: Zum Problem der Erdexpansion. Naturwissensch. Bd. 48, S. 417–425.

Jordan, P. 1966: Die Expansion der Erde. Braunschweig.

Kaiser, K. H. 1969: The climate of Europe during the quaternary age. In: Quaternary geology and climate, Bd. 16 of the Proc. VII. Congr. Intern. Assoc. for quaternary Research. National Academy of Science, Washington D.C.

Klebelsberg, R. v. 1948: Handbuch der Gletscherkunde und Glazialgeologie. 2 Bände. Wien.

Köppen, W. u. Wegener, A. 1924: Die Klimate der geologischen Vorzeit. Berlin.

Kulling, O. 1951: Traces of the Varanger Ice Age in the Caledonides of Norbotten. Sver. Geol. Und. Reihe C., S. 503 ff.

Leinz, V. 1938: Petrographische und geologische Beobachtungen an den Sedimenten der permokarbonischen Vereisung Südbrasiliens. N. Jb. f. Geol. u. Paläontol., Beil. Bd., Bd. 79.

Livingstone, D. A. 1959: Theory of the ice-ages. Science Bd. 129.

Lliboutry, L. 1965: Traité de Glaciologie. Bd. 2, Paris.

Maack, R. 1957: Über Vereisungsperioden und Vereisungsspuren in Brasilien. Geol. Rdsch. Bd. 45, S. 547–595.

Maclaren, Ch. 1842: What effects have glaciation and deglaciation had on ocean level? Amer. J. of Sci. Bd. 42.

Milankovitch, M. 1930: Mathematische Klimalehre. Hb. d. Klimatol. Bd. I, Teil A. (Köppen-Geiger), Berlin.

Milankovitch, M. 1938: Astronomische Mittel zur Erforschung der erdgesch. Klimate. Hb. d. Geophysik Bd. 9, Berlin, S. 593–698.

MILANKOVITCH, M. 1941: Der Kanon der Erdbestrahlung. Kgl. serb. Akad. Belgrad.

NÖLKE, F. 1928: Das Klima der geologischen Vorzeit. Pet. Mitt. Bd. 74, S. 193–196.

OLAUSSEN, E. 1961: Sediment cores from the Mediterranean Sea and the Red Sea. Rep. Swed. Deep-Sea-Exped., Bd. 8, Stockholm.

ÖPIK, E. J. 1950: Secular changes of the stellar structure and the Ice-Ages. Monthly Not. Roy. Astr. Soc. Bd. 110.

ÖPIK, E. J. 1965: Climatic change in cosmic perspective. Icarus Bd. 4, S. 287–307.

PENCK, A. 1882: Die Vergletscherung der deutschen Alpen. Leipzig.

PENCK, A. 1906: Südafrika und die Sambesifälle. Geogr. Z. Jg. 12, S. 601–611.

PENCK, A. u. BRÜCKNER, E. 1909: Die Alpen im Eiszeitalter. 3 Bände. Leipzig.

PILGRIM, L. 1904: Versuch einer rechnerischen Behandlung des Eiszeitalters. Jber. Ver. Vaterl. Nat. Württemberg. Bd. 60.

PLASS, G. N. 1956: The carbonic dioxyd theory of climatic change. Tellus, Bd. 8.

PUTZER, H. 1957: Beziehungen zwischen Inlandvereisung und Kohlebildung im Oberkarbon von Südbrasilien. Geol. Rdsch. Bd. 45, S. 593–608.

RICHTER, K. 1958: Fluorteste quartärer Knochen in ihrer Bedeutung für die absolute Chronologie des Pleistozäns. Eiszeitalter u. Gegenwart Bd. 9, S. 18–27.

RIEDEL, W. L., BRAMLETTE, M. N. u. PARKER, F. L. 1963: Pliocene-Pleistocene boundery in deep-sea sediments. Science Bd. 140.

SALOMON-CALVI, W. 1933: Die permokarbonischen Eiszeiten. Leipzig.

SCHWARZBACH, M. 1954: Eine Neuberechnung von Milankovitschs Strahlungskurve. N. Jb. f. Geol. u. Paläontol. Monatsh. Jg. 1954, S. 257–260.

SCHWARZBACH, M. 1960: Die Eiszeithypothese von Ewing und Donn. Z. d. Dt. Geol. Ges. Bd. 112, S. 309–315.

SCHWARZBACH, M. 1961: Das Klima der Vorzeit. Stuttgart.

SCHWARZBACH, M. 1965: Paläoklimatologische Eindrücke aus Australien nebst einzelnen allgemeinen Bemerkungen zur älteren Klimageschichte der Erde. Geol. Rdsch. Bd. 54, S. 128–160.

SCHWARZBACH, M. 1968: Neuere Eiszeithypothesen. Eiszeitalter u. Gegenw. Bd. 19, S. 250–261.

SHARP, R. P. 1948: Early tertiary fanglomerates, Bighorn Mountains, Wyoming. J. of Geol. Bd. 56.

SIMPSON, G. C. 1929/30: Past climates. Mem. Manch. lit. phil. Soc. Bd. 74.

SOERGEL, W. 1925: Die Gliederung und absolute Zeitrechnung des Eiszeitalters. Fortschr. d. Geol. u. Paläontol. Bd. 4, Nr. 13.

SPITALER, R. 1940: Die Bestrahlung der Erde durch die Sonne und die Temperaturverhältnisse in der quartären Eiszeit. Abh. Dtsch. Ges. Wiss. Prag, Math. Nat. Abt. Bd. 3.

STEAMS, C. E. u. THURBERER, D. L. 1965: Th^{230}-U^{234} dates of late Pleistocene marine fossils from the Mediterranean and Maroccan littorals. Quatern. Bd. 7, Rom.

STEINER, J. 1967: The sequence of geological events and the dynamics of the milky way glaxy. J. Geol. Soc. of Australia Bd. 14, S. 99–131.

TANNER, W. F. 1967: Cause and development of an ice-age. J. of Geol. Bd. 73, S. 413–430.

TORELL, O. 1875: Vortrag über Inlandeis in Norddeutschland. Z. Dt. Geol. Ges. Bd. 27.

VALENTIN, H. 1952: Die Küsten der Erde. Pet. Mitt. Erg. H., H. 246, Gotha.

VENZO, S. 1952: Geomorphologische Aufnahme des Pleistozäns (Villafranchian-Würm) im Bergamasker Gebiet und in der östlichen Brianza. Geol. Rdsch. Bd. 40, S. 109–125.

WAGNER, A. 1940: Klimaänderungen und Klimaschwankungen. Braunschweig.

WEGENER, A. 1936: Die Entstehung der Kontinente und Ozeane. 5. Aufl. Braunschweig.

WEST, R. G. 1968: Pleistocene geology and biology. London.

WILSON, A. T. Origin of ice-ages: an ice shelf theory for pleistocene glaciation. Nature Bd. 201, S. 147–149.

WOERKOM, A. J. J. VAN 1953: The astronomical theory of climate change. In: Shapley, H. (Hrsg.): Climatic change. Cambridge/Mass.

WOLDSTEDT, P. 1929: Das Eiszeitalter. Bd. 1, Stuttgart.

WOLDSTEDT, P. 1958: Das Eiszeitalter. Grundlinien einer Geologie des Quartärs. 2 Bde. Stuttgart.

WOLDSTEDT, P. 1969: Quartär. Stuttgart.

WUNDT, W. 1944: Die Mitwirkung der Erdbahnelemente bei der Entstehung der Eiszeiten. Geol. Rdsch. Bd. 34, S. 713–747.

ZEUNER, F. 1952: Dating the past. 3. Aufl. London.

ZEUNER, F. 1959: The pleistocene period. 2. Aufl. London.
ZAGWIJN, W. H. 1957: Vegetation, climate and time correlations in the Early Pleistocene of Europe. Geol. Mijnbouw Bd. 19.

3.7. Typologie der Gletscher

AHLMANN, H. W. 1934: Scientific results of the Swedish-Norwegian Arctic-Expedition in the sommer of 1931. Bd. 1, Teil VII, Geogr. Annaler 15. Jg., S. 157–247.

AHLMANN, H. W. 1935: Contribution to the physics of glaciers. Geogr. J. Bd. 86, S. 97–113.

AHLMANN, H. W. 1948: Glaciological research on the North Atlantic Coast. Roy. Geogr. Soc. Res. Ser. Nr. 1, London.

AMBACH, W. 1965: Untersuchungen des Energiehaushaltes und des freien Wassergehaltes beim Abbau der winterlichen Schneedecke. Arch. f. Meteorol., Geophys. u. Biokl. Ser. B. Bd. 14, Nr. 2, S. 148–160.

BAUER, A. 1955/56: Contribution à la connaissance du Vatnajökull-Islande. Exped. Pol. Franc., Missions P. E. Victor, Result Sci. Nr. 3, H. 2.

CHARLESWORTH, J. K. 1957: The quaternary era. Bd. 1, London.

DRYGALSKI, E. v. 1897: Die Grönlandexpedition der Berliner Gesellschaft für Erdkunde I. Berlin.

DRYGALSKI, E. v. 1911: Spitzbergens Landformen und ihre Vereisung. Abh. Bayer. Akad. Wiss. Bd. 25, S. 1–61.

FINSTERWALDER, R. 1937: Die Gletscher des Nanga Parbat. Z. f. Glkde. Bd. 25, S. 25–108.

HEIM, A. 1885: Handbuch der Gletscherkunde. Stuttgart.

HESS, H. 1904: Die Gletscher. Braunschweig.

HOBBS, W. N. 1911: Characteristics of existing glaciers. New York.

HOINKES, H. 1970: Methoden und Möglichkeiten von Massenhaushaltsstudien auf Gletschern. Z. f. Glkde. u. Glazialgeol. Bd. 6, H. 1–2, S. 37–90.

KINZL, H. 1942: Gletscherkundliche Begleitworte zur Karte der Cordillera Blanca (Peru). Z. f. Glde. Bd. 28, S. 1–19.

KLEBELSBERG, R. v. 1922: Beiträge zur Geologie Westturkestans. Innsbruck.

KLEBELSBERG, R. v. 1926: Der Turkestanische Gletschertypus. Z. f. Glkd. Bd. 14, S. 193–209.

KLEBELSBERG, R. v. 1948; Handbuch der Gletscherkunde und Glazialgeologie. Bd. 1, Wien.

LAGALLY, M. 1932: Zur Thermodynamik der Gletscher. Z. f. Glkd. Bd. 20, S. 199–214.

LOUIS, H. 1968: Allgemeine Geomorphologie. 3. Aufl. Berlin.

MATTHES, F. E. 1942: Glaciers. In: Physics of the earth. Bd. 9, S. 149–219.

MEYER, H. 1902: Der Kilimandscharo. Reisen und Studien. Berlin.

ÖSTREICH, K. 1912: Der Tschockogletscher in Baltistan. Z. f. Glkd. Bd. 6, S. 1–30.

PENCK, A. u. BRÜCKNER, E. 1909: Die Alpen im Eiszeitalter. 3 Bde. Leipzig.

RICHTER, E. 1888: Die Gletscher der Ostalpen. Stuttgart.

RUSSEL, I. C. 1885: Existing glaciers of United States. U.S. Geol. Survey Rep. Nr. 5.

SCHNEIDER, H. J. 1962: Die Gletschertypen. Versuch im Sinne einer einheitlichen Terminologie. Geogr. Taschenb. 1962/63, S. 276–283, Wiesbaden.

SHUMSKII, P. A. 1964: Principles of structural glaciology. New York.

SOMMERHOFF, G. 1973: Formenschatz und morphologische Gliederung des südostgrönländischen Schelfgebietes und Kontinentalabhanges. Diss. Univ. München. Fak. f. Geowiss. Erscheint in: Meteor Forschungsergebnisse Reihe C, H. 15, Stuttgart.

SWITHINBANK, CH. u. ZUMBERGE, J. H. 1965: The ice-shelves. In: Tr. Hatherton (Hrsg.): Antarctica. S. 109–220, London.

UNESCO, 1970: Perennial ice and snow masses. A contribution to the International Hydrological Decade. Techn. papers in hydrology. UNESCO, IASH, Paris.

VISSER, PH. C. 1934: Benennung von Vergletscherungstypen. Z. f. Glkd. Bd. 21, S. 137–139.

WILHELM, F. 1965: Jüngere Gletscherschwankungen auf der Barentsinsel in SE-Spitzbergen. Vortr. d. Fritjof-Nansen-Symposions über Spitzbergen, S. 73–85, Wiesbaden.

3.8. Verbreitung der Gletscher auf der Erde

ANONYM, 1969: The glaciers of Iceland. Polar Record Bd. 14, Nr. 39, S. 833.

AVSYUK, G. A. u. KOTLYAKOV, V. M. 1967: Mountain glaciation in the U.S.S.R. Extension, classification and ice storage in glaciers. In: Oura, H. (Hrsg.): Physics of snow and ice. Bd. 1, S. 389–394, Sapporo.

BAIRD, P. D. 1951: Report on the northern Amer. glaciers. IASH Publ. Nr. 32, S. 120–128.

BAUER, A. 1954: Synthèse glaciologique. In: Contribution à la connaissance de l'inlandis du Groenland, Teil 2, Nr. N II 3, Expéd. Pol. Franc., Paris.

BAUER, A. u. LORIUS, C. 1964: The polar ice-caps. Impact of Science on Society Bd. 14, Nr. 4, S. 223–238.,

BERZON, I. S., PAK, V. A. u.a. 1961: Sondage seismiques du glacier Fedtschenko observations gravimetriques sur le glacier Fedtschenko. IASH Publ. Nr. 54, S. 520–529.

BLÜMCKE, A. u. HESS, H. 1908/09: Tiefbohrungen auf dem Hintereisferner im Sommer 1908. Z. f. Glkd. Bd. 3, S. 232–236.

BONDAREV, L. G. 1961: Evolution of some Tien-Shan-Glaciers during the last quaters of the century. IASH Publ. Nr. 54, S. 412–419.

BROCKAMP, B. 1958: Reflektionsseismische Wiederholungsmessungen auf dem Pasterzengletscher und ihre Bedeutung für die Feststellung von Gletscher- und Inlandeisschwankungen. IASH Publ. Nr. 46, S. 509–513.

BRÜCKL, E. u. STEINHAUSER, P. 1967: Seismische Eisdickenmessung auf dem Vernagtferner. Anz. d. math. naturwiss. Kl. d. Österr. Akad. d. Wiss. Jg. 1967, Nr. 10, S. 266–273.

CASE, J. B. 1961: Glacier-mapping activities in the United States. IASH Publ. Nr. 54, S. 359–365.

CHERCASOV, P. A. 1961: Principle features of the glaciers of the northern slope of the Dzhungar Alatau Mountains. IASH Publ. Nr. 54, S. 233–242.

COLYNI, B. S. 1962: Argentine glaciology. Antarctic Res. Geophys. Monogr. Nr. 7, Amer. Geophys. Union, S. 217–228.

COMITATO GLACIOLOGICA ITALIANO 1959–1962: Catasto dei ghiacciai Italiani Anno Geofisico 1957–1958. Teil 1–4, Turin.

COMITATO GLACIOLOGICA ITALIANO 1970: Archivio fotografico. Catalogo generale. Sezione I, ghiacciai Italiani. Turin.

DESIO, A. 1967: I ghiacciai del Gruppo Ortler-Cevedale (Alpi Centrali). Turin.

DOLGUSHIN, L. D. 1961: Main features of the modern glaciation of the Urals. IASH Publ. Nr. 54, S. 335–347.

DOLGUSHIN, L. D. 1961: Main particularities of glaciation of Central Asia according to the latest data. IASH Publ. Nr. 54, S. 348–358.

DOZY, J. J. 1938: Eine Gletscherwelt in Niederländisch Neuguinea. Z. f. Glkd. Bd. 26, S. 45–51.

DRYGALSKI, E. v. u. MACHATSCHEK, F. 1942: Gletscherkunde. Enzyklopädie der Erdkunde, Wien.

DYSON, J. L. 1952: Glaciers of the American Rocky Mountains. Amer. Geogr. Soc. Triannial Rep., Subcommittee on the American Rocky Mountains, Comm. on glaciers. New York.

EKMAN, S. R. 1971: Seismic investigations on the Nordaustlandet ice caps. Geogr. Annaler Ser. A. Bd. 53, Nr. 1, S. 1–13.

FINSTERWALDER, R. 1951: Die Gletscher der Bayerischen Alpen. Jb. d. DÖAV, S. 60–66.

FINSTERWALDER, R. 1953: Die zahlenmäßige Erfassung des Gletscherrückgangs an Ostalpengletschern. Z. f. Glkd. u. Glazialgeol. Bd. 2, H. 2, S. 189–239.

FINSTERWALDER, R. 1972: Orthophotos zur Gletscherkartierung. Bildmessung und Luftbildwesen 3/72, S. 148–152.

FLINT, R. F. 1971: Glacial and quaternary geology. New York.

FRISTRUP, B. 1963: Inlandisen. Kopenhagen.

FRISTRUP, B. 1966: The Greenland ice cap. Kopenhagen.

GELLERT, J. F. 1966: Neue chinesische Hochgebirgs- und Gletscherforschungen in Innerasien. Pet. Mitt. Jg. 110, H. 3, S. 198–199.

GOLD, L. M. 1957: Antarctic prospect. Geogr. Rev. Bd. 47, S. 1–28.

GRÖTZBACH, E. u. RATHJENS, C. 1969: Die heutige und jungpleistozäne Vergletscherung des afghanischen Hindukusch. Z. f. Geom. Suppl. Bd. 8, S. 58–75.

GROSVALD, M. G. u. KOTLYAKOV, V. M. 1969: Present-day glaciers in the U.S.S.R. and some data on their mass balance. J. Gl. Bd. 8, Nr. 52, S. 9–22.

HEIM, A. 1885: Handb. d. Gletscherkunde. Stuttg.

HEINE, A. J. 1962: Glacier-changes on Mount Ruapehu New Zealand 1957–1961. IASH Publ. Nr. 58, S. 173–178.

HENNOCH, W. E. S. o. J.: Surface measurements of glaciericed area in Canada. Glaciol. Sec., Water Res. Branch, Deptm. of Energy, Mines and Resources, unpubl. ms.

HESS, H. 1904: Die Gletscher. Braunschweig.

HEUBERGER, H. 1956: Beobachtungen über die heutige und eiszeitliche Vergletscherung in Ostnepal. Z. f. Glkd. u. Glazialgeol. Bd. 3, S. 349–364.

HOINKES, H. 1970: Methoden und Möglichkeiten von Massenhaushaltsstudien auf Gletschern. Ergebnisse der Meßreihe Hintereisferner (Ötztaler Alpen) 1952–1968. Z. f. Glkd. u. Glazialgeol. Bd. 6, H. 1–2, S. 37–90.

HÖLLERMANN, P. 1968: die rezenten Gletscher der Pyrenäen. Geogr. Helv. Jg. 23, H. 4, S. 157–168.

KASSER, P. 1967: Fluctuations of glaciers 1959–1965. IASH/UNESCO, Louvain.

KLEBELSBERG, R. v. 1948: Handbuch der Gletscherkunde und Glazialgeologie. Bd. 1, Wien.

KINZL, H. 1935: Gegenwärtige und eiszeitliche Vergletscherung in der Cordillera Blanca (Peru). Verh. u. Wissensch. Abh. d. 25. Dt. Geogr. Tages zu Bad Nauheim 1934, S. 41–56, Breslau.

KINZL, H. 1950: Die Vergletscherung in der Südhälfte der Cordillera Blanca (Peru). Z. f. Glkd. u. Glazialgeol. Bd. 1, S. 1–28.

KINZL, H. 1968: La glaciacion actual y pleistocénica en los Andes Centrales. Coll. Geogr. Bd. 9,, S. 77–90, Bonn.

KOSACK, H. P. 1954–55: Größte Gletscher der Erde. Geogr. Taschb. S. 261–272. Wiesbaden.

KOSACK, H. P. 1960: Die Höhenlage der antarktischen Eiskuppel. Polarforschung Bd. 5, Jg. 30, H. 1–2, S. 21–24.

KOTLYAKOV, V. M. 1968: Snezhnyq pokrov zemli i lezniki. (Schneedecke der Erde und Gletscher). Leningrad.

LIESTÖL, O. 1962: List of the areas and number of glaciers. In: Hoel, A. u. Werenskiöld, W.: Glaciers and snowfields in Norway. Norsk Polarinstitutt, Skrifter Nr. 114, S. 35–50.

LLIBOUTRY, L. 1956: Nieves y glaciares de Chile, fundamentos de glaciologia. Univ. de Chile, Santiago.

LLIBOUTRY, L. 1965: Traité de glaciologie. Bd. 2, Paris.

LLIBOUTRY, L. 1969: How ice sheets move. Science J. Bd. 5, Nr. 3, S. 50–55.

LLIBOUTRY, L., GONZALEZ, O. u. SIMKEN, J. 1958: Les glaciers du dessert chilien. IASH Publ. Nr. 46. S. 291–300.

LÖKEN, O. H. 1970: Glacier studies in the Canadian IHD program. Canadian national committee, proc. of workshop seminar, Ottawa.

LOWE, F. 1961: Glaciers of Nanga Parbat. Pakistan Geogr. Rev. Bd. 16, Nr. 1, S. 19–24.

LOEWE, F. 1964: Das grönländische Inlandeis nach neueren Feststellungen. Erdkunde Bd. 18, S. 189–202.

LORENZO, J. L. 1959: Los glaciares de México. Univ. Nac. Auton. de México, Inst. de Geofis., Mon. Bd. 1.

LOTZ, J. R. u. SAGAR, R. B. 1962: Northern Ellesmere Island – an Arctic desert. Geogr. Annaler Bd. 44, Nr. 3–4, S. 366–377.

MEIER, M. F. 1961: Distribution and variation of glaciers in the United States exclusive Alaska. IASH Publ. Nr. 54, S. 420–429.

MERCER, J. H. 1962: Glacier variation in New Zealand. Glaciol. Notes Nr. 12, S. 33–44.

MERCER, J. H. Glacier variation in the Andes. Glaciol. Notes Nr. 12, S. 9–31.

MERCER, J. H. 1965: Glacier variation in southern Patagonia. Geogr. Rev. Bd. 55, Nr. 3, S. 390–413.

MERCER, J. H. 1967: Glaciers of the Antarctic. Antarctic Map Folio Ser., Fol. 7, Amer. Geogr. Soc., New York.

MOTHES, H. 1926: Dickenmessungen von Gletschereis mit seismischen Methoden. Geol. Rdsch. Bd. 17, S. 397–400.

MOTHES, H. 1929: Neue Ergbnisse der Eisseismik. Z. f. Geophys. Bd. 5, S. 120–144.

MOTHES, H. 1932: Neue Wege und Ziele in der Gletscherforschung. Geogr. Anzeiger Bd. 33, S. 46–50.

MÜLLER, F. 1963: Glacier mass budget and climate. In: Axel Heiberg Island Research Reports, McGill University Montreal, S. 57–64.

ÖSTREM, G. 1969: Korrelasjonsberegninger og regresjonsanalyser av døgulig avlöp som funksjon av meteorologiske parametre. In: Pytte (Hrsg.): Glasiologiske undersökelser i Norge 1968. Papport Nr. 5 fra Hydrologisk avd., Norges vassdrags- og elektrisitetsvesen, S. 83–97.

ÖSTREM, G. u. ZIEGLER, T. 1969: Atlas over breer

i Sör-Norge. Norges vassdrags- og elektrisitetsvesen, meddelelse fra hydrologisk avdeling Nr. 20, Oslo.

OMMANEY, C. S. L. 1970: A national inventory of glaciers. Park News Bd. 6, Nr. 4, S. 15–20.

PALGOV, N. N. 1961: Thickness of the glaciers of Kazakh S. S. R. in accordance with the calculation methods and seismic measurements. IASH Publ. Nr. 54, S. 512–519.

PATZELT, G. u. SLUPETZKY, H. 1970: Die Vertikalkomponente der Gletscherbewegung auf der Pasterze 1968–1969 und ihr Einfluß auf die Berechnung der Massenbilanz. Z. f. Glkd. u. Glazialgeol. Bd. 6, H. 1–2, S. 119–127.

PALOSUO, E. u. SHYTT, V. 1960: Till Nordostlandet med den svenska glaciologiska expeditionen. Terra Bd. 72, Nr. 1. Helsinki.

POST, A. S. u. a. 1971: Glaciers in the United States. Inventory of glaciers in the North Cascades, Washington. U.S. Geol. Surv. Prof. Paper Nr. 705-A, Washington.

RICKMERS, W. R. 1965: The Pamir glaciers. Geogr. J. Bd. 131, S. 217–220.

SARA, W. A. 1970: Glaciers of Westland National Park. A New Zealand geological survey handbook. Wellington.

SCHWERDTFEGER, W. 1958: Ein Beitrag zur Kenntnis des Klimas im Gebiet des Patagonischen Eisfeldes. Z. f. Glkd. u. Glazialgeol. Bd. 4, H. 1–2, S. 73–86.

SCHYTT, V. 1959: The glaciers of the Kebnekajse-Massif. Geogr. Annaler Bd. 41, S. 213–227.

SHARP, R. P. 1956: Glaciers in the Arctic. Arctic, Bd. 9, S. 78–117.

SHUMSKII, P. A. 1964: Principles of structural glaciology. New York.

SHUMSKII, P. A., KRENKE, A. N. u. ZOTIKOV, I. A. 1964: Ice and its changes. In: Odishaw, H. (Hrsg.): Research in Geophysics. Bd. 2, S. 425–460, Cambridge/Mass.

SHUMSKII, P. A. 1968: The Antarctic ice sheet. IASH Publ. Nr. 86, S. 327–346.

SWITHINBANK, CH. u. ZUMBERGE, J. H. 1965: The ice shelves. In: Tr. Hatherton (Hrsg.): Antarctica. S. 199–220, London.

TROLL, C. u. FINSTERWALDER, R. 1935: Die Karten der Cordillera Real und der Talkessel von La Paz (Bolivien). Pet. Mitt. Jg. 80, S. 393–399.

UNESCO 1970: Perennial ice and snow masses. A contribution to the International Hydrological Decade. UNESCO/IASH, Paris.

VIVIAN, R. u. a. 1967/1972: Fiches des glacieres francaise. Rev. Géogr. Alpine Bd. 55–Bd. 60.

WENDLER, G. 1969: Characteristics of the glaciation of the Brooks Range, Alaska. Arch. f. Meteorol., Geophys. u. Biokl. Ser. B, Bd. 18, Nr. 1, S. 85–92.

WISSMANN, H. v. 1959: Die heutige Vergletscherung und Schneegrenze in Hochasien mit Hinweisen auf die Vergletscherung der letzten Eiszeit. Akad. d. Wissensch. u. Lit., Abh. d. Math. Naturwiss. Kl. Mainz, Jg. 1959, S. 1103–1407, Wiesbaden.

3.9. Der Einfluß von Gletschern auf Natur- und Kulturlandschaft

AHLMANN, H. W. u. THORARINSSON, S. 1938: Vatnajökull. Scientific results of the Swedish Icelandic investigations 1936–37–38. Chapter V, the ablation. Geogr. Annaler Bd. 20, S. 171–233.

AHLMANN, H. W. u. THORARINSSON, S. 1939: Vatnajökull. Scientific results of the Swedish-Islandic investigations 1936–37–38. Chapter VI, the accumulation. Geogr. Annaler Bd. 21, S. 39–66.

AMBACH, W. u. EISNER, H. 1969: Seasonal variations of the tritium activity of run-off from an alpine glacier. Proc. Symp. Hydrology of Glaciers, Cambridge.

AMBACH, W., EISNER, H., MOSER, H. u. STICHLER, W. 1970: Deuteriumgehalt des Wassers im Gletscherabfluß. Naturwissensch. Bd. 57, H. 2, S. 86.

AMBACH, W., EISNER, H., MOSER, H., RAUERT, W. u. STICHLER, W. 1971: Ergebnisse von Isotopenmessungen am Gletscherbach des Kesselwandferners. Ann. Meteorol. NF Bd. 5, S. 209–212.

AN DER LAN, H. 1936: Hydrogeographische und hydrobiologische Beobachtungen im Liesener Gletscherbachgebiet. Verh. d. Mus. Ferd. Bd. 15, 1. hydrographischer Teil, S. 32–51.

Anonym, 1963: A study of methods used in measurements on analysis of sediment loads in streams. Rep. S, Federal Inter-Agency Sedimentation Conference of the Subcommittee on Sedimentation, IWCR, Jackson, Miss., 28. Jan. bis 1. Feb.

Anonym 1969: Vorarlberger Illwerke Aktiengesellschaft. Bregenz.

BEHRENS, H., BERGMANN, H., MOSER, H., RAUERT, W., STICHLER, W., AMBACH, W., EISNER, H. u. PESSEL, K. 1971: Study of the discharge of alpine glaciers by means of enviromental isotopes and dye tracers. Z. f. Glkd. u. Glazialgeol. Bd. 7, H. 1–2, S. 79–102.

BÖSE, E. u. ORDONEZ, E. 1901: Der Ixtaccihuatl. Z. DÖAV Bd. 32, S. 138–158.

BRÜCKNER, E. 1895: Untersuchungen über die tägliche Periode der Wasserführung und der Bewegung von Hochfluten in der oberen Rhone. Pet. Mitt. Jg. 41, S. 129–137.

BUASON, TH. 1972: Equation of isotope fractionation between ice and water in a melting snow column with continuous rain and percolation. J. Gl. Bd. 11, Nr. 63, S. 387–405.

CHARLESWORTH, J.K. 1957: The quaternary era. London.

DRYGALSKI, E. v. u. MACHATSCHEK, F. 1942: Gletscherkunde. Enzyklopädie der Erdkunde. Wien.

EMBLETON, C. u. CUCHLAINE, A.M. KING 1968: Glacial and periglacial geomorphology. Alva.

FLINT, R.F. 1971: Glacial and quaternary geology. New York, Sidney, London, Toronto.

FREEBERNE, M. 1965: Glacial meltwater resources in China. Geogr. J. Bd. 131, Nr. 1, S. 57–60.

GIERLOFF-EMDEN, H.G. 1970: Mexico, eine Landeskunde. Berlin.

GREIM, G. 1934: Studien aus dem Paznaun III. Jambach und Jamferner 1901–1921. Gerl. Beitr. z. Geophys. Bd. 41, S. 267–341.

GREIM, G. 1936: Studien aus dem Paznaun IV. Die Wassermengen des Jambachs. Gerl. Beitr. z. Geophys. Bd. 48, S. 151–176.

GUDMUNDSSON, G. u. SIGBJARNSON, G. 1972: Analysis of glacier run-off and meteorological observations. J. Gl. Bd. 11, Nr. 63, S. 303–318.

GUICHONNET, P. 1950: La catastrophe du glacier du Tour. Rev. Géogr. Alpine Bd. 38, Nr. 1, S. 198–201.

HEIM, A. 1896: Die Gletscherlawine an der Altels. N. Jbl. naturforsch. Ges. Zürich.

HEINSHEIMER, G.J. 1958: Zur Hydrologie und Glaziologie des Lago Argentino und Ventisquero Moreno III. Z. f. Glkd. u. Glazialgeol. Bd. 4, H. 1–2, S. 61–72.

HEINSHEIMER, G.J. 1964: Die Temperaturabhängigkeit der Wasserführung schmelzwassergenährter Flüsse. Arch. f. Met., Geophys. u. Biokl. Ser. B., Bd. 13, Nr. 3, S. 404–413.

HESS, H. 1906: Winterwasser der Gletscherbäche. Pet. Mitt. Jg. 52, S. 59–64.

HESS, H. 1918: Der Stausee des Vernagtferners im Jahre 1848. Z. f. Glkd. Bd. 11, S. 28–33.

HEWITT, K. 1961: Glaciers and the Indus. Indus, J. of the Westpakistan Water and River Development Authority, Lahore, Bd. 2, Nr. 9, S. 4–14.

HOFIUS, K. 1971: Das Temperaturverhalten eines Fließgewässers, dargestellt am Beispiel der Elz. Freiburger Geogr. Hefte, H. 10, Freiburg.

HOINKES, H. 1970: Methoden und Möglichkeiten von Massenhaushaltsstudien auf Gletschern. Ergebnisse der Meßreihe Hintereisferner (Ötztaler Alpen) 1953–1968. Z. f. Glkd. u. Glazialgeol. Bd. 6, H. 1–2, S. 37–90.

HOLL, A. 1937: Gletscherwärmewirtschaft. Die Alpen Bd. 13, S. 292–301.

KEITHAHN, E.L.: Alaska Ice, Inc. In: Shervood, M.B. (Hrsg.): Alasca and its history. S. 173–186.

KERR, F.A. 1934: The ice dam and floods of the Talsekwe, British Columbia. Geogr. Rev. Bd. 24, S. 643–645.

KING, W.D. 1934: The Mendoza River Flood of 10.–11. January 1934, Argentinia. Geogr. J. Bd. 84, S. 321–326.

KINZL, H. 1943: Die anthropogeographische Bedeutung der Gletscher und die künstliche Flurbewässerung in den peruanischen Anden. Sitz. Ber. europ. Geogr., Würzburg 1942, S. 353–380, Leipzig.

KINZL, H. 1950: Die Vergletscherung in der Südhälfte der Cordillera Blanca (Peru). Z. f. Glkd. u. Glazialgeol. Bd. 1, H. 1, S. 1–28.

KINZL, H. 1958: Die Gletscher als Klimazeugen. Verh. 31. Dt. Geogr. Tag Würzburg, S. 222–231, Wiesbaden.

KLEBELSBERG, R. v. 1913: Die Wasserführung des Suldenbaches. Z. f. Glkd. Bd. 7, S. 183–190.

KLEBELSBERG, R. v. 1922: Beiträge zur Geologie Westturkestans. Innsbruck.

KLEBELSBERG, R. v. 1948: Handbuch der Gletscherkunde und Glazialgeologie. Wien.

KIEMSTEDT, H. 1969: Die Landschaftsbewertung als wichtiger Bestandteil der Erholungsplanung. Der Landkreis 39. Jg., S. 269–271.

KRAUS, TH., MEYNEN, E., MORTENSEN, H.,

SCHLENGER, H. (Hrsg.). 1959: Atlas östliches Mitteleuropa. Bielefeld, Berlin, Hannover.

LAGALLY, M. 1933: Mechanik und Thermodynamik des stationären Gletschers. Gerl. Beitr. z. Geophys., 2. Supplementbd.

LANG, H. 1967: Über den Tagesgang im Gletscherabfluß. Veröff. d. Schweiz. Meteorol Zentr. Anst., Nr. 4, S. 32–38.

LANG, H., 1968: Relations between glacier run-off and meteorological factors on and outside the glaciers. IASH Publ. Nr. 79, S. 429–439.

LANG, H. 1970: Variations in the relation between glacier run-off and meteorological elements. Symp. on the hydrology of glaciers. 7–13. Sept. 1969, Cambridge/England.

LANG, H. 1970: Über den Abfluß vergletscherter Einzugsgebiete und seine Beziehung zu den meteorologischen Faktoren. Mitt. Versuchsanstalt f. Wasserbau an der E.T.H. Zürich, Bd. 85.

LANG, H. 1971: Über den Einfluß meteorologischer Faktoren auf den Schmelzwasserabfluß. Ann. Meteorol. N.F. Bd. 5, S. 213–214.

LANSER, O. 1959: Beiträge zur Hydrologie der Gletschergewässer. Schriftenr. d. Österr. Wasserwirtschaftsverb. H. 38, Wien.

LANSER, O. 1963: Die technische und wirtschaftliche Bedeutung der Gletscher. Bull. IASH 8. Jg. Nr. 1, S. 83–93.

LENDENFELD, R. V. 1904: Über die Abschmelzung der Gletscher im Winter. Globus Bd. 85, H. 24.

LINK, H. 1970: Die Speicherseen der Alpen. Sonderh. Wasser u. Energiewirtschaft 62. Jg. Nr. 9.

LLIBOUTRY, L. 1959: Une théorie du frottement du glacier sur son lit. Ann. de Géophys. Bd. 15, Nr. 2, S. 250–266.

LLIBOUTRY, L. 1961: Les glaciers enterres et leur role morphologique. IASH Publ. Nr. 54, S. 272–280.

LLIBOUTRY, L. 1971: Les catastrophes glaciers. La Recherche Nr. 12, S. 417–425.

LOUIS, H. 1952: Zur Theorie der Gletschererosion in Tälern. Eiszeitalter u. Gegenwart Bd. 2, S. 12–24.

LOUIS, H. 1968: Allgemeine Geomorphologie. 3. Aufl. Berlin.

LÜTSCHG, O. 1915: Der Märjelensee und seine Abflußverhältnisse. Annalen d. Schweiz. Landeshydrographie Bd. 1, Bern.

LÜTSCHG, O. 1926: Über den Niederschlag und Abfluß im Hochgebirge. Schweiz. Wasserwirtschaftsverband, Verb. Schr. Nr. 14, Zürich.

LÜTSCHG, O., HUBER, P., HUBER, H. u. DE QUERVAIN, F. 1950: Zum Wasserhaushalt des Schweizer Hochgebirges, 9. Kapitel. Zur Hydrologie, Chemie und Geologie der winterlichen Gletscherabflüsse der Schweizer Alpen. Beitr. z. Geol. d. Schweiz, Geotechn. Serie – Hydrologie 9, Zürich.

MARTINEC, J. 1970: Recession coefficient in glacier runoff studies. Bull. IASH 15. Jg., Nr. 1, S. 87–90.

MATTERN, E. 1931: Zur Frage der technischen Ausführbarkeit des Tauernwerkes. Die Wasserwirtschaft Bd. 24, S. 507–510.

MATZ, R. 1956: Agrar-Atlas über das Gebiet der Deutschen Demokratischen Republik. I. Bodenarten und bodenartliche Ertragsbedingungen nach den Ergebnissen der Bodenschätzung. Gotha.

MEIER, M.F. 1964: Ice and glaciers. In Ven Te Chow (Hrsg.): Handbook of applied Hydrology, Section 16.

MEIER, M.F. 1969: Glaciers and watersupply. J. of the Amer. Water Works Assoc. Bd. 61, Nr. 1, S. 8–12.

MOSER, H. u. STICHLER, W. 1970: Deuterium measurements of snow samples from the Alps. Isotope Hydrology, IAEA Wien, S. 7 35.

MOSER, H. u. STICHLER, W. 1971: Die Verwendung des Deuterium- und Sauerstoff-18-Gehaltes bei hydrologischen Untersuchungen. Geol. Bav. Bd. 64, S. 7–35.

PHILBERT, B. 1956: Beseitigung radioaktiver Abfallsubstanzen. Atomkern-Energie H. 11/12, Jg. 1, S. 1–6.

PHILBERT, B. 1959: Beseitigung radioaktiver Abfallsubstanzen in den Eiskappen der Erde. Atomkern-Energie 4. Jg., H. 3, S. 116–119.

PHILBERT, B. 1959: Energie atomique. Stockage des déchets atomiques dans les calottes glacieres de la terre. Comptes rendus des séances de l'Academie des Sciences Bd. 248, S. 2090–2092.

PALOSUO, E. u. SCHYTT, V. 1960: Till Nordostlandet med den svenska glaciologiska expeditionen. Terra Bd. 72, Nr. 1.

PARDÉ, M. 1947: Fleuves et Rivieres. Paris.

RABOT, CH. 1905: Glacial reservoirs and their outbursts. Geogr. J. Bd. 25, S. 534–547.

RATZEL, F. 1882: Anthropo-Geographie. Stuttgart.

RICHARDSON, D. 1968: Glacier outburst flood in

the Pacific Northwest. U.S. Geol. Surv. Prof. Pap. Nr. 600-D, S. D 79–D 86.

RIEDEL, U. 1971: Der Naturpark Westensee (Kreis Rendsburg-Eckernförde). Untersuchung des Vielfältigkeitswertes eines Erholungsgebietes. Schr. d. Geogr. Inst. d. Univ. Kiel, Bd. 37, S. 233–246.

RUDOLPH, R. 1961: Abflußstudien an Gletscherbächen. Methoden und Ergebnisse hydrologischer Untersuchungen in den zentralen Ötztaler Alpen in den Jahren 1953–1955. Veröff. d. Mus. Ferdinandeum Bd. 41, S. 117–266.

RUPPERT, K. 1962: Das Tegernseer Tal. Münchener Geogr. H. H. 23, Kallmünz.

SCHMIDT-THOMÉ, P 1950: Der Einfluß der Alpengletscher auf den Wasserhaushalt der süddeutschen Flüsse. Das Gas- u. Wasserfach Jg. 91, H. 10, S. 120–128.

SCHNEIDER, H. J. 1969: Minapin-Gletscher und Menschen im NW-Karakorum. Die Erde 100. Jg., H. 2–4, S. 266–286.

SCHYTT, V. 1964: Scientific results of the Swedish glaciological expedition to Nordaustlandet, Spitsbergen, 1957 and 1958. Part II, Glaciology. Geogr. Annaler Bd. 46, Nr. 3, S. 243–281.

STATISTISCHES BUNDESAMT 1971: Land- und Forstwirtschaft, Fischerei. Reihe 1, Bodennutzung und Ernte. Stuttgart u. Mainz.

STENBORG, T. 1965: Problems concerning winter run-off from glaciers. Geogr. Annaler Ser. A. Bd. 47, Nr. 3, S. 141–184.

STENBORG, T. 1970: Studies of the hydrological characteristics of glaciers. Medd. f. Uppsala Univ. Geogr. Inst. Ser. A, Nr. 245.

STENBORG, T. 1970: Delay of run-off from a glacier basin. Geogr. Annaler Ser. A, Bd. 1, S. 1–30.

STREIFF-BECKER, R. 1948: Der Wasserabfluß in einem Gletschertal. IASH Publ. Nr. 29, S. 338–340.

TRICART, J. 1969: Geomorphology of cold enviroments. London.

TROLL, K. 1924: Der diluviale Inn-Chiemseegletscher. Forsch. z. dt. Landes- u. Volkskd. Bd. 23.

TROLL, K. 1926: Die jungglazialen Schotterfluren im Umkreis der deutschen Alpen. Forsch. z. Dt. Landes- u. Volkskd. Bd. 24.

UHLIG, H. 1962: Typen der Bergbauern und Wanderhirten in Kashmir und Jaunsar-Bawar. Tag. Ber. u. Abh. d. 32. dt. Geogr. Tages Köln, S. 211–225, Wiesbaden.

VISSER, PH. C. 1938: Wissenschaftliche Ergebnisse der niederländischen Expeditionen in den Karakorum und die angrenzenden Gebiete in den Jahren 1922–1935. Bd. II, Glaziologie, Leiden.

VIVIAN, R. 1966: La catastrophe du glacier Allalin. Rev. de Géogr. Alpine, Bd. 54, Nr. 1, S. 97–112.

WEEKS, W. F. u. CAMPBELL, J. C. 1973: Icebergs as a fresh-water source: An appraisal. J. Gl. Bd. 12, Nr. 65, S. 207–233.

WEERTMAN, J. 1964: Theory of glacier sliding. J. gl. Bd. 5, Nr. 39, S. 287–303.

WEERTMAN, J. 1966: How glaciers move. New Scientist, Bd. 29, Nr. 481, S. 298 ff.

WEERTMAN, J. 1967: An examination of the Lliboutry theory of glacier sliding. J. Gl. Bd. 6, Nr. 46, S. 489–494.

WELSCH, W. u. KINZL, H. 1970: Der Gletschersturz vom Huascaran (Peru) am 31. Mai 1970, die größte Gletscherkatastrophe der Geschichte. Z. f. Glkd. u. Glazialgeol. Bd. 6, H. 1–2, S. 181–192.

WILHELM, F. 1972: Verbreitung von Seen in den Bayerischen Alpen und im Alpenvorland. Das Gas u. Wasserfach Jg. 113, S. 393–403.

WOLDSTEDT, P. 1950: Norddeutschland und angrenzende Gebiete im Eiszeitalter. Stuttgart.

WOLDSTEDT, P. 1954: Das Eiszeitalter. Grundlagen einer Geologie des Quartärs. Stuttgart.

Sach- und Ortsregister

Abbau, kantenfördernder 78
Abbauformen 57
Abbiegen 286
Abetone 107
Abfall, radioaktiver 372
Abfallsubstanzen, radioaktive 371
Abfluß 28, 205
Abfluß, verzögerter 359
Abflußgang 358, 361
Abflußregime 69
Abflußregime, glaziales 351
Abflußspende 351, 352, 353, 359
Ablagerungen, glazigene 3
Ablation 8, 61, 76, 197
Ablation, bedeckte 72, 73, 75, 77
Ablation, freie 72, 73, 74, 75
Ablationsdiagramme 74, 75
Ablationsfläche 316
Ablationsform 66
Ablationsgebiet 199, 210
Ablationsgradient 204, 205, 206
Ablationshohlformen 62, 64
Ablationskegel 62
Ablationsperiode 38, 199
Ablationsrate 197
Ablationsvolumen 199
Ablationszone 137
Ablauf, zyklischer 259
Ablenkverbau 127, 132
Abriß 88
Absorption, radioaktive 50
Absorptionskoeffizient 39
Abtragungsformen 3
accumulation area ratio 316
Achenpaß 281
Aconcagua 335
Adamello/Presanella 325
Afrika 338
Aggregate, irreguläre 12
Ainlouk 107
Airolo 132
Akkumulation 8, 29, 197

Akkumulationsfläche 316
Akkumulationsgebiet 199, 210
Akkumulationsperiode 199
Akkumulationsrate 197
Akkumulationsüberschuß 305, 306
Akkumulationsvolumen 199
Alai 330
Alaska Range 283
Alaskatyp 280
Albedo 39, 71, 304
Aldrans 346
Aletschgletscher 143, 144, 151, 190, 210, 228, 282, 290, 295, 296, 300, 309, 324, 327, 358, 365
Aletschhorn 324
Alkoholthermometer 52
Allalingletscher 185, 362, 364
Allerödinterstadial 237
Alpen 278
Alpen, Gletscherfläche 324
alpiner Typ 282
Alta 42
Altai 330
Altelsgletscher 91, 364
Alterungsprozeß 139
Altostratus 12
Altpleistozän 255
Altschnee 31, 32, 38, 56
Altschneedecke 18, 28, 303
Amery Ice Shelf 179, 342, 373
Ammersee 346
Aneto 329
Angeln 348
Anordnung, kubische 36
Anordnung, rhomboedrische 36
Anreicherungskoeffizient 15
Anstieg, glazialisostatischer 347
Antarktikvertrag 372
Antarktis 6, 340
Äquivalenttemperatur 73
Ariditätsindex 102
Arktis 6, 338
arktische Inseln 286

Arlbergzaun 127
Arollagletscher 188
Arve 68
Association Internationale d' Hydrologie Scientifique 3
Astrofixierung 182
Athabaska-Gletscher 157, 161, 170, 192
Atlantisch-arktische Region 329
Atlantsich-eurasische Region 330
Aufbrauch 68, 205
Aufeis 311
Aufeisbildung 310
Aufeisdecke 307
Auffanggefäße, integrierende 361
Auffangmauer 128
Auffangverbau 127
Aufnahmeleistung 367
Aufschüttungsformen 3
Auftrieb 286
Ausfälle, radioaktive 54
Ausgangsdichte 306
Auslaßgletscher 178, 279, 285, 292, 300, 301, 339, 340
Auslösungszone 173
Ausschmelzfiguren 201
Ausstrahlung, langwellige 71
Ausströmungsbreite 219
Austerdalsbre 174
Austfonna 339
Autozyklen-Hypothese 272
Axamer Lizum 134
Axams 346
Axel Heiberg 338, 339

Baffinland 280
Baltorogletscher 284
Bänder 142
Bänderogiven 144
Bändertone 244
Bänderung 140, 141, 143
Bänderungstexturen 144
Bannwaldgebiet 126
Barchan 60
Barentsinsel 339
Basisbecher 28
Batura-Gletscher 284, 298
Baumpollen 236
Baumwuchsindex 239
Beardmore Gletscher 341
Beaver Creek 68
Becherkristalle 30, 32, 35, 36, 38

Beileitung 367, 371
Bellecôte 325
Bepflanzung 118
Berchtesgadener Ache 116
Bergellergletscher 281
Bergler Loch 156
Bergschrund 150, 184, 185
Besselsgletscher 225
Bewässerung 351
Bewässerungsanlagen 362
Bewässerungsoase 374
Bewässerungswasser 117, 372
Bewegung, dreidimensionale 166
Bewegung, laminare 157
Bewegung, strömende 157
Bewegungstheorie, geometrische 5
Bewegungstheorie, kinematische 5
Bewegungstrajektorien 166
Bezeichnungen, internationale 10
Bezingi 331
Biafogletscher 284
Bieler Höhe 349
Bieltalbach 370
Bilanz, jährliche 199
Bilanzjahr 197
Bilanzvolumen 199, 200, 203
Bildungen, fluvioglaziale 254
Bissen 373
Black Rapids Gletscher 158, 171
Blätter 142, 143
Blätterung 140
Blamansisen 328
Blaublätter 65, 142, 143, 145
Blaueis 325
Blockgletscher 153, 155, 156, 300
Blockschollenbewegung 5, 157, 158, 164
Blockströme 153, 155, 156
Blockzungen 153, 154, 155, 156
Blons 123
Bludenz 123
Blue Glacier 139, 164, 192, 201
Blütenpollen 147
Bodden 345
Boddenküste 301
Böden, fossile 254
Bodeneis 3
Bodengefrornis 312
Bodenlawine 85
Bodenschmelzen 286
Böllinginterstadial 237
Börden 348
Böschungswinkel, natürlicher 59

Orts- und Sachregister 417

Bohrer 49
Bohrgeräte, mechanische 183
Bohrkerne 6
Bohrungen 4, 6
Bolskoy Aktrov 332
Bouvetinsel 342
Brandnergletscher 367
Brandungshohlkehle 287
Brandungsplattform 286
Brandungswirkung 286
Breiten, sensitive 276
Bremshöcker 132
Bremskeile 132
Bremsverbau 127
Bremsverbauung 128
Brennerfurche 346
Breslau-Magdeburger Urstromtal 348
Brooksketten 333
Bruchharsch 33
Büßerschnee 66, 67, 305
Büßerschnee, annueller 67
Büßerschnee, episodischer 67
Büßerschnee, perennierender 67
Büßerschnee, periodischer 67
Büßerschneevorkommen 78
Bunger Oase 226
Burrough Glacier 143
Bylotinsel 339
Byrd Station 193, 194

^{14}C-Verfahren 248
Calziumchloridlösung 18
Cambrian Mounts 107
Camp Century 175, 194, 237
Canal de los Tempanos 365
Carbonglacier 334
Carstensz-Top 104
Cascadengebirge 334, 335
Catasto dei Ghiacciai Italiani 324, 325
catch difference 24
Celerina 82
Ceylon 106
Cheyenne 118
Chiemsee 346
Chimborazo 67, 335
Chronologie, absolute 241, 275
Churlyanis Eiskuppel 225
Cirrostratus 12
Citlaltépetl 335
cold content 24, 42, 78, 303
cold wave 188
Comersee 278

Commission des Neiges et des Glaces 3
Commission Internationale des Glaciers 3
Concordiaplatz 327
continental glaciers 279
Cordillera Blanca 335, 362, 374
Cordillera de Huayhuach 335
Cordillera Negra 374
Cordillera Oriental 335
Côte d'Or 107
Cotopaxi 335
Cromermeer 257
Cryologie 3

Dachstein 5
Dänemarkstraße 285
Datierung, absolute 238
Dauerfrostboden 312
Dauerwächte 59
Daun 228
Davidgletscher 341
Davisgletscher 341
Davos 6
Deckgletscher 277, 278, 293
Defantgletscher 225
Deflation 8
Deformationen, interne 174
Deformationsparallaxen 182
degree-days 79
Dekkan 106
De Longa-Gruppe 329
De Longa-Insel 338
Demawand 67
Dendriten, räumliche 12, 14
dendritischer Typ 291
Dendrochronologie 238
Depression, diluviale 347
depth hoar 32, 35
Desorientierung 139
Detraktion, glaziale 343
Deuterium 15, 354, 355, 356
Deuteriumgehalt 356
Devon-Insel 339
Diagenese 30, 83, 135
Dichte 25, 29, 55
Dichte, kritische 37, 38
Dichteminimum 200
Dichteprofil 53
Dichteschichtung 27, 200
Dichtestrom 87
Dielektrizitätskonstante 51
Diffusionsvorgänge 32
Diskobucht 285

Doppelbrechung 138
Dora Baltea 279
Dora Riparia 278
Dorfbergverbauung 128
Doron de Bozel 70
Drac 68
Drakensberge 107
Driftschnee 300
Drifttheorie 252
Druck/Dichtediagramm 36
Druckmetamorphose 38
Druckschmelzpunkt 136, 188, 192
Druckschmelztemperatur 136, 196
Druckspannung 81
Drucktexturen 140, 143
Druckverflüssigung 164
Druckwächte 58, 59
Drumlins 345
Dryas, jüngere 237
Drygalski-Eiszunge 341
Dsungarischer Alatau 330
Duckwitzgletscher 172, 225
Dudhkosi 316
Dünen 59, 60, 346
Düsendach 128, 130
Dufourspitze 324
Dunkelwolken 267
Dwyka-Konglomerat 259
Dykh-Sou 331

Ebenhöch 132, 134
Eem 248
Eemmeer 257
Egesen 228
Eggstätter Seen 346
Eigenschaften, elastische 45
Eigenschaften, geophysikalische 4
Eigenschaften mechanische 4, 44
Eigenschaften, optische 4
Eigenschaften, plastische 5
Eigenschaften, strukturviskose 174
Eigenschaften, thermische 39, 187
Eigenschaften, viskose 45, 160
Eindringwiderstand 51
Einzelkristall 12, 13, 138
Eis 56
Eis, aufgefrorenes 303, 309
Eisabbau 279
Eisablation 79, 354
Eisbedeckung, mittlere 320
Eisberge 285, 286, 301, 319, 320, 340, 372, 373
Eisberge, Gesamtmasse 320

Eisbildung, saisonale 309
Eisbildung, temporäre 319
Eisbildungszonen 310
Eisbruch 174, 301
Eisbrücken 135
Eisdicke 325
Eisdicke, kritische 167
Eisdickenänderung 181
Eisdom 339
Eisenbahngalerien 132
Eisfeld 300
Eisgruppe 300
Eishaut 305
Eishorizonte 32, 52, 200
Eiskalotten 178
Eiskappe 278, 290, 291, 292, 294, 300, 301
Eiskeime 9
Eiskern 12
Eiskliffhöhe 285, 286
Eiskörner 9, 12
Eiskonstante 161
Eiskristalle 10, 14
Eiskristalle, Orientierung 139
Eiskuppel 293
Eislamellen 305
Eislawinen 80, 90, 91, 290, 295, 362, 364
Eislinsen 28
Eisloben 301
Eismächtigkeit 327
Eismonopol 375
Eispenitentes 65
Eisschelfe 175, 215, 285, 286, 300, 304, 340, 341, 342, 373
Eisschild 177, 193, 300
Eisschild, antarktischer 32
Eisschild, kontinentaler 279, 299
Eisschmelze 354
Eisschürzen 300
Eissäulen 28
Eisstalagmiten 65
Eisstalagtiten 65
Eisstausee 4
Eisstromnetz 278, 280, 283, 290, 291, 295, 300, 301, 338, 339
Eistürme 186
Eisverdunstung, reine 73
Eiswolken 12
Eiszapfen 65
Eiszeiten 231
Eiszeitentstehung, multilaterale 265, 275
Eiszeittheorien 271
Ekliptik 274

Orts- und Sachregister

Elbrus 331
El Golea 107
Ellesmere-Insel 338, 339, 340
Ellesmereland 280, 285
emergence velocity 181
Emergenzgeschwindigkeit 166, 181, 208
Emmans Glacier 335
Enddichte 306
Endmoränen 345
Energie, potentielle 353, 367
Energiebilanz 304
Energiehaushaltsgleichung 70
Engpaßleistung 367
Erdbahnelemente, Änderung 265
Erdumlauf, Exzentrizität 274
Erosion, glaziale 344
Erwärmung, geothermische 353
Etschgletscher 281
Evaporation 39
Exaration 344
Expansionstheorie 266

Faggenbach 367
fall-out 201
Fanaraken 109
Fasulbach 370
Fazetten 38
Fedschenkogletscher 223, 284, 297, 332
Fehmarn 348
Feinbewegung 182
Feldkapazität 70
Fennoskandischer Eisschild 279
Feretto 254
Fernaugletscher 227
Fernaustadium 227
Fernkonnektierung 244
Fernpaß 281
Festschneelawine 80, 83, 85, 89, 90, 91
Festschneelawine, nasse 85
Festschneelawine, trockene 85
Festschneeschollen 89
Feuchte 29
Feuchte, absolute 43
Feuchtedefizit 42, 43
Feuchtschneelawinen 85
fiches des glaciers francais 324
Filchnereisschelf 136, 178, 179, 285, 341, 342, 373
Filz 28
Findelenbach 352
Finsteraarhorn 324
Fimberbach 370

Firn 5, 25, 30, 32, 38, 56
Firnbeckengletscher 300
Firnbildung 34
Firneis 135, 285
Firneisdecke 311
Firneislawinen 85
Firnfeld 284
Firnhaube, zentrale 293, 295, 296
Firnifikation 34, 38
Firnkesselgletscher 295, 298
Firnkesseltyp 290, 291, 296
Firnkörner 30
Firnlawinen 85
Firnlinie 93, 95, 96, 97, 99, 101, 102, 105, 136, 141, 284, 293, 309
Firnmuldengletscher 296
Firnmuldentyp 295, 296
Firnschichten 303
Firnschneelawinen, nasse 85
Firnspiegel 33
Firnstromgletscher 295, 297
Firnstromtyp 296
Firntemperatur 310
Firnzone, aktive 308
Fjorde 344, 345
Flächenlawine 86
Flankenvereisung 290, 296, 298, 300
Fließgeschwindigkeit, divergente 167
Fließgeschwindigkeit, konvergente 167
Fließgesetz 161, 162, 163
Fließlawine 86
Fließwülste 155
Flocken 14
Fluorapatitmethode 259
Flußeis 3
Föhn 110
Förden 345
Folgifonni 328
Formen der bedeckten Ablation 62
Formen der freien Ablation 62
Formenschatz, glazigener 342, 343
Formenwandel, peripher-zentraler 19
Formfaktor 162
Fox Gletscher 166, 168
Franz Josef Gletscher 166, 168, 224
Franz-Josef-Land 280, 285, 329, 338, 339
Frederikshaab Isblink 339
Freemangletscher 169, 172, 225
Fremdenverkehr 8, 371
Fremdmaterialeinschlüsse 145
Frequenzhaltung 367
Frosteindringtiefe 310

Frostgehalt 303, 306
Frostinhalt 24, 42, 43, 78, 307, 309, 310, 312
Frostgraupel 12, 14
Frostschutzmittel 18
Frostverwitterung 342
Frostvorrat 308
Furchen, konkave 56
Furchen, konvexe 56
Furchen, unregelmäßige 56
Futschölferner 219

Gallrutferner 365
Gampenhöfe 362
Gand 149
Ganges 316
Gardasee 278
Gasblasen 37, 145, 146
Gebietsniederschlag 18, 205
Gebirgsfußgletscher 301
Gebirgsgletscher 278, 279, 300
Gebirgsniederschlagsmesser 18
Gebirgsvergletscherung 281
Gefrieren 303
Gegenböschung 59
Gegenstrahlung, langwellige 71
Geographie 4
Geophysik 4
Gepatschferner 324
Gepatsch-Gletscher 144
Gerlossee 349
Gesamteismasse 316
Gesamtfläche 316
Gesamtsüßwasservorräte 319
Geschiebe, erratische 248
Geschiebe, gekritztes 345
Geschwindigkeitsgradient 168, 183
Geschwindigkeitsverteilung, vertikale 157
Getzeisschelf 342
Gewicht, spezifisches 25
Gezeitenwirkung 286
Ghiacciaio del Calderone 329
Gietrozgletscher 365
Gipfelmethode 98
Glacier de Giétro 145
Glacier de Lépenaz 365
Glacier de Pierredar 140, 142
Glacier de Téte Rousse 366
Glacier des Bossons 366
Glacier du Tour 364
Glacier du Trient 186, 374
Glacier du Valsorey 365
glacier-surges 158, 171, 172, 173

Glatteis 118, 303, 312
Glatthänge 116
Glaziale 8
Glazialerosion 5, 344
Glazialgeologie 3
Glazialmorphologie 3
Glaziologie 2, 3, 6
Gleichgewichtsfeuchte 43
Gleichgewichtslinie 93, 96, 97, 99, 100, 101, 102, 105, 136, 137, 141, 199, 211, 212, 330
Gleichgewichtslinie, klimatische 97
Gleitbahn 88
Gleiteigenschaft 8
Gleiten 174
Gleithorizont 36, 82, 84
Gleitlawine 86
Gleitschichten, interne 83
Gleitschuh 54
Gleitvorgänge 45, 163, 164
Gleitvorgänge, interne 135
Gletscher 3, 4, 27, 135
Gletscher, aktiver 298
Gletscher, Definition 343
Gletscher, dendritischer 295, 300
Gletscher, hochpolarer 277, 303
Gletscher, inaktiver 298
Gletscher, kalte 188, 303
Gletscher, polare 277, 303
Gletscher, regenerierte 141, 279, 280, 284
Gletscher, subpolare 277, 303
Gletscher, temperierte 188, 192, 277, 303
Gletscher, warme 303
Gletscher, zusammengesetzte 150, 300
Gletscherabbruch 362
Gletscherabfluß 354, 367
Gletscherabflußfülle 358
Gletscherbach 308, 351, 352, 353, 360, 361
Gletscherbäche, Abflußverhalten 350
Gletscherbewegung 3, 4, 5, 6, 156, 174, 180
Gletscherbewegung, Theorien 159
Gletscherbewegung, Vertikalkomponente 180
Gletscherbrüche 144
Gletscherdaten 316
Gletscherdefinition 156
Gletschereis 25, 36, 37, 38, 135, 285
Gletschereis, Kornstruktur 5
Gletschereis, Struktur 137
Gletschereis, Textur 137
Gletscherernährung 299
Gletschererosion 344
Gletscherflecke 300
Gletscherform 299, 300

Gletscherfront 285, 299
Gletschergeschwindigkeit 6
Gletschergeschwindigkeit, mittlere 163
Gletscherkalbung 25
Gletscherkataster 316, 324
Gletscherkatastrophen 362, 364
Gletscherklassifikation, digitale 298
Gletscherkorngröße 138
Gletscherkunde 3, 4, 5, 6
Gletscherläufe 362, 366
Gletscherlawinen 85
Gletschermächtigkeit 6, 325
Gletschermilch 150, 360
Gletschermühlen 6, 325
Gletscherneubildung 280
Gletscherrandlagen 254
Gletscherregime, negative 298
Gletscherregime, positive 298
Gletscherriesen 333
Gletscherrückgang 222, 224
Gletscherrückzug 314
Gletscherschmelze 375
Gletscherschmelzwasser 373, 374
Gletscherschwankungen 5, 8, 220, 233
Gletscherspalten 184
Gletscherstauseen 365
Gletschersturz 364, 366
Gletschersystem, dendritisches 282, 301
Gletschersysteme, geschlossene 292
Gletschersysteme, offene 292
Gletschertemperatur 188, 191
Gletschertische 62, 63, 76
Gletschertrübe 150, 346
Gletschertypen 288, 291, 292, 299
Gletschertypen, norwegische 280
Gletschertypen, thermische 135
Gletschertypen tropische 284, 292
Gletschervorstoß 362, 365
Gletschervorstöße, katastrophale 171, 173
Gletscherwogen 158, 171
Globalstrahlung 71
Glogau-Baruther Urstromtal 348
Göscheneralpsee 350
Göschener Kaltphase 227, 228, 232
Golmerbahn 371
Gornergletscher 150, 165, 282, 324
Gotthardpaß 281
Gradient, geothermischer 353
Gradtage 79
Gradtage, positive 79, 359
Grampians 107
Grand-Conglomerat 264

Gran Paradiso 104, 325
Gran Sasso 98, 107
Gran Sasso d'Italia 324, 329
Gratwächtenstufen 116
Graupel 9, 12
Grenze, marine 347
Grenzhorizont 184
Grimselsee 350
Grindelwaldgletscher 5
Griqualand-Eis 261
Griquatown-Tillit 264
Gröden 133
Grönland 339
Große Vils 70
Großer Aletschergletscher 281
Großes Walsertal 123
Großglockner 282, 324
Großvenediger 324
Großwetterlagen 218
Grubengletscher 143
Grund, aperer 56
Grundlawinen 80, 84, 85
Grundmoräne 149, 150, 345, 348
Grundspalten 187
Grundwassererneuerung 23
Grundwasservorkommen 349
Grundwasservorräte 319
Gschnitzstadium 228
Günz 257
Guffer 149
Gurgler Eissee 365
Gurglerferner 282, 365
Guslarferner 231, 283, 364
Guslargletscher 144

Hängegletscher 301
Hängetäler 345
Härte 55
Hagel 9, 12
Hagelkörner, regelmäßige 14
Hagelkörner, unregelmäßige 14
Halbwertzeit 246
Hangabbewegungen 54
Hangvereisung 278
Hangzugwasser 353
Hangzugwasser, subglaziales 354
Haparanda 109
Hardangerjökulen 295, 328
Harnischflächen 144
Harnstoff 120
Harsch 33
Harschschichten 30

Harst 33
Hasanabadgletscher 223
Hauptschneeschmelze 351
Haushaltsjahr 199
Haushaltsjahr, natürliches 199
heladeros 375
Hielo Patagonico Nord 335
Hielo Patagonico Süd 335
Himalaya 332
Hindukusch 67
Hintereisbach 351, 352, 353, 357
Hintereisferner 6, 188, 199, 200, 203, 204, 207, 209, 210, 211, 213, 218, 219, 222, 240, 282, 288, 289, 290, 309, 310, 324, 325, 351, 361
Hintereiswände 207, 351
Hispargletscher 284
Hochfeiler 284
Hochfjell 109
Hochjochferner 150, 152, 282, 295, 300, 301
Hochland 280
Hochlandeiskappen 279, 280
Hochwässer 362, 364
Hochwasserschutz 6
Höllentalferner 325
Höttinger Breccie 252
Hofjökull 291, 339
Hoher Peißenberg 29
Hohlformen 62
Hohlformen, geschlossene 345
Holsteinmeer 257
Homothermie 38, 42
honey combs 64
Horizontalbewegung 170
Huascaran 91, 364
Hüttener Berge 349
Humboldt Brae 340
Hungerburgterrasse 132
Hydroelektrizität 349
Hydrologische Dekade, Internationale 1
Hydrometeore 4, 14
Hydrometeore, feste 3
hypsographische Kurve 288

ice-cored moraines 155
ice-ram 288
ice rise 178, 286
Idbach 370
Ifrane 107
Igls 346
Ilamna-Peak 284
Ill 370
Iller 116

Illinoianvereisung 254
Imjagletscher 65
Imjakkhola 316
Infiltration 303
Infiltrations-Aufeiszone 304, 307, 308, 309, 310, 311, 330
Infiltrationseis 309
Infiltrationsverdichtung 308
Infiltrationszone, kalte 304, 305, 306, 308, 309, 310, 311, 330
Infiltrationszone, temperierte 307, 309, 310, 330
Infiltrationszone, warme 304, 309, 310, 330
Infrastruktur 371
Ingnerit Brae 285
Inlandeis 6, 27, 135, 214, 279, 280, 285, 290, 291, 292, 296, 338, 339, 340, 341
Inlandeisferner 335
Inlandeis, grönländisches 321
Inlandeisschilde 175
Inlandeistheorie 252
Inn 367
Innenmoräne 149, 150
Inngletscher 281
Inntal 281
Inseleis 294, 339
Inseleiskappen 279, 280
Insulinde 106
Interglaziale 8, 254
Internationales Geophysikalisches Jahr 1, 3, 6
internationale Schneekommission 3
Internationale Union für Geodäsie und Geophysik 3
Interzeption 22
Interzeptionsverlust 22, 23, 24
Inylchekgletscher 284, 332
Inyltschgletscher 150
Ionenkonzentration 353
Isachsenfonna 339
Isachsenplateau 189, 308
Isar 116
Isère 68
Island 6, 339
Isochionenkarte 103, 104
Isotachen 166
Isothermenkarte 42
Isotopengehalte, natürliche 354
Isotopenquotient 15
Ixtaccihuatl 335

Jackson Eiskuppel 225
Jahresbilanz 205
Jahresbilanzgröße 200

Orts- und Sachregister

Jahreslagen 305
Jahresnettoakkumulation 52, 214
Jahreswarven 243, 244
Jahreswasserbilanzgleichung 68
Jakobshavn-Brae 285
Jakobshavnbreen 340
Jakobshavn-Gletscher 170
Jambach 352, 367, 370
Jan Mayen 339
Jökullhaups 362, 366, 367
Jongolungma 332
Jorge Mautt Gletscher 338
Jostedalsbre 104, 280, 328
Jotunheim 104, 328
Jüngere Dryas 228
Junau-Eisfeld 233
Jungfrau 324
Jungfraujoch 161
Jungmoränengebiete 254

Kältereserve 303, 305
Kältewelle 188
Kältevorrat, latenter 307
Kalbeis, weißes 288
Kalben 215, 285, 286, 320
Kalbung 279
Kalbungseis, weißes 287
Kalbungsfront 169, 286
Kalbungsverluste 215
Kaltzeiten 237, 254
Kames 346
Kammeis 312
Kamtschatka 330
Kapillarkräfte 12
Kapruner Tal 349
Kar 290, 295, 300, 344, 345
Karakorum 332, 333
Kargletscher 278, 280, 284, 291, 292, 295, 300
Karlinge 344
Karlseisfeld 5
Karschwelle 284
Karten, topographische 315
Karwandstufe 343
Kaskaden 301
Kataster für Eisvorkommen 315
Kaukasus 330
Kazbek 331
Kebnekajse-Massiv 327
Kees 4
Kegelbergletscher 284
Kerguelen 342
Kernbohrungen 49

Kesselfelder 346
Kesselwandferner 53, 207, 210, 308, 351, 354
Khumbu-Gletscher 64, 65, 66, 316
Kilimandscharo 67, 104, 106, 284, 321, 338
Klassifikation, geodätische 288
Klassifikation, thermische 303, 310
Klawattigletscher 219
Kleines Walsertal 133
Kleinhügel 115
Kleinvermuntbach 370
Kliff 286
Klimaänderung 231
Klimakonstanz 276
Klimaschwankungen 237
Klimazeugen 234
Klinometer 183
Kobalt-(Gowganda-)Tillit 264
Koc-Kaf-Gletscher 284
Kodargebirge 330
Koeffizient, nivometrischer 20, 21
Körner 28
Körper, elastische 160
Kohäsion 36, 83
Kohlensäure-Hypothese 270
Kollerbucht 166
Koller-Gletscher 165
Königsgletscher 169, 339
Kondensation 39, 73
Kongsvegen 171
Konnektionsprofil 244
Konvektionsvorgänge 32
Kolk 58
Kolktafel 57, 128
Kopser Straße 371
Korjakengebirge 330
Korndurchmesser 33
Kornform 29, 31, 55
Korngröße 29, 55
Kornstruktur 30
Kratergletscher 300
Kriechdruck 45
Kristalle 32
Kristalle, becherförmige 38
Kristallgestalt, hexagonale 11, 12
Kristallisationswärme 32, 307
Kristallisationswärme, latente 310, 213
Kristallneubildung 34
Kristallographie 4
Kritzer 150
Kritzung 343
Kryokonitlöcher 62, 64, 76, 311
Kryosphäre 2, 303, 307, 312, 316, 319, 320

Kühleis 374
Kuenlun 332
Kurvatur 34
Kutiah Gletscher 158, 171, 223

Labilisierung 81
Labrador, Gletscherfläche 333
Labradorstrom 320
Lac de Combal 365
Lady Franklin Bay 98
Längenänderungen 220
Längsspalten 187
Lago Argentino 365
Lago di Val di Lei 350
Lago Maggiore 278
Lago Rutor 365
Lago Santa Margherita 365
Lambert-Gletscher 340, 341
Langjökull 339
Langtaufererjoch-Ferner 290
Larainbach 370
Larseneisschelf 342
Larstigvorstoß 228
Laufkraftwerke 350
Laurentisches Eis 279
Lawinen 6, 8, 36, 80, 83, 84
Lawinenabgänge 8
Lawinenbahn 56
Lawinenchronik 123
Lawinendammwannen 116
Lawinenfront 87
Lawinengalerie 134
Lawinengleitbahn 89
Lawinengletschertyp 135
Lawinenhäufigkeit 83
Lawinenkarte 126
Lawinenkastentälchen 116
Lawinenkataster 80
Lawinenkatastrophe 123, 126
Lawinenkegel 56, 88
Lawinenkesselgletscher 295, 299
Lawinenkesseltyp 290, 296
Lawinenklassifikation 85
Lawinenrunsen 116
Lawinenschnee 300
Lawinenschuttfächer 116
Lawinenschuttkegel 116
Lawinenschuttzungen 116
Lawinenschutz 6
Lawinensonden 201
Lawinentobel 116
Lawinenunfälle 8

Lawinenverbauung 126
Lawinenwarndienst 47
Lebensdauer, mittlere 319, 320
Lech 70
Lechspeicher 69, 117
Leffe 255, 256
Leichtmetallschneebrücken 127
Leichtmetallschneerechen 129
Lille Brae 285
Limbergsperre 349
Limmerngletscher 63, 141
Little America V 197
little ice age 4, 232, 283
Llullaillaco 102
Lockerschnee, feuchter 25
Lockerschnee, trockener 25, 26
Lockerschneelawine 56, 80, 85, 86, 87, 88
Lockerschneelawinen, feuchte 85
Lockerschneelawinen, nasse 85
Lockerschneelawinen, trockene 85
Löbbenschwankung 230
Löß 346
Lößplatten 348
Lötschental 126
Logan-Gletscher 292
Lonza 352
Loveland Basin 69
Lower Seward-Gletscher 280, 292, 293
Lünersee 368
Lünerseebahn 371
Lünerseewerk 371
Luftaufklärung 47
Luftbildaufklärung 6
Luftbildbefliegung 315
Luftdurchlässigkeit 37
Luftfeuchtigkeit, relative 13
Lufttemperatur 358
Lukamnierpaß 133
Lysgletscher 362

Mackaygletscher 341
Märhelensee 365
Malaspinagletscher 280, 292, 293
Malojapaß 281
Mandronegletscher 325
Marginaltextur 143, 186
Markierungstafeln 18
Massa 68, 358
Massenabsorptionskoeffizient 50
Massenbilanz 100, 101, 198, 209, 214, 215, 218, 311
Massenbilanz, mittlere spezifische 219

Orts- und Sachregister 425

Massenbilanz, spezifische 212, 213, 214
Massenbilanzwerte 210
Massenhaushalt 4, 5, 6, 27, 197, 201, 216
Massif de la Vanoise 325
Massivbauten 127
Massiv Juncal 335
Materialbilanz 304
Matterhorn 324
Mattmarksee 350, 364
Mattmarkstaudamm 362
Mauna Loa 106
Mausongletscher 341
Medrezki-Gletscher 172
Meereis 3, 285, 320
Meeresgletscher 277
Meeresspiegelanstieg, eustatischer 227
Meeresspiegelschwankungen 255
Meeresspiegelsenkung, eustatische 93
Meergletscher 285
Mer de Glace 6, 174, 325
Mertz-Gletscher 340
Meßfehler 18
Meßtechnik 46
Messungen, lichenometrische 228, 239, 241
Metamorphit 36
Metamorphose 4, 14, 28, 29, 30, 32, 33, 38, 285
Metamorphose, destruktive 32, 38
Metamorphose, konstruktive 32, 34, 38
Meteorologie 4
Methoden, calorimetrische 51
Methode, geodätische 207
Methode, glaziologische 200, 214
Methode, hydrologisch-meteorologische 205
Methoden, seismische 6
Meyer-Gletscher 165
Miagegletscher 282, 325, 365
Mikkaglaciären 353
Mikropenitentes 66
Milazzo-Stufe 257
Mindel 257
Mineralogie 4
Mirny 28, 29, 42, 278
Misoxschwankung 228
Mittagslöcher 64
Mittelaletschgletscher 290
Mittelbergferner 171
Mittelmoräne 6, 99, 149, 150, 151, 282, 283, 295
Mittlerer Atlas 107
Modatschferner 365
Möllerbucht 166
Mönsklint 345
Molekulardiffusion 135

Monoglazialismus 252
Monokristalle 12
Montafon 123
Mont Blanc-Gebiet 325
Monte Rosa 104, 324
Monte Rosa-Gletscher 151
Montreal 120
Moränen 5, 145, 147, 345
Moränenamphitheater 349
Moränenbildung 342
Moränengehalt 279
Moränenmaterial 149
Moränenwälle 233
Morenogletscher 365
Moskau 120
Mount Rainier National Park 375
Mt. Blanc 284
Mt. Carstenz 338
Mt. Everest 332
Mt. Kenia 104, 106, 321, 338
Mt. Olympus 37
Mt. Rainier 335
Mt. Ruapeku 338
Mühlau 132
München 120
München-Riem 118
Mündungsstufen 345
Muldrow Gletscher 158, 171
Murnaugletscher 225
Mustagh-Typ 284, 290, 292
Myrdalsjökull 290, 339, 367

Nachfolgegletscher 228
Nadeln 12
Nadeln, irreguläre 13
Nadeln, reguläre 13
Nährgebiet 93, 95, 141, 199, 279, 281, 284, 292
Namaland-Eis 261
Nanga Parbat 5
Nang-La 332
Nanschangebirge 332
Nantung-Tillit 264
Naßschnee 26
Naßschneelawine 85
Naßschneezone 136, 137
Natal-Eis 261
National Parks 375
Naturdeterminismus 346
Nettoablation 208
Nettoakkumulation 17, 213
Nettobilanz 197, 199, 205

Nettobilanz, mittlere spezifische 199, 200
Nettomassenbilanz, Vertikalgradient 330
Nettoschneevorrat 70
Nettostrahlungsbilanz 39
Neuguinea 106
Neuschnee 28, 29, 30, 38, 56
Neuschneeauftrag 18
Neuschneedecke 14, 18, 25, 26, 27
Neuschneefall 28, 32
Neuschneehöhe 18
Neuseeland 106, 338
Neu-Süd-Wales 106
Neutronensonden 51
Névé 37, 38
Neveros 374
New York 120
Nichtbaumpollen 236
Niederschlag, fester 9, 17
Niederschlag, schneeiger 8, 19
Niederschlagsgradient 21, 22
Niederschlagsmenge 17
Niederschlagsmesser 18
Niederschlagssammler 17
Niederschlagstag 20
Niesel 14
Nieve de los Penitentes 66
nieve penitentes 305
Ninnis-Gletscher 340
Nischengletscher 300
Nisqually-Gletscher 233
Nivation 8, 115
Nivationsdolinen 116
Nivationsfazetten 115
Nivationsformen 115, 116
Nivationsfurchen 116
Nivationskare 116
Nivationskarren 115
Nivationsnäpfe 115
Nivationsmulden 116
Nivationsnischen 116
Nivationsrinnen 116
Nivationsschalen 115
Nivationstälchen 116
Nivationsstufe 115
Nivationswälle 115
Nivationswannen 116
Niveau 96, 365
nivo-glaziale Regime 69
nivo-pluviale Regime 69
Nivosität 111
Nordanden 335
Nordenskiöld-Eiszunge 341

Nordgrönland 285
Nordostland 280, 339
Nordostpassage 6
Nordpol 6
Norwegischer Typ 292
Nordwest-Karakorum 284
Nordwestpassage 6
Normalkurve 289, 291, 292
normierte hypsographische Kurve 288
Nowaja Semlja 280, 281, 329, 338
Nutzungsgefälle 367

Oberaletschgletscher 149
Oberfläche, eisige 56
Oberfläche, nicht schmelzende 73
Oberfläche, schmelzende 73
Oberflächenabfluß 23
Oberflächendiffusion 135
Oberflächenform 4, 57
Oberflächenkrümmung 177
Oberflächenreif 38, 56
Oberflächenwasservorräte 319
Obergestelen-Galen 126
Oberlawinen 84, 85
Obermoräne 149, 150, 153
Objektschutz, direkter 127, 132, 133
Ochsentaler Gletscher 371
Ödland 347
Ötztaler Alpen 282, 301
Ogiven 142, 143
Orthophoto 315
Ortler/Cevedale 325
Oser 346
Ostantarktis 340
Osterseen 346
Osteis 280
Ostresvartisen 328
Ostsajan 330
Ostsibirische Region 330
Oszillationen 231
Otto-Fjord-Gletscher 172
outlet-glacier 279
Ozeanien 338

Packeis 373
Packschnee 26, 57, 58
Packschneelawinen 85
Packschneelawinen, feuchte 85
Packschneelawinen, nasse 85
Padania 278
Paläoklimatologie 234
Paläotemperaturen 237

Orts- und Sachregister 427

Pamir 5, 67, 330, 332
Pappschnee 25
Park-Gletscher 328
Parsenngebiet 88
Pasterze 5, 208, 227, 282, 324, 362
Pasterzenkees 325
Patagonien 107
Pazifische Region 330
Peary-Land 280
Pegel 203
Pellvoux-Gruppe 325
Penitentes 56, 66, 67
Penitentesfelder 66
Pennines 107
perenne Tjäle 312
Pergelisol 312
Perioden, geokrate 269
Perioden, thalassokrate 269
Periodizität 232
Permafrost 312, 320
Permafrostdecke 196
Permeabilität 37
Petit-Conglomerat 264
Petrographie 3, 4
Pflasterböden 115
Pflugfurchen 143
Photogrammetrie, terrestrische 181
Piedmontgletscher 278, 280, 281, 285, 291, 301
Pioraphase 230, 234
Piz Bernina 324
plastisch 161
Plastizität 5
Plateaugletscher 279, 280, 294, 296, 338
Plättchen 12, 13, 14
Platta 133
Pleistozän 8, 248, 252
Pleistozän, Gliederung 258
Pliozän 252
pluvio-nivale Regime 69
Polarjahr 6
Polarkoinzidenz-Theorie 272
Politur 344
Polkappen 232
Pollen 52, 147
Pollenanalyse 52, 201
Pollendiagramm 148, 234, 235
Pollengehalt 142
Pollenprofil 232
Polyglazialismus 252
Polykristall 12
Popocatepetel 67, 335
Porenvolumen 36

Porosität 36, 37
Präboreal 228
Preßschneelawinen 85
Primärkristalle 29
Primärschneedecke 25
Prismen 12
Prismenbecher 28
Pulverlawinen 85
Pulverschnee 25
Pumpwerk Kleinvermunt 367
Puna di Atacama 107
Puntaiglas-Gletscher 366
Pyrenäengletscher 328
Pyrenäen-Typ 284

Quartär, Gliederung 250
Quecksilberthermometer 52
Quellen, subglaziale 352, 353
Quellwasser, subglaziales 354
Quermoräne 151, 153
Querspalten 185, 186, 187

Radioaktivität 54
Radiokarbondatierung 228
Radialspalten 187
ram 286
Rammsonde 27, 51
Rammwiderstand 29, 51, 55
Randkluft 185
Randspalten 186, 187
Rechingen 115
Red Mountains 87
Regelation 5, 25, 164
Regelationsfirn 305
Regen 9, 14, 18, 39
Regime, kaltes 310
Regime, nivales 351
Regime, nivopluviales 351
Regression 255
Reibung, innere 352, 353
Reibungswinkel, kinetischer 81
Reibungswinkel, statischer 81
Reid'sche Kämme 65, 143
Reif 36
Reifbildung 12, 73
Reifgraupel 12
Reit im Winkel 111
Rekristallisationsvorgänge 135
Rekristallisationszone 330
Reliefbedingte Gletschertypen 277
Relikte 228
Reliktgletscher 312

428 Orts- und Sachregister

Reschenpaß 281
Resublimation 25
Retentionsvermögen 43, 352
Retensionswasser 353
Reymondgletscher 225
Rezessionsabfluß 359
Rezessionskoeffizient 360
Rheingletscher 281
Rhône 68, 352
Rhônegletscher 157, 231, 281, 282, 375
Riedgletscher 187, 362
Riksgränsen 109
Rink Brae 285
Rinnengletscher 284
Rippeln 56, 59
Riß 257
Rißbach 351
Rißvereisung 254
Rittergletscher 225
Rodundwerk 371
Rofener Ache 356, 365, 367
Rofental 283
Rohfallhöhe 367
Rosannabach 370
Rosegbach 358
Roseggletscher 358
Rosenheimer See 244
Rosenthaler Staffel 348
Rosseis 285
Rosseisschelf 6, 139, 178, 196, 226, 341, 342, 373
Rücklage 68, 205
Rücklage, langfristige 92
Rücklage, temporäre 8, 92, 116
Rücklagenspeicherung 28
Rückzugsphasen 222
Rückwärtseinschnitt 181
Rüdersdorf 252
Rügen 345
Rundhöcker 344
Rundhöckerrelief 285
Runsenlawine 86
Russel-Glacier 334
Rutorgletscher 366
Rutschschnee 22
Rutschungen 45
Ruwenzori 104, 106, 321, 338

Saalevereisung 254
Säntis 94, 95, 98, 104
Sättigungsdampfdruck 13
Sättigungslinie 136
Säulen 12, 13

Säulen, bedeckte 12
Salzen, präventives 118, 120
Sanderflächen 345, 346
Sandy-Glacier 153
San José 335
San Rafaelgletscher 335
San Tadeo 335
Santatal 91, 374
Sapporo 20
Sarekberge 62
Sarek National Park 328
Saskatschewan-Gletscher 162, 192
Sastrugi 56
Satelliten, ortsfeste 183
Satellitenbilder 47
Satellitenphoto 316
Satzmoräne 345
Sauerstoffebene 138
Sauerstoffisotope 15
Sauerstoff-Isotopenmethode 236
Sauerstoffisotopenverhältnis 52
Schadenslawine 124, 125, 126
Schallibach 352
Schattlagen 328
Scherfestigkeit 45, 46, 82
Scherflächen 144, 145
Scherflächenogiven 144
Scherrisse 144
Scherspannung 81, 82, 164
Scherung 140
Schiahorn 127
Schiahornverbauung 128
Schichtogiven 141
Schichtung 5, 140
Schichtungstextur 142, 144
Schlaglawine 85
Schlammlawine 364
Schleppgeschwindigkeit 373
Schlepplifte 371
Schleppwiderstand 373
Schliffbord 344
Schliffkehle 344
Schlittenverkehr 133
Schluchtgletscher 284
Schmadrigletscher 144
Schmelzen 73
Schmelzformen 30
Schmel-Frier-Metamorphose 38
Schmelzharsch 33
Schmelzhorizonte 52
Schmelzkörner 29
Schmelzmetamorphose 33, 303

Schmelzpunkttemperatur 309
Schmelzschalen 64
Schmelzwärme 43
Schmelzwärme, latente 164, 189, 306
Schmelzwasser 30, 32, 353
Schmelzwasserabfluß 320
Schmelzwasserbildung 305
Schmelzwassereis 96
Schmelzwasserhydrograph 360
Schmelzwassermenge 367
Schnee 6, 9, 36, 37
Schnee, feinkörniger 31
Schnee, grobkörniger 31
Schnee, kalter 304, 307
Schnee, trockener 136
Schneeablation 79, 94
Schneeaerosole 87
Schneeakkumulation 24, 94
Schneeart 14, 18
Schneeausstechrohr 49
Schneebarchen 56, 59, 60
Schneebarflecken 115
Schneebedeckung 110, 319
Schneebehinderungen 121
Schneebewegung 25
Schneeblockwälle 116
Schneebrett 25, 57, 85
Schneebrettlawine 56, 80, 85
Schneebruch 22
Schneebrücken 127, 129
Schneedecke 3, 8, 14, 17, 18, 23, 24, 25, 26, 27, 28, 29, 30, 32, 46, 47, 48, 79, 108, 319
Schneedecke, geschlossene 25, 46
Schneedecke, homotherme 38
Schneedecke, sporadische 25
Schneedecke, unterbrochene 46
Schneedecke, Verbreitung 106
Schneedeckendauer 20, 27, 109, 110, 111, 112
Schneedeckenhöhe 29, 49, 109
Schneedeckenmächtigkeit 107, 111, 112, 114
Schneedeckentage 107, 109, 110, 111
Schneediagenese 34
Schneedichte 14, 18, 27, 28, 33, 49, 50, 110
Schneedichte, mittlere 18
Schneedruck 45
Schneedüne 60
Schneefall 8, 17, 18, 19, 23
Schneefalldichte 14
Schneefallgrenze, äquatoriale 19
Schneefegen 27
Schneefelder 300
Schneeferner 325

Schneefilz 29, 30
Schneeflecke 46, 95
Schneefleckenmethode 98
Schneeflocken 12, 14, 17
Schneeforschung 6, 8
Schneefräse 26, 118
Schneegerölle 88, 89
Schneegestöber 17
Schneeglätte 118, 303
Schneegrenzbestimmung 98
Schneegrenzdepression 105, 106
Schneegrenze 93, 94, 95, 97, 99, 100, 101, 102, 104, 105, 106, 284, 295, 332
Schneegrenze, klimatische 25, 95, 96, 98, 102
Schneegrenze, lokale 95
Schneegrenze, orographische 95
Schneegrenze, reale 95
Schneegrenze, regionale 95
Schneegrenze, temporäre 94
Schneegrenzhebung 105
Schneehaldenfußwannen 116
Schneehaldenschuttwälle 116
Schneehöhe 18, 27, 28, 47
Schneeinterzeption 23, 24
Schneekorrasion 8, 116
Schneekreuz 18
Schneekriechen 8, 44
Schneekristalle 10, 11, 12, 17, 25, 26
Schneekurse 49
Schneelawine 284, 295
Schneemächtigkeit 30
Schneematsch 51, 118
Schneematschlawine 88
Schneemechanik 45
Schneemenge 21
Schneemeßuhr 54
Schneemetamorphose 135
Schneenetze 118, 127, 129, 130
Schneeoberfläche 26
Schneepegel 18, 47, 48, 49
Schneepenitentes 65
Schneepflüge 118
Schneeprofil 27, 55, 56
Schneeregen 9
Schneeretention 68
Schneerippel 59, 60
Schneeschächte 200
Schneeschlipfe 80, 85
Schneeschmelzabfluß 27, 68, 70, 78, 117
Schneeschmelze 71, 78, 116, 117, 354
Schneeschmelzhochwasser 116
Schneeschmelzkegel 62

Schneeschmelztische 62
Schneeschmelzvorhersage 78
Schneeschollen 91
Schneeschubwälle 116
Schneeschuttwülste 115
Schneesonde „Vogelsberg" 49
Schneetauchwälle 116
Schneestechzylinder 50
Schneesterne 12, 13, 30
Schneetemperatur 29, 55
Schneetisch 18, 76
Schneetreiben 17
Schneetuchlawinen 85
Schneeverdriftung 24
Schneeverwehung 8, 60, 118, 119
Schneewehengletscher 284
Schneewidrigkeiten 118
Schneezäune 70, 118
Schotterfelder 349
Schubflächen 144
Schuppenschnee 61
Schwankungsquotient 351
Schwansen 348
Schwarzräumung 118
Schwebstofführung 361
Schwebstoffmenge 361
Schweiz 25
Schwemmkegel 345
Schwimmschnee 30, 32, 36, 82
Schwimmschneelawinen 85
seafloor-spreading 257
Sediment 36
Seefelder Sattel 281
Seeis 3
Seefront 286
Seeoner See 346
Seilschwebebahn 371
Seismik 4
Seitenmoränen 99, 149, 150, 151
Selbstverstärkung 268
Selbstverstärkungseffekt 304
Senner-Egetentalsee 365
Séracs 158, 186, 301
Sermilikgletscher 339
Setzen 27, 135, 307, 308
Setzung 28, 29, 32, 33, 81
Severnaja Semlja 280, 329, 338
Seward-Malaspinasystem 333
Shakleton Eisschelf 197, 342
Shispar-Gletscher 171, 283, 299
Siachengletscher 284
Sickergeschwindigkeit 78

Sickerwasser 352
Sickerzone 136
Sierra de Mérida 335
Sierra Nevada del Cocuy 335
Sierra Nevada de Santa Marta 335
Silvrettagletscher 282
Silvrettagruppe 101, 282
Silvretta-Hochalpenstraße 371
Silvrettastausee 349, 370
Simplonpaß 281, 347
Sinkgeschwindigkeit 14, 17
sintern 33
Sinterung 135
Situation, infrastrukturelle 349
Sizil-Stufe 257
Skandinavien, Vergletscherungsfläche 327
Skavler 61
Skudararjökull 367
SMOW, Standard Mean Ocean Water 16
snow boards 18
snow cups 64
Sölle 345
Sörfonna 339
Sog 87
Sogwächte 58, 59
Sogwalze 58
Solarkonstante 267
Solifluktionsdecken 254
Sommerbewegungen 171
Sommerbilanz 197, 198, 199
Sommergeschwindigkeit 165
Sommerschicht 52, 200
Sommerskilauf 375
Sorte Brae 285
South Cascade Gletscher 159, 166, 167, 168, 212, 213
South Leduc Gletscher 192
Spalten 6, 158
Spaltentiefe, maximale 184
Spaltisotope, gefährliche 372
Spaltkeile 132, 134
Spannungen 44
Spannungsausgleich 46
Spannungsfeld 46
Speicher Gepatsch 349
Speicher Kops 350, 367, 368
Speicherkraftwerke 350
Speicherseen 350
Speicherung 8
Speicherwerke 371
Spitzbergen 281, 285
Spitzbergentyp 281

Spitzenkraftwerk 367
Spurenstoffgehalt 146, 147
St. Antönien 124, 134
St. Berhardinpaß 281
St. Eliasketten 280, 281
Stabilität 81
stagnant ice 152
Stahlschneebrücke 127
Stammabfluß 22
Stammbecken 346
Standard Mean Ocean Water 356
Standlinie, photogrammetrische 181
Station Eismitte 188, 194, 304
Staublawinen 80, 84, 85, 86, 87, 88
Staubschichten 147
Stauchendmoräne 345
Stauchmoränenablagerungen 150
Stauchungen 168
Stauchungszonen 166
Staudruck 87
Staulinie 219
Stausee 349
Stauseeausbrüche 364, 365, 366
Stauchwall 90
Stechzylinder 18
Steenstrup Brae 285
Steffengletscher 335
Steinernes Meer 281
Steinlinien 180
Steinsalz 120
Steinschlag 342
Stenhouse Gletscher 226
Sternchen 13, 14
Stirnmoräne 153, 155, 343
Stor Brae 285
Store-Karaja-Brae 285
Storglaciären 204, 205
Strahlung 76
Strahlungen, kurzwellige 39
Strahlungen, langwellige 39
Strahlungsbilanz 70
Strahlungsbilanzmesser 6
Strahlungsgewinn 34
Strahlungshaushalt 4
Strahlungskurven 274
Strain rate 168, 183
Straßenglaerien 132
Stratigraphie 3
Streckenmessung, tellurometrische 6
Streckungen 168
Streckungsbereiche 166
Stress 135

Streudienst 120
Streusalzmengen 122
Strömung, laminare 159, 163
Stromlinien 159
Stromwirbel 143
strukturviskos 161
Stützmauer 126
Stützverbau 129
Stützverbauung 127, 128, 130, 133
Subatlantikum 227, 230
submergence velocity 181
Submergenzbewegung 149
Submergenzgeschwindigkeit 166, 181, 208
Sublimation 12, 36, 135, 304
sublimieren 9
südamerikanische Anden, Vergletscherung 335
Südanden 335
Südeis 280
Südgeorgien 342
Südpol 6
Süd-Victoria 106
Süd-Victorialand 280
Sukkertopen-Eiskappe 192
Suldenbach 352
Sulz 351
Sunkosi 316
Suntarhayata 330
superimposed 64, 136, 330
superimposed ice 96, 203, 303, 307, 309, 310
Süßwassereis 320
Süßwasservorräte 372
Susitnagletscher 283
Suspensionsfracht 360
Suspensionsgehalt 361
Svartisen 222, 328
Svernaja Semlja 285
Symbole, graphische 10

Tafelberg-Tillit 263
Tafeleisberge 286, 288, 340, 342, 373
Tagesgang 358
Tageswarven 243
Talchir-Tillit 261
Talgletscher 279, 280, 282, 284, 290, 291, 292, 300, 340
Talverschüttung 345
Tanngrindelgrad 57
Tasmangletscher 284
Tasmanien 106
Tauernmoossee 349
Tellatlas 107

Tellurometermessungen 183
Temperaturgang 40
Temperaturgradient 30, 188, 195, 196
Temperaturgradient, negativer 194, 195
Temperaturgradient, vertikaler 33
Temperaturinversion 42, 110
Temperaturprofile 40
Temperaturregime 309
Temperatursonde 52
Temperatursumme, positive 358
Terrassenkörper 345
terrestrisch-photogrammetrische Methode 6
Tessin 105
Tessinergletscher 281
Texturelement 144
Theodulpaß 375
Theorie, geometrische 159
Theorie, kinematische 159
Thermometer, glaziologisches 236
Thermosonden 183
Thorn-Eberswalder Urstromtal 348
Tibetanischer Typ 292
Tiefenreif 28, 30, 32, 33, 35, 36, 38
Tieflandgletscher 277, 279
Tienschan 330
Tillit 259, 260
time lag 232
Tinguiririca 335
Toku-Gletscher 183
Totalakkumulation 214
Totalbilanz 197, 201
Totalisator 17, 18
Toteis 155, 300, 312
Toteisblöcke 150, 155
Toteislöcher 345
Transfluenzpässe 281
Transgression 255
Transhimalaya 102, 332
Transvaal-Eis 261
Treenemeer 257
Treibschneewand 128, 130
Triebschnee 24, 25
Trinkwasserversorgung 375
Tritium 254
Tritiumgehalt 254, 355
Trockenschnee 27
Trockenschneedichte 33
Trockenschneelawine 85
Trockenschneelinie 136
Trockenschneezone 137
Trogtäler 344, 345
Tropfschnee 22

Tropfwasser 22
Tsangpo 102
Tscherskigebirge 330
Tuchergletscher 341
Tulfes 346
Tundrenzeit, ältere 237
Tundrenzeit, jüngere 237
Tunsbergdalsbreen 222, 223
Tupungato 335
turbidity current 87
Turbulenz 39
Turkestanischer Typ 284, 290
Tuyuksu Gletscher 192, 332
Typologie 277
Tyrrhen-I-Stufe 257
Tyrrhen-II-Stufe 257

Übeltalferner 365
Übergangseis 279
Übergossene Alm 281
Überleitung 367, 370, 371
Übertiefung, glaziale 344
Ufermoräne 150, 151, 155, 343, 345
Umanakfjord 285
Umfließungsrinnen 346
Umiamako Brae 285
Umkristallisation 303, 304, 307
Umkristallisations-Infiltrationszone 304, 305
Umkristallisationszone 304
Unland 347
Unteraargletscher 5, 6, 156, 325
Untere Grindelwaldgletscher 374
Upernavikgletscher 340
Upper 280, 292, 293
Upper Seward Gletscher 37, 137
Ural 329
Ursachen, extraterrestrische 265, 266
Ursachen, terrestrische 265, 267
Urstromtäler 346
Ushakova 329

Vadret Tiatscha 219
Val dal Selin 82
Val d'Isère 115
Variationen, aperiodische 360
Variationen, tageszeitliche 352
Vaselinölschicht 18
Vatnajökull 339
Vedretta del Forno 325
Velgaster Staffel 348
Veltlinergletscher 281
Venedigerschwankung 230

Venter Ache 351, 352, 353
Verbellabach 367
Verdichtung 26, 27, 29, 306, 308
Verdichtungswelle 87
Verdunstung 15, 18, 24, 28, 30, 73, 205
Verdunstungsverlust 25, 304
Vereisungskurven 274
Vereisungsphasen 1, 227, 248
Vereisungsspuren, präpleistozäne 260
Vereisungszentren 248
Verfahren, geodätisches 214
Vergletscherung 249
Vergletscherung, übergeordnete 277, 278, 293
Vergletscherung, untergeordnete 277, 278, 343
Vergletscherungsfläche 279
Vergletscherungsgrenze 98, 328
Vergletscherungstyp, alpiner 277
Vergletscherungstyp, grönländischer 277
Vergletscherungstyp, skandinavischer 277
Verkehrsbehinderung 8
Vermessungskunde 4
Vermuntbahn 371
Vernaglwandferner 207, 351
Vernagtferner 231, 282, 327, 364
Vertikalbewegung 170
Vertikalkomponente 166
Verwehungsverbau 127, 128
Vestresvartisen 328
Victoria 329
Vielfältigkeitswert 349
Vils 116
Vinadi 125
Visbrae 235
Viskosität 5, 45, 46
Viskositätskoeffizient 45, 46
Vollformen 62
Volumdiffusion 135
Volumenexpansion 51
Volumen, spezifisches 37
Vorderasien, Gletscherflächen 332
Vorlandgletscher 278, 291, 292, 295
Vorlandvereisung 278, 285
Vorlandvergletscherung 301
Vorstoßphase 222, 225
Vorstoßschotter 150
Vorwärtseinschnitt 180
V-Wert 349

Wabenschnee 64
Wachstumsgeschwindigkeiten 241
Wächte 57, 58, 59
Wächtenhohlkehlen 115

Orts- und Sachregister 433

Wächtenkolk 59
Wächtenstirn 58
Wächtenwurzel 58
Wärme, latente 70, 307
Wärme, spezifische 43, 189, 306
Wärmeabgabe 306
Wärmedurchgangszahl 74
Wärmefluß 42
Wärmegewinn 306
Wärmehaushalt 187, 196
Wärmeisolation 40
Wärmeleitfähigkeit 40, 42, 73, 188, 194
Wärmeleitfähigkeit, spezifische 353
Wärmeleitung 40, 188, 195
Wärmeleitung, innere 39
Wärmestrom 353
Wärmestrom, fühlbarer 34, 39, 70, 71
Wärmestrom, geothermischer 196
Wärmetransportvorgänge 195
Wärmeübergangszahl 72, 73, 76, 77, 78
Wärmeverlust 311
Wärmezeit 228
Wärmezeit, postglaziale 236
Wärmezufuhr, geothermische 352
Wagengeleise 143
Wallendmoränen 285, 348
Wallis 282, 283
Wandfußgletscher 279, 280, 284
Wandgletscher 280
Wandvereisung 278, 284
Ward-Hunt-Eisschelf 373
Ward Hunt Insel 340
Warmzeiten 237, 254
Warschau-Berliner Urstromtal 348
Warven 243
Warvenchronologie 243
Warvenverknüpfung, diagrammatische 244
Warvogramme 244
Wasser, freies 51
Wasseräquivalent 8, 17, 18, 19, 24, 28, 49, 50, 51, 70, 79, 307
Wasserdampfdiffusion 38
Wasserdampfgehalt 32
Wasserdampftransport 30, 32, 36
Wassereis 303
Wassereisschicht 312
Wassereiszone 304
Wassereiszone, perennierende 312
Wassereiszone, saisonale 304, 312
Wasserfallbodensee 349
Wasserfuhren 373
Wasserhaushalt 4, 350

Wasserkraftwerke 367
Wasserkreislauf 25, 92
Wasserklemme 116
Wasserrücklage 18, 24
Wassersättigung 43
Wasserstandsganglinie 360
Wasserstoffisotop, schweres 15
Wasserstuben 362
Wasserstubenausbrüche 366
Wassertemperatur 361
Wassertropfen 9
Wasserversorgung 349
Weichseleiszeit 254
Weichselvereisung 254
Weihnachtstauwetter 116
Weißblätter 65, 142, 143, 145, 185
Weißfluhjoch 6, 28, 29, 30, 94, 95
Weißhorn 324
Wellen, kinematische 174
Werchojansk 304
Werchojanskergebirge 330
Werksgruppe Obere Ill-Lünersee 367
Westantarktis 340
Westeis 280
Westeisschelf 342
Westensee 349
Westfonna 339
Westspitzbergen 338, 339
Whakapapanuigletscher 338
Wildgerlostal 349
Wildschnee 25
Wildschneelawinen 85
Willygletscher 225
Winddrift 279, 284
Winddriftablagerung 56
Winde, katiabatische 42, 61
Windharsch 30
Windkanter 254
Windkolke 60
Windpressung 25
Windtransport 18
Winterabfluß 352, 353
Winterbewegungen 171
Winterbilanz 197, 199
Wintergeschwindigkeit 165, 170
Winterinterzeption 23
Wintesportgebiete 133
Winterwächte 59
Wipptal 346
Wisconsineiszeit 254
Würm 257

Würmeiszeit 254
Würmsee 346
Würmvereisung 254
Wurzelhohlformen 155

Zastrugi 61
Zaytal 155
Zehrgebiet 93, 95, 141, 199, 281, 284, 292
Zeitprofil 28, 29, 54
Zeitprofil, relatives 235
Zemmgrund 349
Zentralanden 335
zentralandiner Gletschertyp 284
Zervreilasee 350
Zmuttgletscher 151, 161
Zufallferner 365
Zugspannung 81, 82
Zugspitze 70
Zungenbecken 345
Zweigbecken 346
Zwerchwand 364, 365

Walter de Gruyter
Berlin · New York

Jacques Bertin

Graphische Semiologie
Diagramme, Netze, Karten

Übersetzt und bearbeitet nach der 2. französischen Auflage von Georg Jensch, Dieter Schade, Wolfgang Scharfe

Lexikon-Oktav. 430 Seiten. Mit über 1000, zum Teil farbigen Abbildungen. 1974. Ganzleinen DM 168,— ISBN 3 11 003660 6

Peter Haggett

Einführung in die kultur- und sozialgeographische Regionalanalyse
Aus dem Engl. übertr. von D. Bartels und B. u. V. Kreibich

Groß-Oktav. XII, 384 Seiten. Mit 163 Abbildungen und 64 Tabellen. 1973. Plastik flexibel DM 56,—
ISBN 3 11 001630 3 (de Gruyter Lehrbuch)

Dieter Richter

Grundriß der Geologie der Alpen

Groß-Oktav. X, 213 Seiten. Mit 101 Abbildungen, 6 Tabellen und 2 Tafeln. 1974. Gebunden DM 58,—
ISBN 3 11 002101 3

Martin Schwind

Das Japanische Inselreich
Eine Landeskunde nach Studien und Reisen in 3 Bänden

Groß-Oktav. Ganzleinen.
1. Band: Die Naturlandschaft. Mit 121 Abbildungen, 60 Bildern, 65 Tabellen und 1 farbigen topographischen Karte 1 : 2 Mill.
XXXII, 581 Seiten. 1967. DM 150,— ISBN 3 11 000721 5

Hans-Günter Gierloff-Emden

Mexiko

Eine Landeskunde mit 93 Bildern und 148 Abbildungen und 1 mehrfarbigen Karten-Beilage. Groß-Oktav. XX, 634 Seiten. 1970. Ganzleinen DM 154,— ISBN 3 11 002708 9

Horst Falke

Die Geologische Karte
Auslegung und Ausdeutung einer geologischen Karte

Groß-Oktav. Etwa VIII, 208 Seiten. Mit 157 Abbildungen und 4 vierfarbigen Tafeln. 1975. Kartoniert etwa DM 50,—
ISBN 3 11 001624 9 (de Gruyter Lehrbuch)

Preisänderungen vorbehalten.

Walter de Gruyter
Berlin · New York

Gerhard Hard

Die Geographie
Eine wissenschaftstheoretische Einführung

Klein-Oktav. 318 Seiten. Mit 9 Abbildungen. 1973.
Kartoniert DM 19,80 ISBN 3 11 004402 1
(Sammlung Göschen, Band 9001)

Klaus Schmidt

Erdgeschichte

2., unveränderte Auflage
Klein-Oktav. 246 Seiten. Mit 94 Abbildungen und 12 Tabellen.
1974. Kartoniert DM 14,80 ISBN 3 11 004596 6
(Sammlung Göschen, Band 7021)

Eduard Imhof

Kartographische Geländedarstellung

Quart. Mit 14 mehrfarbigen Karten- und Bildtafeln und
222 einfarbigen Abbildungen. XX, 425 Seiten. 1965.
Ganzleinen DM 96,— ISBN 3 11 006043 4

Günter Hake

Kartographie

2 Bände. Klein-Oktav. Kartoniert

Band I: Kartenaufnahme, Netzentwürfe, Gestaltungs-
merkmale, topographische Karten
5., neubearbeitete Auflage
288 Seiten. Mit 132 Abbildungen und 8 Anlagen
(in Rückentasche). 1975. DM 19,80 ISBN 3 11 005769 7

Band II: Thematische Karten, Atlanten, kartenverwandte
Darstellungen, Kartentechnik, Kartenauswertung.
202 Seiten. Mit 84 Abbildungen und
11 Anlagen. 1970. DM 9,80 ISBN 3 11 002796 8
(Sammlung Göschen, Bände 9030; 1245/1245a/1245b)

Preisänderungen vorbehalten

31. OKT. 1975
16. FEB. 1983
12. DEZ. 1975   15. 5. 78   05. APR. 1983
18. APR. 1976   -4. MAI 1983
                              -2. NOV. 1983
28. MAI 1976   20. 3. 79   -6. 11. 84
                15. 5. 79   12. 6. 85
28. JUNI 1976   23. 9. 85
                16. JULI 1979   185

8. NOV. 1976   06. DEZ. 1979

9. DEZ. 1976   12. FEB. 1980
20. 2. 77   10. 9. 80
                1. DEZ. 1980
3. 4. 77
12. 5. 77   07. JAN. 1981
                30. JAN. 1981
3. 7. 77   27. FEB. 1981
                27. MRZ. 1981
15. 12. 77   23. APR. 1981
17. 1. 78   21. MAI 1981
13. 2. 78   14. JULI 1981

14. 6. 78   19. AUG. 1981
0. 1. 79   30. OKT. 1981
                04. DEZ. 1981
                26. JAN. 1982
16. FEB. 1982   23. APR. 1982
                22. JULI 1982
                23. DEZ. 1982